住 房 和 城 乡 建 设 部“十 四 五”规 划 教 材

高等学校土木工程专业高性能结构与绿色建造系列教材

高层建筑混凝土结构设计

姜洪斌　刘发起　主编

刘广义　主审

中国建筑工业出版社

图书在版编目(CIP)数据

高层建筑混凝土结构设计 / 姜洪斌，刘发起主编. — 北京：中国建筑工业出版社，2023.7
住房和城乡建设部“十四五”规划教材 高等学校土木工程专业高性能结构与绿色建造系列教材
ISBN 978-7-112-28550-1

Ⅰ. ①高… Ⅱ. ①姜… ②刘… Ⅲ. ①高层建筑—混凝土结构—结构设计—高等学校—教材 Ⅳ. ①TU973

中国国家版本馆 CIP 数据核字(2023)第 053866 号

责任编辑：赵　莉　吉万旺
责任校对：党　蕾
校对整理：赵　菲

住房和城乡建设部“十四五”规划教材
高等学校土木工程专业高性能结构与绿色建造系列教材
高层建筑混凝土结构设计
姜洪斌　刘发起　主编
刘广义　主审
*
中国建筑工业出版社出版、发行（北京海淀三里河路 9 号）
各地新华书店、建筑书店经销
北京红光制版公司制版
北京云浩印刷有限责任公司印刷
*
开本：787 毫米×1092 毫米　1/16　印张：25¼　字数：560 千字
2023 年 10 月第一版　2023 年 10 月第一次印刷
定价：**72.00** 元（赠教师课件及数字资源）
ISBN 978-7-112-28550-1
(41038)

本书列入住房和城乡建设部“十四五”规划教材，根据现行行业标准《高层建筑混凝土结构技术规程》JGJ 3 等国家规范规程编写而成。 全书共分 10 章，内容包括：概述、高层建筑结构体系与结构布置、高层建筑的荷载和地震作用、高层建筑结构计算分析的一般规定及相关方法、框架结构设计、剪力墙结构设计、框架- 剪力墙结构设计、筒体结构设计、复杂高层建筑结构设计以及装配式高层建筑混凝土结构设计等。

本书涵盖高层建筑结构体系的基本原理、计算方法和构造要求，给出了常用结构体系的设计实例以及详细的手算过程与计算机辅助设计软件计算结果，并进行了对比分析，有助于读者深刻理解高层建筑混凝土结构设计中结构体系选择、结构布置、结构内力分析、构件设计、结构构造设计等一系列高层建筑结构设计中的关键问题。 同时，第 5~7 章例题还附有 PKPM 模型下载二维码，方便读者学习。

本书可作为高等院校土木工程专业的教材，也可为从事高层建筑混凝土结构设计、施工等工程技术人员提供参考。

为支持教学，本书作者制作了多媒体教学课件，选用此教材的教师可通过以下方式获取：1. 邮箱： jckj@cabp.com.cn; 2.电话：（010）58337285；3. 建工书院：http://edu.cabplink.com。

*　　　*　　　*

出版说明

党和国家高度重视教材建设。2016 年，中办国办印发了《关于加强和改进新形势下大中小学教材建设的意见》，提出要健全国家教材制度。2019 年 12 月，教育部牵头制定了《普通高等学校教材管理办法》和《职业院校教材管理办法》,旨在全面加强党的领导，切实提高教材建设的科学化水平，打造精品教材。住房和城乡建设部历来重视土建类学科专业教材建设，从“九五”开始组织部级规划教材立项工作，经过近 30 年的不断建设，规划教材提升了住房和城乡建设行业教材质量和认可度，出版了一系列精品教材，有效促进了行业部门引导专业教育，推动了行业高质量发展。

为进一步加强高等教育、职业教育住房和城乡建设领域学科专业教材建设工作，提高住房和城乡建设行业人才培养质量，2020 年 12 月，住房和城乡建设部办公厅印发《关于申报高等教育职业教育住房和城乡建设领域学科专业“十四五”规划教材的通知》（建办人函〔2020〕656 号），开展了住房和城乡建设部“十四五”规划教材选题的申报工作。经过专家评审和部人事司审核，512 项选题列入住房和城乡建设领域学科专业“十四五”规划教材（简称规划教材）。2021 年 9 月，住房和城乡建设部印发了《高等教育职业教育住房和城乡建设领域学科专业“十四五”规划教材选题的通知》（建人函〔2021〕36 号）。为做好“十四五”规划教材的编写、审核、出版等工作，《通知》要求：（1）规划教材的编著者应依据《住房和城乡建设领域学科专业“十四五”规划教材申请书》（简称《申请书》）中的立项目标、申报依据、工作安排及进度，按时编写出高质量的教材；（2）规划教材编著者所在单位应履行《申请书》中的学校保证计划实施的主要条件，支持编著者按计划完成书稿编写工作；（3）高等学校土建类专业课程教材与教学资源专家委员会、全国住房和城乡建设职业教育教学指导委员会、住房和城乡建设部中等职业教育专业指导委员会应做好规划教材的指导、协调和审稿等工作，保证编写质量；（4）规划教材出版单位应积极配合，做好编辑、出版、发行等工作；（5）规划教材封面和书脊应标注“住房和城乡建设部‘十四五’规划教材”字样和统一标识；（6）规划教材应在“十四五”期间完成出版，逾期不能完成的，不再作为《住房和城乡建设领域学科专业“十四五”规划教材》。

住房和城乡建设领域学科专业“十四五”规划教材的特点:一是重点以修订教育部、住房和城乡建设部“十二五”“十三五”规划教材为主；二是严格按照专业标准规范要求编写，体现新发展理念；三是系列教材具有明显特点，满足不同层次和类型的学校专业教学要求；四是配备了数字资源，适应现代化教学的要求。规划教材的出版凝聚了作者、主审及编辑的心血，得到了有关院校、出版单位的大力支持，教材建设管理过程有严格保障。希望广大院校及各专业师生在选用、使用过程中，对规划教材的编写、出版质量进行反馈，以促进规划教材建设质量不断提高。

住房和城乡建设部“十四五”规划教材办公室

2021年11月

前　言

目前，高层建筑混凝土结构在我国应用较多，其结构设计是土木工程专业学生及专门从事建筑结构设计、施工的工程技术人员应掌握的主要专业知识之一。笔者在多年从事“高层建筑混凝土结构设计”课程的教学过程中，感到学生需要一本既能够比较全面地介绍高层建筑混凝土结构设计概念、原理等理论知识，又有一定工程设计实例的教材，为此，编写了本书。

本书以《高层建筑混凝土结构技术规程》JGJ 3—2010、《装配式混凝土结构技术规程》JGJ 1—2014 等规范规程为依据，对框架结构、剪力墙结构、框架-剪力墙结构、筒体结构、复杂高层建筑结构以及装配式混凝土结构等高层建筑结构的基本概念、计算方法及构造要求进行了详细的介绍，并给出了常用高层建筑混凝土结构体系的工程设计实例。为了强化概念，工程设计实例均以手算方法为主，同时采用 SATWE 设计软件对工程设计实例进行了对比计算。由于篇幅所限，电算部分只给出了初始条件及计算结果，以及手算结果与电算结果的对比。实例中的施工图采用了《混凝土结构施工图平面整体表示方法制图规则和构造详图》22G101-1 规定的方法绘制。

笔者希望本书可为学习“高层建筑混凝土结构设计”课程以及进行高层建筑混凝土结构毕业设计的学生提供参考，同时也为从事高层建筑混凝土结构设计、施工的工程技术人员提供参考。

本书由哈尔滨工业大学姜洪斌、刘发起主编，刘广义主审。

本书在编写过程中参考了大量的文献，已在书末的参考文献中列出，特在此向其作者表示感谢。

鉴于编者水平所限，书中难免有错误及不足之处，敬请读者批评指正。

编者

2022 年 10月

目 录

第 5 章　框架结构设计　062

第 6 章　剪力墙结构设计　155

第 7 章　框架-剪力墙结构设计　245

第 8 章　筒体结构设计　317

第 1 章
概　述

高层建筑是社会经济和科学技术发展的产物。高层建筑的发展与城市民用建筑的发展密切相关，城市人口集中、用地紧张以及商业竞争的激烈化，促进了人们对高层建筑的需求。但最初由于受到垂直运输工具的限制，房屋还不能建得很高，直到 1857 年第一部载人电梯制造成功，才使得多层建筑向高层建筑发展成为可能。世界上第一栋现代高层建筑是美国芝加哥家庭保险大楼（Home Insurance Building），建于 1884～1886 年，10 层，42m 高，1890 年又加建 2 层，增高至 55m（图 1-1），采用钢框架结构，但柱采用铸铁，梁采用熟铁，最终于 1931 年拆除。1890 年，纽约时报大楼（New York World Building）建成，高度达到了 94m（图 1-2）。1894 年，美国曼哈顿人寿保险大楼（Manhattan Life Insurance Building）建成，共 18 层，106m 高，是世界上第一个超过百米的建筑（图 1-3）。

图 1-1　家庭保险大楼
（1884～1931，55m）

图 1-2　纽约时报大楼
（1890～1955，94m）

图 1-3　曼哈顿人寿保险大楼
（1894～1963，106m）

此后随着社会经济的发展和科学技术的不断进步，高层建筑也得到迅猛发展，典型的如帝国大厦（Empire State Building，102 层，381m 高，1931 年建成，图 1-4）、纽约世贸大厦（World Trade Center，110 层，417m 高，1973～2001 年，框筒结构，图 1-5）、西尔斯大厦（Sears Tower，现更名为威利斯大厦，即 Willis Tower，108 层，442m 高，1974 年建成，成束筒结构，图 1-6）等。

图 1-4 帝国大厦
（1931，381m）

图 1-5 世贸大厦
（1973，417m）

图 1-6 威利斯大厦
（1974，442m）

我国的高层建筑起步较晚，始于 20 世纪 50 年代，但从 20 世纪 50 年代到 70 年代末，受到当时经济条件的制约，内地的高层建筑数量很少，1976 年建成的广州白云宾馆是国内首栋百米高层，共 33 层，117m 高，见图 1-7。随着改革开放和国民经济的迅速发展，尤其是近几十年来，国内各大城市相继建造了大量的高层建筑，根据世界高层建筑与都市人居学会（Council on Tall Buildings and Urban Habitat，CTBUH）的统计结果，截至 2022 年 7 月，我国超过 150m 的高层建筑数量为 2940 座，超过 200m 的高层建筑数量为 961 座，超过 300m 的高层建筑为 102 座，规模稳居世界第一。1998 年竣工、曾为国内最高建筑的上海金茂大厦高 420.5m，当时位居世界第四（图 1-8）；2003 年竣工的中国台北 101 大楼（图 1-9），高度达 508m，2004～2010 年间为世界第一高楼，且在世界高楼协会颁发的证书里，中国台北 101 大楼拿下了“世界高楼”四项指标中的三项世界之最，即“最高建筑物”（508m）、“最高使用楼层”（438m）和“最高屋顶高度”（448m）；2016 年上海中心大厦竣工，高度 632m，目前为国内第一高楼，位列世界第二（图 1-10）。

图 1-7　广州白云宾馆
（1973，117m）

图 1-8　上海金茂大厦
（1998，420.5m）

图 1-9　中国台北 101 大楼
（2003，508m）

目前，世界最高建筑为阿联酋港口城市迪拜的哈利法塔（Burj Khalifa Tower），建成于 2010 年，总高度为 828m，162 层（图 1-11）。据说哈利法塔建造时，迪拜有关方面不肯公布哈利法塔的确切高度，其原因就是担心“世界第一高”被他人抢走。实际上，从当今世界科学技术水平来看，超过哈利法塔的高层建筑在技术上是完全可行的。

图 1-10　上海中心大厦
（2016，632m）

图 1-11　迪拜哈利法塔
（2010，828m）

值得一提的是，迄今为止人类有明确设计构想的最高建筑物是日本的 X-Seed 4000 摩天巨塔，共有 800 层，高达 4000m，底部直径达 6000m，可供 50 万～100 万人居住，见图 1-12。这座蕴涵着未来环境保护主义的建筑物将把现代化的生活方式与自然环境有机地结合起来，巨塔的电力将来自于太阳能，并且要能够根据外部天气情况的变化随时调整室内的气温和气压。如果这座建筑物建成，它的高度将超过日本的最高峰富士山（海拔 3776m）。X-Seed 4000 作为人类历史上第一座“人造山”，预计将会耗资数千亿美元。当然，这只是一个设计构想。

图 1-12　日本构想 X-Seed 4000

与多层建筑结构相比，高层建筑的结构内力计算、构件截面设计理论等并无本质区别。但随着房屋高度的增加，水平作用（风或地震作用）对房屋的影响越来越大，甚至起控制作用，这是高层建筑结构与多层建筑的主要区别。但目前各国规范普遍规定超过一定高度或层数的建筑为高层建筑，如现行行业标准《高层建筑混凝土结构技术规程》JGJ 3（以下简称《高规》）规定：10 层及 10 层以上或房屋高度超过 28m 的为高层建筑结构。事实上，不宜统一采用一个层数（或高度）来划分高层建筑与多层建筑。例如，两幢层数完全相同的房屋，一幢处在设防烈度为 6 度的地区，另一幢处在设防烈度为 9 度的地区，可能前者仍然是竖向荷载起控制作用，但后者已经是水平地震作用在起控制作用了。这只是一个简单的例子，其实影响划分界限的因素还很多，这里就不一一列举了。总之，统一采用一个层数（或高度）来划分界限的做法并非完全合理。但从工程实践角度，为了方便工程师确定何时按照高层建筑结构进行设计，给出简单实用的界限是必要的。

高层建筑结构，按组成材料可分为钢结构、混凝土结构、钢-混凝土混合结构三种类型。钢结构具有自重轻、强度高、延性好、施工快等特点，但用钢量大、造价高、防火性能较差。混凝土结构整体性好、刚度大、变形小、阻尼比高、舒适性佳，且混凝土结构耐腐蚀、耐火、维护方便、造价低，但混凝土结构的自重较大。值得注意的是：自 20 世纪 90 年代以来，原来从高层钢结构起步的美国和日本，其混凝土高层建筑也迅速发展起来。尤其是日本，以前基本上采用钢结构，现在正大力发展混凝土结构。对于超高层建筑，当今世界各国都已趋向采用钢-混凝土混合结构，钢-混凝土混合结构综合了两者的优点，具有优异的力学性能与经济性。我国的高层建筑多采用混凝土结构，但高度超过 300m 的高层建筑多数采用钢-混凝土混合结构，且主要采用由钢框架、型钢混凝土框架、钢管混凝土框架与钢筋混凝土核心筒组成的结构，见表 1-1。

我国《高规》并没有给出“超高层建筑”的定义，现行国家标准《民用建筑设计统一标准》GB 50352 中规定：“建筑高度大于 100m 的民用建筑为超高层建筑”。世界高层建筑与都市人居学会（CTBUH）建议的高层分类的世界标准中，超高层（Supertall）建筑为高度超过 300m 的高层建筑。表 1-1 列出了我国超过 300m 的部分高层建筑。

我国高度超过 300m 的部分高层建筑　　表 1-1

名称	地点	高度（m）	楼层	结构体系	建成年份
上海中心大厦	上海	632	119	巨型框架伸臂桁架核心筒	2015
平安国际金融中心	深圳	599	118	巨型框架伸臂桁架核心筒	2017
周大福金融中心	广州	530	112	巨型框架伸臂桁架核心筒	2016
周大福滨海中心	天津	530	101	钢框架陡斜撑核心筒	2019
北京中信大厦（中国尊）	北京	528	108	巨型框架斜撑桁架核心筒	2018
中国台北 101 大楼	台北	508	101	巨型框架伸臂桁架核心筒	2004
上海环球金融中心	上海	492	101	巨型框架伸臂桁架核心筒	2008
环球贸易广场	香港	484	118	钢框架伸臂桁架核心筒	2011
武汉绿地中心	武汉	475	100	巨型框架伸臂桁架核心筒	2020
长沙国际金融中心	长沙	452	92	巨型框架伸臂桁架核心筒	2018
紫峰大厦	南京	450	89	钢框架伸臂桁架核心筒	2010
京基 100	深圳	442	100	巨型斜撑框架伸臂桁架核心筒	2011
广州国际金融中心	广州	440	103	斜交网格巨柱核心筒	2010
武汉中心大厦	武汉	438	88	巨型框架伸臂桁架核心筒	2015
金茂大厦	上海	420	88	框架伸臂桁架核心筒	1998
香港国际金融中心二期	香港	420	88	巨型框架伸臂桁架核心筒	2003
广州中信大厦	广州	391	80	钢筋混凝土结构	1997
深圳地王大厦	深圳	384	69	钢管混凝土框架核心筒	1997
香港中环广场	香港	374	78	钢管混凝土框架核心筒	1992
中银大厦	香港	367	72	巨型桁架结构	1990
赛格广场	深圳	355	72	钢管混凝土框架核心筒	1999
天津环球金融中心	天津	336	75	钢管混凝土框架核心筒	2011
温州世贸中心大厦	温州	333	72	筒中筒	2008
地王国际财富中心	柳州	303	75	钢框架核心筒	2015

注：资料统计至 2020 年，部分资料来自互联网。

高层建筑能够节约土地资源，已成为我国最为常见的建筑结构形式，超高层建筑的数量也已位居世界第一。但超高层建筑也有其自身的问题：（1）对建筑材料、建造设备的要求高，抗风、抗震技术复杂，建造成本高；（2）可能损害城市传统风貌，导致高能耗、交通拥堵、光污染和热岛效应等；（3）一旦发生火灾、地震等事故，超高层建筑很难从外部扑救，救援难度非常大。因此，近年来我国开始限制超高层建筑的建设。

第 2 章 高层建筑结构体系与结构布置

2.1 高层建筑结构内力及变形特点

高层建筑结构是高次超静定结构，结构内力及变形计算十分复杂，但其特点与简单的竖向悬臂构件是相同的。图 2-1 是同时承受竖向荷载和倒三角形水平荷载的竖向悬臂构件，在竖向荷载作用下，构件主要产生轴向压力，底层压力 N 的大小与高度 H 呈正比；在水平荷载作用下，构件主要产生弯矩、剪力及侧移，底层弯矩 M 的大小与高度 H 的平方呈正比，底层剪力 V 的大小与高度 H 呈正比，而顶点侧移 u 则与高度 H 的四次方呈正比，即：

$$
\begin{aligned}
N &= \omega H \\
M &= \frac{q_{\max} H^2}{3} \\
V &= \frac{q_{\max} H}{2} \\
u &= \frac{11 q_{\max} H^4}{120 EI}
\end{aligned}
\tag{2-1}
$$

由图 2-1 可见，随着高度的增加，提高房屋的刚度 EI，减小侧移（注：《高规》不要求限制顶点总侧移，仅限制层间相对侧移），成为高层建筑结构体系应考虑的主要因素。从提高房屋刚度 EI 的措施来看，最有效的方法就是增大抗侧力构件的截面惯性矩 I，而增大截面惯性矩的主要措施则是增大抗侧力构件的截面高度。

在工程设计中，当柱的抗侧移刚度不足时，利用截面高度数倍于柱截面高度的钢筋混凝土墙片（工程上称其为“剪力墙”），可大幅度地提高房屋的抗侧移刚度；若将整个外墙或内部楼、电梯间井筒做成筒状钢筋混凝土抗侧力构件（工程上称其为“筒体”），则可获得更大的抗侧移刚度。利用这些不同的抗侧力构件（柱、剪力墙、筒体）或将它们组合在一起，就

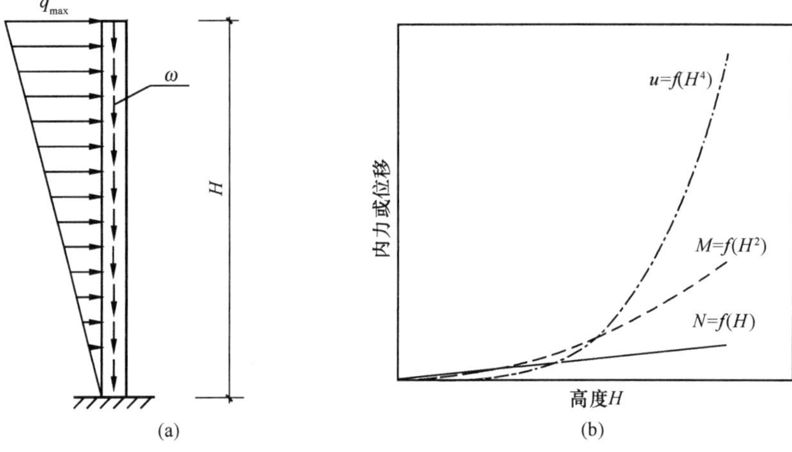

图 2-1　计算简图及内力和位移与高度关系图

(a) 竖向悬臂构件计算简图；(b) 内力和位移与高度的关系

可得到不同的满足工程需要、经济合理的结构体系。

2.2　高层建筑的结构体系

目前，高层建筑混凝土结构常用的体系有：框架结构、剪力墙结构、框架-剪力墙结构、筒体结构等，其主要的抗侧力单元为框架、剪力墙和筒体，由它们承受从楼（屋）盖传来的竖向荷载以及作用于房屋上的水平风荷载和地震作用等。

2.2.1　框架结构

框架结构是指由立柱和横梁在节点刚接组成的结构，如图 2-2 所示。由于框架结构中的框架柱的抗侧移刚度较小，因此框架结构主要用在层数不多、水平荷载较小的情况。

框架结构中的墙体属于填充墙，一般采用轻质材料填充，起保温、隔热、分隔室内空间等作用。因而它的平面布置灵活，可提供较大的室内空间，在民用建筑中常用于办公楼、旅馆、医院、学校、商店及住宅建筑中，也适用于各种多层工业厂房和仓库。

2.2.2　剪力墙结构

剪力墙结构是指底部与基础嵌固的纵、横向钢筋混凝土墙体组成的结构，如图 2-3 所示。由于剪力墙的抗侧移刚度较大，可承受很大的水平荷载，所以当高层房屋的层数较多、水平荷载较大时，可考虑采用剪力墙结构。

剪力墙结构墙体多，难于布置面积较大的房间。它主要用于住宅、公寓、旅馆等对室内

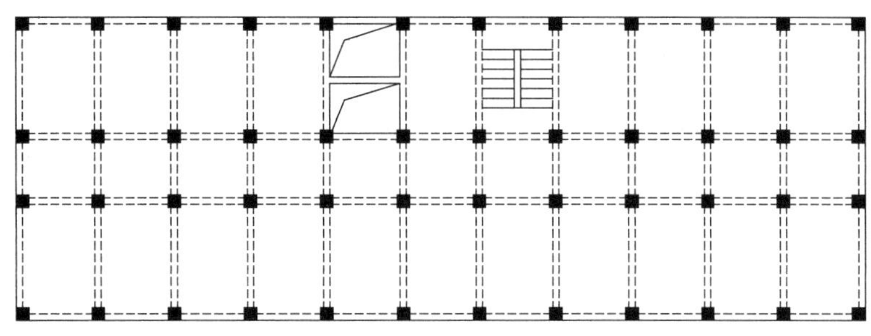

图 2-2 框架结构

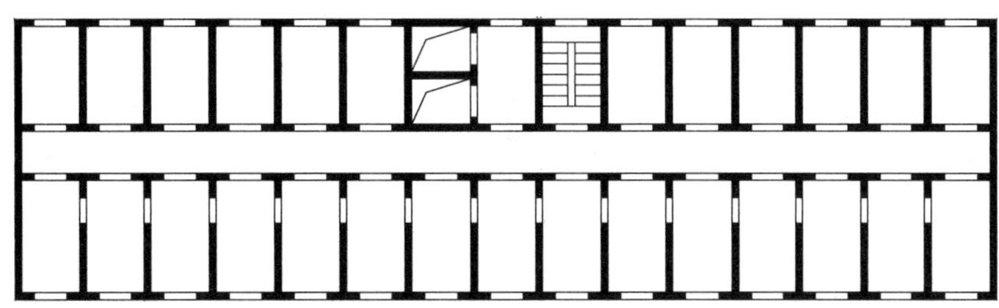

图 2-3 剪力墙结构

面积要求不大的建筑。此时，若采用框架或其他由梁、柱构成的结构（如框架-剪力墙结构），由于室内角部柱子及天花板周边的梁凸出于墙面，使较小的室内空间显得极不规整，而剪力墙结构的墙面和楼面板非常平整，因此可构成规整的室内空间。对于住宅等，当高度不是很大时，若仍然采用剪力墙结构，材料强度不能充分利用，且建筑物重量较大反而导致地震作用变大。此时可采用短肢剪力墙结构，即在纵横墙交界位置布置截面高度为 2m 左右的 T 形、十字形以及 L 形短肢剪力墙，墙肢之间在楼面处用梁连接，并用轻质隔墙材料填充。同时，可在电梯、楼梯部位布置剪力墙形成筒体，提高结构抗侧移刚度，从而形成经济性与使用功能好的短肢剪力墙结构体系。

对于旅馆建筑中的门厅、休息厅、餐厅、会议室等大空间部分，可通过附建低层裙房加以解决，或将会议室、餐厅、舞厅等设于高层房屋的顶层，在顶层将部分剪力墙改为框架，用以满足提供大空间的需要。

对于必须在高层主体结构的底部布置大空间的高层建筑，如住宅、旅馆等房屋，底层需布置商店或公共设施时，可将剪力墙结构底部一层或几层取消部分剪力墙而代之以框架及其他转换结构（如高梁厚板等转换层），构成部分框支剪力墙结构体系。这种结构体系的抗侧移刚度由于以框架取代部分剪力墙而有所削弱，另外由于框架和剪力墙连接部位刚度突变而导致应力集中，震害调查表明在此部位结构破坏严重。因此，底部被取消的剪力墙数目不应过多，且 9 度抗震不应采用。

2.2.3 框架-剪力墙结构

框架-剪力墙结构是指在框架结构的适当部位设置剪力墙的结构，如图 2-4 所示。它综合了框架结构和剪力墙结构的优点，既具有较大的抗水平作用的能力，又可提供较大的空间和较灵活的平面布置。

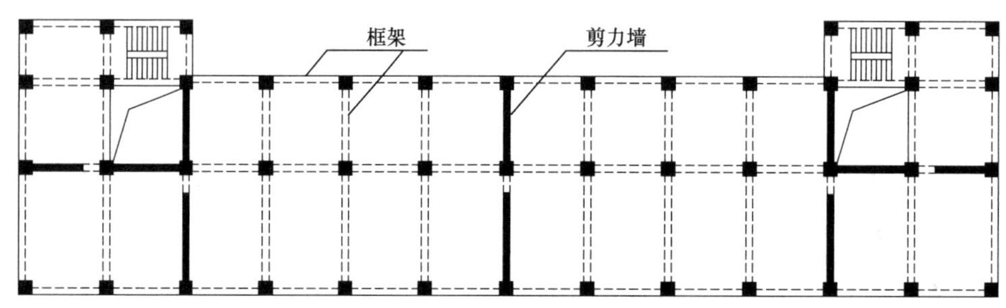

图 2-4　框架-剪力墙结构

框架-剪力墙结构可用于办公楼、旅馆、公寓、住宅等建筑中。

当房屋的层高受到限制时，为了增大楼层的净高，可取消框架梁，采用无梁楼板与柱组成的板柱框架和剪力墙共同承担竖向和水平荷载，从而形成板柱-剪力墙结构。但板柱-剪力墙结构的侧向刚度较小，板柱连接节点的抗震性能差，有可能产生冲切破坏，楼板脱落，因此板柱-剪力墙结构适用高度有限，且 9 度抗震不应采用。

2.2.4 筒体结构

由一个或多个筒体所形成的结构称为筒体结构。仅就筒体而言，一般有两种形式：一种为剪力墙内筒，由电梯间、楼梯间及设备管井等组成，水平截面为箱形，底端嵌固于基础顶面、顶端自由，呈竖向放置的薄壁悬臂梁，如图 2-5 所示；另一种为框筒，由布置在房屋四周的密集立柱与高跨比很大的窗裙梁所组成的多孔筒体，如图 2-6 所示。筒体结构与框架或剪力墙结构相比，具有更大的抗侧移刚度。

筒体结构可根据房屋高度、水平荷载大小，采用 4 种不同的形式：框架-核心筒结构、框筒结构、筒中筒结构及成束筒结构。

框架-核心筒结构是利用房屋中部的电梯间、楼梯间、设备间等墙体做成剪力墙内筒，它适用于房屋平面为正方形、圆形、三角形、Y 形或接近正方形的矩形平面的塔式高楼，如图 2-7 所示。

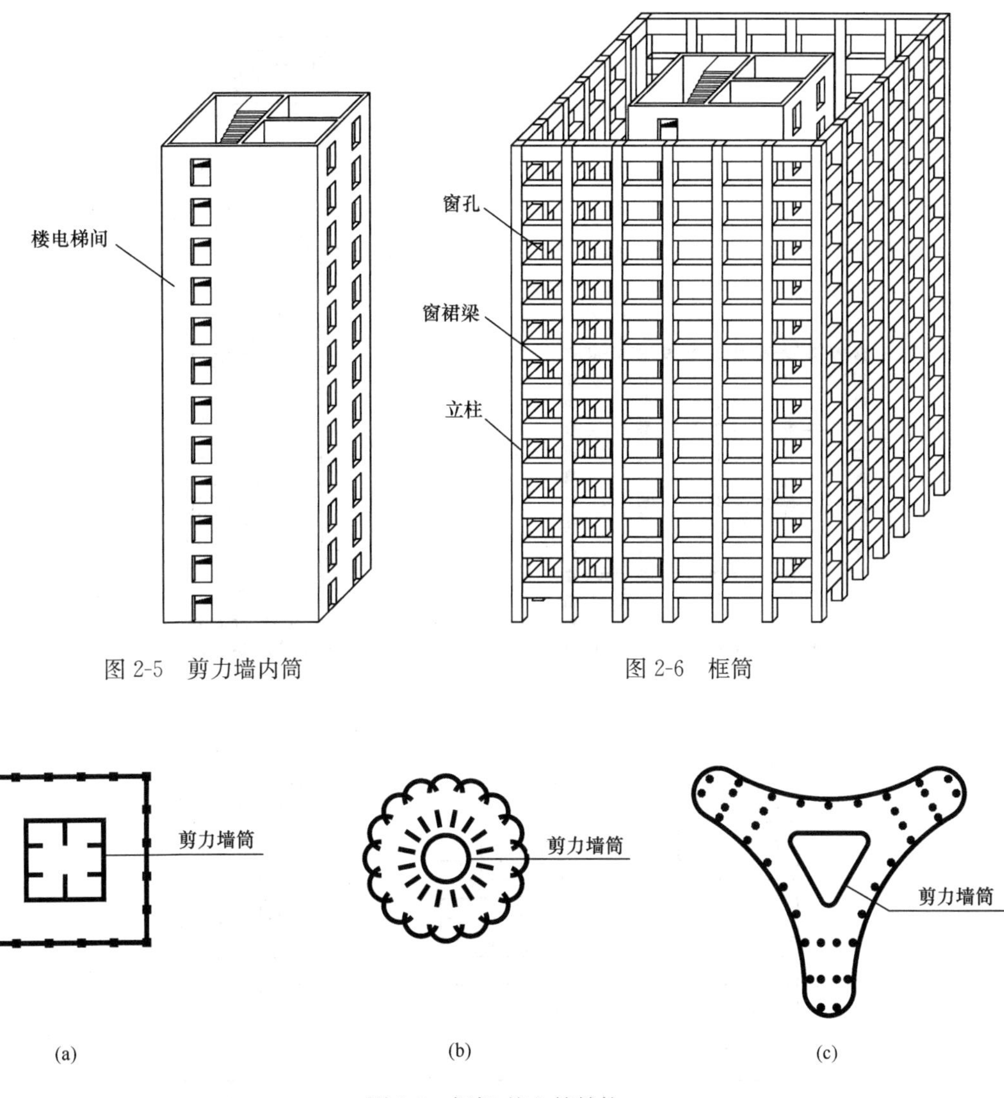

图 2-5　剪力墙内筒

图 2-6　框筒

图 2-7　框架-核心筒结构

框筒结构是由密柱、深梁形成的框架围成的筒体，框筒承担风、地震等水平作用，框筒内部布置的梁柱体系仅承担竖向荷载，如图 2-8 所示。它适用于房屋的平面接近正方形或圆形的塔式建筑中。这种体系在 1965 年建成的美国芝加哥 43 层切斯脱纳脱公寓大楼（Dewitt Chestnut Apartment Building）中得到应用（图 2-9）。该楼平面尺寸为 38.1m×24.7m，密集外柱中心之间的距离为 1.68m，窗裙梁高 0.61m，楼面为厚 0.2m 的无梁楼盖。为了扩大这种体系的入口通道，通常采用横梁、桁架或拱等转换层支承上部结构，以减少底层密集立柱的数目，如图 2-10 所示。横梁或桁架有时可高达 1～2 层，通常利用这个空间作为技术设备层。

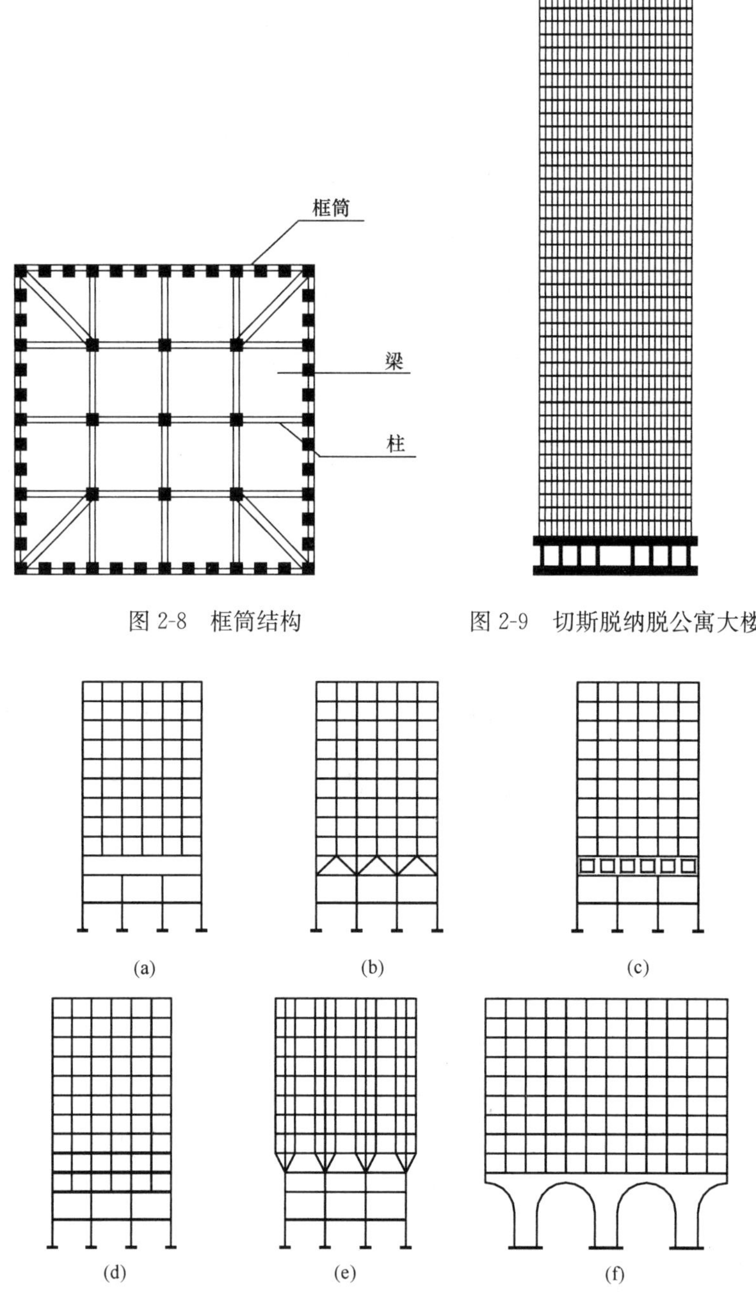

图 2-8　框筒结构　　　图 2-9　切斯脱纳脱公寓大楼

图 2-10　外部形成大入口的转换层

（a）转换梁（深梁）；（b）转换桁架；（c）转换空腹桁架；
（d）多梁转换；（e）合柱；（f）转换拱

框筒结构体系，在水平荷载作用下外框筒的剪力滞后效应较大，其特点是：(1) 翼缘框架的轴力并非均匀，角柱最大，中柱最小；(2) 腹板框架中，柱子轴力并非线性分布，远离翼缘框架的柱子轴力递减更快。产生剪力滞后的原因主要是框筒中各柱子之间存在剪力，剪力导致梁产生剪切变形，进而使得柱子之间的轴力传递减弱。剪力滞后现象越严重，框筒结构的空间效应发挥越差，因此需采取措施减小剪力滞后，包括：(1) 采用密柱深梁；(2) 建筑平面接近正方形；(3) 结构的高宽比宜大于 3，高度不小于 60m；(4) 使用整体性好的楼板。

筒中筒和成束筒两种结构体系都具有更大的抗水平力的能力。图 2-11 为筒中筒结构的房屋，即由剪力墙内筒和外框筒两个筒体组合而成，故称为“筒中筒”体系。所谓“成束筒”体系的房屋，是指由几个连在一起的框筒组合而成的。美国芝加哥的西尔斯大厦(图 2-12)是典型采用成束筒结构的高层建筑。

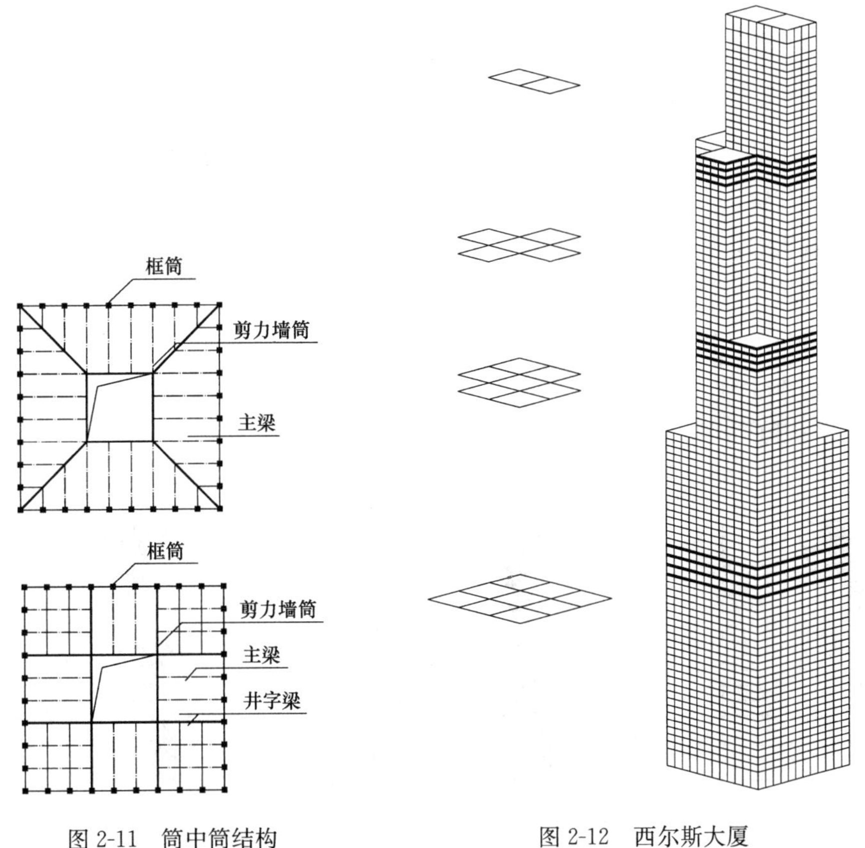

图 2-11　筒中筒结构　　图 2-12　西尔斯大厦

2.2.5 其他结构体系

除了上述常用结构体系之外，高层建筑结构体系还有：框架-核心筒-伸臂结构、巨型框架结构、巨型桁架结构以及悬挂结构体系等，如图 2-13 所示。

框架-核心筒-伸臂结构是在框架-核心筒结构的某些楼层中设置伸臂，连接内筒与外柱，

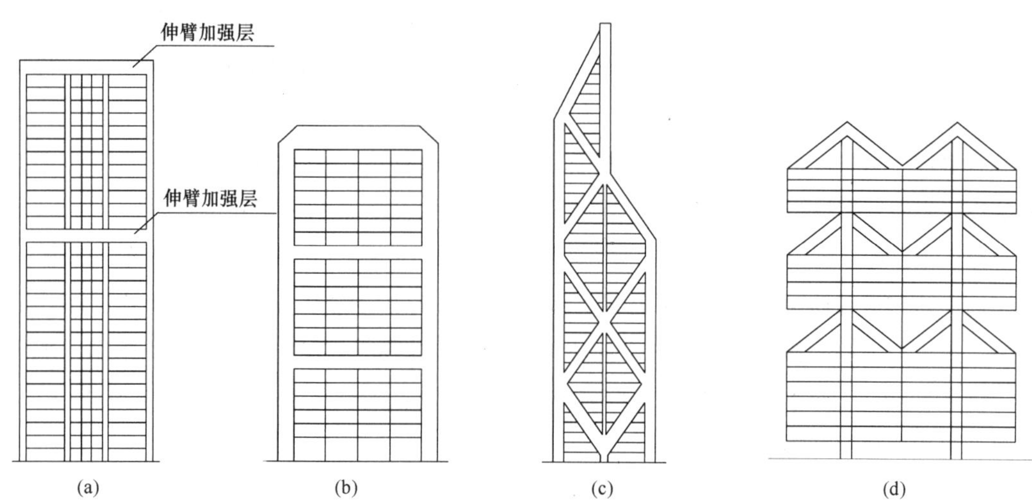

图 2-13　其他结构体系

(a) 框架-核心筒-伸臂结构；(b) 巨型框架结构；(c) 巨型桁架结构；(d) 悬挂结构

以增强其抗侧移刚度。伸臂是由刚度很大的桁架、实腹梁等组成。通常是沿高度选择一层、两层或数层布置伸臂构件，其作用如图 2-14 所示。由于伸臂本身刚度较大，在结构侧移时，它使外柱拉伸或压缩，从而使柱承受较大轴力，增大了外柱抵抗的倾覆力矩；伸臂使内筒产生反向的约束弯矩，内筒的弯矩图改变、最大弯矩减小，同时减小了侧移。框架-核心筒-伸臂结构主要用在高宽比较大的超高层建筑中，以达到减少房屋侧移的目的。我国的上海金茂大厦采用了框架-核心筒-伸臂结构，其高宽比为 7.0，在第 24～25 层、第 51～52 层、第 85～86 层各设置一道两层高的伸臂，每道伸臂的钢桁架高达 8.0m。

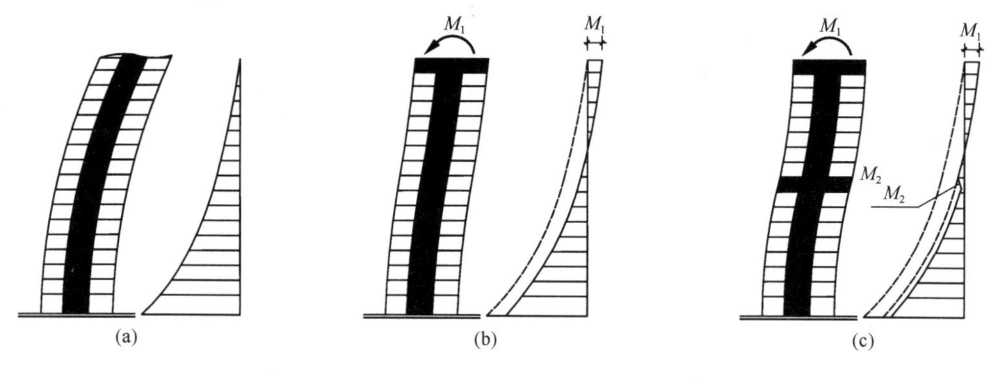

图 2-14　伸臂的作用

(a) 无伸臂；(b) 一道伸臂；(c) 两道伸臂

巨型框架结构体系是将房屋沿高度以每 10 层左右为一段，分为若干段，每段设一巨大的传力梁，与柱形成一级巨型框架，承受主要的水平和竖向荷载，其余的楼面梁与柱组成二级结构，二级结构只将楼面荷载传递到一级结构上，这样二级结构的梁、柱截面尺寸可以减小，增加了有效使用面积。巨型横梁下的楼层可以不设中间小柱，便于布置会议室、餐厅、游泳池等需要大空间的楼层。图 2-15 深圳亚洲大酒店（现为深圳香格里拉大酒店）为采用巨型框架的工程实例，该建筑为“Y”形，共 38 层，114m 高。

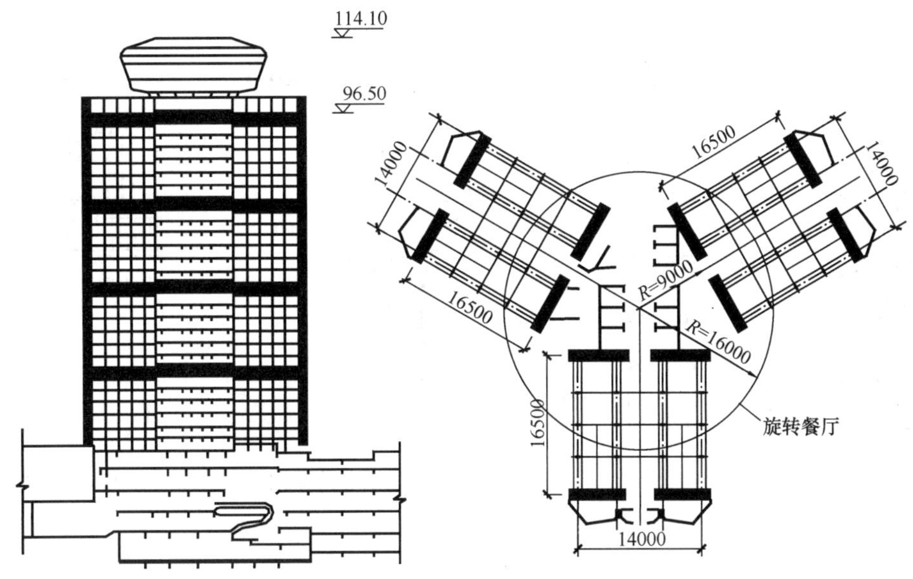

图 2-15　深圳亚洲大酒店

巨型桁架结构是由巨型立柱和斜向支撑形成的空间结构作为建筑物的主要受力骨架。这种结构体系的有效宽度（即抗倾覆的力臂）大，桁架斜杆可有效地传递剪力，不存在框筒中的剪力滞后现象，提高了房屋的抗侧移刚度，使材料强度得以充分利用。图 2-16 为美国芝加哥的约翰·汉考克（John Hancock）大厦（100 层，高 344m），设计者用巨型桁架取代了外框筒，提高了房屋的抗侧移刚度。图 2-17 为香港中银大厦（70 层，高 315m，加屋顶天线后总高 369m），它是由 4 个平面为三角形的巨型空间桁架组成，向上每隔若干层取消一个三角区。4 个三角形桁架支承在底部三层巨大的框架上，最后由 4 根巨柱将全部荷载传给基础。

悬挂结构体系是以筒体、桁架或刚架等作为主要受力结构，全部楼盖均以钢丝束或预应力混凝土吊杆悬挂在上述主要受力结构上，一般每段吊杆悬吊 10 层左右。图 2-18 为南非约翰内斯堡的 Standard Bank 大楼结构示意图。这种结构集中使用主要受力构件，充分利用高强材料的抗拉强度，为敞开底部或其他部位的空间创造了有利条件。

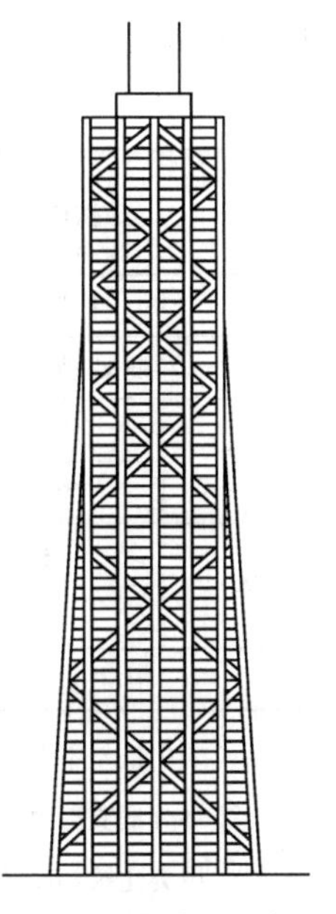

图 2-16　约翰·汉考克（John Hancock）大厦

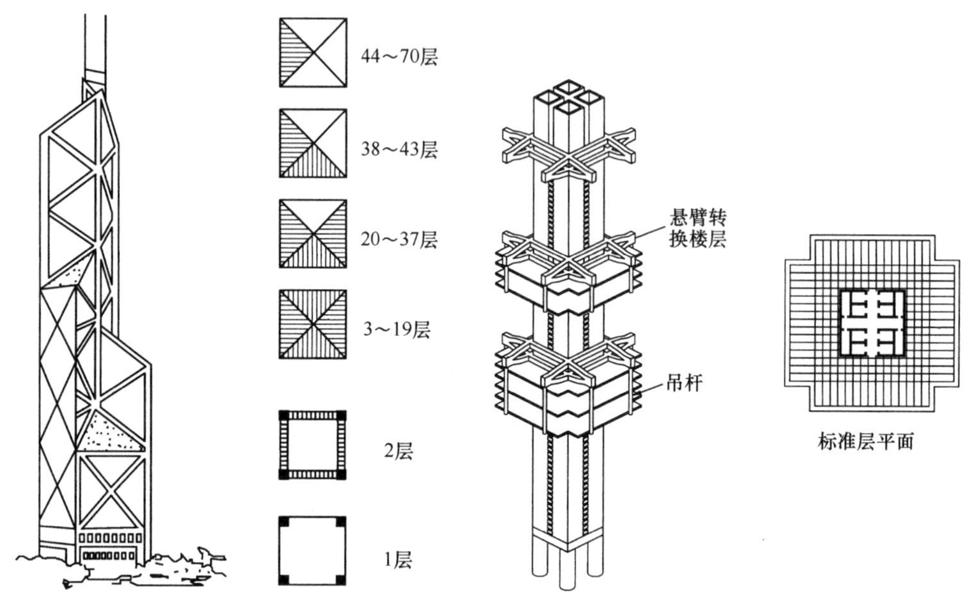

图 2-17　香港中银大厦

图 2-18　南非约翰内斯堡 Standard Bank 大楼结构示意图

2.2.6　各种结构体系的适用高度

《高规》将上述各种结构体系钢筋混凝土高层建筑结构的最大适用高度分为 A 级和 B 级，见表 2-1 和表 2-2。A 级高度高层建筑数量最多、应用最广泛，而高度超过 A 级高度，满足 B 级高度时，属于超限高层建筑，其结构抗震等级、设计要求和构造措施更为严格。

A 级高度钢筋混凝土高层建筑的最大适用高度（单位：m）　　**表 2-1**

结构体系		非抗震设计	抗震设防烈度			
			6 度	7 度	8 度	9 度
框架		70	60	55	45	25
框架-剪力墙		140	130	120	100	50
剪力墙	全部落地剪力墙	150	140	120	100	60
	部分框支剪力墙	130	120	100	80	不应采用
筒体	框架-核心筒	160	150	130	100	70
	筒中筒	200	180	150	120	80
板柱-剪力墙		70	40	35	30	不应采用

注：1. 表中框架不含异形柱框架；

2. 部分框支剪力墙结构指地面以上有部分框支剪力墙的剪力墙结构；

3. 甲类建筑，6、7、8 度时宜按本地区抗震设防烈度提高一度后符合本表的要求，9 度时应专门研究；

4. 框架结构、板柱-剪力墙结构以及 9 度抗震设防的表列其他结构，当房屋高度超过本表数值时，结构设计应有可靠依据，并采取有效措施。

B 级高度钢筋混凝土高层建筑的最大适用高度（单位：m）　　**表 2-2**

结构体系		非抗震设计	抗震设防烈度			
			6 度	7 度	8 度	
					0.20g	0.30g
框架-剪力墙		170	160	140	120	100
剪力墙	全部落地剪力墙	180	170	150	130	110
	部分框支剪力墙	150	140	120	100	80
筒体	框架-核心筒	220	210	180	140	120
	筒中筒	300	280	230	170	150

注：1. 部分框支剪力墙结构指地面以上有部分框支剪力墙的剪力墙结构；
2. 甲类建筑，抗震设防烈度为 6、7 度时宜按本地区抗震设防烈度提高一度后符合本表的要求，8 度时应专门研究；
3. 当房屋高度超过本表数值时，结构设计应有可靠依据，并采取有效措施。

2.3 高层建筑的结构布置

高层建筑的结构布置包括结构平面布置和结构竖向布置。在建筑方案设计阶段，结构工程师应与建筑师密切配合，根据结构布置的要求，制定出既满足建筑造型及功能需要，又安全、经济、切实可行的结构方案。否则可能给各专业（包括建筑、结构、水、暖、电）带来很多问题，导致造价提高，功能不合理。

2.3.1 结构平面布置

结构平面布置主要为结构平面形状的确定（关于是否需要设置变形缝，将一个建筑平面分解为若干个独立的结构单元，详见本节“2.3.4 高层房屋的变形缝”）。

结构平面形状是指一个独立结构单元的平面形状。在高层建筑的一个独立结构单元内，宜使结构平面形状简单、规则、对称，刚度和承载力分布均匀。不应采用严重不规则的结构平面布置，否则质量中心和刚度中心会产生较大的偏离，出现较大的扭转效应（图 2-19），导致结构位移及内力增大。

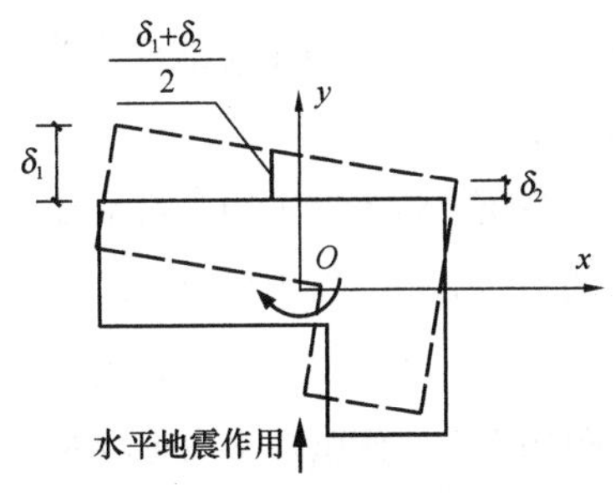

图 2-19　扭转效应示意

为减少结构的扭转效应，在考虑扭转影响的地震作用下，要求楼层竖向构件的最大水平位移以及层间平均位移，A 级高度高层建筑不宜大于该楼层平均值的 1.2 倍，不应大于该楼层平均值的 1.5 倍；B 级高度高层建筑不宜大于该楼层平均值的 1.2 倍，不应大于该楼层平均值的 1.4 倍。同时对结构扭转为主的第一自振周期 T_{t1} 与平动为主的第一自振周期 T_1 之比作出要求，A 级高度高层建筑不应大于 0.9，B 级高度高层建筑不应大于 0.85。

高层建筑宜选用风作用效应较小的平面形状。对于沿海地区，风荷载可能成为高层建筑的控制荷载，采用风压较小的平面形状有利于结构的抗风设计。对抗风有利的截面形状是简单、规则的凸平面，如圆形、正多边形、椭圆形、鼓形等平面。而平面有较多凹凸的复杂平面形状，如 V 形、Y 形、H 形、弧形等，对结构抗风是不利的。

此外，高层建筑的平面长度不宜过长，对于平面长度过长的建筑，地震时两端地震波输入存在相位差，可能出现两端振动不一致，使建筑物产生较大破坏。因此应对建筑的 L/B 加以限制。实际工程中，L/B 最好不超过 4（设防烈度为 6、7 度）或 3（设防烈度为 8、9 度）。建筑平面突出部分 l 过大时，突出部分容易产生局部振动而引发凹角处破坏，因此应该对 l/b 的值加以限制。实际工程中 l/b 最好不大于 1.0，以减轻由此引发的建筑物震害。

由于城市规划、建筑艺术和使用功能的限制，建筑平面形状可能不符合简单、规则的要求，而平面形状复杂的高层建筑对抗震又极为不利，因此有必要提供一些对抗震有利的建筑平面形状作为设计参考。《高规》规定：对 A 级高度钢筋混凝土高层建筑的平面形状宜简单、规则、对称，减小偏心，满足图 2-20 和表 2-3 的要求，但对抗震设计的 B 级高度钢筋混凝土高层建筑，则要求其平面布置应做到简单、规则，减少偏心。这是由于 B 级高度建筑高度较高，地震反应较大，因此对平面布置的规则性要求更严格。

L、l 的限值 **表 2-3**

设防烈度	L/B	l/B_{max}	l/b
6 度、7 度	≤6.0	≤0.35	≤2.0
8 度、9 度	≤5.0	≤0.30	≤1.5

在规则的建筑平面形状中，如果抗侧移刚度和竖向荷载布置不对称，仍然会产生扭转振动。如尼加拉瓜在 1962 年建造的马那瓜中央银行（图 2-21），是一栋 15 层的钢筋混凝土建筑，建筑平面形状为规则的矩形，采用框架结构体系，两个钢筋混凝土实体的电梯井和两个楼梯间均集中在平面的一侧，同时在该侧的山墙还砌有填充墙，造成结构刚心偏于一侧，在 1972 年 12 月 23 日的地震中遭受到强烈扭转振动，建筑物破坏严重，当地的地震烈度估计为 8 度。

高层建筑不宜采用角部重叠或细腰形平面形状，如图 2-22 所示。因为角部重叠或细腰形的平面形状，在中央部位形成狭窄部分，在地震中容易产生震害，尤其在凹角部位，因应力集中容易使楼板开裂、破坏。对于抗震设计的 A 级高度钢筋混凝土高层建筑，如必须采用角部重叠或细腰形平面形状时，这些部位应采取加大楼板厚度、增加板内配筋、设置集中配筋的边梁、配置 45°斜向钢筋等方法予以加强。

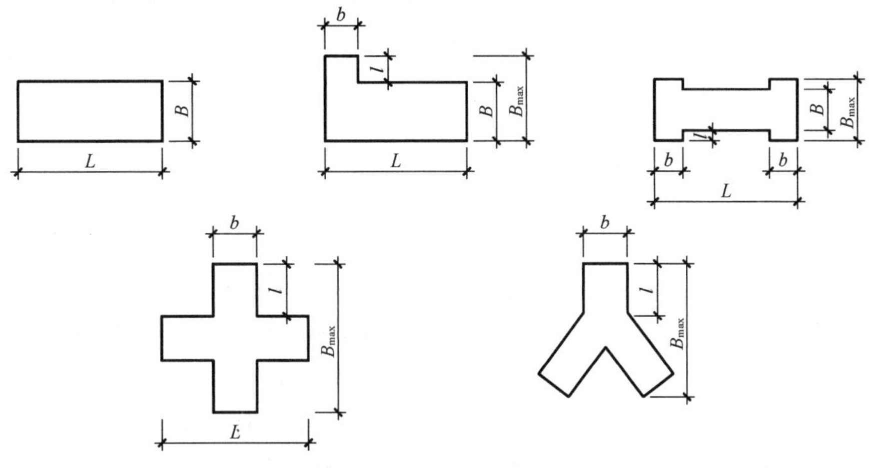

图 2-20　建筑平面示意图

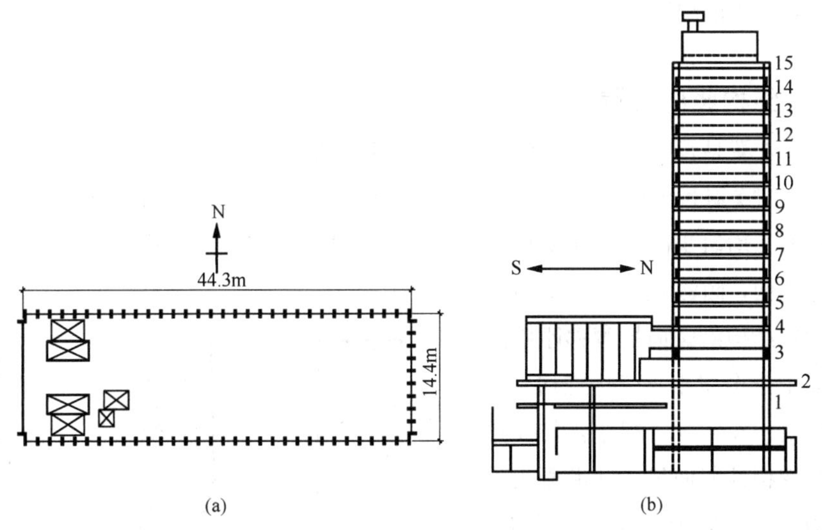

图 2-21　马那瓜中央银行

(a) 平面图；(b) 立面图

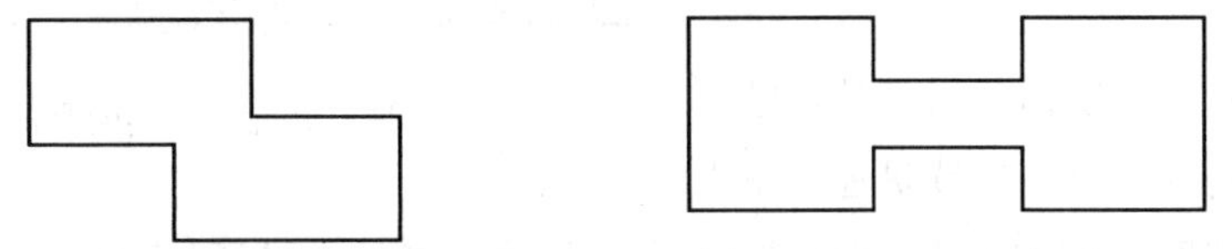

图 2-22　对抗震不利的平面形状

对于楼板平面有较大开洞而使楼板有较大削弱的情况，应在设计中考虑楼板削弱产生的不利影响，同时应对洞口的大小加以限制，见图 2-23。

目前在工程设计中应用的计算分析方法和计算机软件通常假定楼板在平面内刚度为无限

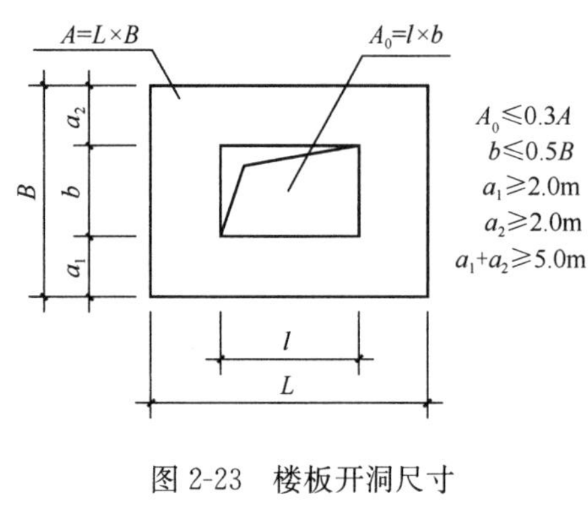

图 2-23　楼板开洞尺寸

大，对于多数工程来说，是能够满足这一假定的。但当楼板平面有较大开洞而使楼板有较大削弱时，楼板可能产生显著的面内变形，这时宜采用考虑楼板变形影响的计算方法，并应采取以下构造措施予以加强：

（1）加厚洞口附近楼板，提高楼板的配筋率，采用双层双向配筋；

（2）洞口边缘设置边梁、暗梁；

（3）在楼板洞口角部集中配置斜向钢筋。

抗震设计的框架结构中，当仅布置少量钢筋混凝土剪力墙时，结构分析计算应考虑该剪力墙与框架的协同工作。如楼、电梯间位置较偏而产生较大的刚度偏心时，宜采取将此种剪力墙减薄、开竖缝、开结构洞、配置少量单排钢筋等措施，减小剪力墙的作用，并宜增加与剪力墙相连接柱子的配筋。

2.3.2　结构竖向布置

结构竖向布置是否合理在很大程度上取决于建筑物的竖向体型。高层建筑的竖向体型宜规则、均匀，避免有过大的外挑和收进。在地震区，高层建筑的竖向体型宜采用矩形、梯形、金字塔形等均匀变化的几何形状（图 2-24）。其中，梯形、金字塔形的质量随高度逐渐减小，重心偏低，倾覆力矩小，对抗震非常有利。

高层建筑结构沿竖向抗侧移刚度的分布宜自下而上逐渐减小，变化宜均匀、连续，不要突变。在实际工程中，往往是沿竖向分段改变构件截面尺寸和混凝土强度等级。为方便施工，改变次数不宜太多。截面尺寸减小与混凝土强度等级降低应在不同楼层，以免抗侧移刚度变化过大出现薄弱层。

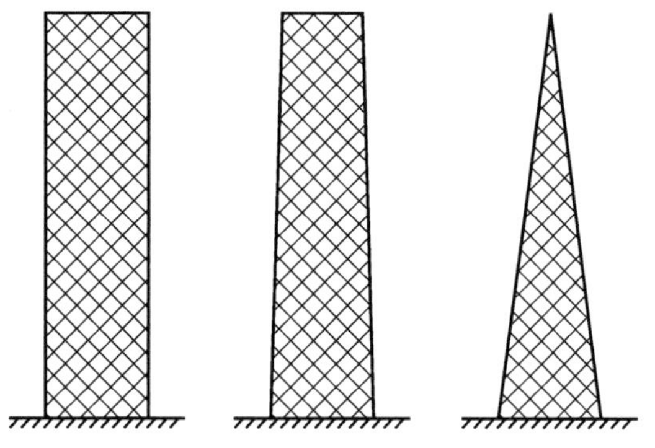

图 2-24　对抗震有利的竖向体型

对于需要抗震设防的高层建筑，结构沿竖向抗侧力构件宜上下连续贯通。正常情况下，下部楼层侧向刚度宜大于上部楼层侧向刚度。当某楼层侧向刚度小于上层时，《高规》规定：对框架结构，楼层与其相邻的上层侧向刚度比值不宜小于 0.7，与相邻上部三层刚度平均值的比值不宜小于 0.8（图 2-25）；对框架-剪力墙结构、板柱-剪力墙结构、剪力墙结构、框架-核心筒结构、筒中筒结构，楼层与其相邻的上层侧向刚度比值不宜小于 0.9，当本层层高大于相邻上层层高 1.5 倍时，该比值不宜小于 1.1；对结构底部嵌固层，该比值不宜小于 1.5。同时《高规》也规定，高层建筑结构的楼层质量沿高度宜均匀分布，楼层质量不宜大于相邻下部楼层质量的 1.5 倍。

此外，层间抗侧力结构的受剪承载力，下部楼层宜大于上部楼层，当某楼层层间抗侧力结构的受剪承载力 $V_{u,i}$ 小于上层抗侧力结构的受剪承载力 $V_{u,i+1}$ 时（图 2-26），对于 A 级高度，不宜小于其上一层受剪承载力的 80%，不应小于其上层受剪承载力的 65%；对于 B 级高度，不应小于其上一层受剪承载力的 75%。楼层层间抗侧力结构受剪承载力是指在所考虑的水平地震作用方向上，该层全部柱、剪力墙、斜撑的受剪承载力之和。

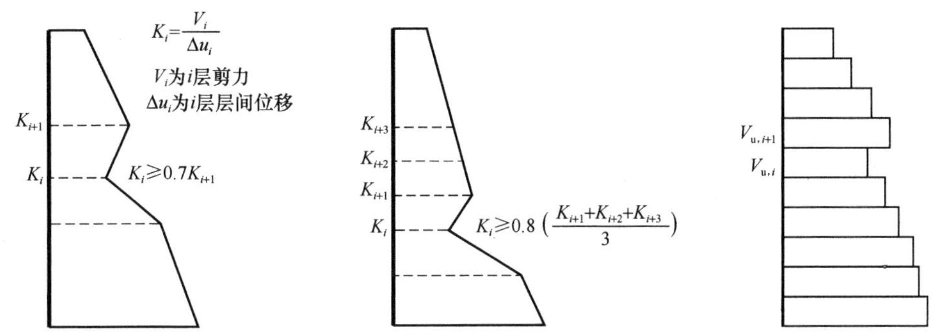

图 2-25　沿竖向楼层侧向刚度分布要求　　　图 2-26　层间受剪承载力示意图

《高规》规定，不宜采用同一楼层刚度和承载力变化同时不满足上述规定的高层建筑结构。当满足上述规定时，可以认为是竖向刚度比较均匀的结构。否则，应采用弹性时程分析方法进行多遇地震下的补充计算，并采取有效的措施予以加强。

高层建筑竖向刚度不均匀的情况及应采取的加强措施为：

（1）底层或底部若干层要求大空间，取消一部分剪力墙或柱子。此时应尽量加大落地剪力墙和下层柱子的截面尺寸，并提高这些楼层的混凝土强度等级，同时加强被取消剪力墙所在楼层的顶板，使未落地的剪力墙所受的水平力通过楼板传到其他落地剪力墙上。

（2）中部楼层部分剪力墙中断。如果建筑功能要求必须取消中间楼层的部分墙体，则取消的剪力墙不得超过半数，其余墙体应加强配筋。

（3）顶层设置空旷的大房间，取消部分剪力墙或内柱。由于顶层刚度削弱，高振型影响会使地震力加大。顶层取消的剪力墙也不得超过半数，其余的墙体及柱子应加强配筋。

在地震区，高层建筑的竖向体型若有过大的外挑和收进也容易造成震害。《高规》规定：抗震设计时，结构上部楼层收进部位到室外地面的高度 H_1 与房屋高度 H 之比大于 0.2 时，上部楼层收进后的水平尺寸 B_1 不宜小于下部楼层水平尺寸 B 的 75%，如图 2-27(a)、(b) 所示。当结构上部楼层相对于下部楼层收进时，收进的部位越高、收进后的平面尺寸越小，结构的高振型反应（即“鞭梢”效应）越明显，因此收进后的平面尺寸最好不要过小。此外，《高规》要求：当上部楼层相对下部楼层外挑时，上部楼层水平尺寸 B_1 不宜大于下部楼

层的水平尺寸 B 的 1.1 倍，且水平外挑尺寸 a 不宜大于 4m，如图 2-27(c)、(d) 所示。这是因为上部结构楼层相对于下部楼层外挑时，结构的扭转效应和竖向地震作用效应明显，对抗震不利，因此外挑尺寸不宜过大。当外挑和内收尺寸超过上述规定时，应采用弹性时程分析方法进行多遇地震下的补充计算，并采取有效的措施予以加强。

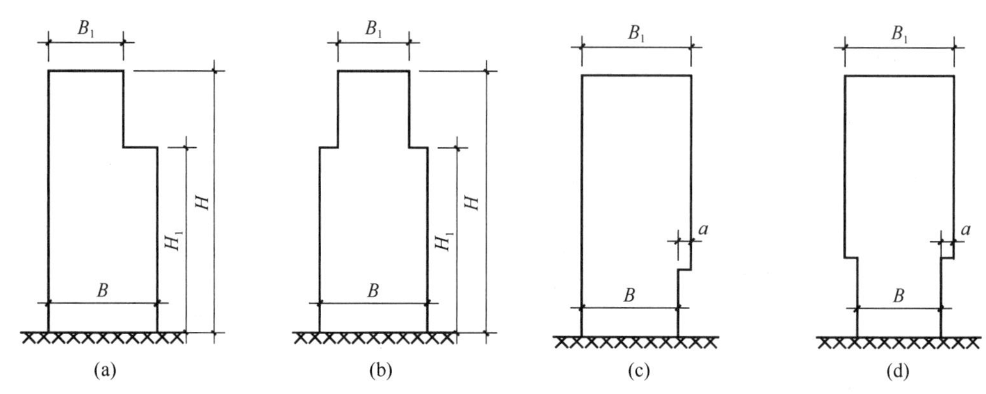

图 2-27 结构竖向外挑和收进示意图

高层建筑除应满足结构平面、竖向布置的要求外，还应对其高宽比 H/B 加以限制，H 是指建筑物地面到檐口高度，B 是指建筑物平面的短方向总宽。高跨比越大，水平荷载作用下的侧移越大，结构抗倾覆能力越弱。通过限制高宽比，可以从宏观上控制结构的倾覆、整体稳定、侧移以及经济性。《高规》规定：钢筋混凝土高层建筑结构的高宽比不宜超过表 2-4 的限值。应当说明，表中数值是根据经验得到的，可供设计时参考，并非必须满足。对主体结构与裙房相连的高层建筑，当裙房的面积和刚度相对于其上部主体的面积和刚度较大时，高宽比按裙房以上的高度和宽度计算。

A 级高度钢筋混凝土高层建筑结构适用的最大高宽比　　表 2-4

结构体系	非抗震设计	抗震设防烈度		
		6 度、7 度	8 度	9 度
框架	5	4	3	—
板柱-剪力墙	6	5	4	—
框架-剪力墙、剪力墙	7	6	5	4
框架-核心筒	8	7	6	4
筒中筒	8	8	7	4

高层建筑宜设地下室，可利用土体的侧压力防止水平力作用下结构的滑移、倾覆，减轻地震作用对上部结构的影响，同时还可以减轻地基的附加压力，提高地基的承载能力。震害经验表明，有地下室的建筑其震害明显减轻。因此，高层建筑宜设置地下室，且同一结构单元应全部设置地下室，不宜采用部分地下室，地下室应具有相同的埋深。

2.3.3　关于结构布置的规则性

前面分别对结构平面布置及竖向布置的规则性给出了《高规》中的一系列规定，为方便设计，将前述规定列成表格，见表 2-5。

规则性限制条件及超限准则　　表 2-5

<table>
<tr><th colspan="3"></th><th colspan="2">限制条件</th><th>超限准则</th><th>注</th></tr>
<tr><td rowspan="21">项目</td><td rowspan="15">平面规则性</td><td rowspan="5">扭转影响</td><td colspan="2">$\delta_1/\dfrac{\delta_1+\delta_2}{2}\leqslant 1.2$</td><td>不宜</td><td rowspan="3">见图 2-19</td></tr>
<tr><td>A 级高层建筑</td><td>$\delta_1/\dfrac{\delta_1+\delta_2}{2}\leqslant 1.5$</td><td rowspan="2">不应</td></tr>
<tr><td>B 级高层建筑</td><td>$\delta_1/\dfrac{\delta_1+\delta_2}{2}\leqslant 1.4$</td></tr>
<tr><td rowspan="2">$\dfrac{T_{t1}}{T_1}$</td><td>A 级高层建筑≤0.9</td><td>不应</td><td rowspan="2">T_{t1}为扭转为主第一自振周期
T_1为平动为主第一自振周期</td></tr>
<tr><td>B 级高层建筑≤0.85</td><td>不应</td></tr>
<tr><td rowspan="6">平面尺寸</td><td rowspan="3">6 度、7 度</td><td>$L/B\leqslant 6.0$</td><td>不宜</td><td rowspan="6">见图 2-20</td></tr>
<tr><td>$L/B_{max}\leqslant 0.35$</td><td>不宜</td></tr>
<tr><td>$l/b\leqslant 2$</td><td>不宜</td></tr>
<tr><td rowspan="3">8 度、9 度</td><td>$L/B\leqslant 5.0$</td><td>不宜</td></tr>
<tr><td>$l/B_{max}\leqslant 0.3$</td><td>不宜</td></tr>
<tr><td>$l/b\leqslant 1.5$</td><td>不宜</td></tr>
<tr><td rowspan="4">楼板开洞</td><td colspan="2">$b\leqslant 0.5B$</td><td>不宜</td><td rowspan="4">见图 2-23</td></tr>
<tr><td colspan="2">$A_0\leqslant 0.3A$</td><td>不宜</td></tr>
<tr><td colspan="2">$a_1+a_2\geqslant 5\text{m}$</td><td>不宜</td></tr>
<tr><td colspan="2">$a_1\geqslant 2\text{m}$ 或 $a_2\geqslant 2\text{m}$</td><td>不应</td></tr>
<tr><td rowspan="6">竖向规则性</td><td>刚度比</td><td colspan="2">$\dfrac{K_i}{K_{i+1}}\geqslant 0.7$ 或 $\dfrac{K_i}{\dfrac{K_{i+1}+K_{i+2}+K_{i+3}}{3}}\geqslant 0.8$</td><td>不宜</td><td>见图 2-25</td></tr>
<tr><td rowspan="3">受剪承载力比</td><td rowspan="2">A 级高层建筑</td><td>$\dfrac{V_{u,i}}{V_{u,i+1}}\geqslant 0.8$</td><td>不宜</td><td rowspan="3">见图 2-26</td></tr>
<tr><td>$\dfrac{V_{u,i}}{V_{u,i+1}}\geqslant 0.65$</td><td>不应</td></tr>
<tr><td>B 级高层建筑</td><td>$\dfrac{V_{u,i}}{V_{u,i+1}}\geqslant 0.75$</td><td>不应</td></tr>
<tr><td rowspan="2">外形尺寸</td><td>收进</td><td>$H_1/H\geqslant 0.2$ 时，$B_l\geqslant 0.7B$</td><td>不宜</td><td rowspan="2">见图 2-27</td></tr>
<tr><td>外挑</td><td>$B\geqslant 0.9B_l$，且 $a\leqslant 4\text{m}$</td><td>不宜</td></tr>
</table>

若结构方案中仅有个别项目超限，且超限准则为“不宜”，此结构虽属不规则结构，但仍可按《高规》有关规定进行计算和采取相应的构造措施；若结构方案中有多项超限，且超

限准则为“不宜”，此结构属特别不规则结构，应尽量避免；若结构方案中有多项超限，且与限制条件相差较多，超限准则为“不宜”，或者有一项超限，超限准则为“不应”，则此结构属严重不规则结构，这种结构方案不应采用，必须对结构方案进行调整。

对平面不规则的高层建筑结构，应采用考虑平扭耦联的三维空间分析软件进行整体内力位移计算，当楼板开大洞时，宜采用考虑楼板变形影响的计算方法。除计算之外，还应采取有效的构造措施对薄弱部位予以加强。

对竖向不规则的高层建筑结构，其薄弱层在地震作用标准值作用下的剪力应乘以 1.25 的增大系数，并应对薄弱部位采取有效的抗震构造措施。结构的计算分析应符合下列规定：

(1) 应采用至少两个不同力学模型的三维空间分析软件进行整体内力位移计算；

(2) 抗震计算时，宜考虑平扭耦联计算结构的扭转效应，振型数不应小于 15，且计算振型数应使振型参与质量不小于总质量的 90%；

(3) 应采用弹性时程分析法进行补充计算；

(4) 宜采用弹塑性静力或动力分析方法验算薄弱层弹塑性变形。

2.3.4 高层房屋的变形缝

变形缝是伸缩缝、沉降缝及防震缝的总称。在高层建筑中，常常由于建筑使用要求和考虑立面效果以及防水处理困难等，希望少设或不设缝。特别是在地震区，地震时常因设缝处互相碰撞而造成震害。因此，在高层建筑中，宜采取相应的构造和施工措施，尽量不设变形缝；当必须设缝时，应将缝两侧的高层建筑结构分为独立的结构单元。

1. 伸缩缝

伸缩缝的主要作用是防止建筑物在温度变化过程中产生的温度应力导致结构及非结构构件开裂或破损。当高层建筑结构未采取可靠的构造或施工措施时，其伸缩缝间距不宜超出表 2-6的限值。

伸缩缝的最大间距 **表 2-6**

结构体系	施工方法	最大间距/m
框架结构	现浇	55
剪力墙结构	现浇	45

注：1. 框架-剪力墙的伸缩缝间距可根据结构的具体布置情况取表中框架结构与剪力墙结构之间的数值；
2. 当屋面无保温或隔热措施、混凝土的收缩较大或室内结构因施工外露时间较长时，伸缩缝间距应适当减小；
3. 位于气候干燥地区、夏季炎热且暴雨频繁地区的结构，伸缩缝的间距宜适当减小。

当采用以下有效的构造措施和施工措施减小温度和混凝土收缩对结构的影响时，可适当放宽伸缩缝的间距，这些措施可包括但不限于下列方面：

(1) 在顶层、底层、山墙和纵墙端开间等温度变化影响较大的部位提高配筋率；

（2）顶层加强保温隔热措施，外墙设置外保温层；

（3）每隔 30～40m 间距留出施工后浇带，带宽 800～1000mm，钢筋采用搭接接头，如图 2-28 所示。后浇带混凝土宜在 45 天后浇筑；

（4）采用收缩小的水泥、减少水泥用量，在混凝土中加入适宜的外加剂；

（5）提高每层楼板的构造配筋率或采用部分预应力结构。

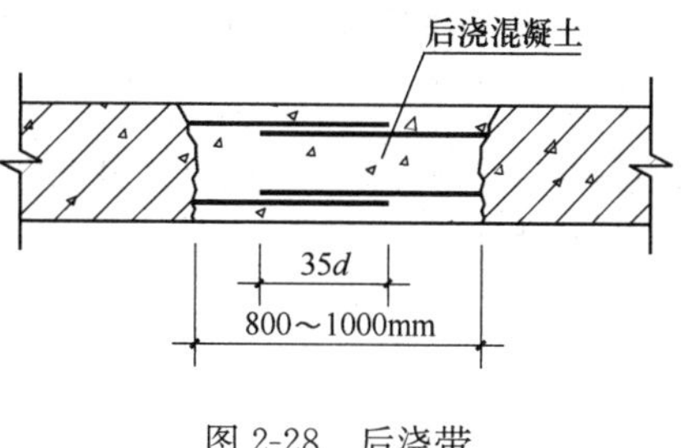

图 2-28　后浇带

目前已建成的一些工程，由于采取了一系列措施并进行合理的施工，伸缩缝间距已超出了表 2-6 的限值。例如，位于东北地区的农业银行黑龙江省分行办公楼长 80m 未设伸缩缝，北京京伦饭店长度已达 138m 也未设伸缩缝。

2. 沉降缝

在高层建筑中，当建筑物相邻部位层数或荷载相差悬殊或地基土层压缩性变化过大，从而造成较大差异沉降时，宜设置沉降缝将结构划分为独立单元。高层建筑沉降缝的基本要求是相邻单元可以自由沉降，并应考虑由于基础转动产生顶点位移的影响。

当采用以下措施后，高层部分与裙房之间可连为整体而不设沉降缝：

（1）采用桩基，桩支承在基岩上；或者采取减少沉降的有效措施，并经计算，且沉降差在允许范围内。

（2）主楼与裙房采用不同的基础形式，并宜先施工主楼，后施工裙房，调整土压力使后期沉降基本接近。

（3）地基承载力较高、沉降计算较为可靠时，主楼与裙房的标高预留沉降差，先施工主楼，后施工裙房，使最后两者标高基本一致。

在采用（2）、（3）条措施的情况下，施工时应在主楼与裙房之间先留出后浇带，待沉降基本稳定后再连为整体。后浇带的构造见图 2-28，但钢筋可以直通，不必搭接。设计中应考虑后期沉降差的不利影响。

3. 防震缝

抗震设计时，高层建筑宜调整平面形状和结构布置，避免设置防震缝。对于体型复杂、平立面不规则的建筑，应根据不规则程度、地基基础条件和技术经济等因素的比较分析，确定是否设置防震缝。当设置防震缝时，应符合下列规定：

（1）防震缝宽度应符合下列要求：

1）框架结构房屋，高度不超过 15m 时不应小于 100mm；超过 15m 时，6 度、7 度、8 度和 9 度分别每增加高度 5m、4m、3m 和 2m，宜加宽 20mm；

2）框架-剪力墙结构房屋可按第 1）项规定数值的 70%，剪力墙结构房屋不应小于第 1）项规定数值的 50%，且二者均不宜小于 100mm。

（2）防震缝两侧结构体系不同时，防震缝宽度应按不利的结构类型确定。

（3）防震缝两侧的房屋高度不同时，防震缝宽度应按较低的房屋高度确定。

（4）8、9 度抗震设计的框架结构房屋，防震缝两侧结构层高相差较大时，防震缝两侧柱的箍筋应沿房屋全高加密，并可根据需要沿房屋全高在缝两侧各设置不少于两道垂直于防震缝的防撞墙。

（5）当相邻结构的基础存在较大沉降差时，宜增大防震缝的宽度。

（6）防震缝宜沿房屋全高设置；地下室、基础可不设防震缝，但在与上部防震缝对应处应加强构造和连接。

（7）结构单元之间或主楼与裙房之间不宜采用牛腿托梁的做法设置防震缝，否则应采取可靠措施。

抗震设计时，伸缩缝、沉降缝的宽度均应符合防震缝宽度的要求。

思考题

1. 常用高层建筑结构体系有哪几种？其特点和适用范围是怎么样的？
2. 什么是框筒结构的“剪力滞后”现象？如何降低剪力滞后效应？
3. 高层建筑结构平面布置原则是什么？应满足哪些要求？
4. 高层建筑结构立面布置原则是什么？应满足哪些要求？
5. 高层建筑结构的变形缝有哪几类？各有何作用？采取哪些措施可以避免设缝？

第 3 章
高层建筑的荷载和地震作用

高层建筑主要承受竖向荷载、风荷载和地震作用。竖向荷载包括结构自重、设备重等永久荷载以及楼面（屋面）活荷载、屋面雪荷载、积灰荷载等。与多层建筑结构不同，高层建筑结构的水平荷载（风荷载和地震作用），往往起控制作用。本章主要介绍竖向荷载取值以及风荷载、地震作用的计算方法。

3.1 竖向荷载

竖向荷载可分为永久荷载（恒荷载）和可变荷载（活荷载）。永久荷载包括结构及装饰材料自重、固定设备重量；可变荷载包括楼面活荷载和屋面活荷载、雪荷载、施工检修人员与机具的重量。

永久荷载标准值可由各构件的截面尺寸、长度、装饰材料情况，根据《建筑结构荷载规范》GB 50009—2012（以下简称《荷载规范》）规定的各种材料自重标准值进行计算。固定设备重由有关专业设计人员提供。

活荷载标准值应按《荷载规范》中的规定采用。其中民用建筑楼面均布活荷载标准值是设计基准期（50 年）内，具有一定概率保证的楼面可能出现的活荷载“最大值”。高层建筑在使用期间，所有楼面活荷载同时达到“最大值”（即活荷载标准值）的可能性很小。因此，当梁、柱或墙承受的楼面面积较大或柱、墙承担的楼层较多时，应对活荷载标准值进行折减。例如，在设计住宅、宿舍、旅馆、办公楼等高层民用建筑的剪力墙、柱或基础时，要求楼面均布活荷载按表 3-1 进行折减，其他民用建筑的楼面均布活荷载标准值折减系数详见《荷载规范》第 5.1.2 条中的有关规定。在荷载汇集及内力计算中，应按未经折减的活荷载标准值进行计算，楼面活荷载的折减可在构件内力组合时，针对具体设计的构件所处位置，从《荷载规范》第 5.1.2 条中选用相应的活荷载折减系数，对活荷载引起的内力进行折减，然后再将经过折减的活荷载引起的构件内力用于内力组合。

活荷载按楼层数的折减系数　　表 3-1

墙、柱、基础计算截面以上的层数	1	2～3	4～5	6～8	9～20	>20
计算截面以上各楼层活荷载总和的折减系数	1.00(0.90)	0.85	0.70	0.65	0.60	0.55

注：当楼面梁的从属面积超过 25m² 时，采用括号内的系数。

在计算高层建筑活荷载引起的内力时，可不考虑楼面和屋面活荷载最不利布置。因为在高层建筑中楼面活荷载标准值一般为 2～3kN/m²，而高层建筑全部竖向荷载标准值一般为 12～16kN/m²，所以楼面活荷载仅占全部竖向荷载的 15%左右，其最不利布置对内力产生的影响较小。此外，高层建筑的层数和跨度都很多，不利布置的方式繁多，难以一一计算。为简化计算，可按活荷载满布进行计算，然后对梁跨中弯矩和支座弯矩乘以 1.1～1.3 的放大系数，活荷载大时可选用较大数值。

3.2 风荷载

3.2.1 总体风荷载

垂直于建筑物表面上的风荷载标准值应按下式计算：

$$w_{\mathrm{k}} = \beta_z \mu_z \mu_{\mathrm{s}} w_0 \tag{3-1}$$

式中，w_{k}为风荷载标准值（kN/m²）；β_z为 z 高度处的风振系数；μ_{s}为风荷载体型系数；μ_z为风压高度变化系数；w_0为基本风压（kN/m²）。

风荷载作用面积应取垂直于风向的最大投影面积。

基本风压 w_0是空旷平坦地面上离地 10m 处、重现期 50 年的 10min 平均最大风速 v_0计算得到的风压，$w_0 = \frac{1}{2}\rho v_0^2 = v_0^2/1600$，应按照现行国家标准《荷载规范》的规定采用。对风荷载比较敏感的高层建筑，承载力设计时应按基本风压的 1.1 倍采用。《荷载规范》附录 E 中的附表 E.5 分别给出了重现期 R 为 10 年、50 年、100 年的基本风压。对于一般高层建筑可采用重现期 R 为 50 年的基本风压；对于特别重要或对风荷载比较敏感的高层建筑，应采用重现期 R 为 100 年的风压（高层建筑对风荷载是否敏感，主要与高层建筑的自振周期有关，目前尚无实用的划分标准，一般情况下，高度大于 60m 的高层建筑，可采用 100 年一遇的风压值，对于高度不超过 60m 的高层建筑是否采用 100 年一遇的风压值，可由设计人员根据实际情况确定）；重现期为 10 年的风压用于高层建筑的舒适度验算(见第 4 章)。

风压高度变化系数 μ_z可按表 3-2 规定采用。

风压高度变化系数 μ_z　　**表 3-2**

离地面或海平面高度（m）	地面粗糙度类别			
	A	B	C	D
5	1.09	1.00	0.65	0.51
10	1.28	1.00	0.65	0.51
15	1.42	1.13	0.65	0.51
20	1.52	1.23	0.74	0.51
30	1.67	1.39	0.88	0.51
40	1.79	1.52	1.00	0.60
50	1.89	1.62	1.10	0.69
60	1.97	1.71	1.20	0.77
70	2.05	1.79	1.28	0.84
80	2.12	1.87	1.36	0.91
90	2.18	1.93	1.43	0.98
100	2.23	2.00	1.50	1.04
150	2.64	2.25	1.79	1.33
200	2.64	2.46	2.03	1.58
250	2.78	2.63	2.24	1.81
300	2.91	2.77	2.43	2.02
350	2.91	2.91	2.60	2.22
400	2.91	2.91	2.76	2.40
450	2.91	2.91	2.91	2.58
500	2.91	2.91	2.91	2.74
≥550	2.91	2.91	2.91	2.91

表 3-2 中地面粗糙度按高层建筑所在地区的不同可分为四类：A 类指近海海面和海岛、海岸、湖岸及沙漠地区；B 类指田野、乡村、丛林、丘陵以及房屋比较稀疏的乡镇；C 类指有密集建筑群的城市市区；D 类指有密集建筑群且房屋高度较高的城市市区。对于山区、远海海面和海岛建筑物或构筑物的风压高度变化系数可按《荷载规范》相应条款进行修正。

风荷载体型系数与高层建筑的体型、平面尺寸有关，计算主体结构的风荷载效应时，风荷载体型系数 μ_s 可按下列规定采用：

（1）圆形平面建筑取 0.8。

（2）正多边形及截角三角形平面建筑，由下式计算：

$$\mu_s = 0.8 + \frac{1.2}{\sqrt{n}} \tag{3-2}$$

式中，n 为多边形的边数。

（3）高宽比 H/B 不大于 4 的矩形、方形、十字形平面建筑取 1.3。

（4）下列建筑取 1.4：

1）V 形、Y 形、弧形、双十字形、井字形平面建筑；

2）L 形、槽形、高宽比 H/B 大于 4 的十字形平面建筑；

3）高宽比 H/B 大于 4，长宽比 L/B 不大于 1.5 的矩形、鼓形平面建筑。

在需要更细致地进行风荷载计算的情况下，风荷载体型系数可按表 3-3 采用或由风洞试验确定。当多栋或群集的高层建筑互相间距较近时，宜考虑风力相互干扰的群体效应，乘以根据实验资料或风洞试验确定的互相干扰增大系数。

复杂体型的高层建筑在进行内力与位移计算时，正反两个方向风荷载的绝对值可按两个方向中的较大值采用。这样，正向风和反向风只需计算一次，两个方向的风力大小相等，方向相反，可使计算大为简化。

风荷载体型系数 μ_s **表 3-3**

（1）矩形平面

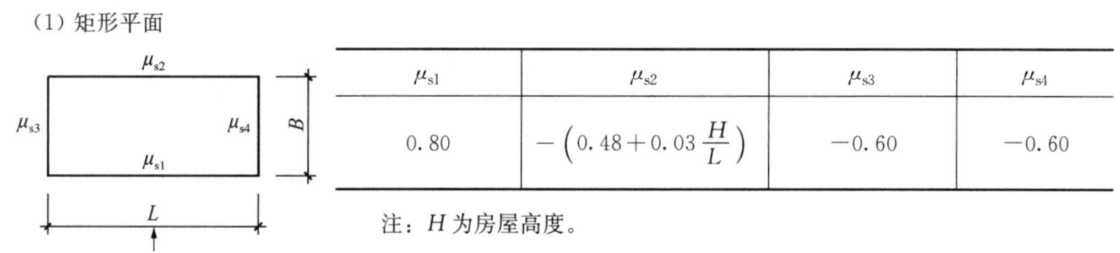

μ_{s1}	μ_{s2}	μ_{s3}	μ_{s4}
0.80	$-\left(0.48+0.03\dfrac{H}{L}\right)$	−0.60	−0.60

注：H 为房屋高度。

（2）L 形平面

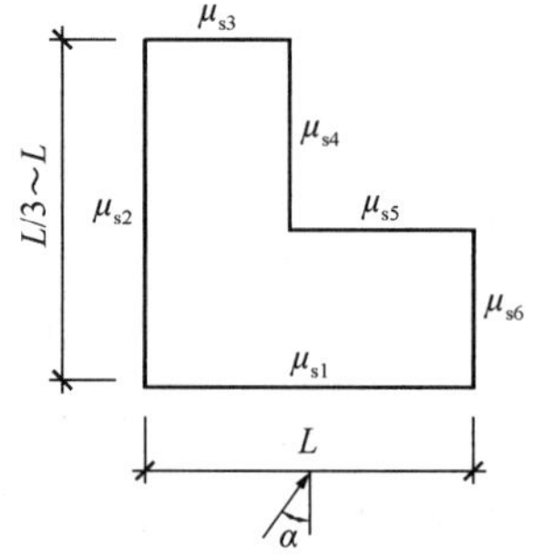

α \ μ_s	μ_{s1}	μ_{s2}	μ_{s3}	μ_{s4}	μ_{s5}	μ_{s6}
0°	0.80	−0.70	−0.60	−0.50	−0.50	−0.60
45°	0.50	0.50	−0.80	−0.70	−0.70	−0.80
225°	−0.60	−0.60	0.30	0.90	0.90	0.30

（3）槽形平面

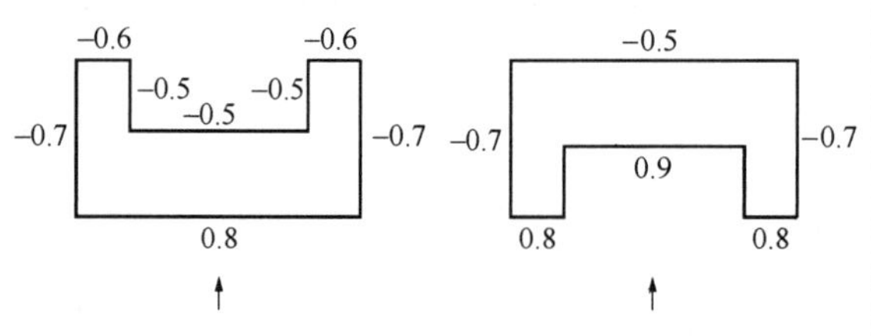

（4）正多边形平面、圆形平面

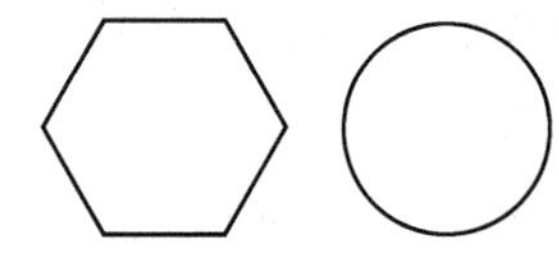

1）$\mu_s=0.8+\dfrac{1.2}{\sqrt{n}}$（$n$ 为多边形的边数）；

2）当圆形高层建筑表面较粗糙时，$\mu_s=0.8$

续表

（5）扇形平面

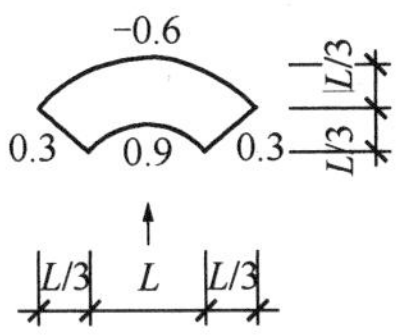

（6）梭形平面

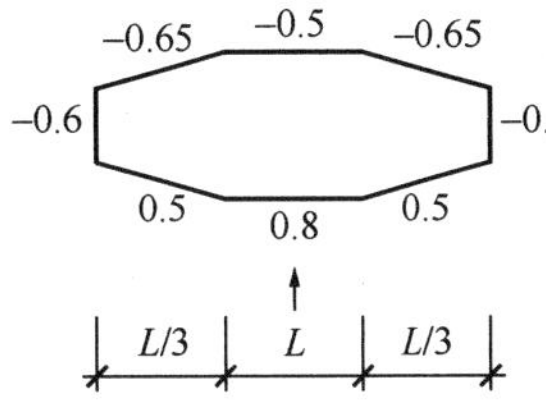

（7）十字形平面

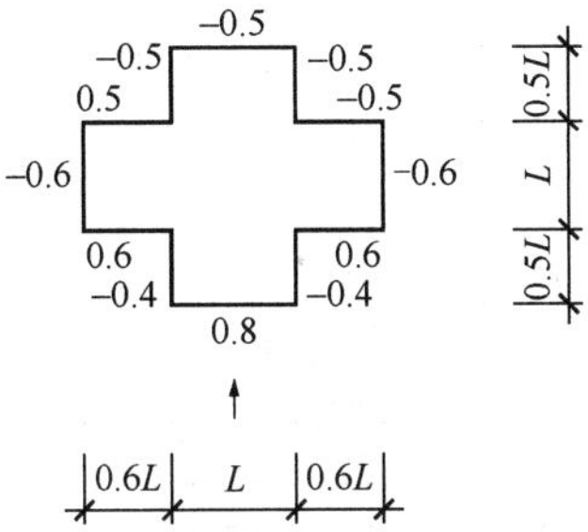

（8）井字形平面

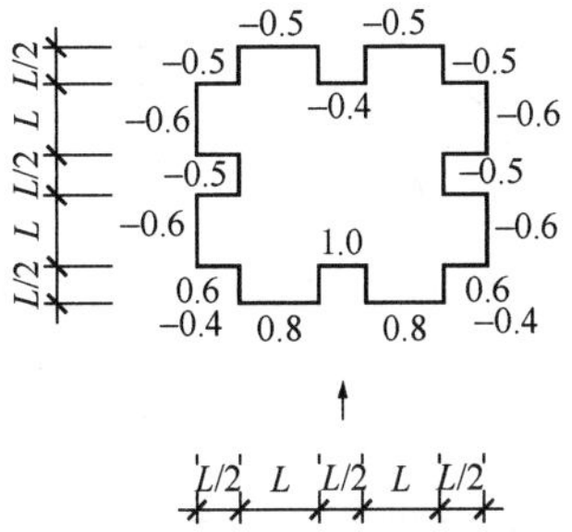

（9）X 形平面

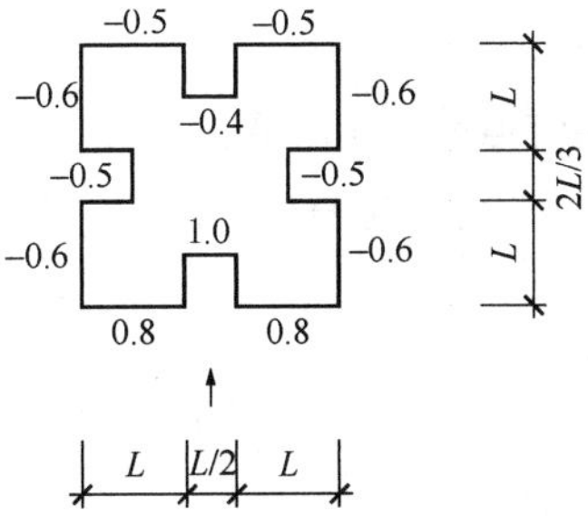

（10）#形平面

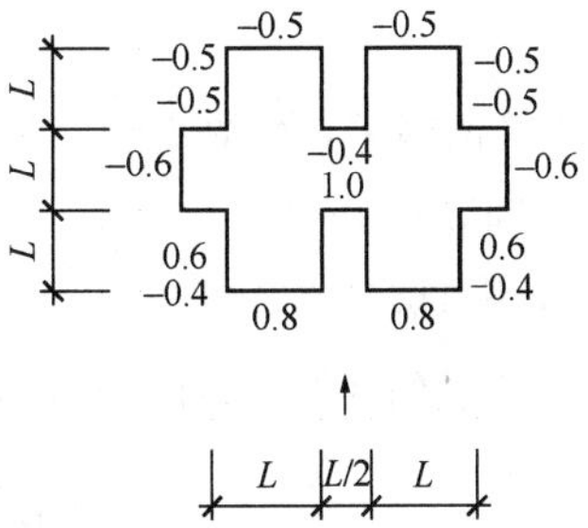

（11）六角形平面

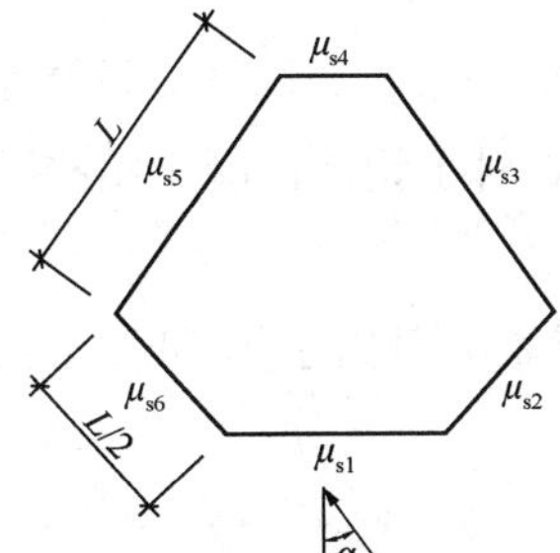

α \ μ_s	μ_{s1}	μ_{s2}	μ_{s3}	μ_{s4}	μ_{s5}	μ_{s6}
0°	0.80	−0.45	−0.50	−0.60	−0.50	−0.45
30°	0.70	0.40	−0.55	−0.50	−0.55	−0.55

续表

（12）Y形平面

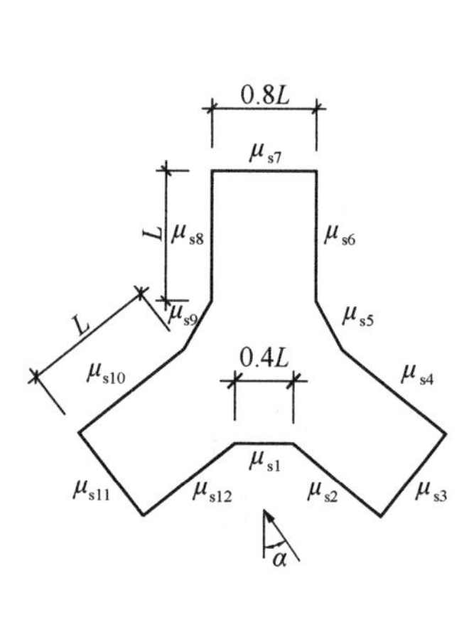

μ_s \ α	0°	10°	20°	30°	40°	50°	60°
μ_{s1}	1.05	1.05	1.00	0.95	0.90	0.50	−0.15
μ_{s2}	1.00	0.95	0.90	0.85	0.80	0.40	−0.10
μ_{s3}	−0.70	−0.10	0.30	0.50	0.70	0.85	0.95
μ_{s4}	−0.50	−0.50	−0.55	−0.60	−0.75	−0.40	−0.10
μ_{s5}	−0.50	−0.55	−0.60	−0.65	−0.75	−0.45	−0.15
μ_{s6}	−0.55	−0.55	−0.60	−0.70	−0.65	−0.15	−0.35
μ_{s7}	−0.50	−0.50	−0.50	−0.55	−0.55	−0.55	−0.55
μ_{s8}	−0.55	−0.55	−0.55	−0.50	−0.50	−0.50	−0.50
μ_{s9}	−0.50	−0.50	−0.50	−0.50	−0.50	−0.50	−0.50
μ_{s10}	−0.50	−0.50	−0.50	−0.50	−0.50	−0.50	−0.50
μ_{s11}	−0.70	−0.00	−0.55	−0.55	−0.55	−0.55	−0.55
μ_{s12}	1.00	0.95	0.90	0.80	0.75	0.65	0.35

《荷载规范》规定，对于一般竖向悬臂型高层建筑结构，顺风向风振可仅考虑结构第一振型的影响，风荷载按式（3-1）计算时，风振系数 β_z 可按下式计算：

$$\beta_z = 1 + 2gI_{10}B_z\sqrt{1+R^2} \tag{3-3}$$

式中，g 为峰值因子，可取 2.5；I_{10} 为 10m 高度名义湍流强度，对应 A、B、C、D 类地面粗糙度，可分别取 0.12、0.14、0.23、0.39；R 为脉动风荷载的共振分量因子；B_z 为脉动风荷载的背景分量因子。

脉动风荷载的共振分量因子 R 可按下式计算：

$$R = \sqrt{\frac{\pi}{6\zeta_1}\frac{x_1^2}{(1+x_1^2)^{4/3}}}$$

$$x_1 = \frac{30f_1}{\sqrt{k_{\mathrm{w}}w_0}}, x_1 > 5 \tag{3-4}$$

式中，f_1 为结构第 1 阶自振频率（Hz）；k_{w} 为地面粗糙度修正系数，对应 A、B、C、D 类地面粗糙度，可分别取 1.28、1.00、0.54、0.26；ζ_1 为结构阻尼比，对于钢筋混凝土结构可取 0.05。

对体型和质量沿高度均匀分布的高层建筑，脉动风荷载的背景分量因子 B_z 可按下式计算：

$$B_z = kH^{\alpha 1}\rho_x\rho_z\frac{\phi_1(z)}{\mu_z} \tag{3-5}$$

式中，$\phi_1(z)$ 为结构第 1 阶振型系数；H 为结构总高度（m），对应 A、B、C、D 类地面粗糙度，H 的取值分别不应大于 300m、350m、450m 和 550m；ρ_x、ρ_z 分别为脉动风荷载在水平、竖直方向的相关系数；k、α_1 为系数，按表 3-4 取值。

高层建筑系数 k 和 α_1　　**表 3-4**

粗糙度类别	A	B	C	D
k	0.944	0.670	0.295	0.112
α_1	0.155	0.187	0.261	0.346

脉动风荷载在竖直方向的相关系数 ρ_z 可按下式计算：

$$\rho_z = \frac{10\sqrt{H + 60e^{-H/60} - 60}}{H} \tag{3-6}$$

式中，H 为结构总高度（m），对应 A、B、C、D 类地面粗糙度，H 的取值分别不应大于 300m、350m、450m 和 550m。

脉动风荷载在水平方向的相关系数 ρ_x 可按下式计算：

$$\rho_x = \frac{10\sqrt{B + 50e^{-B/50} - 50}}{B} \tag{3-7}$$

式中，B 为结构迎风面宽度（m），$B \leqslant 2H$。其他相关参数的计算方法及规定详见《荷载规范》附录。

一般情况下，高层建筑的基本自振周期 T_1 可由结构动力学计算确定，对于比较规则的高层建筑结构，可采用下列公式近似计算：

框架结构　　$T_1 = (0.10 \sim 0.15)n$

框架-剪力墙结构、框架-核心筒结构　　$T_1 = (0.06 \sim 0.08)n$

剪力墙结构和筒中筒结构　　$T_1 = (0.05 \sim 0.06)n$

或

框架结构和框剪结构　　$T_1 = 0.25 + 0.53 \times 10^{-3} \dfrac{H^2}{\sqrt[3]{B}}$

剪力墙结构　　$T_1 = 0.03 + 0.03 \dfrac{H}{\sqrt[3]{B}}$

式中，n 为结构总层数；H 为房屋总高度（m）；B 为房屋宽度（m）。

3.2.2 局部风荷载

风压在建筑物表面是不均匀的，在角隅、檐口、边棱以及阳台、雨篷等附属结构的部位，局部风压显著高于按上述体型系数计算得到的平均风压。因此，对于檐口、雨篷、阳台、遮阳板、边棱处的装饰条等水平构件，计算局部上浮风荷载时，风荷载体型系数 μ_{s1} 不宜小于 2.0。

3.2.3 总风荷载

结构设计时，应计算总风荷载作用下结构的内力与位移。总风荷载为建筑各个表面承受的风力的合力，是沿高度变化的线荷载，通常按 x、y 两方向分别计算总体风荷载，z 高度处的总体风荷载标准值为：

$$w_z = \beta_z \mu_z w_0 (\mu_{s1} B_1 \cos\alpha_1 + \mu_{s2} B_2 \cos\alpha_2 + \cdots\cdots + \mu_{sn} B_n \cos\alpha_n) \tag{3-8}$$

式中，n 为建筑外围表面数；B_1、B_2、……、B_n分别为第 1 个、第 2 个、……、第 n 个表面的宽度；μ_{s1}、μ_{s2}、……、μ_{sn}分别为第 1 个、第 2 个、……、第 n 个表面的风荷载体型系数；α_1、α_2、……、α_n分别为第 1 个、第 2 个、……、第 n 个表面法线与风作用方向的夹角。

当建筑物某表面与风作用力方向垂直时，即 $\alpha=0°$，则这个表面的风压全部计入风荷载；当某表面与风作用力方向平行时，即 $\alpha=90°$，则这个表面的风压不计入风荷载；当某表面与风作用力方向存在一定夹角时，应计入表面压力在风作用方向的分力，但应注意区分风压力和风吸力。

3.3 地震作用

3.3.1 地震作用计算的有关规定

1. 抗震设防类别

按照现行国家标准《建筑与市政工程抗震通用规范》GB 55002 的基本规定，根据下列因素划分抗震设防类别：建筑破坏造成的人员伤亡、直接和间接经济损失及社会影响的大小；建筑使用功能失效后，对全局的影响范围大小、抗震救灾影响及恢复的难易程度。

高层建筑按上述规定进行抗震设防分类，就是要根据高层建筑的重要性，采取不同的抗震设防标准，具体可分为甲、乙、丙三类：

（1）特殊设防类（简称甲类）：指使用上有特殊设施，涉及国家公共安全的重大建筑工程和地震时可能发生严重次生灾害等特别重大灾害后果，需要进行特殊设防的建筑。

（2）重点设防类（简称乙类）：指地震时使用功能不能中断或需尽快恢复的生命线相关建筑，以及地震时可能导致大量人员伤亡等重大灾害后果，需要提高设防标准的建筑。

（3）标准设防类（简称丙类）：指除上述以外的一般高层建筑。

2. 抗震设防标准

现行国家标准《建筑与市政工程抗震通用规范》GB 55002 规定，各抗震设防类别建筑的抗震设防标准，应符合下列要求：

（1）标准设防类，应按本地区抗震设防烈度确定其抗震措施和地震作用，达到在遭遇高于当地抗震设防烈度的预估罕遇地震影响时不致倒塌或发生危及生命安全的严重破坏的抗震设防目标。

（2）重点设防类，应按高于本地区抗震设防烈度 1 度的要求加强其抗震措施；但抗震设防烈度为 9 度时应按比 9 度更高的要求采取抗震措施；地基基础的抗震措施，应符合有关规定。同时，应按本地区抗震设防烈度确定其地震作用。

（3）特殊设防类，应按高于本地区抗震设防烈度提高 1 度的要求加强其抗震措施；但抗震设防烈度为 9 度时应按比 9 度更高的要求采取抗震措施。同时，应按批准的地震安全性评价的结果且高于本地区抗震设防烈度的要求确定其地震作用。

按照现行国家标准《建筑抗震设计规范》GB 50011，抗震设防烈度为 6 度及以上地区的建筑，必须进行抗震设计。抗震设防烈度必须按国家规定的权限审批、按颁发的文件（图件）确定。

3. 抗震设防目标

目前，建筑结构采用三个水准进行抗震设防，第一水准，即多遇地震（小震），约 50 年一遇；第二水准，即设防烈度地震（中震），约 475 年一遇；第三水准，即罕遇地震（大震），约 1600～2400 年一遇的强烈地震。小震烈度比设防烈度约低 1.55 度，大震烈度比设防烈度约高 1 度。抗震设防目标分别为“小震不坏，中震可修，大震不倒”。

为实现三水准抗震设防目标，应按以下两个阶段进行抗震设计：

第一阶段设计：对于高层建筑结构，首先应满足第一、二水准的抗震要求。为此，应按多遇地震（即第一水准，比设防烈度约低 1.55 度）的地震动参数计算地震作用，进行构件承载力计算和结构位移控制，并采取相应构造措施保证结构的延性，使之具有与第二水准（设防烈度）相应的变形能力，从而实现“小震不坏”和“中震可修”的设防目标。这一阶段设计对所有抗震设计的高层建筑结构都必须进行。

第二阶段设计：对地震时抗震能力较低、特别不规则（有薄弱层）的高层建筑结构以及抗震要求较高的建筑结构（如甲类建筑），要进行易损部位（薄弱层）的塑性变形验算，并采取措施提高薄弱层的承载力或增加变形能力，从而实现“大震不倒”的设防目标。这一阶段设计主要是对甲类建筑和特别不规则的结构进行的。

4. 地震作用计算原则

高层建筑结构应按下列原则计算地震作用：

（1）一般情况下，应至少在结构两个主轴方向分别计算水平地震作用；对有斜交抗侧力构件的结构，当相交角度大于 15°时，应分别计算各抗侧力构件方向的水平地震作用。

（2）质量与刚度分布明显不对称的结构，应计算双向水平地震作用下的扭转影响；其他情况，应计算单向水平地震作用下的扭转影响。

（3）高层建筑中的大跨度、长悬臂结构，7 度($0.15g$)、8 度抗震设计时应计入竖向地震作用。

（4）9 度抗震设计时应计算竖向地震作用。

由于施工、使用或地震地面运动的扭转分量等因素的不利影响，即使对于平面规则（包括理论上质量中心与刚度中心无偏心距）的高层建筑结构也可能存在偶然偏心，因此《高规》规定：计算单向地震作用时应考虑偶然偏心的影响。每层质心沿垂直于地震作用方向的偏移值可按下式采用：

$$e_i = \pm 0.05 L_i \tag{3-9}$$

式中，e_i为第 i 层质心偏移值（m），各楼层质心偏移方向相同；L_i为第 i 层垂直于地震作用方向的建筑物总长度（m）。

对于平面布置不规则的结构，除其自身已有的偏心外，还要加上偶然偏心。计算双向水平地震作用时，可不考虑偶然偏心，但应考虑自身已有的偏心影响。

3.3.2 水平地震作用的计算

水平地震作用的计算方法有三种，即底部剪力法、振型分解反应谱法、时程分析法。

底部剪力法，即利用反应谱理论确定结构最大加速度值，乘以结构的总质量，则得到结构所承受的总水平地震作用（即结构底部总剪力），然后按每楼层的高度和重量，将总的水平地震作用分配到各楼层处。它的优点是计算简单，便于手算，缺点是没有考虑高阶振型的影响。底部剪力法只适用于高度不超过 40m、以剪切变形为主且质量、刚度沿高度分布比较均匀的高层建筑结构。

振型分解反应谱法，即将多质点体系的振动分解成各个振型的组合，而每个振型又是一个广义的单自由度体系，利用反应谱便可求出每一振型的地震作用，经过内力分析，计算出每一振型相应的结构内力，按照一定的方法进行相应的内力组合。

从上述定义可以看出，底部剪力法是振型分解反应谱法的一个特例，底部剪力法只考虑基本振型（第 1 振型）的地震作用，因此振型分解法的计算精度比底部剪力法高。

时程分析法，即根据结构振动的动力方程，选择适当的强震记录作为地震地面运动，然后按照所设计的建筑结构，确定结构振动的计算模型和结构恢复力模型，利用数值解法求解动力方程。该方法可以直接计算出地面运动过程中结构的各种地震反应（位移、速度和加速度）的变化过程，并且能够描述强震作用下，整个结构反应的全过程，由此可得出结构抗震过程中的薄弱部位，以便修正结构的抗震设计。

高层建筑结构的地震作用宜采用振型分解法进行计算，对质量和刚度不对称、不均匀的结构以及高度超过 100m 的高层建筑结构应采用考虑扭转耦联振动影响的振型分解反应谱法。但在 7～9 度抗震设防地区的甲类高层建筑，表 3-5 所列的乙、丙类高层建筑结构，结构竖向布置不满足《高规》要求的高层建筑结构，以及《高规》规定的复杂高层建筑结构应采用弹性时程分析法进行多遇地震下的补充计算。

采用时程分析法的高层建筑结构　　表 3-5

设防烈度、场地类别	建筑高度范围
8 度Ⅰ、Ⅱ类场地和 7 度	＞100m
8 度Ⅲ、Ⅳ类场地	＞80m
9 度	＞60m

1. 底部剪力法

高层建筑采用底部剪力法进行水平地震作用计算时，可将各楼层的质量集中于楼板处，看作是一个集中质点（图 3-1），结构的水平地震作用标准值可按下列公式确定：

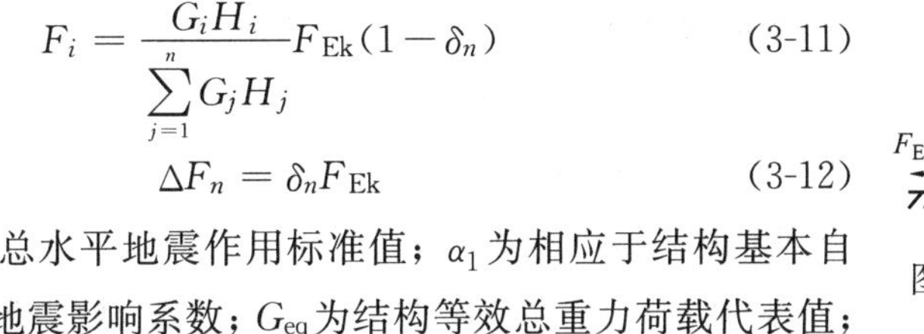

$$F_{\mathrm{Ek}} = \alpha_1 G_{\mathrm{eq}} \tag{3-10}$$

$$F_i = \frac{G_i H_i}{\sum_{j=1}^{n} G_j H_j} F_{\mathrm{Ek}}(1-\delta_n) \tag{3-11}$$

$$\Delta F_n = \delta_n F_{\mathrm{Ek}} \tag{3-12}$$

图 3-1　底部剪力法计算简图

式中，F_{Ek}为结构总水平地震作用标准值；α_1为相应于结构基本自振周期 T_1的水平地震影响系数；G_{eq}为结构等效总重力荷载代表值；F_i为质点 i 的水平地震作用标准值；H_i、H_j分别为质点 i、j 的计算高度；G_i、G_j分别为质点 i、j 的重力荷载代表值；δ_n为顶部附加水平地震作用系数；ΔF_n为顶部附加水平地震作用标准值。

（1）水平地震影响系数 α

高层建筑结构的水平地震影响系数 α 应按图 3-2 确定。其中水平地震影响系数最大值 $\alpha_{\max}$应按表 3-6 采用，特征周期应根据场地类别和设计地震分组按表 3-7 采用。

水平地震影响系数最大值 $\alpha_{\max}$　　表 3-6

地震影响	6 度	7 度	8 度	9 度
多遇地震	0.04	0.08(0.12)	0.16(0.24)	0.32
罕遇地震	0.28	0.50 (0.72)	0.90 (1.20)	1.40

注：括号内数值分别用于设计基本地震加速度为 0.15g 和 0.30g 的地区。

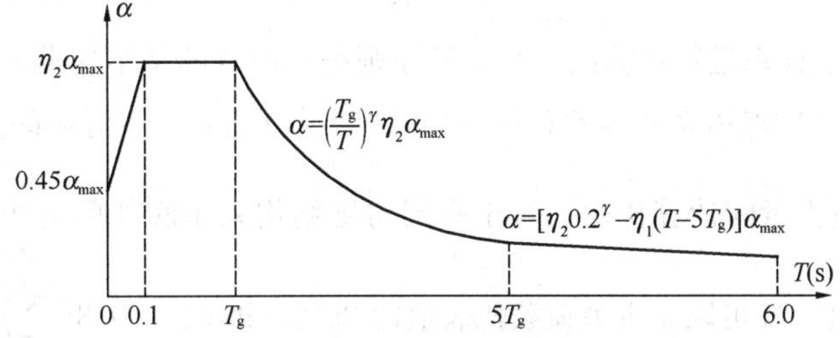

图 3-2　地震影响系数曲线

α—地震影响系数；$\alpha_{\max}$—地震影响系数最大值；T—结构自振周期；T_g—特征周期；γ—衰减指数；η_1—直线下降段下降斜率调整系数；η_2—阻尼调整系数

特征周期值 T_g（单位：s） 表 3-7

设计地震分组 \ 场地类别	Ⅰ₀	Ⅰ₁	Ⅱ	Ⅲ	Ⅳ
第一组	0.20	0.25	0.35	0.45	0.65
第二组	0.25	0.30	0.40	0.55	0.75
第三组	0.30	0.35	0.45	0.65	0.90

注：1. 计算罕遇地震作用时，特征周期应增加 0.05s；

2. 设计地震分组详见现行国家标准《建筑抗震设计规范》GB 50011 附录 A 的有关规定；

3. 高层建筑所在场地类别，按现行国家标准《建筑与市政工程抗震通用规范》GB 55002 中第 3.1.3 条确定。

除有专门规定外，建筑结构的阻尼比为 0.05，阻尼调整系数 η_2 应按 1.0 采用，形状参数应符合下列规定：

1）直线上升段，周期小于 0.1s 的区段。

2）水平段，自 0.1s 至特征周期区段，应取最大值（α_{max}）。

3）曲线下降段，自特征周期至 5 倍特征周期区段，衰减指数应取 0.9。

4）直线下降段，自 5 倍特征周期至 6s 区段，下降斜率调整系数应取 0.02。

当建筑结构的阻尼比不等于 0.05 时上述参数的确定方法详见现行国家标准《建筑抗震设计规范》GB 50011 第 5.1.5 条的有关规定。

（2）质点的重力荷载代表值 G_i

质点的重力荷载代表值是指发生地震时，各楼层（即各质点）处可能具有的永久荷载标准值和可变荷载组合值之和。各可变荷载的组合值系数应按下列规定采用：

1）雪荷载、屋面积灰荷载取 0.5，屋面活荷载不计入；

2）按实际情况计算的楼面活荷载取 1.0；按等效均布荷载计算的楼面活荷载：藏书库、档案库、库房取 0.8，其他民用建筑取 0.5。

（3）结构等效总重力荷载 G_{eq}

单质点应取总重力荷载代表值，即 $G_{eq}=\sum_{i=1}^{n}G_i$。对于多质点，反应谱理论是把多质点体系转换为广义单质点体系进行计算的。其转换原则是：两者的基本周期和底部总剪力相等。按上述原则，广义单质点体系的等效总重力荷载代表值 G_{eq} 要小于对应的多质点体系的总重力荷载 $\sum_{i=1}^{n}G_i$。经过大量的计算比较，对于高层房屋结构采用底部剪力法进行抗震计算时，结构等效总重力荷载 G_{eq} 可取总重力荷载代表值的 85%，即 $G_{eq}=0.85\sum_{i=1}^{n}G_i$。

（4）顶部附加水平地震作用标准值 ΔF_n

结构底部总剪力确定之后，水平地震作用沿结构高度大体上呈倒三角形分布，但对周期较长的结构，按倒三角形计算出的结构上部水平地震剪力比振型分解法计算的结果要小，最大误差可达 20%之多。采用附加顶部集中力的方法，既可以适当改进倒三角形分布的误差，又可以保持计算简便的优点。附加集中力 ΔF_n的大小，与结构自振周期、场地土特征周期及结构总水平地震作用值有关，按 $\Delta F_n=\delta_n F_{\mathrm{Ek}}$计算。$\delta_n$取值见表 3-8。

顶部附加地震作用系数 δ_n　　**表 3-8**

T_g（s）	$T_1>1.4T_g$	$T_1\leqslant1.4T_g$
≤0.35	$0.08T_1+0.07$	0.0
0.35～0.55	$0.08T_1+0.01$	
≥0.55	$0.08T_1-0.02$	

注：T_g为场地特征周期；T_1为结构基本自振周期。

（5）基本自振周期 T_1

对于质量和刚度沿高度分布比较均匀的框架结构、框架-剪力墙结构和剪力墙结构，其基本自振周期可统一按下式计算：

$$T_1=1.7\psi_T\sqrt{u_T} \tag{3-13}$$

式中，u_T为计算结构基本自振周期用的结构顶点假想位移，即假想把集中在各层楼面处的重力荷载代表值 G_i作为水平荷载所求得的结构顶点侧移（m）；ψ_T为考虑非承重墙对结构基本自振周期影响的折减系数，框架结构取 0.6～0.7，框架-剪力墙结构取 0.7～0.8，剪力墙结构取 0.9～1.0。

采用振型分解反应谱法计算地震作用时，也应考虑非承重砖墙对各自振周期的影响。结构基本自振周期也可以采用根据实测资料考虑地震影响的经验公式确定。

（6）带小塔楼的高层建筑结构

采用底部剪力法计算时，突出屋面的小塔楼作为一个质点参加计算，计算求得的小塔楼水平地震作用应考虑“鞭梢效应”而乘以增大系数，可按表 3-9 采用。此增大部分不应往下传递，仅作用于小塔楼自身以及与小塔楼直接连接的主体结构构件。

突出屋面房屋地震作用增大系数 β_n　　**表 3-9**

结构基本自振周期 T_1（s）	K_n/K \ G_n/G	0.001	0.010	0.050	0.100
0.25	0.01	2.0	1.6	1.5	1.5
	0.05	1.9	1.8	1.6	1.6
	0.10	1.9	1.8	1.6	1.5
0.50	0.01	2.6	1.9	1.7	1.7
	0.05	2.1	2.4	1.8	1.8
	0.10	2.2	2.4	2.0	1.8

续表

结构基本自振周期 T_1（s）	K_n/K \ G_n/G	0.001	0.010	0.050	0.100
0.75	0.01	3.6	2.3	2.2	2.2
	0.05	2.7	3.4	2.5	2.3
	0.10	2.2	3.3	2.5	2.3
1.00	0.01	4.8	2.9	2.7	2.7
	0.05	3.6	4.3	2.9	2.7
	0.10	2.4	4.1	3.2	3.0
1.50	0.01	6.6	3.9	3.5	3.5
	0.05	3.7	5.8	3.8	3.6
	0.10	2.4	5.6	4.2	3.7

注：K_n、G_n分别为突出屋面房屋的侧向刚度和重力荷载代表值；K、G分别为主体结构层侧向刚度和重力荷载代表值，可取各层的平均值；楼层侧向刚度可由楼层剪力除以楼层层间位移计算。

2. 振型分解反应谱法

振型分解反应谱法根据质量中心与刚度中心是否存在偏心距可分为考虑平动-扭转耦联和仅考虑平动两种情况的计算方法，单向水平地震作用时还应考虑偶然偏心影响。

考虑扭转影响的平面、竖向不规则结构，按扭转耦联振型分解法计算时，各楼层可取两个正交的水平位移和一个转角位移共三个自由度，分别相应于任一振型 j 在任意 i 层质心具有三个相对位移：X_{ij}、Y_{ij}、φ_{ij}，此时，第 j 振型第 i 层质心处地震作用有 x 向和 y 向水平力分量和绕质心轴的扭矩，其计算公式为：

$$\left.\begin{aligned} F_{xji} &= \alpha_j \gamma_{tj} X_{ji} G_i \\ F_{yji} &= \alpha_j \gamma_{tj} Y_{ji} G_i \\ F_{tji} &= \alpha_j \gamma_{tj} r_i^2 \varphi_{ji} G_i \end{aligned}\right\} (i = 1,2,\ldots n;\ j = 1,2,\ldots,m) \tag{3-14}$$

式中，F_{xji}、F_{yji}、F_{tji}，分别为 j 振型第 i 层的 x、y 方向和转角方向的地震作用标准值，X_{ji}、Y_{ji}分别为 j 振型第 i 层质心在 x、y 方向的水平相对位移；φ_{ji}为 j 振型第 i 层的相对扭转角；r_i为第 i 层转动半径，可取 i 层绕质心的转动惯量除以该层质量的商的正二次方根；α_j为相应于第 j 振型自振周期 T_j的地震影响系数；G_i为质点 i 的重力荷载代表值；n 为结构计算总质点数，小塔楼宜每层作为一个质点参加计算；m 为结构计算振型数，一般情况下可取前 9～15，多塔建筑每个塔楼的振型数不宜小于 9；γ_{tj}为考虑扭转的 j 振型参与系数，可按式（3-15）～式（3-17）计算。

当仅考虑 x 方向地震作用时：

$$\gamma_{tj} = \frac{\sum_{i=1}^{n} X_{ji} G_i}{\sum_{i=1}^{n} (X_{ji}^2 + Y_{ji}^2 + \varphi_{ji}^2 r_i^2) G_i} \tag{3-15}$$

当仅考虑 y 方向地震作用时：

$$\gamma_{tj}=\frac{\sum_{i=1}^{n}Y_{ji}G_i}{\sum_{i=1}^{n}(X_{ji}^2+Y_{ji}^2+\varphi_{ji}^2r_i^2)G_i} \tag{3-16}$$

当考虑与 x 方向夹角为 θ 的地震作用时：

$$\gamma_{tj}=\gamma_{xj}\cos\theta+\gamma_{yj}\sin\theta \tag{3-17}$$

式中，γ_{xj}、γ_{yj} 分别为由式（3-15）、式（3-16）求得的振型参与系数。

地震作用效应计算：

1）单向水平地震作用下，考虑扭转的地震作用效应，应按下式确定：

$$S=\sqrt{\sum_{j=1}^{m}\sum_{k=1}^{m}\rho_{jk}S_jS_k} \tag{3-18}$$

$$\rho_{jk}=\frac{8\sqrt{\zeta_j\zeta_k}(\zeta_j+\lambda_T\zeta_k)\lambda_T^{1.5}}{(1-\lambda_T^2)^2+4\zeta_j\zeta_k(1+\lambda_T)^2\lambda_T+4(\zeta_j^2+\zeta_k^2)\lambda_T^2} \tag{3-19}$$

式中，S 为考虑扭转的地震作用标准值的效应；S_j、S_k 分别为 j、k 振型地震作用标准值的效应；ρ_{jk} 为 j 振型与 k 振型的耦联系数；λ_T 为 k 振型与 j 振型的自振周期比；ζ_j、ζ_k 分别为 j、k 振型阻尼比。

2）考虑双向水平地震作用下的扭转地震作用效应，应按下列公式中较大值确定：

$$S=\sqrt{S_x^2+(0.85S_y)^2} \tag{3-20}$$

$$\text{或 } S=\sqrt{S_y^2+(0.85S_x)^2} \tag{3-21}$$

式中，S 为考虑双向水平地震作用下的扭转地震作用效应；S_x、S_y 分别为仅考虑 x、y 方向水平地震作用效应，即指两个正交方向地震作用在每个构件的同一局部坐标方向的地震作用效应，如 x 方向地震作用下在局部坐标 x_i 向的弯矩 M_{xx} 和 y 方向地震作用下在局部坐标 x_i 方向的弯矩 M_{xy}。

3. 时程分析方法

（1）振动方程

图 3-3 表示某单质点体系，基底受到地面运动加速度 $\ddot{x}_g(t)$ 的作用，质点 m 在任意时刻 t 的振动方程为：

$$m\ddot{x}+C\dot{x}+F(x)=-m\ddot{x}_g \tag{3-22}$$

式中，m 为质量；C 为阻尼系数；$C\dot{x}$ 为阻尼力；$F(x)$ 为当质点产生相对位移 x 时，质点 m 所受的恢复力，当结构处于弹性阶段，$F(x)$ 与位移 x 呈正比，即 $F(x)=kx$；x、$\dot{x}$、$\ddot{x}$ 分别为质点 m 于任意时刻 t 相对于地面的位移、速度与加速度；$\ddot{x}_g$ 为地面运动加速度。

高层建筑不是单质点的振动体系，最简化的模型是将质点集中于各楼层而形成多质点串联体系（图 3-4），因而，形成的振动方程是一个矩阵方程，即：

$$[m]\{\ddot{x}\}+[C]\{\dot{x}\}+[k]\{x\}=-[m]\{\ddot{x}_g(t)\} \tag{3-23}$$

式中，$[m]$ 为质量矩阵；$[C]$ 为阻尼矩阵；$[k]$ 为刚度矩阵；$\{x\}$ 为质点位移列阵；$\{\dot{x}\}$ 为质点速度列阵；$\{\ddot{x}\}$ 为质点加速度列阵；$\{\ddot{x}_g(t)\}$ 为输入地震加速度记录列阵。

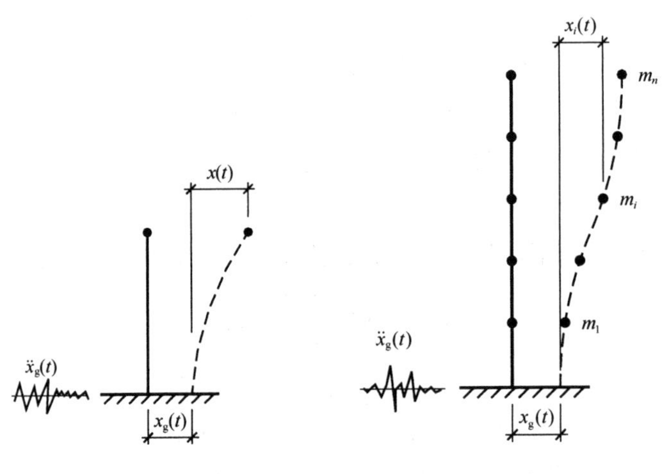

图 3-3　单质点振动模型　　　　图 3-4　多质点体系振动模型

在地震作用下，结构的受力状态往往超出弹性范围，恢复力与位移的关系也由线性过渡到非线性，结构的振动也由弹性状态进入弹塑性状态。由于结构的各个构件进入塑性状态或返回弹性状态的时刻先后不一，每一构件弹塑性状态的变化都将引起结构内力和变形的变化。因此，采用时程分析法进行结构设计，计算工作将是十分繁重的，但是它能从初始状态开始，一步步积分到地震作用的终止，从而可以得出结构在地震作用下，从静止到振动以至达到最终状态的全过程。目前国内主要采用弹性时程分析法进行多遇地震下的补充计算，并已在工程设计中普遍应用。

（2）输入地震波的选用

地震时，地面运动加速度的波形是随机的，而不同的波形输入后，时程分析的结果很不相同，因而选用合适的地震波非常重要。选择的地震波类型可以是：

1）与拟建场地相近的真实地震记录；

2）按拟建场地地质条件人工生成的模拟地震波；

3）按标准反应谱曲线生成的人工地震波。

上述 1）类地震波由地震台站记录并提供，2）、3）类可用专门程序按用户的要求生成。每座建筑物每一个方向至少选用 3 条地震波，其中至少有 2 条真实地震记录。一般应用程序都建立了几十条真实地震记录的地震波的波形库，供用户选用，常用的地震记录有：Ⅰ类场地，唐山地震迁安波、四川松潘波；Ⅱ、Ⅲ类场地，EL Centro 波、Taft 波；Ⅳ类场地，天津宁河波。

常用时距 Δt 为 0.01～0.02s，地震波的持续时间不宜小于建筑结构基本自振周期的3～4

倍，也不宜小于 12s。

输入地震波最大加速度可按表 3-10 取用。

弹性时程分析时输入地震加速度的最大值　　**表 3-10**

设防烈度	6 度	7 度	8 度	9 度
加速度最大值/cms^{-2}	18	35(55)	70(110)	140

注：7 度、8 度时括号内数值分别用于设计基本地震加速度为 0.15g 和 0.30g 的地区，此处 g 为重力加速度。

弹性时程分析时，每条时程曲线计算所得的结构底部剪力不应小于振型分解反应谱法求得的底部剪力的 65%，多条时程曲线计算所得的结构底部剪力的平均值不应小于振型分解反应谱法求得的底部剪力的 80%。

3.3.3 竖向地震作用

地震时地面运动是多分量的，即 3 个位移分量和 3 个转动分量。大量的宏观震害调查表明，建筑物在地震时，主要是由于水平运动造成破坏，因此在抗震设计时较多地考虑水平地震作用的影响，仅对 9 度设防时的高层建筑及 8 度和 9 度设防的大跨度和长悬臂结构要求考虑竖向地震作用，如图 3-5 所示。

(1) 结构总竖向地震作用的标准值按下式计算：

$$F_{\mathrm{Evk}} = \alpha_{\mathrm{vmax}} G_{\mathrm{eq}} \tag{3-24}$$

$$G_{\mathrm{eq}} = 0.75 G_{\mathrm{E}} \tag{3-25}$$

$$\alpha_{\mathrm{vmax}} = 0.65 \alpha_{\mathrm{max}} \tag{3-26}$$

(2) 结构质点 i 的竖向地震作用标准值可按下式计算：

$$F_{\mathrm{v}i} = \frac{G_i H_i}{\sum_{j=1}^{n} G_j H_j} F_{\mathrm{Evk}} \tag{3-27}$$

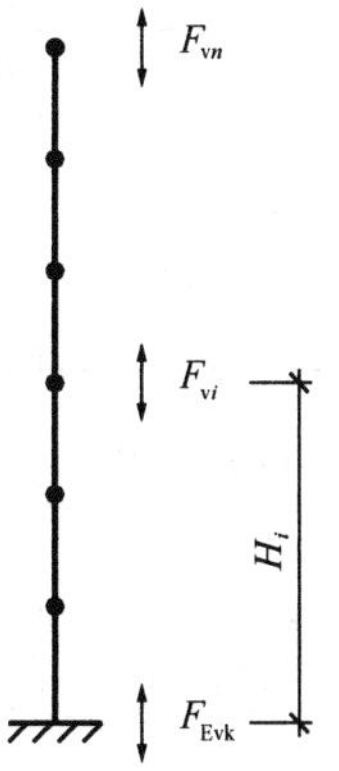

图 3-5　结构竖向地震作用计算示意图

式中，F_{Evk} 为结构总竖向地震作用标准值；α_{vmax} 为结构竖向地震作用影响系数的最大值；G_{eq} 为结构等效总重力荷载代表值；G_{E} 为计算竖向地震作用时，结构总重力荷载代表值，应取各质点重力荷载代表值之和；$F_{\mathrm{v}i}$ 为质点 i 的竖向地震作用标准值；G_i 和 G_j 分别为集中于质点 i 和 j 的重力荷载代表值；H_i 和 H_j 分别为质点 i 和 j 的计算高度。

楼层各构件的竖向地震作用效应可按各构件承受的重力荷载代表值比例分配，并宜乘以增大系数 1.5。

(3) 水平长悬臂构件、大跨度结构以及结构上部楼层外挑部分考虑竖向地震作用时，为简化计算，竖向地震作用的标准值，8 度和 9 度设防时，可分别取该结构、构件重力荷载代表值的 10%和 20%，设计基本地震加速度为 0.30g 时，可取该结构、构件重力荷载代表值的 15%。

3.3.4 高层建筑混凝土结构的抗震等级

对高层建筑混凝土结构划分抗震等级，是为了调整构件设计内力及采取不同的抗震构造措施，以避免普遍、无区别地提高（或降低）所有构件的抗震设防标准。抗震设计时，高层建筑结构应根据抗震设防分类、烈度、结构类型和房屋高度采用不同的抗震等级，并应符合相应的计算和构造措施要求。高层建筑混凝土结构的抗震等级分为特一级和一、二、三、四级，其中特一级抗震设防要求最高。

A 级高度丙类建筑混凝土结构的抗震等级应按表 3-11 确定。当本地区的设防烈度为 9 度时，A 级高度乙类建筑的抗震等级应按特一级采用，甲类建筑应采取更有效的抗震措施。

B 级高度丙类高层建筑混凝土结构的抗震等级应按表 3-12 确定。

A 级高度的高层建筑结构抗震等级　　表 3-11

<table>
<tr><th rowspan="2" colspan="3">结构类型</th><th colspan="7">烈度</th></tr>
<tr><th colspan="2">6 度</th><th colspan="2">7 度</th><th colspan="2">8 度</th><th>9 度</th></tr>
<tr><td colspan="3">框架结构</td><td colspan="2">三</td><td colspan="2">二</td><td colspan="2">一</td><td>一</td></tr>
<tr><td rowspan="3">框架-剪力墙结构</td><td colspan="2">高度（m）</td><td>≤60</td><td>>60</td><td>≤60</td><td>>60</td><td>≤60</td><td>>60</td><td>≤50</td></tr>
<tr><td colspan="2">框架</td><td>四</td><td>三</td><td>三</td><td>二</td><td>二</td><td>一</td><td>一</td></tr>
<tr><td colspan="2">剪力墙</td><td colspan="2">三</td><td colspan="2">二</td><td colspan="2">一</td><td>一</td></tr>
<tr><td rowspan="2">剪力墙结构</td><td colspan="2">高度（m）</td><td>≤80</td><td>>80</td><td>≤80</td><td>>80</td><td>≤80</td><td>>80</td><td>≤60</td></tr>
<tr><td colspan="2">剪力墙</td><td>四</td><td>三</td><td>三</td><td>二</td><td>二</td><td>一</td><td>一</td></tr>
<tr><td rowspan="3">部分框支剪力墙结构</td><td colspan="2">非底部加强部位的剪力墙</td><td>四</td><td>三</td><td>三</td><td>二</td><td>二</td><td rowspan="3">不应采用</td><td rowspan="3">不应采用</td></tr>
<tr><td colspan="2">底部加强部位的剪力墙</td><td>三</td><td>二</td><td>二</td><td>一</td><td>一</td></tr>
<tr><td colspan="2">框支框架</td><td colspan="2">二</td><td>二</td><td>一</td><td>一</td></tr>
<tr><td rowspan="4">筒体结构</td><td rowspan="2">框架-核心筒</td><td>框架</td><td colspan="2">三</td><td colspan="2">二</td><td colspan="2">一</td><td>一</td></tr>
<tr><td>核心筒</td><td colspan="2">二</td><td colspan="2">二</td><td colspan="2">一</td><td>一</td></tr>
<tr><td rowspan="2">筒中筒</td><td>内筒</td><td colspan="2" rowspan="2">三</td><td colspan="2" rowspan="2">二</td><td colspan="2" rowspan="2">一</td><td rowspan="2">一</td></tr>
<tr><td>外筒</td></tr>
<tr><td rowspan="3">板柱-剪力墙结构</td><td colspan="2">高度（m）</td><td>≤35</td><td>>35</td><td>≤35</td><td>>35</td><td>≤35</td><td>>35</td><td rowspan="3">不应采用</td></tr>
<tr><td colspan="2">框架、板柱及柱上板带</td><td>三</td><td>二</td><td>二</td><td>二</td><td>一</td><td>一</td></tr>
<tr><td colspan="2">剪力墙</td><td>二</td><td>二</td><td>二</td><td>一</td><td>二</td><td>一</td></tr>
</table>

注：1. 接近或等于高度分界时，应结合房屋不规则程度及场地、地基条件适当确定抗震等级；

2. 底部带转换层的筒体结构，其转换框架的抗震等级应按表中部分框支剪力墙结构的规定采用；

3. 当框架-核心筒结构的高度不超过 60m 时，其抗震等级应允许按框架-剪力墙结构采用。

B 级高度的高层建筑结构抗震等级　　表 3-12

结构类型		烈度		
		6 度	7 度	8 度
框架-剪力墙	框架	二	一	一
	剪力墙	二	一	特一
剪力墙	剪力墙	二	一	一
部分框支剪力墙	非底部加强部位剪力墙	二	一	一
	底部加强部位剪力墙	一	一	特一
	框支框架	一	特一	特一
框架-核心筒	框架	二	一	一
	筒体	二	一	特一
筒中筒	外筒	二	一	特一
	内筒	二	一	特一

注：底部带转换层的筒体结构，其转换框架和底部加强部位筒体的抗震等级应按表中部分框支剪力墙结构的规定采用。

表 3-11 和表 3-12 的烈度不完全等同于房屋所在地区的设防烈度。应根据各抗震设防类别建筑的抗震设防标准的规定，给出确定抗震等级时应采用的烈度，相应调整方法归纳如下：

（1）丙类建筑，不调整。应按本地区抗震设防烈度确定其抗震措施和地震作用。

（2）乙类建筑，按设防烈度提高 1 度确定抗震措施；设防烈度为 9 度时应按比 9 度更高的要求采取抗震措施；

（3）甲类建筑，按设防烈度提高 1 度确定抗震措施；设防烈度为 9 度时应按比 9 度更高的要求采取抗震措施；按批准的地震安全性评价的结果且高于本地区抗震设防烈度的要求确定其地震作用。

（4）建筑场地Ⅰ类时，除 6 度外应允许降低 1 度确定抗震措施，确定地震作用不调整。

抗震设计的高层建筑，当地下室顶层作为上部结构的嵌固端时，地下一层抗震等级应按上部结构采用，地下一层以下抗震构造措施的抗震等级可逐层降低一级，但不应低于四级；地下室中无上部结构的部分，其抗震等级可根据具体情况采用三级或四级。

抗震设计时，与主楼连为整体的裙房的抗震等级，除按裙房本身确定外，相关范围不应低于主楼的抗震等级；主楼结构在裙房顶部上、下各一层应适当加强抗震构造措施。裙房与主楼分离时，应按裙房本身确定抗震等级。

甲、乙类建筑按《高规》相关规定提高 1 度确定抗震措施时，或Ⅲ、Ⅳ类场地且设计基本地震加速度为 0.15g 和 0.30g 的丙类建筑按《高规》相关规定提高 1 度确定抗震构造措施时，如果房屋高度超过提高 1 度后对应的房屋最大适用高度，则应采取比对应抗震等级更有效的抗震构造措施。

思考题

1. 与多层建筑相比，高层建筑结构的荷载有何异同?
2. 高层建筑中是否考虑活荷载的不利布置? 为什么?
3. 高层建筑中，设计墙、柱、基础时，为什么对活荷载进行折减?
4. 基本风压、风压高度变化系数、风荷载体型系数与哪些因素相关? 变化规律是怎样的?
5. 为何要考虑风振系数? 什么情况下考虑风振影响?
6. 计算地震作用的方法有哪些? 如何选用?

计算题

某钢筋混凝土框架结构，上部为 40 层，层高 3m，平面形状为边长 30m 的正六边形（图 3-6)，已知基本风压为 0.4kN/m^2，B 类场地。为简化计算，将建筑沿高度划分为 6 个区段，每个区段为 20m，近似取每区段中点位置的风荷载作为该区段的平均值，计算各区段的总风荷载以及结构底部剪力。

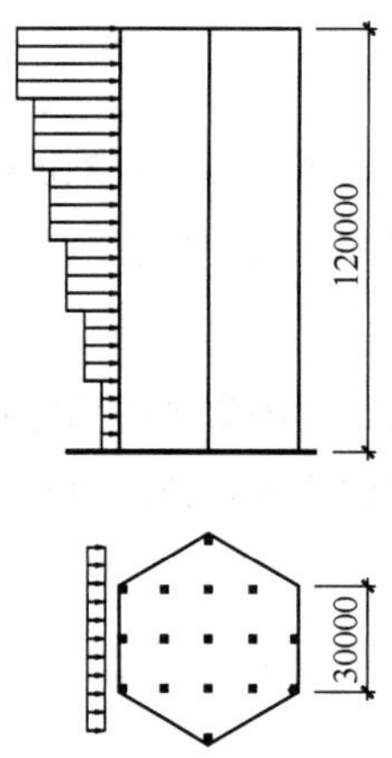

图 3-6　计算题图（单位：mm）

第 4 章
高层建筑结构计算分析的一般规定及相关方法

4.1　一般规定

4.1.1　结构变形和内力的计算方法及计算参数

目前，对需要抗震设防的高层建筑结构“第一阶段设计”以及不需要抗震设防的设计，结构的变形和内力可按弹性方法计算。

对于框架梁及连梁等构件可考虑塑性变形引起的内力重分布，在竖向荷载作用下，装配整体式框架梁端负弯矩调幅系数可取为 0.7～0.8；现浇框架梁端负弯矩调幅系数可取为 0.8～0.9；框架梁端负弯矩调幅后，梁跨中弯矩应按平衡条件相应增大；应先对竖向荷载作用下框架梁的弯矩进行调幅，再与水平作用产生的框架梁弯矩进行组合；截面设计时，框架梁跨中截面正弯矩设计值不应小于竖向荷载作用下按简支梁计算的跨中弯矩设计值的 50%。

高层建筑结构楼面梁受扭计算时应考虑现浇楼盖对梁的约束作用。当计算中未考虑现浇楼盖对梁扭转的约束作用时，可对梁的计算扭矩予以折减。梁扭矩折减系数应根据梁周围楼盖的约束情况确定。

一般构件都可采用弹性刚度，不必折减。但对于需要抗震设防的框架-剪力墙及剪力墙结构中的连梁，当梁的高跨比较大时，剪力与弯矩计算值往往过大，此时可对连梁刚度予以折减。连梁刚度降低后，弯矩和剪力相应减小。连梁的刚度折减系数可以按具体情况确定，《高规》规定，高层建筑地震作用效应计算时，可对连梁刚度予以折减，折减系数不宜小于 0.5。

对于结构内力与位移计算，现浇楼盖和装配整体式楼盖中，梁的刚度可考虑翼缘的作用予以增大。近似考虑时，楼面梁刚度增大系数可根据翼缘情况取 1.3～2.0。对于无现浇面层的装配式楼盖，不宜考虑楼面梁刚度的增大。

对于需要抗震设防的高层建筑结构“第二阶段设计”，主要是对甲类建筑和特别不规则的结构进行弹塑性变形验算，绝大多数高层建筑结构只进行“第一阶段设计”即可。实际上，由于在强震下结构已进入弹塑性阶段，多处开裂、破坏，构件刚度难以准确给定，内力计算已无重要意义，因此重点关注弹塑性变形。

4.1.2 结构的分析模型及基本假定

高层建筑结构分析模型应根据结构实际情况确定。所选取的分析模型应能较准确地反映结构中各构件的实际受力状况。高层建筑结构分析，可选择平面结构空间协同、空间杆系、空间杆-薄壁杆系、空间杆-墙板元及其他组合有限元等计算模型。

高层建筑的各个抗侧力结构之间，是通过楼板联系在一起共同抵抗水平作用的。进行高层建筑内力与位移计算时，可假定楼板在其自身平面内为无限刚性，依据是：高层建筑的进深较大，剪力墙、框架相距较近，楼板可视为水平放置的深梁，在水平平面内有很大刚度，可按楼板在平面内不变形的刚性隔板考虑。高层建筑在水平荷载作用下，楼板只有刚性位移——平移和转动，见图 4-1。各个抗侧力结构的位移，都可按楼板的 3 个独立位移分量 u、v、θ 来计算，而不必考虑楼板的变形。

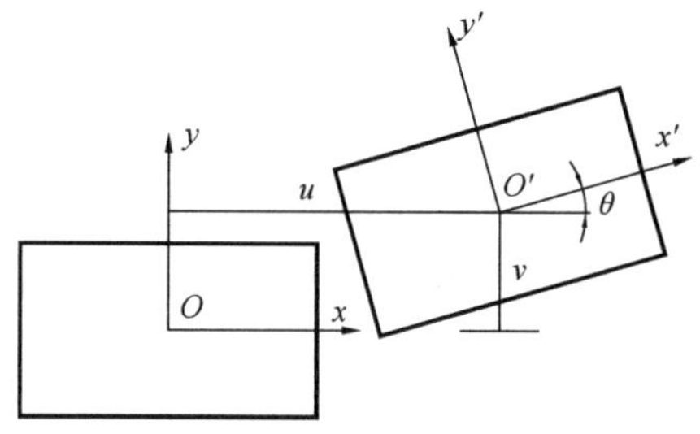

图 4-1 刚性楼板位移

如果计算中采用了楼板在其自身平面内为无限刚性的假定，相应地设计时应采取必要的措施保证楼板平面内的整体刚度，使其假定成立。由于现浇楼盖在自身平面内的刚度大，整体性好，因此，在高层建筑中多数采用现浇楼盖。对于各个抗侧力结构刚度相差不多且布置均匀，或一些高度不高（不大于 50m）的高层建筑，也可以根据当地的实际情况（即预制板的加工能力）及具体工程的工期要求，采用装配式楼盖或采用加现浇钢筋混凝土面层的装配整体式楼盖。具体要求见表 4-1。

高层建筑的楼盖 **表 4-1**

结构体系	高度	
	不大于 50m	大于 50m
框架	可采用现浇楼盖，也可采用装配式楼盖	宜采用现浇楼盖
剪力墙	可采用现浇楼盖，也可采用装配式楼盖	宜采用现浇楼盖
框架-剪力墙	宜采用现浇楼盖	应采用现浇楼盖
板柱-剪力墙	应采用现浇楼盖	—
框架-核心筒和筒中筒	应采用现浇楼盖	应采用现浇楼盖

注：房屋的顶层、结构转换层、平面复杂或开洞过大的楼层、作为上部结构嵌固部位的地下室楼层应采用现浇楼盖。

房屋的顶层、结构转换层、大底盘多塔楼结构的底盘顶层、平面复杂或开洞过大的楼层、作为上部结构嵌固部位的地下室楼层应采用现浇楼盖结构。采用现浇楼盖时，一般楼层现浇楼板的厚度不应小于 80mm，当板内预埋暗管时不宜小于 100mm；为了抵抗温度变化的影响，提高抗风、抗震能力，高层建筑顶层楼板厚度不宜小于 120mm，宜采用双层双向配筋，加强建筑物顶部的约束能力。普通地下室顶板不宜小于 160mm；作为上部结构嵌固部位的地下室楼层的顶板，不宜小于 180mm，应采用双层双向配筋，且每层每个方向的配筋率不宜小于 0.25%。现浇预应力混凝土楼板厚度可按跨度的 1/50～1/45 采用，且不宜小于 150mm。装配整体式楼盖宜采用叠合楼盖，具体要求见现行国家标准《装配式混凝土建筑技术标准》GB/T 51231 的规定。

当楼板可能产生较明显的面内变形时，计算时应考虑楼板的面内变形影响或对采用楼板面内无限刚性假定计算的结果进行适当调整。

4.2 荷载效应和地震作用效应的组合

持久设计状况和短暂设计状况下，当荷载与荷载效应按线性关系考虑时，荷载基本组合的效应设计值应按下式确定：

$$S_d = \gamma_G S_{Gk} + \gamma_L \psi_Q \gamma_Q S_{Qk} + \psi_w \gamma_w S_{wk} \tag{4-1}$$

式中，S_d为荷载组合的效应设计值；γ_G、γ_Q、γ_w分别为永久荷载、楼面活荷载和风荷载的分项系数，见表 4-2；γ_L为考虑结构设计使用年限的荷载调整系数，设计使用年限为 50 年时取 1.0、100 年时取 1.1；S_{Gk}、S_{Qk}、S_{wk}分别为永久荷载、楼面活荷载和风荷载效应标准值；ψ_Q、ψ_w分别为楼面活荷载和风荷载组合值系数。

建筑结构的作用分项系数　　表 4-2

情况		分项系数值
承载力计算	1. 永久荷载分项系数 γ_G 其效应对结构有利	1.3 1.0
	2. 楼面活荷载分项系数 γ_Q	1.5
	3. 风荷载分项系数 γ_w	1.5
位移计算时，γ_G，γ_Q，γ_w		1.0

地震设计状况下，当作用与作用效应按线性关系考虑时，荷载和地震作用基本组合的效应设计值应按下式确定：

$$S_d = \gamma_G S_{GE} + \gamma_{Eh} S_{Ehk} + \gamma_{Ev} S_{Evk} + \psi_w \gamma_w S_{wk} \tag{4-2}$$

式中，S_d为荷载和地震作用组合的效应设计值；S_{GE}为重力荷载代表值的效应；S_{Ehk}为水平地震作用标准值的效应，尚应乘以相应的增大系数、调整系数；S_{Evk}为竖向地震作用标准值的效应，尚应乘以相应的增大系数、调整系数；γ_G、γ_w、γ_{Eh}、γ_{Ev}分别为重力荷载、风荷载、水平地震作用和竖向地震作用的分项系数，见表 4-3；ψ_w 为风荷载的组合值系数，应取 0.2。

有地震作用效应组合时荷载和作用分项系数　　　　表 4-3

参与组合的荷载和作用	γ_G	γ_{Eh}	γ_{Ev}	γ_w	说明
重力荷载及水平地震作用	1.3	1.4	—	—	抗震设计的高层建筑结构均应考虑
重力荷载及竖向地震作用	1.3	—	1.4	—	9 度抗震设计时考虑；水平长悬臂和大跨度结构 7 度（0.15g）、8 度、9 度抗震设计时考虑
重力荷载、水平地震作用及竖向地震作用	1.3	1.4	0.5	—	9 度抗震设计时考虑；水平长悬臂和大跨度结构 7 度（0.15g）、8 度、9 度抗震设计时考虑
重力荷载、水平地震作用及风荷载	1.3	1.4	—	1.5	60m 以上的高层建筑考虑
重力荷载、水平地震作用、竖向地震作用及风荷载	1.3	1.4	0.5	1.5	60m 以上的高层建筑，9 度抗震设计时考虑；水平长悬臂和大跨度结构 7 度(0.15g)、8 度、9 度抗震设计时考虑
	1.3	0.5	1.4	1.5	水平长悬臂和大跨度结构 7 度（0.15g）、8 度、9 度抗震设计时考虑

注：1. g 为重力加速度；
2. 表中“—”号表示组合中不考虑该项荷载或作用效应。

承载力计算时，当重力荷载效应对结构承载力有利时，表 4-3 中 γ_G 不应大于 1.0；水平位移计算时，表 4-3 中各分项系数均应取 1.0。

4.3 构件承载力验算

高层建筑结构构件承载力应按下式验算：

持久设计状况、短暂设计状况：

$$\gamma_0 S_d \leqslant R_d \tag{4-3a}$$

地震设计状况：

$$S_d \leqslant R_d/\gamma_{RE} \tag{4-3b}$$

式中，γ_0 为结构重要性系数。对安全等级为一级的结构构件，不应小于 1.1；对安全等级为二级的结构构件，不应小于 1.0；S_d 为作用组合的效应设计值；R_d 为构件承载力设计值；γ_{RE} 为构件承载力抗震调整系数，按表 4-4 采用。对于轴压比小于 0.15 的偏压柱，因为柱的变形能力与梁相近，因此承载力抗震调整系数与梁相同。当仅考虑竖向地震作用组合时，各类结构构件的承载力抗震调整系数均应取为 1.0。

承载力抗震调整系数　　**表 4-4**

构件类别	梁	轴压比小于 0.15 的柱	轴压比不小于 0.15 的柱	剪力墙		各类构件	节点
受力状态	受弯	偏压	偏压	偏压	局部承压	受剪、偏拉	受剪
γ_{RE}	0.75	0.75	0.80	0.85	1.0	0.85	0.85

4.4　重力二阶效应及结构稳定

4.4.1　重力二阶效应

重力二阶效应一般包括两部分：一是由于构件自身挠曲引起的附加重力效应，即 p-δ 效应，一般是构件的中间大，两端为零；二是在水平荷载作用下结构产生侧移后，重力荷载由于该侧移而引起的附加效应，即 P-Δ 效应。分析表明，对于一般高层建筑结构而言，挠曲二阶效应的影响相对较小，而重力荷载因结构侧移产生的 P-Δ 效应相对较大，可能导致结构的内力和位移显著增加，当位移较大、竖向构件出现显著的弹塑性变形时甚至导致结构失稳。因此，高层建筑结构的稳定设计，主要是控制和验算结构在风或地震作用下重力 P-Δ 效应对结构性能的降低以及由此可能引起的结构失稳。

研究发现，影响结构整体稳定的主要因素为结构的侧向刚度与重力荷载，因此将结构的侧向刚度和重力荷载之比（简称“刚重比”）作为影响二阶效应的指标。

对于框架结构，其失稳形态为剪切型，刚重比为：

$$D_i h_i \Big/ \sum_{j=i}^{n} G_j \tag{4-4}$$

对于剪力墙结构、框架-剪力墙结构、板柱-剪力墙结构、筒体结构，其失稳形态为弯剪型，刚重比为：

$$EJ_{\mathrm{d}} \Big/ H^2 \sum_{i=1}^{n} G_i \tag{4-5}$$

研究发现，P-Δ 效应随着结构刚重比的减小呈双曲线关系增加，如图 4-2 所示。控制刚重比，使位移或内力增幅小于 10%或 15%，则在其限值内 P-Δ 效应随刚重比降低而增加比较缓慢；超过上述限值，刚重比继续降低，则效应增加加快，甚至失稳。

1. 可不考虑重力二阶效应的条件

在水平力作用下，当高层建筑结构满足下列规定时，二阶效应引起的结构内力、位移的增量在 5%以内，弹性计算分析时可不考虑重力二阶效应的不利影响。

（1）剪力墙结构、框架-剪力墙结构、板柱剪力墙结构、筒体结构

$$EJ_{\mathrm{d}} \geqslant 2.7H^2 \sum_{i=1}^{n} G_i \tag{4-6}$$

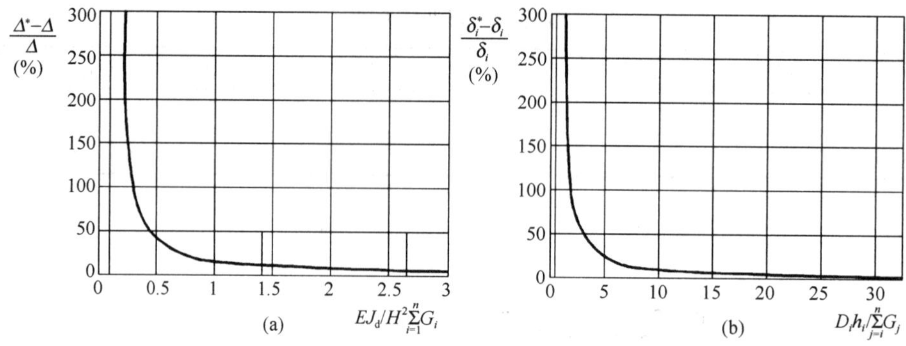

图 4-2　侧向位移增幅与刚重比的关系曲线

(a) 弯剪型结构；(b) 剪切型结构

(2) 框架结构

$$D_i \geqslant 20\sum_{j=i}^{n}G_j/h_i \quad (i=1,2,\cdots\cdots,n) \tag{4-7}$$

式中，EJ_d为结构一个主轴方向的弹性等效侧向刚度；H 为房屋高度；G_i、G_j 分别为第 i、j 楼层重力荷载设计值，取 1.3 倍的永久荷载标准值与 1.5 倍的楼面可变荷载标准值的组合值；h_i为第 i 层楼的层高；D_i为第 i 层楼的弹性等效侧向刚度，可取该层剪力与层间位移的比值；n 为结构计算总层数。

公式 (4-6) 中，结构的弹性等效侧向刚度 EJ_d，可近似按倒三角形分布荷载作用下结构顶点位移相等的原则，将结构的侧向刚度折算为竖向悬臂受弯构件的等效侧向刚度，折算公式为：

$$EJ_d=\frac{11q_{\max}H^4}{120u} \tag{4-8}$$

式中，$q_{\max}$为水平作用的倒三角形分布荷载的最大值；u 为在最大值为 $q_{\max}$ 的倒三角形荷载作用下结构顶点质心的弹性水平位移；H 为房屋高度。

2. 考虑重力二阶效应的简化计算方法

高层建筑结构如果不满足上述条件，结构弹性计算时应考虑重力二阶效应对水平力作用下结构内力和位移的不利影响。高层建筑结构重力二阶效应，可采用有限元方法进行计算，也可将未考虑重力二阶效应的计算结果乘以增大系数近似考虑。

对框架结构，增大系数可按下列公式计算：

(1) 结构位移增大系数为：

$$F_{1i}=\frac{1}{1-\sum_{j=i}^{n}G_j/(D_ih_i)} \quad (i=1,2,\cdots\cdots,n) \tag{4-9}$$

(2) 构件弯矩和剪力增大系数为：

$$F_{2i}=\frac{1}{1-2\sum_{j=i}^{n}G_j/(D_ih_i)} \quad (i=1,2,\cdots\cdots,n) \tag{4-10}$$

对剪力墙结构、框架-剪力墙结构、筒体结构，增大系数可按下列公式计算：

（1）结构位移增大系数为：

$$F_1 = \frac{1}{1 - 0.14H^2 \sum_{i=1}^{n} G_i / (EJ_d)} \tag{4-11}$$

（2）构件弯矩和剪力增大系数为：

$$F_2 = \frac{1}{1 - 0.28H^2 \sum_{i=1}^{n} G_i / (EJ_d)} \tag{4-12}$$

4.4.2 结构稳定性验算

当高层建筑结构满足下列规定时，P-Δ 效应可控制在 20%之内，结构的稳定则具有适宜的安全储备。若结构的刚重比进一步减小，则重力 P-Δ 效应将会呈非线性关系急剧增长，直至引起结构的整体失稳。

（1）剪力墙结构、框架-剪力墙结构、筒体结构

$$EJ_d \geqslant 1.4H^2 \sum_{i=1}^{n} G_i \tag{4-13}$$

（2）框架结构

$$D_i \geqslant 10 \sum_{j=i}^{n} G_j / h_i \quad (i = 1, 2, \cdots\cdots, n) \tag{4-14}$$

研究表明，高层建筑混凝土结构仅在竖向重力荷载作用下产生整体失稳的可能性很小，结构的稳定设计主要是控制在风荷载或水平地震作用下，重力荷载产生的二阶效应（重力 P-Δ 效应）不致过大，以此避免结构的失稳倒塌。如不满足式（4-13）或式（4-14）的要求，应调整并增大结构的侧向刚度。

4.5 整体倾覆验算

当高层建筑高宽比较大、水平风荷载或地震作用较大、地基刚度较弱时，结构整体倾覆验算十分重要，直接关系到整体结构安全度的控制。因此，《高规》规定：在重力荷载与水平荷载标准值或重力荷载代表值与多遇水平地震标准值共同作用下，高宽比大于 4 的高层建筑，基础底面不宜出现零应力区；高宽比不大于 4 的高层建筑，基础底面与地基之间零应力区面积不应超过基础底面面积的 15%，如图 4-3 所示。质量偏心较大的裙楼与主楼可分别计算基底应力。按此规定，整体倾覆安全系数可达到 2.3。

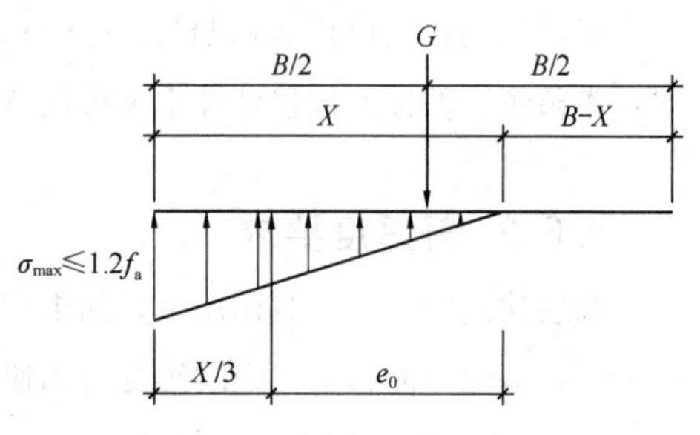

图 4-3　基础底板反力示意图

4.6 高层建筑水平位移限值及舒适度要求

4.6.1 水平位移限值

在正常使用条件下，限制高层建筑结构层间位移的主要目的有两点：

（1）保证结构基本处于弹性受力状态，对钢筋混凝土结构来讲，要避免混凝土墙或柱出现裂缝；同时，将混凝土梁等楼面构件的裂缝数量、宽度和高度限制在规范允许的范围之内。

（2）保证填充墙、隔墙和幕墙等非结构构件的完好，避免产生明显损坏。

高层建筑结构按弹性方法计算的风荷载或多遇地震标准值作用下的楼层层间最大水平位移与层高之比 $\Delta u/h$ 宜符合以下规定：

（1）高度不大于 150m 的高层建筑，其楼层层间最大位移与层高之比 $\Delta u/h$ 不宜大于表 4-5的限值；

楼层层间最大位移与层高之比的限值 **表 4-5**

结构类型	$\Delta u/h$ 限值
框架	1/550
框架-剪力墙、框架-核心筒、板柱-剪力墙	1/800
筒中筒、剪力墙	1/1000
除框架结构外的转换层	1/1000

（2）高度不小于 250m 的高层建筑，其楼层层间最大位移与层高之比 $\Delta u/h$ 不宜大于 1/500；

（3）高度在 150～250m 之间的高层建筑，其楼层层间最大位移与层高之比 $\Delta u/h$ 的限值按第（1）和第（2）条的限值线性插入取用。

楼层层间最大位移 Δu 以楼层最大的水平位移差计算，不扣除整体弯曲变形。抗震设计时，本条规定的楼层位移计算不考虑偶然偏心的影响。

4.6.2 舒适度要求

高层建筑物在风荷载作用下，如果产生过大的振动加速度将使在高楼内居住的人们感觉不舒适，甚至不能忍受。人的感受与加速度两者的关系见表 4-6。

舒适度与风振加速度的关系　表 4-6

不舒适的程度	建筑物的加速度
无感觉	<0.005g
有感	0.005g～0.015g
扰人	0.015g～0.05g
十分扰人	0.05g～0.15g
不能忍受	>0.15g

对于高度不高且刚度较大的钢筋混凝土高层建筑，风振很小，不会使楼内居住的人们感觉不舒适，但对于高度较高（超过 150m）的高层建筑结构，为保证在正常使用条件下风振不至于扰人，应按下述要求进行舒适度验算。

房屋高度不小于 150m 的高层混凝土建筑结构应满足风振舒适度要求。按《荷载规范》规定的 10 年一遇的风荷载标准值作用下，结构顶点的顺风向与横风向振动最大加速度 a_{max}，不应超过表 4-7 的限值。

结构顶点最大加速度限值 a_{max}　表 4-7

使用功能	a_{max}（m/s²）
住宅、公寓	0.15
办公、旅馆	0.25

高层建筑结构顶点的顺风向与横风向振动最大加速度 a_{max}，可按《荷载规范》的规定计算；也可通过风洞试验结果判断确定，计算时结构阻尼比宜取 0.01～0.02。

此外，楼盖结构应具有适宜的舒适度。楼盖的竖向振动频率不宜小于 3Hz，竖向振动加速度不应超度表 4-8 的限值。楼盖结构竖向加速度可按《高规》附录计算。

楼盖结构竖向加速度限值　表 4-8

人员活动环境	峰值加速度限值（m/s²）	
	竖向自振频率不大于 2Hz	竖向自振频率不小于 4Hz
住宅、办公	0.07	0.05
商场及室内连廊	0.22	0.15

注：楼盖结构竖向自振频率为 2～4Hz 时，峰值加速度可按线性插值选取。

4.7　结构弹塑性分析及薄弱层弹塑性变形验算

在罕遇地震（即大震）作用下，结构进入弹塑性大位移状态，结构产生较显著的破坏，为防止建筑物倒塌，应对结构塑性变形集中发展的楼层（称薄弱层）的变形加以控制，以实现“大震不倒”的设防目标，也就是第二阶段抗震设计。但要确切地找出结构的薄弱层以及准确计算出薄弱层部位的弹塑性变形还有许多困难。《高规》仅对有特殊要求的建筑、地震时易倒塌的结构以及有明显薄弱层的不规则结构，要求做第二阶段抗震设计，即除了第一阶段的弹性承载力及变形计算外，还要进行薄弱层弹塑性层间变形验算，并采取相应的抗震构造措施，实现第三水准的抗震设防要求。

4.7.1 高层建筑混凝土结构弹塑性分析方法及有关规定

对重要的建筑结构、超高层建筑结构、复杂高层建筑结构进行弹塑性计算分析，可以分析结构的薄弱部位、验证结构的抗震性能，是目前应用越来越多的一种方法。在进行结构弹塑性计算分析时，应根据工程的重要性、破坏后的危害性及修复的难易程度，设定结构的抗震性能目标。

建立结构弹塑性计算模型时，可根据结构构件的性能和分析精度要求，采用恰当的分析模型。如梁、柱、斜撑可采用一维单元；墙、板可采用二维或三维单元。结构的几何尺寸、钢筋、型钢、钢构件等应按实际设计情况采用，不应简单采用弹性计算软件的分析结果。结构材料（钢筋、型钢、混凝土等）的性能指标（如弹性模量、强度取值等）以及本构关系，与预定的结构或结构构件的抗震性能目标有密切关系，应根据实际情况合理选用。如材料强度可分别取用设计值、标准值、抗拉极限值或实测值、实测平均值等，与结构抗震性能目标有关。结构材料的本构关系直接影响弹塑性分析结果，选择时应特别注意；钢筋和混凝土的本构关系，在现行国家标准《混凝土结构设计规范》GB 50010 的附录中有相应规定，可参考使用。

结构弹塑性变形往往比弹性变形大很多，考虑结构几何非线性的计算是必要的。与弹性静力分析计算相比，结构的弹塑性分析具有更大的不确定性，不仅与上述因素有关，还与分析软件的计算模型以及结构阻尼选取、构件破损程度的衡量、有限元的划分等有关，存在较多的人为因素和经验因素。因此，弹塑性计算分析首先要了解分析软件的适用性，选用适合于所设计工程的软件，然后对计算结果的合理性进行分析判断。工程设计中有时会遇到计算结果出现不合理或怪异现象，需要结构工程师与软件编制人员共同研究解决。

高层建筑混凝土结构进行弹塑性计算分析时，可根据实际工程情况采用静力或动力时程分析方法，并应符合下列规定：

（1）当采用结构抗震性能设计时，应根据《高规》的有关规定预定结构的抗震性能目标；

（2）梁、柱、斜撑、剪力墙、楼板等结构构件，应根据实际情况和分析精度要求采用合适的简化模型；

（3）构件的几何尺寸、混凝土构件所配的钢筋和型钢、混合结构的钢构件应按实际情况参与计算；

（4）应根据预定的结构抗震性能目标，合理取用钢筋、钢材、混凝土材料的力学性能指标以及本构关系。钢筋和混凝土材料的本构关系可按现行国家标准《混凝土结构设计规范》GB 50010 的有关规定采用；

（5）应考虑几何非线性影响；

（6）进行动力弹塑性计算时，地面运动加速度时程的选取、预估罕遇地震作用时的峰值加速度取值以及计算结果的选用应符合《高规》第 4.3.5 条的规定；

（7）应对计算结果的合理性进行分析和判断。

4.7.2 弹塑性变形验算范围

1. 应进行弹塑性变形验算的高层建筑结构

（1）7～9 度时楼层屈服强度系数 ξ_y 小于 0.5 的混凝土框架结构；

（2）甲类建筑和 9 度抗震设防的乙类混凝土结构；

（3）采用隔震和消能减震技术的混凝土结构；

（4）房屋高度大于 150m 的结构。

这里所说的楼层屈服强度系数 ξ_y 是指按构件实际配筋和材料强度标准值计算的楼层受剪承载力与按罕遇地震作用标准值计算的楼层弹性地震剪力的比值。罕遇地震作用计算时的水平地震影响系数最大值应按表 3-6 采用。

2. 宜进行弹塑性变形验算的高层建筑结构

（1）表 3-5 所列高度范围且竖向不规则（即不满足表 2-5 中竖向规则性要求）的高层建筑结构；

（2）7 度Ⅲ、Ⅳ类场地和 8 度抗震设防的乙类混凝土结构；

（3）板柱-剪力墙结构。

4.7.3 弹塑性变形计算方法

在预估的罕遇地震作用下，高层建筑结构薄弱层（部位）弹塑性变形计算可采用下列方法：

（1）不超过 12 层且侧向刚度无突变的框架结构可采用《高规》规定的简化计算法；

（2）除第（1）条以外的建筑结构可采用弹塑性静力或动力分析方法。

1. 弹塑性变形计算简化方法

结构薄弱层（部位）的弹塑性层间位移的简化计算，宜符合下列规定：

（1）结构薄弱层（部位）的位置可按下列情况确定：

1）楼层屈服强度系数沿高度分布均匀的结构，可取底层；

2）楼层屈服强度系数沿高度分布不均匀的结构，可取该系数最小的楼层（部位）和相对较小的楼层，一般不超过 2～3 处。

（2）弹塑性层间位移可按下列公式计算：

$$\Delta u_p = \eta_p \Delta u_e \tag{4-15}$$

式中，Δu_p为弹塑性层间位移（mm）；Δu_e为罕遇地震作用下按弹性分析的层间位移（mm），计算时，水平地震影响系数最大值应按表 3-6 采用；η_p为弹塑性位移增大系数，当薄弱层（部位）的屈服强度系数不小于相邻层（部位）该系数平均值的 0.8 倍时，可按表 4-9 采用，当不大于该平均值的 0.5 倍时，可按表内相应数值的 1.5 倍采用，其他情况可采用内插法取值；ξ_y为楼层屈服强度系数。

结构的弹塑性位移增大系数 η_p　　　　表 4-9

ξ_y	0.5	0.4	0.3
η_p	1.8	2.0	2.2

2. 弹塑性分析方法

理论上，结构弹塑性分析可以应用于任何材料结构体系的受力全过程的分析。结构弹塑性分析的基本原理是以结构构件、材料的实际力学性能为依据，得到相应的弹塑性本构关系，建立变形协调方程和力学平衡方程后，求解结构在各个阶段的变形和受力的变化，必要时还可考虑结构或构件几何非线性的影响。随着结构有限元分析理论和计算机技术的日益进步，结构弹塑性分析已开始逐渐应用于建筑结构的分析和设计，尤其是对于体形复杂的不规则结构。但是，准确地确定结构各阶段的外作用力模式和本构关系是比较困难的；另外，弹塑性分析软件也不够成熟和完善，计算工作量大，计算结果的整理、分析、判断和使用都比较复杂。因此，弹塑性分析在建筑结构分析和设计中的应用受到较大限制。基于这种现实情况，《高规》仅规定了对少量的结构进行弹塑性变形验算（见 4.7.2 节弹塑性变形验算范围）。

采用弹塑性动力时程分析方法进行薄弱层验算时，宜符合以下要求：

（1）应按建筑场地类别和设计地震分组选用不少于两组实际地震波和一组人工模拟的地震波的加速度时程曲线。

（2）地震波持续时间不宜少于 12s，一般可取结构基本自振周期的 5～10 倍；地震波时间间距可取为 0.01s 或 0.02s。

（3）输入地震波的最大加速度，可按表 4-10 采用。

弹塑性动力时程分析时输入地震加速度的最大值 a_{max}　　　　表 4-10

抗震设防烈度	6 度	7 度	8 度	9 度
a_{max}（m/s^2）	125	220(310)	400(510)	620

3. 重力二阶效应

因为结构的弹塑性变形比弹性变形更大，所以对于在弹性分析时需要考虑重力二阶效应的结构，在计算弹塑性变形时也应考虑重力二阶效应的不利影响。当需要考虑重力二阶效应而结构计算时未考虑的，作为近似考虑，可将计算的弹塑性变形乘以增大系数 1.2。

4.7.4 弹塑性变形验算

结构薄弱层（部位）层间弹塑性变形应符合下式要求：

$$\Delta u_p \leqslant [\theta_p]h \tag{4-16}$$

式中，Δu_p为层间弹塑性变形；$[\theta_p]$ 为层间弹塑性位移角限值，可按表 4-11 采用；对框架结构，当轴压比小于 0.40 时，可提高 10%，当柱子全高的箍筋用量比框架柱箍筋最小含箍特征值大 30% 时，可提高 20%，但累计不超过 25%；h 为层高。

层间弹塑性位移角限值　　表 4-11

结构类型	$[\theta_p]$
框架结构	1/50
框架-剪力墙结构、板柱-剪力墙、框架-核心筒结构	1/100
剪力墙结构和筒中筒结构	1/120

4.8 高层建筑结构抗震性能设计

抗震性能设计，是根据选定的抗震性能目标，采用弹性、弹塑性方法，对不同抗震性能水准的结构、结构的局部部位或关键部位、结构的关键构件及非结构构件等进行计算，并采取必要的抗震构造措施。抗震设计的高层建筑混凝土结构，房屋高度、规则性、结构类型等超过《高规》的有关规定或抗震设防标准有特殊要求时，可采用结构抗震性能设计方法进行补充分析和论证。

结构抗震性能目标应综合考虑抗震设防类别、设防烈度、场地条件、结构的特殊性、建造费用、震后损失和修复难易程度等各项因素选定。结构抗震性能目标分为 A、B、C、D 四个等级，结构抗震性能分为 1、2、3、4、5 五个水准，每个性能目标均与一组在指定地震地面运动下的结构抗震性能水准相对应，见表 4-12 和表 4-13。

结构抗震性能目标　　表 4-12

性能目标 / 性能水准 / 地震水准	A	B	C	D
多遇地震	1	1	1	1
设防烈度地震	1	2	3	4
预估的罕遇地震	2	3	4	5

各性能水准结构预期的震后性能状况 **表 4-13**

结构抗震性能水准	宏观损坏程度	损坏部位			继续使用的可能性
		关键构件	普通竖向构件	耗能构件	
1	完好、无损坏	无损坏	无损坏	无损坏	不需修理即可继续使用
2	基本完好、轻微损坏	无损坏	无损坏	轻微损坏	稍加修理即可继续使用
3	轻度损坏	轻微损坏	轻微损坏	轻度损坏、部分中度损坏	一般修理后即可继续使用
4	中度损坏	轻度损坏	部分构件中度损坏	中度损坏、部分比较严重损坏	修复或加固后可继续使用
5	比较严重损坏	中度损坏	部分构件比较严重损坏	比较严重损坏	需排险大修

不同抗震性能水准的结构可按下列规定进行设计：

第 1 性能水准的结构，应满足弹性设计要求。在多遇地震作用下，其承载力和变形应符合《高规》的有关规定；在设防烈度地震作用下，结构构件的抗震承载力应符合下式规定：

$$\gamma_G S_{GE} + \gamma_{Eh} S^*_{Ehk} + \gamma_{Ev} S^*_{Evk} \leqslant R_d / \gamma_{RE} \quad (4\text{-}17)$$

式中，R_d和 γ_{RE}分别为构件承载力设计值和承载力抗震调整系数；S_{GE}为重力荷载代表值的效应；γ_G、γ_{Eh}、γ_{Ev}分别为重力荷载、水平地震作用和竖向地震作用的分项系数；S^*_{Ehk}为水平地震作用标准值的构件内力，不需考虑与抗震等级有关的增大系数；S^*_{Evk}为竖向地震作用标准值的构件内力，不需考虑与抗震等级有关的增大系数。

第 2 性能水准的结构，在设防烈度地震或预估的罕遇地震作用下，关键构件及普通竖向构件的抗震承载力宜符合式（4-17）的规定；耗能构件的受剪承载力宜符合式（4-17）的规定，其正截面承载力应符合下式规定：

$$S_{GE} + S^*_{Ehk} + 0.4 S^*_{Evk} \leqslant R_k \quad (4\text{-}18)$$

式中，R_k为截面承载力标准值，按材料强度标准值计算。

第 3 性能水准的结构应进行弹塑性计算分析。在设防烈度地震或预估的罕遇地震作用下，关键构件及普通竖向构件的正截面承载力应符合式（4-18）的规定，水平长悬臂结构和大跨度结构中的关键构件正截面承载力尚应符合式（4-19）的规定，其受剪承载力宜符合式（4-17）的规定；部分耗能构件进入屈服阶段，但其受剪承载力应符合式（4-18）的规定。在预估的罕遇地震作用下，结构薄弱部位的层间位移角应满足弹塑性层间位移角的要求。

$$S_{GE} + 0.4 S^*_{Ehk} + S^*_{Evk} \leqslant R_k \quad (4\text{-}19)$$

第 4 性能水准的结构应进行弹塑性计算分析。在设防烈度或预估的罕遇地震作用下，关键构件的抗震承载力应符合式（4-18）的规定，水平长悬臂结构和大跨度结构中的关键构件正截面承载力尚应符合式（4-19）的规定；部分竖向构件以及大部分耗能构件进入屈服阶段，但钢筋混凝土竖向构件的受剪截面应符合式（4-20）的规定，钢-混凝土组合剪力墙的受剪截面应符合式（4-21）的规定。在预估的罕遇地震作用下，结构薄弱部位的层间位移角应符合弹塑性层间位移角的要求。

$$V_{GE}+V_{Ek}^{*}\leqslant 0.15f_{ck}bh_0 \tag{4-20}$$

$$(V_{GE}+V_{Ek}^{*})-(0.25f_{ak}A_s+0.5f_{spk}A_{sp})\leqslant 0.15f_{ck}bh_0 \tag{4-21}$$

式中，V_{GE}为重力荷载代表值作用下的构件剪力；V_{Ek}^{*}为地震作用标准值的构件剪力，不需考虑与抗震等级有关的增大系数；f_{ck}和f_{ak}分别为混凝土轴心拉压强度标准值和剪力墙端部暗柱中型钢的强度标准值；A_s为剪力墙端部暗柱中型钢的截面面积；f_{spk}为剪力墙墙内钢板的强度标准值；A_{sp}为剪力墙墙内钢板的横截面面积。

第 5 性能水准的结构应进行弹塑性计算分析。在预估的罕遇地震作用下，关键构件的抗震承载力宜符合式（4-18）的规定；较多的竖向构件进入屈服阶段，但同一楼层的竖向构件不宜全部屈服；竖向构件的受剪截面应符合式（4-20）或式（4-21）的规定；允许部分耗能构件发生比较严重的破坏；结构薄弱部位的层间位移角应符合弹塑性层间位移角的要求。

思考题

1. 什么是结构的重力二阶效应？主要影响因素是什么？如何控制？
2. 为什么要限制高层建筑的弹性水平位移？如何限制？
3. 为什么要限制高层建筑的弹塑性水平位移？如何限制？哪些结构需要验算弹塑性水平位移？
4. 如何防止高层建筑发生整体倾覆？
5. 结构抗震性能目标的确定依据是什么？

第 5 章
框架结构设计

5.1 框架结构布置

框架结构应设计成双向梁柱抗侧力体系。主体结构除个别部位外，不应采用铰接。抗震设计的框架结构不应采用单跨框架。框架结构布置包括柱网布置和框架梁布置，柱网布置可分为大柱网和小柱网两种，如图 5-1 所示。小柱网对应的梁柱截面尺寸可小一些，结构造价亦低。但小柱网柱子过多，有可能影响使用功能。从用户的角度来说，往往一方面希望柱网越大越好，同时又不希望梁柱截面尺寸增大，这显然是对矛盾。因此，在柱网布置时，应针对具体工程综合考虑建筑物的功能要求及经济合理性来确定柱网的大小。

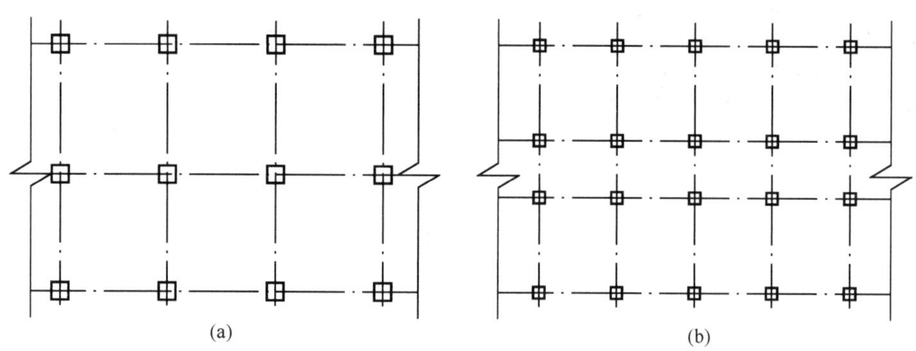

图 5-1　柱网布置

(a) 大柱网；(b) 小柱网

框架梁、柱构件的轴线宜重合。如果二者有偏心，梁、柱中心线之间的偏心距，9 度抗震设计时不应大于柱截面在该方向宽度的 1/4；非抗震设计和 6～8 度抗震设计时不宜大于柱截面在该方向宽度的 1/4。

根据楼盖上竖向荷载的传力路线，框架结构又可分为横向承重、纵向承重及双向承重等几种布置方式，如图 5-2 所示。在通常情况下，承重框架比非承重框架梁的截面高度要大些，使该方向的框架抗侧移刚度增大，有利于抵抗该方向的水平荷载。但由于梁截面高度大而使房屋的净空减小，且不利于其垂直方向的管道布置。

沿高度方向柱子截面变化时应尽可能做到轴线不变或变化不大，使柱子上下对齐或仅有较小的偏心。当楼层高度不同而形成楼板错层或在某些轴线上取消柱子形成不规则框架时，都对抗震相当不利，应尽可能避免。否则，应通过相应的计算及构造措施予以加强，防止出现薄弱环节。

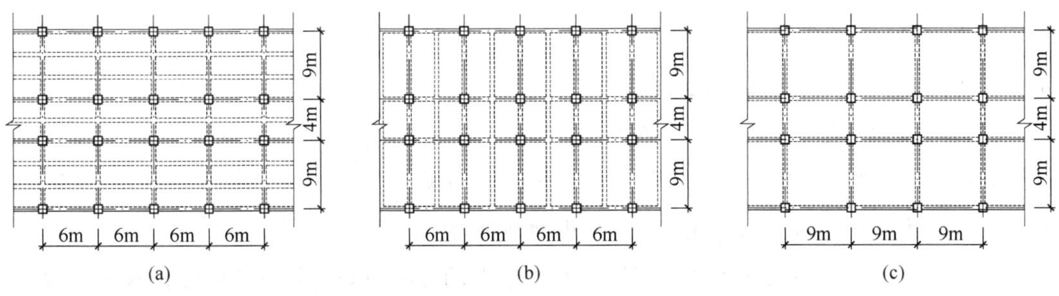

图 5-2　框架承重体系

(a) 横向框架承重；(b) 纵向框架承重；(c) 双向框架承重

5.2　构件截面尺寸估算及混凝土强度等级

5.2.1　框架梁截面尺寸估算

框架梁的截面尺寸应由刚度条件初步确定。框架结构的主梁截面高度可按计算跨度的 1/18～1/10 确定，梁净跨与截面高度之比宜大于 4。梁的截面宽度一般取梁截面高度的 1/3～1/2，且不宜小于 200mm；同时，框架梁截面宽度不宜小于截面高度的 1/4，以保证梁平面外的稳定性。

当为了降低楼层高度，采用扁梁时，梁截面宽度与截面高度的比值不宜超过 3，且除验算其承载力和受剪截面要求外，尚应满足刚度和裂缝的有关要求。在计算梁的挠度时可扣除梁的合理起拱值；对现浇梁板结构宜考虑梁受压翼缘的有利影响。

5.2.2　框架柱截面尺寸估算

框架柱的截面宜采用正方形或接近正方形的矩形。正方形或矩形截面柱的边长，非抗震设计时不宜小于 250mm，抗震设计时，四级抗震等级不宜小于 300mm，一、二、三级时不宜小于 400mm；圆柱直径，非抗震和四级抗震设计时不宜小于 350mm，一、二、三级时不宜小于 450mm。柱剪跨比宜大于 2；柱截面高宽比不宜大于 3。

在初步设计时，柱截面面积 A_c 可根据柱轴压比限值（表 5-7）按下式确定：

一级抗震时
$$A_c = \frac{N}{0.65 f_c} \tag{5-1a}$$

二级抗震时
$$A_c = \frac{N}{0.75 f_c} \tag{5-1b}$$

三级抗震时
$$A_c = \frac{N}{0.85 f_c} \tag{5-1c}$$

四级抗震、非抗震时
$$A_c = \frac{N}{f_c} \tag{5-1d}$$

式中，N 为估算的框架柱轴力设计值。

抗震等级为一至三级时
$$N = (1.1 \sim 1.2) N_v \tag{5-1e}$$

四级抗震、非抗震时
$$N = (1.05 \sim 1.1) N_v \tag{5-1f}$$

式中，N_v 为估算的竖向荷载作用下产生的框架柱轴力。

N_v 可根据柱支承的楼板面积、楼层数及楼层上的竖向荷载，并可考虑综合永久荷载和楼面活荷载分项系数平均按 1.35 进行计算，楼层上的竖向荷载可按 11～14kN/m^2 计算。

框架梁、柱中心线宜重合。当梁柱中心线不能重合时，在计算中应考虑偏心对梁柱节点核心区受力和构造的不利影响，以及梁荷载对柱子的偏心影响。

梁、柱中心线之间的偏心距，9 度抗震设计时不应大于柱截面在该方向宽度的 1/4；非抗震设计和 6～8 度抗震设计时不宜大于柱截面在该方向宽度的 1/4，如偏心距大于该方向柱宽的 1/4 时，可采取增设梁的水平加腋等措施（详见《高规》）。设置水平加腋后，仍须考虑梁柱偏心的不利影响。

不与框架柱相连的次梁，可按非抗震要求进行设计。

5.2.3 混凝土强度等级

框架结构混凝土强度等级不应低于 C25。抗震设计时，一级抗震等级框架梁、柱及其节点的混凝土强度等级不应低于 C30；抗震设计时，框架柱的混凝土强度等级，9 度时不宜高于 C60，8 度时不宜大于 C70。

5.3 计算单元及计算简图

5.3.1 计算单元

框架结构为空间结构，应取整个结构作为计算单元，按三维框架分析。但对于平面布置较规则，柱距及跨数相差不多的大多数框架结构，在计算中可将三维框架简化为平面框架，每榀框架按其负荷面积承担外荷载。

在各榀框架中（包括纵、横向框架），选出一榀或几榀有代表性的框架作为计算单元。对于结构及荷载相近的计算单元可以适当统一，以减少计算工作量，如图 5-3 所示。

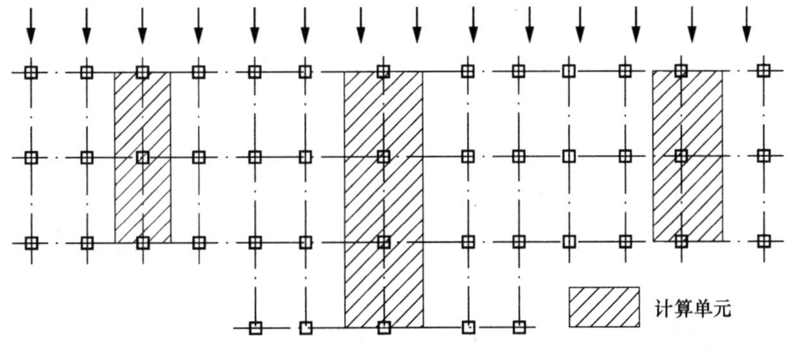

图 5-3　框架结构计算单元

5.3.2 计算简图

计算简图是由计算模型及其作用在其中的荷载共同构成的。框架结构的计算模型是由梁、柱截面的几何轴线确定的，框架柱在基础顶面按固定端考虑，如图 5-4 所示。

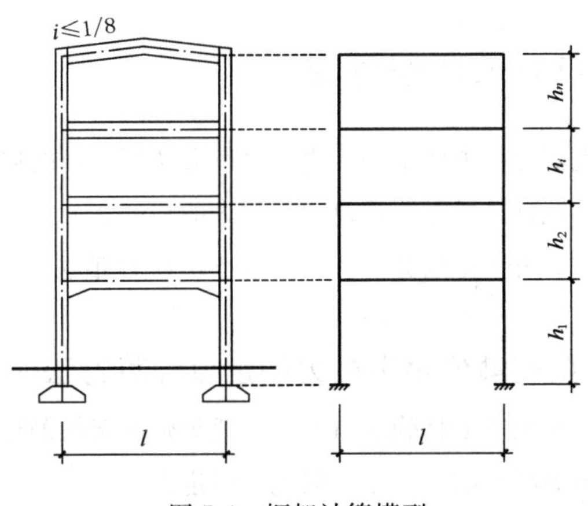

图 5-4　框架计算模型

1. 计算模型的简化

（1）当框架梁为坡度 $i \leqslant 1/8$ 的折梁时，可简化为直杆，如图 5-4 所示。

（2）对于不等跨框架，当各跨度差不大于 10%时，可以简化为等跨框架，跨度取原框架各跨跨度的平均值。

（3）当框架梁为有加腋的变截面梁时，如 $I_{end}/I_{mid}<4$ 或 $h_{end}/h_{mid}<1.6$ 时，可不考虑加腋的影响，按等截面梁进行内力计算，I_{end}和 h_{end}分别为加腋端最高截面的惯性矩和梁高，I_{mid}和 h_{mid}分别为跨中等截面梁的惯性矩和梁高。当不满足上述条件时，梁应按变截面杆进

行内力分析。

在计算模型中，各杆的截面惯性矩：柱按实际截面确定；框架梁则应考虑楼板的作用。当采用现浇楼板时，现浇板可作为框架梁的翼缘，故框架梁应按 T 形截面确定其惯性矩，翼缘有效宽度为每侧 6 倍板厚，然后按 T 形截面或 L 形截面计算惯性矩。工程中为简化计算，允许按下式计算框架梁的惯性矩：一边有楼板，$I=1.5I_0$；两边有楼板，$I=2.0I_0$（式中 I_0 为梁矩形部分的惯性矩）。

2. 荷载的简化

（1）作用在框架上的集中荷载位置允许移动不超过梁计算跨度的 1/20。

（2）计算次梁传给主梁的荷载时，允许不考虑次梁的连续性，按简支次梁来计算传至主梁的集中荷载。

（3）作用在框架上的次要荷载可以简化为与主要荷载相同的荷载形式，但应对结构的主要受力部位维持内力等效。如框架主梁自重线荷载相对于次梁传来的集中荷载可谓次要荷载，故此线荷载可化为等效集中荷载叠加到次梁集中荷载中。另外，也可将作用于框架梁上的三角形梯形等荷载按支座弯矩等效的原则改造为等效均布荷载。

上述荷载简化方法仅用在手算中，电算时不必简化。

5.4 框架结构的内力及侧移计算

框架内力及侧移的近似计算方法很多，由于每种方法所采用的假定不同，其计算结果的近似程度也有区别，但一般都能满足工程设计所要求的精度。

下面分别介绍近似计算方法中的分层法、反弯点法和 D 值法。

5.4.1 框架在竖向荷载作用下内力的近似计算方法—分层法

根据框架在竖向荷载作用下的精确解可知，一般规则框架的侧移是极小的，而且每层梁上的荷载对其他各层梁内力的影响也很小。因此可假定：

（1）框架在竖向荷载作用下，节点的侧移可忽略不计；

（2）每层梁上的荷载对其他各层梁内力的影响可忽略不计。

根据上述假定，多层框架在竖向荷载作用下可以分层计算，计算时可将各层梁及与其相连的上、下柱所组成的开口框架作为独立的计算单元，如图 5-5 所示。由于各层开口框架上下柱的远端（除底层框架柱的下端外）实际上为弹性支承，而简图 5-5 中则是按固定端处理的，这将减小框架的变形，相当于提高了结构的刚度。为消除由此带来的误差，在分层法计算时，需将除底层外所有各层柱的线刚度乘以折减系数 0.9，并取弯矩传递系数为 1/3；底层柱的线刚度不折减，传递系数取 1/2。分层后的开口框架可用弯矩分配法或迭代法计算。

各杆的最终弯矩取法为：框架梁的最终弯矩即为分层计算所得的弯矩；对框架柱来说，因任一柱会同时出现在上、下两层开口框架中，所以柱的最终弯矩应将上、下两相邻开口框架同一柱的弯矩叠加起来。

需要指出一点，最后算得的各梁、柱弯矩在节点处有可能不平衡，但一般误差不大，如有需要，也可将各节点不平衡力矩再分配一次。

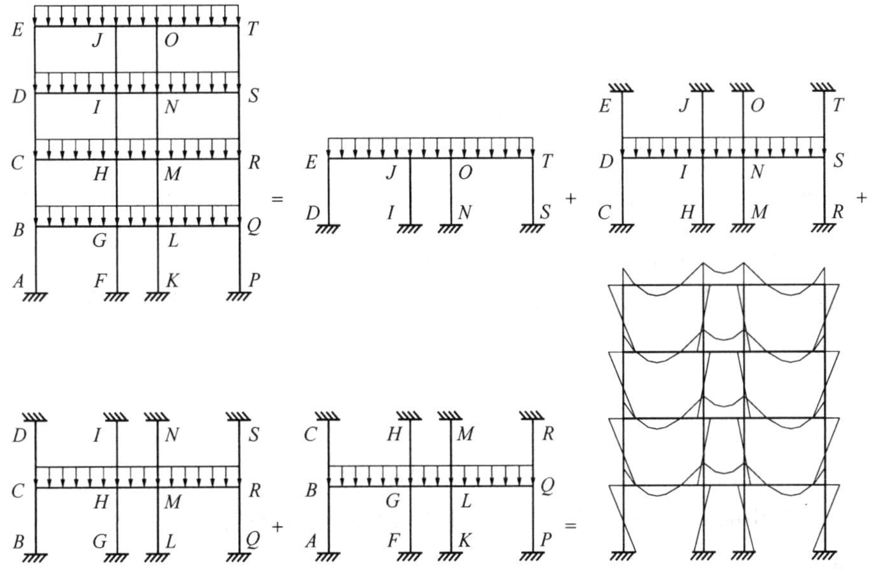

图 5-5　分层法计算框架内力

5.4.2 框架在水平荷载作用下内力近似计算方法——反弯点法

在工程设计中，通常将作用在框架上的风荷载或水平地震作用简化为节点水平力。在节点水平力作用下，其弯矩分布规律见图 5-6，各杆的弯矩都是直线分布的，每根柱都有一个零弯矩点，称为反弯点。在该点处，柱只有剪力作用（图 5-6 中的 V_1，V_2，V_3，V_4）。如果能求出各柱的剪力及其反弯点的位置，用柱中剪力乘以反弯点至柱端的高度，即可求出柱端弯矩，再根据节点平衡条件又可求出梁端弯矩。所以反弯点法的关键是确定各柱剪力及反弯点位置。

1. 反弯点法的基本假定

对于层数不多、柱截面较小、梁柱线刚度比大于 3 的框架，为简化计算，可作如下假定：

（1）在确定各柱剪力时，假定框架梁刚度无限大，即各柱端无转角，且同一层柱具有相同的水平位移。

（2）最下层各柱的反弯点在距柱底的 2/3 高度处，上面各层柱的反弯点在柱高度的中点。

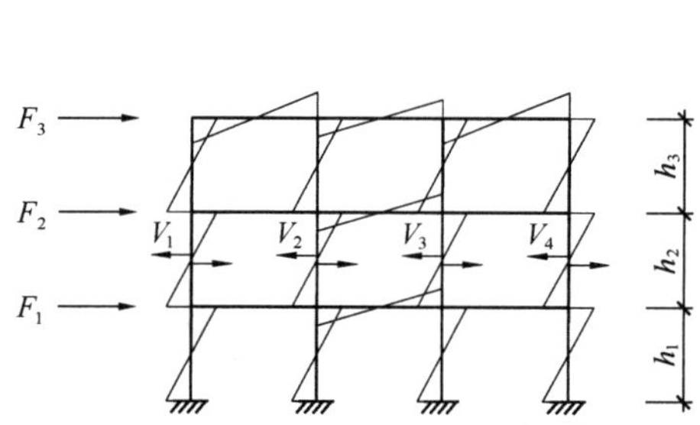

图 5-6 框架在节点水平力作用下弯矩分布规律

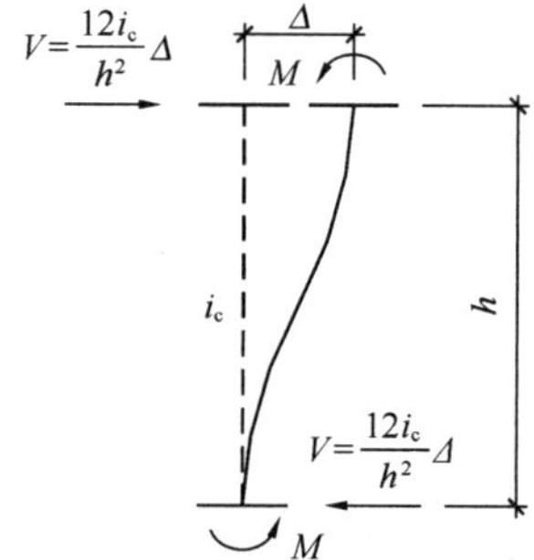

图 5-7 柱剪力与位移的关系

2. 柱剪力与位移的关系

根据假定（1）可知：每层各柱的受力状态均如图 5-7 所示，由此可得柱剪力 V 与位移 Δ 之间的关系为

$$V=\frac{12i_c}{h^2}\Delta \tag{5-2}$$

式中，i_c为柱的线刚度（$i_c=EI/h$）；h 为柱的高度（即层高）。

公式（5-2）中的 $12i_c/h^2$ 为柱上下端产生单位相对侧移时所需施加的水平力，称为该柱的抗侧移刚度。

3. 同层各柱剪力的确定

设同层各柱剪力为 V_1，V_2，……，V_j，……，根据平衡条件，有：

$$V_1+V_2+\cdots\cdots+V_j+\cdots\cdots=\sum F \tag{5-3}$$

由公式（5-2）及假定（1）中同层各柱柱端水平位移相等的条件，有：

$$V_1=\frac{12i_{c1}}{h^2}\Delta$$

$$V_2=\frac{12i_{c2}}{h^2}\Delta$$

$$\vdots$$

$$V_j=\frac{12i_{cj}}{h^2}\Delta$$

$$\vdots$$

将上述各式代入公式（5-3），可得：

$$\Delta=\frac{\sum F}{\frac{12i_{c1}}{h^2}+\frac{12i_{c2}}{h^2}+\cdots\cdots+\frac{12i_{cj}}{h^2}+\cdots\cdots}=\frac{\sum F}{\sum\frac{12i_c}{h^2}}$$

于是有

$$V_j=\frac{\frac{12i_{cj}}{h^2}}{\sum\frac{12i_c}{h^2}}\sum F \tag{5-4}$$

式中，V_j 为第 n 层第 j 根柱的剪力；$\frac{12i_{cj}}{h^2}$ 为第 n 层第 j 根柱的抗侧移刚度；$\sum\frac{12i_c}{h^2}$ 为第 n 层各柱抗侧移刚度总和；$\sum F$ 为第 n 层以上所有水平荷载总和。

4. 计算步骤

（1）按公式（5-4）求出框架中各柱的剪力。

（2）取底层柱反弯点在 $\frac{2}{3}h$ 处，其他各层柱反弯点在 $\frac{1}{2}h$ 处。

（3）柱端弯矩

底层柱上端　$M_{上}=V_1\times\frac{1}{3}h_1$

底层柱下端　$M_{下}=V_1\times\frac{2}{3}h_1$

其余各层，柱上、下端　$M=V_j\times\frac{1}{2}h_j$

（4）梁端弯矩

边跨外边缘处的梁端弯矩（图 5-8a）　$M=M_n+M_{n+1}$

中间支座处的梁端弯矩（图 5-8b）　$M_{左}=(M_n+M_{n+1})\frac{i_{左}}{i_{左}+i_{右}}$，$M_{右}=(M_n+M_{n+1})\frac{i_{右}}{i_{左}+i_{右}}$

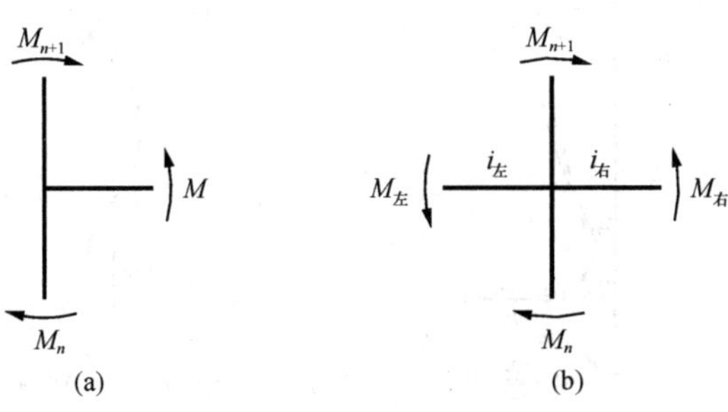

图 5-8　框架梁端弯矩计算简图

5.4.3　框架在水平荷载作用下内力的近似计算方法——*D* 值法

D 值法又称改进的反弯点法。由前述反弯点法可以看出：框架各柱中的剪力仅与各柱间的线刚度比有关，各柱的反弯点位置取为定值，这与高层框架结构的实际工作情况相差较

大。事实上，柱的抗侧移刚度不但与柱本身的线刚度及层高有关，而且还与梁的线刚度有关。反弯点法假定框架横梁刚度无限大，这在层数较多的框架中是不合理的，因为此时柱截面较大，梁柱线刚度比较小，若再采用反弯点法，计算误差较大。另外，框架变形后节点必有转角，它既能影响柱中的剪力，也能影响柱中的反弯点位置。故柱的反弯点高度不应是定值，而应随该柱与梁线刚度比、该柱所在楼层位置、上下层梁间的线刚度比以及上下层层高的不同而不同，甚至与房屋的总层数等因素有关。因此 D 值法主要针对柱的抗侧移刚度及反弯点的高度进行改进，以求得更精确的内力值。

1. 柱的抗侧移刚度 D 值

图 5-9(a) 为一多层多跨框架。在水平荷载作用下框架产生节点转角 θ 和柱的层间侧移 Δ（或以弦转角 $\varphi=\Delta/h$ 表示）。除底层外，上部各层的节点转角和柱的弦转角基本相等。根据这种变形特点，考虑 D 值时，应把底层柱和上部各层柱分开来讨论。

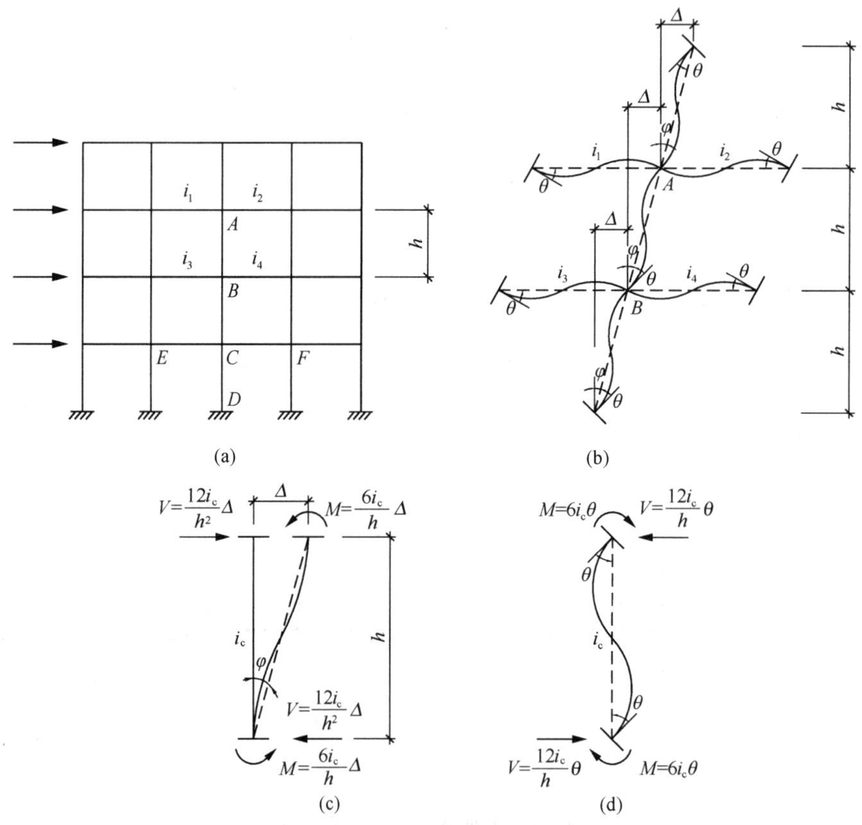

图 5-9　框架柱抗侧移刚度 D 的推导简图

(1) 上部各层（一般层）柱的 D 值。从框架中任取不在底层的柱 AB 为例进行分析。为简化分析，作如下假定：

1) 柱 AB 以及与柱 AB 相邻的各杆杆端的转角均为 θ；

2）柱 AB 以及与柱 AB 上下相邻的两个柱的线刚度均为 i_c。

根据上述假定，可得柱 AB 的变形，如图 5-9（b）所示，将柱 AB 的变形分解为图 5-9（c）、（d）所示的两部分，前者为侧移 Δ 引起的柱变形，后者为节点转角 θ 引起的柱变形，由转角位移方程，有：

$$V=\frac{12i_c}{h^2}\Delta-\frac{12i_c}{h}\theta=\frac{12i_c}{h^2}\Delta\left(1-\frac{h\theta}{\Delta}\right)=\alpha_c\frac{12i_c}{h^2}\Delta=D\Delta \tag{5-5}$$

式中，α_c 为节点转动影响系数，$\alpha_c=1-\frac{h\theta}{\Delta}$。

根据柱抗侧移刚度的定义（即框架柱层间产生单位相对侧移时，所需施加的水平力）可知：公式（5-5）中的 $\left(D=\alpha_c\frac{12i_c}{h^2}\right)$ 即为考虑节点转动影响后的柱抗侧移刚度。D 值中的节点转动影响系数 α_c 可由节点 A、B 的平衡条件求得：

$$\begin{cases}\sum M_A=0 & 4(i_1+i_2+i_c+i_c)\theta+2(i_1+i_2+i_c+i_c)\theta-6(i_c+i_c)\frac{\Delta}{h}=0\\ \sum M_B=0 & 4(i_3+i_4+i_c+i_c)\theta+2(i_3+i_4+i_c+i_c)\theta-6(i_c+i_c)\frac{\Delta}{h}=0\end{cases}$$

将以上两式相加并整理，得：

$$\frac{h\theta}{\Delta}=\frac{24i_c}{6(i_1+i_2+i_3+i_4)+24i_c}=\frac{24i_c}{24i_b+24i_c}=\frac{i_c}{i_b+i_c} \tag{5-6}$$

式中，i_b 为与柱 AB 相连接的梁的平均线刚度，$i_b=(i_1+i_2+i_3+i_4)/4$。

将公式（5-6）代入 α_c 的算式：

$$\alpha_c=1-\frac{h\theta}{\Delta}=1-\frac{i_c}{i_b+i_c}=\frac{i_b}{i_b+i_c}=\frac{\frac{i_1+i_2+i_3+i_4}{2i_c}}{\frac{i_1+i_2+i_3+i_4}{2i_c}+2}$$

令 $\bar{K}=\frac{i_1+i_2+i_3+i_4}{2i_c}$，则 $\alpha_c=\frac{\bar{K}}{\bar{K}+2}$

式中，$\bar{K}$ 为梁柱线刚度比，$\bar{K}=\frac{i_1+i_2+i_3+i_4}{2i_c}$。

（2）底层柱的 D 值

以柱 CD 为研究对象（图 5-10），其中

$$M_{CD}=4i_c\theta-6i_c\frac{\Delta}{h},\ M_{CE}=6i_1\theta,M_{CF}=6i_2\theta$$

设

$$a=\frac{M_{CD}}{M_{CE}+M_{CF}}=\frac{4i_c\theta-6i_c\frac{\Delta}{h}}{6(i_1+i_2)\theta}=\frac{\left(2\theta-3\frac{\Delta}{h}\right)i_c}{3(i_1+i_2)\theta}$$

令 $\bar{K}=\dfrac{i_1+i_2}{i_c}$

因此 $\theta=\dfrac{3}{2-3a\bar{K}}\dfrac{\Delta}{h}$

由柱 CD 的平衡条件，可得：

$$V_{CD}=\frac{12i_c}{h^2}\Delta-\frac{6i_c}{h}\theta=\frac{12i_c\Delta}{h^2}\left(1-\frac{1.5}{1-3a\bar{K}}\right)$$

$$=\left(\frac{0.5-3a\bar{K}}{2-3a\bar{K}}\right)\frac{12i_c}{h^2}\Delta$$

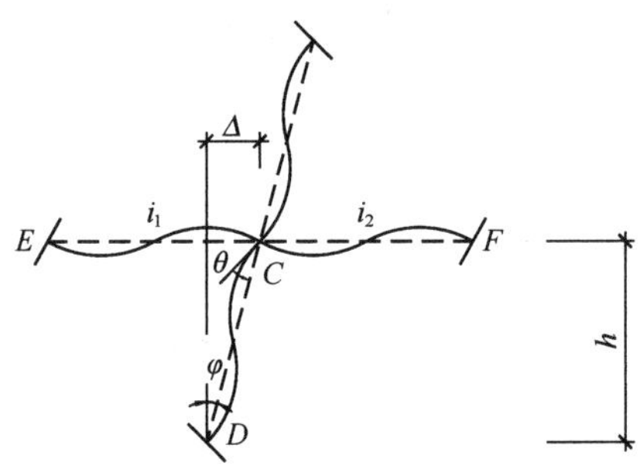

图 5-10 底层柱抗侧移刚度 D 推导简图

由此可得 $D=\dfrac{V}{\Delta}=\left(\dfrac{0.5-3a\bar{K}}{2-3a\bar{K}}\right)\dfrac{12i_c}{h^2}=\alpha_c\dfrac{12i_c}{h^2}$

其中 $\alpha_c=\dfrac{0.5-3a\bar{K}}{2-3a\bar{K}}$

在实际工程中，$\bar{K}$ 通常在 0.3～ 0.5 之间变化，a 在 −0.50～−0.14 之间变化，则其相应的 α_c 值在 0.3～ 0.84 之间变动。为简化计，若令 a 为一常数，且等于−1/3，则相应的 α_c 值为 0.35～ 0.79，可见它对 D 值的误差不大。为此，可令 $a=-1/3$，把 α_c 简化为：

$$\alpha_c=\frac{0.5+\bar{K}}{2+\bar{K}}$$

同理，当柱脚为铰接时，可得 $\bar{K}=\dfrac{i_1+i_2}{i_c}$；$\alpha_c=\dfrac{-0.5a\bar{K}}{1-2a\bar{K}}$。当 $\bar{K}$ 取不同值时，a 通常在 −1～−0.67 之间变化。为简化计算，在误差不大的条件下，可取 $a=-1$，则有 $\alpha_c=\dfrac{0.5\bar{K}}{1+2\bar{K}}$。

（3）柱的抗侧移刚度 D 值计算方法汇总

为了以后应用的方便，将以上讨论的结果汇总如下。

柱的抗侧移刚度 D 值按下式计算：

$$D=\alpha_c\frac{12i_c}{h^2} \tag{5-7}$$

式中，D 为考虑梁柱线刚度比影响的柱抗侧移刚度；α_c 为节点转动影响系数；i_c 为柱的线刚度；h 为层高。不同部位柱的节点转动影响系数见表 5-1。

节点转动影响系数　　**表 5-1**

柱位 / 层位	边柱		中柱	α_c
一般层	i_1 i_c i_2	$\overline{K}=\dfrac{i_1+i_2}{2i_c}$	$\overline{K}=\dfrac{i_1+i_2+i_3+i_4}{2i_c}$	$\alpha_c=\dfrac{\overline{K}}{2+\overline{K}}$
底层	i_1 i_c i_2	$\overline{K}=\dfrac{i_1+i_2}{2i_c}$	$\overline{K}=\dfrac{i_1+i_2+i_3+i_4}{2i_c}$	$\alpha_c=\dfrac{0.5\overline{K}}{1+2\overline{K}}$
	i_1 i_c	$\overline{K}=\dfrac{i_1}{i_c}$	$\overline{K}=\dfrac{i_1+i_2}{i_c}$	$\alpha_c=\dfrac{0.5+\overline{K}}{2+\overline{K}}$

与反弯点法的柱抗侧移刚度 $\left(\dfrac{12i_c}{h^2}\right)$ 相比，D 值法在计算柱的抗侧移刚度时考虑了节点转动的影响（即式 5-7 中的系数 α_c），因此提高了计算精度。

由表 5-1 可见，当梁柱线刚度比 $\overline{K}$ 很大时，α_c 值接近于 1，当 $\overline{K}=\infty$ 时，$\alpha_c=1.0$，这是反弯点法推求的假定与结果。所以反弯点法只不过是 D 值法当 $\overline{K}=\infty$（横梁无穷刚）时的特例。

2. 柱的反弯点高度

框架柱的反弯点高度 yh（图 5-11）可由下式求得：

$$yh=(y_0+y_1+y_2+y_3)h \tag{5-8}$$

式中，y 为反弯点高度比；y_0 为标准反弯点高度比，按表 5-2 或表 5-3 查用；y_1 为考虑上下层梁刚度不同时反弯点高度比的修正值，按表 5-4 查用；y_2，y_3 分别为考虑上、下层层高变化时反弯点高度比的修正值，按表 5-5 查用。

3. 计算方法

当每根柱的抗侧移刚度 D 按公式（5-7）计算确定后，框架柱的剪力可按下式计算：

$$V_j=\frac{D_j}{\Sigma D}\Sigma F$$

式中，D_j 为第 n 层第 j 根柱的抗侧移刚度；ΣD 为第 n 层各柱抗侧移刚度总和。

反弯点高度按公式（5-8）计算。

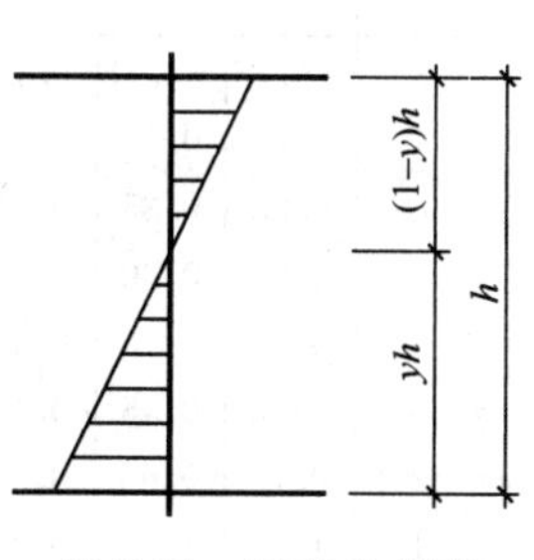

图 5-11　反弯点高度

其余计算步骤同反弯点法。

规则框架承受均布水平力作用时标准反弯点的高度比 y_0 值 **表 5-2**

m	n \ $\overline{K}$	0.1	0.2	0.3	0.4	0.5	0.6	0.7	0.8	0.9	1.0	2.0	3.0	4.0	5.0
1	1	0.80	0.75	0.70	0.65	0.65	0.60	0.60	0.60	0.60	0.55	0.55	0.55	0.55	0.55
2	2	0.45	0.40	0.35	0.35	0.35	0.35	0.40	0.40	0.40	0.40	0.45	0.45	0.45	0.45
	1	0.95	0.80	0.75	0.70	0.65	0.65	0.65	0.60	0.60	0.60	0.55	0.55	0.55	0.50
3	3	0.15	0.20	0.20	0.25	0.30	0.30	0.35	0.35	0.35	0.35	0.40	0.45	0.45	0.45
	2	0.55	0.50	0.45	0.45	0.45	0.45	0.45	0.45	0.45	0.45	0.45	0.50	0.50	0.50
	1	1.00	0.85	0.80	0.75	0.70	0.65	0.65	0.65	0.60	0.60	0.55	0.55	0.55	0.55
4	4	0.05	0.05	0.15	0.20	0.25	0.30	0.30	0.35	0.35	0.35	0.40	0.40	0.45	0.45
	3	0.25	0.30	0.30	0.35	0.35	0.40	0.40	0.40	0.40	0.45	0.45	0.50	0.50	0.50
	2	0.65	0.55	0.50	0.50	0.45	0.45	0.45	0.45	0.45	0.45	0.50	0.50	0.50	0.50
	1	1.10	0.90	0.80	0.75	0.70	0.70	0.65	0.65	0.65	0.60	0.55	0.55	0.55	0.55
5	5	−0.20	0.00	0.15	0.20	0.25	0.30	0.30	0.30	0.35	0.35	0.40	0.45	0.45	0.45
	4	0.10	0.20	0.25	0.30	0.35	0.35	0.40	0.40	0.40	0.40	0.45	0.45	0.45	0.50
	3	0.40	0.40	0.40	0.40	0.40	0.45	0.45	0.45	0.45	0.45	0.50	0.50	0.50	0.50
	2	0.65	0.55	0.50	0.50	0.50	0.50	0.50	0.50	0.50	0.50	0.50	0.50	0.50	0.50
	1	1.20	0.95	0.80	0.75	0.75	0.70	0.70	0.65	0.65	0.65	0.55	0.55	0.55	0.55
6	6	−0.30	0.00	0.10	0.20	0.25	0.25	0.30	0.30	0.35	0.35	0.40	0.45	0.45	0.45
	5	0.00	0.20	0.25	0.30	0.35	0.35	0.40	0.40	0.40	0.40	0.45	0.45	0.50	0.50
	4	0.20	0.30	0.35	0.35	0.40	0.40	0.40	0.45	0.45	0.45	0.45	0.50	0.50	0.50
	3	0.40	0.40	0.40	0.45	0.45	0.45	0.45	0.45	0.45	0.45	0.50	0.50	0.50	0.50
	2	0.70	0.60	0.55	0.50	0.50	0.50	0.50	0.50	0.50	0.50	0.50	0.50	0.50	0.50
	1	1.20	0.95	0.85	0.80	0.75	0.70	0.70	0.65	0.65	0.65	0.55	0.55	0.55	0.50
7	7	−0.35	−0.05	1.10	0.20	0.20	0.25	0.30	0.30	0.35	0.35	0.40	0.45	0.45	0.45
	6	−0.10	0.15	0.25	0.30	0.35	0.35	0.35	0.40	0.40	0.40	0.45	0.45	0.50	0.50
	5	0.10	0.25	0.30	0.35	0.40	0.40	0.40	0.45	0.45	0.45	0.45	0.50	0.50	0.50
	4	0.30	0.35	0.40	0.40	0.40	0.45	0.45	0.45	0.45	0.45	0.50	0.50	0.50	0.50
	3	0.50	0.45	0.45	0.45	0.45	0.45	0.45	0.45	0.45	0.45	0.50	0.50	0.50	0.50
	2	0.75	0.60	0.55	0.55	0.50	0.50	0.50	0.50	0.50	0.50	0.50	0.50	0.50	0.50
	1	1.20	0.95	0.85	0.80	0.75	0.70	0.70	0.65	0.65	0.65	0.55	0.55	0.55	0.55
8	8	−0.35	−0.15	0.10	0.15	0.25	0.25	0.30	0.30	0.35	0.35	0.40	0.45	0.45	0.45
	7	−0.10	0.15	0.25	0.30	0.35	0.35	0.40	0.40	0.40	0.40	0.45	0.50	0.50	0.50
	6	0.05	0.25	0.30	0.35	0.40	0.40	0.40	0.45	0.45	0.45	0.45	0.50	0.50	0.50
	5	0.20	0.30	0.35	0.40	0.40	0.45	0.45	0.45	0.45	0.45	0.50	0.50	0.50	0.50
	4	0.35	0.40	0.40	0.45	0.45	0.45	0.45	0.45	0.45	0.45	0.50	0.50	0.50	0.50
	3	0.50	0.45	0.45	0.45	0.45	0.45	0.45	0.45	0.50	0.50	0.50	0.50	0.50	0.50
	2	0.75	0.60	0.55	0.55	0.50	0.50	0.50	0.50	0.50	0.50	0.50	0.50	0.50	0.50
	1	1.20	1.00	0.85	0.80	0.75	0.70	0.70	0.65	0.65	0.65	0.55	0.55	0.55	0.55

续表

m	$\overline{K}$ / n	0.1	0.2	0.3	0.4	0.5	0.6	0.7	0.8	0.9	1.0	2.0	3.0	4.0	5.0
9	9	−0.40	−0.05	0.10	0.20	0.25	0.25	0.30	0.30	0.35	0.35	0.45	0.45	0.45	0.45
	8	−0.15	0.15	0.25	0.30	0.35	0.35	0.35	0.40	0.40	0.40	0.45	0.45	0.50	0.50
	7	0.05	0.25	0.30	0.35	0.40	0.40	0.40	0.45	0.45	0.45	0.45	0.50	0.50	0.50
	6	0.15	0.30	0.35	0.40	0.40	0.45	0.45	0.45	0.45	0.45	0.50	0.50	0.50	0.50
	5	0.25	0.35	0.40	0.40	0.45	0.45	0.45	0.45	0.45	0.45	0.50	0.50	0.50	0.50
	4	0.40	0.40	0.40	0.45	0.45	0.45	0.45	0.45	0.45	0.45	0.50	0.50	0.50	0.50
	3	0.55	0.45	0.45	0.45	0.45	0.45	0.45	0.45	0.50	0.50	0.50	0.50	0.50	0.50
	2	0.80	0.65	0.55	0.55	0.50	0.50	0.50	0.50	0.50	0.50	0.50	0.50	0.50	0.50
	1	1.20	1.00	0.85	0.80	0.75	0.70	0.70	0.65	0.65	0.65	0.55	0.55	0.55	0.55
10	10	−0.40	−0.05	0.10	0.20	0.25	0.30	0.30	0.30	0.30	0.35	0.40	0.45	0.45	0.45
	9	−0.15	0.15	0.25	0.30	0.35	0.35	0.40	0.40	0.40	0.40	0.45	0.45	0.50	0.50
	8	0.00	0.25	0.30	0.35	0.40	0.40	0.45	0.45	0.45	0.45	0.45	0.50	0.50	0.50
	7	0.10	0.30	0.35	0.40	0.40	0.45	0.45	0.45	0.45	0.45	0.50	0.50	0.50	0.50
	6	0.20	0.35	0.40	0.40	0.45	0.45	0.45	0.45	0.45	0.45	0.50	0.50	0.50	0.50
	5	0.30	0.40	0.40	0.45	0.45	0.45	0.45	0.45	0.45	0.50	0.50	0.50	0.50	0.50
	4	0.40	0.40	0.45	0.45	0.45	0.45	0.45	0.45	0.45	0.50	0.50	0.50	0.50	0.50
	3	0.55	0.50	0.45	0.45	0.45	0.50	0.50	0.50	0.50	0.50	0.50	0.50	0.50	0.50
	2	0.80	0.65	0.55	0.55	0.55	0.50	0.50	0.50	0.50	0.50	0.50	0.50	0.50	0.50
	1	1.30	1.00	0.85	0.80	0.75	0.70	0.70	0.65	0.65	0.65	0.60	0.55	0.55	0.55
11	11	−0.40	0.05	0.10	0.20	0.25	0.30	0.30	0.30	0.35	0.35	0.40	0.45	0.45	0.45
	10	−0.15	0.15	0.25	0.30	0.35	0.35	0.40	0.40	0.40	0.40	0.45	0.45	0.50	0.50
	9	0.00	0.25	0.30	0.35	0.40	0.40	0.45	0.40	0.45	0.45	0.45	0.50	0.50	0.50
	8	0.10	0.30	0.35	0.40	0.40	0.45	0.45	0.45	0.45	0.45	0.50	0.50	0.50	0.50
	7	0.20	0.35	0.40	0.45	0.45	0.45	0.45	0.45	0.45	0.45	0.50	0.50	0.50	0.50
	6	0.25	0.35	0.40	0.45	0.45	0.45	0.45	0.45	0.45	0.45	0.50	0.50	0.50	0.50
	5	0.35	0.40	0.40	0.45	0.45	0.45	0.45	0.45	0.45	0.50	0.50	0.50	0.50	0.50
	4	0.40	0.45	0.45	0.45	0.45	0.45	0.45	0.50	0.50	0.50	0.50	0.50	0.50	0.50
	3	0.55	0.50	0.50	0.50	0.50	0.50	0.50	0.50	0.50	0.50	0.50	0.50	0.50	0.50
	2	0.80	0.65	0.00	0.55	0.55	0.50	0.50	0.50	0.50	0.50	0.50	0.50	0.50	0.50
	1	1.30	1.00	0.85	0.80	0.75	0.70	0.70	0.65	0.65	0.65	0.60	0.55	0.55	0.55
12以上	自上1	−0.40	−0.05	0.10	0.20	0.25	0.30	0.30	0.30	0.35	0.35	0.40	0.45	0.45	0.45
	2	−0.15	0.15	0.25	0.30	0.35	0.35	0.40	0.40	0.40	0.40	0.45	0.45	0.50	0.50
	3	0.00	0.25	0.30	0.35	0.40	0.40	0.40	0.45	0.45	0.45	0.50	0.50	0.50	0.50
	4	0.10	0.30	0.35	0.40	0.40	0.45	0.45	0.45	0.45	0.45	0.50	0.50	0.50	0.50
	5	0.20	0.35	0.40	0.40	0.45	0.45	0.45	0.45	0.45	0.45	0.50	0.50	0.50	0.50
	6	0.25	0.35	0.40	0.45	0.45	0.45	0.45	0.45	0.45	0.45	0.50	0.50	0.50	0.50
	7	0.30	0.40	0.40	0.45	0.45	0.45	0.45	0.45	0.50	0.50	0.50	0.50	0.50	0.50
	8	0.35	0.40	0.45	0.45	0.45	0.45	0.45	0.50	0.50	0.50	0.50	0.50	0.50	0.50
	中间	0.40	0.40	0.45	0.45	0.45	0.45	0.50	0.50	0.50	0.50	0.50	0.50	0.50	0.50
	4	0.45	0.45	0.45	0.45	0.50	0.50	0.50	0.50	0.50	0.50	0.50	0.50	0.50	0.50
	3	0.60	0.50	0.50	0.50	0.50	0.50	0.50	0.50	0.50	0.50	0.50	0.50	0.50	0.50
	2	0.80	0.65	0.60	0.55	0.50	0.50	0.50	0.50	0.50	0.50	0.50	0.50	0.50	0.50
	自下1	1.30	1.00	0.85	0.80	0.75	0.70	0.70	0.65	0.65	0.65	0.55	0.55	0.55	0.55

注：$\overline{K}=\dfrac{i_1+i_2+i_3+i_4}{2i_c}$；$m$ 为总层数；n 为该柱所在的层数。

规则框架承受倒三角形分布水平力作用时标准反弯点的高度比 y_0 值　　表 5-3

m	n \ $\bar{K}$	0. 1	0. 2	0. 3	0. 4	0. 5	0. 6	0. 7	0. 8	0. 9	1. 0	2. 0	3. 0	4. 0	5. 0
1	1	0. 80	0. 75	0. 70	0. 65	0. 65	0. 6	0. 00	0. 00	0. 60	0. 55	0. 55	0. 55	0. 55	0. 55
2	2	0. 50	0. 45	0. 40	0. 40	0. 70	0. 40	0. 40	0. 40	0. 40	0. 45	0. 45	0. 45	0. 50	0. 50
	1	1. 00	0. 85	0. 75	0. 70	0. 70	0. 65	0. 65	0. 65	0. r0	0. 00	0. 55	0. 55	0. 55	0. 55
3	3	0. 25	0. 25	0. 25	0. 30	0. 30	0. 35	0. 35	0. 35	0. 40	0. 40	0. 45	0. 45	0. 45	0. 50
	2	0. 60	0. 50	0. 50	0. 50	0. 50	0. 40	0. 45	0. 45	0. 45	0. 45	0. 50	0. 50	0. 50	0. 50
	1	0. 15	0. 90	0. 80	0. 75	0. 75	0. 70	0. 70	0. 65	0. 65	0. 65	0. 60	0. 55	0. 55	0. 55
4	4	0. 10	0. 15	0. 20	0. 25	0. 30	0. 30	0. 35	0. 35	0. 35	0. 40	0. 45	0. 45	0. 45	0. 45
	3	0. 35	0. 35	0. 35	0. 40	0. 40	0. 40	0. 40	0. 45	0. 45	0. 45	0. 45	0. 50	0. 50	0. 50
	2	0. 70	0. 60	0. 55	0. 50	0. 50	0. 50	0. 50	0. 50	0. 50	0. 50	0. 50	0. 50	0. 50	0. 50
	1	1. 20	0. 95	0. 85	0. 80	0. 75	0. 70	0. 70	0. 70	0. 65	0. 65	0. 55	0. 55	0. 55	0. 55
5	5	−0. 50	0. 10	0. 20	0. 25	0. 30	0. 30	0. 35	0. 35	0. 30	0. 35	0. 40	0. 45	0. 45	0. 45
	4	0. 20	0. 25	0. 35	0. 35	0. 40	0. 40	0. 40	0. 40	0. 40	0. 45	0. 45	0. 50	0. 50	0. 50
	3	0. 45	0. 40	0. 45	0. 45	0. 45	0. 45	0. 45	0. 45	0. 45	0. 45	0. 50	0. 50	0. 50	0. 50
	2	0. 75	0. 60	0. 55	0. 55	0. 50	0. 50	0. 50	0. 50	0. 50	0. 50	0. 50	0. 50	0. 50	0. 50
	1	1. 30	1. 00	0. 85	0. 80	0. 75	0. 70	0. 70	0. 65	0. 65	0. 65	0. 65	0. 55	0. 55	0. 55
6	6	−0. 15	0. 05	0. 15	0. 20	0. 25	0. 30	0. 30	0. 35	0. 35	0. 35	0. 40	0. 45	0. 45	0. 45
	5	0. 10	0. 25	0. 30	0. 35	0. 35	0. 40	0. 40	0. 40	0. 45	0. 45	0. 45	0. 50	0. 50	0. 50
	4	0. 30	0. 35	0. 40	0. 40	0. 45	0. 45	0. 45	0. 45	0. 45	0. 45	0. 50	0. 50	0. 50	0. 50
	3	0. 50	0. 45	0. 45	0. 45	0. 45	0. 45	0. 45	0. 45	0. 45	0. 50	0. 50	0. 50	0. 50	0. 50
	2	0. 80	0. 65	0. 55	0. 55	0. 55	0. 55	0. 50	0. 50	0. 50	0. 50	0. 50	0. 50	0. 50	0. 50
	1	1. 30	1. 00	0. 85	0. 80	0. 75	0. 70	0. 70	0. 65	0. 65	0. 65	0. 65	0. 55	0. 55	0. 55
7	7	−0. 20	0. 05	0. 15	0. 20	0. 25	0. 30	0. 30	0. 35	0. 35	0. 35	0. 45	0. 45	0. 45	0. 45
	6	0. 05	0. 20	0. 30	0. 35	0. 35	0. 40	0. 40	0. 40	0. 40	0. 45	0. 45	0. 50	0. 50	0. 50
	5	0. 20	0. 30	0. 35	0. 40	0. 40	0. 45	0. 45	0. 45	0. 45	0. 45	0. 50	0. 50	0. 50	0. 50
	4	0. 35	0. 40	0. 40	0. 45	0. 45	0. 45	0. 45	0. 45	0. 45	0. 45	0. 50	0. 50	0. 50	0. 50
	3	0. 55	0. 50	0. 50	0. 50	0. 50	0. 50	0. 50	0. 50	0. 50	0. 50	0. 50	0. 50	0. 50	0. 50
	2	0. 80	0. 65	0. 60	0. 55	0. 55	0. 55	0. 50	0. 50	0. 50	0. 50	0. 50	0. 50	0. 50	0. 50
	1	1. 30	1. 00	0. 90	0. 80	0. 75	0. 70	0. 70	0. 70	0. 65	0. 65	0. 00	0. 55	0. 55	0. 55
8	8	−0. 20	0. 05	0. 15	0. 20	0. 25	0. 30	0. 30	0. 35	0. 35	0. 35	0. 45	0. 45	0. 45	0. 45
	7	0. 00	0. 20	0. 30	0. 35	0. 35	0. 40	0. 40	0. 40	0. 40	0. 45	0. 45	0. 50	0. 50	0. 50
	6	0. 15	0. 30	0. 35	0. 40	0. 40	0. 45	0. 45	0. 45	0. 45	0. 45	0. 50	0. 50	0. 50	0. 50
	5	0. 30	0. 40	0. 40	0. 45	0. 45	0. 45	0. 45	0. 45	0. 45	0. 45	0. 50	0. 50	0. 50	0. 50
	4	0. 40	0. 45	0. 45	0. 45	0. 45	0. 45	0. 45	0. 50	0. 50	0. 50	0. 50	0. 50	0. 50	0. 50
	3	0. 60	0. 50	0. 50	0. 50	0. 50	0. 50	0. 50	0. 50	0. 50	0. 50	0. 50	0. 50	0. 50	0. 50
	2	0. 85	0. 65	0. 60	0. 55	0. 55	0. 55	0. 50	0. 50	0. 50	0. 50	0. 50	0. 50	0. 50	0. 50
	1	1. 30	1. 00	0. 90	0. 80	0. 75	0. 70	0. 70	0. 70	0. 65	0. 65	0. 60	0. 55	0. 55	0. 55

续表

m	n \ $\overline{K}$	0.1	0.2	0.3	0.4	0.5	0.6	0.7	0.8	0.9	1.0	2.0	3.0	4.0	5.0
9	9	−0.25	0.00	0.15	0.20	0.25	0.30	0.30	0.35	0.35	0.40	0.45	0.45	0.45	0.45
	8	0.00	0.20	0.30	0.35	0.35	0.40	0.40	0.40	0.40	0.45	0.45	0.50	0.50	0.50
	7	0.15	0.30	0.35	0.40	0.40	0.45	0.45	0.45	0.45	0.45	0.50	0.50	0.50	0.50
	6	0.25	0.35	0.40	0.40	0.45	0.45	0.45	0.45	0.45	0.50	0.50	0.50	0.50	0.50
	5	0.35	0.40	0.45	0.45	0.45	0.45	0.45	0.45	0.50	0.50	0.50	0.50	0.50	0.50
	4	0.45	0.45	0.45	0.45	0.45	0.50	0.50	0.50	0.50	0.50	0.50	0.50	0.50	0.50
	3	060	0.50	0.50	0.50	0.50	0.50	0.50	0.50	0.50	0.50	0.50	0.50	0.50	0.50
	2	0.85	0.65	0.60	0.55	0.55	0.55	0.55	0.50	0.50	0.50	0.50	0.50	0.50	0.50
	1	1.35	1.00	0.90	0.80	0.75	0.75	0.70	0.70	0.65	0.65	0.r0	0.55	0.55	0.55
10	10	−0.25	0.00	0.15	0.20	0.25	0.30	0.30	0.35	0.35	0.40	0.45	0.45	0.45	0.45
	9	−0.05	0.20	0.30	0.35	0.35	0.40	0.40	0.40	0.40	0.45	0.45	0.50	0.50	0.50
	8	0.10	0.30	0.35	0.40	0.40	0.40	0.45	0.45	0.45	0.45	0.50	0.50	0.50	0.50
	7	0.20	0.35	0.40	0.40	0.45	0.45	0.45	0.45	0.45	0.50	0.50	0.50	0.50	0.50
	6	0.30	0.40	0.40	0.45	0.45	0.45	0.45	0.45	0.45	0.50	0.50	0.50	0.50	0.50
	5	0.40	0.45	0.45	0.45	0.45	0.45	0.45	0.50	0.50	0.50	0.50	0.50	0.50	0.50
	4	0.50	0.45	0.45	0.45	0.50	0.50	0.50	0.50	0.50	0.50	0.50	0.50	0.50	0.50
	3	0.60	0.55	0.50	0.50	0.50	0.50	0.50	0.50	0.50	0.50	0.50	0.50	0.50	0.50
	2	0.85	0.65	0.60	0.55	0.55	0.55	0.55	0.50	0.50	0.50	0.50	0.50	0.50	0.50
	1	1.35	1.00	0.90	0.80	0.75	0.75	0.70	0.70	0.65	0.65	0.60	0.55	0.55	0.55
11	11	−0.25	0.00	0.15	0.20	0.25	0.30	0.30	0.30	0.35	0.35	0.45	0.45	0.45	0.45
	10	−0.05	0.20	0.25	0.30	0.35	0.40	0.40	0.40	0.40	0.45	0.45	0.50	0.50	0.50
	9	0.10	0.30	0.35	0.40	0.40	0.40	0.45	0.45	0.45	0.45	0.50	0.50	0.50	0.50
	8	0.20	0.35	0.40	0.40	0.45	0.45	0.45	0.45	0.45	0.45	0.50	0.50	0.50	0.50
	7	0.25	0.40	0.40	0.45	0.45	0.45	0.45	0.45	0.45	0.50	0.50	0.50	0.50	0.50
	6	0.35	0.40	0.45	0.45	0.45	0.45	0.45	0.50	0.50	0.50	0.50	0.50	0.50	0.50
	5	0.40	0.45	0.45	0.45	0.45	0.50	0.50	0.50	0.50	0.50	0.50	0.50	0.50	0.50
	4	0.50	0.50	0.50	0.50	0.50	0.50	0.50	0.50	0.50	0.50	0.50	0.50	0.50	0.50
	3	0.65	0.55	0.50	0.50	0.50	0.50	0.50	0.50	0.50	0.50	0.50	0.50	0.50	0.50
	2	0.85	0.65	0.60	0.55	0.55	0.55	0.55	0.50	0.50	0.50	0.50	0.50	0.50	0.50
	1	1.35	1.05	0.90	0.80	0.75	0.75	0.70	0.70	0.65	0.65	0.60	0.55	0.55	0.55
12	自上 1	−0.30	0.00	0.15	0.20	0.25	0.30	0.30	0.30	0.35	0.35	0.40	0.45	0.45	0.45
	2	−0.30	0.20	0.25	0.30	0.35	0.40	0.40	0.40	0.40	0.40	0.45	0.45	0.45	0.50
	3	0.05	0.25	0.35	0.40	0.40	0.40	0.45	0.45	0.45	0.45	0.45	0.50	0.50	0.50
	4	0.15	0.30	0.40	0.40	0.45	0.45	0.45	0.45	0.45	0.45	0.45	0.50	0.50	0.50
	5	0.25	0.30	0.40	0.45	0.45	0.45	0.45	0.45	0.45	0.45	0.50	0.50	0.50	0.50
	6	0.30	0.40	0.40	0.45	0.45	0.45	0.45	0.50	0.50	0.50	0.50	0.50	0.50	0.50
	7	0.35	0.40	0.40	0.45	0.45	0.45	0.50	0.50	0.50	0.50	0.50	0.50	0.50	0.50
	8	0.35	0.45	0.45	0.45	0.50	0.50	0.50	0.50	0.50	0.50	0.50	0.50	0.50	0.50
	中间	0.45	0.45	0.45	0.45	0.50	0.50	0.50	0.50	0.50	0.50	0.50	0.50	0.50	0.50
	4	0.55	0.50	0.50	0.50	0.50	0.50	0.50	0.50	0.50	0.50	0.50	0.50	0.50	0.50
	3	0.65	0.55	0.50	0.50	0.50	0.50	0.50	0.50	0.50	0.50	0.50	0.50	0.50	0.50
	2	0.70	0.70	0.60	0.55	0.55	0.55	0.55	0.50	0.50	0.50	0.50	0.50	0.50	0.50
	自下 1	1.35	1.05	0.90	0.80	0.75	0.70	0.70	0.70	0.65	0.65	0.60	0.55	0.55	0.55

上、下层横梁线刚度比对 y_0 的修正值 y_1 　　　　表 5-4

$\overline{K}$ / α_1	0.1	0.2	0.3	0.4	0.5	0.6	0.7	0.8	0.9	1.0	2.0	3.0	4.0	5.0
0.4	0.55	0.4	0.30	0.25	0.20	0.20	0.20	0.15	0.15	0.15	0.05	0.05	0.05	0.05
0.5	0.45	0.3	0.20	0.20	0.15	0.15	0.15	0.10	0.10	0.10	0.05	0.05	0.05	0.05
0.6	0.30	0.2	0.15	0.15	0.10	0.10	0.10	0.05	0.05	0.05	0.05	0.05	0	0
0.7	0.20	0.15	0.10	0.10	0.10	0.10	0.10	0.05	0.05	0.05	0.05	0	0	0
0.8	0.15	0.10	0.05	0.05	0.05	0.05	0.05	0.05	0.05	0	0	0	0	0
0.9	0.05	0.05	0.05	0.05	0	0	0	0	0	0	0	0	0	0

注：$\alpha_1=\dfrac{i_1+i_2}{i_3+i_4}$，当 $i_1+i_2>i_3+i_4$ 时，则 $\alpha_1=\dfrac{i_3+i_4}{i_1+i_2}$，且 y_1 值取负号“—”。$\overline{K}=\dfrac{i_1+i_2+i_3+i_4}{2i_c}$。

i_1　i_2　i_c　i_3　i_4

上、下层层高变化对 y_0 的修正值 y_2 和 y_3 　　　　表 5-5

α_2	$\overline{K}$ / α_3	0.1	0.2	0.3	0.4	0.5	0.6	0.7	0.8	0.9	1.0	2.0	3.0	4.0	5.0
2.0		0.25	0.15	0.15	0.10	0.10	0.10	0.10	0.10	0.05	0.05	0.05	0.05	0	0
1.8		0.20	0.15	0.10	0.10	0.10	0.05	0.05	0.05	0.05	0.05	0.05	0	0	0
1.6	0.4	0.15	0.10	0.10	0.05	0.05	0.05	0.05	0.05	0.05	0.05	0	0	0	0
1.4	0.6	0.10	0.05	0.05	0.05	0.05	0.05	0.05	0.05	0.05	0	0	0	0	0
1.2	0.8	0.05	0.05	0.05	0	0	0	0	0	0	0	0	0	0	0
1.0	1.0	0	0	0	0	0	0	0	0	0	0	0	0	0	0
0.8	1.2	−0.05	−0.05	−0.05	0	0	0	0	0	0	0	0	0	0	0
0.6	1.4	−0.10	−0.05	−0.05	−0.05	−0.05	−0.05	−0.05	0.05	0.05	0.05	0	0	0	0
0.4	1.6	−0.15	−0.10	−0.10	−0.05	−0.05	−0.05	−0.05	0.05	0.05	0.05	0	0	0	0
	1.8	−0.20	−0.15	−0.10	−0.10	−0.10	−0.05	−0.05	0.05	0.05	0.05	0.05	0	0	0
	2.0	−0.25	−0.15	−0.15	−0.10	−0.10	−0.10	−0.10	0.05	0.05	0.05	0.05	0.05	0	0

注：y_2 按照 $\overline{K}$ 及 α_2 求得；y_3 按照 $\overline{K}$ 及 α_3 求得。

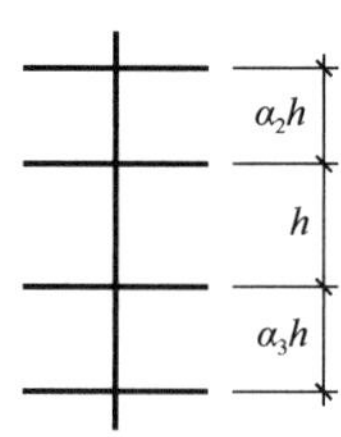

5.4.4 框架结构的侧移计算

由结构力学可知：在水平荷载作用下框架结构的总侧移可由下式计算：

$$u=\Sigma\int_l\frac{MM_1}{EI}\mathrm{d}l+\Sigma\int_l\frac{NN_1}{EA}\mathrm{d}l+\Sigma\mu\int_l\frac{VV_1}{GA}\mathrm{d}l \tag{5-9}$$

式中，M、N、V 分别为水平荷载作用下构件的弯矩、轴力和剪力；M_1、N_1、V_1 分别为顶点单位水平力作用下构件的弯矩、轴力和剪力。

在公式（5-9）中第三项为各杆中剪力引起的框架侧移，由于框架均为细长杆件组成的结构，故该项变形极小，工程设计中可以忽略不计。对一般框架结构的变形仅考虑上式中的第一项，即层间剪力作用下梁、柱弯曲变形引起的侧移，见图 5-12(b)。对于 $H>50$m 或 $H/B>4$ 的细高框架结构，除考虑上式第一项梁、柱弯曲引起的侧移 u_M 之外，还应考虑第二项柱轴向变形引起的侧移 u_N，见图 5-12(d)。由于梁、柱弯曲变形引起的侧移类似于一实体悬臂梁的剪切变形曲线（图 5-12c），故一般称其为总体剪切变形，其特点是上部层间侧移小，下部层间侧移大（$\Delta u_1>\Delta u_2>\cdots\cdots>\Delta u_m$）；而由杆件轴向变形引起的框架侧移从总体变形规律上看，类似于一实体悬臂梁的弯曲变形（图 5-12e），故一般称其为总体弯曲变形，其特点是上部层间侧移大，下部层间侧移小。

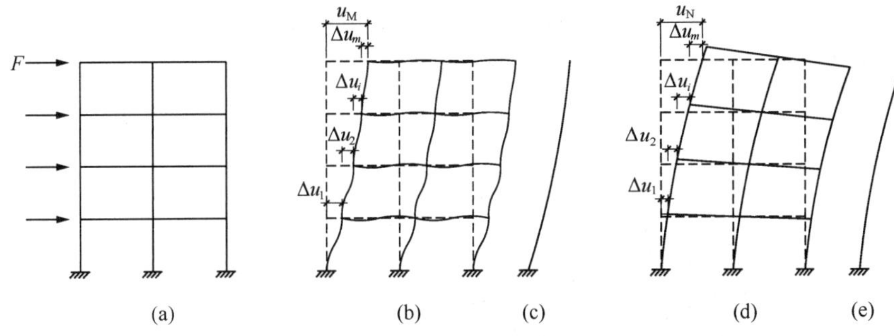

图 5-12　框架在水平荷载作用下的侧移

在设计中，用公式（5-9）计算结构的侧移显然是太烦琐了，故采用下述近似方法计算。

1. 梁柱弯曲变形引起的框架侧移 u_M

由 D 值法可知，在水平荷载作用下，同一层柱的抗侧移刚度之和为 ΣD（即该层框架产生单位层间侧移所需的层间剪力），当已知第 n 层的层间剪力为 V_n 时，层间侧移应为：

$$\Delta u_n=\frac{V_n}{\Sigma D} \tag{5-10}$$

式中，V_n 为第 n 层的层间剪力，$V_n=\sum_{k=n}^{m}F_k$（即第 n 层以上所有水平荷载的总和），m 为框架的总层数。

在按上式求得每层框架的层间侧移之后，则框架的总侧移为：

$$u_M=\Delta u_1+\Delta u_2+\cdots+\Delta u_m=\sum_{n=1}^{m}\Delta u_n$$

由上述方法即可算出层间侧移，又可算出顶点总侧移，但该方法算得的仅是框架的总体剪切变形，未包括总体弯曲变形。

2. 柱轴向变形引起的框架侧移 u_N

对于高度超过 50m 或 $H/B>4$ 的框架结构，除考虑梁、柱弯曲变形引起的侧移 u_M 之外，还必须考虑由柱轴向变形引起的结构顶点侧移 u_N。图 5-13 所示的框架在水平荷载作用下，框架一侧产生轴向拉力，而另一侧则产生轴向压力。为简化计算可以只考虑外柱的影响，于是外柱中的轴力可近似地由下式求出，即：

$$N = \pm \frac{M}{B}$$

式中，B 为外柱轴线间距离；M 为上部水平荷载在计算高度处产生的总弯矩（图 5-13），即：

$$M = \int_z^H q(\tau)\mathrm{d}\tau(\tau - z)$$

根据结构力学可知，轴力引起的框架顶点的水平位移为：

$$u_N = \Sigma \int_0^H \frac{NN_1}{EA}\mathrm{d}z \tag{5-11}$$

式中，N 为外荷载作用下框架各层外柱中产生的轴力；N_1 为单位水平力作用于框架顶端时，各层外柱中产生的轴力；EA 为外柱的轴向刚度。

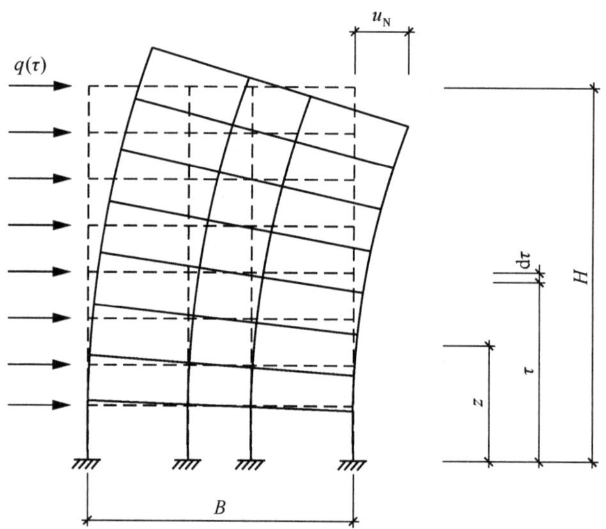

图 5-13　轴力引起的水平位移计算简图

当外柱的轴向刚度沿房屋高度有变化时，可假定轴向刚度沿房屋高度连续变化，即：

$$EA = EA_1\left(1 - \frac{1-n}{H}z\right)$$

其中

$$n = \frac{EA_m}{EA_1}$$

式中，EA_m，EA_1 分别为顶层、底层外柱的轴向刚度。

在单位水平力作用于框架顶端时，外柱中的轴力可按下式计算：

$$N_1 = \pm\left(\frac{H-z}{B}\right)$$

将以上各式代入公式（5-11），积分后可得框架由轴向变形引起的侧移为：

$$u_{\mathrm{N}} = \frac{V_0 H^3}{EA_1 B^2} F(n) \tag{5-12}$$

式中，V_0为框架底部总剪力，即作用于框架上所有水平外载之和；$F(n)$ 为系数，取决于荷载形式、顶层与底层柱的轴向刚度比 n，可由图 5-14 查得。

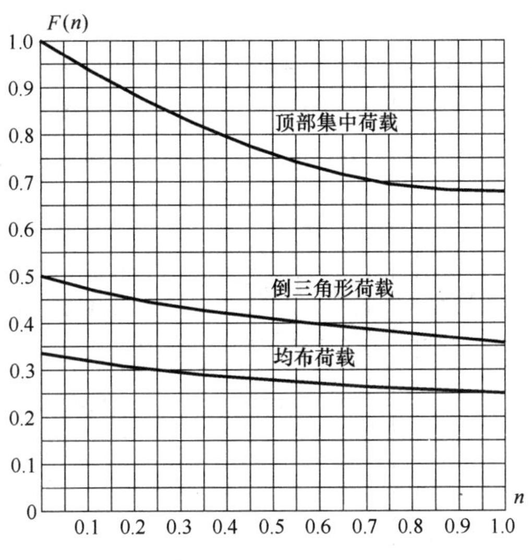

图 5-14　$F(n)$ 系数

5.5 框架结构的荷载效应组合及内力调幅

框架的内力及侧移应分别在各种荷载作用下单独计算，并且应对竖向荷载引起的梁端弯矩进行调幅。然后按照荷载效应和地震作用效应组合的要求（见本书第 4 章）进行组合。检验组合后的侧向位移是否满足位移限值要求（表 4-5），如不满足则应修改构件截面重新计算；如满足则由组合后的内力进行截面配筋。

5.5.1 控制截面内力

内力组合是针对控制截面的内力进行的。竖向、水平荷载作用下柱的弯矩均是在柱端最大，剪力和轴力通常在同一层内无变化或变化很小，因此框架柱的控制截面为柱端。竖向荷载作用下，框架梁端负弯矩和剪力最大，跨中正弯矩最大；水平荷载作用下，框架梁端弯矩最大，剪力沿跨度不变，因此，框架梁的控制截面为梁端和跨中。梁、柱控制截面最不利内力类型见表 5-6。

最不利内力类型 **表 5-6**

构件类型	梁		柱
控制截面	梁端	跨中	柱端
最不利内力	$-M_{max}$ $+M_{max}$ $\|V\|_{max}$	$+M_{max}$ $-M_{max}$	$+M_{max}$及相应的 N，V $-M_{max}$及相应的 N，V N_{max}及相应的 M，V N_{min}及相应的 M，V

表 5-6 中的梁端指柱边，柱端指梁底及梁顶，见图 5-15。按轴线计算简图得到的内力要换算到控制截面处的相应数值。有时为简化计算，也可采用轴线处内力值。

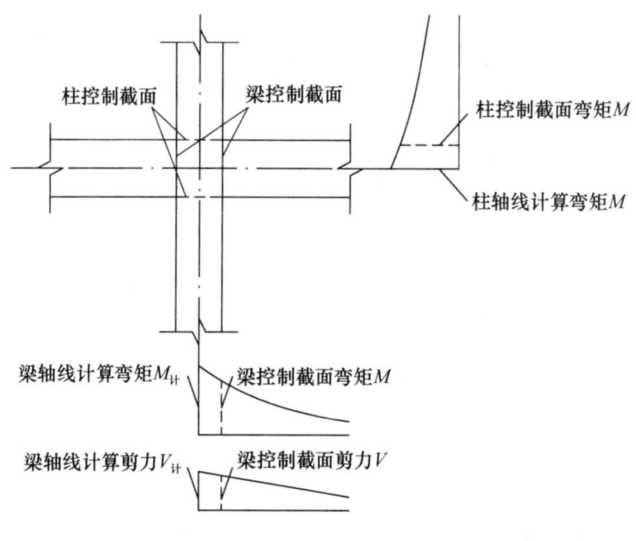

图 5-15　梁、柱端设计控制截面

5.5.2 梁端内力调幅

在竖向荷载作用下可以考虑梁端塑性变形引起的内力重分布，对梁端负弯矩进行调幅。这是因为支座弯矩较大，经调幅后，可使其配筋不致过多，便于施工；另外，梁端不是绝对刚性，尤其是装配整体式框架，会产生节点转动。现浇框架调幅系数为 0.8～0.9，装配整体式框架调幅系数为 0.7～0.8。梁端负弯矩减小后，应按平衡条件计算调幅后的跨中弯矩，且要求梁跨中正弯矩设计值至少应取竖向荷载作用下按简支梁计算的跨中弯矩的 1/2。

竖向荷载产生的梁端弯矩应先行调幅，再与风荷载和水平地震作用产生的弯矩进行组合。

5.6 截面、节点设计要点及构造要求

框架梁、柱内力按本书第 4 章中的有关规定进行组合，并按本节有关要求进行调整。根据组合及调整后的内力设计值，分别进行构件正截面和斜截面承载力计算，并应满足相应的构造要求。有关承载力计算公式详见钢筋混凝土结构基本构件计算公式。但其中关于框架梁、柱抗震设计承载力计算公式与非抗震设计计算公式有变化的情况将在下面给出，并同时给出与其对应的非抗震设计公式加以对比。

5.6.1 框架柱截面设计要点及构造

1. 内力设计值调整

(1) 框架柱的弯矩设计值调整

试验研究表明，梁端出现塑性铰时框架有较大的内力重分布和能量消耗能力，极限层间位移大，抗震性能较好；而柱端形成塑性铰容易导致结构倒塌。因此，基于强柱弱梁的设计理念，抗震设计时，除顶层、柱轴压比小于 0.15 者及框支梁柱节点外，框架的梁、柱节点处考虑地震作用组合的柱端弯矩设计值应符合下列要求：

1) 一级框架结构及 9 度时的框架：

$$\sum M_c = 1.2\sum M_{bua} \tag{5-13a}$$

2) 其他情况：

$$\sum M_c = \eta_c \sum M_b \tag{5-13b}$$

式中，$\sum M_c$ 为节点上、下柱端截面顺时针或逆时针方向组合弯矩设计值之和，上、下柱端的弯矩设计值，可按弹性分析的弯矩比例进行分配；$\sum M_b$ 为节点左、右梁端截面逆时针或顺时针方向组合弯矩设计值之和。当抗震等级为一级且节点左、右梁端均为负弯矩时，绝对值较小的弯矩应取零；$\sum M_{bua}$ 为节点左、右梁端逆时针或顺时针方向实配的正截面受弯承载力所对应的弯矩值之和，可根据实际配筋面积（计入受压钢筋和梁有效翼缘宽度范围内的楼板钢筋）和材料强度标准值并考虑承载力抗震调整系数计算；η_c 为柱端弯矩增大系数，二、三级分别取 1.5、1.3。当反弯点不在柱的层高范围内时，柱端截面组合的弯矩设计值可直接乘以上述弯矩增大系数。

为避免框架底层柱根部过早出现塑性铰，抗震设计时，一、二、三级框架结构的底层柱底截面的弯矩设计值，应分别采用考虑地震作用组合的弯矩值与增大系数 1.7、1.5、1.3 的乘积。底层框架柱纵向钢筋应按上、下端的不利情况配置。

(2) 框架柱的剪力设计值调整

柱剪切破坏延性较差，弯曲破坏延性好，因此应防止柱弯曲破坏前出现剪切破坏。即按照强剪弱弯的原则进行内力调整，构件的受剪承载力要大于构件弯曲时实际达到的剪力。抗

震设计的框架柱端部截面的剪力设计值，一、二、三级时应按下列公式计算：

1）一级框架结构及 9 度时的框架：

$$V = 1.2(M_{cua}^{t} + M_{cua}^{b})/H_{n} \tag{5-14a}$$

2）其他情况：

$$V = \eta_{vc}(M_{c}^{t} + M_{c}^{b})/H_{n} \tag{5-14b}$$

式中，M_c^t，M_c^b 分别为柱上、下端顺时针或逆时针方向截面组合的弯矩设计值，应符合“（1）框架柱的弯矩设计值调整”的规定；M_{cua}^t，M_{cua}^b 分别为柱上、下端顺时针或逆时针方向实配的正截面受弯承载力所对应的弯矩值，可根据实配钢筋面积、材料强度标准值和重力荷载代表值产生的轴向压力设计值并考虑承载力抗震调整系数计算；H_n 为柱的净高；η_{vc} 为柱端剪力增大系数，二、三级分别取 1.3 和 1.2。

（3）框架角柱的内力设计值调整

抗震设计时，框架角柱应按双向偏心受力构件进行正截面承载力设计。一、二、三级框架角柱经上述方法调整后的弯矩、剪力设计值应乘以不小于 1.1 的增大系数。这是由于地震时角柱受扭转、双向剪切等不利作用，受力状态复杂，其弯矩和剪力设计值的增大系数比其他柱略有增加，以提高抗震能力。

2. 截面尺寸校核

轴压比指考虑地震作用组合的轴压力设计值与柱全截面面积和混凝土轴心抗压强度设计值乘积的比值，即 $N/(f_cA_c)$。轴压比越大，柱的延性越差，因此需限制轴压比，以保证柱的延性。抗震设计时，框架柱的轴压比不宜超过表 5-7 的规定。对于Ⅳ类场地上较高的高层建筑，其轴压比限值应适当减小。

框架柱轴压比限值 **表 5-7**

抗震等级	一	二	三
轴压比限值	0.65	0.75	0.85

注：1. 表内数值适用于混凝土强度等级不高于 C60 的柱。当混凝土强度等级为 C65～C70 时，轴压比限值应比表中数值降低 0.05；当混凝土强度等级为 C75～C80 时，轴压比限值应比表中数值降低 0.10；

2. 表内数值适用于剪跨比大于 2 的柱。剪跨比不大于 2 但不小于 1.5 的柱，其轴压比限值应比表中数值减小 0.05；剪跨比小于 1.5 的柱，其轴压比限值应专门研究并采取特殊构造措施；

3. 当沿柱全高采用井字复合箍，箍筋间距不大于 100mm、肢距不大于 200mm、直径不小于 12mm，或当沿柱全高采用复合螺旋箍，箍筋螺距不大于 100mm、肢距不大于 200mm、直径不小于 12mm，或当沿柱全高采用连续复合螺旋箍，且螺距不大于 80mm、肢距不大于 200mm、直径不小于 10mm 时，轴压比限值可增加 0.10；

4. 当柱截面中部设置由附加纵向钢筋形成的芯柱，且附加纵向钢筋的截面面积不小于柱截面面积的 0.8% 时，柱轴压比限值可增加 0.05。当本项措施与注 3 的措施共同采用时，柱轴压比限值可比表中数值增加 0. 15，但箍筋的配箍特征值仍可按轴压比增加 0.10 的要求确定；

5. 调整后的柱轴压比限值不应大于 1.05。

3. 柱的纵向钢筋构造要求

抗震设计时，框架柱宜采用对称配筋。柱全部纵向钢筋的配筋率，非抗震设计时不宜大于 5%，不应大于 6%，抗震设计时不应大于 5%。

柱全部纵向钢筋的配筋率，不应小于表 5-8 的规定值，且柱截面每一侧纵向钢筋配筋率不应小于 0.2%；抗震设计时，对Ⅳ类场地上较高的高层建筑，表中数值应增加 0.1。

柱纵向钢筋最小配筋百分率（%）　　表 5-8

柱类型	抗震等级			非抗震
	一级	二级	三级	
中柱、边柱	1.0	0.8	0.7	0.5
角柱	1.1	0.9	0.8	0.5

注：1. 当混凝土强度等级大于 C60 时，表中的数值应增加 0.1；
2. 当采用 400MPa 级钢筋时，表中的数值应增加 0.05。

非抗震设计时，柱纵向钢筋间距不应大于 300mm；抗震设计时，截面尺寸大于 400mm 的柱，其纵向钢筋间距不宜大于 200mm；柱纵向钢筋净距均不应小于 50mm。

4. 柱的箍筋计算与构造

(1) 框架柱的受剪截面应符合的要求（截面限值条件）

1) 持久、短暂设计状况　$V \leqslant 0.25\beta_c f_c b h_0$　(5-15a)

2) 地震设计状况

剪跨比大于 2 的柱　$V \leqslant \frac{1}{\gamma_{RE}}(0.2\beta_c f_c b h_0)$　(5-15b)

剪跨比不大于 2 的柱　$V \leqslant \frac{1}{\gamma_{RE}}(0.15\beta_c f_c b h_0)$　(5-15c)

框架柱的剪跨比可按下式计算：

$$\lambda = M^c/(V^c h_0) \tag{5-15d}$$

式中，V 为柱计算截面的剪力设计值；λ 为框架柱的剪跨比，反弯点位于柱高中部的框架柱，可取柱净高与计算方向 2 倍柱截面有效高度之比值；M^c 为柱端截面未经上述第 (1)、(3) 条调整的组合弯矩计算值，可取柱上、下端的较大值；V^c 为柱端截面与组合弯矩计算值对应的组合剪力计算值；h_0 为柱截面计算方向有效高度；β_c 为混凝土强度影响系数，当混凝土强度等级不大于 C50 时取 1.0，当混凝土强度等级为 C80 时取 0.8，当混凝土强度等级在 C50 和 C80 之间时可按线性内插取用。

(2) 柱斜截面承载力计算公式

矩形截面偏心受压框架柱，其斜截面受剪承载力应按下列公式计算：

1) 持久、短暂设计状况　$V \leqslant \frac{1.75}{\lambda+1} f_t b h_0 + f_{yv}\frac{A_{sv}}{s}h_0 + 0.07N$　(5-16a)

2) 地震设计状况　$V \leqslant \frac{1}{\gamma_{RE}}\left(\frac{1.05}{\lambda+1} f_t b h_0 + f_{yv}\frac{A_{sv}}{s}h_0 + 0.056N\right)$　(5-16b)

式中，λ 为框架柱的剪跨比，当 $\lambda<1$ 时，取 $\lambda=1$，当 $\lambda>3$ 时，取 $\lambda=3$；N 为考虑风荷载或

地震作用组合的框架柱轴向压力设计值，当 N 大于 $0.3f_cA_c$时，取 N 等于 $0.3f_cA_c$。压应力的存在，提高了抗剪能力，因此考虑了轴力的有利作用。

当矩形截面框架柱出现拉力时，需要考虑拉力对抗剪的不利作用，框架柱斜截面受剪承载力应按下列公式计算：

1）持久、短暂设计状况 $$V \leqslant \frac{1.75}{\lambda+1}f_tbh_0 + f_{yv}\frac{A_{sv}}{s}h_0 - 0.2N \tag{5-17a}$$

2）地震设计状况 $$V \leqslant \frac{1}{\gamma_{RE}}\left(\frac{1.05}{\lambda+1}f_tbh_0 + f_{yv}\frac{A_{sv}}{s}h_0 - 0.2N\right) \tag{5-17b}$$

式中，N 为与剪力设计值 V 对应的轴向拉力设计值，取绝对值；当公式（5-17a）右端的计算值或公式（5-17b）右端括号内的计算值小于 $f_{yv}\frac{A_{sv}}{s}h_0$ 时，应取 $f_{yv}\frac{A_{sv}}{s}h_0$，且 $f_{yv}\frac{A_{sv}}{s}h_0$ 值不应小于 $0.36f_tbh_0$。

（3）柱的箍筋构造要求

为了从构造上提高框架柱端部塑性铰区的延性，提高对混凝土的约束作用，防止纵向钢筋压屈和保证受剪承载力。抗震设计时，框架柱箍筋在规定范围内加密，加密区的箍筋间距和直径，应符合下列要求。

1）箍筋的最大间距和最小直径，应按表 5-9 采用：

柱端箍筋加密区的构造要求 **表 5-9**

抗震等级	箍筋最大间距（mm）	箍筋最小直径（mm）
一级	$6d$ 和 100 的较小值	10
二级	$8d$ 和 100 的较小值	8
三级	$8d$ 和 150（柱根 100）的较小值	8

注：d 为柱纵向钢筋直径（mm）；柱根指框架柱底部嵌固部位。

2）一级框架柱的箍筋直径大于 12mm 且箍筋肢距不大于 150mm 及二级框架柱的箍筋直径不小于 10mm 且箍筋肢距不大于 200mm 时，除底层柱下端外，最大间距应允许采用 150mm；三级框架柱的截面尺寸不大于 400mm 时，箍筋最小直径应允许采用 6mm。

3）剪跨比不大于 2 的柱，箍筋间距不应大于 100mm。

柱的箍筋加密范围，应按下列规定采用：

1）底层柱的上端和其他各层柱的两端，应取矩形截面柱之长边尺寸（或圆形截面柱之直径）、柱净高的 1/6 和 500mm 三者的最大值范围；

2）底层柱刚性地面上、下各 500mm；

3）底层柱柱根以上 1/3 柱净高的范围；

4）剪跨比不大于 2 的柱和因填充墙等形成的柱净高与截面高度之比不大于 4 的柱全高范围；

5）一、二级框架角柱的全高范围；

6）需要提高变形能力的柱的全高范围。

柱加密区范围内箍筋的体积配箍率，应符合下列规定：

1）柱箍筋加密区箍筋的体积配箍率，应符合下式要求：

$$\rho_v \geqslant \lambda_v f_c / f_{yv} \tag{5-18}$$

式中，ρ_v为柱箍筋的体积配箍率；λ_v为柱最小配箍特征值，宜按表5-10采用；f_c为混凝土轴心抗压强度设计值。当柱混凝土强度等级低于C35时，应按C35计算；f_{yv}为柱箍筋或拉筋的抗拉强度设计值，超过360N/mm^{2}时，应按360N/mm^{2}计算。

柱端箍筋加密区最小配箍特征值 λ_v　　表5-10

抗震等级	箍筋形式	柱轴压比								
		≤0.30	0.40	0.50	0.06	0.70	0.80	0.90	1.00	1.05
一	普通箍、复合箍	0.10	0.11	0.13	0.15	0.17	0.20	0.23	—	—
	螺旋箍、复合或连续复合螺旋箍	0.08	0.09	0.11	0.13	0.15	0.18	0.21	—	—
二	普通箍、复合箍	0.08	0.09	0.11	0.13	0.15	0.17	0.19	0.22	0.24
	螺旋箍、复合或连续复合螺旋箍	0.06	0.07	0.09	0.11	0.13	0.15	0.17	0.20	0.22
三	普通箍、复合箍	0.06	0.07	0.09	0.11	0.13	0.15	0.17	0.20	0.22
	螺旋箍、复合或连续复合螺旋箍	0.05	0.06	0.07	0.09	0.11	0.13	0.15	0.18	0.20

注：普通箍指单个矩形箍筋或单个圆形箍筋；螺旋箍指单个连续螺旋箍筋；复合箍指由矩形、多边形、圆形箍或拉筋组成的箍筋；复合螺旋箍指由螺旋箍与矩形、多边形、圆形箍或拉筋组成的箍筋；连续复合螺旋箍指全部螺旋箍由同一根钢筋加工而成的箍筋。

柱的箍筋形式参见图5-16。

2）对一、二、三级框架柱，其箍筋加密区范围内箍筋的体积配箍率分别不应小于0.8%、0.6%、0.4%。

3）剪跨比不大于2的柱宜采用复合螺旋箍或井字复合箍，其体积配箍率不应小于1.2%；设防烈度为9度时，不应小于1.5%。

4）计算复合箍筋的体积配箍率时，可不扣除重叠部分的箍筋体积；计算复合螺旋箍筋的体积配箍率时，其非螺旋箍筋的体积应乘以换算系数0.8。

抗震设计时，柱箍筋设置尚应符合下列要求：

1）箍筋应为封闭式，其末端应做成135°弯钩且弯钩末端平直段长度不应小于10倍的箍

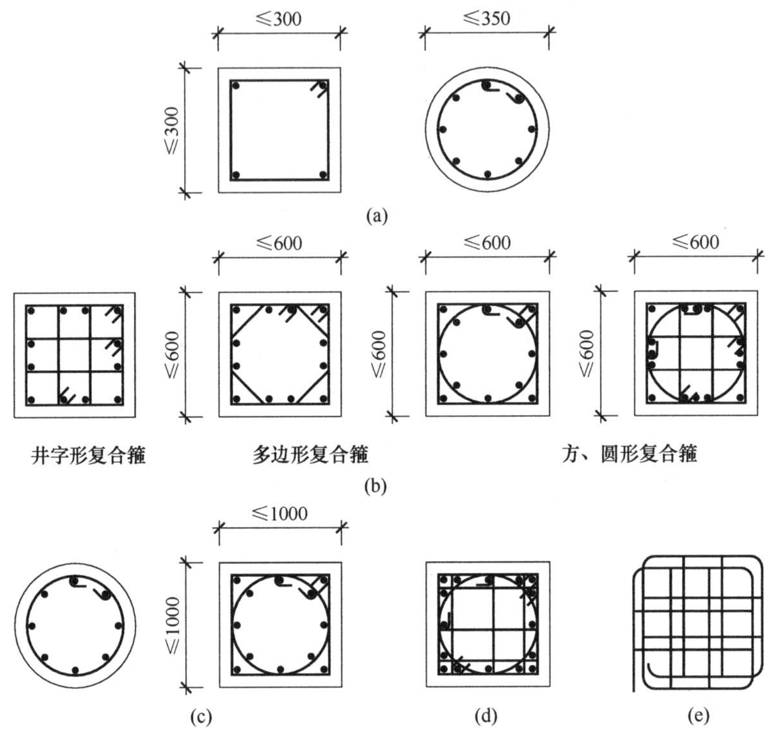

图 5-16　柱箍筋形式示意图

(a) 普通箍；(b) 复合箍；(c) 螺旋箍；(d) 复合螺旋箍；

(e) 连续复合矩形螺旋箍（用于矩形截面柱）

筋直径，且不应小于 75mm。

2）箍筋加密区的箍筋肢距，一级不宜大于 200mm，二、三级不宜大于 250mm 和 20 倍箍筋直径的较大值。每隔一根纵向钢筋宜在两个方向有箍筋约束；采用拉筋组合箍时，拉筋宜紧靠纵向钢筋并钩住封闭箍。

3）柱非加密区的箍筋，其体积配箍率不宜小于加密区的一半；其箍筋间距，不应大于加密区箍筋间距的 2 倍，且一、二级不应大于 10 倍纵向钢筋直径，三级不应大于 15 倍纵向钢筋直径。

非抗震设计时，柱中箍筋应符合以下规定：

1）周边箍筋应为封闭式；

2）箍筋间距不应大于 400mm，且不应大于构件截面短边尺寸和最小纵向受力钢筋直径的 15 倍；

3）箍筋直径不应小于最大纵向钢筋直径的 1/4，且不应小于 6mm；

4）当柱中全部纵向受力钢筋的配筋率超过 3%时，箍筋直径不应小于 8mm，箍筋间距不应大于最小纵向钢筋直径的 10 倍，且不应大于 200mm；箍筋末端应做成 135°弯钩且弯钩末端平直段长度不应小于 10 倍箍筋直径；

5）当柱每边纵筋多于 3 根时，应设置复合箍筋；

6）柱内纵向钢筋采用搭接做法时，搭接长度范围内箍筋直径不应小于搭接钢筋较大直径的 1/4；在纵向受拉钢筋的搭接长度范围内的箍筋间距不应大于搭接钢筋较小直径的 5 倍，且不应大于 100mm；在纵向受压钢筋的搭接长度范围内的箍筋间距不应大于搭接钢筋较小直径的 10 倍，且不应大于 200mm。当受压钢筋直径大于 25mm 时，尚应在搭接接头端面外 100mm 的范围内各设置两道箍筋。

5. 抗震等级为特一级框架柱的特殊要求

抗震等级为特一级的框架柱，除应符合一级抗震等级的基本要求外，尚应符合以下要求：

1）宜采用型钢混凝土柱或钢管混凝土柱。

2）柱端弯矩增大系数 η_c、柱端剪力增大系数 η_{vc}应增大 20%。

3）钢筋混凝土柱柱端加密区最小配箍特征值 λ_v 应按表 5-10 数值增大 0.02 采用；全部纵向钢筋最小构造配筋百分率，中、边柱不应小于 1.4%，角柱不应小于 1.6%。

5.6.2　框架梁截面设计要点及构造

1. 内力设计值调整

按照强剪弱弯的设计原则，抗震设计时，框架梁端部截面组合的剪力设计值，一、二、三级应按下列公式计算：

1）一级框架结构及 9 度时的框架

$$V = 1.1(M_{bua}^{l} + M_{bua}^{r})/l_n + V_{Gb} \tag{5-19a}$$

2）其他情况

$$V = \eta_{vb}(M_b^{l} + M_b^{r})/l_n + V_{Gb} \tag{5-19b}$$

式中，M_b^l、M_b^r 分别为梁左、右端逆时针或顺时针方向截面组合的弯矩设计值，当抗震等级为一级且梁两端弯矩均为负弯矩时，绝对值较小一端的弯矩应取零；M_{bua}^l、M_{bua}^r 分别为梁左、右端逆时针或顺时针方向实配的正截面受弯承载力所对应的弯矩值，可根据实配钢筋面积（计入受压钢筋和梁有效翼缘宽度范围内的楼板钢筋）和材料强度标准值并考虑承载力抗震调整系数计算；η_{vb}为梁剪力增大系数，一、二、三级分别取 1.3、1.2 和 1.1；l_n为梁的净跨；V_{Gb}为重力荷载代表值（9 度时还应包括竖向地震作用标准值）作用下，按简支梁分析的梁端截面剪力设计值。

2. 梁截面尺寸限制条件

1）持久、短暂设计状况

$$V \leqslant 0.25\beta_c f_c b h_0 \tag{5-20a}$$

2）地震设计状况

跨高比大于 2.5 的梁

$$V \leqslant \frac{1}{\gamma_{RE}}(0.2\beta_c f_c b h_0) \tag{5-20b}$$

跨高比不大于 2.5 的梁 $$V \leqslant \frac{1}{\gamma_{RE}}(0.15\beta_c f_c b h_0) \tag{5-20c}$$

式中，V 为梁计算截面的剪力设计值。

3. 受压区高度限值

为保证梁出现塑性铰时具有足够的转动能力，抗震设计时，计入受压钢筋作用的梁端截面混凝土受压区高度为：

一级 $$x \leqslant 0.25h_0 \tag{5-21a}$$

二、三级 $$x \leqslant 0.35h_0 \tag{5-21b}$$

其他情况，梁端截面混凝土受压区高度限值同普通混凝土受弯构件。

4. 纵向钢筋构造要求

纵筋受拉钢筋的最小配筋百分率 ρ_{min}（%），不应小于表 5-11 规定的数值。

梁纵向受拉钢筋配筋率 ρ_{min}（%）限值 **表 5-11**

抗震等级	受拉钢筋最小配筋率	
	支座（取较大值）	跨中（取较大值）
一级抗震	0.40 和 $80f_t/f_y$	0.30 和 $65f_t/f_y$
二级抗震	0.30 和 $65f_t/f_y$	0.25 和 $55f_t/f_y$
三级抗震	0.25 和 $55f_t/f_y$	0.20 和 $45f_t/f_y$
非抗震	0.20 和 $45f_t/f_y$	

抗震设计时，梁端截面的底面和顶面纵向钢筋截面面积的比值，除按计算确定外，一级不应小于 0.5，二、三级不应小于 0.3。

梁的纵向钢筋配置，尚应符合下列规定：

1）抗震设计时，梁端纵向受拉钢筋的钢筋不宜大于 2.5%，不应大于 2.75%；当梁端受拉钢筋的配筋率大于 2.5% 时，受压钢筋的配筋率不应小于受拉钢筋的一半。

2）沿梁全长顶面和底面应至少各配置两根纵向钢筋，一、二级抗震设计时钢筋直径不应小于 14mm，且分别不应小于梁两端顶面和底面纵向配筋中较大截面面积的 1/4；三级抗震设计和非抗震设计时钢筋直径不应小于 12mm。

3）一、二、三级抗震等级的框架梁内贯通中柱的每根纵向钢筋的直径，对矩形截面柱，不宜大于柱在该方向截面尺寸的 1/20；对圆形截面柱，不宜大于纵向钢筋所在位置柱截面弦长的 1/20。

5. 梁的箍筋计算及构造

（1）梁斜截面承载力计算公式

矩形、T 形及 I 形截面框架梁，其斜截面受剪承载力应按下列公式计算：

1）持久、短暂设计状况 $$V \leqslant 0.7f_t b h_0 + f_{yv}\frac{A_{sv}}{s}h_0 \tag{5-22a}$$

2）地震设计状况　$$V \leqslant \frac{1}{\gamma_{RE}}\left(0.42 f_t b h_0 + f_{yv}\frac{A_{sv}}{s}h_0\right) \quad (5\text{-}22b)$$

对集中荷载作用下（包括有多种荷载，其中集中荷载对支座截面或节点边缘产生的剪力值占总剪力值 75%以上的情况）的框架梁：

1）持久、短暂设计状况　$$V \leqslant \frac{1.75}{\lambda+1} f_t b h_0 + f_{yv}\frac{A_{sv}}{S}h_0 \quad (5\text{-}22c)$$

2）地震设计状况　$$V \leqslant \frac{1}{\gamma_{RE}}\left(\frac{1.05}{\lambda+1} f_t b h_0 + f_{yv}\frac{A_{sv}}{s}h_0\right) \quad (5\text{-}22d)$$

式中，λ 为计算截面的剪跨比，可取 $\lambda = a/h_0$，a 为集中荷载作用点到支座边缘的距离，当 $\lambda > 3$时，取 $\lambda = 3$，当 $\lambda < 1.5$ 时，取 $\lambda = 1.5$。

（2）梁箍筋的构造要求

抗震设计时，梁端箍筋的加密区长度、箍筋最大间距和最小直径应符合表 5-12 的要求；当梁端纵向钢筋配筋率大于 2%时，表中箍筋最小直径应增大 2mm。

梁端箍筋加密区的长度、箍筋最大间距和最小直径　　表 5-12

抗震等级	加密区长度（取较大值）（mm）	箍筋最大间距（取最小值）（mm）	箍筋最小直径（mm）
一级	$2.0h_b$，500	$h_b/4$，$6d$，100	10
二级	$1.5h_b$，500	$h_b/4$，$8d$，100	8
三级	$1.5h_b$，500	$h_b/4$，$8d$，150	8

注：1. d 为纵向钢筋直径，h_b为梁截面高度。

2. 一、二级抗震等级框架梁，当箍筋直径大于 12mm、肢数不少于 4 肢且肢距不大于 150mm 时，箍筋加密区最大间距应允许适当放松，但不应大于 150mm。

抗震设计时，框架梁的箍筋尚应符合下列构造要求：

1）框架梁沿全长箍筋的面积配筋率应符合下式：

一级　$$\rho_{sv} \geqslant 0.30 f_t / f_{yv} \quad (5\text{-}23a)$$

二级　$$\rho_{sv} \geqslant 0.28 f_t / f_{yv} \quad (5\text{-}23b)$$

三级　$$\rho_{sv} \geqslant 0.26 f_t / f_{yv} \quad (5\text{-}23c)$$

式中，ρ_{sv}为框架梁沿梁全长箍筋的面积配筋率。

2）第一个箍筋应设置在距支座边缘 50mm 处。

3）在箍筋加密区范围内的箍筋肢距：一级不宜大于 200mm 和 20 倍箍筋直径的较大值，二、三级不宜大于 250mm 和 20 倍箍筋直径的较大值。

4）箍筋应有 135°弯钩，弯钩端头直段长度不应小于 10 倍的箍筋直径和 75mm 的较大值。

5）在纵向钢筋搭接长度范围内的箍筋间距，钢筋受拉时不应大于搭接钢筋较小直径的 5 倍，且不应大于 100mm；钢筋受压时不应大于搭接钢筋较小直径的 10 倍，且不应大于 200mm。

6）框架梁非加密区箍筋最大间距不宜大于加密区箍筋间距的 2 倍。

非抗震设计时，框架梁箍筋配筋构造应符合下列规定：

1）应沿梁全长设置箍筋，第一个箍筋应设置在距支座边缘 50mm 处。

2）截面高度大于 800mm 的梁，其箍筋直径不宜小于 8mm；其余截面高度的梁不应小于 6mm。在受力钢筋搭接长度范围内，箍筋直径不应小于搭接钢筋最大直径的 1/4。

3）箍筋间距不应大于表 5-13 的规定；在纵向受拉钢筋的搭接长度范围内，箍筋间距尚不应大于搭接钢筋较小直径的 5 倍，且不应大于 100mm；在纵向受压钢筋的搭接长度范围内，箍筋间距尚不应大于搭接钢筋较小直径的 10 倍，且不应大于 200mm。

非抗震设计梁箍筋最大间距（mm）　　**表 5-13**

h_b \ V	$V>0.7f_tbh_0$	$V\leqslant 0.7f_tbh_0$
$h_b\leqslant 300$	150	200
$300<h_b\leqslant 500$	200	300
$500<h_b\leqslant 800$	250	350
$h_b>800$	300	400

4）承受弯矩和剪力的梁的剪力设计值大于 $0.7f_tbh_0$ 时，其箍筋面积配筋率应符合下式要求：

$$\rho_{sv}\geqslant 0.24f_t/f_{yv} \tag{5-24a}$$

承受弯矩、剪力和扭矩的梁，其箍筋面积配筋率和受扭纵向钢筋的面积配筋率应分别符合下式要求：

$$\rho_{sv}\geqslant 0.28f_t/f_{yv} \tag{5-24b}$$

$$\rho_{tl}\geqslant 0.6\sqrt{\frac{T}{Vb}}f_t/f_{yv} \tag{5-24c}$$

式中，T、V 分别为扭矩、剪力设计值；当 $T/(Vb)$ 大于 2.0 时，取 2.0；ρ_{tl}、b 分别为受扭纵筋的面积配筋率、梁宽。

5）当梁中配有计算需要的纵向受压钢筋时，其箍筋配置尚应符合下列要求：

① 箍筋直径不应小于纵向受压钢筋最大直径的 1/4；

② 箍筋应做成封闭式；

③ 箍筋间距不应大于 $15d$ 且不应大于 400mm；当一层内的受压钢筋多于 5 根且直径大于 18mm 时，箍筋间距不应大于 $10d$（d 为纵向受压钢筋的最小直径）；

④ 当梁截面宽度大于 400mm 且一层内的纵向受压钢筋多于 3 根时，或当梁截面宽度不大于 400mm 但一层内的纵向受压钢筋多于 4 根时，应设置复合箍筋。

6）框架梁的纵向钢筋不应与箍筋、拉筋及预埋件等焊接。框架梁上开洞时，洞口位置宜位于梁跨中 1/3 区段，洞口高度不应大于梁高的 40%；开洞较大时应进行承载力验算。

梁上洞口周边应配置附加纵向钢筋和箍筋，并应符合计算及构造要求。

7）抗震等级为特一级的框架梁，除应符合一级抗震等级的基本要求外，梁端剪力增大系数 η_{vb}应增大 20%，梁端加密区箍筋构造最小配箍率应增大 10%。

5.6.3 框架梁柱节点核心区截面抗震验算及构造

一、二、三级框架梁柱节点核心区应进行抗震验算。

1. 核心区剪力设计值

一、二、三级框架梁柱节点核心区组合的剪力设计值，应按下列公式确定：

$$V_j = \frac{\eta_{jb}\sum M_b}{h_{b0}-a_s'}\left(1-\frac{h_{b0}-a_s'}{H_c-h_b}\right) \tag{5-25a}$$

一级框架结构和 9 度的一级框架可不按上式确定，但应符合下式：

$$V_j = \frac{1.15\sum M_{bua}}{h_{b0}-a_s'}\left(1-\frac{h_{b0}-a_s'}{H_c-h_b}\right) \tag{5-25b}$$

式中，V_j为梁柱节点核心区组合的剪力设计值；h_{b0}为梁截面的有效高度，节点两侧梁截面高度不等时可采用平均值；a_s'为梁受压钢筋合力点至受压边缘的距离；H_c为柱的计算高度，可采用节点上、下柱反弯点之间的距离；h_b为梁的截面高度，节点两侧梁截面高度不等时可采用平均值；η_{jb}为节点剪力增大系数，对于框架结构，一级宜取 1.5，二级宜取 1.35，三级宜取 1.2；$\sum M_b$ 为节点左、右梁端逆时针或顺时针方向组合的弯矩设计值之和，一级节点左、右梁端弯矩均为负值时，绝对值较小的弯矩应取零；$\sum M_{bua}$ 为节点左、右梁端逆时针或顺时针方向实配的正截面受弯承载力所对应的弯矩设计值之和，可根据实配钢筋面积（计入受压钢筋）和材料强度标准值确定。

2. 核心区截面有效计算宽度

（1）当验算方向的梁截面宽度不小于该侧柱截面宽度的 1/2 时，可采用该侧柱截面宽度；当小于柱截面宽度的 1/2 时，可采用下列二者的较小值：

$$b_j = b_b + 0.5h_c \tag{5-26a}$$

$$b_j = b_c \tag{5-26b}$$

式中，b_j为节点核心区的截面有效计算宽度；b_b为梁截面宽度；h_c为验算方向的柱截面高度；b_c为验算方向的柱截面宽度。

（2）当梁、柱的中线不重合且偏心距不大于柱宽的 1/4 时，可采用第（1）条计算结果和下式计算结果的较小值：

$$b_j = 0.5(b_b + b_c) + 0.25h_c - e \tag{5-27}$$

式中，e 为梁与柱中线偏心距。

3. 核心区截面尺寸限制条件

$$V_j \leqslant \frac{1}{\gamma_{RE}}(0.30\eta_j\beta_c f_c b_j h_j) \tag{5-28}$$

式中，η_j为正交梁的约束影响系数，楼板为现浇、梁柱中线重合、四侧各梁截面宽度不小于该侧柱截面宽度的1/2，且正交方向梁高度不小于较高框架梁高度的3/4时，可采用1.5，9度时宜采用1.25，其他情况宜采用1.0；h_j为节点核心区的截面高度，可采用验算方向的柱截面高度h_c；γ_{RE}为承载力抗震调整系数，可采用0.85；β_c为混凝土强度影响系数，取值方法见现行国家标准《混凝土结构设计规范》GB 50010；f_c为混凝土轴心抗压强度设计值。截面的限制条件相当于其抗震受剪承载力的上限。这意味着当考虑了增大系数后的节点作用剪力超过其截面限制条件时，再增大箍筋已无法进一步有效提高节点的受剪承载力。

4. 节点核心区截面抗震受剪承载力，应采用下列公式验算：

$$V_j \leqslant \frac{1}{\gamma_{RE}}\left(1.1\eta_j f_t b_j h_j + 0.05\eta_j N\frac{b_j}{b_c} + f_{yv}A_{svj}\frac{h_{b0}-a'_s}{s}\right) \tag{5-29a}$$

9度的一级框架

$$V_j \leqslant \frac{1}{\gamma_{RE}}\left(0.9\eta_j f_t b_j h_j + f_{yv}A_{svj}\frac{h_{b0}-a'_s}{s}\right) \tag{5-29b}$$

式中，N为对应于组合剪力设计值的上柱底部组合轴向压力较小值，其取值不应大于柱的截面面积和混凝土轴心抗压强度设计值乘积的50%，当N为拉力时，取$N=0$；f_{yv}为箍筋的抗拉强度设计值；f_t为混凝土轴心抗拉强度设计值；A_{svj}为核心区计算宽度范围内验算方向同一截面各肢箍筋的全部截面面积；s为箍筋间距。

框架节点的受剪承载力由混凝土斜压杆和水平箍筋两部分受剪承载力组成，其中水平箍筋是通过其对节点区混凝土斜压杆的约束效应来增强节点受剪承载力的。依据试验结果，节点核心区内混凝土斜压杆截面面积虽然可随柱端轴力的增加而稍有增加，使得在作用剪力较小时，柱轴压力的增大对防止节点的开裂和提高节点的抗震受剪承载力起一定的有利作用；但当节点作用剪力较大时，因核心区混凝土斜向压应力已经较高，轴压力的增大反而会使节点更早发生混凝土斜压型剪切破坏，从而削弱节点的抗震受剪承载力。因此9度设防烈度节点受剪承载力计算公式中取消了轴压力的有利影响。但为了不致使节点中箍筋用量增加过多，在除9度设防烈度以外的其他节点受剪承载力计算公式中，保留了轴力项的有利影响。这一做法与试验结果不符，只是一种权宜性的做法。

梁宽大于柱宽的扁梁框架及圆柱的梁柱节点抗震验算详见现行国家标准《建筑抗震设计规范》GB 50011附录C。

5. 框架节点核心区构造要求

框架节点核心区应设置水平箍筋，且应符合下列规定：

(1) 非抗震设计时，箍筋配置应符合柱中箍筋的有关规定，但箍筋间距不宜大于250mm。对四边有梁与之相连的节点，可仅沿节点周边设置矩形箍筋。

(2) 抗震设计时，箍筋的最大间距和最小直径宜符合柱箍筋加密区的有关规定。一、二、三级框架节点核心区配箍特征值分别不宜小于0.12、0.10和0.08，且箍筋体积配箍率分别不宜小于0.6%、0.5%和0.4%。柱剪跨比不大于2的框架节点核心区的配箍特征值不宜小于核心区上、下柱端配箍特征值中的较大值。

5.6.4 钢筋的连接和锚固

1. 钢筋的连接

现浇钢筋混凝土框架梁、柱纵向受力钢筋的连接接头应符合下列规定：

(1) 钢筋连接可采用绑扎搭接、机械连接或焊接。受力钢筋的连接接头宜设置在构件受力较小部位；抗震设计时宜避开梁端、柱端箍筋加密区范围，如必须在此连接时，应采用机械连接或焊接。

(2) 当纵向受力钢筋采用搭接做法时，在钢筋搭接长度范围内应配置箍筋，其直径不应小于搭接钢筋较大直径的 1/4。当钢筋受拉时，箍筋间距不应大于搭接钢筋较小直径的 5 倍，且不应大于 100mm；当钢筋受压时，箍筋间距不应大于搭接钢筋较小直径的 10 倍，且不应大于 200mm。当受压钢筋直径大于 25mm 时，尚应在搭接接头两个端面外 100mm 范围内各设置两道箍筋。

2. 钢筋的搭接和锚固长度

非抗震设计时，受拉钢筋绑扎搭接的搭接长度，应根据位于同一连接区段内搭接钢筋截面面积的百分率按下式计算，且不应小于 300mm。

$$l_l = \zeta l_a \tag{5-30}$$

式中 l_l 为受拉钢筋的搭接长度；l_a 为受拉钢筋的铺固长度，应按现行国家标准《混凝土结构设计规范》GB 50010 的有关规定采用；ζ 为受拉钢筋搭接长度修正系数，应按表 5-14 采用。

纵向受拉钢筋搭接长度修正系数 ζ　　**表 5-14**

同一连接区段内搭接钢筋面积百分率（%）	≤25	50	100
受拉搭接长度修正系数 ζ	1.2	1.4	1.6

注：同一连接区段内搭接钢筋面积百分率取在同一连接区段内有搭接接头的受力钢筋与全部受力钢筋面积之比。

同一构件中相邻纵向受力钢筋的绑扎搭接接头宜互相错开。钢筋绑扎搭接接头连接区段的长度为 1.3 倍搭接长度，凡搭接接头中点位于该连接区段长度内的搭接接头均属于同一连接区段。当直径不同的钢筋搭接时，按直径较小的钢筋计算。

抗震设计时，混凝土结构构件的纵向受力钢筋的锚固和连接除应符合非抗震时的有关规定外，尚应符合下列要求：

(1) 纵向受拉钢筋的抗震锚固长度 l_{aE} 应按下式计算：

$$l_{aE} = \zeta_{aE} l_a \tag{5-31}$$

式中，ζ_{aE} 为纵向受拉钢筋抗震锚固长度修正系数，对一、二级抗震等级取 1.15，三级取 1.05。

(2) 当采用搭接连接时，纵向受拉钢筋的抗震搭接长度 l_{lE} 应按下列公式计算：

$$l_{lE} = \zeta l_{aE} \tag{5-32}$$

式中，ζ 为纵向受拉钢筋搭接长度修正系数，按表 5-14 确定。

（3）受拉钢筋直径大于 25mm、受压钢筋直径大于 28mm 时，不宜采用绑扎搭接接头。

（4）现浇钢筋混凝土框架梁、柱纵向受力钢筋的连接方法，应符合下列规定：

1）框架柱：一、二级抗震等级及三级抗震等级的底层，宜采用机械连接接头，也可采用绑扎搭接或焊接接头；三级抗震等级的其他部位，可采用绑扎搭接或焊接接头。

2）框架梁：一级抗震等级宜采用机械连接接头，二、三级可采用绑扎搭接或焊接接头。

（5）位于同一连接区段内的受拉钢筋接头面积百分率不宜超过 50%。

（6）当接头位置无法避开梁端、柱端箍筋加密区时，应采用满足等强度要求的机械连接接头，且钢筋接头面积百分率不宜超过 50%。

（7）钢筋的机械连接、绑扎搭接及焊接，尚应符合国家现行有关标准的规定。

此外，框架梁、柱的纵向钢筋不应与箍筋、拉筋及预埋件等焊接。

非抗震设计时，框架梁、柱的纵向钢筋在框架节点区的锚固和搭接（图 5-17、图 5-18）应符合下列要求：

（1）顶层中节点柱纵向钢筋和边节点柱内侧纵向钢筋应伸至柱顶；当从梁底边计算的直线锚固长度不小于 l_a 时，可不必水平弯折，否则应向柱内或梁、板内水平弯折，当充分利用柱纵向钢筋的抗拉强度时，其锚固段弯折前的竖直投影长度不应小于 $0.5l_{ab}$，弯折后的水平投影长度不宜小于 12 倍的柱纵向钢筋直径。此处，l_{ab} 为钢筋基本锚固长度，应符合现行国家标准《混凝土结构设计规范》GB 50010 的有关规定。

（2）顶层端节点处，在梁宽范围以内的柱外侧纵向钢筋可与梁上部纵向钢筋搭接，搭接长度不应小于 $1.5l_a$；在梁宽范围以外的柱外侧纵向钢筋可伸入现浇板内，其伸入长度与伸入梁内的相同。当柱外侧纵向钢筋的配筋率大于 1.2% 时，伸入梁内的柱纵向钢筋宜分两批截断，其截断点之间的距离不宜小于 20 倍的柱纵向钢筋直径。

（3）梁上部纵向钢筋伸入端节点的锚固长度，直线锚固时不应小于 l_a，且伸过柱中心线的长度不宜小于 5 倍的梁纵向钢筋直径；当柱截面尺寸不足时，梁上部纵向钢筋应伸至节点对边并向下弯折，弯折水平段的投影长度不应小于 $0.4l_{ab}$，弯折后竖直投影长度不应小于 15 倍纵向钢筋直径。

（4）当计算中不利用梁下部纵向钢筋的强度时，其伸入节点内的锚固长度应取不小于 12 倍的梁纵向钢筋直径。当计算中充分利用梁下部钢筋的抗拉强度时，梁下部纵向钢筋可采用直线式或向上 90°弯折方式锚固于节点内，直线锚固时的锚固长度不应小于 l_a；弯折锚固时，弯折水平段的投影长度不应小于 $0.4l_{ab}$，弯折后竖直投影长度不应小于 15 倍纵向钢筋直径。

（5）当采用锚固板锚固措施时，钢筋锚固构造应符合现行国家标准《混凝土结构设计规范》GB 50010 的有关规定。

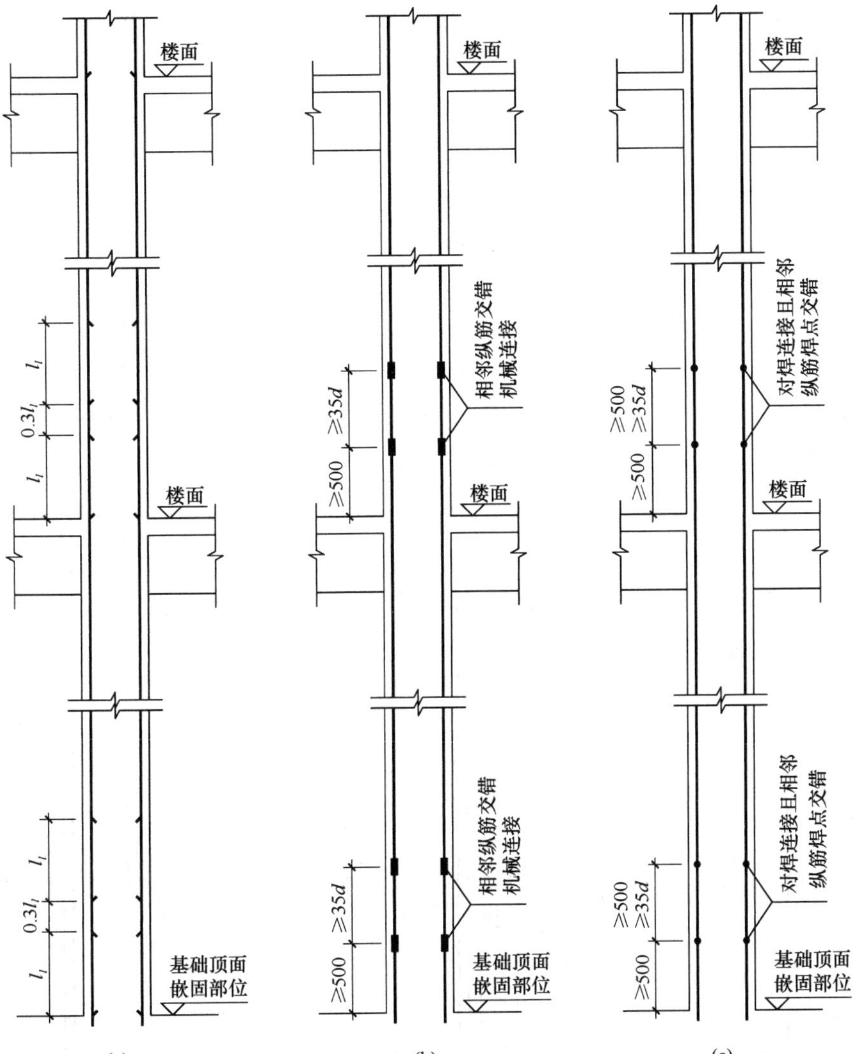

图 5-17　非抗震框架柱纵向钢筋构造

(a) 绑扎搭接；(b) 机械连接；(c) 焊接连接

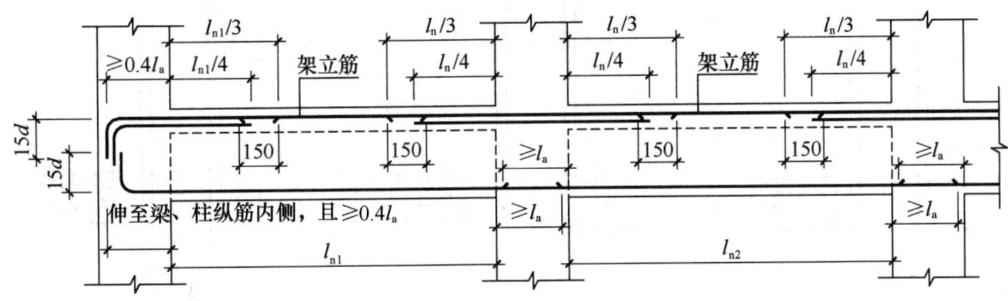

图 5-18　非抗震框架梁纵向钢筋构造

注：l_n为 l_{n1}和 l_{n2}中的较大值。

抗震设计时，框架梁、柱的纵向钢筋在框架节点区的锚固和搭接（图 5-19～图 5-23）应符合下列要求：

（1）顶层中节点柱纵向钢筋和边节点柱内侧纵向钢筋应伸至柱顶。当从梁底边计算的直线锚固长度不小于 l_{aE}时，可不必水平弯折，否则应向柱内或梁内、板内水平弯折，锚固段弯折前的竖直投影长度不应小于 $0.5l_{abE}$，弯折后的水平投影长度不宜小于 12 倍的柱纵向钢筋直径。此处，l_{abE}为抗震时钢筋的基本锚固长度，一、二级取 $1.15l_{ab}$，三级取 $1.05l_{ab}$。

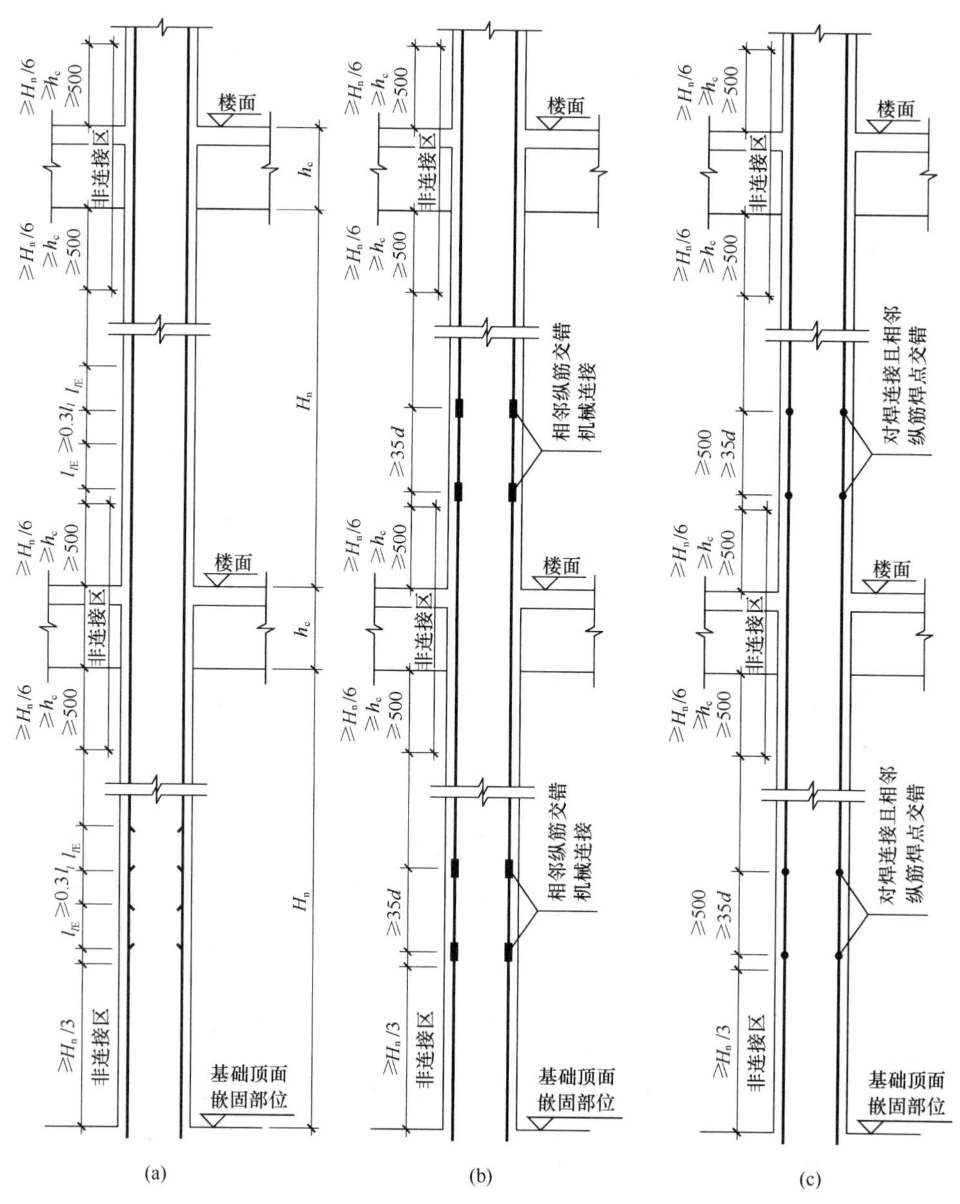

图 5-19　抗震框架柱纵向钢筋构造

（a）绑扎搭接；（b）机械连接；（c）焊接连接

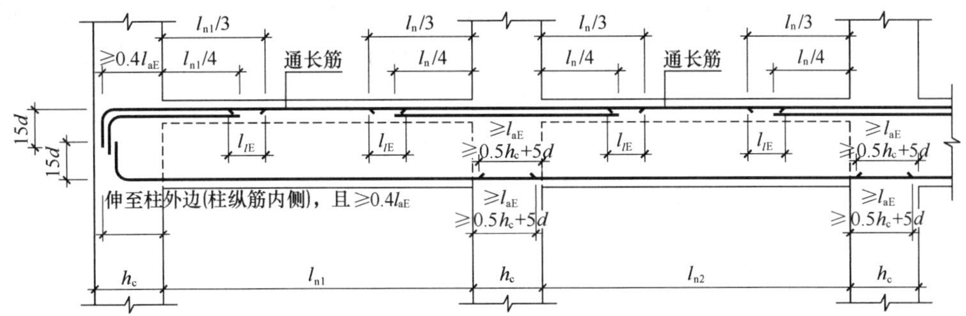

图 5-20　抗震框架梁纵向钢筋构造

注：l_n为 l_{n1}和 l_{n2}中的较大值。

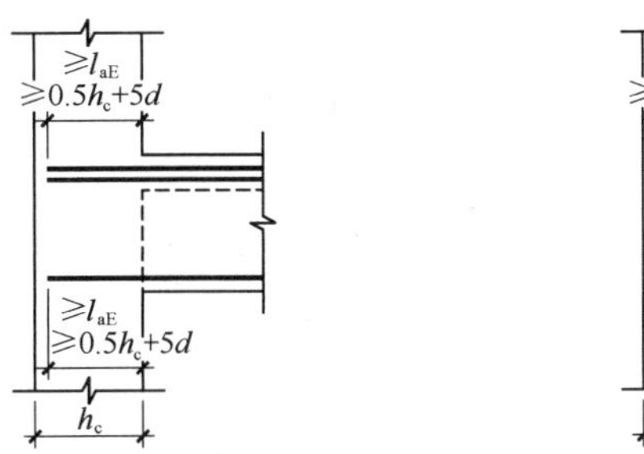

图 5-21　抗震框架梁纵向钢筋在端支座直锚构造

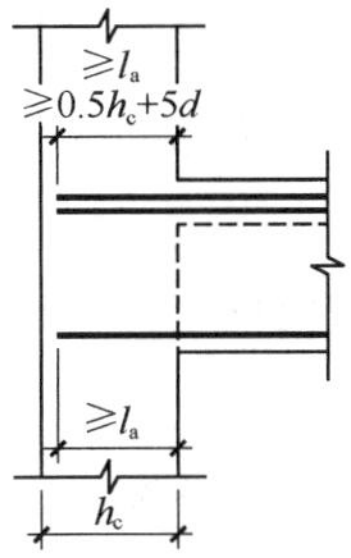

图 5-22　非抗震框架梁纵向钢筋在端支座直锚构造

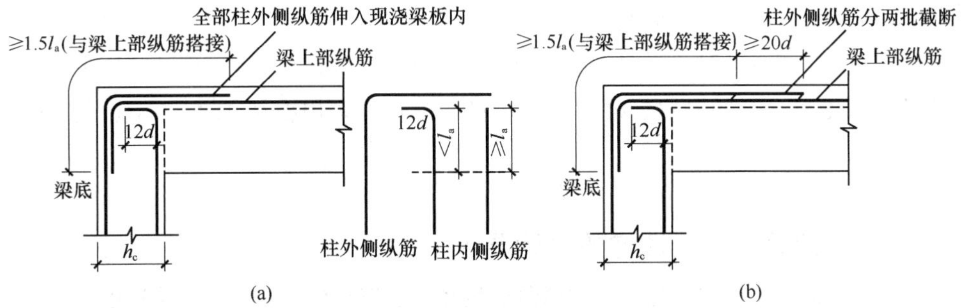

图 5-23　边柱和角柱柱顶纵向钢筋构造

(a) 当柱外侧纵向钢筋配筋率≤1.2%时；(b) 当柱外侧纵向钢筋配筋率>1.2%时

注：抗震设计时，将图中的 l_a改为 l_{aE}。

(2) 顶层端节点处，柱外侧纵向钢筋可与梁上部纵向钢筋搭接，搭接长度不应小于 $1.5l_{aE}$，且伸入梁内的柱外侧纵向钢筋截面面积不宜小于柱外侧全部纵向钢筋截面面积的 65%；在梁宽范围以外的柱外侧纵向钢筋可伸入现浇板内，其伸入长度与伸入梁内的相同。当柱外侧纵向钢筋的配筋率大于 1.2%时，伸入梁内的柱纵向钢筋宜分两批截断，其截断点之间的距离不宜小于 20 倍的柱纵向钢筋直径。

（3）梁上部纵向钢筋伸入端节点的锚固长度，直线锚固时不应小于 l_{aE}，且伸过柱中心线的长度不应小于 5 倍的梁纵向钢筋直径；当柱截面尺寸不足时，梁上部纵向钢筋应伸至节点对边并向下弯折，锚固段弯折前的水平投影长度不应小于 $0.4l_{abE}$，弯折后的竖直投影长度应取 15 倍的梁纵向钢筋直径。

（4）梁下部纵向钢筋的锚固与梁上部纵向钢筋相同，但采用 90°弯折方式锚固时，竖直段应向上弯入节点内。

5.6.5 框架填充墙及隔墙的构造要求

框架结构的填充墙及隔墙宜选用轻质墙体。抗震设计时，框架结构如采用砌体填充墙，其布置应避免导致上、下层刚度变化过大，避免形成短柱，减少因抗侧刚度偏心而造成的结构扭转。抗震设计时，砌体填充墙及隔墙应具有自身稳定性，并应符合下列要求：

（1）砌体的砂浆强度等级不应低于 M5，轻质砌块强度等级不应低于 MU2.5。墙顶应与框架梁或楼板密切结合。

（2）砌体填充墙应沿框架柱全高每隔 500mm 左右设置 2 根直径为 6mm 的拉筋，6 度时拉筋宜沿墙全长贯通，7、8、9 度时应沿墙全长贯通。

（3）墙长大于 5m 时，墙顶与梁（板）宜有钢筋拉结；墙长大于 8m 或层高的 2 倍时，宜设置钢筋混凝土构造柱；墙高超过 4m 时，墙体半高处（或门洞上皮）宜设置与柱连接且沿墙全长贯通的钢筋混凝土水平连系梁。

（4）楼梯间采用砌体填充墙时，应设置间距不大于层高且不大于 4m 的钢筋混凝土构造柱，并应采用钢丝网砂浆面层加强。

框架结构按抗震设计时，不应采用部分由砌体墙承重的混合形式。框架结构中的楼、电梯间及局部出屋顶的电梯机房、楼梯间、水箱间等，应采用框架承重，不应采用砌体墙承重。

5.6.6 框架结构关于楼梯的设计要求

发生强烈地震时，楼梯间是重要的紧急逃生竖向通道，楼梯间（包括楼梯板）的破坏会延误人员撤离及救援工作，从而造成严重伤亡。现行国家标准《建筑抗震设计规范》GB 50011规定了楼梯间的抗震设计要求。对于框架结构，楼梯构件与主体结构整浇时，梯板起到斜支撑的作用，对结构刚度、承载力、规则性的影响比较大，应参与抗震计算；当采取措施，如梯板滑动支承于平台板，楼梯构件对结构刚度等的影响较小，是否参与整体抗震计算差别不大。对于楼梯间设置刚度足够大的抗震墙的结构，楼梯构件对结构刚度的影响较小，也可不参与整体抗震计算。抗震设计时，现行国家标准《建筑抗震设计规范》GB 50011 规定，框架结构的楼梯间布置应尽量减小其造成的结构平面不规则，采用现浇钢筋混凝土楼梯，楼梯结构应有足够的抗倒塌能力，宜采取措施减小楼梯对主体结构的影响，当钢筋混凝土楼梯与主体结构整体连接时，应考虑楼梯对地震作用及其效应的影响，并应对楼梯构件进行抗震承载力验算。

框架结构设计实例PKPM文件

5.7 框架结构设计实例

5.7.1 工程概况

某招待所，共 10 层。1～2 层层高 3.6m，3～10 层层高 3.3m，总高度为 33.6m。三进深分别为 5.7m，2.7m，6m，总宽度为 14.4m。每个开间 4.5m，共 10 个开间，总长 45m。建筑平面、剖面及墙身大样详图见图 5-24～图 5-27。框架及楼板均采用现浇钢筋混凝土结构。本工程建于 6 度抗震设防地区，设计抗震分组为第一组，Ⅱ类场地土。根据表 3-11 规定，抗震等级为三级。基础选用箱形基础。计算简图中的柱下固定端取在箱基顶部，箱基的刚度远大于柱子的刚度，足以承受柱子传来的内力。箱基的内力及配筋计算在本例中略去。结构柱网布置见图 5-28。本工程框架材料选用如下：1～6 层柱为 C30 混凝土，7～10 层柱为 C25 混凝土，各层梁、板均为 C25 混凝土。

5.7.2 截面尺寸估算

1. 梁板截面尺寸估算

框架梁截面高度 h，按梁跨度的 1/18～1/10 确定，取梁高为 500mm。框架梁截面宽度取梁高的一半，取梁宽为 250mm。板的最小厚度为跨度的 1/50＝4500mm/50＝90mm，双向板板厚取跨度的 1/35＝4500mm/35＝129mm，取板厚为 130mm。

2. 柱截面尺寸估算

根据柱支承的楼板面积计算由竖向荷载作用下产生的轴力，并按轴压比控制估算柱截面面积，估算柱截面时，楼层荷载按 11～14kN/m^2 计，本工程边柱可按 12kN/m^2 计，中柱可按 11kN/m^2 计。

Ⓐ轴负荷面为 4.5m×5.7m/2 的边柱轴力为：

$$N_v = (4.5\text{m} \times 5.7\text{m})/2 \times 12\text{kN/m}^2 \times 10 \times 1.35 = 2078\text{kN}$$

Ⓑ轴负荷面为（5.7m＋2.7m)/2×4.5m 的中柱轴力为：

$$N_v = (5.7\text{m} + 2.7\text{m})/2 \times 4.5\text{m} \times 11\text{kN/m}^2 \times 10 \times 1.35 = 2807\text{kN}$$

Ⓒ轴负荷面为（6m＋2.7m）/2×4.5m 的中柱轴力为：

$$N_v = (6\text{m} + 2.7\text{m})/2 \times 4.5 \times 11\text{kN/m}^2 \times 10 \times 1.35 = 2907\text{kN}$$

Ⓓ轴负荷面为 4.5m×6m/2 的边柱轴力为：

$$N_v = (4.5\text{m} \times 6\text{m})/2 \times 12\text{kN/m}^2 \times 10 \times 1.35 = 2187\text{kN}$$

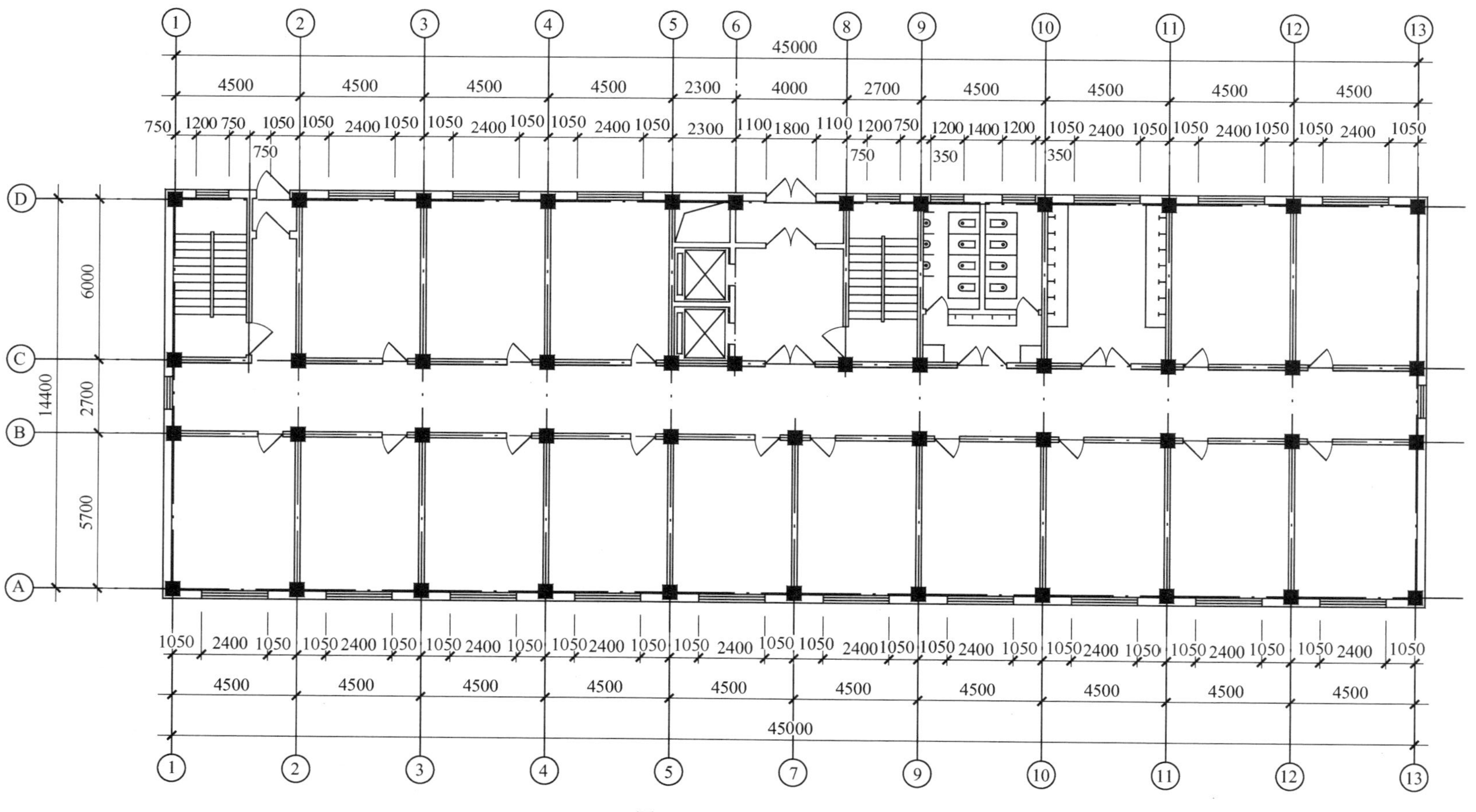

1 2 3 4 5 6 8 9 10 11 12 13
45000
4500 4500 4500 4500 2300 4000 2700 4500 4500 4500 4500
A B C D
6000 2700 5700
14400
4500 4500 4500 4500 4500 4500 4500 4500 4500 4500
45000
1 2 3 4 5 7 9 10 11 12 13

图 5-24　一层平面图

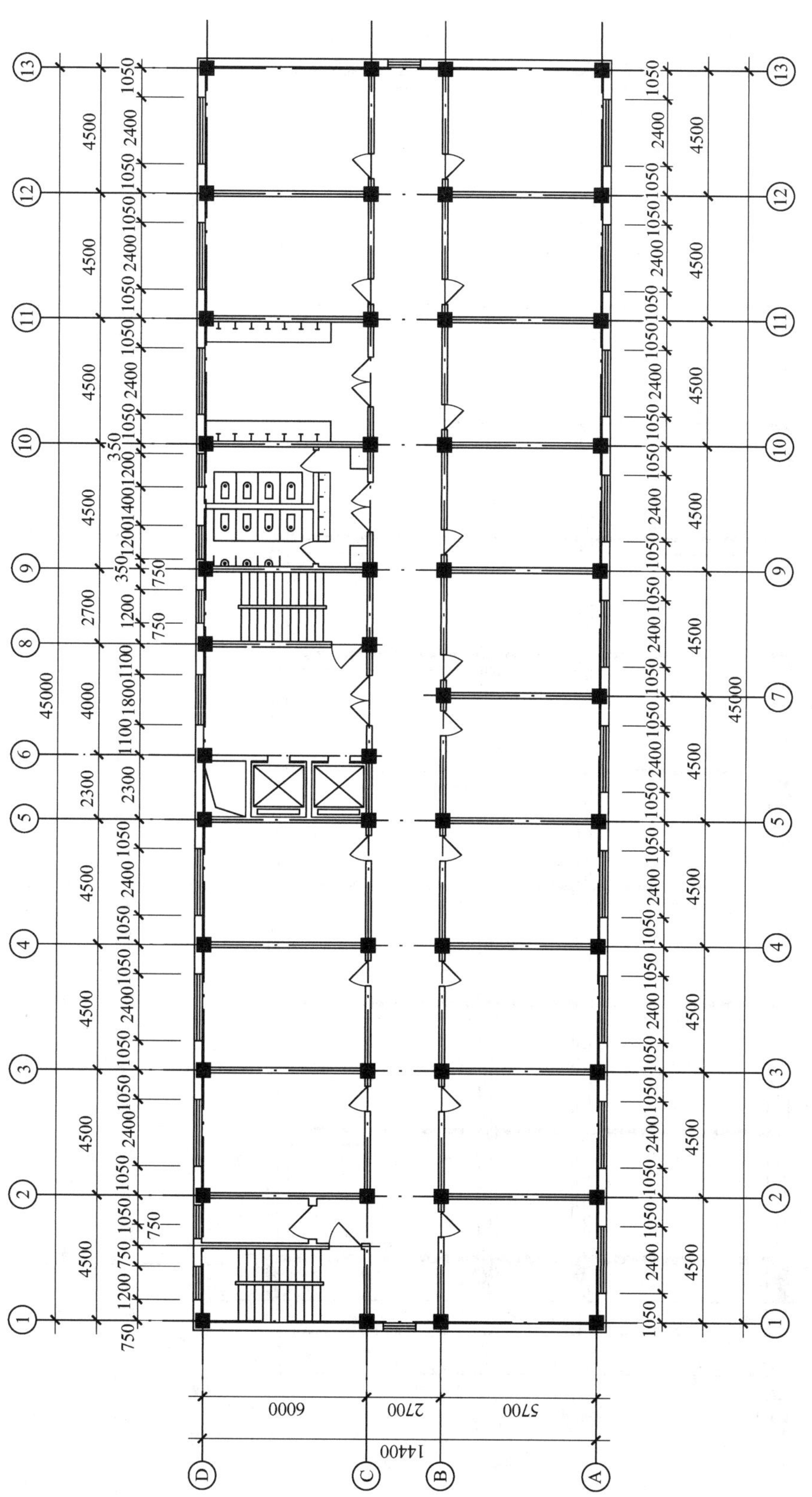
45000
4500
2400
1050
6000
2700
5700
14400
A
B
C
D
1
2
3
4
5
6
7
8
9
10
11
12
13

图 5-25　标准层平面图

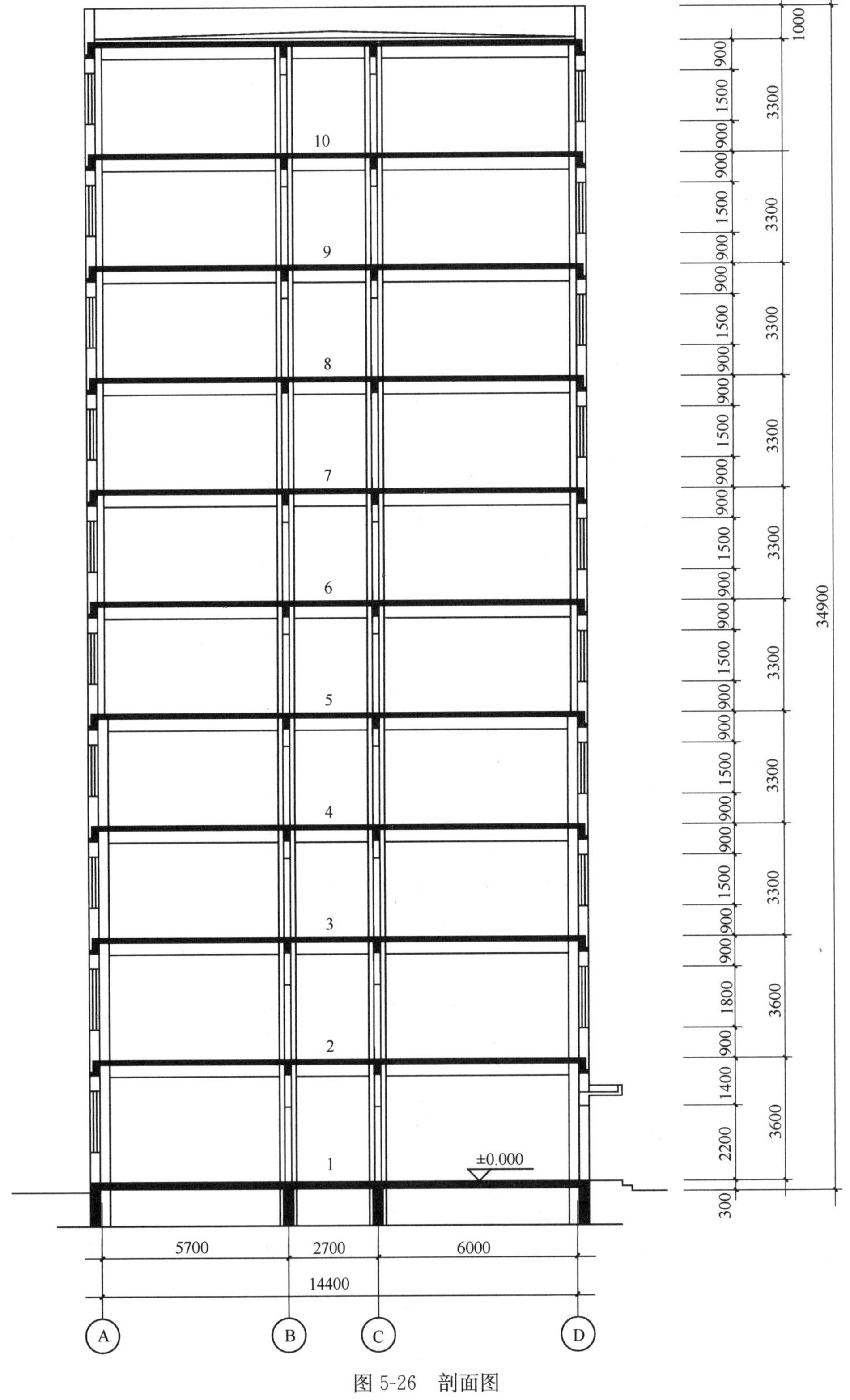
10
9
8
7
6
5
4
3
2
1
±0.000
5700
2700
6000
14400
A
B
C
D
1000
900
1500
900
3300
1800
3600
1400
2200
300
34900

图 5-26　剖面图

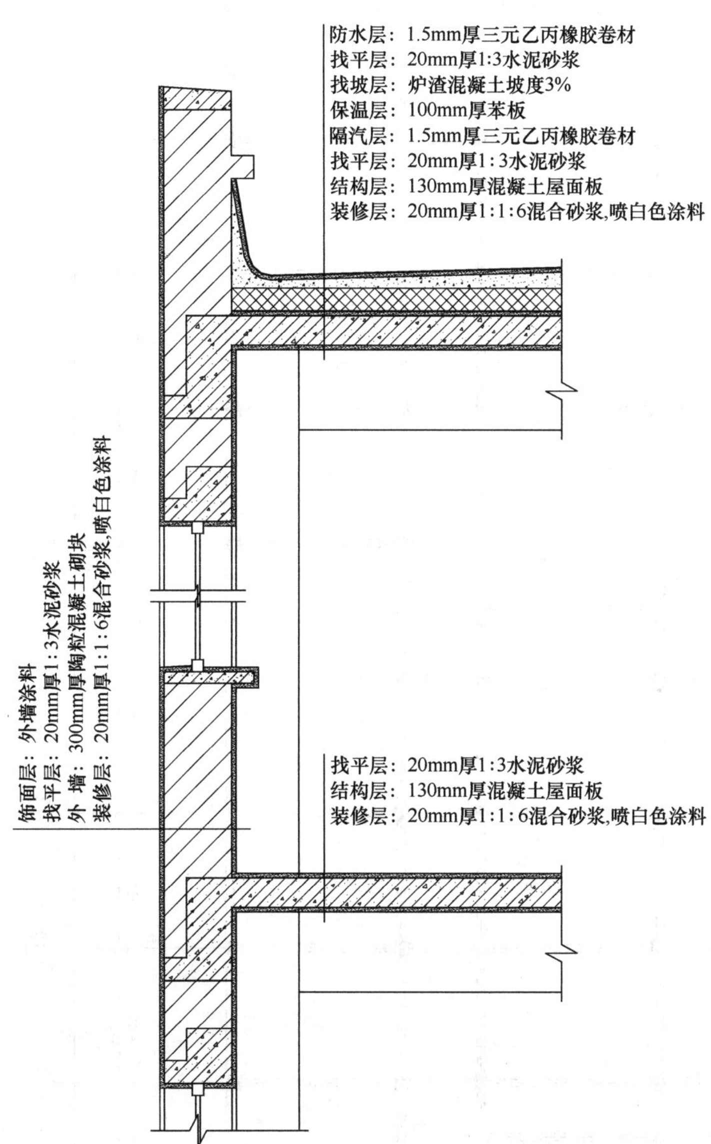

图 5-27　屋面与墙身大样详图

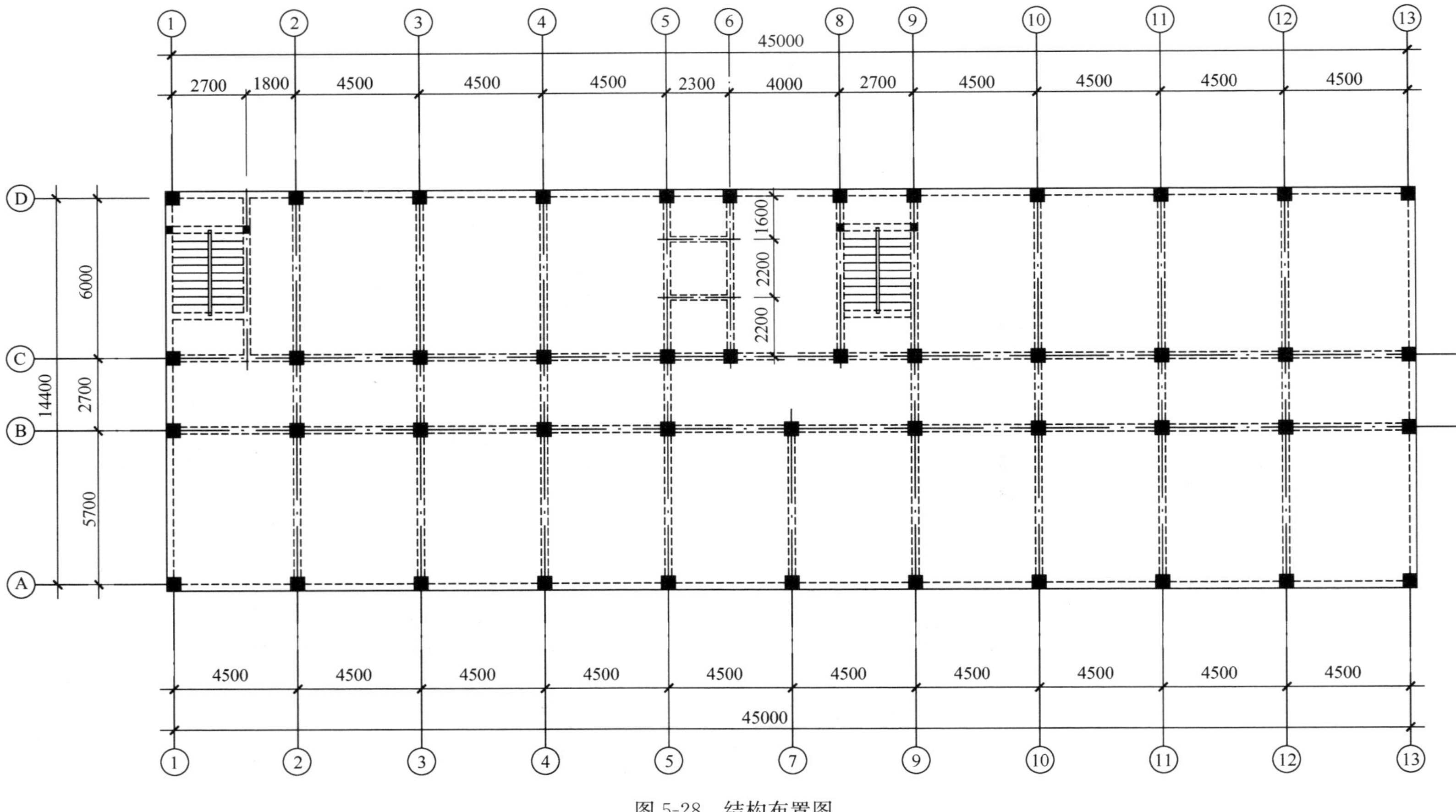

1
2
3
4
5
6
7
8
9
10
11
12
13
A
B
C
D
2700
1800
4500
4500
4500
4500
2300
4000
2700
4500
4500
4500
4500
45000
1600
2200
2200
6000
2700
5700
14400

图 5-28 结构布置图

各柱的轴力虽然不同，但为施工方便和美观，往往对柱截面进行合并归类。本工程将柱截面归并为一种。取轴力最大的柱估算截面面积。

当仅有风荷载作用或非抗震时

$$N=(1.05\sim 1.10)N_{\mathrm{v}}$$

当抗震等级为一至三级时

$$N=(1.10\sim 1.20)N_{\mathrm{v}}$$

本工程框架为三级抗震等级，取 $N=1.1N_{\mathrm{v}}$。

柱轴压比控制值 μ_{N}查表 5-7，得 $\mu_{\mathrm{N}}=0.85$。其中

$$\mu_{\mathrm{N}}=N/A_{\mathrm{c}}f_{\mathrm{c}}$$

$$N=2907\mathrm{kN}\times 1.1=3198\mathrm{kN}$$

$$A_{\mathrm{c}}=N/f_{\mathrm{c}}\mu_{\mathrm{N}}=3198\times 10^{3}\mathrm{N}/(14.3\mathrm{N/mm^2}\times 0.85)=263067\mathrm{mm^2}$$

取柱为正方形，柱边长 $b=h=\sqrt{A_{\mathrm{c}}}=513\mathrm{mm}$。故本工程 1～4 层柱截面可暂取为 500mm×500mm，沿高度柱变一次截面，5～10 层柱截面可取为 400mm×400mm。

5 层柱底变截面轴压比核算：

$$N_{\mathrm{v}}=(6\mathrm{m}+2.7\mathrm{m})/2\times 4.5\mathrm{m}\times 11\mathrm{kN/m^2}\times 6\times 1.35=1744\mathrm{kN}$$

$$N=1.1\times 1744\mathrm{kN}=1919\mathrm{kN}$$

$$\mu_{\mathrm{N}}=\frac{N}{f_{\mathrm{c}}A_{\mathrm{c}}}=\frac{1919\times 10^{3}\mathrm{N}}{400\times 400\mathrm{mm^2}\times 14.3\mathrm{N/mm^2}}=0.84<0.85$$

7 层柱底、变混凝土强度等级轴压比核算：

$$N_{\mathrm{v}}=(6\mathrm{m}+2.7\mathrm{m})/2\times 4.5\mathrm{m}\times 11\mathrm{kN/m^2}\times 4\times 1.35=1163\mathrm{kN}$$

$$N=1.1\times 1163\mathrm{kN}=1279\mathrm{kN}$$

$$\mu_{\mathrm{N}}=\frac{N}{f_{\mathrm{c}}A_{\mathrm{c}}}=\frac{1279\times 10^{3}\mathrm{N}}{400\times 400\mathrm{mm^2}\times 11.9\mathrm{N/mm^2}}=0.67<0.85$$

轴压比满足要求。

5.7.3　荷载汇集

1. 竖向荷载

(1) 楼面荷载

楼面活荷载按《荷载规范》的规定，招待所房间、厕所、走廊、楼梯间活荷载取 2.0kN/m^2。

130mm 厚混凝土楼板　$25\mathrm{kN/m^3}\times 0.13\mathrm{m}=3.25\mathrm{kN/m^2}$

楼板砂浆找平、抹灰（上下各 20mm 厚）　$20\mathrm{kN/m^3}\times 0.02\mathrm{m}\times 2=0.8\mathrm{kN/m^2}$

内隔墙为 200mm 厚陶粒混凝土砌块（砌块重度 8kN/m^3，两侧各抹 20mm 厚混合砂浆）

$8\mathrm{kN/m^3}\times 0.2\mathrm{m}+20\mathrm{kN/m^3}\times 0.02\mathrm{m}\times 2=2.4\mathrm{kN/m^2}$

外墙为 300mm 厚陶粒混凝土砌块（外侧贴面砖 0.5kN/m²，内侧抹 20mm 厚混合砂浆）

$$0.5\text{kN/m}^2 + 8\text{kN/m}^3 \times 0.3\text{m} + 20\text{kN/m}^3 \times 0.02\text{m} \times 2 = 3.7\text{kN/m}^2$$

（2）屋面荷载

三元乙丙防水卷材	0.1kN/m^2
20mm 厚砂浆找平层	20kN/m^3×0.02m=0.4kN/m^2
炉渣混凝土 3%找坡平均厚度 150mm	14kN/m^3×0.15m=2.1kN/m^2
苯板 100mm 厚	0.1kN/m^2
隔汽层	0.1kN/m^2
20mm 厚砂浆找平层	20kN/m^3×0.02m=0.4kN/m^2
130mm 厚混凝土楼板	25kN/m^3×0.13m=3.25kN/m^2
20mm 厚混合砂浆	20kN/m^3×0.02m=0.4kN/m^2
合计	6.85kN/m^2
不上人屋面活荷载	0.5kN/m^2
基本雪压	0.45kN/m^2

2. 水平风荷载

查《荷载规范》中全国基本风压分布图，得 w_0 的数值为 0.55kN/m^2。垂直于建筑物表面上的风荷载标准值 w_k 按下式计算：

$$w_k = \beta_z \mu_s \mu_z w_0$$

式中，μ_s 为风荷载体型系数，由 3.2 节可知，矩形平面建筑风荷载体型系数 $\mu_s = 1.3$；μ_z 为风压高度变化系数。本工程建在市中心，地面粗糙度类别为 C 类，查表 3-2 中的 μ_z 值，5m 以上按内插法计算，5m 以下按 5m 高处取值，结构各楼层高度应考虑室内外高差的影响；β_z 为风振系数，按照式（3-3）计算，其中的相应参数见《荷载规范》。

各层风荷载标准值计算结果见表 5-15。

各层风荷载标准值 **表 5-15**

距地面高度 H_i (m)	β_z	μ_z	μ_s	w_0 (kN/m^2)	$w_k=\beta_z\mu_s\mu_z w_0$ (kN/m^2)
34.9	1.765	0.94	1.3	0.55	1.186
33.9	1.752	0.92	1.3	0.55	1.152
30.6	1.683	0.88	1.3	0.55	1.059
27.3	1.608	0.84	1.3	0.55	0.966
24.0	1.534	0.79	1.3	0.55	0.867
20.7	1.447	0.75	1.3	0.55	0.776
17.4	1.362	0.7	1.3	0.55	0.682

续表

距地面高度 H_i (m)	β_z	μ_z	μ_s	w_0 (kN/m^2)	$w_k=\beta_z\mu_s\mu_z w_0$ (kN/m^2)
14.1	1.274	0.65	1.3	0.55	0.592
10.8	1.172	0.65	1.3	0.55	0.544
7.5	1.088	0.65	1.3	0.55	0.506
3.9	1.026	0.65	1.3	0.55	0.477

注：各楼层距地面高度含室内外地面高差 0.3m，女儿墙高度取 1m。

5.7.4 风荷载作用下框架内力计算

由平面图可以看出，除边框架外，中间各榀框架受风荷载作用面积相同，故应选取边框架和中框架分别进行计算。下面仅以中框架为例进行计算，边框架计算从略。

1. 计算在风荷载作用下各楼层节点上集中力及各层剪力

计算风荷载作用下各楼层节点上集中力时，假定风荷载在层间为均匀分布，并假定上下相邻各半层层高范围内的风荷载按集中力作用在本层楼面上。

10 层顶处风荷载作用下楼层节点集中力为：

$$\begin{aligned}F_{10} &=(w_{10+1}\times h_{10+1}+w_{10}\times h_{10}/2)\times B\\&=(1.186\text{kN/m}^2\times 1\text{m}+1.152\text{kN/m}^2\times 3.3\text{m}/2)\times 4.5\text{m}\\&=13.89\text{kN}\end{aligned}$$

9 层顶处风荷载作用下楼层节点集中力为：

$$\begin{aligned}F_{9} &=(w_{10}\times h_{10}/2+w_{9}\times h_{9}/2)\times B\\&=(1.152\text{kN/m}^2\times 3.3\text{m}/2+1.059\text{kN/m}^2\times 3.3\text{m}/2)\times 4.5\text{m}\\&=16.42\text{kN}\end{aligned}$$

其余各层风荷载引起的节点集中力及各层剪力计算结果见表 5-16。

风荷载作用下水平集中力及层剪力　　表 5-16

层号	层高（m）	风荷载标准值 w_{ki} (kN/m^2)	各层集中力 F_{ki} (kN)	各层剪力 $V_{ki}=\Sigma F_i$ (kN)
女儿墙	1.0	1.186		
10	3.3	1.152	13.89	13.89
9	3.3	1.059	16.42	30.31
8	3.3	0.966	15.03	45.35

续表

层号	层高（m）	风荷载标准值 w_{ki} (kN/m^2)	各层集中力 F_{ki} (kN)	各层剪力 $V_{ki}=\sum F_i$ (kN)
7	3.3	0.867	13.61	58.95
6	3.3	0.776	12.20	71.15
5	3.3	0.682	10.83	81.98
4	3.3	0.592	9.46	91.44
3	3.3	0.544	8.44	99.87
2	3.6	0.506	8.14	108.01
1	3.6	0.477	7.96	115.97

2. 计算各梁柱的线刚度 i_b 和 i_c

计算梁的线刚度时，考虑到现浇楼板的作用，一边有楼板的梁截面惯性矩取 $I=1.5I_0$，两边有楼板的梁截面惯性矩取 $I=2.0I_0$。I_0 为按矩形截面计算的梁截面惯性矩。

线刚度计算公式 $i=\dfrac{EI}{l}$。各梁柱线刚度计算结果见表 5-17。

各杆件惯性矩及线刚度　　表 5-17

	$b\times h$ (mm)	l (mm)	E_c (N/mm^2)	$I_0=bh^3/12$ (mm^4)	$I=2I_0$	$i=EI/l$ (N·mm)
梁	250×500	5700	2.80×10^4	2.604×10^9	5.208×10^9	2.558×10^{10}
	250×500	2700	2.80×10^4	2.604×10^9	5.208×10^9	5.401×10^{10}
	250×500	6000	2.80×10^4	2.604×10^9	5.208×10^9	2.431×10^{10}
柱	500×500	3600	3.00×10^4	5.208×10^9		4.340×10^{10}
	500×500	3300	3.00×10^4	5.208×10^9		4.735×10^{10}
	400×400	3300	3.00×10^4	2.133×10^9		1.939×10^{10}
	400×400	3300	2.80×10^4	2.133×10^9		1.810×10^{10}

3. 计算各柱抗侧移刚度 D

D 为使柱上下端产生单位相对位移所需施加的水平力，计算公式为：

$$D=\alpha_c\frac{12i_c}{h^2}$$

各柱抗侧移刚度 D 见表 5-18。

4. 各柱剪力计算

设第 i 层第 j 根柱的 D 值为 D_{ij}，该层柱总数为 m，该柱的剪力为：

$$V_{ij}=\frac{D_{ij}}{\sum\limits_{j=1}^{m}D_{ij}}V_i$$

各柱剪力计算结果见表 5-19。

水平荷载作用下柱抗侧移刚度 D 计算表　　表 5-18

层 $/h_i$ (m)	柱列轴号	$i_c \times 10^4$ (kN·m)	$\sum i_b \times 10^5$ (kN·m)	$\overline{K}=\sum i_b/2i_c$ 底层：$\overline{K}=\sum i_b/i_c$	$\alpha_c=\frac{\overline{K}}{2+\overline{K}}$ 底层：$\alpha_c=\frac{0.5+\overline{K}}{2+\overline{K}}$	$D_i=\alpha_c\frac{12i_c}{h_i^2}$ (kN/m)	$\sum D_i$ (kN/m)
10/3.3	Ⓐ	1.810	0.512	1.413	0.414	8259.3	43622.5
	Ⓑ	1.810	1.592	4.397	0.687	13710.3	
	Ⓒ	1.810	1.566	4.327	0.684	13640.7	
	Ⓓ	1.810	0.486	1.343	0.402	8012.2	
9/3.3	Ⓐ	1.810	0.512	1.413	0.414	8259.3	43622.5
	Ⓑ	1.810	1.592	4.397	0.687	13710.3	
	Ⓒ	1.810	1.566	4.327	0.684	13640.7	
	Ⓓ	1.810	0.486	1.343	0.402	8012.2	
8/3.3	Ⓐ	1.810	0.512	1.413	0.414	8259.3	43622.5
	Ⓑ	1.810	1.592	4.397	0.687	13710.3	
	Ⓒ	1.810	1.566	4.327	0.684	13640.7	
	Ⓓ	1.810	0.486	1.343	0.402	8012.2	
7/3.3	Ⓐ	1.810	0.512	1.413	0.414	8259.3	43622.5
	Ⓑ	1.810	1.592	4.397	0.687	13710.3	
	Ⓒ	1.810	1.566	4.327	0.684	13640.7	
	Ⓓ	1.810	0.486	1.343	0.402	8012.2	
6/3.3	Ⓐ	1.939	0.512	1.319	0.397	8493.8	45387.5
	Ⓑ	1.939	1.592	4.104	0.672	14368.8	
	Ⓒ	1.939	1.566	4.038	0.669	14292.3	
	Ⓓ	1.939	0.486	1.253	0.385	8232.7	
5/3.3	Ⓐ	1.939	0.512	1.319	0.397	8493.8	45387.5
	Ⓑ	1.939	1.592	4.104	0.672	14368.8	
	Ⓒ	1.939	1.566	4.038	0.669	14292.3	
	Ⓓ	1.939	0.486	1.253	0.385	8232.7	
4/3.3	Ⓐ	4.735	0.512	0.540	0.213	11097.9	69199.2
	Ⓑ	4.735	1.592	1.681	0.457	23827.3	
	Ⓒ	4.735	1.566	1.654	0.453	23617.7	
	Ⓓ	4.735	0.486	0.513	0.204	10656.4	

续表

层 $/h_i$ (m)	柱列轴号	$i_c \times 10^4$ (kN·m)	$\sum i_b \times 10^5$ (kN·m)	$\overline{K}=\sum i_b/2i_c$ 底层：$\overline{K}=\sum i_b/i_c$	$\alpha_c=\frac{\overline{K}}{2+\overline{K}}$ 底层：$\alpha_c=\frac{0.5+\overline{K}}{2+\overline{K}}$	$D_i=\alpha_c\frac{12i_c}{h_i^2}$ (kN/m)	$\sum D_i$ (kN/m)
3/3.3	Ⓐ	4.735	0.512	0.540	0.213	11097.9	69199.2
	Ⓑ	4.735	1.592	1.681	0.457	23827.3	
	Ⓒ	4.735	1.566	1.654	0.453	23617.7	
	Ⓓ	4.735	0.486	0.513	0.204	10656.4	
2/3.6	Ⓐ	4.340	0.512	0.589	0.228	9148.4	56224.0
	Ⓑ	4.340	1.592	1.834	0.478	19223.4	
	Ⓒ	4.340	1.566	1.804	0.474	19061.0	
	Ⓓ	4.340	0.486	0.560	0.219	8791.1	
1/3.6	Ⓐ	4.340	0.512	1.179	0.528	21225.0	101084.0
	Ⓑ	4.340	1.592	3.668	0.735	29552.0	
	Ⓒ	4.340	1.566	3.609	0.733	29440.2	
	Ⓓ	4.340	0.486	1.120	0.519	20866.7	

5. 确定柱的反弯点高度比 y

$$y=y_0+y_1+y_2+y_3$$

式中，y_0为标准反弯点高度系数，根据结构总层数 m 及该柱所在层 n 及 $\overline{K}$ 值由表 5-2 查得；y_1为上下层梁线刚度比对 y_0的修正值；y_2、y_3为上下层层高变化对 y_0的修正值。

反弯点距柱下端距离为 yh。

例如，计算第 10 层的Ⓐ轴柱反弯点高度系数 y：由 $m=10$，$n=10$，$\overline{K}=1.413$，查表 5-2得 $y_0=0.371$；上、下层梁相对刚度无变化，$y_1=0$；最上层柱 $y_2=0$；下层层高与本层层高之比 $a_3=h_9/h_{10}=1$，查表 5-5 得 $y_3=0$，Ⓐ轴顶层柱反弯点高度系数为：

$$y=y_0+y_1+y_2+y_3=0.371+0+0+0=0.371$$

其余各柱反弯点高度系数计算见表 5-19。

6. 计算柱端弯矩

根据各柱分配到的剪力及反弯点位置 yh 计算第 i 层第 j 根柱端弯矩。

上端弯矩为：

$$M_{ij}^{t}=V_{ij}(1-y)h$$

下端弯矩为：

$$M_{ij}^{b} = V_{ij} y h$$

计算结果见表 5-19。

风荷载作用下柱反弯点高度比及柱端弯矩　　表 5-19

层/h_i	柱列轴号	D_i (kN/m)	ΣD_i (kN/m)	V_i (kN)	V_{ij} (kN)	$\overline{K}$	α_1	α_2	α_3	y_0	y_1	y_2	y_3	y	M_{ij}^{t} (kN·m)	M_{ij}^{b} (kN·m)
10/3.3	Ⓐ	8259.3	43622.5	13.89	2.63	1.413	1	0	1	0.371	0	0	0	0.371	5.46	3.22
	Ⓑ	13710.3			4.37	4.397	1	0	1	0.450	0	0	0	0.450	7.93	6.49
	Ⓒ	13640.7			4.34	4.327	1	0	1	0.450	0	0	0	0.450	7.89	6.45
	Ⓓ	8012.2			2.55	1.343	1	0	1	0.367	0	0	0	0.367	5.33	3.09
9/3.3	Ⓐ	8259.3	43622.5	30.31	5.74	1.413	1	1	1	0.421	0	0	0	0.421	10.97	7.97
	Ⓑ	13710.3			9.53	4.397	1	1	1	0.500	0	0	0	0.500	15.72	15.72
	Ⓒ	13640.7			9.48	4.327	1	1	1	0.500	0	0	0	0.500	15.64	15.64
	Ⓓ	8012.2			5.57	1.343	1	1	1	0.417	0	0	0	0.417	10.71	7.66
8/3.3	Ⓐ	8259.3	43622.5	45.35	8.59	1.413	1	1	1	0.450	0	0	0	0.450	15.58	12.75
	Ⓑ	13710.3			14.25	4.397	1	1	1	0.500	0	0	0	0.500	23.52	23.52
	Ⓒ	13640.7			14.18	4.327	1	1	1	0.500	0	0	0	0.500	23.40	23.40
	Ⓓ	8012.2			8.33	1.343	1	1	1	0.450	0	0	0	0.450	15.12	12.37
7/3.3	Ⓐ	8259.3	43622.5	58.95	11.16	1.413	1	1	1	0.471	0	0	0	0.471	19.50	17.34
	Ⓑ	13710.3			18.53	4.397	1	1	1	0.500	0	0	0	0.500	30.57	30.57
	Ⓒ	13640.7			18.44	4.327	1	1	1	0.500	0	0	0	0.500	30.42	30.42
	Ⓓ	8012.2			10.83	1.343	1	1	1	0.467	0	0	0	0.467	19.04	16.69
6/3.3	Ⓐ	8493.8	45387.5	71.15	13.32	1.319	1	1	1	0.466	0	0	0	0.466	23.47	20.47
	Ⓑ	14368.8			22.53	4.104	1	1	1	0.500	0	0	0	0.500	37.17	37.17
	Ⓒ	14292.3			22.41	4.038	1	1	1	0.500	0	0	0	0.500	36.97	36.97
	Ⓓ	8232.7			12.91	1.253	1	1	1	0.463	0	0	0	0.463	22.89	19.70
5/3.3	Ⓐ	8493.8	45387.5	81.98	15.34	1.319	1	1	1	0.500	0	0	0	0.500	25.31	25.31
	Ⓑ	14368.8			25.95	4.104	1	1	1	0.500	0	0	0	0.500	42.82	42.82
	Ⓒ	14292.3			25.81	4.038	1	1	1	0.500	0	0	0	0.500	42.59	42.59
	Ⓓ	8232.7			14.87	1.253	1	1	1	0.500	0	0	0	0.500	24.53	24.53

续表

层/h_i	柱列轴号	D_i (kN/m)	$\sum D_i$ (kN/m)	V_i (kN)	V_{ij} (kN)	$\overline{K}$	α_1	α_2	α_3	y_0	y_1	y_2	y_3	y	M_{ij}^{t} (kN·m)	M_{ij}^{b} (kN·m)
4/3.3	Ⓐ	11097.9	69199.2	91.44	14.66	0.540	1	1	1	0.450	0	0	0	0.450	26.62	21.78
	Ⓑ	23827.3			31.48	1.681	1	1	1	0.500	0	0	0	0.500	51.95	51.95
	Ⓒ	23617.7			31.21	1.654	1	1	1	0.500	0	0	0	0.500	51.49	51.49
	Ⓓ	10656.4			14.08	0.513	1	1	1	0.450	0	0	0	0.450	25.56	20.91
3/3.3	Ⓐ	11097.9	69199.2	99.87	16.02	0.540	1	1	1.09	0.427	0	0	0	0.427	30.29	22.57
	Ⓑ	23827.3			34.39	1.681	1	1	1.09	0.500	0	0	0	0.500	56.74	56.74
	Ⓒ	23617.7			34.09	1.654	1	1	1.09	0.500	0	0	0	0.500	56.24	56.24
	Ⓓ	10656.4			15.38	0.513	1	1	1.09	0.426	0	0	0	0.426	29.15	21.60
2/3.3	Ⓐ	9148.4	56224.0	108.01	17.58	0.589	1	0.92	1	0.571	0	0	0	0.571	27.17	36.10
	Ⓑ	19223.4			36.93	1.834	1	0.92	1	0.500	0	0	0	0.500	66.48	66.48
	Ⓒ	19061.0			36.62	1.804	1	0.92	1	0.500	0	0	0	0.500	65.91	65.91
	Ⓓ	8791.1			16.89	0.560	1	0.92	1	0.572	0	0	0	0.572	26.02	34.78
1/3.6	Ⓐ	21225.0	101084.0	115.97	24.35	1.179	1	1	0	0.641	0	0	0	0.641	31.47	56.20
	Ⓑ	29552.0			33.90	3.668	1	1	0	0.550	0	0	0	0.550	54.93	67.13
	Ⓒ	29440.2			33.78	3.609	1	1	0	0.550	0	0	0	0.550	54.72	66.88
	Ⓓ	20866.7			23.94	1.120	1	1	0	0.644	0	0	0	0.644	30.68	55.50

7. 计算梁端弯矩

由柱端弯矩，并根据节点平衡计算梁端弯矩。

边跨外边缘处的梁端弯矩为：

$$M_{bi} = M_{ij}^{t} + M_{i+1,j}^{b}$$

中间支座处的梁端弯矩为：

$$M_{bi}^{l} = (M_{ij}^{t} + M_{i+1,j}^{b}) \frac{i_b^l}{i_b^l + i_b^r}$$

$$M_{bi}^{r} = (M_{ij}^{t} + M_{i+1,j}^{b}) \frac{i_b^r}{i_b^l + i_b^r}$$

框架在风荷载作用下的弯矩见图 5-29。

8. 计算梁支座剪力及柱轴力

根据力平衡原理，由梁端弯矩和作用在梁上的竖向荷载可求出梁支座剪力；柱轴力可由计算截面之上的梁端剪力之和求得。框架在风荷载作用下的梁剪力及柱轴力见图 5-30。

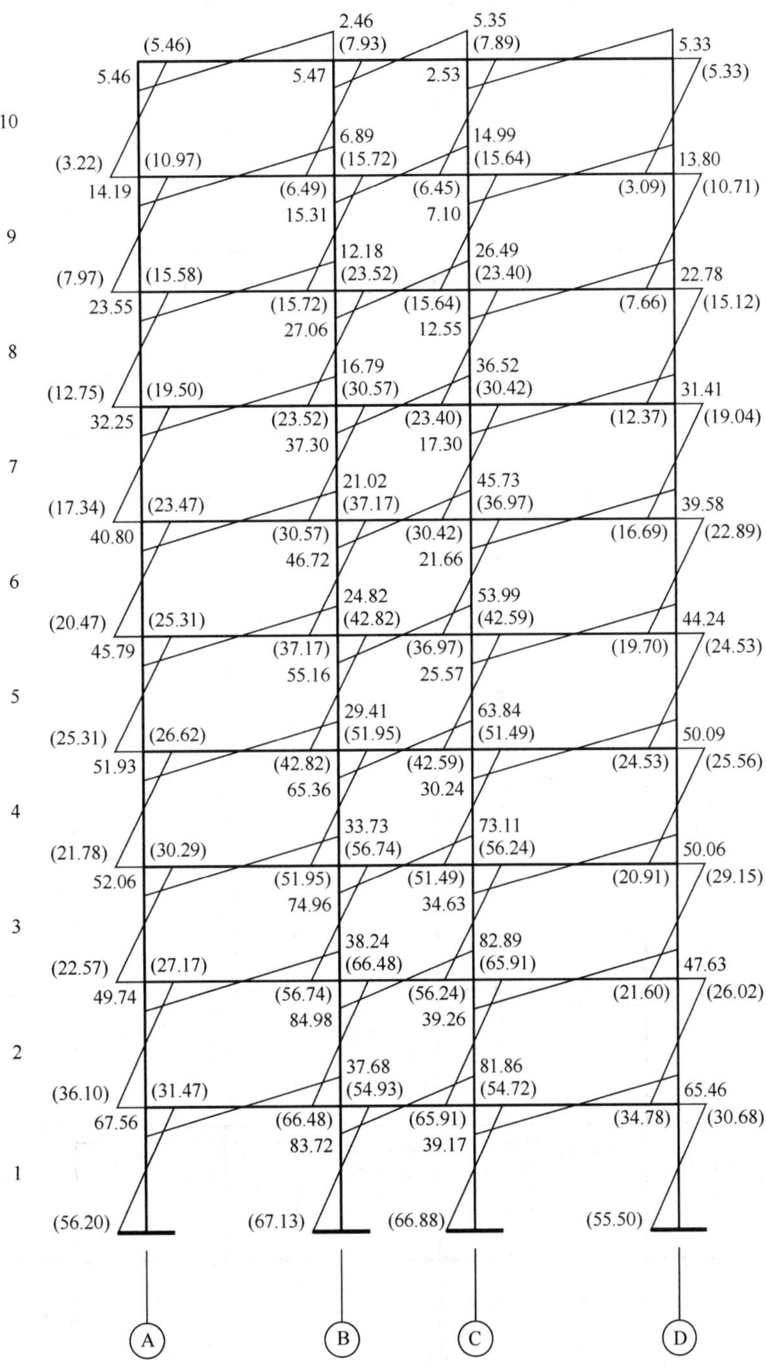

图 5-29　左来风荷载作用下弯矩图（图中括号内为柱端弯矩）（单位：kN・m）

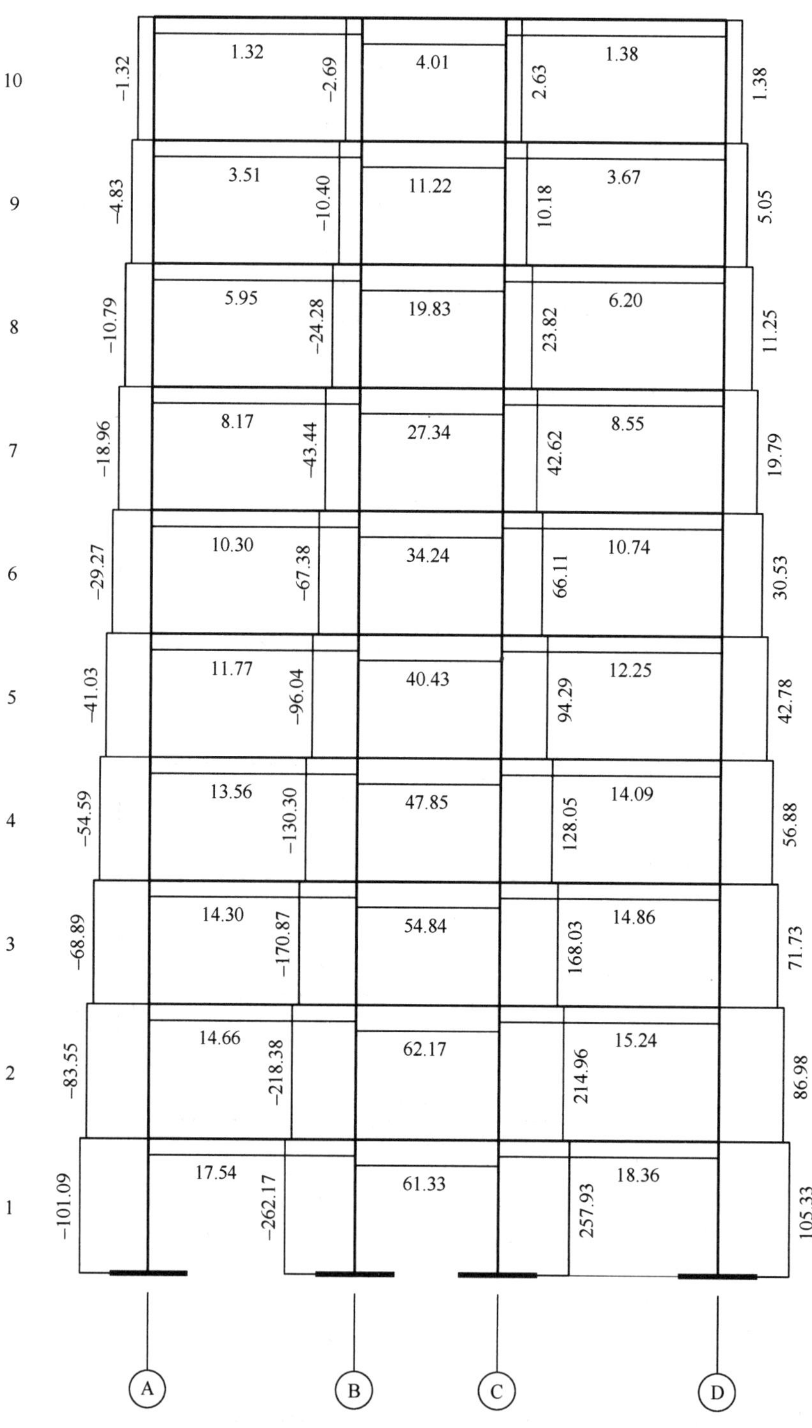

图 5-30　左来风荷载作用下梁剪力及柱轴力图（单位：kN）

5.7.5 地震作用下框架内力计算

本工程建于 6 度抗震设防地区的Ⅱ类场地上，按《高规》进行抗震计算，计算地震作用时，建筑结构的重力荷载代表值取永久荷载标准值和可变荷载组合值之和。可变荷载组合值系数按以下规定采用。

（1）雪荷载组合值系数取 0.5。

（2）楼面活荷载按等效均布活荷载计算的一般民用建筑组合值系数取 0.5，屋面活荷载不计入。

实际计算地震作用下各柱剪力，是计算出建筑物整体的重力荷载值，从而计算出建筑物各层的总剪力，各层的总剪力再按刚度分配给每一根柱子。本例为简便计算，仅取 3 轴一榀框架负荷面上的重力荷载代表值，计算出剪力后，在该榀框架上进行剪力分配。这样算得的剪力值大于按建筑物整体计算所得的结果。

1. 重力荷载代表值计算

梁及梁侧抹灰自重

$$0.25\times0.5\times25\text{kN/m}^3+[0.25+(0.5-0.13)\times2]\times0.02\times20\text{kN/m}^3=3.521\text{kN/m}$$

各层楼板自重及抹灰　$3.25\text{kN/m}^2+0.8\text{kN/m}^2=4.05\text{kN/m}^2$

200mm 厚陶粒块内隔墙（2.8m 净高）　$2.4\text{kN/m}^2\times2.8\text{m}=6.72\text{kN/m}$

200mm 厚陶粒块内隔墙（3.1m 净高）　$2.4\text{kN/m}^2\times3.1\text{m}=7.44\text{kN/m}$

300mm 厚陶粒块外围护墙（2.8m 净高，开洞率 30%）

$$3.7\text{kN/m}^2\times(1-30\%)\times2.8\text{m}=7.252\text{kN/m}$$

300mm 厚陶粒块外围护墙（3.1m 净高，开洞 30%）

$$3.7\text{kN/m}^2\times(1-30\%)\times3.1\text{m}=8.029\text{kN/m}$$

1～2 层每根柱子自重（含两侧抹灰）

$$(0.5)^2\times25\text{kN/m}^3\times3.6+0.5\times2\times0.02\times3.6\times20\text{kN/m}^3=23.94\text{kN}$$

3～4 层每根柱子自重（含两侧抹灰）

$$(0.5)^2\times25\text{kN/m}^3\times3.3+0.5\times2\times0.02\times3.3\times20\text{kN/m}^3=21.95\text{kN}$$

5～10 层每根柱子自重（含两侧抹灰）

$$(0.4)^2\times25\text{kN/m}^3\times3.3+0.5\times2\times0.02\times3.3\times20\text{kN/m}^3=14.26\text{kN}$$

屋面板自重及保温防水找坡等构造层　6.85kN/m^2

负荷面取宽 4.5m、长 14.4m，各层内隔横墙长 5.7m＋6m＝11.7m，内隔纵墙长 4.5m×2＝9m，外围护纵墙长 4.5m×2＝9m，各层取上、下各半层的柱子自重计入本层。

各层楼面活荷载作用　$2.0\text{kN/m}^2\times0.5\times4.5\text{m}\times14.4\text{m}=64.8\text{kN}$

屋面雪荷载作用　$0.45\text{kN/m}^2\times0.5\times4.5\text{m}\times14.4\text{m}=14.58\text{kN}$

女儿墙（1m 高，0.3m 厚陶粒块每面贴面砖 0.5kN/m^2，0.3m×0.3m 混凝土构造柱间距 4.5m）

$8kN/m^3 \times 1 \times 0.3 + 0.5kN/m^2 \times 2 \times 1 + 0.3 \times 0.3 \times 25kN/m^3/4.5 = 3.9kN/m$

楼面板作用 $4.05kN/m^2 \times 4.5m \times 14.4m = 262.44kN$

楼面梁作用 $3.521kN/m \times (14.4m + 4.5m \times 4) = 114.08kN$

3～10 层隔墙作用

$6.72kN/m \times (5.7m + 6m + 4.5m \times 2) + 7.252kN/m \times 4.5m \times 2 = 206.064kN$

2 层隔墙作用

$7.44kN/m \times (5.7m + 6m + 4.5m \times 2) + 8.029kN/m \times 4.5m \times 2 = 226.269kN$

2. 各楼层处重力荷载代表值计算结果

$G_{10} = 6.85kN/m^2 \times 4.5m \times 14.4m + 3.8kN/m \times 4.5m \times 2 + 3.521kN/m \times (14.4m + 4.5m \times 4) + 14.26kN/m \times 3.3m \times 4/2 + 14.58kN = 701.73kN$

$G_{5\sim9} = 262.44kN + 114.08kN + 206.064kN + 14.26kN \times 4 + 64.8kN = 704.41kN$

$G_4 = 262.44kN + 114.08kN + 206.064kN + (14.26kN + 21.95kN) \times 4/2 + 64.8kN = 719.79kN$

$G_3 = 262.44kN + 114.08kN + 206.064kN + 21.95kN \times 4 + 64.8kN = 735.16kN$

$G_2 = 262.44kN + 114.08kN + 206.064kN + (23.94kN + 21.95kN) \times 4/2 + 64.8kN = 739.15kN$

$G_1 = 262.44kN + 114.08kN + 226.269kN + 23.94kN \times 4 + 64.8kN = 763.35kN$

3. 结构自振周期计算

假想把集中在各层楼面处的重力荷载代表值 G_i 作为水平荷载，除以层间刚度 $\sum D_i$ 求得各层层间位移，并累计各层层间位移求得结构顶点假想位移为：

$$u_T = \sum G_i / \sum D_i = 701.73/43622.5 + 704.41/43622.5 + 704.41/43622.5 + 704.41/43622.5 + 704.41/45387.5 + 704.41/45387.5 + 719.79/69199.2 + 735.16/69199.2 + 739.15/56224.0 + 763.35/101084.0 = 0.1373m$$

按式（3-13）取框架结构非承重墙对结构基本自振周期影响的折减系数 ψ_T 为 0.7，则结构自振周期：$T_1 = 1.7\psi_T\sqrt{u_T} = 1.7 \times 0.7 \times \sqrt{0.1373} = 0.441s$

地震影响系数：
$$\alpha = \left(\frac{T_g}{T}\right)^r \eta_2 \alpha_{max}$$

式中，α_{max} 为水平地震影响系数的最大值，6 度多遇地震取 0.04；T_g 为特征周期值，设计地震分组为第一组，Ⅱ类场地土为 0.35；T 为结构自振周期，取 0.441s；r 为衰减指数；η_2 为阻尼调整系数，当阻尼比 $\xi=0.05$ 时，取 $r=0.9$，$\eta_2=1$。则：

$$\alpha = \left(\frac{T_g}{T}\right)^r \eta_2 \alpha_{max} = \left(\frac{0.35}{0.441}\right)^{0.9} \times 1 \times 0.04 = 0.0325$$

4. 水平地震作用计算

用底部剪力法计算结构水平地震作用：

$$G_E = \sum G_i = 7181.23\text{kN}$$

$$G_{eq} = 0.85G_E = 0.85 \times 7181.23 = 6104.04\text{kN}$$

$$F_{Ek} = \alpha G_{eq} = 0.0325 \times 6104.04 = 198.34\text{kN}$$

本工程中 $T_1 = 0.441\text{s} < 1.4T_g = 1.4 \times 0.35\text{s} = 0.49\text{s}$，可不考虑顶部附加作用。框架地震作用见表 5-20，地震作用下结构内力见表 5-21 及图 5-31、图 5-32。

框架地震作用　　**表 5-20**

层	H (m)	G (kN)	G_iH_i (kN·m)	F_i (kN)	$\sum F_i = V_i$ (kN)
10	33.6	701.73	23578.13	35.22	35.22
9	30.3	704.41	21343.57	31.88	67.10
8	27.0	704.41	19019.03	28.41	95.52
7	23.7	704.41	16694.48	24.94	120.45
6	20.4	704.41	14369.93	21.47	141.92
5	17.1	704.41	12045.38	17.99	159.91
4	13.8	719.79	9933.05	14.84	174.75
3	10.5	735.16	7719.23	11.53	186.28
2	7.2	739.15	5321.91	7.95	194.23
1	3.6	763.35	2748.06	4.11	198.34
$\sum$		7181.23	132772.77		

地震作用下柱反弯点高度比及柱端弯矩　　**表 5-21**

层/h_i	柱列轴号	D_i (kN/m)	$\sum D_i$ (kN/m)	V_i (kN)	V_{ij} (kN)	$\overline{K}$	α_1	α_2	α_3	y_0	y_1	y_2	y_3	y	M_{ij}^t (kN·m)	M_{ij}^b (kN·m)
10/3.3	Ⓐ	8259.3	43622.5	35.22	6.67	1.413	1	0	1	0.371	0	0	0	0.371	13.85	8.16
	Ⓑ	13710.3			11.07	4.397	1	0	1	0.450	0	0	0	0.450	20.09	16.44
	Ⓒ	13640.7			11.01	4.327	1	0	1	0.450	0	0	0	0.450	19.99	16.36
	Ⓓ	8012.2			6.47	1.343	1	0	1	0.367	0	0	0	0.367	13.51	7.84
9/3.3	Ⓐ	8259.3	43622.5	67.10	12.71	1.413	1	1	1	0.421	0	0	0	0.421	24.29	17.64
	Ⓑ	13710.3			21.09	4.397	1	1	1	0.500	0	0	0	0.500	34.80	34.80
	Ⓒ	13640.7			20.98	4.327	1	1	1	0.500	0	0	0	0.500	34.62	34.62
	Ⓓ	8012.2			12.33	1.343	1	1	1	0.417	0	0	0	0.417	23.71	16.97
8/3.3	Ⓐ	8259.3	43622.5	95.52	15.08	1.413	1	1	1	0.450	0	0	0	0.450	32.82	26.86
	Ⓑ	13710.3			30.02	4.397	1	1	1	0.500	0	0	0	0.500	49.53	49.53
	Ⓒ	13640.7			29.87	4.327	1	1	1	0.500	0	0	0	0.500	49.28	49.28
	Ⓓ	8012.2			17.54	1.343	1	1	1	0.450	0	0	0	0.450	31.84	26.05

续表

层/h_i	柱列轴号	D_i (kN/m)	ΣD_i (kN/m)	V_i (kN)	V_{ij} (kN)	$\overline{K}$	α_1	α_2	α_3	y_0	y_1	y_2	y_3	y	M_{ij}^{t} (kN·m)	M_{ij}^{b} (kN·m)
7/3.3	Ⓐ	8259.3	43622.5	120.45	22.81	1.413	1	1	1	0.471	0	0	0	0.471	39.84	35.42
	Ⓑ	13710.3			37.86	4.397	1	1	1	0.500	0	0	0	0.500	62.47	62.47
	Ⓒ	13640.7			37.67	4.327	1	1	1	0.500	0	0	0	0.500	62.15	62.15
	Ⓓ	8012.2			22.12	1.343	1	1	1	0.467	0	0	0	0.467	38.90	34.11
6/3.3	Ⓐ	8493.8	45387.5	141.92	26.56	1.319	1	1	1	0.466	0	0	0	0.466	46.81	40.84
	Ⓑ	14368.8			44.93	4.104	1	1	1	0.500	0	0	0	0.500	74.13	74.13
	Ⓒ	14292.3			44.69	4.038	1	1	1	0.500	0	0	0	0.500	73.74	73.74
	Ⓓ	8232.7			25.74	1.253	1	1	1	0.463	0	0	0	0.463	45.65	39.30
5/3.3	Ⓐ	8493.8	45387.5	159.91	29.93	1.319	1	1	1	0.500	0	0	0	0.500	49.38	49.38
	Ⓑ	14368.8			50.63	4.104	1	1	1	0.500	0	0	0	0.500	83.53	83.53
	Ⓒ	14292.3			50.36	4.038	1	1	1	0.500	0	0	0	0.500	83.09	83.09
	Ⓓ	8232.7			29.01	1.253	1	1	1	0.500	0	0	0	0.500	47.86	47.86
4/3.3	Ⓐ	11097.9	69199.2	174.75	28.03	0.540	1	1	1	0.450	0	0	0	0.450	50.87	41.62
	Ⓑ	23827.3			60.17	1.681	1	1	1	0.500	0	0	0	0.500	99.28	99.28
	Ⓒ	23617.7			59.64	1.654	1	1	1	0.500	0	0	0	0.500	98.41	98.41
	Ⓓ	10656.4			26.91	0.513	1	1	1	0.450	0	0	0	0.450	48.84	39.96
3/3.3	Ⓐ	11097.9	69199.2	186.28	29.88	0.540	1	1	1.09	0.427	0	0	0	0.427	56.49	42.10
	Ⓑ	23827.3			64.14	1.681	1	1	1.09	0.500	0	0	0	0.500	105.83	105.83
	Ⓒ	23617.7			63.58	1.654	1	1	1.09	0.500	0	0	0	0.500	104.90	104.90
	Ⓓ	10656.4			28.69	0.513	1	1	1.09	0.426	0	0	0	0.426	54.37	40.30
2/3.3	Ⓐ	9148.4	56224.0	194.23	31.60	0.589	1	0.92	1	0.571	0	0	0	0.571	48.86	64.91
	Ⓑ	19223.4			66.41	1.834	1	0.92	1	0.500	0	0	0	0.500	119.54	119.54
	Ⓒ	19061.0			65.85	1.804	1	0.92	1	0.500	0	0	0	0.500	118.53	118.53
	Ⓓ	8791.1			30.37	0.560	1	0.92	1	0.572	0	0	0	0.572	46.79	62.54
1/3.6	Ⓐ	21225.0	101084.0	198.34	41.65	1.179	1	1	0	0.641	0	0	0	0.641	53.81	96.11
	Ⓑ	29552.0			57.98	3.668	1	1	0	0.550	0	0	0	0.550	93.93	114.81
	Ⓒ	29440.2			57.76	3.609	1	1	0	0.550	0	0	0	0.550	93.58	114.37
	Ⓓ	20866.7			40.94	1.120	1	1	0	0.644	0	0	0	0.644	52.47	94.92

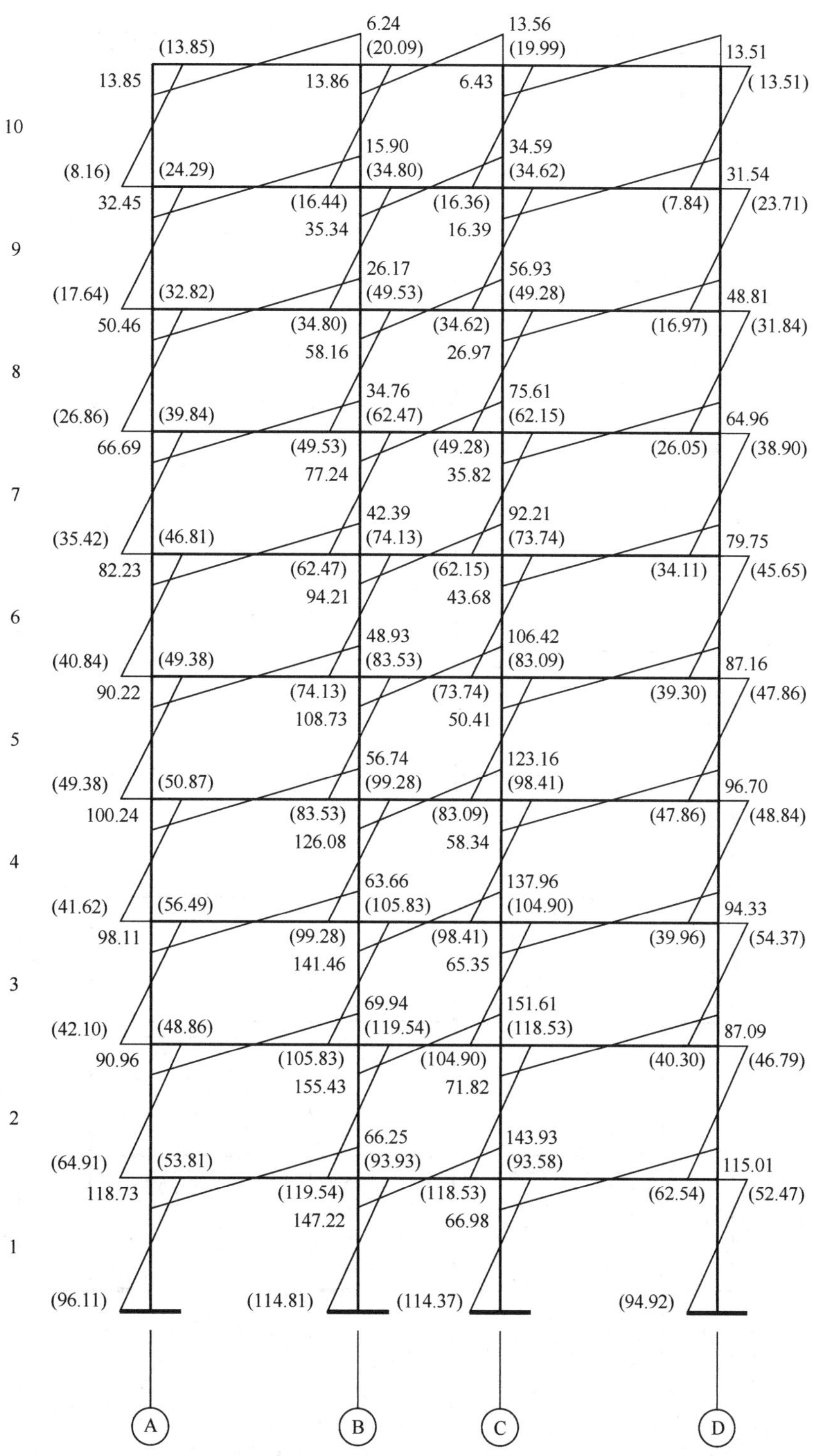

图 5-31　地震作用下弯矩图（图中括号内为柱端弯矩）（单位：kN · m）

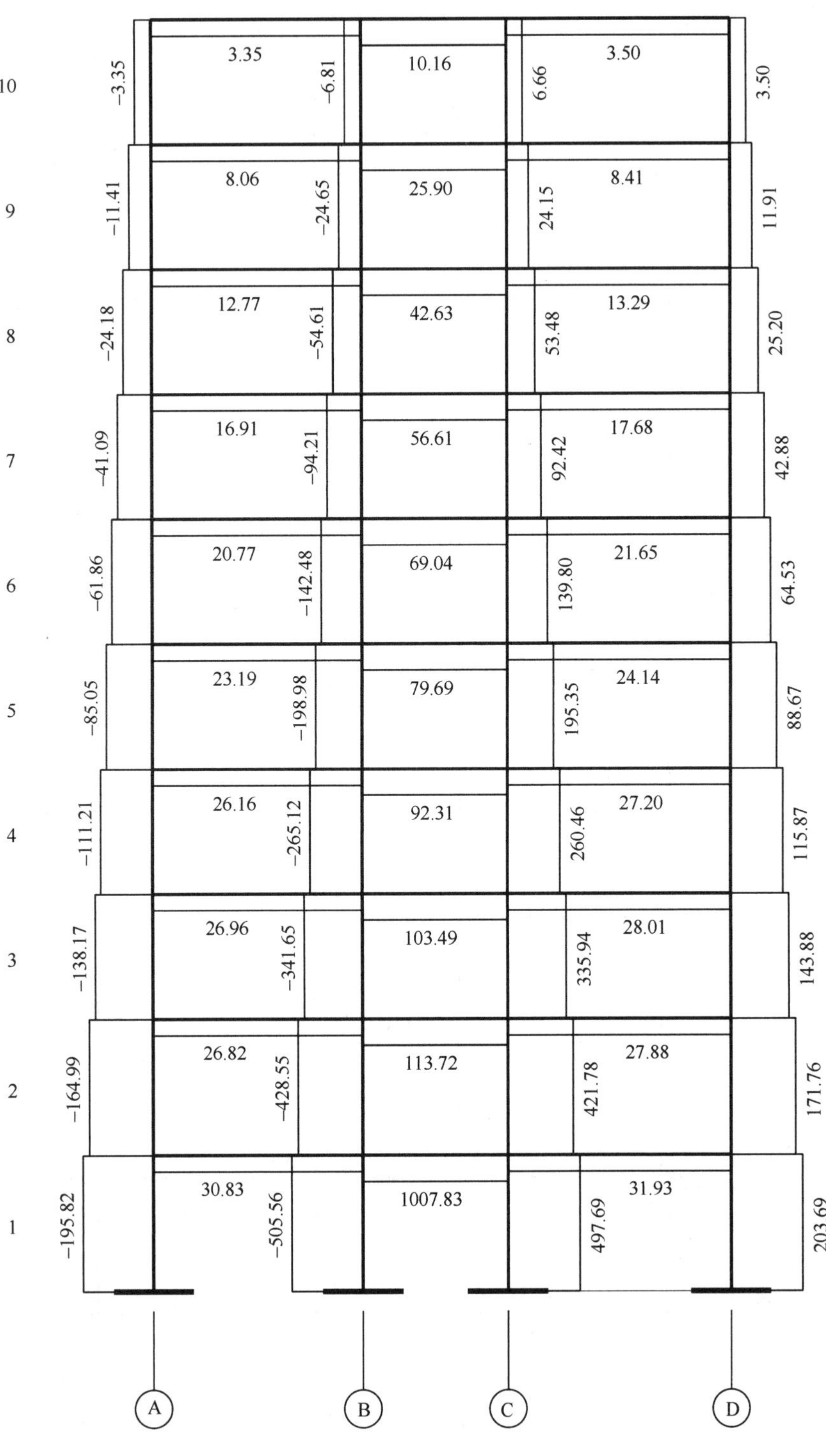

图 5-32　地震作用下梁剪力及柱轴力图（单位：kN）

5.7.6 侧移、重力二阶效应及结构稳定

1. 梁柱弯曲产生的侧移

因为 $H<50\text{m}$，$H/B<4$，所以只考虑梁柱弯曲变形产生的侧移。第 i 层结构的层间变形为 Δu，由公式（5-10）可得风荷载与地震引起的水平位移见表 5-22、表 5-23。

风荷载引起的水平位移　　表 5-22

层	V_i（kN）	$\sum D$（kN/m）	$\Delta u=V_i/\sum D$（m）	$\theta=\Delta u/h_i$
10	13.8	43622.5	0.0003	1/10431
9	30.2	43622.5	0.0007	1/4767
8	45.4	43622.5	0.0010	1/3171
7	59.4	43622.5	0.0014	1/2423
6	72.1	45387.5	0.0016	1/2077
5	83.3	45387.5	0.0018	1/1798
4	93.4	69199.2	0.0013	1/2445
3	102.6	69199.2	0.0015	1/2226
2	111.7	56224.0	0.0020	1/1812
1	120.6	101084.0	0.0012	1/3017
$\sum\Delta u$			0.0128	

地震作用引起的水平位移　　表 5-23

层	V_i（kN）	$\sum D$（kN/m）	$\Delta u=V_i/\sum D$（m）	$\theta=\Delta u/h_i$
10	35.22	43622.5	0.0008	1/4087
9	67.10	43622.5	0.0015	1/2145
8	95.52	43622.5	0.0022	1/1507
7	120.45	43622.5	0.0028	1/1195
6	141.92	45387.5	0.0031	1/1055
5	159.91	45387.5	0.0035	1/937
4	174.75	69199.2	0.0025	1/1307
3	186.28	69199.2	0.0027	1/1226
2	194.23	56224.0	0.0035	1/1042
1	198.34	101084.0	0.0020	1/1835
$\sum\Delta u$			0.0246	

层间最大位移与层高之比为 $\frac{1}{937}<\frac{1}{550}$，满足要求。

2. 重力二阶效应及结构稳定

根据《高规》规定，在水平力作用下，当高层建筑满足下列规定时，可不考虑重力二阶

效应的不利影响：

$$D_i \geqslant 20\sum_{j=i}^{n} G_j/h_i \quad (i=1,2,\cdots,n)$$

高层建筑结构的稳定应符合下列规定：

$$D_i \geqslant 10\sum_{j=i}^{n} G_j/h_i \quad (i=1,2,\cdots,n)$$

经计算，本工程满足规范规定，可不考虑重力二阶效应的不利影响，稳定也符合规定。

5.7.7 在竖向荷载作用下结构的内力计算

由平面图可以看出，本工程结构及荷载分布比较均匀，可以选取典型平面框架进行计算，横向框架可以仅选取①、③、⑤、⑥轴框架，纵向框架需选取Ⓐ、Ⓑ、Ⓒ、Ⓓ轴框架进行计算，这里仅给出③轴框架的内力计算，纵向框架的计算方法与横向框架的计算方法相同，这里不再给出。

多层多跨框架在竖向荷载作用下的内力近似按分层法计算。除底层外，上层各柱线刚度均乘以 0.9 进行修正，这些柱的传递系数取 1/3，底层柱的传递系数取 1/2。弯矩分配系数计算公式为 $\alpha_j=\frac{i_j}{\sum i_j}$ 。③轴框架各节点弯矩分配系数计算结果见表 5-24。

各杆件节点弯矩分配系数 **表 5-24**

层数	Ⓐ轴			Ⓑ轴				Ⓒ轴				Ⓓ轴		
	下柱	上柱	梁	下柱	上柱	梁左	梁右	下柱	上柱	梁左	梁右	下柱	上柱	梁
10	0.401	0.000	0.599	0.172	0.000	0.257	0.571	0.170	0.000	0.563	0.267	0.389	0.000	0.611
9	0.286	0.286	0.427	0.147	0.147	0.219	0.487	0.145	0.145	0.481	0.228	0.280	0.280	0.440
8	0.286	0.286	0.427	0.147	0.147	0.219	0.487	0.145	0.145	0.481	0.228	0.280	0.280	0.440
7	0.286	0.286	0.427	0.147	0.147	0.219	0.487	0.145	0.145	0.481	0.228	0.280	0.280	0.440
6	0.301	0.281	0.419	0.156	0.145	0.217	0.482	0.154	0.144	0.477	0.226	0.294	0.275	0.431
5	0.295	0.295	0.410	0.154	0.154	0.215	0.477	0.152	0.152	0.472	0.223	0.289	0.289	0.423
4	0.505	0.207	0.288	0.308	0.126	0.176	0.390	0.305	0.125	0.387	0.183	0.498	0.204	0.299
3	0.389	0.389	0.222	0.261	0.261	0.149	0.330	0.259	0.259	0.328	0.155	0.385	0.385	0.231
2	0.369	0.402	0.229	0.244	0.266	0.152	0.338	0.242	0.264	0.335	0.159	0.364	0.397	0.239
1	0.407	0.366	0.228	0.270	0.243	0.151	0.336	0.268	0.241	0.333	0.158	0.402	0.362	0.237

1. 各层框架梁上荷载计算

屋面梁边跨均布永久荷载标准值

板传来 $6.85\text{kN/m}^2\times4.5\text{m}=30.825\text{kN/m}$

梁及梁侧抹灰自重

0.25×0.5×25kN/m³＋［0.25＋（0.5－0.13）×2］×0.02×20kN/m³＝3.521kN/m

合计　34.346kN/m

屋面梁边跨均布可变荷载标准值，取不上人屋面活荷载与雪荷载二者中较大的值，即

0.5kN/m²×4.5m＝2.25kN/m

屋面梁中间跨均布永久荷载标准值

梁及梁侧抹灰自重

0.25×0.5×25kN/m³＋[0.25＋(0.5－0.13)×2]×0.02×20kN/m³＝3.521kN/m

屋面梁中间跨三角形永久荷载标准值

板传来　6.85kN/m²×2.7m＝18.495kN/m

屋面梁中间跨三角形可变荷载标准值，取不上人屋面活荷载与雪荷载二者中较大的值，即0.5kN/m²×2.7m＝1.35kN/m

2～9层顶框架梁上荷载

楼面梁边跨均布永久荷载标准值

板传来　(3.25kN/m²×0.8kN/m²)×4.5m＝18.225kN/m

梁及梁侧抹灰自重

0.25×0.5×25kN/m³＋[0.25＋(0.5－0.13)×2]×0.02×20kN/m³＝3.521kN/m

200mm厚陶粒混凝土隔墙（2.8m净高）　2.4kN/m²×2.8m＝6.72kN/m

合计　28.466kN/m

楼面梁边跨均布可变荷载标准值　2.0kN/m²×4.5m＝9.0kN/m

楼面梁中间跨均布永久荷载标准值

梁及梁侧抹灰自重

0.25×0.5×25kN/m³＋[0.25＋(0.5－0.13)×2]×0.02×20kN/m³＝3.521kN/m

楼面梁中间跨三角形永久荷载标准值

板传来　(3.25kN/m²＋0.8kN/m²)×2.7m＝10.935kN/m

楼面梁中间跨三角形可变荷载标准值　2.0kN/m²×2.7m＝5.4kN/m

1层顶框架梁上荷载200mm厚陶粒混凝土隔墙(3.1m净高)

2.4kN/m²×3.1＝7.44kN/m

其他荷载同 2～9 层顶框架梁上荷载。

边跨梁均布永久荷载标准值　　18.225kN/m+3.521kN/m+7.44kN/m=29.186kN/m

边跨梁均布可变荷载标准值为 9.0kN/m，

中间跨与 2～9 层相同。

竖向荷载作用下框架计算简图见图 5-33、图 5-34。

2. 竖向荷载作用下框架梁固端弯矩计算

（1）永久荷载作用下

AB 跨

10 层顶　　$M=34.346\text{kN/m}\times(5.7\text{m})^2/12=92.99\text{kN}\cdot\text{m}$

2～9 层顶　　$M=28.466\text{kN/m}\times(5.7\text{m})^2/12=77.07\text{kN}\cdot\text{m}$

1 层顶　　$M=29.186\text{kN/m}\times(5.7\text{m})^2/12=79.02\text{kN}\cdot\text{m}$

BC 跨

10 层顶

$$M=3.521\text{kN/m}\times(2.7\text{m})^2/12+18.495\text{kN/m}\times(2.7\text{m})^2\times5/96=9.16\text{kN}\cdot\text{m}$$

1～9 层顶

$$M=3.521\text{kN/m}\times(2.7\text{m})^2/12+10.935\text{kN/m}\times(2.7\text{m})^2\times5/96=6.29\text{kN}\cdot\text{m}$$

CD 跨

10 层顶　　$M=34.346\text{kN/m}\times(6\text{m})^2/12=103.04\text{kN}\cdot\text{m}$

2～9 层顶　　$M=28.466\text{kN/m}\times(6\text{m})^2/12=85.40\text{kN}\cdot\text{m}$

1 层顶　　$M=29.186\text{kN/m}\times(6\text{m})^2/12=87.56\text{kN}\cdot\text{m}$

(2)可变荷载作用下

AB 跨

10 层顶　　$M=2.25\text{kN/m}\times(5.7\text{m})^2/12=6.09\text{kN}\cdot\text{m}$

1～9 层顶　　$M=9.0\text{kN/m}\times(5.7\text{m})^2/12=24.37\text{kN}\cdot\text{m}$

BC 跨

10 层顶　　$M=1.35\text{kN/m}\times(2.7\text{m})^2\times5/96=0.513\text{kN}\cdot\text{m}$

1～9 层顶　　$M=5.4\text{kN/m}\times(2.7\text{m})^2\times5/96=2.05\text{kN}\cdot\text{m}$

CD 跨

10 层顶　　$M=2.25\text{kN/m}\times(6\text{m})^2/12=6.75\text{kN}\cdot\text{m}$

1～9 层顶　　$M=9.0\text{kN/m}\times(6\text{m})^2/12=27\text{kN}\cdot\text{m}$

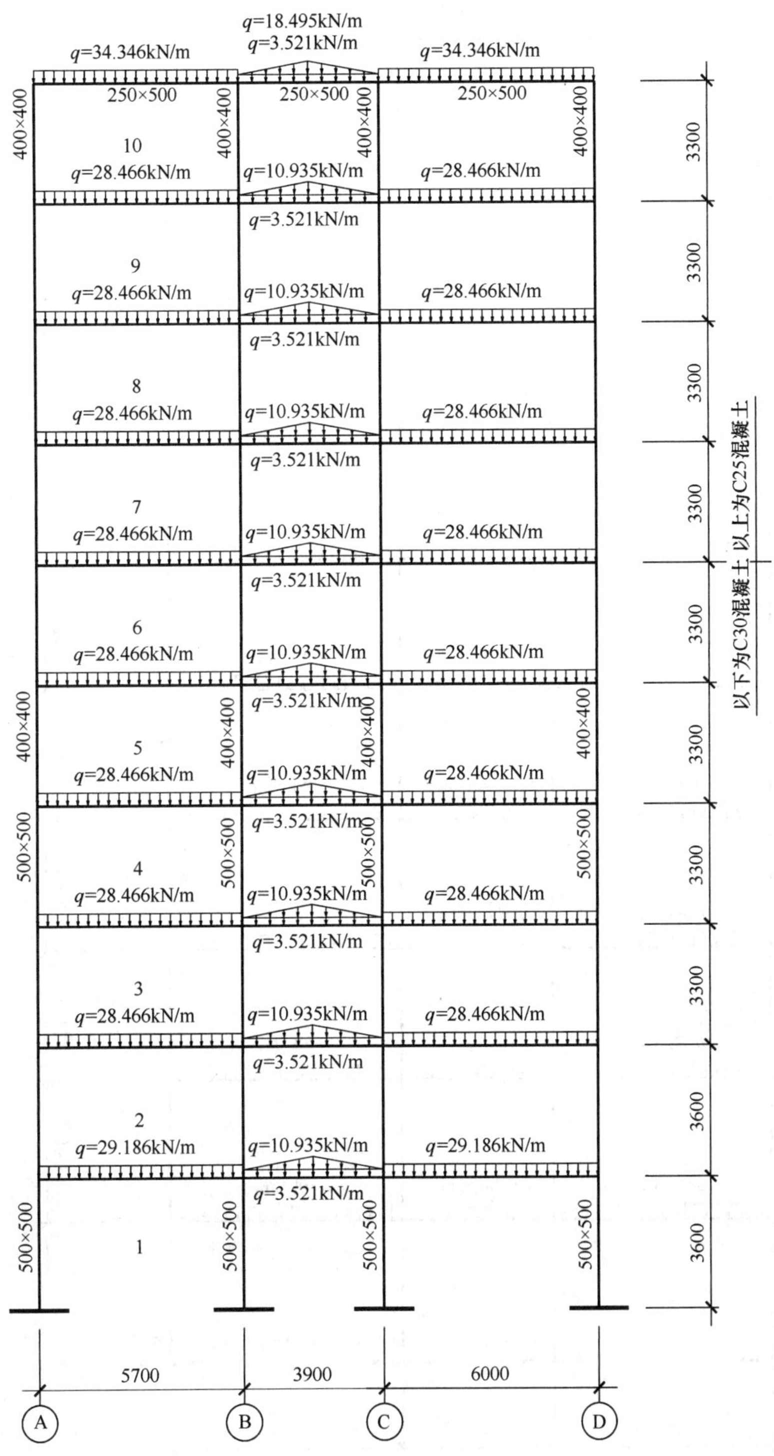

图 5-33　竖向永久荷载作用下框架计算简图

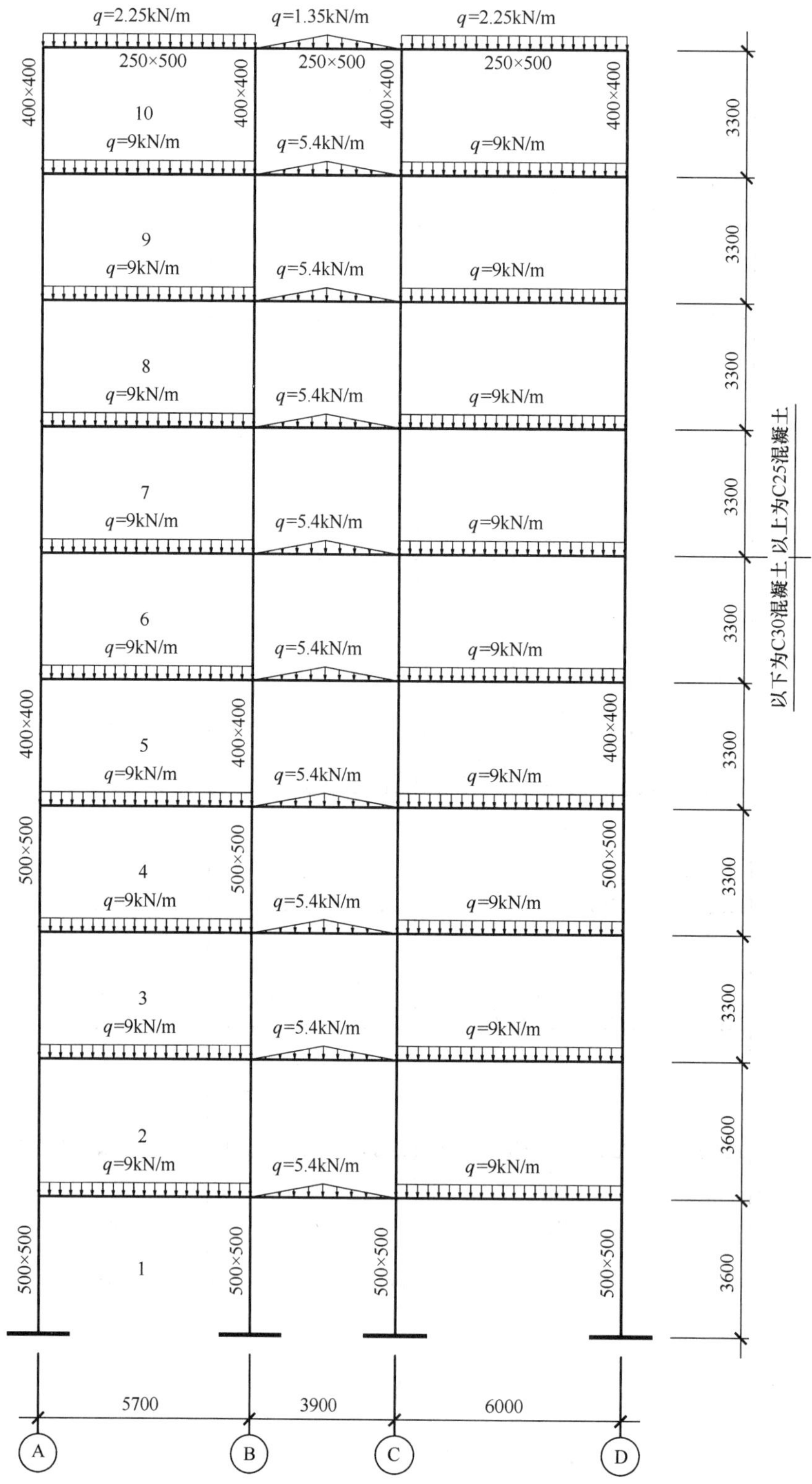

图 5-34　竖向可变荷载作用下框架计算简图

内力分层计算见图 5-35～图 5-50（注：图中固端弯矩方向，按照对节点逆时针旋转为正确定）。竖向荷载作用下的框架弯矩图、柱轴力图及梁剪力图见图 5-51～图 5-54。

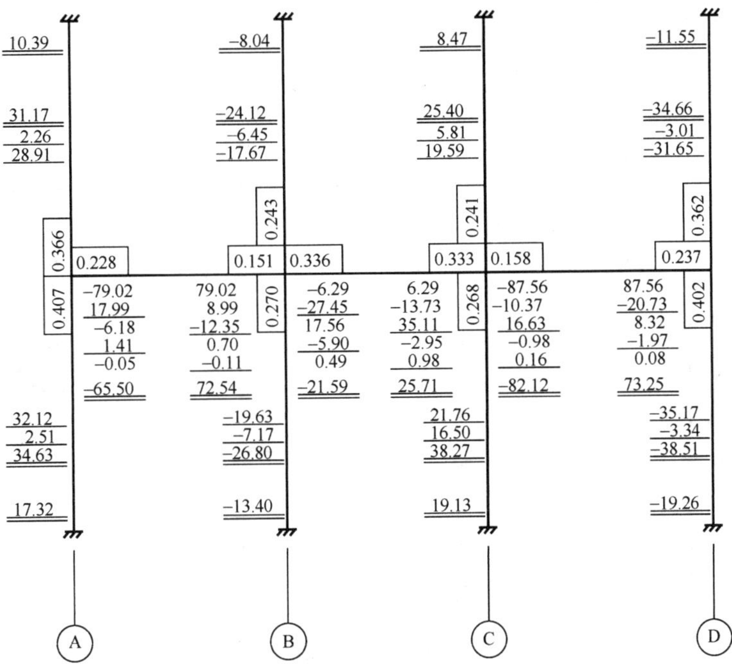

图 5-35　1 层顶永久荷载内力计算

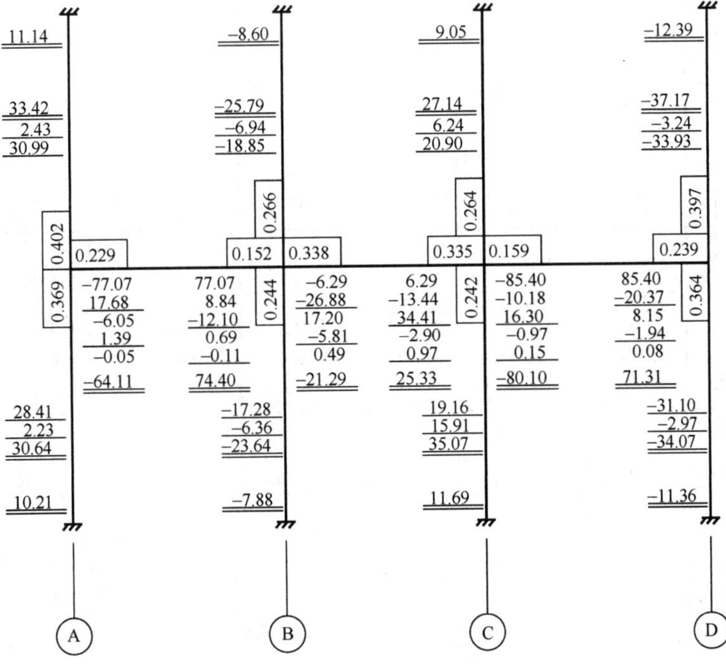

图 5-36　2 层顶永久荷载内力计算

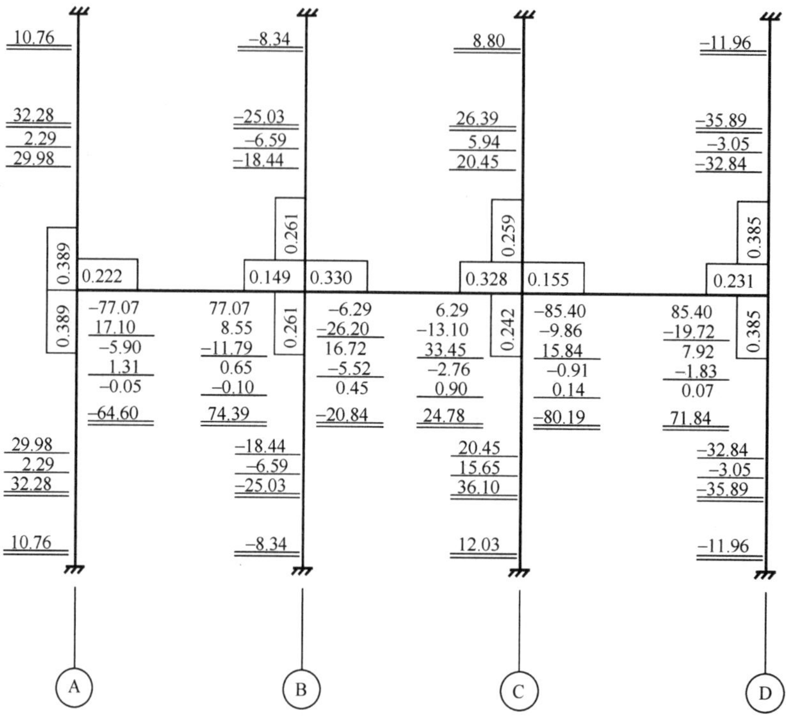

图 5-37　3 层顶永久荷载内力计算

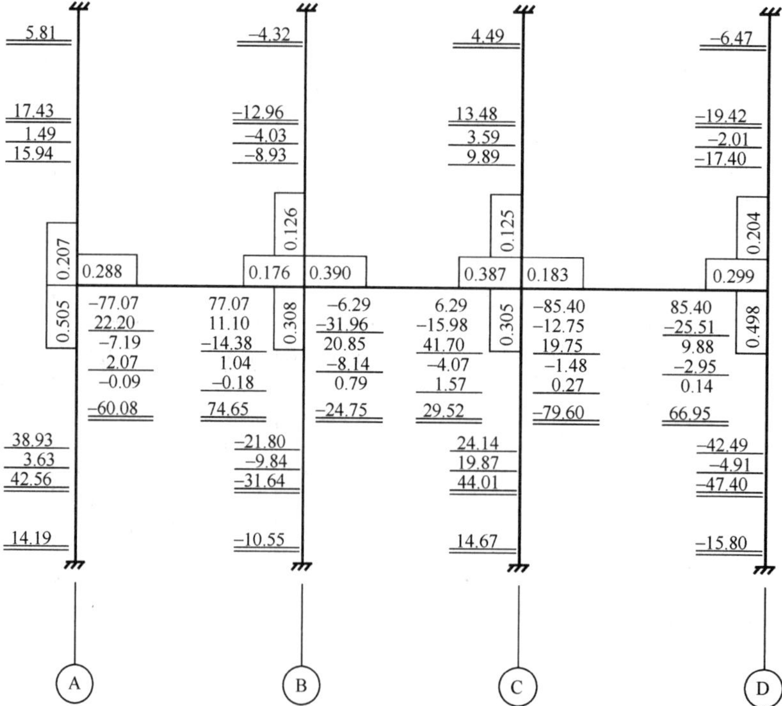

图 5-38　4 层顶永久荷载内力计算

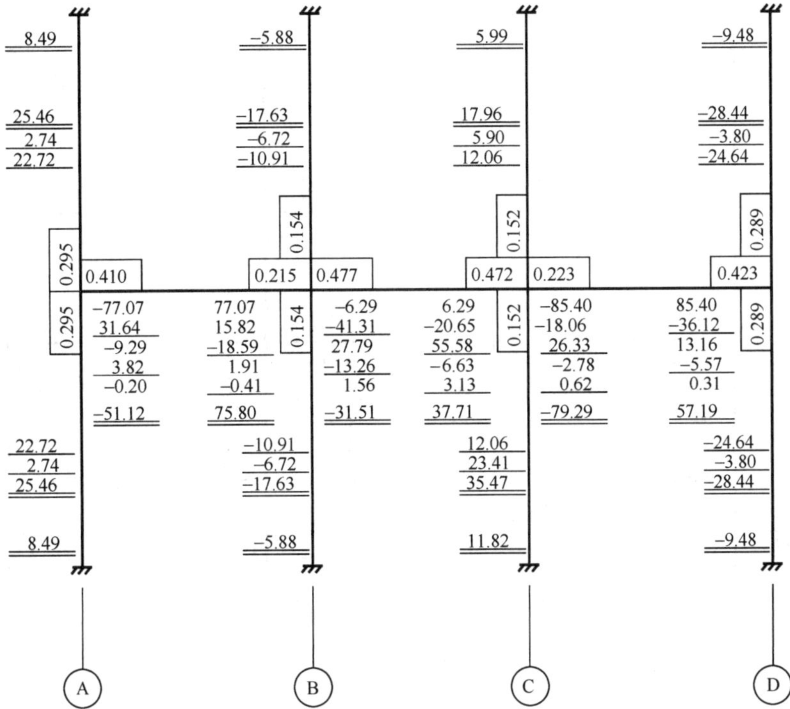

图 5-39　5 层顶永久荷载内力计算

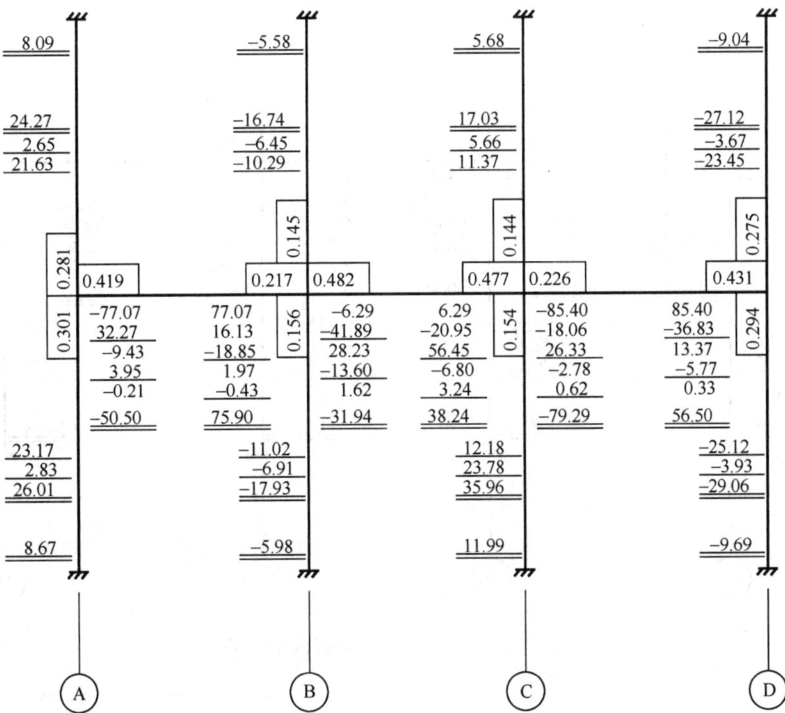

图 5-40　6 层顶永久荷载内力计算

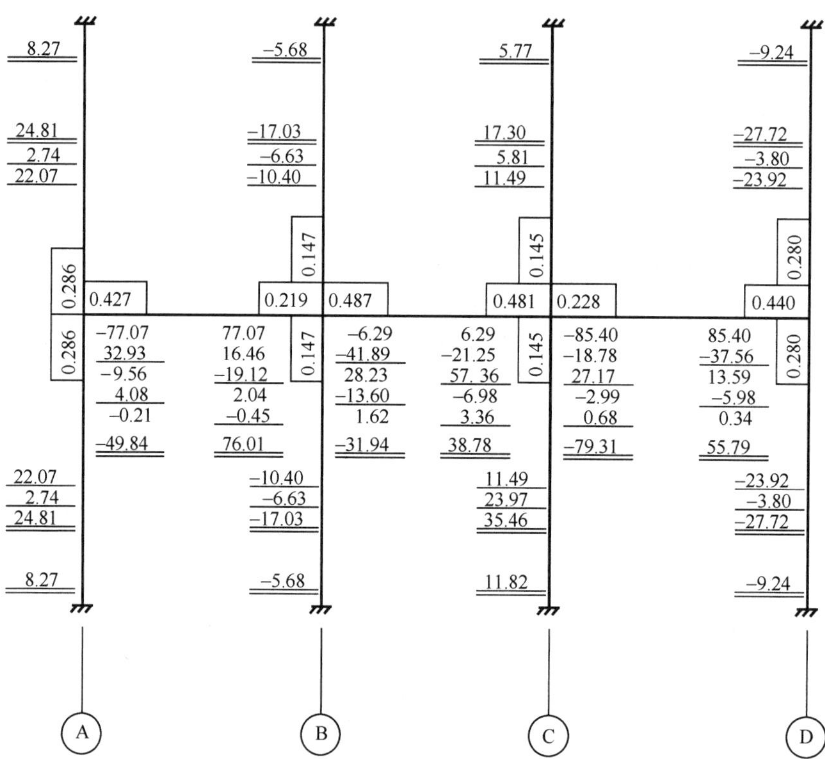

图 5-41　7～9 层顶永久荷载内力计算

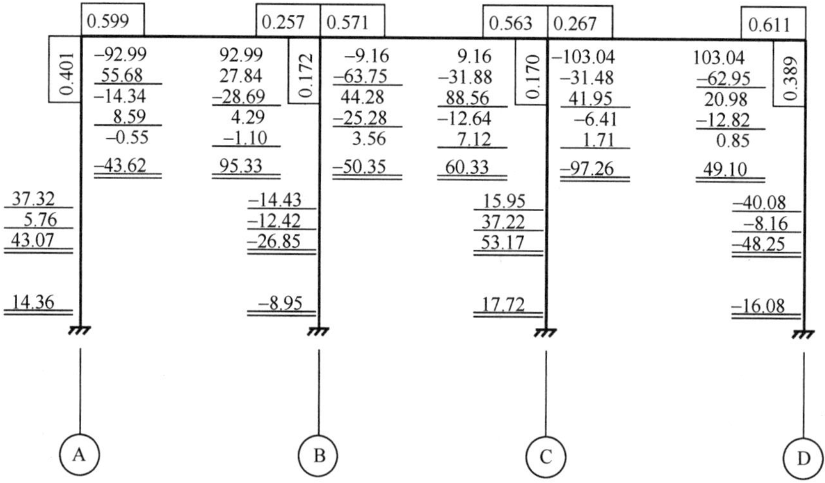

图 5-42　10 层顶永久荷载内力计算

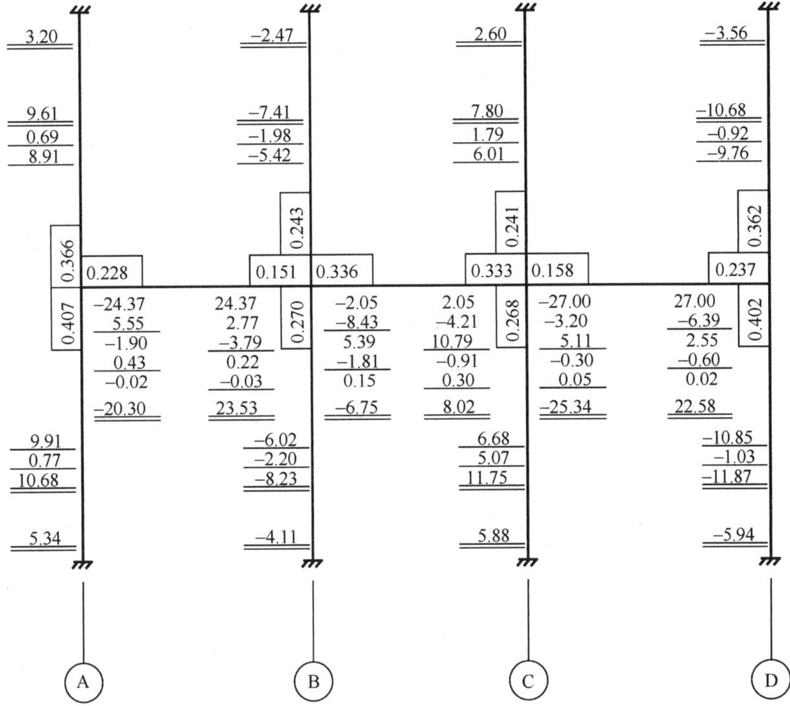

图 5-43　1 层顶可变荷载内力计算

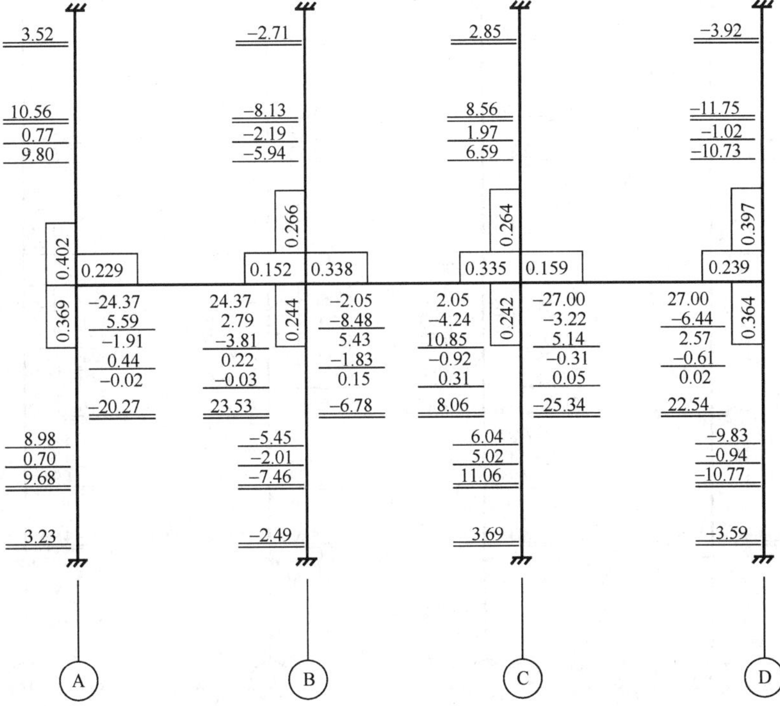

图 5-44　2 层顶可变荷载内力计算

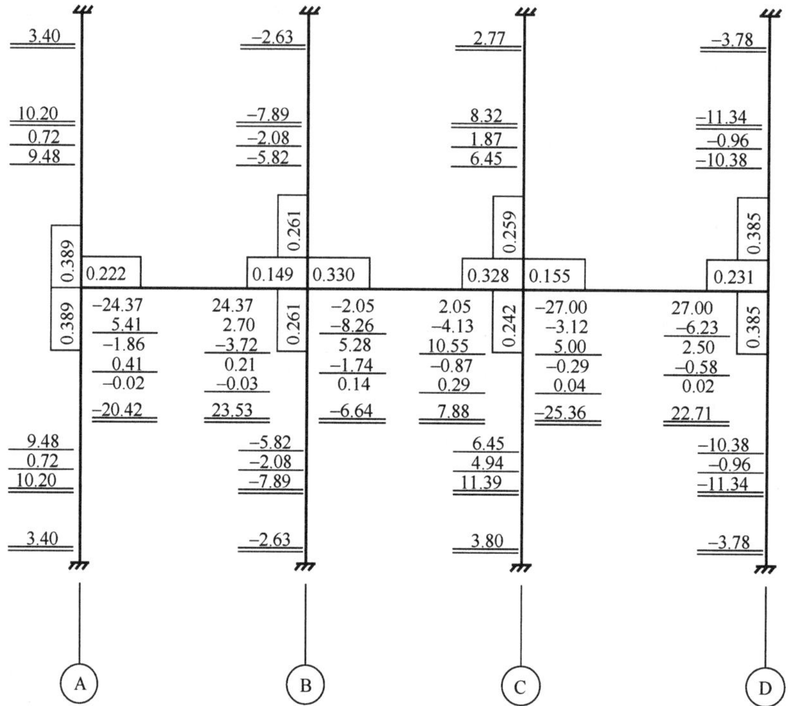

图 5-45　3 层顶可变荷载内力计算

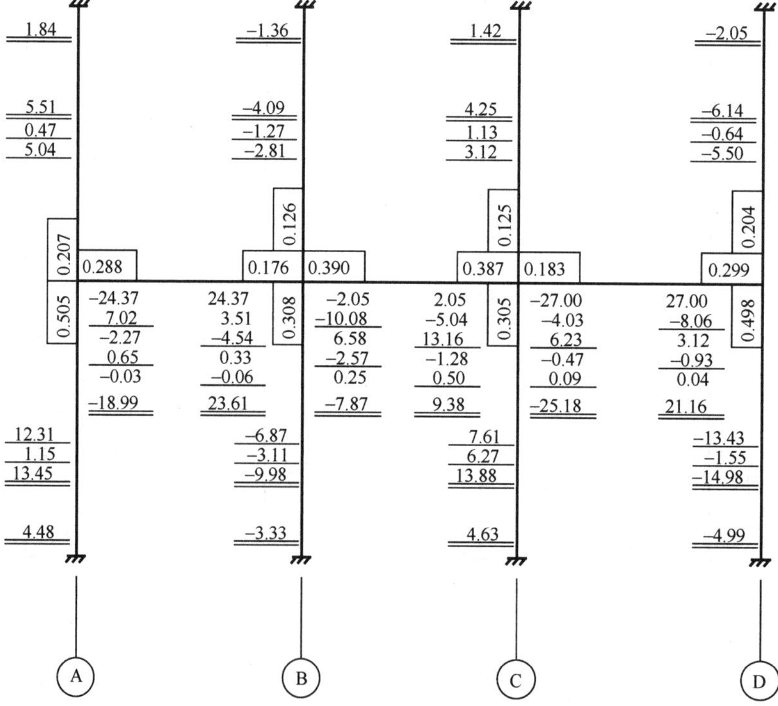

图 5-46　4 层顶可变荷载内力计算

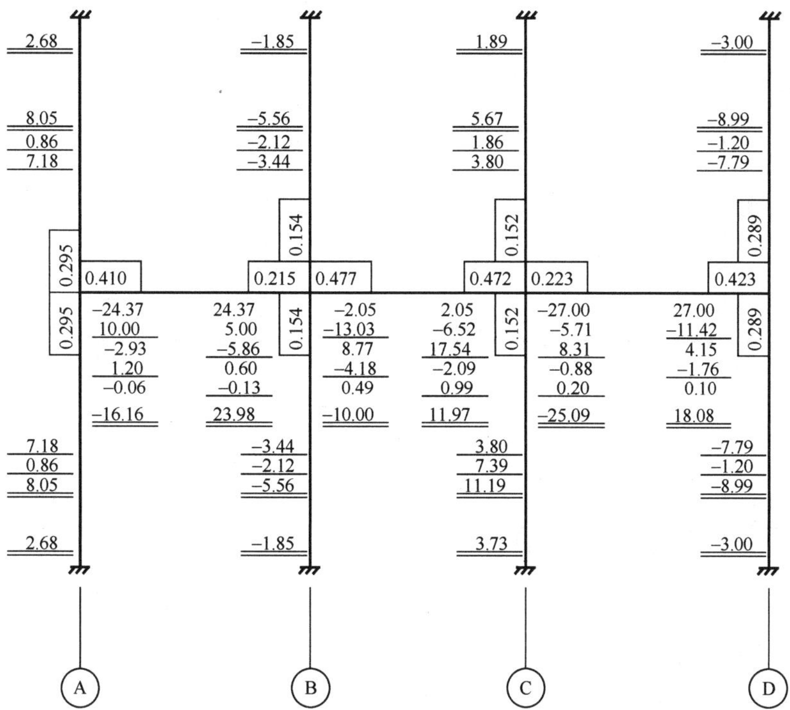

图 5-47　5 层顶可变荷载内力计算

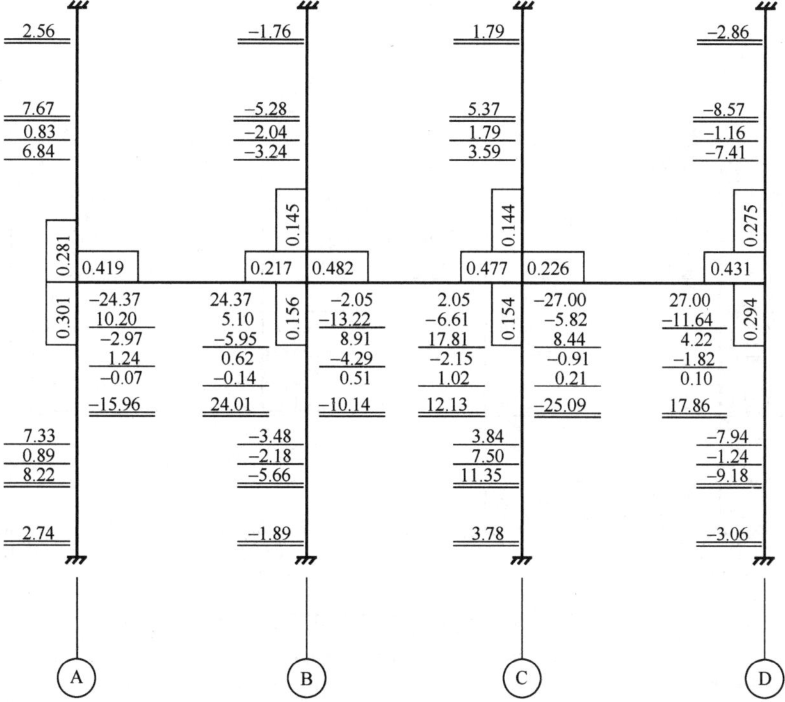

图 5-48　6 层顶可变荷载内力计算

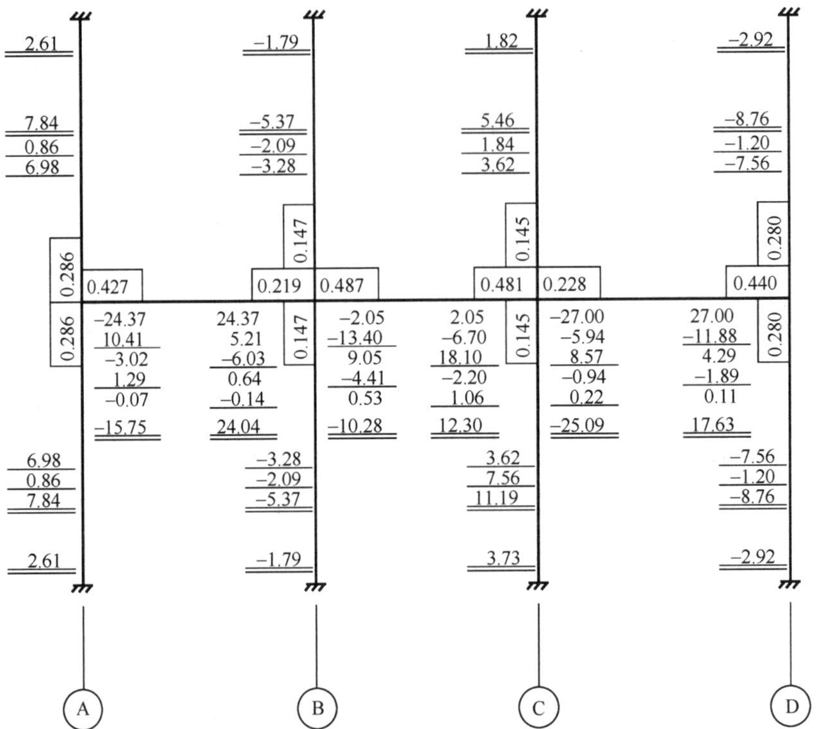

图 5-49　7～9 层顶可变荷载内力计算

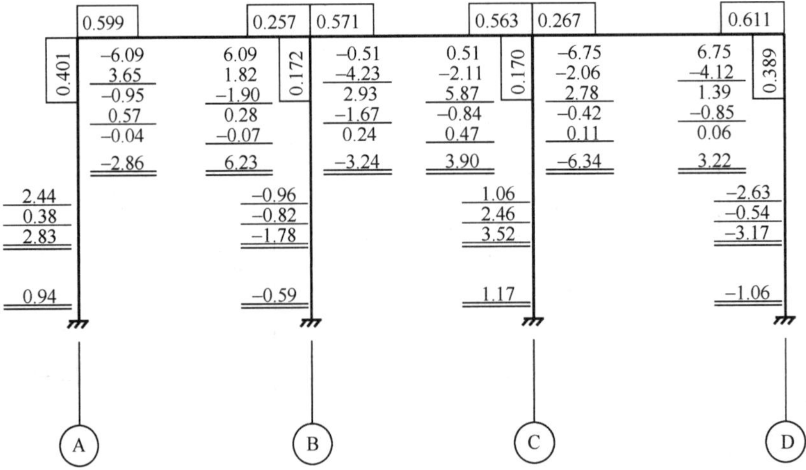

图 5-50　10 层顶可变荷载内力计算

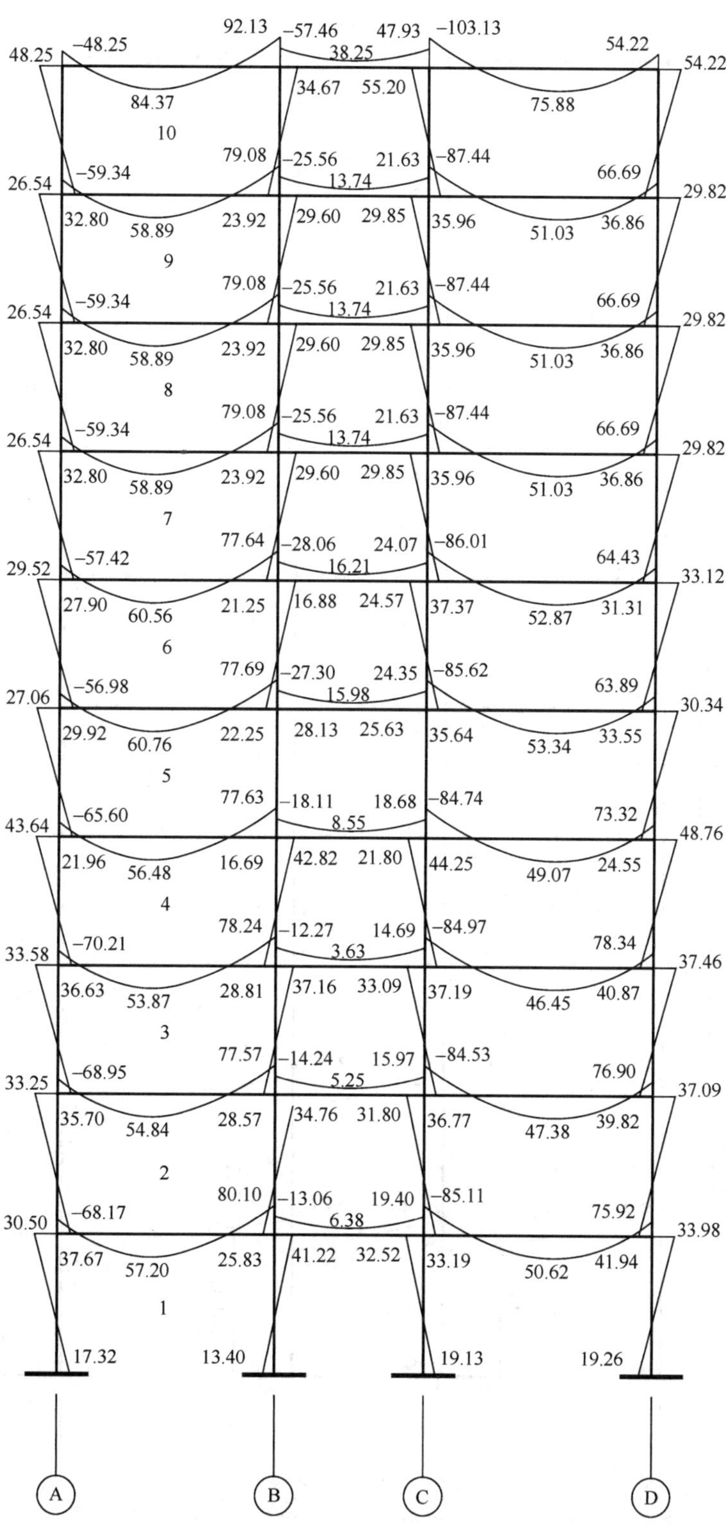

图 5-51　竖向永久荷载作用下弯矩图（单位：kN · m）

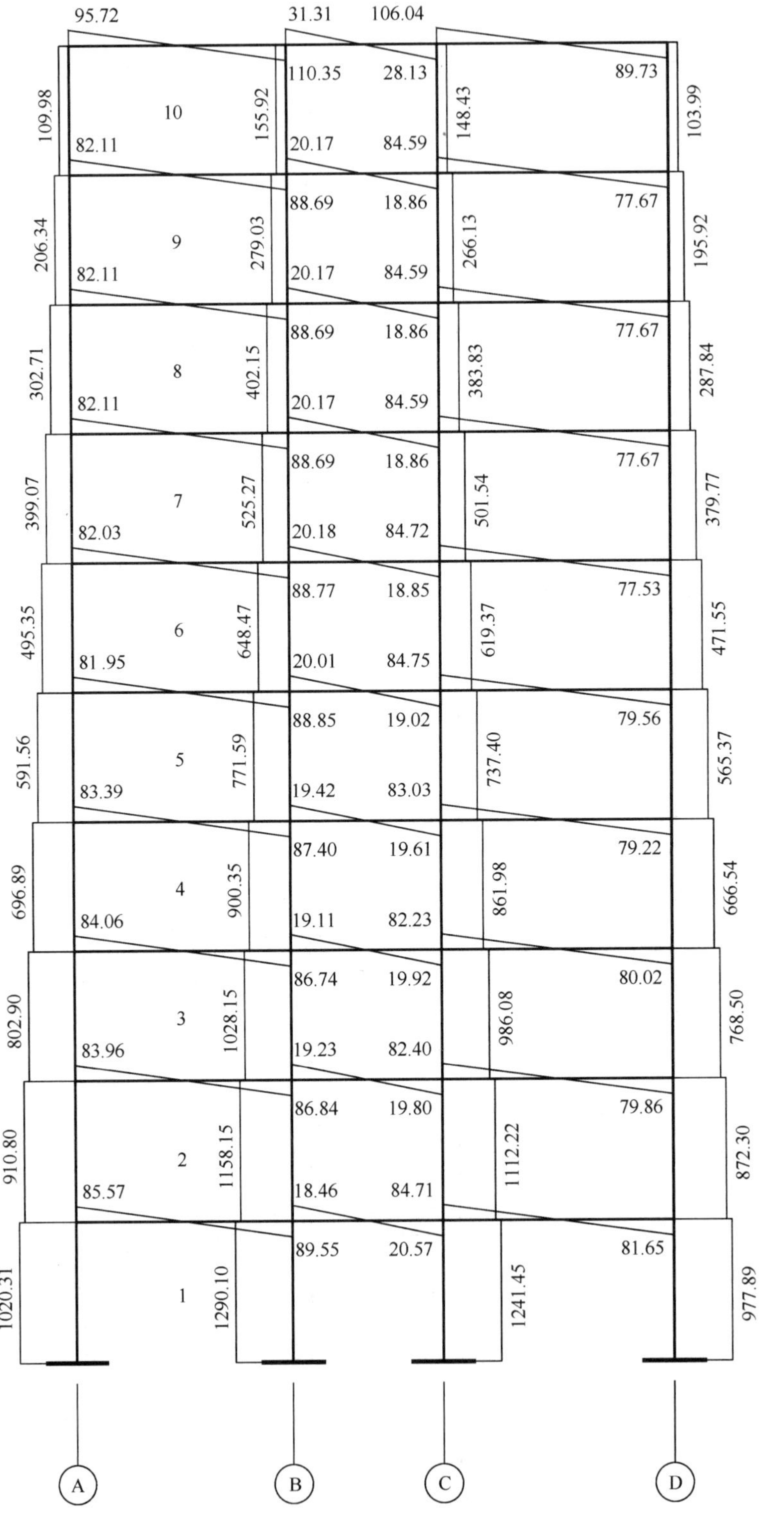

图 5-52　竖向永久荷载作用下柱轴力及梁剪力图（单位：kN）

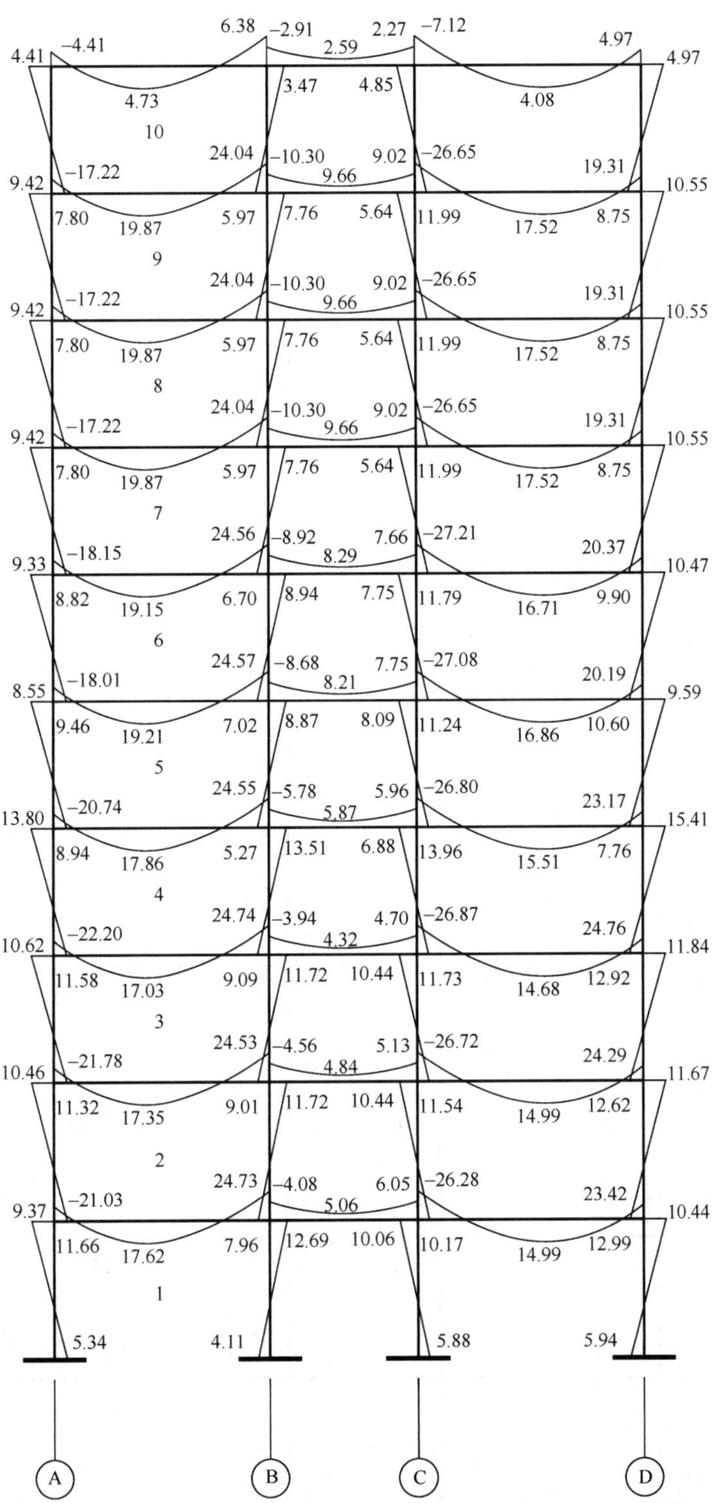

图 5-53　竖向可变荷载作用下弯矩图（单位：kN・m）

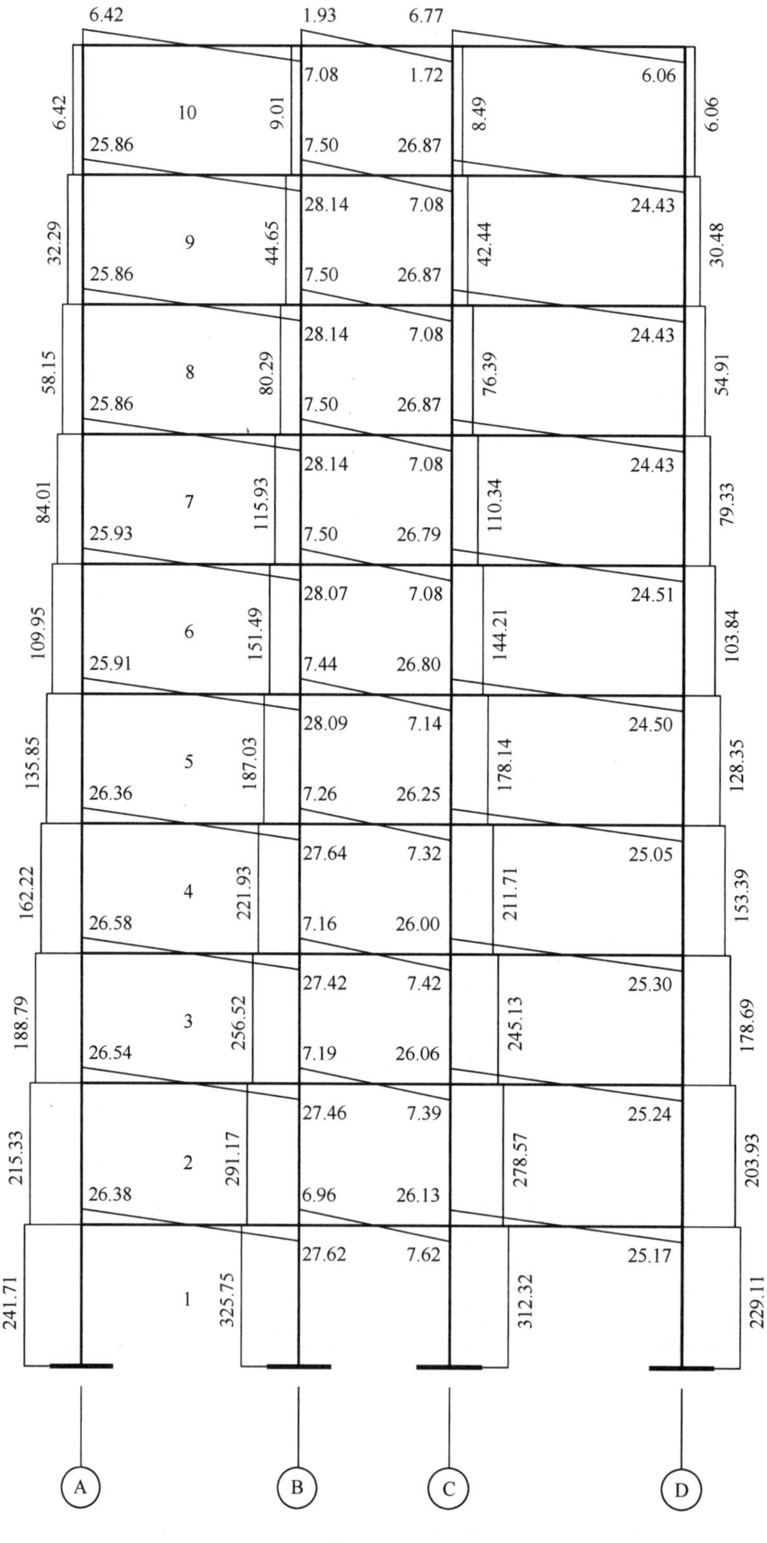

图 5-54　竖向可变荷载作用下柱轴力及梁剪力图（单位：kN）

5.7.8 内力组合与配筋计算

1. 框架梁内力组合

通过以上计算，已求得③轴框架在各工况的内力，现在以 2 层顶Ⓐ～Ⓑ轴之间框架梁为例，计算内力组合，框架梁各截面内力见表 5-25。

2 层顶 A～B 轴之间框架梁内力　　表 5-25

截面 \ 荷载		永久荷载①	楼屋面活荷载②	风荷载③	地震作用④
左支座	M（kN·m）	−68.95	−21.78	±49.74	±90.96
	V（kN）	83.96	26.54	14.66	26.82
跨中	M（kN·m）	54.84	17.35	—	—
右支座	M（kN·m）	77.57	24.53	±38.24	±69.94
	V（kN）	86.84	27.46	14.66	26.82

各截面内力组合有以下 5 项：

组合一：1.3×①+1.5×②

组合二：1.3×①±1.5×③

组合三：1.3×①+1.5×②±1.5×0.6×③

组合四：1.3×①+1.5×0.7×②±1.5×③

组合五：1.3×（①+0.5×②）±1.4×④

框架梁各截面内力组合见表 5-26。

2 层顶Ⓐ～Ⓑ轴之间框架梁内力组合　　表 5-26

截面 \ 荷载组合		组合一	组合二		组合三		组合四		组合五	
			左风	右风	左风	右风	左风	右风	左震	右震
左支座	M（kN·m）	−122.31	−15.03	−164.25	−77.54	−167.07	−37.89	−187.11	23.56	−231.14
	V（kN）	148.96	131.14	87.16	162.15	135.76	159.01	115.03	163.94	88.85
跨中	M（kN·m）	97.32	71.29	71.29	97.32	97.32	89.51	89.51	82.57	82.57
右支座	M（kN·m）	137.64	158.20	43.48	172.05	103.22	183.96	69.24	214.71	18.87
	V（kN）	154.08	134.88	90.90	167.28	140.89	163.72	119.74	168.29	93.20

由表 5-26 可知，AB 跨梁的左支座弯矩在组合五的右震时最不利，跨中弯矩在组合一、三时最不利，右支座弯矩在组合五的左震时最不利。

2. AB 跨框架梁的配筋计算

梁的纵筋计算，可先按跨中最不利弯矩和其他组合时梁支座下部受拉的弯矩最大值进行跨中下部纵筋计算，跨中下部纵筋全部伸入支座时，支座上部纵筋可按下部纵筋为已知的双筋截面梁进行纵筋计算。为简化计算也可按单筋截面梁进行各截面纵筋计算。相应计算方法参见现行国家标准《混凝土结构设计规范》GB 50010。本例框架梁纵筋采用 HRB400 级（⏀）、箍筋采用 HPB300 级（Φ）。

抗震设计时，截面验算应采用下列公式：

$$S \leqslant R/\gamma_{RE}$$

式中，S 为荷载效应组合的设计值，即 M；R 为结构构件抗力的设计值；γ_{RE} 为抗震调整系数，抗弯计算时，取 $\gamma_{RE}=0.75$。

在本工程中，梁左端支座弯矩取组合五右震（一）时的－231.14kN・m，跨中弯矩取组合一、三时的 97.32kN・m，梁右端支座弯矩取组合五左震（＋）时的 214.71kN・m 为控制内力进行配筋计算。

（1）梁跨中纵筋计算

抗震设计时，抗震等级为三级的框架梁按规定沿全梁长，上、下贯通纵筋不小于 2⏀12，则跨中纵筋可按受压区配筋为 2⏀12 的双筋截面梁进行计算。

已知条件：截面尺寸 $b \times h = 250\text{mm} \times 500\text{mm}$，混凝土强度等级采用 C25，钢筋采用 HRB400 级，$M=97.32\text{kN}\cdot\text{m}$、$f_y=360\text{N/mm}^2$、$f_c=11.9\text{N/mm}^2$、$\xi_b=0.518$、$\alpha_1=1.0$，环境类别为一类，$a_s=a'_s=40\text{mm}$、$h_0=500-40=460\text{mm}$、受压纵筋 2⏀12（$A'_s=226\text{mm}^2$）。跨中最不利弯矩为无地震组合，无 γ_{RE}。

$$A_{s1}=\frac{f'_yA'_s}{f_y}=\frac{360\times226}{360}=226\text{mm}^2$$

$$M_1=f'_yA'_s(h_0-a'_s)=360\times226\times(460-40)=34.17\text{kN}\cdot\text{m}$$

$$M_2=M-M_1=97.32-34.17=63.15\text{kN}\cdot\text{m}$$

$$\alpha_{s2}=\frac{M_2}{\alpha_1 f_c b h_0^2}=\frac{63.15\times10^6}{1.0\times11.9\times250\times460^2}=0.100$$

$$\xi=1-\sqrt{1-2\alpha_s}=1-\sqrt{1-2\times0.100}=0.106<\xi_b=0.518$$

$x=\xi h_0=0.106\times460=49\text{mm}<2a'_s=2\times40=80\text{mm}$，受压纵筋不屈服。

令 $x=2a'_s$，则：$A_s=\dfrac{M}{f_y(h_0-a'_s)}=\dfrac{97.32\times10^6}{360\times(460-40)}=643.7\text{mm}^2$

跨中纵筋采用 2⏀22（$A_s=760\text{mm}^2$）。

$$\rho=\frac{A_s}{bh}=\frac{760}{250\times500}=0.006>\rho_{min}=\begin{cases}\dfrac{0.45\times f_t}{f_y}=\dfrac{0.45\times1.27}{360}=0.0016\\[2ex]0.002\end{cases}$$，满足要求。

（2）梁左、右端支座纵筋计算

已知条件：框架梁截面尺寸 $b\times h=250\text{mm}\times500\text{mm}$，混凝土强度等级采用 C25，纵筋采用 HRB400 级，$M=-231.14\text{kN}\cdot\text{m}$（左支座）、$M=214.71\text{kN}\cdot\text{m}$（右支座）、$f_y=360\text{N/mm}^2$、

f_c=11.9N/mm²、ξ_b=0.518、α_1=1.0，环境类别为一类，$a_s=a'_s$=40mm、h_0=500−40=460mm、受压纵筋 2Φ22（A'_s=760mm²），支座最不利弯矩为地震组合，γ_{RE}=0.75。

左支座：

$$A_{s1}=\frac{f'_yA'_s}{f_y}=\frac{360\times760}{360}=760\text{mm}^2$$

$$M_1=f'_yA'_s(h_0-a'_s)=360\times760\times(460-40)=114.91\text{kN}\cdot\text{m}$$

$$M_2=\gamma_{RE}M-M_1=0.75\times231.14-114.91=58.44\text{kN}\cdot\text{m}$$

$$\alpha_{s2}=\frac{M_2}{\alpha_1f_cbh_0^2}=\frac{58.44\times10^6}{1.0\times11.9\times250\times460^2}=0.093$$

$$\xi=1-\sqrt{1-2\alpha_s}=1-\sqrt{1-2\times0.093}=0.098<\xi_b=0.518$$

$x=\xi h_0=0.098\times460=45\text{mm}<2a'_s=2\times40=80\text{mm}$，受压纵筋不屈服。

令 $x=2a'_s$，则：$A_s=\dfrac{\gamma_{RE}M}{f_y(h_0-a'_s)}=\dfrac{0.75\times231.14\times10^6}{360\times(460-40)}=1146.5\text{mm}^2$

左支座纵筋采用 4Φ20（A_s=1256mm²）

$\rho=\dfrac{A_s}{bh}=\dfrac{1256}{250\times500}=0.010>\rho_{min}=\begin{cases}0.55\times\dfrac{f_t}{f_y}=\dfrac{0.45\times1.27}{360}=0.0019\\0.0025\end{cases}$，满足要求。

经计算，右支座配筋 4Φ20（A_s=1256mm²）。经验算，框架梁支座于跨中配筋满足抗震设计时梁端截面的底面和顶面纵向钢筋截面面积的比值在抗震等级为三级时不应小于 0.3 的要求。

（3）斜截面承载力计算

已知条件：框架梁截面尺寸 $b\times h$=250mm×500mm，混凝土强度等级采用C25，箍筋采用 HPB300 级，f_{yv}=270N/mm²、f_c=11.9N/mm²、f_t=1.27N/mm²，环境类别为一类，$a_s=a'_s$=40mm、h_0=500−40=460mm，最不利剪力为地震组合，γ_{RE}=0.85。

1）框架梁端部截面剪力设计值

抗震设计时，框架梁端部截面组合的剪力设计值，应按公式（5-19a）计算，进行内力设计值调整。

其中按简支梁分析的梁端截面剪力设计值为：

$V_{Gb}=1.3\times(28.466+9\times0.5)\times5.6/2=120.00\text{kN}$

左震时

$M_b^l=1.3\times(-68.95-21.78\times0.5)+1.4\times90.96=23.56\text{kN}\cdot\text{m}$

$M_b^r=1.3\times(-77.57-24.53\times0.5)+1.4\times69.94=214.71\text{kN}\cdot\text{m}$

$V=\eta_{vb}(M_b^l+M_b^r)/l_n+V_{Gb}=1.1\times(23.56+214.71)/5.5+120.00=167.65\text{kN}$

右震时

$M_b^l=1.3\times(-68.95-21.78\times0.5)-1.4\times69.94=-201.71\text{kN}\cdot\text{m}$

$M_b^r=1.3\times(-77.57-24.53\times0.5)-1.4\times90.96=-231.14\text{kN}\cdot\text{m}$

$V=\eta_{vb}(M_b^l+M_b^r)/l_n+V_{Gb}=1.1\times(-201.71-231.14)/5.5+120.00=33.41\text{kN}$

2）截面校核

AB跨框架梁跨高比为 5.5/0.5=11.0>2.5，则截面限值条件为：

$V\leqslant\frac{1}{\gamma_{RE}}(0.20f_cbh_0)=\frac{1}{0.85}\times(0.20\times11.9\times250\times460)=322\text{kN}>V=164.43\text{kN}$，截面满足要求。

3）斜截面受剪承载力计算

均布荷载产生的剪力为 120.00kN，总剪力占比=120.00/164.43=0.73<0.75，采用均布荷载计算公式。

$$V\leqslant\frac{1}{\gamma_{RE}}\left(0.7f_tbh_0+f_{yv}\frac{nA_{sv1}}{s}h_0\right)$$

$$\frac{A_{sv}}{s}=\frac{\gamma_{RE}V-0.7f_tbh_0}{f_{yv}h_0}=\frac{0.85\times164.43\times10^3-0.7\times1.27\times250\times460}{270\times460}=0.324$$

箍筋取双肢箍筋Φ 8@200(2)，$\frac{A_{sv}}{s}=\frac{101}{200}=0.505>0.324$（注：括号内数字为箍筋肢数）。

箍筋配筋率验算：$\rho_{sv}=A_{sv}/(bs)=101/(250\times200)=0.002>0.26f_t/f_{yv}=0.26\times1.27/270=0.0012$，满足要求。

支座加密区配箍取Φ 8@100(2)，按照 5.6.2 节相关构造要求，三级抗震等级的梁端箍筋加密区的长度取为 max(1.5h_b，500)=max(1.5×500，500)=750mm，并满足箍筋最大间距为 min(h_b/4，8d，150)=min(500/4，8×20，150)=125mm 和最小直径为 8mm 的相关要求。跨中非加密区配箍取Φ 8@200(2)。

3. 框架柱内力组合

现在以 2 层Ⓐ轴柱为例，计算内力组合，各截面柱内力见表 5-27。

2 层顶Ⓐ轴柱内力 　　表 5-27

截面 \ 荷载		永久荷载①	楼面活荷载②	风荷载③	地震作用④
柱上端	M (kN·m)	33.25	10.46	−27.17	−48.86
	N (kN)	886.86	215.33	−83.55	−164.99
	V (kN)	1.23	0.33	17.58	31.60
柱下端	M (kN·m)	−37.67	−11.66	36.1	64.91
	N (kN)	910.8	215.33	−83.55	−164.99
	V (kN)	1.23	0.33	17.58	31.60

框架柱设计时活荷载可折减，按照表 3-1，活荷载按楼层数的折减系数取为 0.65。

各截面内力组合有以下三类：

组合一：1.3×①+1.5×0.65×②±1.5×0.6×③

组合二：1.3×①+1.5×0.7×0.65×②±1.5×③

组合三：1.3×（①+0.5×②）±1.4×④

框架柱各截面内力组合见表 5-28。

2 层Ⓐ轴柱内力组合　　**表 5-28**

截面 \ 组合项		组合一		组合二		组合三	
		左风	右风	左风	右风	左震	右震
柱上端	M（kN・m）	28.97	77.88	9.61	91.12	−18.39	118.43
	N（kN）	1287.67	1438.06	1174.56	1425.21	1061.90	1523.87
	V（kN）	17.74	−13.90	28.19	−24.55	46.06	−42.43
柱下端	M（kN・m）	−27.85	−92.83	−2.78	−111.08	34.33	−147.43
	N（kN）	1318.79	1469.18	1205.68	1456.33	1093.02	1554.99
	V（kN）	17.74	−13.90	28.19	−24.55	46.06	−42.43

该柱共有三类组合六种结果。应分别取$\pm M_{max}$、N_{max}、N_{min}及其相应的内力进行配筋计算。

4. Ⓐ轴框架柱的纵筋计算

框架柱截面尺寸 $b\times h=500mm\times500mm$，柱高 3.6m。混凝土强度等级采用 C30，纵筋采用 HRB400 级，$f_c=14.3N/mm^2$、$f_y=f'_y=360N/mm^2$、$\xi_b=0.518$，环境类别为一类，$a_s=a'_s=40mm$、$h_0=500-40=460mm$，采用对称配筋，柱截面每一侧纵筋最小配筋率 $\rho_{min}=0.2\%$、全部纵筋最小配筋率 $\rho_{min}=0.70\%$。柱计算长度 $l_0=1.25\times3.6=4.5m$。

对称配筋偏心受压柱界限轴力 $N_b=\alpha_1 f_c b h_0 \xi_b=1.0\times14.3\times500\times460\times0.518=1703.7kN$，表 5-28 中各组合的轴力均小于对称配筋偏心受压柱界限轴力 N_b，应均为大偏心受压，因此最不利内力取弯矩最大的组合三中的右震，即 $M_1=118.39kN\cdot m$、$M_2=-147.43kN\cdot m$、$N=1523.87kN$ 进行柱纵筋配筋计算。

$M_1/M_2=118.39/147.43=0.80<0.9$；

轴压比 $\mu_c=N/(f_cA)=1523.87\times10^3/(14.3\times500\times500)=0.43<0.9$；

$l_0/h=4500/500=9>9.8-3.5(M_1/M_2)=9.8-3.5\times0.80=6.99$，应考虑二阶效应。

轴向压力对截面重心的偏心距 $e_0=M_2/N=147.43\times10^3/1523.87=96.7mm$

附加偏心距 $e_a=\max[20mm, h/30]=20mm$

截面曲率修正系数 $\zeta_c=\dfrac{0.5f_cA}{N}=\dfrac{0.5\times14.3\times500\times500}{1523.87\times10^3}=1.173>1.0$，取 $\zeta_c=1.0$

弯矩增大系数

$$\eta_{ns} = 1 + \frac{1}{1300(M_2/N + e_a)/h_0}\left(\frac{l_c}{h}\right)^2 \zeta_c$$

$$= 1 + \frac{1}{1300 \times (147.43 \times 10^6/1523.87 \times 10^3 + 20)/460} \times \left(\frac{4500}{500}\right)^2 \times 1.0 = 1.246$$

偏心距调节系数 $C_m = 0.7 + 0.3M_1/M_2 = 0.7 + 0.3 \times 0.80 = 0.94$

$C_m\eta_{ns} = 0.94 \times 1.246 = 1.172 > 1.0$，取 $C_m\eta_{ns} = 1.172$。

控制截面的弯矩设计值 $M = C_m\eta_{ns}M_2 = 1.172 \times 147.43 = 172.79\text{kN} \cdot \text{m}$

考虑二阶效应初始偏心距 $e_i = C_m\eta_{ns}e_0 + e_a = 1.172 \times 96.7 + 20 = 133.4\text{mm}$

对称配筋偏心受压柱界限轴力

$N_b = \alpha_1 f_c b\xi_b h_0 = 1.0 \times 14.3 \times 0.518 \times 460 = 1703.7\text{kN} > N = 1523.87\text{kN}$

为大偏心受压。

$$e = e_i + \frac{h}{2} - a_s = 133.4 + \frac{500}{2} - 40 = 343.4\text{mm}$$

$$\xi = \frac{N}{\alpha_1 f_c b h_0} = \frac{1523.87 \times 10^3}{1.0 \times 14.3 \times 500 \times 460} = 0.463 < \xi_b = 0.518$$

$$A_s = A_s' = \frac{Ne - \alpha_1 f_c b h_0^2 \xi(1 - 0.5\xi)}{f_y'(h_0 - a_s')}$$

$$= \frac{1523.87 \times 10^3 \times 343.4 - 1.0 \times 14.3 \times 500 \times 460^2 \times 0.463 \times (1 - 0.5 \times 0.463)}{360 \times (460 - 40)}$$

$= -101.3\text{mm}^2 < 0$，按构造要求配筋。

根据表 5-8 的规定，框架柱纵向钢筋最小配筋百分率对角柱全部纵筋不少于 0.9%，对于中柱、边柱全部纵筋不少于 0.7%；另外，单边纵向受压钢筋配筋率不应小于 0.2%。

每侧纵筋采用 4Φ18（$A_s = A_s' = 1018\text{mm}^2$）

每侧纵筋配筋率 $\rho = \frac{A_s}{bh} = \frac{1018}{500 \times 500} = 0.0041 > \rho_{min} = 0.0025$

全部纵筋配筋率 $\rho = \frac{A_s}{bh} = \frac{2036}{500 \times 500} = 0.0081 > \rho_{min} = 0.007$，满足要求。

柱垂直于弯矩作用平面按轴压验算：

$$l_0/b = 4500/500 = 9, \left[1 + 0.002\left(\frac{l_0}{b} - 8\right)^2\right]^{-1} = [1 + 0.002 \times (9 - 8)^2]^{-1} = 0.998,$$

$$0.9\varphi(f_c A + f_y' A_s') = 0.9 \times 0.998 \times (14.3 \times 500^2 + 1018 \times 2) = 3869.3\text{kN} > N = 1523.87\text{kN},$$

满足垂直于弯矩作用平面的轴心受压承载力要求。

5. 框架柱的箍筋计算与构造

柱箍筋采用 HPB300 级，$f_{yv} = 270\text{N/mm}^2$，其他同纵筋。由表 5-28 可知，在组合三的

左震Ⓐ轴柱的剪力最大、轴力最小，为受剪最不利内力，即 N=1061.90kN、V=46.06kN。

（1）框架柱截面限值条件

框架柱的剪跨比 λ，当反弯点位于柱高中部的框架柱，可取柱净高与计算方向 2 倍柱截面有效高度之比值，即 $\lambda=(3600-500)/(2\times500)=3.1$。对于地震设计状况剪跨比大于 2 的柱：

$\frac{1}{\gamma_{RE}}(0.2\beta_c f_c b h_0)=\frac{1}{0.85}(0.2\times1.0\times14.3\times500\times460)=773.88\text{kN}>V=46.06\text{kN}$，满足要求。

（2）柱斜截面承载力计算公式

地震设计状况，矩形截面偏心受压框架柱，其斜截面受剪承载力应按下列公式计算：

$$V\leqslant\frac{1}{\gamma_{RE}}\left(\frac{1.05}{\lambda+1}f_t b h_0+f_{yv}\frac{A_{sv}}{s}h_0+0.056N\right)$$

式中，λ 为框架柱的剪跨比，当 $\lambda<1$ 时，取 $\lambda=1$，当 $\lambda>3$ 时，取 $\lambda=3$；N 为考虑地震作用组合的框架柱轴向压力设计值，当 N 大于 $0.3f_cA_c$时，取 N 等于 $0.3f_cA_c$。

$0.3f_cA_c=0.3\times14.3\times500\times500=1072.50\text{kN}>N=1061.90\text{kN}$,取 $N=1061.90\text{kN}$。

$$\frac{A_{sv}}{s}=\frac{\gamma_{RE}V-\frac{1.05}{\lambda+1}f_t b h_0-0.056N}{f_{yv}h_0}$$

$$=\frac{0.85\times46.06\times10^3-\frac{1.05}{3+1}\times1.43\times500\times460-0.056\times1061.90\times10^3}{270\times460}=-0.88,$$

应按构造配置箍筋。

（3）柱箍筋配置构造要求验算

柱采用 4 肢箍筋Φ 10@200(4)，柱端部箍筋加密区采用Φ 10@100(4)，加密区长度取 500mm，该柱配筋图见图 5-55。图中另外两侧的纵筋应由结构纵向的内力组合配筋计算确定。

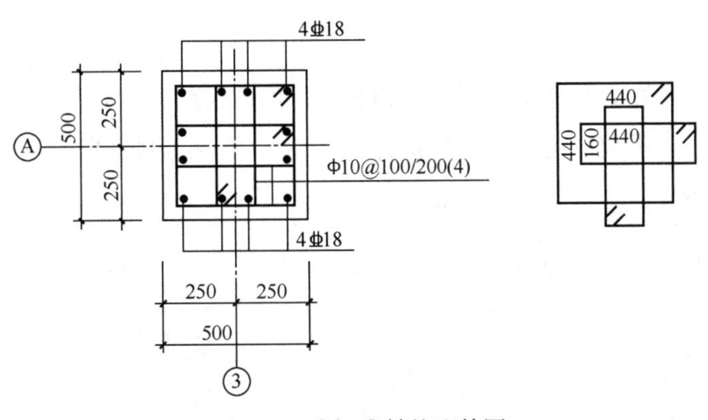

图 5-55　Ⓐ～③轴柱配筋图

按式（5-18）验算加密区箍筋最小体积配箍率，式中 f_c 按 C35 取值，λ_v 由表 5-10 查得 0.08：

$\rho_v = 3.14 \times 10^2/4 \times (440 \times 8 + 160 \times 4)/(500 \times 500 \times 100) = 0.013 \geqslant \lambda_v f_c/f_{yv} = 0.08 \times 16.7/270 = 0.005$

结果满足要求。

6. 梁柱节点核心区截面抗震验算及构造

三级框架梁柱节点核心区应进行抗震验算，Ⓐ轴 2 层顶框架梁柱节点箍筋配置同柱端加密区，即节点配箍Φ 10@100(4)。

（1）核心区剪力设计值

三级框架梁柱节点核心区组合的剪力设计值，应按下列公式确定：

$$V_j = \frac{\eta_{jb} \sum M_b}{h_{b0} - a_s'}\left(1 - \frac{h_{b0} - a_s'}{H_c - h_b}\right)$$

式中，梁截面的有效高度 h_{b0}＝460mm，a_s'＝40mm；柱的计算高度 H_c采用节点上、下柱反弯点之间的距离，H_c＝3.3×0.427＋3.6×（1－0.571）＝2953.5mm，梁的截面高度 h_b＝500mm，框架结构节点剪力增大系数 η_{jb}在三级宜取 1.2；节点左、右梁端逆时针或顺时针方向组合的弯矩设计值之和$\sum M_b$，取表 5-26 中最大右震时的组合弯矩，即$\sum M_b$＝231.14kN・m。

$$V_j = \frac{\eta_{jb} \sum M_b}{h_{b0} - a_s'}\left(1 - \frac{h_{b0} - a_s'}{H_c - h_b}\right) = \frac{1.2 \times 231.14 \times 10^3}{460 - 40} \times \left(1 - \frac{460 - 40}{2953.5 - 500}\right) = 547.35\text{kN}$$

（2）核心区截面有效计算宽度

节点核心区的截面有效计算宽度 b_j：梁截面宽度 b_j＝250mm，不小于该侧柱截面宽度 500mm 的 1/2，b_j采用该侧柱截面宽度，b_j＝h_c＝500mm。

（3）核心区截面尺寸限制条件

$$V_j \leqslant \frac{1}{\gamma_{RE}}(0.30\eta_j \beta_c f_c b_j h_j)$$

式中，正交梁的约束影响系数 η_j＝1.5；节点核心区的截面高度 h_j采用验算方向的柱截面高度 h_c＝h_j＝500mm；承载力抗震调整系数 γ_{RE}＝0.85；混凝土强度影响系数 β_c＝1.0；混凝土轴心抗压强度设计值 f_c＝14.3N/mm²。

$\frac{1}{\gamma_{RE}}(0.30\eta_j \beta_c f_c b_j h_j) = \frac{1}{0.85} \times (0.30 \times 1.5 \times 1.0 \times 14.3 \times 500 \times 500) = 1892.65\text{kN} > V_j = 547.35\text{kN}$

核心区截面尺寸满足要求。

（4）节点核心区截面抗震受剪承载力，应采用下列公式验算：

$$V_{\mathrm{j}} \leqslant \frac{1}{\gamma_{\mathrm{RE}}}\left(1.1\eta_{\mathrm{j}}\beta_{\mathrm{c}}f_{\mathrm{t}}b_{\mathrm{j}}h_{\mathrm{j}} + 0.05\eta_{\mathrm{j}}N\frac{b_{\mathrm{j}}}{b_{\mathrm{c}}} + f_{\mathrm{yv}}A_{\mathrm{svj}}\frac{h_{\mathrm{b0}} - a'_{\mathrm{s}}}{s}\right)$$

式中，$f_{\mathrm{yv}}=270\mathrm{N/mm^2}$；$f_{\mathrm{t}}=1.43\mathrm{N/mm^2}$；核心区计算宽度范围内验算方向同一截面各肢箍筋的全部截面面积 $A_{\mathrm{svj}}=78.5\times4=314\mathrm{mm^2}$；箍筋间距 $s=100\mathrm{mm}$；对应于组合剪力设计值的上柱（3 层柱下端右震）组合轴向压力较小值 $N=1.3\times(802.9+0.5\times188.79)+1.4\times138.17=1359.92\mathrm{kN}$。

$$\begin{aligned}
&\frac{1}{\gamma_{\mathrm{RE}}}\left(1.1\eta_{\mathrm{j}}\beta_{\mathrm{c}}f_{\mathrm{t}}b_{\mathrm{j}}h_{\mathrm{j}} + 0.05\eta_{\mathrm{j}}N\frac{b_{\mathrm{j}}}{b_{\mathrm{c}}} + f_{\mathrm{yv}}A_{\mathrm{svj}}\frac{h_{\mathrm{b0}} - a'_{\mathrm{s}}}{s}\right)\\
&=\frac{1}{0.85}(1.1\times1.5\times1.0\times1.43\times500\times500+0.05\times1.5\times1359.92\\
&\quad\times10^3\times\frac{500}{500}+270\times314\times\frac{460-40}{100})\\
&=1232.88\mathrm{kN} > V_{\mathrm{j}} = 547.35\mathrm{kN}
\end{aligned}$$

节点核心区截面抗震受剪承载力满足要求。

(5) 框架节点核心区构造要求

框架节点核心区应设置水平箍筋，抗震设计时，箍筋的最大间距和最小直径宜符合柱箍筋加密区的有关规定。三级框架节点核心区配箍特征值不宜小于 0.08，且箍筋体积配箍率不宜小于 0.4%。柱剪跨比不大于 2 的框架节点核心区的配箍特征值不宜小于核心区上、下柱端配箍特征值中的较大值。本例节点核心区配箍特征值 $\lambda_{\mathrm{v}}=0.08$，箍筋体积配箍率 $\rho_{\mathrm{v}}=1.3\%$，满足上述构造要求。

5.7.9　三维空间分析程序 SATWE

为与手算结果进行对比，本工程采用 SATWE 进行计算。

1. 主要初始条件

分析时采用的主要初始条件：考虑地震作用，周期折减系数取 1.0；框架抗震等级为三级；梁刚度增大系数取 2.0；梁扭转刚度折减系数取 0.4；梁跨中弯矩增大系数取 1.1（未考虑活荷载不利布置）；梁端弯矩调幅系数取 0.8，按模拟施工计算。

2. SATWE 计算结果及对比

Y 向风荷载工况的最大层间位移与层高之比为 1/1112< [1/550]，满足要求。对比计算结果，手算最大层间位移比为 1/937，大于 SATWE 计算结果，手算较为保守，框架梁柱配筋相近。这可能是因为手算采用平面框架，而 SATWE 计算针对三维结构，且结构自振周期计算方法也有所不同。其余计算结果略。梁、板、柱配筋图见图 5-56～图 5-59。

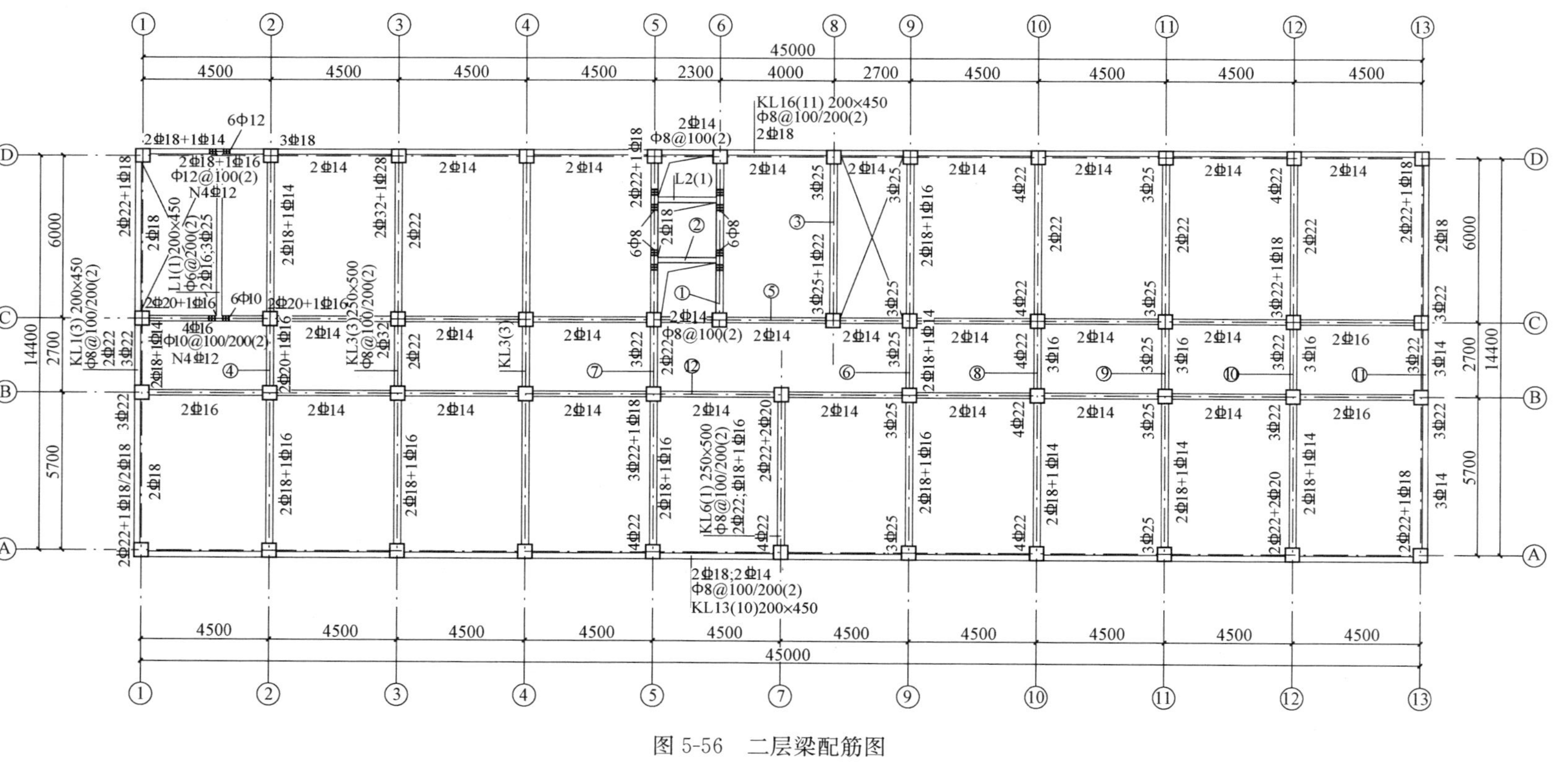
KL16(11) 200×450
Φ8@100/200(2)
2Φ18
KL1(3) 200×450
Φ8@100/200(2)
2Φ22
3Φ22
L1(1)200×450
Φ6@200(2)
2Φ16;3Φ25
N4Φ12
KL3(3)250×500
Φ8@100/200(2)
2Φ32
KL6(1) 250×500
Φ8@100/200(2)
2Φ22;Φ18+1Φ16
2Φ18;2Φ14
Φ8@100/200(2)
KL13(10)200×450
L2(1)
45000
14400

图 5-56　二层梁配筋图

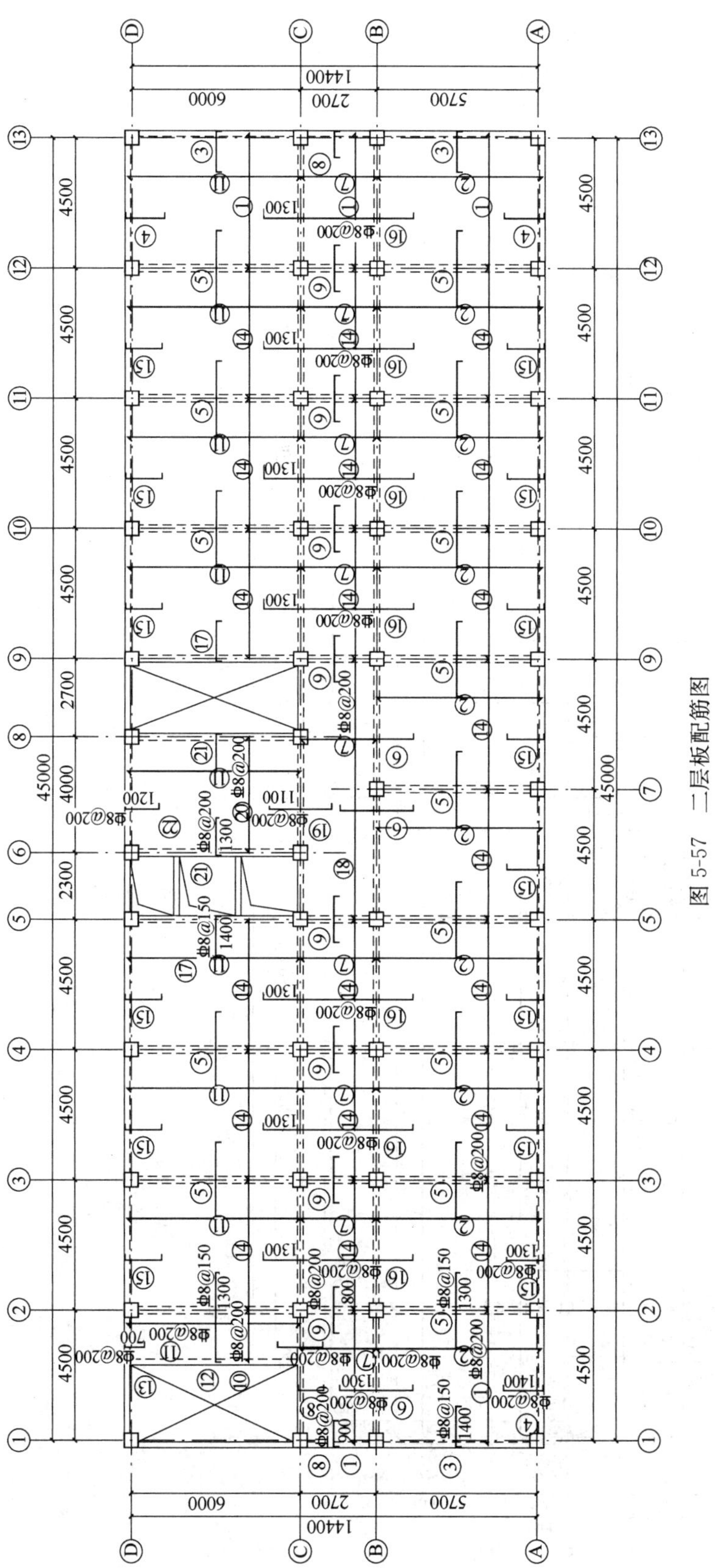

D
C
B
A
14400
6000
2700
5700
1
2
3
4
5
6
7
8
9
10
11
12
13
4500
2700
4000
2300
45000
Φ8@200
Φ8@150
1300
1400
1200
1100
900
800
700

图 5-57　二层板配筋图

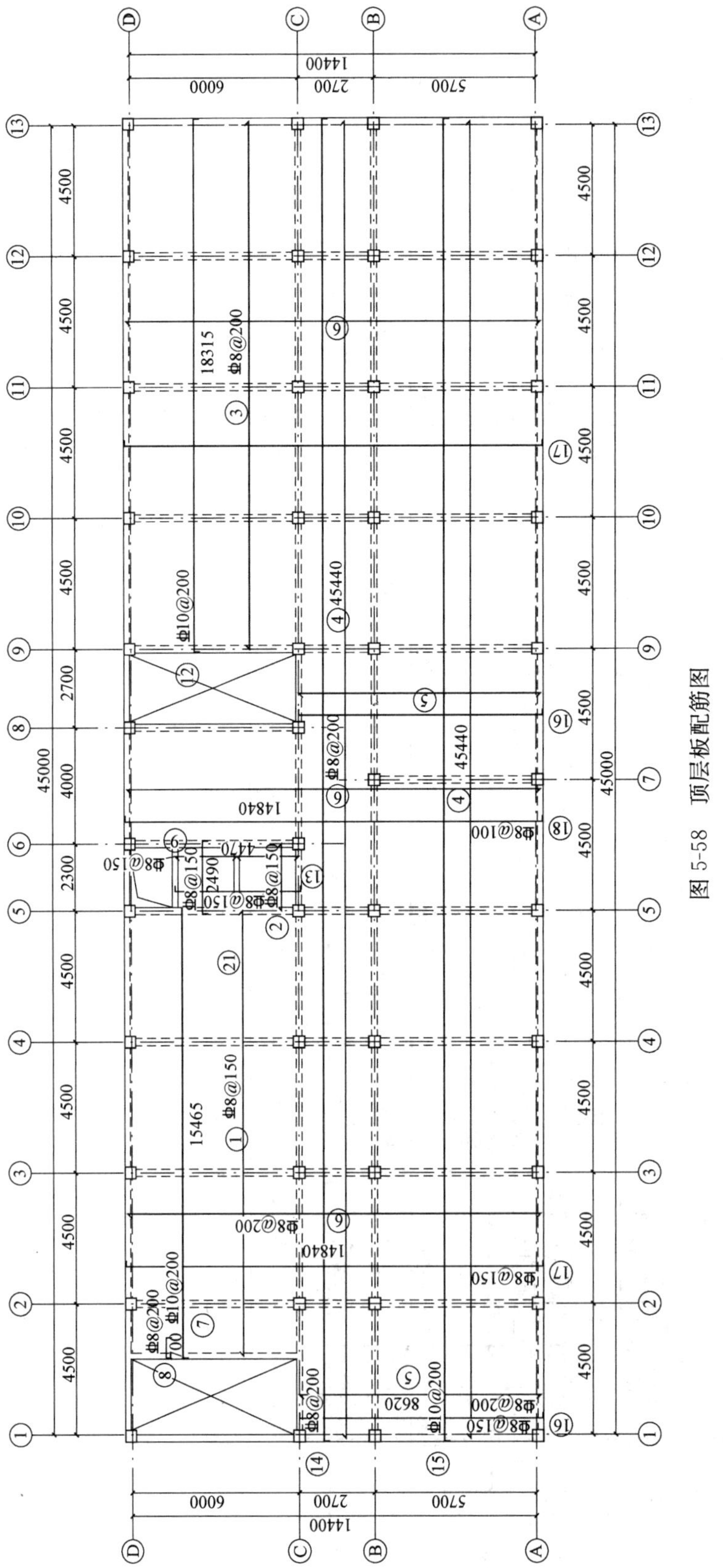

A
B
C
D
1
2
3
4
5
6
7
8
9
10
11
12
13
14400
6000
2700
5700
45000
4500
2700
4000
2300
Φ8@200
Φ10@200
Φ8@150
Φ8@100
Φ10@200
18315
45440
14840
15465
8620
2490
4470
700

图 5-58 顶层板配筋图

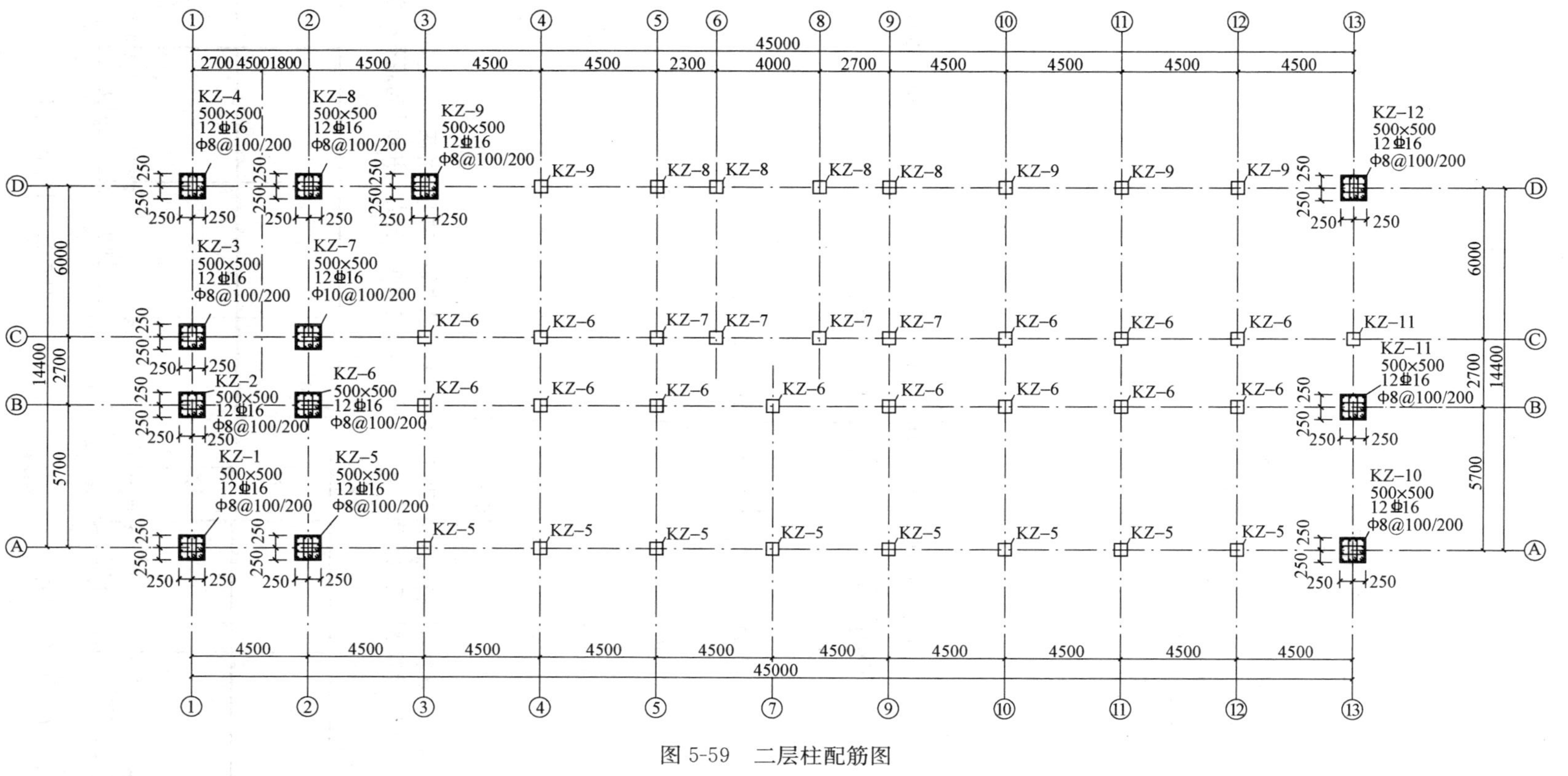
KZ-4
500×500
12Φ16
Φ8@100/200
KZ-8
500×500
12Φ16
Φ8@100/200
KZ-9
500×500
12Φ16
Φ8@100/200
KZ-12
500×500
12Φ16
Φ8@100/200
KZ-3
500×500
12Φ16
Φ8@100/200
KZ-7
500×500
12Φ16
Φ10@100/200
KZ-11
500×500
12Φ16
Φ8@100/200
KZ-2
500×500
12Φ16
Φ8@100/200
KZ-6
500×500
12Φ16
Φ8@100/200
KZ-1
500×500
12Φ16
Φ8@100/200
KZ-5
500×500
12Φ16
Φ8@100/200
KZ-10
500×500
12Φ16
Φ8@100/200
45000
2700 4500 1800 4500 4500 4500 2300 4000 2700 4500 4500 4500 4500
4500 4500 4500 4500 4500 4500 4500 4500 4500 4500
14400
6000
2700
5700
250

图 5-59　二层柱配筋图

思考题

1. 框架结构的承重方案有哪几种？各有何优缺点？
2. 框架结构的梁、板、柱截面尺寸如何确定？
3. 对比分层法和弯矩二次分配法有何异同？
4. D 值法和反弯点法的区别是什么？计算步骤是怎样的？
5. 影响反弯点位置的因素有哪些？影响规律是怎样的？
6. 水平荷载作用下框架结构的侧移由哪两部分组成？如何进行计算？各有什么特点？
7. 框架梁、柱的控制截面如何选取？最不利内力是怎样的？
8. 为什么要设计延性框架？具体措施有哪些？
9. 框架梁柱节点受力模式是怎样的？如何进行设计？
10. 框架梁、柱、节点有哪些构造要求？

计算题

1. 已知 $g_{1k}=9.6\text{kN/m}$，$g_{2k}=12\text{kN/m}$，$i_{c1}=4.01\times10^{10}\text{N}\cdot\text{mm}$，$i_{c2}=5.21\times10^{10}\text{N}\cdot\text{mm}$，$i_{b1}=2.6\times10^{10}\text{N}\cdot\text{mm}$，$i_{b2}=3.26\times10^{10}\text{N}\cdot\text{mm}$，计算竖向荷载作用下结构的弯矩、剪力，并画弯矩图、剪力图（图5-60）。

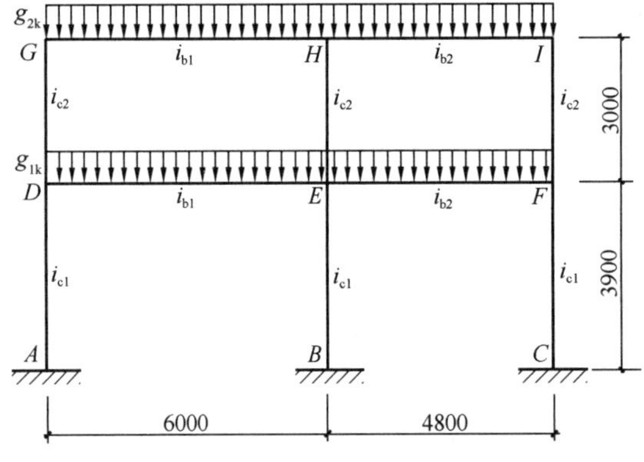

图 5-60 计算题 1 图

2. 已知 $i_b=4$，$i_c=1$，计算水平荷载作用下图5-61所示框架的弯矩、剪力，并画出弯矩图和剪力图。
3. 已知 $i_b=1$，$i_c=1$，计算水平荷载作用下图5-62所示框架的弯矩、剪力，并画出弯矩图和剪力图。

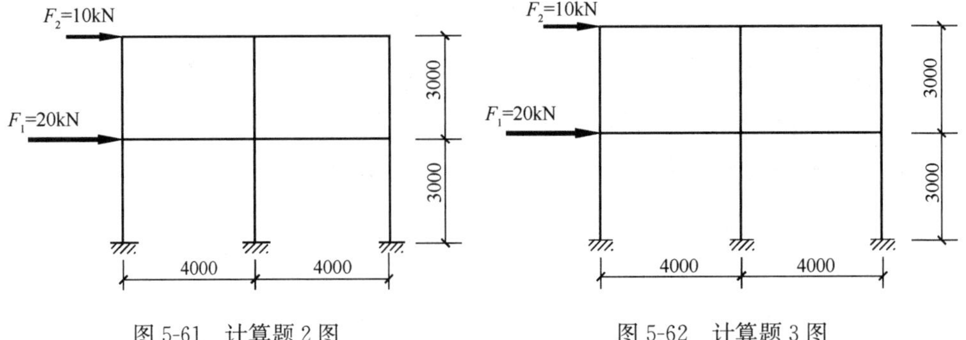

图 5-61 计算题 2 图　　图 5-62 计算题 3 图

第 6 章
剪力墙结构设计

6.1 剪力墙的结构布置及有关规定

6.1.1 结构布置

1. 平面布置

剪力墙结构应具有适宜的侧向刚度，平面布置宜简单、规则，宜沿两个主轴方向或其他方向双向布置剪力墙，形成空间结构，两个方向的侧向刚度不宜相差过大。抗震设计时，不应采用仅单向有墙的结构布置。

由于剪力墙结构的抗侧移刚度及承载力均较大，对于一般高层建筑结构，为充分利用剪力墙的刚度及承载力，减轻结构重量、增大室内空间，剪力墙不必布置过密，可将适当部位的室内分隔墙采用楼面梁及轻质填充墙来扩大剪力墙间距（如图 6-1 所示）。

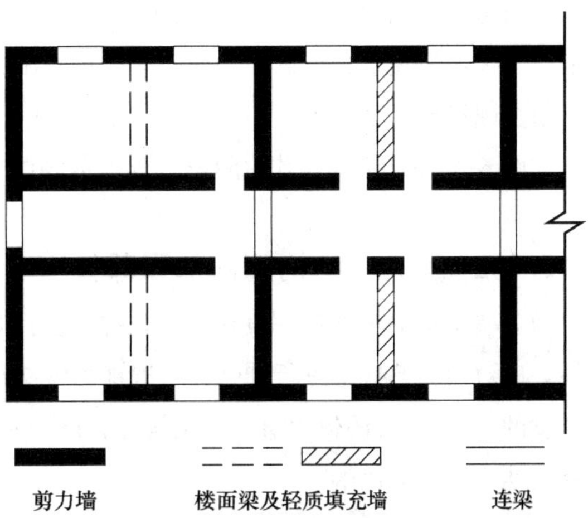

图 6-1　楼面梁及轻质填充墙取代剪力墙示意图

一般剪力墙的墙肢截面高度与厚度之比大于 8，由于部分剪力墙替换成填充墙，可能形成墙肢截面高度与厚度之比大于 4 但不大于 8 的剪力墙，即为短肢剪力墙。当墙肢的截面高度与厚度之比不大于 4 时，宜按框架柱进行截面设计。

由于短肢剪力墙在水平荷载作用下沿建筑高度可能有较多楼层的墙肢出现反弯点，受力特点接近异形柱，又承担较大的轴力和剪力，其抗震性能较差。因此，《高规》规定，抗震设计时，高层建筑结构不应全部采用短肢剪力墙；B级高度高层建筑以及抗震设防烈度为9度的A级高度高层建筑，不宜布置短肢剪力墙，不应采用具有较多短肢剪力墙的剪力墙结构。当采用具有较多短肢剪力墙的剪力墙结构，即为在规定的水平地震作用下，短肢剪力墙承担的底部倾覆力矩不小于结构底部总地震倾覆力矩的30%的剪力墙结构时，应符合下列规定：

(1) 在规定的水平地震作用下，短肢剪力墙承担的底部倾覆力矩不宜大于结构底部总地震倾覆力矩的50%；

(2) 房屋适用高度应比《高规》规定的剪力墙结构的最大适用高度适当降低，7度、8度（0.2g）和8度（0.3g）时分别不应大于100m、80m和60m。

2. 竖向布置

剪力墙宜自下到上连续布置，避免刚度突变。剪力墙结构应具有良好的延性，细高的剪力墙易于设计成弯曲破坏的延性剪力墙，从而可避免脆性的剪切破坏。因此，剪力墙不宜过长，较长剪力墙宜设置跨高比大于6的弱连梁将其分成长度较均匀的若干墙段，各墙段的高度与墙段长度之比不宜小于3，墙段长度不宜大于8m，这样墙肢受弯产生的裂缝宽度较小，墙体的配筋能够较充分发挥作用。

门窗洞口宜上下对齐、成列布置，形成明确的墙肢和连梁；宜避免造成墙肢宽度相差悬殊的洞口设置；抗震设计时，一、二、三级剪力墙的底部加强部位不宜采用上下洞口不对齐的错洞墙，全高均不宜采用洞口局部重叠的叠合错洞墙。

如无法避免错洞墙，宜控制错洞墙洞口间的水平距离不小于2m，并在洞口周边采取有效构造措施，如图6-2（a）、（b）所示；一、二、三级抗震等级的剪力墙均不宜采用叠合错洞墙，当无法避免叠合错洞布置时，应采用有限元方法进行精细化的分析计算，并在洞口周边采取加强措施，如图6-2（c）所示，或采用其他轻质材料填充将叠合洞口转化为规则洞口，如图6-2（d）所示，其中阴影部分表示轻质填充墙体。

6.1.2 剪力墙结构底部加强部位

剪力墙结构的塑性铰一般在底部，抗震设计时，为保证出现塑性铰后剪力墙具有足够的延性，应对剪力墙底部进行加强。一般剪力墙结构底部加强部位的高度可取底部两层和墙体总高度的1/10二者的较大值，当结构计算嵌固端位于地下一层底板或以下时，底部加强部位宜延伸到计算嵌固端。

6.1.3 剪力墙楼面梁、连梁的有关规定

当剪力墙墙肢与其平面外方向的单侧楼面梁连接时，应控制剪力墙平面外的弯矩。剪力墙的特点是平面内刚度及承载力大，而平面外刚度及承载力都相对很小，一般情况下并不考虑墙的平面外的刚度及承载力。当设置单侧楼面梁且梁高较大（大于2倍墙厚）时，梁端弯

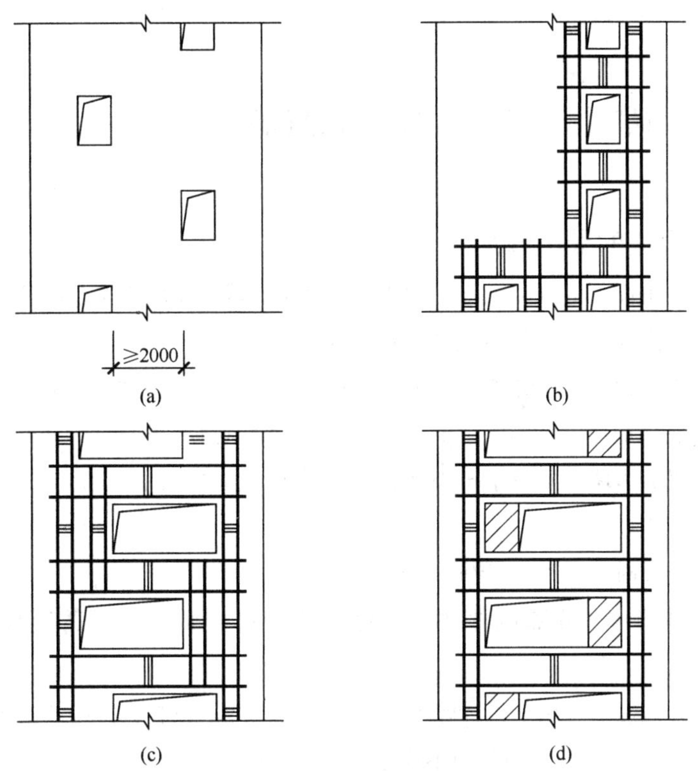

图 6-2　剪力墙洞口不对齐时的构造措施示意

(a) 一般错洞墙；(b) 底部局部错洞墙；(c) 叠合错洞墙构造之一；(d) 叠合错洞墙构造之二

矩对墙平面外的安全不利，因此应当采取如加大墙厚，设置扶壁柱、暗柱、型钢柱等相应措施，减小梁端部弯矩对墙的不利影响。另外，对截面较小的单侧楼面梁可设计为铰接或半刚接，减小墙肢平面外弯矩。铰接端或半刚接端可通过弯矩调幅或梁变截面来实现，此时应相应加大梁跨中弯矩。

单侧楼面梁或连续楼面梁的端部的水平钢筋应伸入剪力墙或扶壁柱，伸入长度应符合钢筋锚固要求。钢筋锚固段的水平投影长度，非抗震设计时不宜小于 $0.4l_{ab}$，抗震设计时不宜小于 $0.4l_{abE}$；当锚固段的水平投影长度不满足要求时，可将楼面梁伸出墙面形成梁头，梁的纵筋伸入梁头后弯折锚固，也可采取其他可靠的锚固措施。

剪力墙的连梁是指剪力墙结构中，剪力墙经规则开设门窗洞口或因剪力墙过长而开设的需用轻质材料填充的结构洞口后、在上下洞口间形成的、用于连接两侧剪力墙墙肢共同受力的梁，跨高比小于 5 的连梁应按《高规》中有关连梁的规定设计，跨高比不小于 5 的连梁（也称弱连梁）宜按框架梁设计。楼面梁不宜支承在剪力墙或核心筒的连梁上，因为楼面梁支撑在连梁上，连梁发生扭转，对连梁受力不利，另外也不能很好地约束楼面梁，因此要避免。如果是楼板次梁等截面较小的梁支撑在连梁上，次梁端部可按铰接考虑。

6.2 剪力墙的最小厚度及混凝土强度等级

6.2.1 剪力墙的最小厚度

为保证剪力墙平面外的刚度及稳定性能，剪力墙的截面厚度应符合下列规定：

（1）应符合《高规》附录 D 的墙体稳定验算要求。

（2）一、二级剪力墙：底部加强部位不应小于 200mm，其他部位不应小于 160mm；一字形独立剪力墙底部加强部位不应小于 220mm，其他部位不应小于 180mm。

（3）三、四级剪力墙：不应小于 160mm，一字形独立剪力墙的底部加强部位尚不应小于 180mm。

（4）非抗震设计时不应小于 160mm。

（5）剪力墙井筒中，分隔电梯井或管道井的墙肢截面厚度可适当减小，但不宜小于 160mm。

抗震设计时，短肢剪力墙的设计除应符合上述要求外，短肢剪力墙截面厚度，底部加强部位尚不应小于 200mm，其他部位尚不应小于 180mm。

6.2.2 混凝土强度等级

为了保证剪力墙的承载能力与变形性能，混凝土强度等级不宜太低，宜采用高强高性能混凝土。剪力墙结构混凝土强度等级不应低于 C25；带有筒体和短肢剪力墙的剪力墙结构的混凝土强度等级不宜低于 C30。

6.3 剪力墙结构的内力及侧移计算

6.3.1 竖向荷载作用下的内力计算要点

在竖向荷载作用下，剪力墙各墙肢主要产生轴向压力，任意一片剪力墙上轴向压力可按楼面传到该片剪力墙上的荷载以及墙体自重计算，即按照负荷面积计算轴向压力，不考虑弯矩作用。

6.3.2 水平荷载作用下的内力及侧移计算

1. 基本假定

（1）各片剪力墙在自身平面内的刚度很大，而在其平面外的刚度相对较小，可忽略不计；

（2）楼板在自身平面内的刚度无限大。

根据假定（1）可将空间体系的剪力墙结构简化为平面体系，见图 6-3。但纵墙的一部分可以作为横墙的有效翼缘，横墙的一部分也可以作为纵墙的有效翼缘。每一侧有效翼缘的宽度可取翼缘厚度的 6 倍、墙间距的一半和总高度的 1/20 中的最小值，且不大于至洞口边缘的距离。

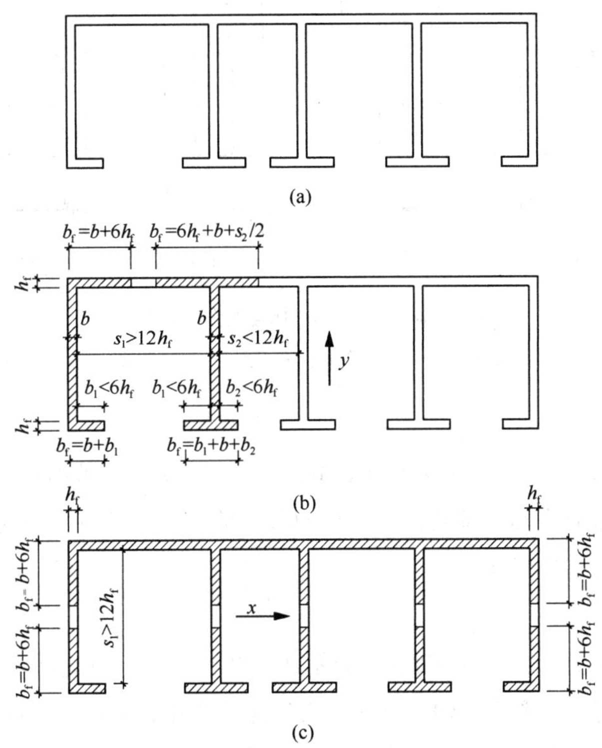

图 6-3 剪力墙简化计算模型

（a）剪力墙平面示意图；（b）y 向地震作用计算；（c）x 向地震作用计算

根据假定（2）（这里仅考虑平动，不考虑扭转的影响）可将整个房屋承受的水平荷载按各片剪力墙的等效刚度分配给各片剪力墙，然后进行单片剪力墙的内力及侧移计算。所谓等效刚度，就是按剪力墙顶点侧移相等的原则，考虑弯曲变形和剪切变形后，折算成一个竖向悬臂受弯构件的抗弯刚度。应当注意的是，根据等效刚度可以把层间剪力分配到每片剪力墙上，但每片剪力墙各墙肢之间如何分配剪力需要根据剪力墙的类型进行计算。

2. 单片剪力墙的受力特点及剪力墙分类

剪力墙在水平荷载作用下，内力分布情况和变形状态与其所开的洞口大小和数量有直接关系。在近似计算中分为四类：整体墙、整体小开口墙、联肢墙和壁式框架，见图6-4（a）～（e）。

（1）整体墙

包括没有洞口的实体墙或小洞口整截面墙，如图 6-4（a）、（b）所示，其受力状态如同竖向悬臂梁，当剪力墙高宽比较大时，受弯变形后截面仍保持平面，法向应力是线性分布的。

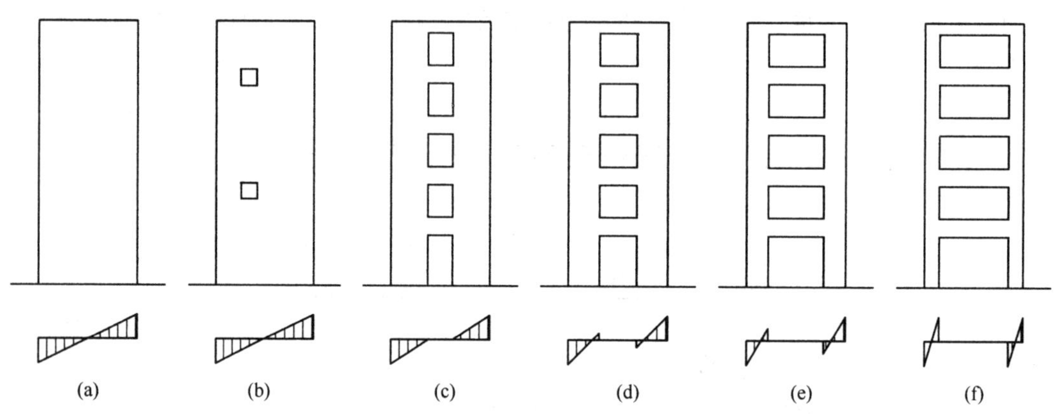

图 6-4　洞口大小对剪力墙工作特点的影响

（a）实体墙；（b）小洞口整截面墙；（c）整体小开口墙；（d）联肢墙；（e）壁式框架；（f）框架

（2）整体小开口墙

即洞口稍大的墙，如图 6-4（c）所示，截面上法向应力分布偏离直线分布，相当于整体弯曲引起的直线分布应力和局部弯曲应力的叠加。墙肢的局部弯矩不超过总弯矩的 15%，且墙肢大部分楼层没有反弯点。

（3）联肢墙

即洞口更大的情况，连梁的刚度比墙肢刚度小得多，剪力墙的整体性较弱，截面变形已不再符合平截面假定，如图 6-4（d）所示。此时连梁中部有反弯点，各墙肢单独作用较显著，可看成是若干单肢剪力墙由连梁连结而成。

（4）壁式框架

当洞口大而宽时，墙肢宽度较小，墙肢与连梁刚度相差不太大时，形成壁式框架。这时，从墙肢的法向应力分布来看，明显出现局部弯矩，如图 6-4（e）所示，在许多楼层内墙肢有反弯点。如果洞口再加大些，就演化成普通框架，如图 6-4（f）所示。

在剪力墙结构中，一般外纵墙因开窗较大、较多而属于壁式框架，山墙开窗较少、较小时属于小开口墙，内横墙和内纵墙开门较多而属于联肢墙或小开口墙。

3. 剪力墙类型判别

（1）整体墙判别条件

立面洞口面积小于等于 16%墙面面积，且净距［洞口间（包括上下洞口间）、孔洞至墙边］大于孔洞长边。

（2）整体小开口墙判别条件

当剪力墙由成列洞口划分为若干墙肢，各列墙肢和连梁的刚度比较均匀，并满足公式（6-1）的条件时，可按整体小开口墙计算。

$$\alpha \geqslant 10, \frac{I_n}{I} \leqslant \zeta \tag{6-1}$$

其中

$$\alpha = \begin{cases} H\sqrt{\dfrac{12I_b a^2}{h(I_1+I_2)l_b^3}\dfrac{I}{I_n}} & \text{（双肢墙）} \\ H\sqrt{\dfrac{12}{\tau h\sum\limits_{j=1}^{m+1}I_j}\sum\limits_{j=1}^{m}\dfrac{I_{bj}a_j^2}{l_{bj}^3}} & \text{（多肢墙）} \end{cases} \tag{6-2}$$

式中，α 为整体参数（α 为联肢墙内力及位移计算公式推导过程中得到的参数，推导过程见附录）；τ 为轴向变形影响系数，当 3～4 肢时取 0.8，5～7 肢时取 0.85，8 肢以上时取 0.9；I 为剪力墙对组合截面形心的惯性矩；I_n 为扣除墙肢惯性矩后剪力墙的惯性矩，$I_n = I - \sum\limits_{j=1}^{m+1} I_j$；$I_{bj}$ 为第 j 列连梁的折算惯性矩，$I_{bj} = \dfrac{I_{bj0}}{1+\dfrac{30\mu I_{bj0}}{A_{bj}l_{bj}^2}}$，其中 I_{bj0} 为第 j 列连梁的截面惯性矩，A_{bj} 为第 j 列连梁截面面积，μ 为截面形状系数，矩形截面 $\mu=1.2$；I_1、I_2 分别为墙肢 1、2 的截面惯性矩；m 为洞口列数；h 为层高；H 为剪力墙总高度；a 为洞口两侧墙肢截面形心距离；a_j 为第 j 列洞口两侧墙肢截面形心距离；l_{bj} 为第 j 列连梁计算跨度，取洞口宽度加梁高的一半；I_j 为第 j 墙肢的截面惯性矩；ζ 为系数，由 α 及层数按表 6-1 取用。

系数 ζ 的数值　**表 6-1**

层数 n / α	8	10	12	16	20	≥30
10	0.886	0.948	0.975	1.000	1.000	1.000
12	0.866	0.924	0.950	0.094	1.000	1.000
14	0.853	0.908	0.943	0.978	1.000	1.000
16	0.844	0.896	0.923	0.964	0.988	1.000
18	0.836	0.888	0.914	0.952	0.978	1.000
20	0.831	0.880	0.906	0.945	0.970	1.000
22	0.827	0.875	0.901	0.940	0.965	1.000
24	0.824	0.871	0.897	0.936	0.960	0.989
26	0.822	0.867	0.894	0.932	0.955	0.986
28	0.820	0.864	0.890	0.929	0.952	0.982
≥30	0.818	0.861	0.887	0.926	0.950	0.979

（3）联肢墙判别条件

$$1 \leqslant \alpha < 10 \tag{6-3}$$

注：当 $\alpha<1$ 时，可不考虑连梁的约束作用，各墙肢分别按单肢剪力墙计算。

（4）壁式框架判别条件

$$\alpha \geqslant 10, \frac{I_n}{I} > \zeta \tag{6-4}$$

4. 剪力墙的等效刚度

（1）单肢实体墙、小洞口整截面墙和整体小开口墙的等效刚度：根据材料力学方法，且忽略洞口的影响，认为平截面假定仍然适用，则等效刚度为：

$$EI_{eq} = \begin{cases} EI_w \Big/ \left(1 + \dfrac{4\mu EI_w}{GA_w H^2}\right) & \text{（均布荷载）} \\ EI_w \Big/ \left(1 + \dfrac{3.64\mu EI_w}{GA_w H^2}\right) & \text{（倒三角形分布荷载）} \\ EI_w \Big/ \left(1 + \dfrac{3\mu EI_w}{GA_w H^2}\right) & \text{（顶点集中荷载）} \end{cases} \tag{6-5}$$

G 为混凝土剪变模量，取为混凝土弹性模量的 0.4 倍，平均后可得到进一步简化的统一等效刚度计算公式为：

$$EI_{eq} = \frac{EI_w}{1 + \dfrac{9\mu I_w}{A_w H^2}} \tag{6-6}$$

式中，E 为混凝土的弹性模量；I_w为剪力墙的惯性矩，小洞口整截面墙取组合截面惯性矩，整体小开口墙取组合截面惯性矩的 80%；A_w为无洞口剪力墙的截面积，小洞口整截面墙取折算截面面积 $A_w = \left(1 - 1.25\sqrt{\dfrac{A_{0p}}{A_f}}\right)A$，整体小开口墙取墙肢截面面积之和，即 $A_w = \sum_{i=1}^{m} A_i$，其中 A 为墙截面毛面积（水平截面），A_{0p}为剪力墙洞口总面积（立面），A_f为剪力墙总墙面面积（立面），A_i为第 i 墙肢截面面积；H 为剪力墙总高度；μ 为截面形状系数，矩形截面 $\mu=1.2$，I 形截面 $\mu=A/A_{w0b}$，其中 A_{w0b}是腹板毛截面面积，T 形截面形状系数按表 6-2取值。

T 形截面形状系数 **表 6-2**

h_w/b_w \ b_f/b_w	2	4	6	8	10	12
2	1.383	1.496	1.521	1.511	1.483	1.445
4	1.441	1.876	2.287	2.682	3.061	3.424
6	1.362	1.697	2.033	2.367	2.698	3.026
8	1.313	1.572	1.838	2.106	2.374	2.641

续表

h_w/b_w \ b_f/b_w	2	4	6	8	10	12
10	1.283	1.489	1.707	1.927	2.148	2.370
12	1.264	1.432	1.614	1.800	1.988	2.178
15	1.245	1.374	1.519	1.669	1.820	1.973
20	1.288	1.317	1.422	1.534	1.648	1.763
30	1.214	1.264	1.328	1.399	1.473	1.549
40	1.208	1.240	1.234	1.334	1.387	1.442

注：b_f为翼缘宽度；h_w为截面高度；b_w为墙厚度。

（2）联肢墙、壁式框架可采用倒三角形分布荷载或均布荷载按本章方法计算其顶点位移，然后按下式之一折算其等效刚度：

采用均布荷载时：

$$EI_{eq}=\frac{qH^4}{8u_1}$$

采用倒三角形分布荷载时：

$$EI_{eq}=\frac{11q_{max}H^4}{120u_2}$$

式中，q、q_{max}分别为均布荷载值和倒三角形分布荷载的最大值；u_1、u_2分别为由均布荷载和倒三角形分布荷载产生的结构顶点位移。联肢墙的等效刚度还可按本章公式（6-49）计算，壁式框架的等效刚度可按本章公式（6-65）计算。

5. 各类剪力墙在水平荷载作用下内力及侧移计算公式

首先根据等效刚度的比值将整个房屋的水平力分配到各片剪力墙上，然后按下述方法对不同类型的剪力墙进行内力及侧移计算。

（1）整体墙内力与位移计算

1）整体墙包括实体墙和小洞口整截面墙，截面上的法向应力仍然保持直线分布，因此整体墙内力可按竖向悬臂受弯构件计算各截面的弯矩及剪力。

2）整体墙顶点侧移可按下式计算：

$$u=\begin{cases}\dfrac{qH^4}{8EI_{eq}} & \text{（均布荷载）}\\[2ex] \dfrac{11q_{max}H^4}{120EI_{eq}} & \text{（倒三角形分布荷载）}\\[2ex] \dfrac{PH^3}{3EI_{eq}} & \text{（顶点集中荷载）}\end{cases}\tag{6-7}$$

式中，EI_{eq}为剪力墙等效刚度，按式（6-5）计算，式（6-7）也可写为：

$$u=\begin{cases}\dfrac{qH^4}{8EI}\left(1+\dfrac{4\mu EI}{GA_wH^2}\right) & \text{(均布荷载)}\\ \dfrac{11q_{max}H^4}{120EI}\left(1+\dfrac{3.64\mu EI}{GA_wH^2}\right) & \text{(倒三角形分布荷载)}\\ \dfrac{PH^3}{3EI}\left(1+\dfrac{3\mu EI}{GA_wH^2}\right) & \text{(顶点集中荷载)}\end{cases} \tag{6-8}$$

3）整体墙层间相对侧移$\left(\dfrac{\Delta u}{h}\right)$计算（以均布荷载作用下的整体墙为例说明公式建立的步骤），如图 6-5 所示，在均布荷载 q 作用下竖向悬臂梁任一 λ 高度处的弯矩 $M_q(\lambda)$ 为：

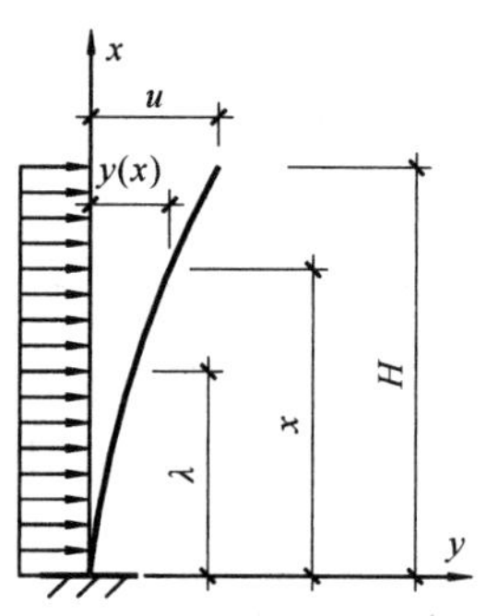

图 6-5　竖向悬臂梁侧移计算简图

$$M_q(\lambda)=\frac{q}{2}(H-\lambda)^2$$

该梁在任一 x 高度处的侧移曲线方程 $y(x)$ 为：

$$y(x)=\int_0^x\frac{M_q(\lambda)M_1(\lambda)}{EI_{eq}}\mathrm{d}\lambda=\int_0^x\frac{q}{2EI_{eq}}(H-\lambda)^2(x-\lambda)\mathrm{d}\lambda$$

$$=\frac{qH^4}{24EI_{eq}}\left[6\left(\frac{x}{H}\right)^2-4\left(\frac{x}{H}\right)^3+\left(\frac{x}{H}\right)^4\right] \tag{6-9}$$

式中，$M_1(\lambda)$ 为单位水平力作用在 x 高度处，梁内 0～x 段任一高度 λ 处的弯矩。$M_1(\lambda)=x-\lambda$，令 $\xi=\dfrac{x}{H}$，则公式（6-9）可变为：

$$y(\xi)=\frac{qH^4}{24EI_{eq}}(6\xi^2-4\xi^3+\xi^4) \tag{6-10}$$

分别对公式（6-10）连续微分两次，有：

$$\frac{\mathrm{d}y}{\mathrm{d}x}=\frac{qH^3}{6EI_{eq}}(3\xi-3\xi^2+\xi^3) \tag{6-11}$$

$$\frac{\mathrm{d}^2y}{\mathrm{d}x^2}=\frac{qH^2}{2EI_{eq}}(1-2\xi+\xi^2) \tag{6-12}$$

由公式（6-12）可知，当 $\xi=1$ 时，$\dfrac{\mathrm{d}^2y}{\mathrm{d}x^2}=0$，此时 $\dfrac{\mathrm{d}y}{\mathrm{d}x}$ 达到最大值，所以：

$$\left(\frac{\Delta u}{h}\right)_{max}=\left(\frac{\mathrm{d}y}{\mathrm{d}x}\right)_{max}=\frac{qH^3}{6EI_{eq}}[3\xi-3\xi^2+\xi^3]_{\xi=1} \tag{6-13}$$

则

$$\left(\frac{\Delta u}{h}\right)_{max}=\frac{V_0H^2}{6EI_{eq}}\quad\text{(均布荷载)} \tag{6-14}$$

同理可得（推导过程从略）：

$$\left(\frac{\Delta u}{h}\right)_{max}=\frac{V_0H^2}{4EI_{eq}}\quad\text{(倒三角形分布荷载)} \tag{6-15}$$

$$\left(\frac{\Delta u}{h}\right)_{max}=\frac{V_0H^2}{2EI_{eq}}\quad\text{(顶点集中荷载)} \tag{6-16}$$

式中，V_0为底部总剪力；EI_{eq}为剪力墙的等效刚度，可按公式（6-6）计算。

（2）整体小开口墙内力与位移计算

1）内力（以一列洞口为例建立计算公式）

整体小开口墙，在水平荷载作用下按悬臂构件计算的x高度处的总弯矩$M(x)$、总剪力$V(x)$及1-1截面上的正应力分布，见图6-6。此时的特点是正应力不再保持直线分布，存在局部弯曲应力的影响。因此，整体小开口墙不能直接利用总弯矩、总剪力作为内力进行截面设计，而应分别求出各墙肢的M_j、V_j及连梁的内力，然后分别对各墙肢及连梁进行截面设计。

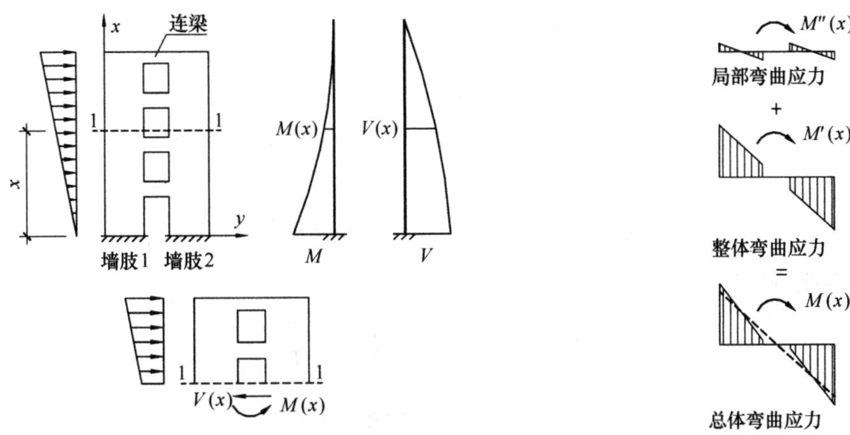

图6-6　整体小开口墙的受力特点

研究结果表明，小开口墙总弯矩$M(x)$由整体弯曲对应的弯矩M'和局部弯曲对应的弯矩M''两部分构成，二者的比例为：

$$M' = 0.85M(x) \tag{6-17}$$

$$M'' = 0.15M(x) \tag{6-18}$$

如图6-7所示，整体弯矩M'引起的墙肢应力分布相当于各墙肢上分别有一组弯矩和轴力共同作用的结果，其中各墙肢轴力分别为：

$$N'_1 = \sigma_{1中}A_1 = \frac{M'}{I}y_1A_1 \tag{6-19}$$

$$N'_2 = \sigma_{2中}A_2 = \frac{M'}{I}y_2A_2 \tag{6-20}$$

整体弯矩M'引起的各墙肢弯矩可由墙肢边缘应力相等的条件导出，即：

$$\frac{M'}{I}\left(y_1+\frac{h_1}{2}\right)=\frac{M'_1}{I_1}\frac{h_1}{2}+\frac{N'_1}{A_1}=\frac{M'_1}{I_1}\frac{h_1}{2}+\frac{M'}{I}y_1 \tag{6-21}$$

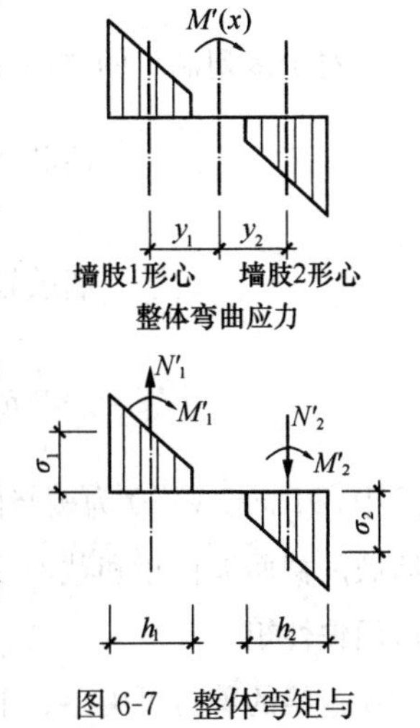

图6-7　整体弯矩与墙肢内力的关系

由此可得：

$$M_1' = M' \frac{I_1}{I} = 0.85M(x) \frac{I_1}{I} \tag{6-22}$$

同理可得：

$$M_2' = 0.85M(x) \frac{I_2}{I} \tag{6-23}$$

局部弯矩 M''在各墙肢中引起的弯矩可近似按各墙肢的惯性矩进行分配，即：

$$M_1'' = 0.15M(x) \frac{I_1}{I_1 + I_2} \tag{6-24}$$

$$M_2'' = 0.15M(x) \frac{I_2}{I_1 + I_2} \tag{6-25}$$

各墙肢受到的全部弯矩为：

$$M_1 = M_1' + M_1'' = 0.85M(x) \frac{I_1}{I} + 0.15M(x) \frac{I_1}{I_1 + I_2} \tag{6-26}$$

$$M_2 = M_2' + M_2'' = 0.85M(x) \frac{I_2}{I} + 0.15M(x) \frac{I_2}{I_1 + I_2} \tag{6-27}$$

各墙肢受到的轴力为：

$$N_1 = N_1' = 0.85M(x) \frac{y_1 A_1}{I} \tag{6-28}$$

$$N_2 = N_2' = 0.85M(x) \frac{y_2 A_2}{I} \tag{6-29}$$

各墙肢受到的剪力可近似按下式计算：

$$V_1 = \frac{V(x)}{2}\left(\frac{A_1}{A_1 + A_2} + \frac{I_1}{I_1 + I_2}\right) \tag{6-30}$$

$$V_2 = \frac{V(x)}{2}\left(\frac{A_2}{A_1 + A_2} + \frac{I_2}{I_1 + I_2}\right) \tag{6-31}$$

对于多列洞口的整体小开口墙各墙肢的内力可按公式（6-32）计算：

$$\left.\begin{aligned} &\text{墙肢弯矩} \quad M_j = 0.85M(x) \frac{I_j}{I} + 0.15M(x) \frac{I_j}{\Sigma I_j} \\ &\text{墙肢轴力} \quad N_j = \pm 0.85M(x) \frac{y_j A_j}{I} \\ &\text{墙肢剪力} \quad V_j = \frac{V(x)}{2}\left(\frac{A_j}{\Sigma A_j} + \frac{I_j}{\Sigma I_j}\right) \end{aligned}\right\} \tag{6-32}$$

式中，$M(x)$、$V(x)$ 为按竖向悬臂受弯构件计算的 x 高度处的弯矩和剪力；I_j、A_j 分别为第 j 墙肢的截面惯性矩和截面面积；y_j 为第 j 墙肢的截面形心至组合截面形心的距离；I 为组合截面惯性矩。

连梁的剪力可由上、下墙肢的轴力差计算，然后根据连梁的剪力，可求连梁的端部弯矩，即：

$$V_{bij}=N_{ij}-N_{(i-1)j} \tag{6-33}$$

$$M_{bij}=V_{bij}l_{bj}/2 \tag{6-34}$$

式中，V_{bij}、M_{bij}分别为第i层第j列连梁的剪力和弯矩；N_{ij}、$N_{(i-1)j}$分别为第i层第j列墙肢以及第（i－1）层第j列墙肢的轴力；l_{bj}为第j列连梁的计算跨度。

对于多数墙肢基本均匀，又符合整体小开口墙条件的剪力墙，当有个别细小墙肢时，仍可按整体小开口墙计算内力，但小墙肢端部宜按下式计算附加局部弯曲的影响：

$$M_j=M_{j0}+\Delta M_j \tag{6-35}$$

$$\Delta M_j=V_j\frac{h_0}{2} \tag{6-36}$$

式中，M_{j0}为按整体小开口墙计算的墙肢弯矩；ΔM_j为由于小墙肢局部弯曲增加的弯矩；V_j为第j墙肢剪力；h_0为洞口高度。

2）整体小开口墙的顶点位移

由于洞口的存在，墙体的整体抗弯刚度减弱，因此将按材料力学公式计算的侧移增大20％考虑洞口的影响，即为：

$$u=\begin{cases}1.2\times\dfrac{qH^4}{8EI}\left(1+\dfrac{4\mu EI}{GA_wH^2}\right) & （均布荷载）\\ 1.2\times\dfrac{11q_{max}H^4}{120EI}\left(1+\dfrac{3.64\mu EI}{GA_wH^2}\right) & （倒三角形分布荷载）\\ 1.2\times\dfrac{PH^3}{3EI}\left(1+\dfrac{3\mu EI}{GA_wH^2}\right) & （顶点集中荷载）\end{cases} \tag{6-37}$$

式中，A_w为截面总面积，$A=\sum_{j=1}^{m+1}A_j$。

则整体小开口墙的等效抗弯刚度为：

$$EI_{eq}=\begin{cases}0.8EI/\left(1+\dfrac{4\mu EI}{GA_wH^2}\right) & （均布荷载）\\ 0.8EI/\left(1+\dfrac{3.64\mu EI}{GA_wH^2}\right) & （倒三角形分布荷载）\\ 0.8EI/\left(1+\dfrac{3\mu EI}{GA_wH^2}\right) & （顶点集中荷载）\end{cases} \tag{6-38}$$

可根据G＝0.4E将其简化为统一的等效刚度计算公式：

$$EI_{eq}=\frac{0.8EI}{1+\dfrac{9\mu I}{A_wH^2}} \tag{6-39}$$

已知整体小开口墙的等效抗弯刚度，则层间相对侧移最大值可按式（6-14）～式（6-16）计算。

（3）联肢墙内力与位移计算（推导过程见附录）

1）联肢墙的几何特征及基本参数

a. 连梁考虑剪切变形的折算惯性矩

$$I_{bj}=\frac{I_{bj0}}{1+\dfrac{30\mu I_{bj0}}{A_{bj}l_{bj}^2}} \tag{6-40}$$

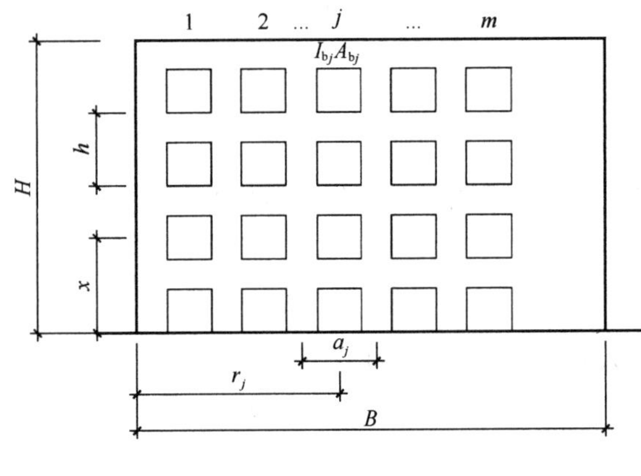

图 6-8　联肢剪力墙

式中，I_{bj0}为第 j 列连梁的截面惯性矩；A_{bj}为第 j 列连梁的截面面积；l_{bj}为第 j 列连梁计算跨度，取洞口宽度加梁高的一半，且 l_{bj}不应大于两侧墙肢截面形心间的距离 a_j，如图 6-8 所示；μ 为截面形状系数。

b. 连梁的刚度特征

$$D_j=\frac{2a_j^2I_{bj}}{l_{bj}^3} \tag{6-41}$$

$$D_j'=\frac{2a_jI_{bj}}{l_{bj}^2} \tag{6-42}$$

c. 轴向变形影响参数 τ

双肢墙的轴向变形影响参数 τ 为：

$$\tau=as_1/(I_1+I_2+as_1) \tag{6-43}$$

$$s_1=aA_1A_2/(A_1+A_2) \tag{6-44}$$

式中，A_1、A_2、I_1、I_2分别为墙肢 1、2 的截面面积和惯性矩；a 为墙肢截面形心距离；多肢墙的参数 τ：3～4 肢时取 0.8，5～7 肢时取 0.85，8 肢以上时取 0.9。

d. 剪切参数

$$\gamma^2=\frac{2.5\mu\sum_{j=1}^{m+1}I_j\sum_{j=1}^{m}D_j'}{H^2\sum_{j=1}^{m+1}A_j\sum_{j=1}^{m}D_j} \tag{6-45}$$

当墙肢及连梁比较均匀时，可近似取 γ^2 的算式为：

$$\gamma^2=\frac{2.5\mu\sum_{j=1}^{m+1}I_j\sum_{j=1}^{m}l_{bj}}{H^2\sum_{j=1}^{m+1}A_j\sum_{j=1}^{m}a_j} \tag{6-46}$$

$$\gamma_1^2=\frac{2.5\mu\sum_{j=1}^{m+1}I_j}{H^2\sum_{j=1}^{m+1}A_j} \tag{6-47}$$

$$\beta = \alpha^2 \gamma^2 \tag{6-48}$$

整体参数 α 按公式（6-2）计算。

当墙肢少、层数多，$H/B \geqslant 4$ 时，可不考虑剪切变形的影响，取 $\gamma_1^2 = \gamma^2 = \beta = 0$。

2）等效刚度 EI_{eq} 计算公式

$$EI_{eq} = \begin{cases} \Sigma EI_j / [(1-\tau) + (1-\beta)\tau\psi_\alpha + 3.64\gamma_1^2] & \text{（倒三角形分布荷载）} \\ \Sigma EI_j / [(1-\tau) + (1-\beta)\tau\psi_\alpha + 4\gamma_1^2] & \text{（均布荷载）} \\ \Sigma EI_j / [(1-\tau) + (1-\beta)\tau\psi_\alpha + 3\gamma_1^2] & \text{（顶点集中荷载）} \end{cases} \tag{6-49}$$

式中，ψ_α 可由表 6-3 查出。

ψ_α 值　　表 6-3

α	倒三角形分布荷载	均布荷载	顶点集中荷载	α	倒三角形分布荷载	均布荷载	顶点集中荷载
1.0	0.720	0.722	0.715	6.0	0.077	0.080	0.069
1.5	0.537	0.540	0.528	6.5	0.067	0.070	0.060
2.0	0.399	0.403	0.388	7.0	0.059	0.061	0.052
2.5	0.302	0.306	0.290	7.5	0.052	0.054	0.046
3.0	0.234	0.238	0.222	8.0	0.046	0.048	0.041
3.5	0.186	0.190	0.175	8.5	0.042	0.043	0.036
4.0	0.151	0.155	0.140	9.0	0.037	0.039	0.032
4.5	0.125	0.128	0.115	9.5	0.034	0.035	0.029
5.0	0.105	0.108	0.096	10.0	0.031	0.032	0.027
5.5	0.089	0.092	0.081				

3）联肢墙的内力

a. 连梁的剪力和弯矩

i 层第 j 根连梁剪力、弯矩计算公式为：

$$V_{bij} = \frac{\eta_j}{a_j} \tau h V_0 [(1-\beta)\phi_1 + \beta\phi_2] \tag{6-50}$$

$$M_{bij} = \frac{1}{2} V_{bij} l_n \tag{6-51}$$

式中，a_j 为第 j 列洞口两侧墙肢截面形心间距离；ϕ_1、ϕ_2 为参数，根据 α、ξ 由表 6-4 ～表 6-7查取；V_0 为该片联肢墙承受的底部总剪力；l_n 为连梁净跨（即洞口宽度）；η_j 为第 j 列连梁约束弯矩分配系数，对于多肢墙：

$$\eta_j = \frac{D_j \varphi_j}{\Sigma D_j \varphi_j}$$

其中，$\varphi_j = \dfrac{1}{1+\alpha/4}\left[1 + 1.5\alpha \dfrac{\gamma_i}{B}\left(1 - \dfrac{\gamma_j}{B}\right)\right]$。

式中，γ_j 为第 j 列连梁中点距墙边的距离；B 为总宽，如图 6-8 所示。对于双肢墙，$\eta = 1$。

倒三角形分布荷载下的ϕ_1值 表 6-4

ξ \ α	1.0	1.5	2.0	2.5	3.0	3.5	4.0	4.5	5.0	5.5	6.0	6.5	7.0	7.5	8.0	8.5	9.0	9.5	10.0
0.00	0.000	0.000	0.000	0.000	0.000	0.000	0.000	0.000	0.000	0.000	0.000	0.000	0.000	0.000	0.000	0.000	0.000	0.000	0.000
0.05	0.025	0.047	0.069	0.092	0.115	0.137	0.159	0.181	0.202	0.222	0.242	0.262	0.280	0.299	0.316	0.334	0.351	0.367	0.383
0.10	0.048	0.089	0.130	0.171	0.210	0.248	0.285	0.321	0.354	0.386	0.417	0.446	0.473	0.499	0.523	0.546	0.568	0.588	0.609
0.15	0.069	0.126	0.182	0.236	0.288	0.337	0.383	0.426	0.467	0.504	0.539	0.571	0.601	0.629	0.654	0.678	0.700	0.720	0.738
0.20	0.087	0.158	0.226	0.290	0.350	0.406	0.457	0.504	0.547	0.587	0.622	0.654	0.683	0.709	0.733	0.754	0.774	0.791	0.807
0.25	0.103	0.185	0.263	0.334	0.399	0.458	0.511	0.559	0.602	0.640	0.674	0.704	0.731	0.755	0.775	0.794	0.810	0.824	0.837
0.30	0.118	0.200	0.293	0.368	0.435	0.495	0.548	0.594	0.636	0.671	0.703	0.730	0.753	0.774	0.791	0.807	0.820	0.831	0.841
0.35	0.130	0.228	0.317	0.394	0.461	0.519	0.570	0.614	0.652	0.685	0.712	0.736	0.756	0.774	0.788	0.801	0.811	0.820	0.828
0.40	0.140	0.244	0.335	0.412	0.477	0.533	0.580	0.620	0.654	0.683	0.707	0.728	0.745	0.759	0.771	0.781	0.789	0.796	0.802
0.45	0.149	0.256	0.348	0.423	0.485	0.537	0.579	0.615	0.645	0.670	0.690	0.707	0.721	0.733	0.742	0.750	0.757	0.762	0.767
0.50	0.156	0.266	0.357	0.429	0.487	0.533	0.570	0.601	0.626	0.647	0.663	0.677	0.688	0.697	0.705	0.711	0.716	0.721	0.724
0.55	0.161	0.272	0.362	0.430	0.482	0.522	0.554	0.579	0.599	0.616	0.629	0.639	0.648	0.655	0.661	0.665	0.669	0.672	0.675
0.60	0.165	0.276	0.363	0.426	0.472	0.506	0.532	0.552	0.567	0.579	0.588	0.596	0.601	0.606	0.610	0.614	0.616	0.619	0.621
0.65	0.168	0.279	0.362	0.419	0.459	0.486	0.506	0.519	0.530	0.537	0.543	0.547	0.550	0.553	0.555	0.557	0.559	0.560	0.561
0.70	0.170	0.279	0.358	0.410	0.443	0.463	0.476	0.484	0.489	0.492	0.494	0.496	0.497	0.497	0.497	0.497	0.498	0.498	0.498
0.75	0.171	0.278	0.353	0.399	0.425	0.439	0.446	0.448	0.448	0.447	0.445	0.443	0.440	0.439	0.437	0.436	0.434	0.433	0.433
0.80	0.172	0.277	0.347	0.388	0.408	0.415	0.416	0.412	0.407	0.402	0.396	0.390	0.385	0.381	0.377	0.373	0.371	0.368	0.366
0.85	0.172	0.275	0.341	0.377	0.391	0.393	0.388	0.380	0.370	0.360	0.350	0.341	0.333	0.326	0.320	0.314	0309	0.305	0.301
0.90	0.171	0.273	0.336	0.367	0.377	0.374	0.365	0.352	0.338	0.324	0.311	0.299	0.288	0.278	0.270	0.262	0.255	0.248	0.243
0.95	0.171	0.271	0.332	0.360	0.367	0.361	0.348	0.332	0.316	0.299	0.283	0.269	0.256	0.243	0.233	0.223	0.214	0.205	0.198
1.00	0.171	0.270	0.331	0.358	0.363	0.356	0.342	0.325	0.307	0.289	0.273	0.257	0.243	0.230	0.218	0.207	0.197	0.188	0.179

均布荷载下的 ϕ_1 值　　表 6-5

ξ \ α	1.0	1.5	2.0	2.5	3.0	3.5	4.0	4.5	5.0	5.5	6.0	6.5	7.0	7.5	8.0	8.5	9.0	9.5	10.0
0.00	0.000	0.000	0.000	0.000	0.000	0.000	0.000	0.000	0.000	0.000	0.000	0.000	0.000	0.000	0.000	0.000	0.000	0.000	0.000
0.05	0.019	0.036	0.054	0.074	0933	0.113	0.133	0.152	0.171	0.190	0209	0.227	0.245	0.262	0.279	0.296	0.312	0.328	0.343
0.10	0.036	0.067	0.100	0.134	0.167	0.200	0.233	0.264	0.294	0.323	0.351	0.378	0.403	0.427	0.450	0.472	0.493	0.513	0.532
0.15	0.050	0.094	0.138	0.182	0.225	0.266	0.306	0.344	0.379	0.413	0.444	0.473	0.500	0.525	0.548	0.570	0.590	0.609	0.626
0.20	0.063	0.116	0.169	0.220	0.269	0.315	0.358	0.398	0.435	0.469	0.500	0.528	0.553	0.577	0.598	0.617	0.634	0.650	0.664
0.25	0.074	0.135	0.194	0.249	0.300	0.348	0.392	0.431	0.467	0.499	0.528	0.554	0.576	0.597	0.614	0.630	0.644	0.657	0.667
0.30	0.083	0.150	0.212	0.270	0.322	0.369	0.411	0.449	0.482	0.511	0.537	0.559	0.578	0.595	0.609	0.622	0.632	0.642	0.650
0.35	0.091	0.162	0.226	0.284	0.335	0.380	0.419	0.453	0.483	0.508	0.530	0.549	0.565	0.578	0.589	0.599	0.607	0.614	0.619
0.40	0.097	0.171	0.236	0.293	0.341	0.382	0.418	0.448	0.474	0.495	0.513	0.528	0.541	0.551	0.560	0.567	0.573	0.577	0.581
0.45	0.103	0.178	0.242	0.296	0.341	0.378	0.409	0.435	0.456	0.474	0.488	0.500	0.510	0.517	0.524	0.529	0.533	0.536	0.539
0.50	0.106	0.182	0.246	0.296	0.336	0.369	0.395	0.416	0.433	0.447	0.458	0.467	0.474	0.479	0.483	0.487	0.490	0.492	0.493
0.55	0.109	0.185	0.246	0.293	0.328	0.355	0.376	0.393	0.406	0.416	0.424	0.430	0.434	0.438	0.441	0.443	0.444	0.445	0.446
0.60	0.111	0.186	0.245	0.287	0.317	0.339	0.355	0.367	0.376	0.382	0.387	0.390	0.393	0.395	0.396	0.397	0.398	0.398	0.399
0.65	0.113	0.187	0.242	0.279	0.304	0.321	0.332	0.339	0.344	0.347	0.349	0.350	0.351	0.351	0.351	0.351	0.351	0.351	0.351
0.70	0.114	0.186	0.237	0.270	0.290	0.302	0.308	0.311	0.312	0.312	0.312	0.310	0.309	0.308	0.300	0.306	0.305	0.304	0.303
0.75	0.114	0.185	0.233	0.261	0.276	0.283	0.285	0.284	0.281	0.278	0.257	0.272	0.269	0.226	0.264	0.262	0.260	0.258	0.257
0.80	0.114	0.183	0.228	0.252	0.263	0.265	0.263	0.258	0.252	0.246	0.241	0.235	0.231	0.227	0.223	0.220	0.217	0.215	0.213
0.85	0.114	0.181	0.223	0.244	0.251	0.249	0.243	0.235	0.226	0.218	0.210	0.203	0.196	0.191	0.186	0.181	0.178	0.174	0.171
0.90	0.113	0.179	0.210	0.237	0.241	0.236	0.227	0.217	0.206	0.195	0.185	0.176	0.168	0.161	0.155	0.149	0.144	0.140	0.136
0.95	0.113	0.178	0.217	0.233	0.234	0.228	0.217	0.204	0.191	0.179	0.168	0.157	0.148	0.140	0.133	0.126	0.120	0.115	0.110
1.00	0.113	0.178	0.216	0.231	0.232	0.224	0.213	0.199	0.186	0.173	0.161	0.150	0.141	0.132	0.124	0.117	0.110	0.105	0.099

顶点集中荷载下的 ϕ_1 值 **表 6-6**

ξ \ α	1.0	1.5	2.0	2.5	3.0	3.5	4.0	4.5	5.0	5.5	6.0	6.5	7.0	7.5	8.0	8.5	9.0	9.5	10.0
0.00	0.000	0.000	0.000	0.000	0.000	0.000	0.000	0.000	0.000	0.000	0.000	0.000	0.000	0.000	0.000	0.000	0.000	0.000	0.000
0.05	0.036	0.065	0.054	0.115	0.138	0.160	0.181	0.201	0.221	0.240	0.259	0.277	0.295	0.312	0.329	0.346	0.362	0.378	0.393
0.10	0.671	0.125	0.174	0.217	0.257	0.294	0.329	0.362	0.393	0.423	0.451	0.478	0.503	0.5 力	0.550	0.572	0.593	0.613	0.632
0.15	0.103	0.179	0.248	0.307	0.360	0.407	0.450	0.490	0.527	0.561	0.593	0.622	0.650	0.675	0.698	0.720	0.740	0.759	0.776
0.20	0.133	0.230	0.314	0.386	0.448	0.502	0.550	0.593	0.632	0.667	0.698	0.727	0.753	0.776	0.798	0.817	0.834	0.850	0.864
0.25	0.161	0.276	0.374	0.455	0.523	0.581	0.631	0.675	0.713	0.747	0.776	0.803	0.826	0.846	0.864	0.880	0.894	0.907	0.917
0.30	0.186	0.318	0.428	0.516	0.588	0.647	0.697	0.740	0.776	0.807	0.843	0.857	0.877	0.894	0.909	0.921	0.932	0.942	0.950
0.35	0.210	0.356	0.476	0.569	0.643	0.703	0.752	0.792	0.826	0.854	0.877	0.897	0.913	0.927	0.939	0.948	0.957	0.964	0.969
0.40	0.231	0.390	0.518	0.616	0.691	0.760	0.796	0.843	0.864	0.889	0.909	0.925	0.939	0.950	0.959	0.966	0.972	0.977	0.981
0.45	0.251	0.421	0.556	0.656	0.731	0.788	0.832	0.867	0.893	0.915	0.932	0.946	0.957	0.965	0.972	0.978	0.982	0.986	0.988
0.50	0.269	0.449	0.589	0.692	0.766	0.821	0.862	0.893	0.917	0.935	0.950	0.961	0.969	0.976	0.981	0.958	0.988	0.991	0.993
0.55	0.285	0.474	0.619	0.722	0.795	0.848	0.886	0.914	0.935	0.951	0.962	0.971	0.978	0.983	0.987	0.990	0.992	0.994	0.995
0.60	0.299	0.496	0.644	0.748	0.820	0.870	0.905	0.931	0.949	0.962	0.972	0.979	0.984	0.998	0.991	0.993	0.995	0.996	0.997
0.65	0.311	0.515	0.666	0.770	0.840	0.888	0.921	0.944	0.960	0.971	0.979	0.985	0.989	0.992	0.994	0.996	0.997	0.997	0.998
0.70	0.322	0.531	0.684	0.788	0.857	0.903	0.933	0.954	0.968	0.977	0.984	0.989	0.992	0.994	0.996	0.997	0.998	0.998	0.999
0.75	0.331	0.544	0.700	0.804	0.871	0.915	0.943	0.962	0.974	0.982	0.988	0.992	0.994	0.996	0.997	0.998	0.998	0.999	0.999
0.80	0.338	0.555	0.721	0.816	0.882	0.924	0.951	0.968	0.975	0.986	0.991	0.994	0.996	0.997	0.998	0.998	0.999	0.999	0.999
0.85	0.344	0.564	0.722	0.825	0.890	0.931	0.956	0.972	0.982	0.988	0.992	0.995	0.997	0.998	0.998	0.999	0.999	0.999	0.999
0.90	0.348	0.570	0.728	0.831	0.896	0.935	0.960	0.975	0.984	0.990	0.994	0.996	0.997	0.998	0.999	0.999	0.999	0.999	0.999
0.95	0.351	0.573	0.732	0.853	0.899	0.938	0.962	0977	0.986	0.991	0.994	0.996	0.998	0.998	0.999	0.999	0.999	0.999	0.999
1.00	0.351	0.574	0.734	0.836	0.900	0.939	0.963	0.977	0.986	0.991	0.985	0.996	0.998	0.998	0.999	0.999	0.999	0.999	0.999

b. 墙肢轴力、弯矩及剪力计算公式

$$\left.\begin{aligned} &i\text{ 层第 1 墙肢轴力} && N_{i1}=\sum_{k=i}^{n}V_{bk1} \\ &i\text{ 层第 } j \text{ 墙肢轴力} && N_{ij}=\sum_{k=i}^{n}(V_{bkj}-V_{bk,j-1}) \\ &i\text{ 层第}(m+1)\text{ 墙肢轴力} && N_{i,m+1}=\sum_{k=i}^{n}V_{bkm} \end{aligned}\right\} \tag{6-52}$$

i 层第 j 墙肢弯矩

$$M_{ij}=\frac{I_j}{\sum_{j=1}^{m+1}I_j}\left(M_{pi}-\sum_{k=i}^{n}M_{0k}\right) \tag{6-53}$$

i 层第 j 墙肢剪力

$$V_{ij}=\frac{I'_j}{\sum_{j=1}^{m+1}I'_j}V_{pi} \tag{6-54}$$

式中，I'_j 为墙肢 j 的折算惯性矩，$I'_j=\dfrac{I_j}{1+\dfrac{30\mu I_j}{A_jh^2}}$；$M_{pi}$、$V_{pi}$ 为该片联肢墙第 i 层由外荷载产生的弯矩和剪力；M_{0k} 为第 k 层（$k\geqslant i$）的总约束弯矩，$M_{0k}=\tau hV_0[(1-\beta)\phi_1+\beta\phi_2]$，$V_0$ 为该片联肢墙承受的底部总剪力。

系数 ϕ_2（ξ）的数值　　**表 6-7**

ξ	倒三角形分布荷载	均布荷载	顶点集中荷载	ξ	倒三角形分布荷载	均布荷载	顶点集中荷载
0.00	1.000	1.000	1.000	0.55	0.679	0.499	1.000
0.05	0.997	0.949	1.000	0.60	0.639	0.399	1.000
0.10	0.989	0.899	1.000	0.65	0.577	0.349	1.000
0.15	0.977	0.849	1.000	0.70	0.508	0.299	1.000
0.20	0.958	0.799	1.000	0.75	0.437	0.249	1.000
0.25	0.937	0.749	1.000	0.80	0.359	0.199	1.000
0.30	0.909	0.699	1.000	0.85	0.277	0.149	1.000
0.35	0.877	0.649	1.000	0.90	0.189	0.099	1.000
0.40	0.839	0.599	1.000	0.95	0.097	0.049	1.000
0.45	0.797	0.549	1.000	1.00	0.000	0.000	1.000
0.50	0.749	0.499	1.000				

4）联肢墙的顶点位移

$$u=\begin{cases}\dfrac{11}{60}\times\dfrac{V_0H^3}{EI_{eq}} & \text{（倒三角形分布荷载）}\\[2ex] \dfrac{1}{8}\times\dfrac{V_0H^3}{EI_{eq}} & \text{（均布荷载）}\\[2ex] \dfrac{1}{3}\times\dfrac{V_0H^3}{EI_{eq}} & \text{（顶点集中荷载）}\end{cases} \tag{6-55}$$

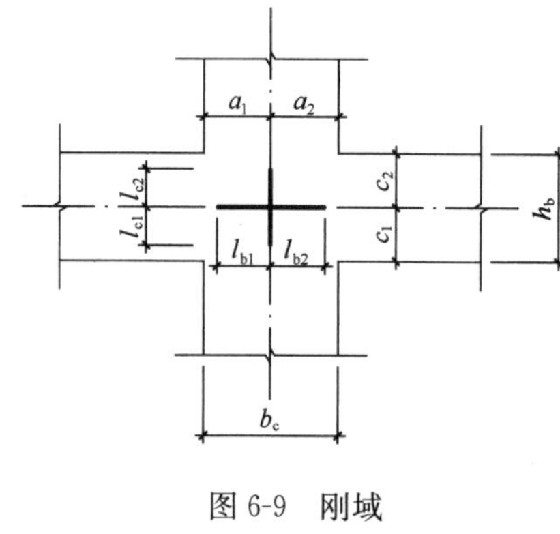

图 6-9　刚域

式中，EI_{eq}为联肢墙的等效刚度，按照公式（6-49）计算。

（4）壁式框架内力计算

壁式框架梁、柱截面高度都很大，因此梁柱节点区域的尺寸很大，形成一个不易产生弯曲变形与剪切变形的刚性很大的区域，即刚域，如图 6-9 所示，因此梁柱成为带刚域的杆件。

梁柱轴线由梁和柱的形心轴线决定，刚域的长度可按下式计算：

$$\left.\begin{aligned} l_{b1} &= a_1 - 0.25h_b \\ l_{b2} &= a_2 - 0.25h_b \\ l_{c1} &= c_1 - 0.25b_c \\ l_{c2} &= c_2 - 0.25b_c \end{aligned}\right\} \tag{6-56}$$

当计算的刚域长度小于零时，可不考虑刚域的影响。

1）带刚域杆件的等效线刚度

普通框架中某杆的两端各转动一转角 $\theta_1=\theta_2=1$ 时，杆端弯矩为 $m_{12}=4i\theta_1+2i\theta_2=6i$，$m_{21}=6i$，$i$ 为杆件的线刚度。两端的弯矩之和为 $m=m_{12}+m_{21}=12i$。

对于带刚域且考虑剪切变形的杆件，如图 6-10（a）所示，当杆端转动 $\theta_1=\theta_2=1$ 时，杆件的变形见图 6-10(b)，其杆端弯矩 m_{12}和 m_{21}不同于普通等截面杆。将其杆的变形作如下分解，如图 6-10(c) 所示，首先在点 $1'$和 $2'$处加设一铰，再将杆两端 1、2 各转动一转角 $\theta_1=\theta_2=1$，此时杆件 $1'2'$仍为直杆（图中虚线），并绕铰转动一角度 φ，根据几何关系，有：

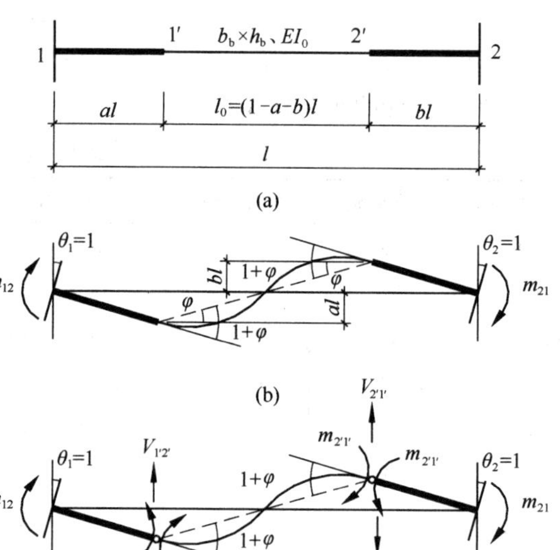

图 6-10　带刚域杆件的变形与内力

$$\varphi = \frac{al+bl}{l_0}$$

然后，再在铰两侧截面各加上一对弯矩 $m_{1'2'}$、$m_{2'1'}$，使杆 $1'2'$两端各转动一转角（$1+\varphi$），此时杆件的变形与原杆件（图 6-10b）完全相同，消除了铰的作用，即将 $1'$、$2'$两截面的内力暴露出来，同时暴露出的还有一对剪力 $V_{1'2'}$、$V_{2'1'}$。其中：

$$m_{1'2'}=m_{2'1'}=6i'_0(1+\varphi) \tag{6-57}$$

$$i'_0=\frac{EI_0}{l_0(1+\beta_v)}$$

$$1+\varphi=1+\frac{al+bl}{l_0}=1+\frac{al+bl}{l-al-bl}=\frac{1}{1-a-b}$$

式中，i'_0为杆件 $1'2'$考虑剪切变形影响的折算线刚度；β_v为考虑杆件剪切变形的影响系数，$\beta_v=\dfrac{12\mu EI_0}{GAl_0^2}$；A、$I_0$分别为杆件 $1'2'$的截面面积和惯性矩。

于是可得：

$$m_{1'2'}=m_{2'1'}=\frac{6EI_0}{(1+\beta_v)(1-a-b)^2l} \tag{6-58}$$

$$V_{1'2'}=V_{2'1'}=\frac{m_{1'2'}+m_{2'1'}}{l_0}=\frac{12EI_0}{(1+\beta_v)(1-a-b)^3l^2} \tag{6-59}$$

由平衡条件可得：

$$m_{12}=m_{1'2'}+V_{1'2'}al=\frac{1+a-b}{(1+\beta_v)(1-a-b)^3}\frac{6EI_0}{l}=6ci_0 \tag{6-60}$$

其中：

$$i_0=\frac{EI_0}{l}$$

$$c=\frac{1+a-b}{(1+\beta_v)(1-a-b)^3}$$

同理可得：

$$m_{21}=6c'i_0 \tag{6-61}$$

$$c'=\frac{1-a+b}{(1+\beta_v)(1-a-b)^3}$$

令 $i_{e12}=ci_0$，$i_{e21}=c'i_0$，则

$$m_{12}=6i_{e12}，m_{21}=6i_{e21}$$

由此可见带刚域杆件的两端有各自的杆件线刚度 i_{e12}和 i_{e21}，这不方便工程设计，为简化工程设计，取一个统一的平均线刚度 $i_e=(i_{e12}+i_{e21})/2$ 来代表该杆的线刚度，故称 i_e为带刚域杆件考虑剪切变形的折算等效线刚度，其等效的意义在于它考虑了杆件刚域和剪切变形的影响。

对两端刚域长度相近的带刚域杆件，近似取 $a=b$，则：

$$i_e=\frac{i_{e12}+i_{e21}}{2}=\frac{i_0}{2}(c+c')=\frac{i_0}{(1+\beta_v)(1-2a)^3}=\frac{i_0l^3}{(1+\beta_v)(1-2a)^3l^3}=\frac{EI_0l^2}{(1+\beta_v)l_0^3} \tag{6-62}$$

令 $\eta_v=\dfrac{1}{(1+\beta_v)}$，将 $\beta_v=\dfrac{12\mu EI_0}{GAl_0^2}$ 代入 η_v算式，对矩形截面取 $\mu=1.2$，并注意 $G=$

0.4E，整理可得 $\eta_v=\dfrac{1}{1+3\left(\dfrac{h_b}{l_0}\right)^2}$，此时可得：

$$i_e=EI_0\eta_v\frac{l^2}{l_0^3} \tag{6-63}$$

式中，EI_0为杆件中段截面刚度；η_v为考虑剪切变形的刚度折减系数，由 $\eta_v=\dfrac{1}{1+3\left(\dfrac{h_b}{l_0}\right)^2}$ 计算或按表 6-8 取用；l 为杆件总长度；l_0为杆件中段的长度；h_b为杆件中段截面高度。

η_v值 **表 6-8**

h_b/l_0	0.0	0.1	0.2	0.3	0.4	0.5	0.6	0.7	0.8	0.9	1.0
η_v	1.00	0.97	0.89	0.79	0.68	0.57	0.48	0.41	0.34	0.29	0.25

2）壁式框架的内力及侧移计算

壁式框架带刚域杆件变为具有等效线刚度的杆件后，内力及侧移可采用 D 值法进行简化计算。简化计算的方法如下：

① 带刚域框架柱的 D 值计算（图 6-11）公式为：

$$D=\alpha_c\frac{12i_{ec}}{h^2}$$

节点转动影响系数 α_c仍然按第 5 章表 5-1 计算，只是以 i_{e1}、i_{e2}、i_{e3}、i_{e4}、i_{ec}（注：i_{e1}～i_{e4}为带刚域梁的折算线刚度，i_{ec}为带刚域柱的折算线刚度，均按式 6-63 计算）代替相应的 i_1、i_2、i_3、i_4、i_c。

② 带刚域框架柱的反弯点高度比 y 计算公式为：

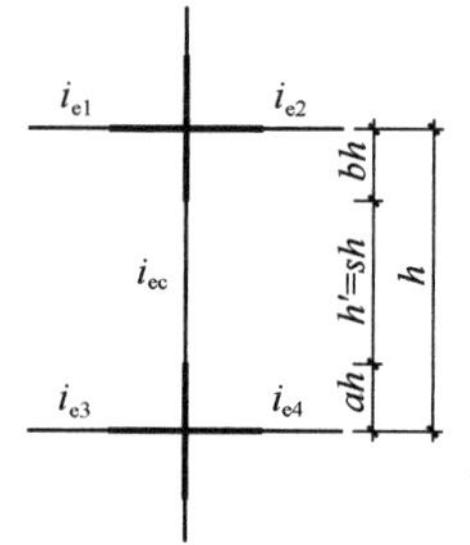

图 6-11 带刚度框架柱

$$y=a+sy_0+y_1+y_2+y_3 \tag{6-64}$$

式中，s 为柱中段长度与层高的比，$s=h'/h$；y_0 为标准反弯点高度比，由 $\overline{K}=\dfrac{i_{e1}+i_{e2}+i_{e3}+i_{e4}}{2i_{ec}}$ 及壁式框架的总层数 m、柱所在层 n 从第 5 章表 5-2 或表 5-3 查得；y_1为柱上、下端梁刚度变化修正值，根据柱上下端梁的等效线刚度比 $\alpha=\dfrac{i_{e1}+i_{e2}}{i_{e3}+i_{e4}}$ 及 $\overline{K}$ 由第 5 章表 5-4 查得；y_2、y_3分别为柱所在层的上层层高和下层层高变化对反弯点高度比的修正值，由第 5 章表 5-5 查得。

壁式框架 D 值及反弯点高度比 y 求出后，各杆件的内力计算方法与普通框架一样，不再赘述。

3）壁式框架的等效刚度

在利用剪力墙等效刚度分配总水平力到各片剪力墙上的计算阶段，为简化计算，建议将壁式框架按公式（6-65）近似计算其等效刚度 EI_{eq}，并将其计入剪力墙的总等效刚度$\sum EI_{eq}$中。公式（6-65）中给出的幅值范围，根据墙面高宽比、墙面开孔大小而定，墙面高度比小、开孔较大者取小值，反之取大值。

$$EI_{eq} = (0.35 \sim 0.7)EI_w \tag{6-65}$$

式中，I_w为壁式框架整体水平截面的组合截面惯性矩。

6.4 截面设计要点及构造要求

剪力墙墙肢、连梁内力按本书第4章中的有关规定进行组合，并按本节有关要求进行调整。根据组合及调整后的内力设计值，剪力墙墙肢应分别进行平面内偏心受压或偏心受拉、斜截面抗剪、平面外（竖向荷载作用下的）轴心受压承载力计算，在集中荷载作用下，还应进行局部受压承载力计算；连梁应分别进行正截面受弯及斜截面受剪承载力计算，并应满足相应的构造要求。有关承载力计算公式见钢筋混凝土基本构件计算方法，但其中关于剪力墙墙肢、连梁抗震设计承载力计算公式与非抗震设计计算公式有变化的情况将在下面给出，并同时给出与其对应的非抗震设计公式加以对比。

6.4.1 剪力墙墙肢截面设计要点及构造

1. 内力设计值调整

(1) 抗震设计的双肢剪力墙，其墙肢不宜出现小偏心受拉；当任一墙肢为偏心受拉时，另一墙肢的弯矩设计值及剪力设计值应乘以增大系数1.25。如果双肢剪力墙中一个墙肢出现小偏心受拉，该墙肢可能会出现水平通缝而失去抗剪能力，则荷载产生的剪力将全部转移到另一个墙肢而导致其受剪承载力不足，因此，抗震设计的双肢剪力墙中，墙肢不宜出现小偏心受拉。

(2) 一级剪力墙的底部加强部位以上部位，墙肢的组合弯矩设计值和组合剪力设计值应乘以增大系数，弯矩增大系数可取为1.2，剪力增大系数可取为1.3。

(3) 底部加强部位剪力墙截面的剪力设计值，一、二、三级时应按式（6-66）调整，9度一级剪力墙应按式（6-67）调整；二、三级的其他部位及四级时可不调整。

$$V = \eta_{vw} V_w \tag{6-66}$$

$$V = 1.1 \frac{M_{wua}}{M_w} V_w \tag{6-67}$$

式中，V为底部加强部位剪力墙截面剪力设计值；V_w为底部加强部位剪力墙截面考虑地震作用组合的剪力计算值；M_{wua}为剪力墙正截面抗震受弯承载力，应考虑承载力抗震调整系数γ_{RE}，采用实配纵筋面积、材料强度标准值和组合的轴力设计值等计算，有翼墙时应计入墙两侧各一倍翼墙厚度范围内的纵向钢筋；M_w为底部加强部位剪力墙底截面弯矩的组合计算值；η_{vw}为剪力增大系数，一级为1.6，二级为1.4，三级为1.2。

2. 剪力墙墙肢截面尺寸限制条件

永久、短暂设计状况：

$$V \leqslant 0.25\beta_c f_c b_w h_{w0} \tag{6-68}$$

地震设计状况：

剪跨比 λ 大于 2.5 时，

$$V \leqslant \frac{1}{\gamma_{RE}}(0.20\beta_c f_c b_w h_{w0}) \tag{6-69}$$

剪跨比 λ 不大于 2.5 时，

$$V \leqslant \frac{1}{\gamma_{RE}}(0.15\beta_c f_c b_w h_{w0}) \tag{6-70}$$

剪跨比可按下式计算：

$$\lambda = M^c/(V^c h_{w0}) \tag{6-71}$$

式中，V 为剪力墙墙肢截面的剪力设计值；h_{w0} 为剪力墙截面有效高度；λ 为剪跨比，其中 M^c、V^c 应取同一组组合的、未经过内力设计值调整的弯矩、剪力计算值，并取墙肢上、下端截面计算的剪跨比的较大值；β_c 为混凝土强度影响系数。

3. 墙肢的轴压比限值

轴压比是影响剪力墙在地震作用下塑性变形能力的重要因素，轴压比越低，延性越好，而轴压比越高，延性越差。通过设置约束边缘构件，可以提高高轴压比剪力墙的塑性变形能力，但轴压比大于一定值后，即使设置约束边缘构件，在强震作用下，剪力墙仍可能因混凝土压溃而丧失承受重力荷载的能力。因此，《高规》规定了剪力墙的轴压比限值。抗震设计时，重力荷载代表值作用下，一、二、三级剪力墙墙肢的轴压比不宜超过表 6-9 的限值。计算轴压比时，剪力墙墙肢的轴压力设计值不考虑地震作用组合，即 $N_G = \gamma_G(N_{Gk} + 0.5N_{Qk})$。

剪力墙轴压比限值 **表 6-9**

抗震等级	一级（9 度）	一级（6、7、8 度）	二、三级
轴压比限值	0.4	0.5	0.6

注：墙肢轴压比是指重力荷载代表值作用下墙肢承受的轴压力设计值与墙肢的全截面面积和混凝土轴心抗压强度设计值乘积之比值。

抗震设计时，一、二、三级短肢剪力墙的轴压比，分别不宜大于 0.45、0.50、0.55，一字形截面短肢剪力墙的轴压比限值应相应减少 0.1。

4. 剪力墙墙肢承载力计算公式

（1）正截面承载力计算公式

矩形、T 形、I 形偏心受压剪力墙的正截面承载力可按现行国家标准《混凝土结构设计规范》GB 50010 的有关规定计算，也可按下列公式计算。

永久、短暂设计状况：

$$N \leqslant f_y' A_s' - \sigma_s A_s - N_{sw} + N_c \tag{6-72}$$

$$N\left(e_0 + h_{w0} - \frac{h_w}{2}\right) \leqslant f_y' A_s' (h_{w0} - a_s') - M_{sw} + M_c \tag{6-73}$$

当 $x > h_f'$ 时，

$$N_c = \alpha_1 f_c b_w x + \alpha_1 f_c (b_f' - b_w) h_f' \tag{6-74}$$

$$M_c = \alpha_1 f_c b_w x \left(h_{w0} - \frac{x}{2}\right) + \alpha_1 f_c (b_f' - b_w) h_f' \left(h_{w0} - \frac{h_f'}{2}\right) \tag{6-75}$$

当 $x \leqslant h_f'$ 时，

$$N_c = \alpha_1 f_c b_f' x \tag{6-76}$$

$$M_c = \alpha_1 f_c b_f' x \left(h_{w0} - \frac{x}{2}\right) \tag{6-77}$$

当 $x \leqslant \xi_b h_{w0}$ 时，

$$\sigma_s = f_y \tag{6-78}$$

$$N_{sw} = (h_{w0} - 1.5x) b_w f_{yw} \rho_w \tag{6-79}$$

$$M_{sw} = \frac{1}{2} (h_{w0} - 1.5x)^2 b_w f_{yw} \rho_w \tag{6-80}$$

当 $x > \xi_b h_{w0}$ 时，

$$\sigma_s = \frac{f_y}{\xi_b - 0.8} \left(\frac{x}{h_{w0}} - \beta_c\right) \tag{6-81}$$

$$N_{sw} = 0 \tag{6-82}$$

$$M_{sw} = 0 \tag{6-83}$$

$$\xi_b = \frac{\beta_c}{1 + \frac{f_y}{E_s \varepsilon_{cu}}} \tag{6-84}$$

式中，a_s'为剪力墙受压区端部钢筋合力点到受压区边缘的距离；b_f'为 T 形或 I 形截面受压区翼缘宽度；e_0为偏心距，$e_0 = M/N$；f_y、f_y'分别为剪力墙端部受拉、受压钢筋强度设计值；f_{yw}为剪力墙墙体竖向分布钢筋强度设计值；f_c为混凝土轴心抗压强度设计值；h_f'为 T 形或 I 形截面受压区翼缘的高度；h_{w0}为剪力墙截面有效高度，$h_{w0} = h_w - a_s'$；N_{sw}、M_{sw}分别为 1.5 倍换算受压区高度以外（即 $h_{w0} - 1.5x$）的竖向分布钢筋参与计算所平衡的轴力和弯矩；ρ_w为剪力墙竖向分布钢筋配筋率；ξ_b为界限相对受压区高度；α_1为受压区混凝土矩形应力图的应力与混凝土轴心抗压强度设计值的比值，当混凝土强度等级不超过 C50 时取 1.0，C80 时取 0.94，在 C50 和 C80 之间时可按线性内插取值；β_c为混凝土强度影响系数，当混凝土强度等级不超过 C50 时取 1.0，C80 时取 0.8，在 C50 和 C80 之间时可按线性内插取值；ε_{cu}为混凝土极限压应变，应按现行国家标准《混凝土结构设计规范》GB 50010 的有关规定采用。

由上式可见，大偏心受压时受拉、受压端部钢筋都达到屈服，在 1.5 倍受压区范围之外，假定受拉区分布钢筋应力全部达到屈服；小偏心受压时端部受压钢筋屈服，而受拉分布钢筋及端部钢筋均未屈服，且忽略部分钢筋的作用。

小偏心受压时，还要按下式验算墙肢平面外按轴心受压构件计算的正截面承载力：

$$N \leqslant 0.9\varphi(f_c A + f'_y A'_s) \tag{6-85}$$

式中，稳定系数 $\varphi = \left[1 + 0.002\left(\frac{l_0}{b} - 8\right)^2\right]^{-1}$，对任意截面 $b = \sqrt{12i}$，l_0可取层高。

对于地震设计状况，式（6-72）、式（6-73）、式（6-85）右端均应除以承载力抗震调整系数 γ_{RE}，γ_{RE}取 0.85。

矩形截面偏心受拉剪力墙的正截面承载力可按下列近似公式计算：

永久、短暂设计状况：

$$N \leqslant \frac{1}{\frac{1}{N_{0u}} + \frac{e_0}{M_{wu}}} \tag{6-86}$$

地震设计状况：

$$N \leqslant \frac{1}{\gamma_{RE}}\left(\frac{1}{\frac{1}{N_{0u}} + \frac{e_0}{M_{wu}}}\right) \tag{6-87}$$

式中，N_{0u}和 M_{wu}可按下列公式计算：

$$N_{0u} = 2f_y A_s + f_{yw} A_{sw} \tag{6-88}$$

$$M_{wu} = f_y A_s(h_{w0} - a'_s) + f_{yw} A_{sw}\frac{(h_{w0} - a'_s)}{2} \tag{6-89}$$

式中，A_{sw}为剪力墙腹板竖向分布钢筋的全部截面面积。

（2）斜截面承载力计算公式

剪切脆性破坏有剪拉破坏、斜压破坏、剪压破坏三种形式。剪力墙截面设计时，是通过构造措施（最小配筋率和分布钢筋最大间距等）防止发生剪拉破坏和斜压破坏，通过计算确定墙中需要配置的水平钢筋数量，防止发生剪压破坏。偏压构件中，轴压力有利于受剪承载力，但压力增大到一定程度后，对抗剪的有利作用减小，因此可考虑轴压力的有利作用，但要对轴力的取值加以限制。偏拉构件中，轴向拉力对受剪承载力不利。

偏心受压剪力墙的斜截面受剪承载力应按下列公式进行计算：

永久、短暂设计状况：

$$V \leqslant \frac{1}{\lambda - 0.5}\left(0.5 f_t b_w h_{w0} + 0.13 N\frac{A_w}{A}\right) + f_{yv}\frac{A_{sh}}{s}h_{w0} \tag{6-90}$$

地震设计状况：

$$V \leqslant \frac{1}{\gamma_{RE}}\left[\frac{1}{\lambda - 0.5}\left(0.4 f_t b_w h_{w0} + 0.10 N\frac{A_w}{A}\right) + 0.8 f_{yv}\frac{A_{sh}}{s}h_{w0}\right] \tag{6-91}$$

式中，N 为剪力墙的轴向压力设计值，当 N 大于 $0.2f_c b_w h_w$ 时，应取 $0.2f_c b_w h_w$；A 为剪力墙截面面积；A_w 为 T 形或 I 形截面剪力墙腹板的面积，矩形截面时应取 A；λ 为计算截面处的剪跨比，λ 小于 1.5 时应取 1.5，λ 大于 2.2 时应取 2.2，计算截面与墙底之间的距离小于 $0.5h_{w0}$ 时，λ 应按距墙底 $0.5h_{w0}$ 处的弯矩值与剪力值计算；s 为剪力墙水平分布钢筋间距。

偏心受拉剪力墙的斜截面受剪承载力应按下列公式进行计算：

永久、短暂设计状况：

$$V \leqslant \frac{1}{\lambda - 0.5}\left(0.5f_t b_w h_{w0} - 0.13N\frac{A_w}{A}\right) + f_{yv}\frac{A_{sh}}{s}h_{w0} \tag{6-92}$$

上式右端的计算值小于 $f_{yv}\frac{A_{sh}}{s}h_{w0}$ 时，应取 $f_{yv}\frac{A_{sh}}{s}h_{w0}$。

地震设计状况

$$V \leqslant \frac{1}{\gamma_{RE}}\left[\frac{1}{\lambda - 0.5}(0.4f_t b_w h_{w0} - 0.10N\frac{A_w}{A}) + 0.8f_{yv}\frac{A_{sh}}{s}h_{w0}\right] \tag{6-93}$$

上式右端方括号内的计算值小于 $0.8f_{yv}\frac{A_{sh}}{s}h_{w0}$ 时，应取 $0.8f_{yv}\frac{A_{sh}}{s}h_{w0}$。

（3）施工缝验算

震害调查和剪力墙模型试验表明：水平施工缝在震害中容易开裂。为避免墙体受剪后沿施工缝滑移，一方面要求在施工中必须仔细清除施工缝表面的垃圾，用水湿润，浇灌少量砂浆，然后再浇筑上一层混凝土；另一方面要求在设计中对抗震等级为一级的剪力墙，其水平施工缝处的抗滑移能力应符合下列规定：

$$V_{wj} \leqslant \frac{1}{\gamma_{RE}}(0.6f_y A_s + 0.8N) \tag{6-94}$$

式中，V_{wj} 为水平施工缝处剪力设计值；A_s 为水平施工缝处剪力墙腹板内竖向分布钢筋和边缘构件中的竖向钢筋的总面积（不包括两侧翼墙），以及在墙体中有足够锚固长度的附加竖向插筋面积；f_y 为竖向钢筋抗拉强度设计值；N 为水平施工缝处考虑地震作用组合的不利轴向力设计值，压力取正值，拉力取负值。

5. 剪力墙墙肢配筋构造

剪力墙两端和洞口两侧应设置边缘构件，边缘构件分为约束边缘构件和构造边缘构件，并应符合下列规定：

1）一、二、三级剪力墙底层墙肢底截面的轴压比大于一级（9 度）0.1，一级（6、7、8 度）0.2，二、三级 0.3 的轴压比规定值，以及部分框支剪力墙结构的剪力墙，应在底部加强部位及相邻的上一层设置约束边缘构件，约束边缘构件应符合本节后面所述的规定；

2）除本条第 1）款所列部位外，剪力墙应按后面所述的规定设置构造边缘构件；

3）B 级高度高层建筑的剪力墙，宜在约束边缘构件层与构造边缘构件层之间设置 1～2 层过渡层，过渡层边缘构件的箍筋配置要求可低于约束边缘构件的要求，但应高于构造边缘构件的要求。

（1）剪力墙的边缘构件钢筋

边缘构件钢筋包括墙肢按正截面承载力计算得到的纵筋及按构造要求设置的箍筋，并配置在边缘构件范围内。

剪力墙的约束边缘构件可为暗柱、端柱和翼墙（图 6-12），并应符合下列规定：

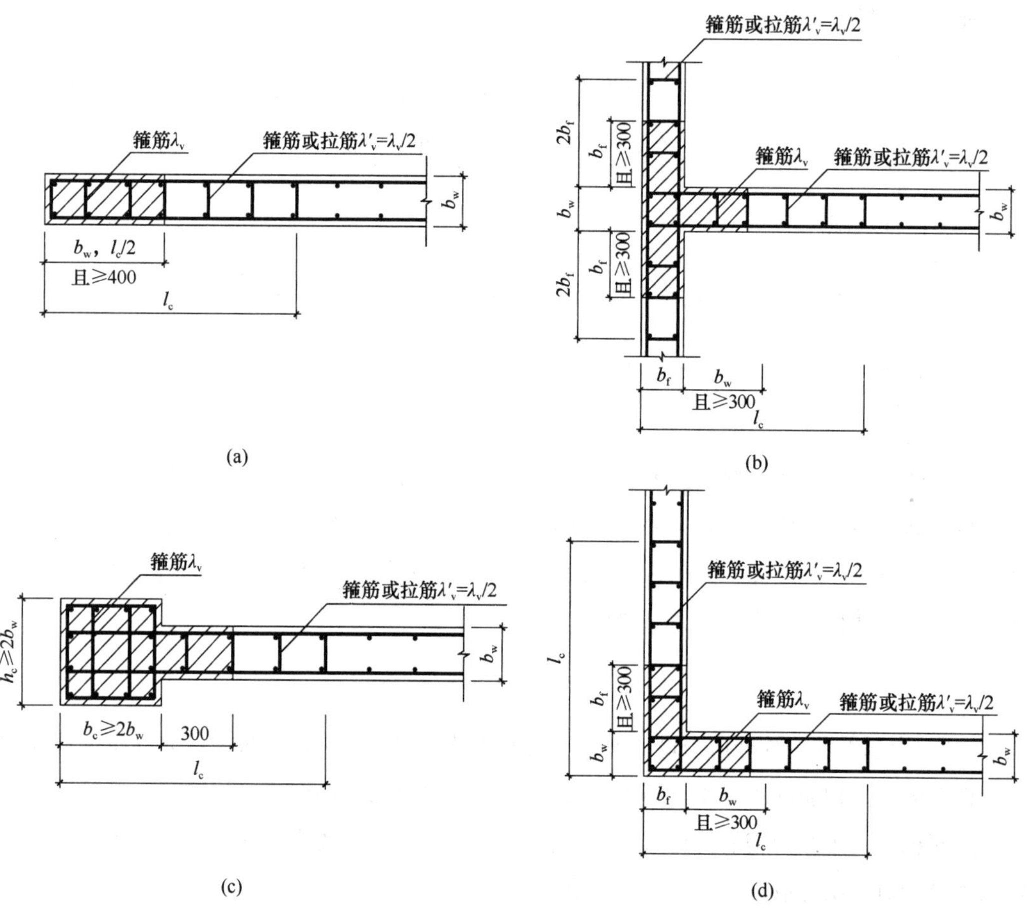

图 6-12 剪力墙的约束边缘构件

（a）暗柱；（b）翼墙（T 形）；（c）端柱；（d）翼墙（L 形）

1）约束边缘构件沿墙肢的长度 l_c 和箍筋配箍特征值 λ_v 应符合表 6-10 的要求，其体积配箍率 ρ_v 应按下式计算：

$$\rho_v = \lambda_v \frac{f_c}{f_{yv}} \tag{6-95}$$

式中，λ_v 为约束边缘构件配箍特征值；f_c 为混凝土轴心抗压强度设计值，混凝土强度等级低于 C35 时，应取 C35 的混凝土轴心抗压强度设计值；f_{yv} 为箍筋、拉筋或水平分布钢筋的抗拉强度设计值。

约束边缘构件沿墙肢的长度 l_c 及其配箍特征值 λ_v　　表 6-10

项目	一级（9 度）		一级（6、7、8 度）		二、三级	
	$\mu_N \leqslant 0.2$	$\mu_N > 0.2$	$\mu_N \leqslant 0.2$	$\mu_N > 0.2$	$\mu_N \leqslant 0.2$	$\mu_N > 0.2$
l_c（暗柱）	$0.20h_w$	$0.25h_w$	$0.15h_w$	$0.20h_w$	$0.15h_w$	$0.20h_w$
l_c（翼墙或端柱）	$0.15h_w$	$0.20h_w$	$0.10h_w$	$0.15h_w$	$0.10h_w$	$0.15h_w$
λ_v	0.12	0.20	0.12	0.20	0.12	0.20

注：1. μ_N为墙肢在重力荷载代表值作用下的轴压比，h_w为剪力墙墙肢长度；

2. 剪力墙的翼墙长度小于其厚度 3 倍或端柱截面边长小于墙厚的 2 倍时，视为无翼墙或无端柱，即按暗柱查此表；

3. l_c为约束边缘构件沿墙肢的长度。对暗柱不应小于墙厚和 400mm 的较大值；有翼墙或端柱时，不应小于翼墙厚度或端柱沿墙肢方向截面高度加 300mm。

2）剪力墙约束边缘构件阴影部分（图 6-12）的竖向钢筋除应满足正截面受压（受拉）承载力计算要求外，其配筋率一、二、三级时分别不应小于 1.2%、1.0%和 1.0%，并分别不应少于 8ϕ16、6ϕ16 和 6ϕ14 的钢筋（ϕ 表示钢筋直径，实际钢筋级别按设计确定）；

3）约束边缘构件内箍筋或拉筋沿竖向的间距，一级不宜大于 100mm，二、三级不宜大于 150mm；箍筋、拉筋沿水平方向的肢距不宜大于 300mm，不应大于竖向钢筋间距的 2 倍。

剪力墙构造边缘构件的范围宜按图 6-13 中阴影部分采用，其最小配筋应满足表 6-11 的规定，并应符合下列规定：

1）竖向配筋应满足正截面受压（受拉）承载力的要求。

2）当端柱承受集中荷载时，其竖向钢筋、箍筋直径和间距应满足框架柱的相应要求；普通边缘构件的范围和计算纵向钢筋用量的截面面积宜取图 6-13 中的阴影部分。

剪力墙构造边缘构件的配筋要求　　表 6-11

抗震等级	底部加强部位			其他部位		
	纵向钢筋最小量（取较大值）	箍筋		纵向钢筋最小量（取较大值）	箍筋或拉筋	
		最小直径（mm）	最大间距（mm）		最小直径（mm）	最大间距（mm）
一级	$0.010A_c$，6ϕ16	8	100	$0.008A_c$，6ϕ14	8	150
二级	$0.008A_c$，6ϕ14	8	150	$0.006A_c$，6ϕ12	8	200
三级	$0.006A_c$，6ϕ12	6	150	$0.005A_c$，4ϕ12	6	200
四级	$0.005A_c$，4ϕ12	6	200	$0.004A_c$，4ϕ12	6	250

注：1. A_c为构造边缘构件的截面面积，即图 6-13 剪力墙截面的阴影部分；

2. 实际钢筋级别按设计确定；

3. 其他部位的转角处宜采用箍筋。

3）箍筋、拉筋沿水平方向的肢距不宜大于 300mm，不应大于竖向钢筋间距的 2 倍。

4）抗震设计时，对于连体结构、错层结构以及 B 级高度高层建筑结构中的剪力墙（筒体），其构造边缘构件的最小配筋应符合下列要求：

① 竖向钢筋最小量应比表 6-11 中的数值提高 $0.001A_c$；

② 箍筋的配筋范围宜取图 6-13 中阴影部分，其配箍特征值 λ 不宜小于 0.1。

5）非抗震设计的剪力墙，墙肢端部应配置不少于 $4\phi12$ 的纵向钢筋，箍筋直径不应小于 6mm、间距不宜大于 250mm。

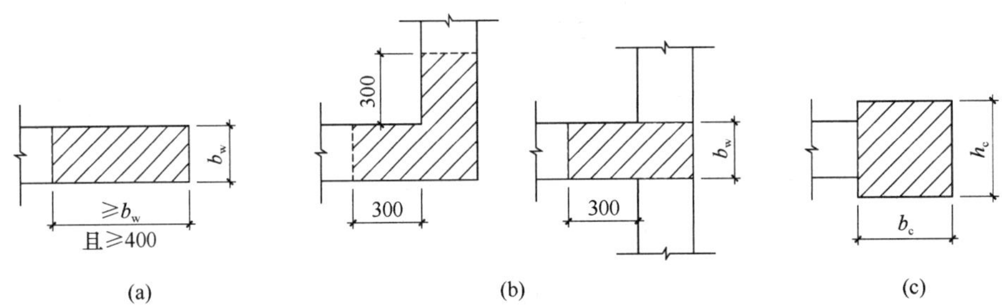

图 6-13　剪力墙的普通边缘构件

（a）暗柱；（b）翼柱；（c）端柱

（2）剪力墙的分布钢筋

剪力墙的分布钢筋是沿剪力墙腹板均匀设置的钢筋，包括竖向和水平两个方向的分布钢筋。竖向分布钢筋可与剪力墙端部的纵向受拉钢筋共同抵抗弯矩，水平分布钢筋主要用于抵抗剪力。同时，竖向和水平分布钢筋的存在，可提高剪力墙的延性，防止脆性破坏，抑制温度和混凝土收缩裂缝的产生和发展。

高层剪力墙结构的竖向和水平分布钢筋不应单排配置。剪力墙截面厚度不大于 400mm 时，可采用双排配筋；大于 400mm、但不大于 700mm 时，宜采用三排配筋；大于 700mm 时，宜采用四排配筋。各排分布钢筋之间拉筋的间距不应大于 600mm，直径不应小于 6mm。

剪力墙分布钢筋的配置应符合下列要求：

1）剪力墙竖向和水平分布钢筋的配筋率，一、二、三级抗震设计时均不应小于 0.25%，四级抗震设计和非抗震设计时均不应小于 0.20%。

2）剪力墙竖向和水平分布钢筋的间距均不宜大于 300mm，直径不应小于 8mm。剪力墙竖向和水平分布钢筋直径不宜大于墙厚的 1/10。

3）房屋顶层剪力墙、长矩形平面房屋的楼梯间和电梯间剪力墙、端开间的纵向剪力墙以及端山墙的水平和竖向分布钢筋的配筋率不应小于 0.25%，间距均不应大于 200mm。

剪力墙的钢筋锚固和连接应符合下列规定：

1）非抗震设计时，剪力墙纵向钢筋最小锚固长度应取 l_a；抗震设计时，剪力墙纵向钢筋最小锚固长度应取 l_{aE}。水平分布钢筋在端部的锚固要求见图 6-14，图中括号内的锚固要求用于非抗震设计。

2）剪力墙竖向及水平分布钢筋采用搭接连接时，一、二级剪力墙的加强部位，接头位

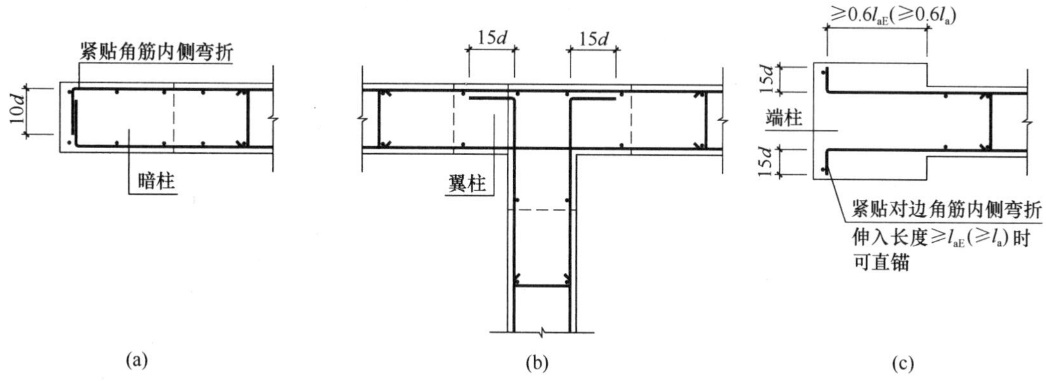

图 6-14　水平分布钢筋在端部的锚固

（a）暗柱；（b）翼柱；（c）端柱

置应错开，同一截面连接的钢筋数量不宜超过总数量的 50%，错开净距不宜小于 500mm；其他情况钢筋可在同一截面连接。分布钢筋的搭接长度，非抗震设计时不应小于 $1.2l_a$，抗震设计时不应小于 $1.2l_{aE}$，如图 6-15 所示。

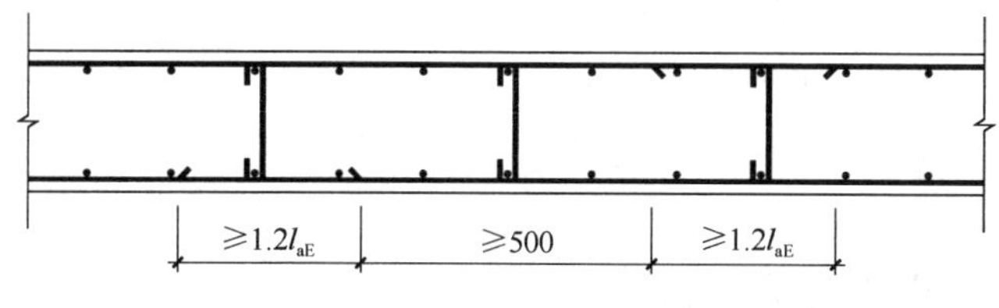

图 6-15　墙内分布钢筋的连接

（注：非抗震设计时图中 l_{aE}应取 l_a）

3）暗柱及端柱内纵向钢筋连接和锚固要求宜与框架柱相同，宜符合框架结构的有关规定。

（3）短肢剪力墙的截面和配筋构造

抗震设计时，一、二、三级短肢剪力墙的轴压比，分别不宜大于 0.45、0.50、0.55，一字形截面短肢剪力墙的轴压比限值应相应减少 0.1。短肢剪力墙的底部加强部位应按式（6-66）和式（6-67）调整剪力设计值，其他各层一、二、三级时剪力设计值应分别乘以增大系数 1.4、1.2 和 1.1。

短肢剪力墙的边缘构件设置应符合一般剪力墙的规定。短肢剪力墙的全部竖向钢筋的配筋率，底部加强部位一、二级不宜小于 1.2%，三、四级不宜小于 1.0%；其他部位一、二级不宜小于 1.0%，三、四级不宜小于 0.8%。不宜采用一字形短肢剪力墙，不宜在一字形短肢剪力墙上布置平面外与之相交的单侧楼面梁。

（4）剪力墙开小洞口和连梁开洞的补强措施

当剪力墙墙面开有非连续小洞口（其各边长度小于 800mm），且在整体计算中不考虑其影响时，应在洞口上、下和左、右配置补强钢筋，补强钢筋的直径不应小于 12mm，截面面积应分别不小于被截断的水平分布钢筋和竖向分布钢筋的面积，如图 6-16（a）所示。

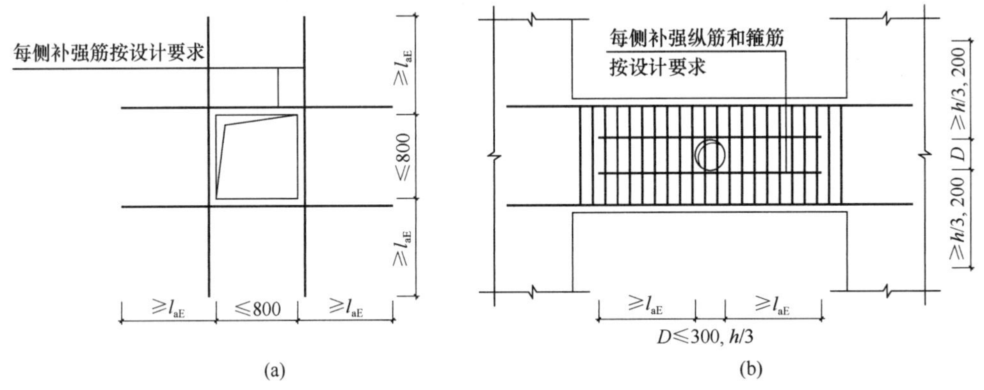

图 6-16　洞口补强配筋示意图

（a）剪力墙小洞口补强；（b）连梁洞口补强

（注：非抗震设计时，图中锚固长度 l_{aE}取 l_a）

穿过连梁的管道宜预埋套管，洞口上、下的截面有效高度不宜小于梁高的 1/3，且不宜小于 200mm；被洞口削弱的截面应进行承载力验算，洞口处应配置补强纵向钢筋和箍筋，补强纵向钢筋的直径不应小于 12mm，如图 6-16（b）所示。

6.4.2 连梁截面设计要点及构造

1. 连梁的内力设计值调整

为了实现连梁的强剪弱弯、推迟剪切破坏、提高延性，对连梁两端截面的剪力设计值 V 进行调整：

（1）非抗震设计以及四级剪力墙的连梁，应分别取考虑水平风荷载、水平地震作用组合的剪力设计值。

（2）一、二、三级剪力墙的连梁，其梁端截面组合的剪力设计值应按式（6-96）确定，9 度时一级剪力墙的连梁应按式（6-97）确定。

$$V = \eta_{vb} \frac{M_b^l + M_b^r}{l_n} + V_{Gb} \tag{6-96}$$

$$V = 1.1\left(\frac{M_{bum}^l + M_{bum}^r}{l_n}\right) + V_{Gb} \tag{6-97}$$

式中，M_b^l 、M_b^r 分别为连梁左、右端顺时针或逆时针方向的弯矩设计值；M_{bum}^l 、M_{bum}^r 分别为连梁左、右端顺时针或逆时针方向实配的抗震受弯承载力所对应的弯矩值，应按实配钢筋面积（计入受压钢筋）和材料强度标准值并考虑承载力抗震调整系数计算；l_n为连梁的净跨；V_{Gb}为在重力荷载代表值作用下按简支梁计算的梁端截面剪力设计值；η_{vb}为连梁剪力增大系数，一级取 1.3，二级取 1.2，三级取 1.1。

2. 连梁的截面尺寸限制条件

永久、短暂设计状况：

$$V \leqslant 0.25\beta_c f_c b_b h_{b0} \tag{6-98}$$

地震设计状况：

跨高比大于 2.5 的连梁：

$$V \leqslant \frac{1}{\gamma_{RE}}(0.20\beta_c f_c b_b h_{b0}) \tag{6-99}$$

跨高比不大于 2.5 的连梁：

$$V \leqslant \frac{1}{\gamma_{RE}}(0.15\beta_c f_c b_b h_{b0}) \tag{6-100}$$

式中，V 为经内力调整的连梁截面剪力设计值；b_b 为连梁截面宽度；h_{b0} 为连梁截面有效高度；β_c 为混凝土强度影响系数。

当剪力墙的连梁不满足截面尺寸要求时，可作如下处理：

（1）减小连梁截面高度或采取其他减小连梁刚度的措施。减小连梁高度相当于降低了连梁的刚度，则在墙肢与连梁内力分配时就降低了连梁的剪力，在内力计算中对连梁刚度折减后仍不满足要求时可采用此方法。但当减小连梁截面高度影响建筑使用时，也可采用水平带缝连梁，即将一个截面较高的连梁用水平缝分割成两个或更多个截面较低的连梁，以满足连梁截面限值条件要求，该设计方法可参见有关研究和设计资料。

（2）抗震设计的剪力墙中连梁弯矩及剪力可进行塑性调幅，以降低其剪力设计值，一般情况下，可按照调幅后的弯矩不小于调幅前弯矩（完全弹性）的 0.8 倍（6～7 度）和 0.5 倍（8～9 度）。但在内力计算时已对连梁刚度折减的情况，其调幅范围应当限制或不再继续调幅。当部分连梁降低弯矩设计值后，其余部位连梁和墙肢的弯矩设计值应相应提高。

（3）当连梁破坏对承受竖向荷载无明显影响时，可考虑该连梁破坏后退出工作，按独立墙肢进行第二次多遇地震作用下结构内力分析，墙肢应按两次计算所得的较大内力进行配筋设计。

3. 连梁的斜截面受剪承载力应符合的规定

永久、短暂设计状况：

$$V \leqslant 0.7 f_t b_b h_{b0} + f_{yv}\frac{A_{sv}}{s}h_{b0} \tag{6-101}$$

地震设计状况：

跨高比大于 2.5 的连梁：

$$V \leqslant \frac{1}{\gamma_{RE}}\left(0.42 f_t b_b h_{b0} + f_{yv}\frac{A_{sv}}{s}h_{b0}\right) \tag{6-102}$$

跨高比不大于 2.5 的连梁：

$$V \leqslant \frac{1}{\gamma_{RE}}\left(0.38 f_t b_b h_{b0} + 0.9 f_{yv} \frac{A_{sv}}{s} h_{b0}\right) \tag{6-103}$$

式中，V 为经内力调整的连梁截面剪力设计值。

4. 连梁的配筋构造要求

跨高比（l/h_b）不大于 1.5 的连梁，非抗震设计时，其纵向钢筋的最小配筋率可取为 0.2%；抗震设计时，其纵向钢筋的最小配筋率宜符合以下要求：当 $l/h_b \leqslant 0.5$ 时，采用 0.002 与 $0.45f_t/f_y$ 二者的较大值，当 $0.5 < l/h_b \leqslant 1.5$ 时，采用 0.0025 与 $0.55f_t/f_y$ 二者的较大值；l/h_b 大于 1.5 的连梁，其纵向钢筋的最小配筋率可按框架梁的要求采用。

剪力墙结构连梁中，非抗震设计时，顶面及底面单侧纵向钢筋的最大配筋率不宜大于 2.5%；抗震设计时，顶面及底面单侧纵向钢筋的最大配筋率宜符合以下要求：当 $l/h_b \leqslant 1.0$ 时，为 0.6%，当 $1.0 < l/h_b \leqslant 2.0$ 时，为 1.2%，当 $2.0 < l/h_b \leqslant 2.5$ 时，为 1.5%。如不满足，则应按实配钢筋进行连梁强剪弱弯的验算。

连梁配筋（图 6-17）应满足下列要求：

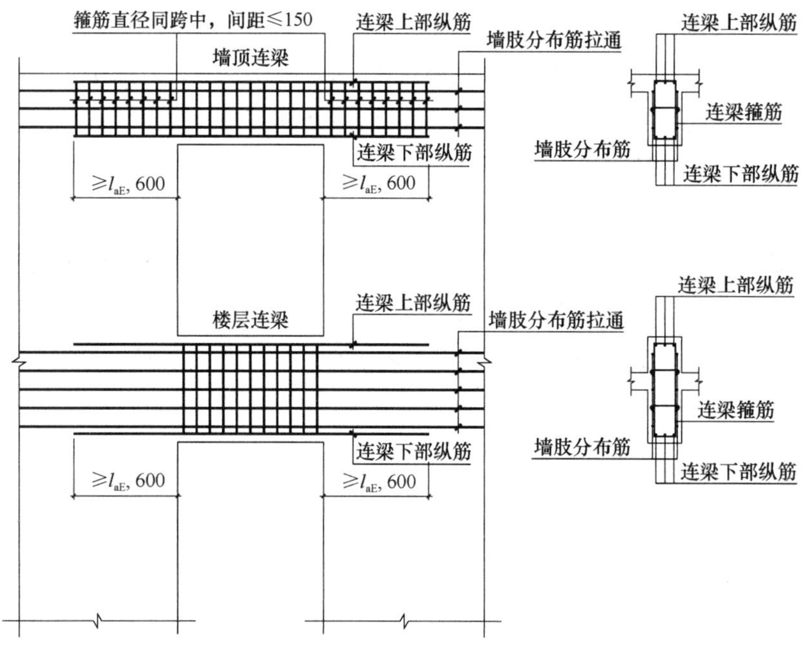

图 6-17　连梁配筋构造示意

（注：非抗震设计时，图中锚固长度 l_{aE} 取 l_a）

（1）连梁顶面、底面纵向受力钢筋伸入墙肢的长度，抗震设计时不应小于 l_{aE}，非抗震设计时不应小于 l_a，且均不应小于 600mm。

（2）抗震设计时，沿连梁全长箍筋的构造应按第 5 章框架梁梁端加密区箍筋的构造要求采用；非抗震设计时，沿连梁全长的箍筋直径不应小于 6mm，间距不应大于 150mm。

（3）顶层连梁纵向钢筋伸入墙肢的长度范围内应配置箍筋，箍筋间距不大于 150mm，直径应与该连梁的箍筋直径相同。

（4）连梁高度范围内的墙肢水平分布钢筋应在连梁内拉通作为连梁的腰筋。当连梁截面高度大于 700mm 时，其两侧面腰筋的直径不应小于 8mm，间距不应大于 200mm；对跨高比不大于 2.5 的连梁，其两侧腰筋的总面积配筋率不应小于 0.3%。

上述关于连梁的要求，主要是针对跨高比小于 5 的连梁确定的，因为跨高比小于 5 的连梁，其竖向荷载作用下的弯矩所占比例较小，水平荷载作用下产生的反弯使它对剪切变形十分敏感，容易出现剪切裂缝；当连梁跨高比不小于 5 时，竖向荷载作用下的弯矩所占比例较大，宜按框架梁的要求进行设计。

剪力墙结构设计实例PKPM文件

6.5 剪力墙结构设计实例

6.5.1 工程概况

某 14 层混凝土剪力墙结构高层住宅，平面图如图 6-18 所示。层高 2.8m，主体结构高度 39.2m，出屋面电梯机房 3.9m，总高 43.1m，每层 4 户，每户平均建筑面积 $60m^2$。抗震

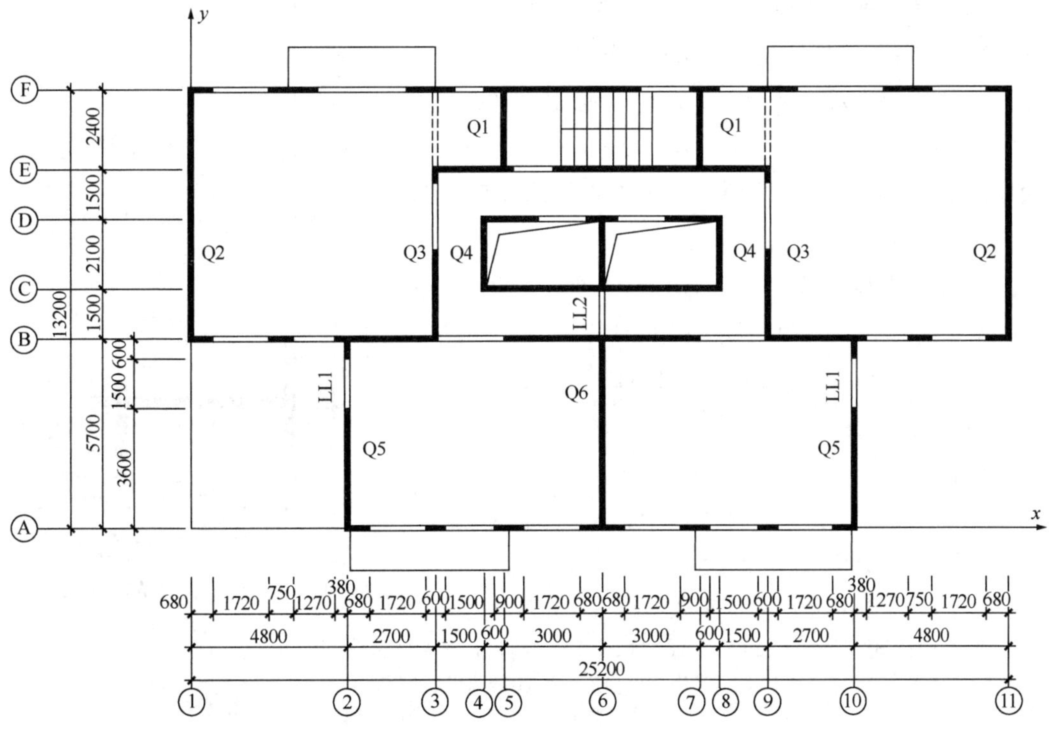

图 6-18　结构平面图（单位：mm）

设防烈度为 7 度，设计基本地震加速度值为 0.1g，设计地震分组为第二组，场地土类别Ⅱ类，结构抗震等级为三级。

6.5.2 主体结构布置

本工程为 T 形平面布置的高层住宅，采用大开间纵横墙混合承重剪力墙结构，楼板厚度为 180mm，内部房间可根据建筑使用要求作灵活布置。

6.5.3 剪力墙截面选择

剪力墙结构的混凝土强度等级不应低于 C25。三级抗震等级设计的剪力墙厚度不应小于 160mm，一字形独立剪力墙底部加强部位不应小于 180mm。本工程的剪力墙采用双层配筋，剪力墙截面厚度定为 160mm。混凝土强度等级 C25（$f_c=11.9\text{N/mm}^2$；$f_t=1.27\text{N/mm}^2$；$E=2.8\times10^4\text{N/mm}^2$）。

6.5.4 结构总等效刚度计算

在抗震验算时，应对结构的 x、y 两个方向都进行分析计算，因 x、y 两个方向的计算方法相同，故本算例只进行 y 方向的计算，x 方向计算从略。

y 方向剪力墙共 11 片，其中剪力墙 Q1、Q2、Q3、Q4 为实体墙，剪力墙 Q5、Q6 为开洞墙。每侧的有效翼缘宽度取翼缘厚度的 6 倍（160mm×6＝960mm）、墙间距的一半（2100mm/2 ＝ 1050mm）、总高度的 1/20（39200mm/20＝1960mm）中的较小者，且应大于至洞口边缘的距离。则各片剪力墙每侧的有效翼缘宽度取为 960mm。

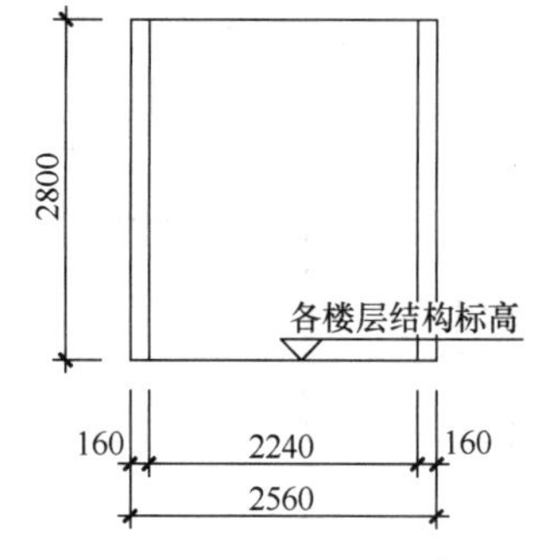

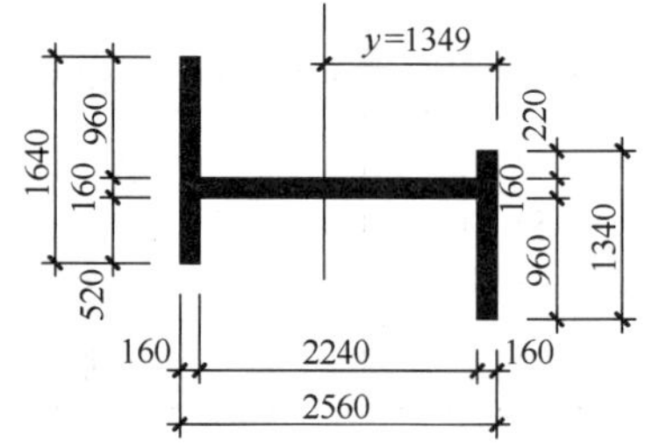

图 6-19 剪力墙 Q1（单位：mm）

1. 剪力墙 Q1（图 6-19，上图为每层的立面图、下图为水平剖面图，下同）等效刚度的计算

截面面积 $A_w=0.16\times(1.64+2.24+1.34)=0.8352\text{m}^2$

截面形心 $y=[(1.64\times0.16)\times(2.56-0.16/2)+2.24\times0.16\times(2.24/2+0.16)+1.34\times0.16\times0.16/2]/0.8352=1.349\text{m}$

截面惯性矩 $I_w=[1.64\times0.16^3/12+1.64\times0.16\times(2.56-1.349-0.16/2)^2]+[0.16\times2.24^3/12+0.16\times2.24\times(1.349-2.24/2-0.16)^2]+[1.34\times0.16^3/12+1.34\times0.16\times(1.349-0.16/2)^2]=0.8335\text{m}^4$

截面形状系数 $\mu=\frac{A_{w}}{A_{w0b}}=\frac{0.8352}{0.16\times2.24}=2.330$

式中，A_{w}、A_{w0b}分别为墙肢和腹板的毛截面面积。

等效刚度 $EI_{eq}=\frac{EI_{w}}{1+\frac{9\mu I_{w}}{A_{w}H^{2}}}=\frac{2.8\times10^{7}\times0.8335}{1+\frac{9\times2.330\times0.8335}{0.8352\times39.2^{2}}}=2.302\times10^{7}\text{kN}\cdot\text{m}^{2}$

2. 剪力墙 Q2（图 6-20）等效刚度的计算

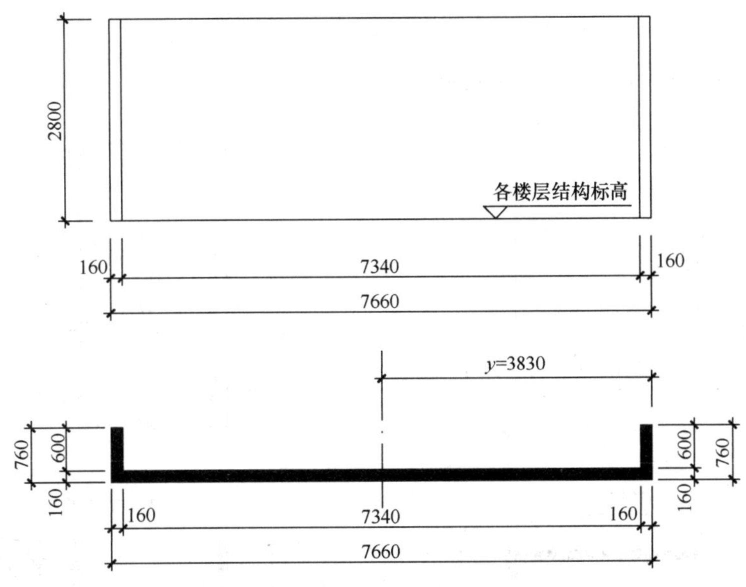

图 6-20　剪力墙 Q2（单位：mm）

截面面积 $A_{w}=0.16\times(0.76\times2+7.34)=1.4176\text{m}^{2}$

截面形心 $y=7.66/2=3.83\text{m}$

截面惯性矩 $I_{w}=[0.76\times0.16^{3}/12+0.76\times0.16\times(3.83-0.16/2)^{2}]\times2$

$+0.16\times7.34^{3}/12$

$=8.693\text{m}^{4}$

截面形状系数　$\mu=\frac{A_{w}}{A_{w0b}}=\frac{1.4176}{0.16\times7.34}=1.207$

等效刚度 $EI_{eq}=\frac{EI_{w}}{1+\frac{9\mu I_{w}}{A_{w}H^{2}}}=\frac{2.8\times10^{7}\times8.693}{1+\frac{9\times1.207\times8.693}{1.4176\times39.2^{2}}}=2.333\times10^{8}\text{ kN}\cdot\text{m}^{2}$

3. 剪力墙 Q3(图 6-21)等效刚度的计算

截面面积 $A_{w}=0.16\times(1.12+2.60)=0.5952\text{m}^{2}$

截面形心 $y=[0.16\times1.12\times(2.6+0.16/2)+0.16\times2.6\times2.6/2]/0.5952$

$=1.715\text{m}$

截面惯性矩 $I_w=[1.12\times0.16^3/12+1.12\times0.16\times(2.76-1.715-0.16/2)^2]$

$+[0.16\times2.60^3/12+0.16\times2.60\times(1.715-2.60/2)^2]$

$=0.4732\text{m}^4$

截面形状系数：由 $b_f/b_w=1.12/0.16=7.00$、$h_w/b_w=2.76/0.16=17.25$，查表 6-2 得 $\mu=1.542$。

$$\text{等效刚度 } EI_{eq}=\frac{EI_w}{1+\dfrac{9\mu I_w}{A_w H^2}}=\frac{2.8\times10^7\times0.4732}{1+\dfrac{9\times1.542\times0.4732}{0.5952\times39.2^2}}=1.316\times10^7\ \text{kN}\cdot\text{m}^2$$

4. 剪力墙 Q4（图 6-22）等效刚度的计算

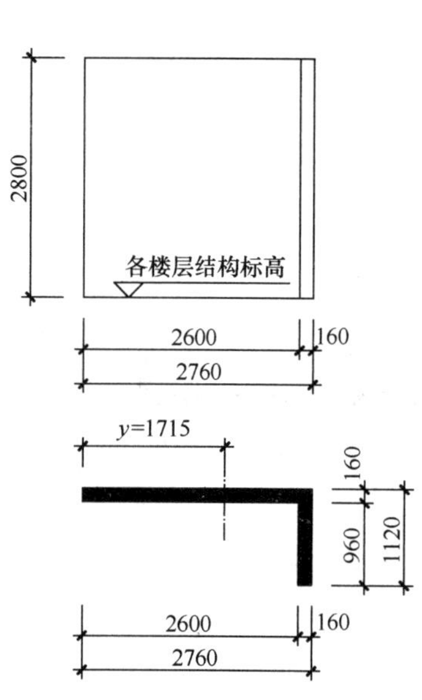

图 6-21 剪力墙 Q3（单位：mm）

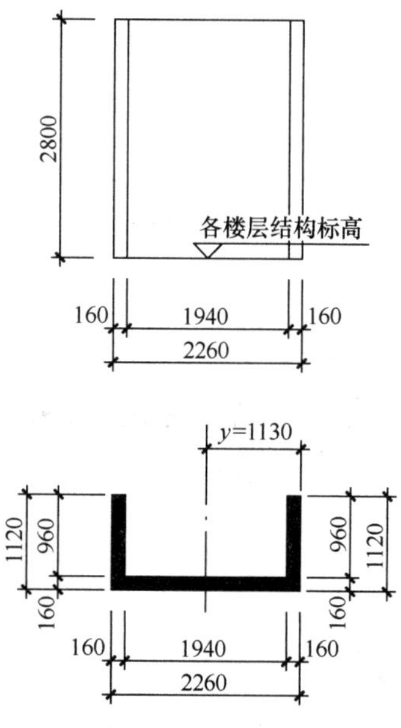

图 6-22 剪力墙 Q4（单位：mm）

截面面积 $A_w=0.16\times(1.12\times2+1.94)=0.6688\text{m}^2$

截面形心 $y=2.26/2=1.13\text{m}$

截面惯性矩 $I_w=[1.12\times0.16^3/12+1.12\times0.16\times(1.13-0.16/2)^2]\times2+0.16\times1.94^3/12=0.4933\text{m}^4$

$$\text{截面形状系数 } \mu=\frac{A_w}{A_{w0b}}=\frac{0.6688}{0.16\times1.94}=2.155$$

$$\text{等效刚度 } EI_{eq}=\frac{EI_w}{1+\dfrac{9\mu I_w}{A_w H^2}}=\frac{2.8\times10^7\times0.4933}{1+\dfrac{9\times2.155\times0.4933}{0.6688\times39.2^2}}$$

$$=1.368\times10^7\text{kN}\cdot\text{m}^2$$

5. 剪力墙 Q5（图 6-23）等效刚度的计算

剪力墙 Q5 为带洞口剪力墙，窗口尺寸 1.5m×1.5m，窗口面积/墙面面积=(1.5×1.5)/(5.86×2.8)=0.14<0.16，但考虑到洞口成列布置，上下洞口间的净距小于孔道长边，形成明显的墙肢和连梁，且连梁跨高比 1.50/1.30=1.15<5，故应按剪力墙整体系数来确定此开洞剪力墙的类型。

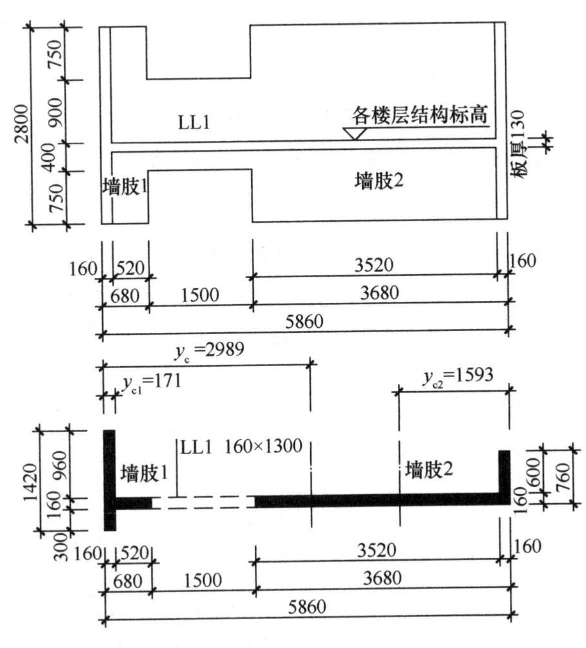

图 6-23　剪力墙 Q5（单位：mm）

(1) 墙肢 1 截面特征

截面面积 $A_{w1}=0.16\times(1.42+0.52)=0.3104\text{m}^2$

截面形心 $y_{c1}=[0.16\times1.42\times0.16/2+0.16\times0.52\times(0.52/2+0.16)]/0.3104=0.171\text{m}$

截面惯性矩 $I_{w1}=[1.42\times0.16^3/12+1.42\times0.16\times(0.171-0.16/2)^2]$

$+[0.16\times0.52^3/12+0.16\times0.52\times(0.52/2+0.16-0.171)^2]$

$=0.0094\text{m}^4$

(2) 墙肢 2 截面特征

截面面积 $A_{w2}=0.16\times(0.76+3.52)=0.6848\text{m}^2$

截面形心 $y_{c2}=[0.16\times0.76\times0.16/2+0.16\times3.52\times(3.52/2+0.16)]/0.6848$

$=1.593\text{m}$

截面惯性矩 $I_{w2}=[0.76\times0.16^3/12+0.76\times0.16\times(1.593-0.16/2)^2]$

$+[0.16\times3.52^3/12+0.16\times3.52\times(3.52/2+0.16-1.593)^2]$

$=0.9204\text{m}^4$

墙肢 1、2 形心距

$$a=h_w-y_{c1}-y_{c2}=5.860-0.171-1.593=4.0956\text{m}$$

(3) 组合截面特征

截面面积 $A_w=A_{w1}+A_{w2}=0.3104+0.6848=0.9952\text{m}^2$

截面形心 $y_c=[0.3104\times0.171+0.6848\times(5.86-1.593)]/0.9952=2.989\text{m}$

截面惯性矩 $I_w=0.0094+0.3104\times(2.989-0.171)^2+0.9204+0.6848\times(5.86-2.989-1.593)^2=4.5125\text{m}^4$

$I_n=I_w-(I_{w1}+I_{w2})=4.5125-(0.0094+0.9204)=3.5827\text{m}^4$

连梁 LL1 截面惯性矩（LL1 截面宽度 160mm、截面高度＝层高－窗高＝2800－1500＝1300mm）

$I_{b0}=0.16\times1.30^3/12=0.0293\text{m}^4$（不同于楼面梁，连梁可不考虑楼板作为翼缘的增大作用）

计算跨度 $l_b=l_c+h_b/2=1.5+1.3/2=2.15\text{m}$

连梁 LL1 计入剪变影响的惯性矩 $I_b=\dfrac{I_{b0}}{1+\dfrac{30\mu I_{b0}}{A_b l_b^2}}=\dfrac{0.0293}{1+\dfrac{30\times1.2\times0.0293}{0.16\times1.30\times2.15^2}}=0.0140\text{m}^4$

剪力墙整体系数

$$\alpha=H\sqrt{\frac{12I_b a^2}{h(I_{w1}+I_{w2})l_b^3}\frac{I_w}{I_n}}=39.2\times\sqrt{\frac{12\times0.0140\times4.0956^2}{2.8\times(0.0094+0.9204)\times2.15^3}\frac{4.5125}{3.5827}}=14.5>10$$

$$\frac{I_n}{I_w}=\frac{3.5827}{4.5125}=0.794$$

根据 α 和层数查表 6-1 得 $\zeta=0.956$，$\alpha\geqslant10$、$\dfrac{I_n}{I_w}\leqslant\zeta$，剪力墙 Q5 的类型为整体小开口墙。

截面形状系数　$\mu=\dfrac{A_w}{A_{w0b}}=\dfrac{0.9952}{0.16\times(5.86-0.16\times2)}=1.123$

等效刚度　$EI_{eq}=\dfrac{0.8EI_w}{1+\dfrac{9\mu0.8I_w}{A_w H^2}}=\dfrac{0.8\times2.8\times10^7\times4.5125}{1+\dfrac{9\times1.123\times0.8\times4.5125}{0.9952\times39.2^2}}=9.872\times10^7\ \text{kN}\cdot\text{m}^2$

6. 剪力墙 Q6（图 6-24）等效刚度的计算

剪力墙 Q6 也为带洞口剪力墙，洞口尺寸 1.34m×2.5m，窗口面积/墙面面积＝(1.34×2.5)/(9.46×2.8)＝0.13＜0.16，但考虑到洞口成列布置，上下洞口间的净距小于孔道长边，形成明显的墙肢和连梁，且连梁跨高比 1.34/0.30＝4.5＜5，故应按剪力墙整体系数来确定此开洞剪力墙的类型。

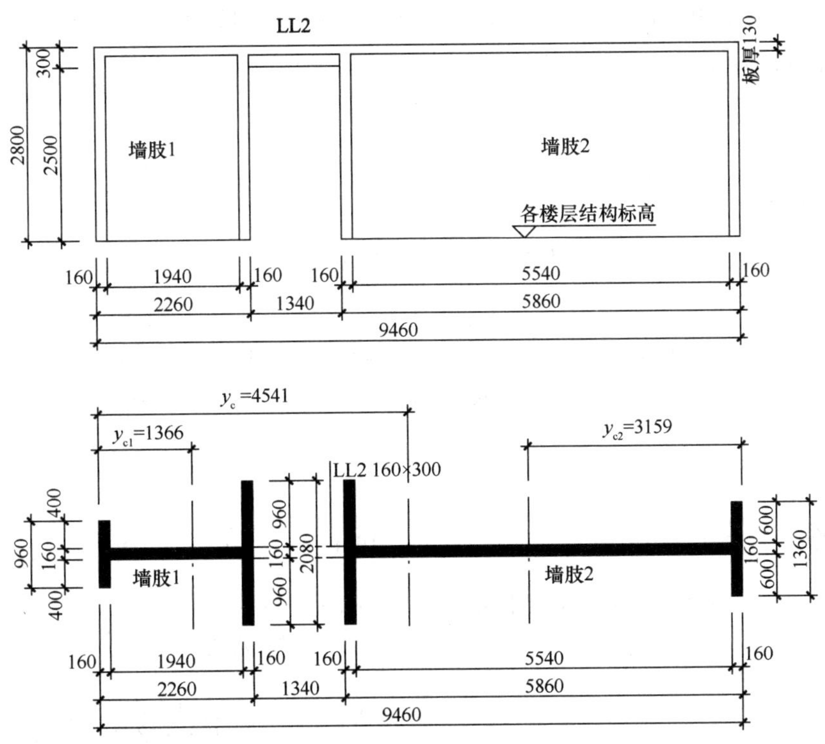

图 6-24 剪力墙 Q6（单位：mm）

(1) 墙肢 1 截面特征

截面面积 $A_{w1}=0.16\times(0.96+1.94+2.08)=0.7968\text{m}^2$

截面形心 $y_{c1}=[0.16\times0.96\times0.16/2+0.16\times1.94\times(2.26-0.16/2)]/0.7968$
$=1.366\text{m}$

截面惯性矩 $I_{w1}=[0.96\times0.16^3/12+0.16\times0.96\times(1.366-0.16/2)^2]$
$+[0.16\times1.94^3/12+0.16\times1.94\times(1.366-0.16-1.94/2)^2]$
$+[2.08\times0.16^3/12+0.16\times2.08\times(2.26-1.366-0.16/2)^2]$
$=0.5901\text{m}^4$

(2) 墙肢 2 截面特征

截面面积 $A_{w2}=0.16\times(2.08+5.54+1.36)=1.4368\text{m}^2$

截面形心 $y_{c2}=[0.16\times1.36\times0.16/2+0.16\times5.54\times(5.54/2+0.16)+0.16\times2.08$
$\times(5.86-0.16/2)]/1.4368$
$=3.159\text{m}$

截面惯性矩 $I_{w2}=[1.36\times0.16^3/12+1.36\times0.16\times(3.159-0.16/2)^2]$
$+[0.16\times5.54^3/12+0.16\times5.54\times(3.159-0.16-5.54/2)^2]$
$+[2.08\times0.16^3/12+2.08\times0.16\times(5.86-3.159-0.16/2)^2]$
$=6.6639\text{m}^4$

墙肢 1、2 形心距　$a=h_w-y_{c1}-y_{c2}=9.460-1.366-3.159=4.935\text{m}$

(3) 组合截面特征

截面面积　$A_w=A_{w1}+A_{w2}=0.7968+1.4368=2.2336\text{m}^2$

截面形心　$y_c=[0.7968\times1.366+1.4368\times(9.46-3.159)]/2.2336=4.541\text{m}$

截面惯性矩

$$I_w=0.5901+0.7968\times(4.541-1.366)^2+6.6639+1.4368\times(9.460-4.541-3.159)^2$$
$$=19.7386\text{m}^4$$

$$I_n=I_w-(I_{w1}+I_{w2})=19.7386-(0.5901+6.6639)=12.4846\text{m}^4$$

连梁 LL2 截面惯性矩（LL2 截面宽度 160mm、截面高度=层高－洞高=2800－2500=300mm）

$$I_{b0}=0.16\times0.30^3/12=0.00036\text{m}^4$$

计算跨度　$l_b=l_c+h_b/2=1.34+0.30/2=1.49\text{m}$

连梁 LL2 计入剪变影响的折算惯性矩　$I_b=0.55\dfrac{I_{b0}}{1+\dfrac{30\mu I_{b0}}{A_b l_b^2}}$

$$=0.55\times\frac{0.00036}{1+\dfrac{30\times1.2\times0.00036}{0.16\times0.30\times1.49^2}}$$

$$=0.00018\text{m}^4$$

式中，0.55 为连梁刚度折减系数（注：本例经试算，发现该连梁内力过大，出现超筋现象，故通过降低连梁的刚度来减少连梁的内力)。

剪力墙整体系数

$$\alpha=H\sqrt{\frac{12I_b a^2}{h(I_{w1}+I_{w2})l_b^3}\frac{I_w}{I_n}}=39.2\times\sqrt{\frac{12\times0.00018\times4.935^2}{2.8\times(0.5901+6.6639)\times1.49^3}\frac{19.7386}{12.4846}}=1.4$$

$\alpha<10$，且大于 1，所以剪力墙 Q6 的类型为联肢墙，按倒三角形分布荷载进行等效刚度计算。

截面形状系数

$$\mu=\frac{A_w}{A_{w0b}}=\frac{2.2336}{0.16\times(9.46-0.16\times2)}=1.527$$

$$\gamma^2=\frac{2.5\mu\Sigma I_i\Sigma l_j}{H^2\Sigma A_i\Sigma a_j}=\frac{2.5\times1.527\times(0.5901+6.6639)\times1.49}{39.2^2\times2.2336\times4.935}=0.0024$$

$$\gamma_1^2=\frac{2.5\mu\Sigma I_i}{H^2\Sigma A_i}=\frac{2.5\times1.527\times(0.5901+6.6639)}{39.2^2\times2.2336}=0.0081$$

$$\beta=\alpha^2\gamma^2=1.4^2\times0.0024=0.0045\text{，根据公式计算得 }\psi_a=0.586$$

$$s_1=\frac{aA_1A_2}{A_1+A_2}=\frac{4.935\times0.7968\times1.4368}{0.7968+1.4368}=2.530\text{m}^3$$

$$\tau=\frac{as_1}{I_1+I_2+as_1}=\frac{4.935\times 2.530}{0.5901+6.6639+4.935\times 2.530}=0.632$$

等效刚度

$$EI_{\mathrm{eq}}=\frac{\sum EI_i}{(1-\tau)+(1-\beta)\tau\psi_\alpha+3.64\gamma_1^2}$$

$$=\frac{2.8\times 10^7\times(0.5901+6.6639)}{(1-0.632)+(1-0.0045)\times 0.632\times 0.586+3.64\times 0.0081}$$

$$=2.652\times 10^8\mathrm{kN\cdot m^2}$$

若不考虑剪力墙 Q6 的连梁 LL2 作用，将其墙肢 1、墙肢 2 分别作为整体墙，经计算其等效刚度分别为 $1.634\times10^7\mathrm{kN\cdot m^2}$ 和 $1.787\times10^8\mathrm{kN\cdot m^2}$，则考虑 LL2 的组合作用后等效刚度比值为：

$2.652\times10^8/(1.634\times10^7+1.787\times10^8)=1.36$，表明连梁的组合作用是比较大的，但这也会导致剪力墙的连梁受力较大，因此有必要进行连梁刚度的折减。

7. y 方向结构总等效刚度

$\sum E_c I_{\mathrm{eq}}=2\times(2.302\times10^7+2.333\times10^8+1.316\times10^7+1.368\times10^7+9.872\times10^7)+2.652\times10^8=1.029\times10^9\mathrm{kN\cdot m^2}$

其中，等效刚度最大的 Q6 占总等效刚度的比例为 $2.652\times10^8/1.029\times10^9=25.77\%<30\%$，满足要求。

6.5.5 重力荷载代表值

经荷载汇集计算，楼面恒荷载标准值取 $7.0\mathrm{kN/m^2}$（包括内隔墙重），屋面恒荷载标准值取 $7.5\mathrm{kN/m^2}$，楼面活荷载标准值取 $2.0\mathrm{kN/m^2}$，屋面雪荷载标准值取 $0.5\mathrm{kN/m^2}$，屋面活荷载不计入。

15 层的重力荷载代表值 $G_{15}=837\mathrm{kN}$；

14 层的重力荷载代表值 $G_{14}=3448\mathrm{kN}$；

1～13 层的重力荷载代表值 $G_1\sim G_{13}=3641\mathrm{kN}$；

总重力荷载代表值 $G_E=\sum G=51618\mathrm{kN}$。

6.5.6 结构基本自振周期

剪力墙结构基本自振周期估算有如下几种方法：

(1)《荷载规范》近似方法

参考《荷载规范》附录 F，混凝土结构的基本自振周期可根据建筑总层数近似按下式计算：

$$T_1=(0.04\sim0.08)n$$

式中，n 为结构层数。

则本例，$T_1=$（0.04×14）～（0.08×14）=0.56～1.12s。

（2）《荷载规范》规定方法

参考《荷载规范》附录F，混凝土剪力墙结构的基本自振周期可按下式计算：

$$T_1 = 0.03 + 0.03\frac{H}{\sqrt[3]{B}}$$

式中，H 为房屋总高度（m）；B 为房屋宽度（m）。

则本例，$T_1 = 0.03 + 0.03\frac{H}{\sqrt[3]{B}} = 0.03 + 0.03 \times \frac{39.2}{\sqrt[3]{13.2}} = 0.528\text{s}$。

（3）顶点假想位移法

计算公式为：

$$T_1 = 1.7\psi_T\sqrt{u_T}$$

式中，u_T 为结构顶点假想位移，即假想把集中在各层楼面处的重力荷载代表值 G_i 作为水平荷载所求得的结构顶点侧移（m）；ψ_T 为考虑非承重墙对结构基本自振周期影响的折减系数，剪力墙结构取0.9～1.0。

则本例，$g=\sum G_i/H=51618/39.2=1316.79\text{kN/m}$。

y 方向结构顶点假想水平位移 $u_T = \frac{gH^4}{8\sum EI_{eq}} = \frac{1316.79 \times 39.2^4}{8 \times 1.029 \times 10^9} = 0.378\text{m}$

y 方向结构基本自振周期 $T_1 = 1.7\psi_T\sqrt{u_T} = 1.7 \times 1.0 \times \sqrt{0.378} = 1.045\text{s}$

（4）计算机有限元分析软件计算

可采用如PKPM、盈建科等工程计算分析软件进行较精确的结构自振周期计算。

通过上述几种经验公式的计算对比可知，采用不同的计算方法，结构基本自振周期相差较大。作者统计了多个剪力墙结构的PKPM计算机有限元分析软件的SATWE计算结果，如表6-12所示。

剪力墙结构基本自振周期估算及对比 **表6-12**

工程名称	层数 n	高度 H (m)	宽度 B (m)	总重力荷载代表值 (kN)	等效刚度 (kN·m²)	SATWE T_1 (s)	(1)《荷载规范》近似方法 $T_1=(x)n$ (s)	(2)《荷载规范》规定方法 $T_1=0.03+0.03\frac{H}{\sqrt[3]{B}}$ (s)	(3) 顶点假想位移法 $T_1=1.7\psi_T\sqrt{u_T}$ (s)
C1	19	55.2	13.6	143744.7	9.13×10^9	1.000	0.053	0.724	0.978
C2	19	55.4	16.5	208762.1	1.29×10^{10}	1.000	0.053	0.683	0.997
C16	19	55.4	13.5	156439.1	8.67×10^9	0.990	0.052	0.728	1.053
C9	18	56.5	13.6	238818.7	1.84×10^{10}	0.820	0.046	0.740	0.920
C12	13	38.5	11.8	95982.4	6.75×10^9	0.570	0.044	0.537	0.541
C14	13	38.45	11.2	107494.3	5.94×10^9	0.580	0.045	0.546	0.610
C15	8	21.7	12.5	71649.2	2.14×10^9	0.270	0.034	0.311	0.352

由表中估算及统计结果可知，《荷载规范》附录近似方法当取（0.34～0.53）n 时与电算结果相同，《荷载规范》附录规定方法计算值较小，则地震作用较大、设计较为保守。顶点假想位移法与电算结果相近。本例采用顶点假想位移法，即取结构自振周期 $T_1=1.045\text{s}$。

6.5.7 结构重力二阶效应及整体稳定

1. 结构重力二阶效应

《高规》要求：对于剪力墙结构，当满足 $EJ_d \geqslant 2.7H^2\sum G_i$ 时，可不考虑重力二阶效应；否则应考虑重力二阶效应对水平地震作用下结构内力和位移的不利影响。

取 $EJ_d=\sum EI_{eq}=1.029\times10^9\text{kN}\cdot\text{m}^2 \geqslant 2.7H^2\sum G_i=2.7\times39.2^2\times51618=2.142\times10^8\text{kN}\cdot\text{m}^2$，可不进行重力二阶效应计算。

2. 结构整体稳定

根据《高规》要求，对于剪力墙结构，$EJ_d=\sum EI_{eq}=1.029\times10^9\text{kN}\cdot\text{m}^2 > 1.4H^2\sum G_i=1.110\times10^8\text{kN}\cdot\text{m}^2$，满足条件，能够保证结构的整体稳定性。

6.5.8 水平地震作用计算

本工程进行 y 方向水平地震作用的计算，x 方向的计算从略。

1. 总地震作用标准值

7 度（0.1g）、Ⅱ类场地、设计地震分组为第二组，$T_1=1.045\text{s}$，查表 3-7，得特征周期为 $T_g=0.40\text{s}$，查表 3-6，得水平地震影响系数最大值 $\alpha_{max}=0.08$。当 $5T_g \geqslant T_1 \geqslant T_g$ 时，水平地震影响系数为：

$$\alpha=\left(\frac{T_g}{T_1}\right)^{\gamma}\eta_2\alpha_{max}$$

其中，$\gamma=0.9$，$\eta_2=1.0$。

即 $\alpha=\left(\frac{T_g}{T_1}\right)^{\gamma}\eta_2\alpha_{max}=\left(\frac{0.40}{1.045}\right)^{0.9}\times1.0\times0.08=0.0337$

结构总等效重力荷载代表值：$G_{eq}=0.85G_E=0.85\times51618=43875.00\text{kN}$

总地震作用标准值：$F_{Ek}=\alpha G_{eq}=0.0337\times43875=1479.30\text{kN}$

2. 顶部附加水平地震作用

由于 $T_1=1.045\text{s}>1.4T_g=1.4\times0.4=0.56\text{s}$，应考虑顶部附加水平地震作用，顶部附加水平地震作用标准值 $\Delta F_n=\delta_n F_{Ek}$，根据表 3-8，当 $T_1>1.4T_g$ 时：

$$\delta_n=0.08T_1+0.01=0.08\times1.045+0.01=0.094$$

$$\Delta F_n=\delta_n F_{Ek}=0.094\times1479.30=138.43\text{kN}$$

3. 突出屋面电梯机房小塔楼水平地震作用增大系数

突出屋面电梯机房小塔楼的范围为（③～⑨轴）×（Ⓑ～Ⓕ轴）。y 向由 Q1、Q3、Q4

各 2 片剪力墙组成。

根据表 3-11，小塔楼重力荷载代表值 G_n＝837kN，主体结构重力荷载代表值的平均值 G＝（3448＋3641×13）/14＝3627.21kN，主体楼层、小塔楼的楼层 y 向的侧向刚度 K、K_n 可由楼层剪力除以楼层层间位移计算。由于 G_n/G＝0.23，已超出了表 3-9 范围，说明该塔楼结构布置接近主体结构，按理可不进行水平地震作用的增大，本例为演示该增大作用的计算，特取增大系数 β_n＝3.0。

4. 各楼层的水平地震作用

按以下公式计算：$F_i = \dfrac{G_iH_i}{\sum\limits_{j=1}^{n} G_jH_j} F_{\mathrm{Ek}}(1-\delta_n)$

5. 各楼层水平地震作用总剪力和总弯矩

楼层水平地震作用总剪力：$V_i = \sum\limits_{j=i}^{n} F$；

楼层水平地震作用总弯矩：$M_i = \sum\limits_{j=i}^{n} F_j(H_j - H_{i-1})$

各楼层水平地震作用见表 6-13，各楼层总剪力、总弯矩和层间位移见表 6-14。

各楼层水平地震作用 **表 6-13**

楼层	G_i (kN)	H_i (m)	$G_i \times H_i$	F_i (kN)	
				倒三角形荷载作用	顶部集中荷载作用
15	837	43.1	36074.70	44.02	
14	3448	39.2	135161.60	164.91	138.43
13	3641	36.4	132532.40	161.71	
12	3641	33.6	122337.60	149.27	
11	3641	30.8	112142.80	136.83	
10	3641	28.0	101948.00	124.39	
9	3641	25.2	91753.20	111.95	
8	3641	22.4	81558.40	99.51	
7	3641	19.6	71363.60	87.07	
6	3641	16.8	61168.80	74.63	
5	3641	14.0	50974.00	62.19	
4	3641	11.2	40779.20	49.76	
3	3641	8.4	30584.40	37.32	
2	3641	5.6	20389.60	24.88	
1	3641	2.8	10194.80	12.44	
	51618		$\sum G_iH_i$＝1098963.10	V_{01}＝1340.87	V_{02}＝138.43

6.5.9 地震作用下结构水平位移

剪力墙结构层间位移可按各楼层的层间剪力按下式计算：

$$\frac{\Delta u}{h}=\frac{V_{01,i}\ (H-H_{i-1})^2}{4\sum EI_{\text{eq}}}+\frac{V_{02}\ (H-H_{i-1})^2}{2\sum EI_{\text{eq}}}$$

各楼层的层间位移计算结果见表 6-14，其中，突出屋面电梯机房小塔楼的等效刚度由 Q1、Q3、Q4 各 2 片的等效刚度组成，并采用增大后的层剪力。根据《高规》规定，层间位移与层高之比的限值为 $[\Delta u/h]=1/1000$。最大层间位移与层高之比在底层，其 $\Delta u/h=1/1262<1/1000$，满足限值要求。

各楼层水平地震作用的总剪力、总弯矩和层间位移　　表 6-14

楼层	V_i (kN)	M_i (kN·m)	层间位移 $\Delta u/h$
15	44.02×3.0=132.05	132.05×3.9=514.98	1/149138
14	347.36	1021.03	1/146899
13	509.07	2569.65	1/58033
12	658.33	4412.99	1/29093
11	795.16	6639.43	1/16840
10	919.55	9214.17	1/10738
9	1031.50	12102.37	1/7342
8	1131.01	15269.19	1/5294
7	1218.08	18679.82	1/3981
6	1292.71	22299.42	1/3097
5	1354.91	26093.17	1/2479
4	1404.66	30026.23	1/2033
3	1441.98	34063.78	1/1703
2	1466.86	38066.50	1/1454
1	1479.30	42173.71	1/1262
$\sum\Delta u/h$			0.004
主体结构顶点位移$\sum\Delta u$			0.004×2.8=0.011m

6.5.10 构件内力计算及组合

剪力墙 Q1～Q6 在地震作用下的内力，由楼层的总弯矩、总剪力按占本层总等效刚度的比例分配。各片剪力墙的内力见表 6-15。本工程在 y 方向应进行剪力墙 Q1～Q6 的内力计算，本例仅取剪力墙 Q5、Q6 进行内力计算。

各剪力墙剪力、弯矩 表 6-15

剪力墙	Q1		Q2		Q3		Q4		Q5		Q6	
刚度比例	2.24%		22.67%		1.28%		1.33%		9.59%		25.77%	
楼层	V (kN)	M (kN·m)	V (kN)	M (kN·m)	V (kN)	M (kN·m)	V (kN)	M (kN·m)	V (kN)	M (kN·m)	V (kN)	M (kN·m)
15	30.48	118.89	—	—	17.42	67.93	18.12	70.66	—	—	—	—
14	7.77	22.85	78.75	231.49	4.44	13.05	4.62	13.58	33.33	97.96	89.52	263.14
13	11.39	57.50	115.41	582.59	6.51	13.05	6.77	13.58	48.84	246.54	131.20	662.26
12	14.73	98.74	149.26	1000.50	8.42	32.85	8.75	34.17	63.16	423.39	169.67	1137.33
11	17.79	148.56	180.28	1505.27	10.17	56.42	10.57	58.68	76.29	636.99	204.93	1711.13
10	20.58	206.17	208.48	2089.01	11.76	84.89	12.23	88.29	88.22	884.02	236.99	2374.70
9	23.08	270.79	233.86	2743.81	13.19	117.81	13.72	122.53	98.96	1161.11	265.84	3119.05
8	25.31	341.65	256.42	3461.78	14.46	154.74	15.04	160.94	108.51	1464.94	291.49	3935.21
7	27.25	417.96	276.16	4235.02	15.57	195.23	16.20	203.05	116.86	1792.16	313.93	4814.20
6	28.92	498.95	293.08	5055.64	16.53	238.83	17.19	248.40	124.02	2139.42	333.16	5747.05
5	30.32	583.84	307.18	5915.74	17.32	285.11	18.02	296.54	129.99	2503.40	349.19	6724.78
4	31.43	671.84	318.46	6807.43	17.96	333.62	18.68	346.98	134.76	2880.74	362.01	7738.41
3	32.26	762.18	326.92	7722.81	18.44	383.90	19.18	399.29	138.34	3268.10	371.63	8778.97
2	32.82	851.74	332.56	8630.28	18.75	435.53	19.51	452.98	140.73	3652.12	378.04	9810.56
1	33.10	943.64	335.38	9561.45	18.91	486.70	19.67	506.20	141.92	4046.17	381.22	10869.07

剪力墙在竖向重力荷载作用下，可按仅产生墙肢轴力和连梁剪力计算，墙肢轴力按墙体负载面积估算，其中包括剪力墙自重、相邻楼板塑性铰线范围的楼面竖向重力荷载、与墙肢相连的其他连梁和自身连梁所负楼面竖向重力荷载及连梁自重的一半，楼面竖向重力荷载范围取至剪力墙有效翼缘端部。连梁剪力按所负楼面竖向重力荷载和自重计算。Q5、Q6 的负载面积见图 6-25。

1. 剪力墙 Q5 内力计算及组合

（1）剪力墙 Q5 在竖向重力荷载作用下的内力计算

屋面恒载 7.5kN/m^2、屋面雪荷载 0.5kN/m^2、楼面恒载 7.0kN/m^2、楼面活载 2.0kN/m^2；

墙肢 1 负载面积 $=(1.58+3.635)\times 2.055/2+0.96^2/2+(0.52+1.50/2)^2/2=6.6257\text{m}^2$；

墙肢 2 负载面积 $=5.54\times 2.77/2-(0.52+1.50/2)^2/2+1.46^2/2=7.9323\text{m}^2$；

LL1 负荷面积 $=(0.52+0.52+1.5)\times 1.5/2=1.9050\text{m}^2$；

墙肢 1 自重 $=0.3104\times 2.8\times 25\times 1.1=23.90$kN(式中 1.1 为构件表面抹灰等构造层增大系数，下同)；

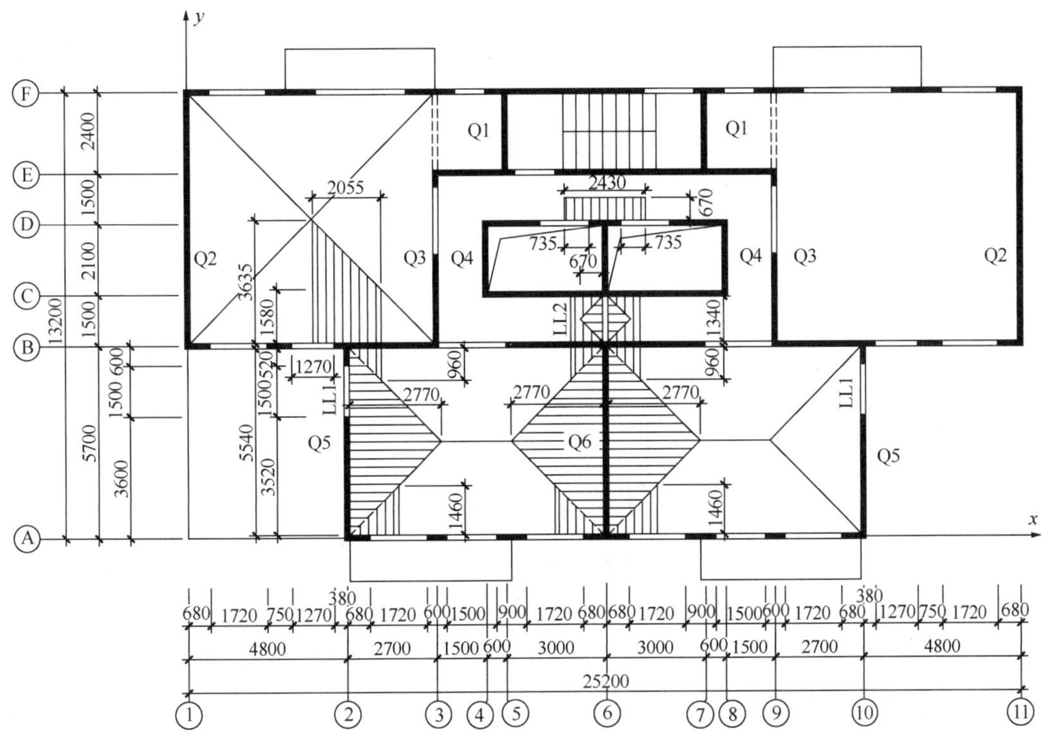

图 6-25　剪力墙 Q5、Q6 竖向重力荷载负载面积（单位：mm）

墙肢 2 自重＝0.6848×2.8×25×1.1＝52.73kN；

LL1 自重＝0.16×1.3×1.5×25×1.1＝8.58kN；

与墙肢 1 相连的其他连梁 1 自重＝0.16×1.3×1.3×25×1.1＝7.44kN；

与墙肢 2 相连的其他连梁 2 自重＝0.16×1.3×1.7×25×1.1＝9.72kN。

根据以上荷载、负载面积和构件自重数据，计算竖向重力荷载作用下墙肢轴力和连梁剪力：

屋面顶层墙肢 1 轴力＝(7.5＋0.5×0.5)×(6.6257＋1.9050/2)＋23.90＋8.58/2＋7.44/2＝90.64kN；

楼面每层墙肢 1 轴力＝(7.0＋0.5×2.0)×(6.6257＋1.9050/2)＋23.90＋8.58/2＋7.44/2＝92.53kN；

屋面顶层墙肢 2 轴力＝(7.5＋0.5×0.5)×(7.9323＋1.9050/2)＋23.90＋8.58/2＋7.44/2＝130.74kN；

楼面每层墙肢 2 轴力＝(7.0＋0.5×2.0)×(7.9323＋1.9050/2)＋23.90＋8.58/2＋7.44/2＝132.96kN；

累加即得各层轴力。

屋面顶层 LL1 剪力＝(7.5＋0.5×0.5)×1.9050/2＋8.58/2＝11.67kN；

楼面每层 LL1 剪力＝(7.0＋0.5×2.0)×1.9050/2＋8.58/2＝11.91kN。

因需与地震作用组合，楼、屋面活载标准值取一半。剪力墙 Q5 在竖向重力荷载作用下的墙肢 1、墙肢 2 轴力及连梁 LL1 剪力标准值见表 6-16。

（2）剪力墙 Q5 在水平地震作用下的内力计算

剪力墙 Q5 在水平地震作用下按等效刚度分配的内力 $M(x)$、$V(x)$ 见表 6-15。

剪力墙为整体小开口墙，墙肢内力计算公式为：

墙肢弯矩 $$M_j = 0.85M(x)\frac{I_j}{I} + 0.15M(x)\frac{I_j}{\sum I_j}$$

小墙肢附加弯矩 $$\Delta M_j = V_j h_0/2$$

墙肢轴力 $$N_j = \pm 0.85M(x)\frac{y_j A_j}{I}$$

墙肢剪力 $$V_j = \frac{V(x)}{2}\left(\frac{A_j}{\sum A_j} + \frac{I_j}{\sum I_j}\right)$$

式中，$M(x)$、$V(x)$ 分别为该小开口剪力墙在高度 x 处承受的弯矩、剪力。

连梁剪力 $$V_{bij} = N_j - N_{j+1}$$

连梁弯矩 $$M_{bij} = V_{bij} l_n/2$$

（3）剪力墙 Q5 的计算参数

$I_{w1}=0.0094\text{m}^4$；$I_{w2}=0.9204\text{m}^4$；$I_w=4.5125\text{m}^4$；$A_{w1}=0.3104\text{m}^2$；$A_{w2}=0.6848\text{m}^2$；$A_w=0.9952\text{m}^2$；$y_1=2.8182\text{m}$；$y_2=1.2774\text{m}$；$l_n=1.5\text{m}$。

剪力墙 Q5 分别在竖向重力荷载和水平地震作用下的墙肢、连梁内力见表 6-16。

剪力墙 Q5 内力汇总（标准值） **表 6-16**

楼层	竖向重力荷载作用下			水平地震作用下							
	墙肢 1	墙肢 2	连梁	墙肢 1			墙肢 2			连梁	
	N (kN)	N (kN)	V_{Gb} (kN)	M (kN·m)	V (kN)	N (kN)	M (kN·m)	V (kN)	N (kN)	M (kN·m)	V (kN)
14	90.64	130.74	11.67	0.32	5.37	16.14	31.53	27.96	16.14	12.11	16.14
13	183.17	263.70	11.91	0.81	7.86	40.62	79.35	40.98	40.62	18.36	24.48
12	275.71	396.66	11.91	1.39	10.17	69.76	136.27	52.99	69.76	21.86	29.14
11	368.24	529.62	11.91	2.09	12.28	104.96	205.02	64.01	104.96	26.40	35.20
10	460.78	662.58	11.91	2.91	14.20	145.67	284.52	74.02	145.67	30.53	40.70
9	553.31	795.54	11.91	3.82	15.93	191.33	373.70	83.03	191.33	34.24	45.66
8	645.84	928.50	11.91	4.82	17.47	241.39	471.49	91.04	241.39	37.55	50.06
7	738.38	1061.46	11.91	5.89	18.82	295.31	576.81	98.05	295.31	40.44	53.92
6	830.91	1194.42	11.91	7.03	19.97	352.53	688.58	104.06	352.53	42.92	57.22
5	923.45	1327.37	11.91	8.23	20.93	412.50	805.72	109.06	412.50	44.98	59.97
4	1015.98	1460.33	11.91	9.47	21.70	474.68	927.17	113.07	474.68	46.63	62.18
3	1108.51	1593.29	11.91	10.74	22.27	538.51	1051.84	116.07	538.51	47.87	63.83
2	1201.05	1726.25	11.91	12.00	22.66	601.79	1175.44	118.07	601.79	47.46	63.28
1	1293.58	1859.21	11.91	13.30	22.85	666.72	1302.26	119.07	666.72	48.70	64.93

（4）剪力墙 Q5 的内力组合

考虑竖向重力荷载及水平地震作用组合，竖向重力荷载作用分项系数 $\gamma_G=1.3$，水平地震作用分项系数 $\gamma_{Eh}=1.4$；连梁剪力设计值按式（6-96）进行调整，三级抗震连梁剪力增大系数 η_{vb}取为 1.1。

$$V_b = 1.1\frac{M_b^l + M_b^r}{l_n} + V_{Gb}$$

式中，V_{Gb}为在竖向重力荷载代表值作用下，按简支梁计算的梁端截面剪力设计值，连梁负载面积见图 6-25，连梁竖向重力荷载沿跨度可为均布，计算结果见表 6-16。剪力墙 Q5 墙肢、连梁内力组合设计值见表 6-17。

剪力墙 Q5 墙肢、连梁内力组合（设计值）　表 6-17

楼层	墙肢 1 内力组合				墙肢 2 内力组合				连梁内力组合	
	M（kN·m）	V（kN）	N（kN） 左震→	N（kN） 右震←	M（kN·m）	V（kN）	N（kN） 左震→	N（kN） 右震←	M（kN·m）	V（kN）
14	0.45	7.51	95.23	140.43	44.14	39.15	192.56	147.36	16.95	40.03
13	1.13	11.01	181.25	295.00	111.09	57.37	399.68	285.93	25.71	53.19
12	1.95	14.24	260.75	456.09	190.77	74.19	613.33	417.98	30.60	60.36
11	2.93	17.20	331.77	625.66	287.02	89.61	835.45	541.55	36.96	69.69
10	4.07	19.89	395.08	802.94	398.33	103.63	1065.28	657.42	42.74	78.17
9	5.34	22.31	451.45	987.16	523.19	116.24	1302.05	766.34	47.94	85.80
8	6.74	24.46	501.65	1177.54	660.09	127.45	1544.99	869.10	52.57	92.58
7	8.25	26.34	546.46	1373.32	807.53	137.27	1793.32	966.46	56.61	98.52
6	9.85	27.96	586.65	1573.73	964.01	145.68	2046.28	1059.20	60.08	103.60
5	11.52	29.30	622.98	1777.99	1128.01	152.69	2303.09	1148.08	62.97	107.84
4	13.26	30.38	656.22	1985.33	1298.03	158.29	2562.99	1233.88	65.29	111.24
3	15.04	31.18	687.16	2194.98	1472.58	162.50	2825.20	1317.37	67.02	113.78
2	16.81	31.72	718.86	2403.87	1645.61	165.30	3086.63	1401.63	66.44	112.93
1	18.62	31.99	748.25	2615.06	1823.17	166.70	3350.38	1483.57	68.18	115.48

2. 剪力墙 Q6 内力计算及组合

（1）剪力墙 Q6 在竖向重力荷载作用下的内力计算

屋面恒载 7.5kN/m²、屋面雪荷载 0.5kN/m²、楼面恒载 7.0kN/m²、楼面活载 2.0kN/m²；

墙肢 1 负载面积$=2.43\times0.67+1.34\times(0.96\times2+0.16)/2=3.0217\text{m}^2$；

墙肢 2 负载面积$=1.34\times(0.96\times2+0.16)/2+0.96^2/2+2.77\times5.44+1.46\times1.46=19.0548\text{m}^2$；

LL2 负荷面积$=(0.67+0.16)\times1.34=1.1122\text{m}^2$；

墙肢 1 自重＝0.7968×2.8×25×1.1＝61.35kN(式中 1.1 为构件表面抹灰等构造层增大系数，下同)；

墙肢 2 自重＝1.4368×2.8×25×1.1＝110.63kN；

LL2 自重＝0.16×0.35×1.34×25×1.1＝2.06kN；

与墙肢 1 相连的其他连梁 1 自重＝0.16×0.8×0.735×2×25×1.1＝5.17kN；

与墙肢 2 相连的其他连梁 2 自重＝0.16×1.3×0.86×2×25×1.1＝9.84kN。

根据以上荷载、负载面积和构件自重数据，计算竖向重力荷载作用下墙肢轴力和连梁剪力：

屋面顶层墙肢 1 轴力＝(7.5＋0.5×0.5)×(3.0217＋1.1122/2)＋61.35＋2.06/2＋5.17/2＝92.70kN；

楼面每层墙肢 1 轴力＝(7.0＋0.5×2.0)×(3.0217＋1.1122/2)＋61.35＋2.06/2＋5.17/2＝93.60kN；

屋面顶层墙肢 2 轴力＝(7.5＋0.5×0.5)×(19.0548＋1.1122/2)＋61.35＋2.06/2＋5.17/2＝268.57kN；

楼面每层墙肢 2 轴力＝(7.0＋0.5×2.0)×(19.0548＋1.1122/2)＋61.35＋2.06/2＋5.17/2＝273.47kN；

累加即得各层轴力。

屋面顶层 LL2 剪力＝(7.5＋0.5×0.5)×1.9050/2＋8.58/2＝11.67kN；

楼面每层 LL2 剪力＝(7.0＋0.5×2.0)×1.9050/2＋8.58/2＝11.91kN。

剪力墙 Q6 在竖向重力荷载作用下的墙肢 1、墙肢 2 轴力及连梁 LL1 剪力标准值见表 6-18。因需与地震作用组合，楼、屋面活载标准值取一半。

(2) 剪力墙 Q6 在水平地震作用下的内力计算

剪力墙 Q6 在水平地震作用下按等效刚度分配的内力见表 6-15。

1) 连梁 LL2 剪力、弯矩

剪力墙 Q6 为双肢的联肢墙，连梁剪力、弯矩分别按下式计算：

$$V_{bi} = \frac{\eta}{a}\tau h V_0[(1-\beta)\phi_1 + \beta\phi_2]$$

$$M_{bi} = \frac{1}{2}V_b l_n$$

本例中，双肢墙连梁约束弯矩分配系数 $\eta=1$；洞口两侧墙肢截面形心间距离 $a=4.935$m；层高 $h=2.8$m；连梁净跨（即洞口宽度）$l_n=1.34$m；$\tau=0.632$；$\beta=0.0046$；ϕ_1、ϕ_2 为参数，根据 $\alpha=1.6$、$\xi=x/H$ 以及下列公式计算：

倒三角形荷载时，$\phi_1(\alpha,\xi) = \left(1-\frac{2}{\alpha^2}\right)\left[1-\frac{\cosh\alpha(1-\xi)}{\cosh\alpha}\right]+\frac{2}{\alpha}\frac{\sinh\alpha\xi}{\cosh\alpha}-\xi^2$

$$\phi_2(\xi) = 1-\xi^2$$

顶点集中荷载时，$\phi_1(\alpha,\xi) = 1 - \cosh\alpha\xi + \dfrac{\sinh\alpha\sinh\alpha\xi}{\cosh\alpha}$

$$\phi_2(\xi) = 1$$

联肢墙 Q6 承受的底部总剪力由表 6-15 可知，即 $V_{0,6}=381.22\text{kN}$，其中 $V_{02,6}=138.43\times25.77\%=35.67\text{kN}$；$V_{01,6}=V_{0,6}-V_{02,6}=381.22-35.67=345.55\text{kN}$。

剪力墙 Q6、连梁在水平地震作用下剪力、弯矩计算结果见表 6-18。

水平地震作用下剪力墙 Q6、连梁 LL1 内力　　表 6-18

楼层	ξ	倒三角形荷载作用下				顶点集中荷载作用下				倒三角＋集中	
		ϕ_1	ϕ_2	连梁剪力 V_{bi} (kN)	连梁弯矩 M_{bi} (kN·m)	ϕ_1	ϕ_2	连梁剪力 V_{bi} (kN)	连梁弯矩 M_{bi} (kN·m)	连梁剪力 V_{bi} (kN)	连梁弯矩 M_{bi} (kN·m)
14	1.00	0.248	0.000	30.58	20.49	0.521	1	6.70	4.49	37.28	24.97
13	0.93	0.249	0.138	30.78	20.62	0.519	1	6.67	4.47	37.44	25.09
12	0.86	0.251	0.265	31.10	20.84	0.512	1	6.58	4.41	37.68	25.24
11	0.79	0.253	0.383	31.40	21.04	0.500	1	6.43	4.31	37.83	25.35
10	0.71	0.253	0.490	31.54	21.13	0.484	1	6.23	4.17	37.76	25.30
9	0.64	0.252	0.587	31.40	21.04	0.463	1	5.96	3.99	37.35	25.03
8	0.57	0.247	0.673	30.86	20.68	0.436	1	5.62	3.77	36.48	24.44
7	0.50	0.238	0.750	29.81	19.97	0.405	1	5.22	3.49	35.03	23.47
6	0.43	0.224	0.816	28.16	18.87	0.367	1	4.74	3.18	32.90	22.04
5	0.36	0.205	0.872	25.81	17.29	0.324	1	4.19	2.81	29.99	20.10
4	0.29	0.179	0.918	22.66	15.18	0.274	1	3.55	2.38	26.22	17.56
3	0.21	0.147	0.954	18.65	12.49	0.217	1	2.83	1.90	21.48	14.39
2	0.14	0.106	0.980	13.68	9.16	0.153	1	2.01	1.35	15.69	10.51
1	0.07	0.058	0.995	7.67	5.14	0.081	1	1.09	0.73	8.76	5.87

2）墙肢弯矩、剪力、轴力

由墙肢轴力、弯矩及剪力计算公式可知剪力墙 Q6 在第 i 层第 j 墙肢的弯矩为：

$$M_{ij} = \frac{I_j}{\sum_{j=1}^{m+1} I_j}\left(M_{pi} - \sum_{k=i}^{n} M_{0k}\right)$$

式中，M_{pi} 为剪力墙 Q6 第 i 层由外荷载（分别为倒三角形、顶点集中或均布荷载）产生的弯矩；M_{0k} 为剪力墙 Q6 第 k 层（$k\geqslant i$）的总约束弯矩，$M_{0k} = \tau h V_0[(1-\beta)\phi_1 + \beta\phi_2]$，$V_0$ 为剪力墙 Q6 产生的底部总剪力（分别由倒三角形、顶点集中或均布荷载产生）。

剪力墙 Q6 在第 i 层第 j 墙肢轴力：

$$N_{i1} = \sum_{k=i}^{n} V_{bk1}$$

剪力墙 Q6 在第 i 层第 j 墙肢剪力：

$$V_{ij}=\frac{I'_j}{\sum_{j=1}^{m+1}I'_j}V_{pi}$$

式中，I'_j 为墙肢 j 的折算惯性矩，$I'_j=\dfrac{I_j}{1+\dfrac{30\mu I_j}{A_jh^2}}$；$V_{pi}$ 为剪力墙 Q6 第 i 层由外荷载产生的剪力（分别由倒三角形、顶点集中或均布荷载产生）；剪力墙 Q6 墙肢弯矩、剪力、轴力的计算参数同连梁的计算参数。剪力墙 Q6 在水平地震作用下的墙肢内力见表 6-19、表 6-20。

剪力墙 Q6 倒三角形水平地震作用下墙肢内力　　表 6-19

楼层	M_{pi}	V_{pi}	M_{0k}	墙肢弯矩（kN·m）		墙肢剪力（kN）		墙肢轴力（kN）	
	（kN·m）	（kN）	（kN）	墙肢 1	墙肢 2	墙肢 1	墙肢 2	墙肢 1	墙肢 2
14	163.24	53.85	150.93	1.00	11.31	16.68	37.17	30.58	30.58
13	462.46	95.52	302.83	12.99	146.65	29.58	65.94	61.36	61.36
12	837.63	133.99	456.31	31.02	350.30	41.50	92.49	92.46	92.46
11	1311.53	169.25	611.28	56.96	643.30	52.42	116.83	123.86	123.86
10	1875.20	201.31	766.94	90.15	1018.11	62.35	138.96	155.40	155.40
9	2519.65	230.16	921.91	129.97	1467.77	71.28	158.88	186.80	186.80
8	3235.91	255.81	1074.21	175.84	1985.85	79.23	176.58	217.66	217.66
7	4015.00	278.25	1221.36	227.25	2566.40	86.18	192.07	247.47	247.47
6	4847.95	297.48	1360.34	283.70	3203.91	92.13	205.35	275.63	275.63
5	5725.78	313.51	1487.71	344.74	3893.32	97.10	216.41	301.44	301.44
4	6639.51	326.33	1599.57	409.97	4629.97	101.07	225.26	324.10	324.10
3	7580.17	335.95	1691.60	479.00	5409.57	104.05	231.90	342.75	342.75
2	8511.86	342.36	1759.10	549.30	6203.46	106.03	236.33	356.43	356.43
1	9470.47	345.57	1796.97	624.20	7049.30	107.03	238.54	364.10	364.10

剪力墙 Q6 顶点集中水平地震作用下墙肢内力　　表 6-20

楼层	M_{pi}	V_{pi}	M_{0k}	墙肢弯矩（kN·m）		墙肢剪力（kN）		墙肢轴力（kN）	
	（kN·m）	（kN）	（kN）	墙肢 1	墙肢 2	墙肢 1	墙肢 2	墙肢 1	墙肢 2
14	99.90	35.68	15.58	6.86	77.46	11.05	24.63	6.70	6.70
13	199.80	35.68	31.27	13.71	154.82	11.05	24.63	13.36	13.36
12	299.70	35.68	47.11	20.55	232.04	11.05	24.63	19.95	19.95
11	399.60	35.68	63.11	27.37	309.12	11.05	24.63	26.38	26.38
10	499.50	35.68	79.18	34.19	386.13	11.05	24.63	32.60	32.60
9	599.40	35.68	95.18	41.02	463.20	11.05	24.63	38.56	38.56
8	699.30	35.68	110.91	47.86	540.53	11.05	24.63	44.18	44.18

续表

楼层	M_{pi} (kN·m)	V_{pi} (kN)	M_{0k} (kN)	墙肢弯矩（kN·m） 墙肢 1	墙肢 2	墙肢剪力（kN） 墙肢 1	墙肢 2	墙肢轴力（kN） 墙肢 1	墙肢 2
7	799.20	35.68	126.10	54.75	618.35	11.05	24.63	49.40	49.40
6	899.10	35.68	140.45	61.71	696.94	11.05	24.63	54.14	54.14
5	999.00	35.68	153.60	68.77	776.63	11.05	24.63	58.33	58.33
4	1098.90	35.68	165.15	75.96	857.79	11.05	24.63	61.88	61.88
3	1198.80	35.68	174.65	83.31	940.84	11.05	24.63	64.71	64.71
2	1298.70	35.68	181.62	90.87	1026.21	11.05	24.63	66.72	66.72
1	1398.60	35.68	185.53	98.68	1114.39	11.05	24.63	67.81	67.81

（3）剪力墙 Q6 的内力组合

考虑竖向重力荷载及水平地震作用组合，竖向重力荷载作用分项系数 $\gamma_G=1.3$，水平地震作用分项系数 $\gamma_{Eh}=1.4$；连梁剪力设计值按式（6-96）进行调整，三级抗震连梁剪力增大系数 η_{vb}取为 1.1。

$$V_b = 1.1\frac{M_b^l + M_b^r}{l_n} + V_{Gb}$$

式中，V_{Gb}为在竖向重力荷载代表值作用下，按简支梁计算的梁端截面剪力设计值，连梁负载面积见图 6-25，连梁竖向重力荷载沿跨度可为均布。剪力墙 Q6 墙肢、连梁内力汇总和内力组合见表 6-21 和表 6-22。

剪力墙 Q6 墙肢、连梁内力汇总　　表 6-21

楼层	竖向重力荷载作用下（kN） 墙肢轴力 墙肢 1	墙肢 2	连梁剪力 V_{Gb}	水平地震作用下 墙肢 1 M (kN·m)	V (kN)	N (kN)	墙肢 2 M (kN·m)	V (kN)	N (kN)	连梁 M (kN·m)	V (kN)
14	92.70	268.57	5.34	7.86	27.73	37.28	88.77	61.80	37.28	24.98	37.28
13	186.30	542.04	5.48	26.69	40.63	74.72	301.47	90.57	74.72	25.09	37.45
12	279.89	815.51	5.48	51.56	52.55	112.40	582.34	117.12	112.40	25.25	37.68
11	373.49	1088.98	5.48	84.33	63.47	150.24	952.41	141.46	150.24	25.35	37.83
10	467.08	1362.46	5.48	124.34	73.40	188.00	1404.24	163.59	188.00	25.30	37.77
9	560.68	1635.93	5.48	170.98	82.33	225.36	1930.98	183.51	225.36	25.03	37.36
8	654.27	1909.40	5.48	223.71	90.28	261.84	2526.38	201.21	261.84	24.44	36.48
7	747.87	2182.87	5.48	282.00	97.23	296.87	3184.74	216.70	296.87	23.47	35.03
6	841.46	2456.34	5.48	345.41	103.18	329.77	3900.85	229.98	329.77	22.04	32.90
5	935.06	2729.82	5.48	413.51	108.15	359.77	4669.95	241.04	359.77	20.10	30.00
4	1028.65	3003.29	5.48	485.93	112.12	385.98	5487.77	249.89	385.98	17.57	26.22
3	1122.25	3276.76	5.48	562.31	115.10	407.46	6350.41	256.53	407.46	14.39	21.48
2	1215.84	3550.23	5.48	640.17	117.08	423.15	7229.67	260.96	423.15	10.51	15.69
1	1309.44	3823.70	5.48	722.88	118.08	431.91	8163.70	263.17	431.91	5.87	8.76

剪力墙 Q6 墙肢、连梁内力组合　　表 6-22

楼层	墙肢 1 内力组合				墙肢 2 内力组合				连梁内力组合	
	M (kN·m)	V (kN)	N (kN) 左震→	N (kN) 右震←	M (kN·m)	V (kN)	N (kN) 左震→	N (kN) 右震←	M (kN·m)	V (kN)
14	11.00	38.82	68.32	172.70	126.94	86.52	401.33	296.95	34.97	64.35
13	37.37	56.89	137.57	346.80	431.11	126.79	809.27	600.04	35.12	64.79
12	72.19	73.57	206.49	521.22	832.75	163.97	1217.53	902.80	35.34	65.15
11	118.07	88.86	275.20	695.86	1361.95	198.05	1626.01	1205.35	35.49	65.39
10	174.08	102.76	344.00	870.41	2008.06	229.03	2034.40	1507.99	35.43	65.29
9	239.38	115.27	413.38	1044.38	2761.30	256.91	2442.21	1811.21	35.04	64.65
8	313.19	126.39	483.98	1217.12	3612.73	281.69	2848.79	2115.65	34.22	63.30
7	394.80	136.12	556.61	1387.84	4554.18	303.38	3253.35	2422.12	32.86	61.07
6	483.57	144.46	632.22	1555.58	5578.21	321.97	3654.93	2731.57	30.86	57.79
5	578.92	151.41	711.90	1719.24	6678.03	337.46	4052.43	3045.09	28.14	53.32
4	680.30	156.97	796.87	1877.62	7847.51	349.85	4444.65	3363.90	24.59	47.50
3	787.24	161.14	888.47	2029.36	9081.08	359.15	4830.23	3689.34	20.15	40.20
2	896.24	163.92	988.19	2173.00	10338.43	365.34	5207.71	4022.89	14.72	31.28
1	1012.03	165.31	1097.59	2306.94	11674.09	368.44	5575.49	4366.14	8.22	20.62

6.5.11 截面设计

应按组合内力进行截面尺寸验算和配筋计算。为方便施工配筋计算，可将配筋相近的构件进行归类。经试算本例 1～3 层剪力墙采用相同配筋，4～14 层剪力墙采用相同配筋，仅对剪力墙的第 1 层、第 4 层进行截面设计。

剪力墙抗震等级为三级时，应对底部加强部位剪力墙截面的剪力设计值进行调整，剪力增大系数 $\eta_{vw}=1.2$。

地震设计状况剪力墙墙肢截面尺寸限制条件：

剪跨比 λ 大于 2.5 时，　$V\leqslant\frac{1}{\gamma_{RE}}(0.20\beta_c f_c b_w h_{w0})$

剪跨比 λ 不大于 2.5 时，　$V\leqslant\frac{1}{\gamma_{RE}}(0.15\beta_c f_c b_w h_{w0})$

剪跨比 λ 按 $\lambda=M^c/(V^c h_{w0})$ 计算。

式中，V 为剪力墙墙肢截面的剪力设计值；h_{w0} 为剪力墙截面有效高度；λ 为剪跨比，其中 M^c、V^c 应取同一组组合的、未经过内力设计值调整的弯矩、剪力计算值，并取墙肢上、下端截面计算的剪跨比的较大值；β_c 为混凝土强度影响系数。

1. 剪力墙 Q5 截面设计

(1) 1 层墙肢 1 截面设计

1 层墙肢 1 内力设计值为：

第一组（左震）：M=18.62kN·m、V=1.2×31.99=38.39kN、N=748.25kN

第二组（右震）：M=18.62kN·m、V=1.2×31.99=38.39kN、N=2615.06kN

剪力墙抗震等级为三级时，应对底部加强部位剪力墙截面的剪力设计值进行调整，剪力增大系数 $\eta_{vw}=1.2$。抗震设计时，1 层墙肢 1 位于底部加强部位，重力荷载代表值作用下，三级剪力墙墙肢的轴压比不宜超过 0.6 的限值：$\mu_N=N_G/(f_c A_{w1})=1.3\times1293.58/(11.9\times0.3104\times10^3)=0.46<0.6$，但大于 0.3，则墙肢 1 两端应设约束边缘构件。

1）计算参数

墙肢 1 截面高度 $h_w=680$mm、腹板厚度 $b_w=160$mm，翼缘宽度 $b'_f=1420$mm，翼缘厚度 $h'_f=160$mm；混凝土强度等级 C25，边缘构件纵筋、竖向和水平分布筋采用 HRB400 级，边缘构件箍筋采用 HPB300 级，$f_c=11.9\text{N/mm}^2$，$f_t=1.27\text{N/mm}^2$，$f_y=f'_y=f_{yw}=f_{yh}=360\text{N/mm}^2$，$f_{yv}=270\text{N/mm}^2$，$\xi_b=0.518$，$\alpha_1=1.0$，环境类别为一类，$\beta_c=1.0$，$\beta_1=0.8$，偏压 $\gamma_{RE}=0.85$。

当墙肢截面足够高时，纵筋合力作用点至混凝土边缘距离 a_s 和 a'_s 取为边缘构件范围长度的一半。但因墙肢 1 截面高度较小，两端边缘构件重合，故 a_s 和 a'_s 按最外侧一排纵筋取用，即，$a_s=a'_s=40$mm，$h_{w0}=680-40=640$mm。

2）墙肢截面尺寸限制条件验算

剪跨比 $\lambda=M^c/(V^c h_{w0})=18.62\times10^6/(38.39\times10^3\times640)=0.91<2.5$

$\frac{1}{\gamma_{RE}}(0.15\beta_c f_c b_w h_{w0})=\frac{1}{0.85}\times(0.15\times1.0\times11.9\times160\times640)=215.04\text{kN}>V=38.39\text{kN}$，满足要求。

3）墙肢正截面承载力计算

① 墙肢 1 按第一组内力（左震）计算

M=18.62kN·m、V=1.2×31.99=38.39kN、N=748.25kN

左震时墙肢 1 翼缘处于受拉区，按矩形截面计算。因两端边缘构件重合，故不布置竖向分布钢筋，边缘构件纵筋采用对称配筋，$A_s=A'_s$。

矩形截面对称配筋偏心受压构件界限轴力：

$N_b=\alpha_1 f_c b_w h_{w0}\xi_b=1.0\times11.9\times160\times640\times0.518=631.21\text{kN}<N=748.25\text{kN}$，为小偏心受压。

$e_0=M/N=18.62/748.25=24.9$mm

$e=e_0+h_{w0}-h_w/2=24.9+640-680/2=324.9$mm

由现行国家标准《混凝土结构设计规范》GB 50010，小偏压对称配筋时：

$$\xi=\frac{N-\xi_b\alpha_1 f_c b_w h_{w0}}{\frac{Ne-0.43\alpha_1 f_c b_w h_{w0}^2}{(\beta_1-\xi_b)(h_{w0}-a'_s)}+\alpha_1 f_c b_w h_{w0}}+\xi_b$$

$$=\frac{748.25\times10^3-0.518\times1.0\times11.9\times160\times640}{\frac{748.25\times10^3\times324.9-0.43\times11.9\times160\times640^2}{(0.8-0.518)\times(640-40)}+1.0\times11.9\times160\times640}+0.518$$

$=0.692$

$$A_s=A'_s=\frac{\gamma_{RE}Ne-\alpha_1 f_c b_w h_{w0}^2\xi(1-0.5\xi)}{f'_y(h_{w0}-a'_s)}$$

$$=\frac{0.85\times748.25\times10^3\times324.9-1.0\times11.9\times160\times640^2\times0.692\times(1-0.5\times0.692)}{360\times(640-40)}$$

$=-677.2\text{mm}^2<0$

第一组内力计算的墙肢 1 纵筋按构造配筋。

② 墙肢 1 按第二组内力（右震）计算

$$M=18.62\text{kN}\cdot\text{m}、V=1.2\times31.99=38.39\text{kN}、N=2615.06\text{kN}$$

右震时墙肢 1 翼缘处于受压区，按 T 形截面计算。

T 形截面对称配筋偏心受压构件界限轴力：

$N_b=\alpha_1 f_c[(b'_f-b_w)h'_f+b_w h_{w0}\xi_b]=1.0\times11.9\times[(1420-160)\times160+160\times640\times0.518]=3030.25\text{kN}>N=2615.06\text{kN}$，为大偏心受压。

$e_0=M/N=18.62/2615.06=7.1\text{mm}$

$e=e_0+h_{w0}-h_w/2=7.1+640-680/2=307.1\text{mm}$

由 $A_s=A'_s$，则大偏压对称配筋第一类 T 形截面计算公式为：

$$N\leqslant\frac{1}{\gamma_{RE}}[\alpha_1 f_c b'_f x-(h_{w0}-1.5x)b_w f_{yw}\rho_w] \tag{a}$$

$$Ne\leqslant\frac{1}{\gamma_{RE}}\left[f'_y A'_s(h_{w0}-a'_s)-\frac{1}{2}(h_{w0}-1.5x)^2\times b_w f_{yw}\rho_w+\alpha_1 f_c b'_f x\left(h_{w0}-\frac{x}{2}\right)\right] \tag{b}$$

由式（a）得：

$$x=\frac{\gamma_{RE}N+b_w h_{w0}f_{yw}\rho_w}{\alpha_1 f_c b'_f+1.5b_w f_{yw}\rho_w}$$

$$=\frac{0.85\times2615.06\times10^3+160\times640\times360\times0.31\%}{1.0\times11.9\times1420+1.5\times160\times360\times0.31\%}=136.2\text{mm}$$

$x<h'_f=160\text{mm}$，确定为第一类 T 形截面。$\xi=x/h_{w0}=136.2/640=0.213<\xi_b=0.518$，$x=136.2\text{mm}>2a'_s=2\times40=80\text{mm}$，受压钢筋可屈服。

将 $x=136.2\text{mm}$ 代入式（b），经整理得：

$$A'_s=A_s=\frac{\gamma_{RE}Ne+\frac{1}{2}(h_{w0}-1.5x)^2\times b_w f_{yw}\rho_w-\alpha_1 f_c b'_f x\left(h_{w0}-\frac{x}{2}\right)}{f'_y(h_{w0}-a'_s)}$$

$$=\frac{0.85\times2615.06\times10^3\times307.1+\left[\frac{1}{2}\times(640-1.5\times136.2)^2\times160\times360\times0.31\%\right]}{360\times(640-40)}$$

$$-\frac{1.0\times 11.9\times 1420\times 136.2\times\left(640-\frac{136.2}{2}\right)}{360\times(640-40)}<0$$

第二组内力计算的墙肢 1 纵筋按构造配筋。

三级抗震时，约束边缘构件阴影部分的纵筋最小配筋为 $0.01A_c=0.01\times 160\times(300+160)=736.0\text{mm}^2$，且不少于 6 Φ 14（$A_s=923.6\text{mm}^2$）。约束边缘构件内箍筋或拉筋沿竖向的间距，三级不宜大于 150mm；箍筋、拉筋沿水平方向的肢距不宜大于 300mm，不应大于竖向钢筋间距的 2 倍。

综合以上两组内力纵筋计算及约束边缘构件的构造要求，墙肢 1 设置有翼墙的 T 形约束边缘构件，纵筋为 18 Φ 14（$A_s=2790.9\text{mm}^2$），如图 6-26 所示。

三级抗震轴压比 $\mu_N>0.4$ 时，约束边缘构件配箍特征值 $\lambda_v=0.20$。配箍Φ 10@100、拉筋 4 道，则配箍特征值：

$$\lambda_v=\rho_v\frac{f_{yv}}{f_c}=\frac{3.14\times 10^2/4\times[(160-50)\times 4+(680+760+160\times 2-50\times 8)\times 2]}{160\times(760+520)\times 100}\times\frac{270}{16.7}=0.20$$

，满足要求。

墙肢 1 为小偏心受压，还要按下式验算墙肢平面外按轴心受压构件的正截面承载力：

$$N\leqslant\frac{1}{\gamma_{RE}}[0.9\varphi(f_cA+f'_yA'_s)]$$

取 $l_0=2800\text{mm}$，对称 T 形绕腹板，$i\approx 2.3b'_f=2.3\times 1420=3266\text{mm}$，$b=\sqrt{12i}=\sqrt{12\times 3266}=198.0\text{mm}$：

$$\varphi=\left[1+0.002\left(\frac{l_0}{b}-8\right)^2\right]^{-1}=\left[1+0.002\times\left(\frac{2800}{198.0}-8\right)^2\right]^{-1}=0.930$$

则 $\frac{1}{\gamma_{RE}}[0.9\varphi(f_cA+f'_yA'_s)]=\frac{1}{0.85}\times[0.9\times 0.930\times(11.9\times 0.3104\times 10^6+360\times 2770.9)]=4618.6\text{kN}>N=2615.06\text{kN}$（两组内力中轴力较大者），满足要求。

4）墙肢 1 斜截面受剪承载力计算

因弯矩、剪力相同，第一组内力轴力较小，故墙肢 1 选取第一组内力进行受剪承载力计算。

第一组（左震）：$M=18.62\text{kN}\cdot\text{m}$、$V=1.2\times 31.99=38.39\text{kN}$、$N=748.25\text{kN}$

剪跨比 $\lambda=M^c/(V^ch_{w0})=18.62\times 10^6/(38.39\times 10^3\times 640)=0.91<1.5$，取 $\lambda=1.5$。

$0.2f_cb_wh_w=0.2\times 11.9\times 160\times 680=258.94\text{kN}<N=748.25\text{kN}$，取 $N=258.94\text{kN}$。

$$V\leqslant\frac{1}{\gamma_{RE}}\left[\frac{1}{\lambda-0.5}\left(0.4f_tb_wh_{w0}+0.10N\frac{A_w}{A}\right)+0.8f_{yv}\frac{A_{sh}}{s}h_{w0}\right]$$

$$\frac{nA_{sh1}}{s}=\left[\gamma_{RE}V-\frac{1}{\lambda-0.5}\left(0.4f_tb_wh_{w0}+0.10N\frac{A_w}{A}\right)\right]/(0.8f_{yv}h_{w0})$$

$$=\left[0.85\times38.39\times10^{3}-\frac{1}{1.5-0.5}\times(0.4\times1.27\times160\times640+0.1\times258.94\times10^{3}\times\frac{680\times160}{0.3104\times10^{6}})\right]/(0.8\times360\times640)<0$$

按构造配置水平分布筋。

三级抗震时，水平分布筋直径不小于 8mm、间距不大于 300mm，最小配筋率 $\rho_{\text{wmin}}=0.25\%$。

选用⏀ 8@200（2 排），$\rho_{\text{sv}}=nA_{\text{sh1}}/(bs)=2\times50.3/(160\times200)=0.31\%>\rho_{\text{wmin}}=0.25\%$，满足要求。

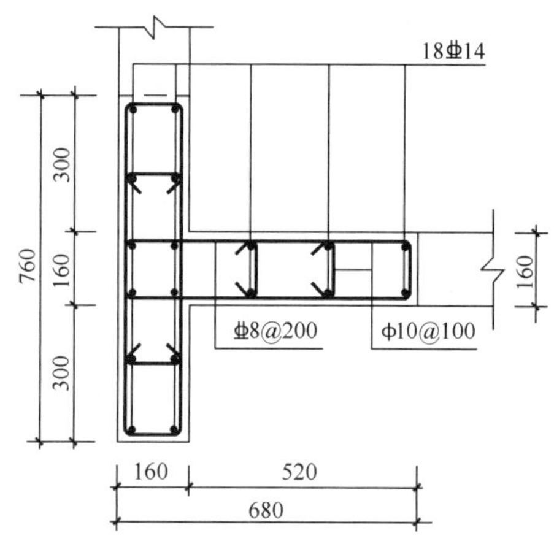

图 6-26　1 层剪力墙 Q5 墙肢 1 配筋（单位：mm）

剪力墙 Q5 墙肢 1 配筋汇总：约束边缘构件纵筋 18 ⏀ 14、箍筋和拉筋Φ 10@100，水平分布筋⏀ 8@200（2 排）。剪力墙 Q5 墙肢 1 配筋见图 6-26。

（2）1 层墙肢 2 截面设计

1 层墙肢 2 内力设计值为：

第一组（左震）：$M=1823.17\text{kN}\cdot\text{m}$、$V=1.2\times166.70=200.04\text{kN}$、$N=3350.38\text{kN}$

第二组（右震）：$M=1823.17\text{kN}\cdot\text{m}$、$V=1.2\times166.70=200.04\text{kN}$、$N=1483.57\text{kN}$

剪力墙抗震等级为三级时，应对底部加强部位剪力墙截面的剪力设计值进行调整，剪力增大系数 $\eta_{\text{vw}}=1.2$。抗震设计时，1 层墙肢 2 位于底部加强部位，重力荷载代表值作用下，三级剪力墙墙肢的轴压比不宜超过 0.6 的限值：$\mu_{\text{N}}=N_{\text{G}}/(f_{\text{c}}A_{\text{wl}})=1.3\times1859.21/(11.9\times0.6848\times10^{3})=0.297<0.6$，且小于 0.3，则墙肢 2 两端可不设约束边缘构件，设构造边缘构件。

1）计算参数

墙肢 2 截面高度 $h_{\text{w}}=3680\text{mm}$、腹板厚度 $b_{\text{w}}=160\text{mm}$，翼缘宽度 $b'_{\text{f}}=760\text{mm}$、厚度 $h'_{\text{f}}=160\text{mm}$；混凝土强度等级 C25，边缘构件纵筋、竖向和水平分布筋采用 HRB400 级，边缘构件箍筋采用 HPB300 级，$f_{\text{c}}=11.9\text{N/mm}^2$，$f_{\text{t}}=1.27\text{N/mm}^2$，$f_{\text{y}}=f'_{\text{y}}=f_{\text{yw}}=f_{\text{yh}}=360\text{N/mm}^2$，$f_{\text{yv}}=270\text{N/mm}^2$，$\xi_{\text{b}}=0.518$，$\alpha_1=1.0$，环境类别为一类，$\beta_{\text{c}}=1.0$，$\beta_1=0.8$，偏压 $\gamma_{\text{RE}}=0.85$。

墙肢 2 截面足够高，构造边缘构件纵筋合力作用点至混凝土边缘距离 a_{s} 和 a'_{s} 取为构造边缘构件范围的形心至混凝土边缘距离。墙肢 2 左侧构造边缘构件为矩形，其形心距边缘为 200mm，右侧构造边缘构件为 L 形，其形心距边缘约为 170mm。因此，左震时 $a_{\text{s}}=200\text{mm}$、$a'_{\text{s}}=170\text{mm}$，右震时 $a_{\text{s}}=170\text{mm}$、$a'_{\text{s}}=200\text{mm}$，左震 $h_{\text{w0}}=3680-200=3480\text{mm}$、右震

$h_{w0}=3680-170=3510\text{mm}$。

2）墙肢截面尺寸限制条件验算

剪跨比 $\lambda=M^c/(V^c h_{w0})=1692.83\times10^6/(154.79\times10^3\times3510)=3.14>2.5$

$\frac{1}{\gamma_{RE}}(0.20\beta_c f_c b_w h_{w0})=\frac{1}{0.85}\times(0.20\times1.0\times11.9\times160\times3510)=1169.28\text{kN}>V=$ 200.04kN，满足要求。

3）墙肢正截面承载力计算

三级抗震时，竖向分布钢筋配筋率 ρ_w 不应小于 0.25%，采用双排配筋Φ 8@200，$\rho_w=$ 0.31%。边缘构件纵筋采用对称配筋，$A_s=A'_s$。

① 墙肢 2 按第一组内力（左震）计算

$M=1823.17\text{kN}\cdot\text{m}$、$V=1.2\times166.70=200.04\text{kN}$、$N=3350.38\text{kN}$

左震时墙肢 2 翼缘处于受压区，按 T 形截面计算。

T 形截面对称配筋偏心受压构件界限轴力：

$N_b=\alpha_1 f_c[(b'_f-b_w)h'_f+b_w h_{w0}\xi_b]=1.0\times11.9\times[(760-160)\times160+160\times3480\times0.518]=4574.63\text{kN}>N=3350.38\text{kN}$，为大偏心受压。

$e_0=M/N=1823.17/3350.38=544.2\text{mm}$

$e=e_0+h_{w0}-h_w/2=544.2+3480-3680/2=2184.2\text{mm}$

由 $A_s=A'_s$，假设为第一类 T 形截面：

$$N\leqslant\frac{1}{\gamma_{RE}}[\alpha_1 f_c b'_f x-(h_{w0}-1.5x)b_w f_{yw}\rho_w] \tag{c}$$

$$Ne\leqslant\frac{1}{\gamma_{RE}}\left[f'_y A'_s(h_{w0}-a'_s)-\frac{1}{2}(h_{w0}-1.5x)^2\times b_w f_{yw}\rho_w+\alpha_1 f_c b'_f x\left(h_{w0}-\frac{x}{2}\right)\right] \tag{d}$$

由式（c）得：

$$x=\frac{\gamma_{RE}N+b_w h_{w0} f_{yw}\rho_w}{\alpha_1 f_c b'_f+1.5b_w f_{yw}\rho_w}=\frac{0.85\times3350.38\times10^3+160\times3480\times360\times0.31\%}{1.0\times11.9\times760+1.5\times160\times360\times0.31\%}=373.3\text{mm}$$

$x>h'_f=160\text{mm}$，应为第二类 T 形截面。

由 $A_s=A'_s$，大偏压对称配筋第二类 T 形截面计算公式为：

$$N\leqslant\frac{1}{\gamma_{RE}}[\alpha_1 f_c b_w x+\alpha_1 f_c(b'_f-b_w)h'_f-(h_{w0}-1.5x)b_w f_{yw}\rho_w] \tag{e}$$

$$Ne\leqslant\frac{1}{\gamma_{RE}}\left[f'_y A'_s(h_{w0}-a'_s)-\frac{1}{2}(h_{w0}-1.5x)^2\times b_w f_{yw}\rho_w+\alpha_1 f_c b_w x(h_{w0}-\frac{x}{2})+\alpha_1 f_c(b'_f-b_w)h'_f\left(h_{w0}-\frac{h'_f}{2}\right)\right] \tag{f}$$

由式（e）：

$$x=\frac{\gamma_{\mathrm{RE}}N-\alpha_1 f_{\mathrm{c}}(b'_{\mathrm{f}}-b_{\mathrm{w}})h'_{\mathrm{f}}+h_{\mathrm{w0}}b_{\mathrm{w}}f_{\mathrm{yw}}\rho_{\mathrm{w}}}{\alpha_1 f_{\mathrm{c}}b_{\mathrm{w}}+1.5b_{\mathrm{w}}f_{\mathrm{yw}}\rho_{\mathrm{w}}}$$

$$=\frac{0.85\times 3350.38\times 10^3-1.0\times 11.9\times(760-160)\times 160+160\times 3480\times 360\times 0.31\%}{1.0\times 11.9\times 160+1.5\times 160\times 360\times 0.31\%}$$

$=1073.4\mathrm{mm}$

$x>h'_{\mathrm{f}}=160\mathrm{mm}$，确认为第二类 T 形截面，$\xi=x/h_{\mathrm{w0}}=1073.4/3480=0.308<\xi_{\mathrm{b}}=0.518$。

$x=1073.4\mathrm{mm}>2a'_{\mathrm{s}}=2\times 170=340\mathrm{mm}$，受压钢筋可屈服，将 $x=1073.4\mathrm{mm}$ 代入式（f）得：

$$A'_{\mathrm{s}}=A_{\mathrm{s}}=\frac{\gamma_{\mathrm{RE}}Ne+\frac{1}{2}(h_{\mathrm{w0}}-1.5x)^2\times b_{\mathrm{w}}f_{\mathrm{yw}}\rho_{\mathrm{w}}-\alpha_1 f_{\mathrm{c}}b'_{\mathrm{f}}x\left(h_{\mathrm{w0}}-\frac{x}{2}\right)-\alpha_1 f_{\mathrm{c}}(b'_{\mathrm{f}}-b_{\mathrm{w}})h'_{\mathrm{f}}\left(h_{\mathrm{w0}}-\frac{h'_{\mathrm{f}}}{2}\right)}{f'_{\mathrm{y}}(h_{\mathrm{w0}}-a'_{\mathrm{s}})}$$

$$=\frac{0.85\times 3350.38\times 10^3\times 2184.2+\frac{1}{2}\times(3480-1.5\times 1073.4)^2\times 160\times 360\times 0.31\%}{360\times(3480-170)}$$

$$-\frac{1.0\times 11.9\times 760\times 1073.4\times\left(3480-\frac{1073.4}{2}\right)+1.0\times 11.9\times(760-160)\times 160\times\left(3480-\frac{160}{2}\right)}{360\times(3480-170)}$$

<0

第一组内力计算的墙肢 2 边缘构件纵筋按构造配筋。

② 墙肢 2 按第二组内力（右震）计算

$M=1823.17\mathrm{kN\cdot m}$、$V=1.2\times 166.70=200.04\mathrm{kN}$、$N=1483.57\mathrm{kN}$

右震时墙肢 2 翼缘处于受拉区，按矩形截面计算。

对称配筋偏心受压构件界限轴力：

$N_{\mathrm{b}}=\alpha_1 f_{\mathrm{c}}b_{\mathrm{w}}h_{\mathrm{w0}}\xi_{\mathrm{b}}=1.0\times 11.9\times 160\times 3510\times 0.518=3461.81\mathrm{kN}>N=1483.57\mathrm{kN}$，为大偏心受压。

$e_0=M/N=1823.17/1483.57=1228.9\mathrm{mm}$

$e=e_0+h_{\mathrm{w0}}-h_{\mathrm{w}}/2=1228.9+3510-3680/2=2898.9\mathrm{mm}$

由现行国家标准《混凝土结构设计规范》GB 50010 及 $A_{\mathrm{s}}=A'_{\mathrm{s}}$：

$$N\leqslant\frac{1}{\gamma_{\mathrm{RE}}}[\alpha_1 f_{\mathrm{c}}b_{\mathrm{w}}x-(h_{\mathrm{w0}}-1.5x)b_{\mathrm{w}}f_{\mathrm{yw}}\rho_{\mathrm{w}}] \tag{g}$$

$$N\left(e_0+h_{\mathrm{w0}}-\frac{h_{\mathrm{w}}}{2}\right)\leqslant\frac{1}{\gamma_{\mathrm{RE}}}\left[f'_{\mathrm{y}}A'_{\mathrm{s}}(h_{\mathrm{w0}}-a'_{\mathrm{s}})-\frac{1}{2}(h_{\mathrm{w0}}-1.5x)^2\times b_{\mathrm{w}}f_{\mathrm{yw}}\rho_{\mathrm{w}}+\alpha_1 f_{\mathrm{c}}b_{\mathrm{w}}x\left(h_{\mathrm{w0}}-\frac{x}{2}\right)\right] \tag{h}$$

由式（g）得：

$$x=\frac{\gamma_{RE}N+b_wh_{w0}f_{yw}\rho_w}{\alpha_1f_cb_w+1.5b_wf_{yw}\rho_w}$$

$$=\frac{0.85\times1483.57\times10^3+160\times3510\times360\times0.31\%}{1.0\times11.9\times160+1.5\times160\times360\times0.31\%}$$

$$=871.6\text{mm}$$

$$\xi=x/h_{w0}=871.6/3510=0.248<\xi_b=0.518$$

$x=871.6\text{mm}>2a_s'=2\times200=400\text{mm}$，受压钢筋可屈服。将 $x=871.6\text{mm}$ 代入式（h），经整理得：

$$A_s'=A_s=\frac{\gamma_{RE}Ne+\frac{1}{2}(h_{w0}-1.5x)^2\times b_wf_{yw}\rho_w-\alpha_1f_cb_wx\left(h_{w0}-\frac{x}{2}\right)}{f_y'(h_{w0}-a_s')}$$

$$=\frac{0.85\times1483.57\times10^3\times2898.9+\frac{1}{2}\times(3510-1.5\times871.6)^2\times160\times360\times0.31\%}{360\times(3510-200)}$$

$$-\frac{1.0\times11.9\times160\times871.6\times\left(3510-\frac{871.6}{2}\right)}{360\times(3510-200)}<0$$

第二组内力计算的墙肢 2 边缘构件纵筋按构造配筋。

三级抗震时，左侧一字形构造边缘构件纵筋最小配筋为 $0.006A_c=0.006\times160\times400=384.0\text{mm}^2$，右侧 L 形构造边缘构件纵筋最小配筋为 $0.006A_c=0.006\times160\times(300\times2+160)=729.6\text{mm}^2$，且不少于 6⏀12（$A_s=679\text{mm}^2$），箍筋Φ 6@150。

综合以上构造要求，左侧一字形边缘构件纵筋取 8⏀12（$A_s'=904.8\text{mm}^2$），右侧 L 形边缘构件纵筋取 16⏀12（$A_s=A_s'=1809.6\text{mm}^2$），满足构造要求。

4）墙肢 2 斜截面受剪承载力计算

因弯矩、剪力相同，第二组内力轴力较小，故墙肢 2 选取第二组内力进行受剪承载力计算。

第二组（右震）：$M=1823.17\text{kN}\cdot\text{m}$、$V=1.2\times166.70=200.04\text{kN}$、$N=1483.57\text{kN}$

剪跨比 $\lambda=M^c/(V^ch_{w0})=1823.17\times10^6/(200.04\times10^3\times3510)=3.12>2.2$，取 $\lambda=2.2$。

$0.2f_cb_wh_w=0.2\times14.3\times160\times3680=1401.34\text{kN}<N=1483.57\text{kN}$，取 $N=1401.34\text{kN}$。

$$V\leqslant\frac{1}{\gamma_{RE}}\left[\frac{1}{\lambda-0.5}\left(0.4f_tb_wh_{w0}+0.10N\frac{A_w}{A}\right)+0.8f_{yv}\frac{A_{sh}}{s}h_{w0}\right]$$

$$\frac{nA_{sh1}}{s}=\left[\gamma_{RE}V-\frac{1}{\lambda-0.5}\left(0.4f_tb_wh_{w0}+0.10N\frac{A_w}{A}\right)\right]/(0.8f_{yv}h_{w0})$$

$$=\left[0.85\times200.04\times10^3-\frac{1}{2.2-0.5}\right.$$

$$\left.\times\left(0.4\times1.27\times160\times3510+0.10\times1483.57\times10^3\times\frac{3680\times160}{0.6848\times10^6}\right)\right]/$$

$$(0.8\times360\times3510)$$

$$<0$$

按构造配置水平分布筋。

三级抗震时，水平分布筋直径不小于 8mm、间距不大于 300mm，最小配筋率 ρ_{wmin} =0.25%。

选用Φ 8@200（2 排），$\rho_{sv}=nA_{sh1}/(bs)=2\times50.3/(160\times200)=0.31\%>\rho_{wmin}=0.25\%$，满足要求。

剪力墙 Q5 墙肢 2 配筋汇总：左、右边缘构件纵筋分别为 8Φ12、16Φ12，箍筋和拉筋Φ6@150。竖向和水平分布筋Φ 8@200（2 排）。剪力墙 Q5 墙肢 2 配筋见图 6-27。

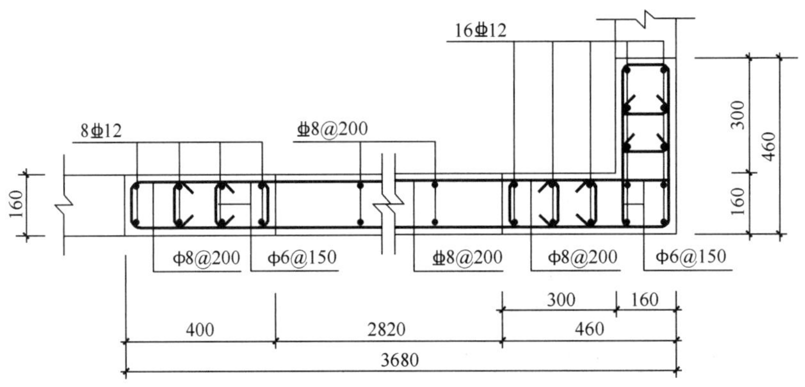

图 6-27　1 层剪力墙 Q5 墙肢 2 配筋（单位：mm）

（3）1 层连梁 LL1 截面设计

1）连梁 LL1 计算参数

$b_b\times h_b=160\times1300$mm，$l_b=1500$mm，$h_{b0}=1300-40=1260$mm，混凝土强度等级 C25，纵筋采用 HRB400 级，箍筋采用 HPB300 级，$f_c=11.9\text{N/mm}^2$，$f_t=1.27\text{N/mm}^2$，$f_y=f'_y=360\text{N/mm}^2$，$f_{yv}=270\text{N/mm}^2$，$\xi_b=0.518$，$\alpha_1=1.0$，环境类别为一类。$\beta_c=1.0$，$\beta_1=0.8$，受弯 $\gamma_{RE}=0.75$，受剪 $\gamma_{RE}=0.85$。

连梁 LL2 组合内力：$M=68.18\text{kN}\cdot\text{m}$、$V=115.48$kN（已考虑剪力设计值调整）。

2）连梁 LL2 截面尺寸限制条件验算

跨高比 $l_b/h=1500/1300=1.15<2.5$。

$\frac{1}{\gamma_{RE}}(0.15\beta_c f_c b_b h_{b0})=\frac{1}{0.85}\times(0.15\times1.0\times11.9\times160\times1260)=423.36\text{kN}>V=115.48\text{kN}$，满足要求。

3）LL2 连梁正截面受弯承载力计算

按单筋截面梁进行受弯承载力计算：

$$\alpha_s=\frac{\gamma_{RE}M}{f_c b_b h_{b0}^2}=\frac{0.75\times68.18\times10^6}{11.9\times160\times1260^2}=0.017$$

$$\xi=1-\sqrt{1-2\alpha_s}=1-\sqrt{1-2\times0.017}=0.017<\xi_b=0.518$$

$$A_s = \frac{\alpha_1 f_c b h_0 \xi}{f_y} = \frac{1.0 \times 11.9 \times 160 \times 1260 \times 0.017}{360} = 113.7\text{mm}^2$$

抗震设计时，连梁纵向钢筋的最小配筋率当 $0.5 < l/h_b \leqslant 1.5$ 时，采用 0.0025、$0.55f_t/f_y$ 二者的较大值。顶面及底面单侧纵向钢筋的最大配筋率当 $1.0 < l/h_b \leqslant 2.0$ 时，为 1.2%。

实配纵筋 2Φ20（$A_s = 628\text{mm}^2$），$\rho = 628/(160 \times 1300) = 0.003$，满足上述设计和构造要求。

连梁纵筋伸入墙肢长度应大于 l_{aE} 和 600mm。三级抗震时 $l_{aE} = 1.05 l_a = 1.05 \times 0.14 \times 360/1.27 \times 20 = 833\text{mm}$。因墙肢 1 截面高度为 680mm<833mm，则连梁纵筋按照《混凝土结构施工图平面整体表示方法制图规则和构造详图》22G101-1 要求，连梁上下纵筋在墙肢 1 中伸至墙肢外侧纵筋的内侧分别下弯、上弯 $15d = 300\text{mm}$。

连梁高度范围内的墙肢水平分布钢筋应在连梁内拉通作为连梁的腰筋。当连梁截面高度大于 700mm 时，其两侧面腰筋的直径不应小于 8mm，间距不应大于 200mm；对跨高比不大于 2.5 的连梁，其两侧腰筋的总面积配筋率不应小于 0.3%。墙肢 1、2 水平分布钢筋为Φ8@200（2 排），则连梁高度范围内拉通的水平筋配筋率为 $(2 \times 50.3 \times 1300/200)/(160 \times 1300) = 0.31\% > 0.3\%$，满足要求。

4）连梁 LL1 斜截面受剪承载力计算

跨高比 $l_b/h = 1500/1300 = 1.15 < 2.5$。

$$\frac{nA_{sv1}}{s} = \frac{\gamma_{RE} V_w - 0.38 f_t b_b h_{b0}}{0.9 f_{yv} h_{b0}}$$

$$= \frac{0.85 \times 115.47 \times 10^3 - 0.38 \times 1.27 \times 160 \times 126}{0.9 \times 270 \times 1260} < 0$$

抗震设计时，沿连梁全长箍筋的构造应按第 5 章框架梁梁端加密区箍筋的构造要求采用，即箍筋最大间距取（$h_b/4$，$8d$，150）＝（325，160，150）的最小值，为 150mm，箍筋最小直径 8mm，因此剪力墙 Q5 的 1 层连梁 LL1 配置箍筋Φ8@150，如图 6-28 所示。

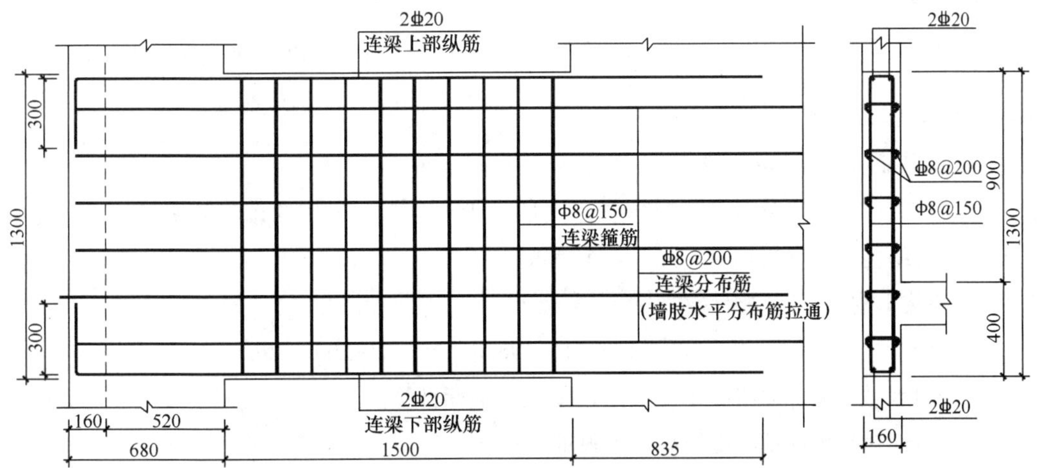

图 6-28　1 层剪力墙 Q5 连梁 LL1 配筋（单位：mm）

（4）剪力墙 Q5 其他楼层截面设计

经上述 1 层计算结果和其他层内力分析及试算可知，其他楼层各墙肢、连梁内力均小于 1 层，计算结果依然按构造要求配筋，仅顶层连梁箍筋须在纵筋伸入墙肢的范围内按相同配箍。

2. 剪力墙 Q6 截面设计

（1）1 层墙肢 1 截面设计

1 层墙肢 1 内力设计值为：

第一组（左震）：$M=1012.03\text{kN}\cdot\text{m}$、$V=1.2\times165.31=198.37\text{kN}$、$N=1097.59\text{kN}$

第二组（右震）：$M=1012.03\text{kN}\cdot\text{m}$、$V=1.2\times165.31=198.37\text{kN}$、$N=2306.94\text{kN}$

剪力墙抗震等级为三级时，应对底部加强部位剪力墙截面的剪力设计值进行调整，剪力增大系数 $\eta_{vw}=1.2$。抗震设计时，1 层墙肢 1 位于底部加强部位，重力荷载代表值作用下，三级剪力墙墙肢的轴压比不宜超过 0.6 的限值：$\mu_N=N_G/(f_cA_{w1})=1.3\times1309.44/(11.9\times0.7968\times10^3)=0.18<0.6$，并小于 0.3，则可不设约束边缘构件，两端设置构造边缘构件。

1）计算参数

墙肢 1 截面高度 $h_w=2260\text{mm}$、腹板厚度 $b_w=160\text{mm}$，左侧翼缘宽度 $b'_f=960\text{mm}$，右侧翼缘宽度 $b'_f=2080\text{mm}$，翼缘厚度 $h'_f=160\text{mm}$；混凝土强度等级 C25，边缘构件纵筋、竖向和水平分布筋采用 HRB400 级，边缘构件箍筋采用 HPB300 级，$f_c=11.9\text{N/mm}^2$，$f_t=1.27\text{N/mm}^2$，$f_y=f'_y=f_{yw}=f_{yh}=360\text{N/mm}^2$，$f_{yv}=270\text{N/mm}^2$，$\xi_b=0.518$，$\alpha_1=1.0$，环境类别为一类，$\beta_c=1.0$，$\beta_1=0.8$，偏压 $\gamma_{RE}=0.85$。

墙肢 1 为工字形截面，两端构造边缘构件为矩形，其形心距边缘为（300＋160）/2＝230mm，即 $a_s=a'_s=230\text{mm}$，$h_{w0}=2260-230=2030\text{mm}$。

2）墙肢截面尺寸限制条件验算

剪跨比 $\lambda=M^c/(V^ch_{w0})=1012.03\times10^6/(198.37\times10^3\times2030)=3.02>2.5$

$$\frac{1}{\gamma_{RE}}(0.20\beta_cf_cb_wh_{w0})=\frac{1}{0.85}\times(0.20\times1.0\times11.9\times160\times2030)=909.44\text{kN}>V=$$

198.37kN，满足要求。

3）墙肢正截面承载力计算

三级抗震时，竖向分布钢筋配筋率 ρ_w 不应小于 0.25%，采用双排配筋⌀ 8@200，$\rho_w=0.31\%$。边缘构件纵筋采用对称配筋，$A_s=A'_s$。

① 墙肢 1 按第一组内力（左震）计算

$M=1012.03\text{kN}\cdot\text{m}$、$V=1.2\times165.31=198.37\text{kN}$、$N=1097.59\text{kN}$

左震时墙肢 1 右侧翼缘处于受压区，按 T 形截面计算。

T 形截面对称配筋偏心受压构件界限轴力：

$N_b=\alpha_1f_c[(b'_f-b_w)h'_f+b_wh_{w0}\xi_b]=1.0\times11.9\times[(2080-160)\times160+160\times2080\times$

0.518] = 5657.81kN >N=1097.59kN，为大偏心受压。

$e_0=M/N=1012.03/1097.59=922.0\text{mm}$

$e=e_0+h_{w0}-h_w/2=922.0+2030-2260/2=1822.0\text{mm}$

由 $A_s=A'_s$，假设为第一类 T 形截面：

$$N\leqslant\frac{1}{\gamma_{RE}}[\alpha_1 f_c b'_f x-(h_{w0}-1.5x)b_w f_{yw}\rho_w] \tag{i}$$

$$Ne\leqslant\frac{1}{\gamma_{RE}}\left[f'_y A'_s(h_{w0}-a'_s)-\frac{1}{2}(h_{w0}-1.5x)^2\times b_w f_{yw}\rho_w+\alpha_1 f_c b'_f x\left(h_{w0}-\frac{x}{2}\right)\right] \tag{j}$$

由式（i）得：

$$x=\frac{\gamma_{RE}N+b_w h_{w0} f_{yw}\rho_w}{\alpha_1 f_c b'_f+1.5b_w f_{yw}\rho_w}=\frac{0.85\times1097.59\times10^3+160\times2030\times360\times0.31\%}{1.0\times11.9\times2080+1.5\times160\times360\times0.31\%}=52.0\text{mm}$$

$x<h'_f$=160mm，确认为第一类 T 形截面。$\xi=x/h_{w0}=52.0/2030=0.026<\xi_b=0.518$，$x$=52.0mm<$2a'_s$=2×230=460mm，受压钢筋不屈服。

取 $x=2a'_s$=460mm，代入式（j）得：

$$A'_s=A_s=\frac{\gamma_{RE}Ne+\frac{1}{2}(h_{w0}-1.5x)^2\times b_w f_{yw}\rho_w-\alpha_1 f_c b'_f x\left(h_{w0}-\frac{x}{2}\right)}{f'_y(h_{w0}-a'_s)}$$

$$=\frac{0.85\times1097.59\times10^3\times1822.0+\left[\frac{1}{2}\times(2030-1.5\times460)^2\times160\times360\times0.31\%\right]}{360\times(2030-230)}$$

$$-\frac{1.0\times11.9\times2080\times460\times(2030-\frac{460}{2})}{360\times(2030-230)}<0$$

第一组内力计算的墙肢 1 边缘构件纵筋按构造配筋。

② 墙肢 1 按第二组内力（右震）计算：

M=1012.03kN·m、V=1.2×165.31=198.37kN、N=2306.94kN

右震时墙肢 1 左侧翼缘处于受压区，按 T 形截面计算。

T 形截面对称配筋偏心受压构件界限轴力：

$N_b=\alpha_1 f_c[(b'_f-b_w)h'_f+b_w h_{w0}\xi_b]$=1.0×11.9×[(2080−160)×160+160×2080×0.518] = 5657.81kN >N=2306.94kN，为大偏心受压。

$e_0=M/N=1012.03/2306.94=438.7\text{mm}$

$e=e_0+h_{w0}-h_w/2=438.7+2030-2260/2=1338.7\text{mm}$

由 $A_s=A'_s$，假设为第一类 T 形截面：

$$N\leqslant\frac{1}{\gamma_{RE}}[\alpha_1 f_c b'_f x-(h_{w0}-1.5x)b_w f_{yw}\rho_w] \tag{k}$$

$$Ne\leqslant\frac{1}{\gamma_{RE}}\left[f'_y A'_s(h_{w0}-a'_s)-\frac{1}{2}(h_{w0}-1.5x)^2\times b_w f_{yw}\rho_w+\alpha_1 f_c b'_f x\left(h_{w0}-\frac{x}{2}\right)\right] \tag{l}$$

由式（k）得：

$$x=\frac{\gamma_{RE}N+b_w h_{w0} f_{yw}\rho_w}{\alpha_1 f_c b'_f+1.5b_w f_{yw}\rho_w}$$

$$=\frac{0.85\times 2306.94\times 10^3+160\times 2030\times 360\times 0.31\%}{1.0\times 11.9\times 960+1.5\times 160\times 360\times 0.31\%}=199.1\text{mm}$$

$x>h'_f=160\text{mm}$，应为第二类 T 形截面。

由 $A_s=A'_s$，大偏压对称配筋第二类 T 形截面计算公式为：

$$N\leqslant\frac{1}{\gamma_{RE}}[\alpha_1 f_c b_w x+\alpha_1 f_c(b'_f-b_w)h'_f-(h_{w0}-1.5x)b_w f_{yw}\rho_w] \tag{m}$$

$$Ne\leqslant\frac{1}{\gamma_{RE}}\left[f'_y A'_s(h_{w0}-a'_s)-\frac{1}{2}(h_{w0}-1.5x)^2\times b_w f_{yw}\rho_w+\alpha_1 f_c b_w x\left(h_{w0}-\frac{x}{2}\right)\right.$$
$$\left.+\alpha_1 f_c(b'_f-b_w)h'_f\left(h_{w0}-\frac{h'_f}{2}\right)\right] \tag{n}$$

由式（m）得：

$$x=\frac{\gamma_{RE}N-\alpha_1 f_c(b'_f-b_w)h'_f+h_{w0}b_w f_{yw}\rho_w}{\alpha_1 f_c b_w+1.5b_w f_{yw}\rho_w}$$

$$=\frac{0.85\times 2306.94\times 10^3-1.0\times 11.9\times(2080-160)\times 160+160\times 2030\times 360\times 0.31\%}{1.0\times 11.9\times 160+1.5\times 160\times 360\times 0.31\%}$$

$$=370.1\text{mm}$$

$x>h'_f=160\text{mm}$，确认为第二类 T 形截面。

$x=370.1\text{mm}<2a'_s=2\times 230=460\text{mm}$，受压钢筋不屈服。

取 $x=2a'_s=460\text{mm}$，代入式（n）得：

$$A'_s=A_s$$

$$=\frac{\gamma_{RE}Ne+\frac{1}{2}(h_{w0}-1.5x)^2\times b_w f_{yw}\rho_w-\alpha_1 f_c b'_f x\left(h_{w0}-\frac{x}{2}\right)-\alpha_1 f_c(b'_f-b_w)h'_f\left(h_{w0}-\frac{h'_f}{2}\right)}{f'_y(h_{w0}-a'_s)}$$

$$=\frac{0.85\times 2306.94\times 10^3\times 1338.7+[\frac{1}{2}\times(2030-1.5\times 460)^2\times 160\times 360\times 0.31\%]}{360\times(2030-230)}$$

$$-\frac{1.0\times 11.9\times 2080\times 460\times(2030-\frac{460}{2})+1.0\times 11.9\times(2080-160)\times 160\times\left(2030-\frac{160}{2}\right)}{360\times(2030-230)}<0$$

第二组内力计算的墙肢 1 边缘构件纵筋按构造配筋。

三级抗震时，翼墙一字形构造边缘构件纵筋最小配筋为 $0.006A_c=0.006\times 160\times(300+160)=441.6\text{mm}^2$，且不少于 6 ⌀ 12（$A_s=679\text{mm}^2$），箍筋Φ 6@150。综合以上构造要求，墙肢 1 两端翼墙一字形边缘构件纵筋取 8 ⌀ 12（$A'_s=904.8\text{mm}^2$），满足构造要求，如图 6-29所示。

4）墙肢 1 斜截面受剪承载力计算

因弯矩、剪力相同，第一组内力轴力较小，故墙肢 1 选取第一组内力进行受剪承载力计算。

第一组（左震）：M=1012.03kN·m、V=1.2×165.31=198.37kN、N=1097.59kN

剪跨比 $\lambda = M^c/(V^c h_{w0}) = 1012.03\times10^6/(198.37\times10^3\times2030) = 2.51 > 2.2$，取 λ=2.2。

$0.2f_c b_w h_w$=0.2× 11.9 ×160×2260=860.61kN<N=1097.59kN，取 N=860.61kN。

$$V \leqslant \frac{1}{\gamma_{RE}}\left[\frac{1}{\lambda-0.5}(0.4f_t b_w h_{w0}+0.10N\frac{A_w}{A})+0.8f_{yv}\frac{A_{sh}}{s}h_{w0}\right]$$

$$\frac{nA_{sh1}}{s}=\left[\gamma_{RE}V-\frac{1}{\lambda-0.5}\left(0.4f_t b_w h_{w0}+0.10N\frac{A_w}{A}\right)\right]/(0.8f_{yv}h_{w0})$$

$$=\left[0.85\times198.37\times10^3-\frac{1}{2.2-0.5}\right.$$

$$\left.\times\left(0.4\times1.27\times160\times2030+0.1\times860.61\times10^3\times\frac{2260\times160}{0.7968\times10^6}\right)\right]/$$

$$(0.8\times360\times2030)$$

$$=0.122$$

按计算配置水平分布筋。

三级抗震时水平分布筋直径不小于 8mm、间距不大于 300mm，最小配筋率 ρ_{wmin} = 0.25%。选用Φ8@200(2 排)，nA_{sh1}/s=2×50.3/200=0.503>0.122，$\rho_{sv}=nA_{sh1}/(bs)$=2×50.3/(160×200)=0.31%，满足要求。

剪力墙 Q6 墙肢 1 配筋汇总：构造边缘构件纵筋 8Φ12、箍筋和拉筋Φ6@150，竖向和水平分布筋Φ8@200（2 排）。剪力墙 Q6 墙肢 1 配筋图见图 6-29。

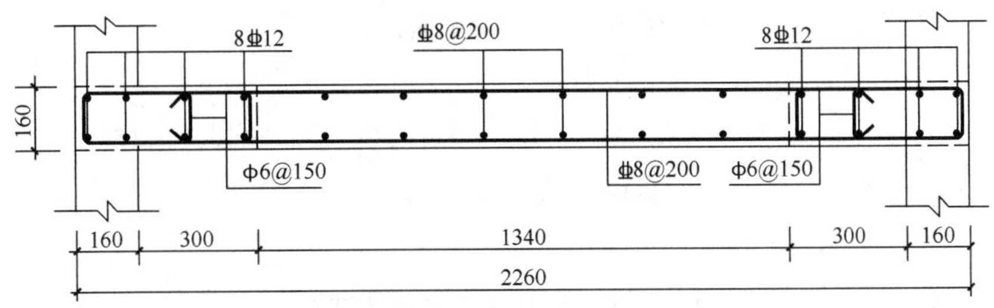

图 6-29　1 层剪力墙 Q6 墙肢 1 配筋（单位：mm）

（2）1 层墙肢 2 截面设计

1 层墙肢 2 内力设计值为：

第一组（左震）：M=11674.09kN·m、V=1.2×368.44=442.13kN、N=5575.49kN

第二组（右震）：M=11674.09kN·m、V=1.2×368.44=442.13kN、N=4366.14kN

剪力墙抗震等级为三级时，应对底部加强部位剪力墙截面的剪力设计值进行调整，剪力增大系数 η_{vw}=1.2。抗震设计时，1 层墙肢 2 位于底部加强部位，重力荷载代表值作用下，三级剪力墙墙肢的轴压比不宜超过 0.6 的限值：$\mu_N=N_G/(f_cA_{w1})=1.3\times3823.70/(11.9\times1.4368\times10^3)=0.291<0.6$，并小于 0.3，则可不设约束边缘构件，两端设置构造边缘构件。

1）计算参数

墙肢 2 截面高度 h_w=5860mm、腹板厚度 b_w=160mm，左侧翼缘宽度 b'_f=2080mm、右侧翼缘宽度 b'_f=1360mm，翼缘厚度 h'_f=160mm；混凝土强度等级 C25，边缘构件纵筋、竖向和水平分布筋采用 HRB400 级，边缘构件箍筋采用 HPB300 级，$f_c=11.9\text{N/mm}^2$，$f_t=1.27\text{N/mm}^2$，$f_y=f'_y=f_{yw}=f_{yh}=360\text{N/mm}^2$，$f_{yv}=270\text{N/mm}^2$，$\xi_b=0.518$，$\alpha_1=1.0$，环境类别为一类，$\beta_c=1.0$，$\beta_1=0.8$，偏压 $\gamma_{RE}=0.85$。

墙肢 2 为工字形截面，两端构造边缘构件为矩形，其形心距边缘为(300＋160)/2＝230mm，即 $a_s=a'_s$=230mm，h_{w0}=5860－230=5630mm。

2）墙肢截面尺寸限制条件验算

剪跨比 $\lambda=M^c/(V^ch_{w0})=11674.09\times10^6/(442.13\times10^3\times5630)=5.63>2.5$

$\dfrac{1}{\gamma_{RE}}(0.20\beta_cf_cb_wh_{w0})=\dfrac{1}{0.85}\times(0.20\times1.0\times11.9\times160\times5630)=2522.24\text{kN}>V=442.13\text{kN}$，满足要求。

3）墙肢正截面承载力计算

三级抗震时，竖向分布钢筋配筋率 ρ_w 不应小于 0.25%，采用双排配筋⏀8@200，ρ_w=0.31%。边缘构件纵筋采用对称配筋，$A_s=A'_s$。

① 墙肢 2 按第一组内力（左震）计算

M=11674.09kN·m、V=1.2×368.44=442.13kN、N=5575.49kN

左震时墙肢 2 右侧翼缘处于受压区，按 T 形截面计算。

T 形截面对称配筋偏心受压构件界限轴力：

$N_b=\alpha_1f_c[(b'_f-b_w)h'_f+b_wh_{w0}\xi_b]=1.0\times11.9\times[(1360-160)\times160+160\times5630\times0.518]=7837.51\text{kN}>N=5575.49\text{kN}$，为大偏心受压。

$e_0=M/N=11674.09/5575.49=2093.8\text{mm}$

$e=e_0+h_{w0}-h_w/2=2093.8+5630-5860/2=4793.8\text{mm}$

由 $A_s=A'_s$，假设为第一类 T 形截面：

$$N\leqslant\frac{1}{\gamma_{RE}}[\alpha_1f_cb'_fx-(h_{w0}-1.5x)b_wf_{yw}\rho_w] \tag{o}$$

$$Ne\leqslant\frac{1}{\gamma_{RE}}\left[f'_yA'_s(h_{w0}-a'_s)-\frac{1}{2}(h_{w0}-1.5x)^2\times b_wf_{yw}\rho_w+\alpha_1f_cb'_fx\left(h_{w0}-\frac{x}{2}\right)\right] \tag{p}$$

由式（o）得：

$$x=\frac{\gamma_{RE}N+b_w h_{w0} f_{yw}\rho_w}{\alpha_1 f_c b'_f+1.5b_w f_{yw}\rho_w}=\frac{0.85\times 5575.49\times 10^3+160\times 5630\times 360\times 0.31\%}{1.0\times 11.9\times 1360+1.5\times 160\times 360\times 0.31\%}$$

$$=349.9\text{mm}$$

$x>h'_f=160\text{mm}$，应为第二类 T 形截面。

由 $A_s=A'_s$，大偏压对称配筋第二类 T 形截面计算公式为：

$$N\leqslant\frac{1}{\gamma_{RE}}[\alpha_1 f_c b_w x+\alpha_1 f_c(b'_f-b_w)h'_f-(h_{w0}-1.5x)b_w f_{yw}\rho_w] \tag{q}$$

$$Ne\leqslant\frac{1}{\gamma_{RE}}\left[f'_y A'_s(h_{w0}-a'_s)-\frac{1}{2}(h_{w0}-1.5x)^2\times b_w f_{yw}\rho_w+\alpha_1 f_c b_w x\left(h_{w0}-\frac{x}{2}\right)+\alpha_1 f_c(b'_f-b_w)h'_f\left(h_{w0}-\frac{h'_f}{2}\right)\right] \tag{r}$$

由式（q）得：

$$x=\frac{\gamma_{RE}N-\alpha_1 f_c(b'_f-b_w)h'_f+h_{w0}b_w f_{yw}\rho_w}{\alpha_1 f_c b_w+1.5b_w f_{yw}\rho_w}$$

$$=\frac{0.85\times 5575.49\times 10^3-1.0\times 11.9\times(1360-160)\times 160+160\times 5630\times 360\times 0.31\%}{1.0\times 11.9\times 160+1.5\times 160\times 360\times 0.31\%}$$

$$=1596.5\text{mm}$$

$x>h'_f=160\text{mm}$，确认为第二类 T 形截面。

$x=1596.5\text{mm}>2a'_s=2\times 230=460\text{mm}$，受压钢筋可屈服。

取 $x=1596.5\text{mm}$，代入式（r）得：

$$A'_s=A_s=\frac{\gamma_{RE}Ne+\frac{1}{2}(h_{w0}-1.5x)^2\times b_w f_{yw}\rho_w-\alpha_1 f_c b'_f x\left(h_{w0}-\frac{x}{2}\right)-\alpha_1 f_c(b'_f-b_w)h'_f\left(h_{w0}-\frac{h'_f}{2}\right)}{f'_y(h_{w0}-a'_s)}$$

$$=\frac{0.85\times 5575.49\times 10^3\times 4793.7+\left[\frac{1}{2}\times(5630-1.5\times 1596.5)^2\times 160\times 360\times 0.31\%\right]}{360\times(5630-230)}$$

$$-\frac{1.0\times 11.9\times 5680\times 1596.5\times\left(5630-\frac{1596.5}{2}\right)+1.0\times 11.9\times(5680-160)\times 160\times\left(5630-\frac{160}{2}\right)}{360\times(5630-230)}$$

$$<0$$

第一组内力计算的墙肢 2 边缘构件纵筋按构造配筋。

② 墙肢 2 按第二组内力（右震）计算

$M=11674.09\text{kN}\cdot\text{m}$、$V=1.2\times 368.44=442.13\text{kN}$、$N=4366.14\text{kN}$

右震时墙肢 2 左侧翼缘处于受压区，按 T 形截面计算。

T 形截面对称配筋偏心受压构件界限轴力：

$N_b = \alpha_1 f_c[(b'_f - b_w)h'_f + b_w h_{w0}\xi_b] = 1.0\times 11.9\times[(2080-160)\times 160 + 160\times 5630\times 0.518] = 9208.39\text{kN} > N = 4366.14\text{kN}$，为大偏心受压。

$e_0 = M/N = 11674.09/4366.14 = 2673.8\text{mm}$

$e = e_0 + h_{w0} - h_w/2 = 2673.8 + 5630 - 5860/2 = 5373.8\text{mm}$

由 $A_s = A'_s$，假设为第一类 T 形截面：

$$N \leqslant \frac{1}{\gamma_{RE}}[\alpha_1 f_c b'_f x - (h_{w0} - 1.5x)b_w f_{yw}\rho_w] \tag{s}$$

$$Ne \leqslant \frac{1}{\gamma_{RE}}\left[f'_y A'_s(h_{w0} - a'_s) - \frac{1}{2}(h_{w0} - 1.5x)^2 \times b_w f_{yw}\rho_w + \alpha_1 f_c b'_f x\left(h_{w0} - \frac{x}{2}\right)\right] \tag{t}$$

由式（s）得：

$$x = \frac{\gamma_{RE}N + b_w h_{w0} f_{yw}\rho_w}{\alpha_1 f_c b'_f + 1.5 b_w f_{yw}\rho_w}$$

$$= \frac{0.85\times 4366.14\times 10^3 + 160\times 5630\times 360\times 0.31\%}{1.0\times 11.9\times 2080 + 1.5\times 160\times 360\times 0.31\%} = 189.0\text{mm}$$

$x > h'_f = 160\text{mm}$，应为第二类 T 形截面。

由 $A_s = A'_s$，大偏压对称配筋第二类 T 形截面计算公式为：

$$N \leqslant \frac{1}{\gamma_{RE}}[\alpha_1 f_c b_w x + \alpha_1 f_c(b'_f - b_w)h'_f - (h_{w0} - 1.5x)b_w f_{yw}\rho_w] \tag{u}$$

$$Ne \leqslant \frac{1}{\gamma_{RE}}\left[f'_y A'_s(h_{w0} - a'_s) - \frac{1}{2}(h_{w0} - 1.5x)^2 \times b_w f_{yw}\rho_w + \alpha_1 f_c b_w x\left(h_{w0} - \frac{x}{2}\right) + \alpha_1 f_c(b'_f - b_w)h'_f\left(h_{w0} - \frac{h'_f}{2}\right)\right] \tag{v}$$

由式（u）得：

$$x = \frac{\gamma_{RE}N - \alpha_1 f_c(b'_f - b_w)h'_f + h_{w0}b_w f_{yw}\rho_w}{\alpha_1 f_c b_w + 1.5 b_w f_{yw}\rho_w}$$

$$= \frac{0.85\times 4366.8\times 10^3 - 1.0\times 11.9\times(2080-160)\times 160 + 160\times 5630\times 360\times 0.31\%}{1.0\times 11.9\times 160 + 1.5\times 160\times 360\times 0.31\%}$$

$$= 493.8\text{mm}$$

$x > h'_f = 160\text{mm}$，确认为第二类 T 形截面。

$x = 493.8\text{mm} > 2a'_s = 2\times 230 = 460\text{mm}$，受压钢筋可屈服。

取 $x = 493.8\text{mm}$，代入式（v）得：

$$A'_s = A_s$$

$$= \frac{\gamma_{RE}Ne + \frac{1}{2}(h_{w0} - 1.5x)^2 \times b_w f_{yw}\rho_w - \alpha_1 f_c b'_f x\left(h_{w0} - \frac{x}{2}\right) - \alpha_1 f_c(b'_f - b_w)h'_f\left(h_{w0} - \frac{h'_f}{2}\right)}{f'_y(h_{w0} - a'_s)}$$

$$=\frac{0.85\times 4366.14\times 10^{3}\times 5373.8+\frac{1}{2}\times (5630-1.5\times 493.8)^{2}\times 160\times 360\times 0.31\%}{360\times (5630-230)}$$

$$-\frac{1.0\times 11.9\times 5680\times 493.8\times \left(5630-\frac{493.8}{2}\right)+1.0\times 11.9\times (5680-160)\times 160\times \left(5630-\frac{160}{2}\right)}{360\times (5630-230)}$$

<0

第二组内力计算的墙肢 2 边缘构件纵筋按构造配筋。

三级抗震时，翼墙一字形构造边缘构件纵筋最小配筋为 $0.006A_c=0.006\times 160\times (300+160)=441.6\text{mm}^2$，且不少于 6 ⏀ 12（$A_s=679\text{mm}^2$），箍筋Φ 6@150。综合以上构造要求，墙肢 2 两端翼墙一字形边缘构件纵筋取 8 ⏀ 12（$A'_s=904.8\text{mm}^2$），满足构造要求，如图 6-30所示。

4）墙肢 2 斜截面受剪承载力计算

因弯矩、剪力相同，第二组内力轴力较小，故墙肢 2 选取第二组内力进行受剪承载力计算。

第二组（右震）：$M=11674.09\text{kN}\cdot\text{m}$、$V=1.2\times 368.44=442.13\text{kN}$、$N=4366.14\text{kN}$

剪跨比 $\lambda=M^c/(V^c h_{w0})=11674.09\times 10^6/(442.13\times 10^3\times 5630)=5.63>2.2$，取$\lambda=2.2$。

$0.2f_c b_w h_w=0.2\times 11.9\times 160\times 5860=2231.49\text{kN}<N=4366.14\text{kN}$，取 $N=2231.49\text{kN}$。

$$V\leqslant\frac{1}{\gamma_{RE}}\left[\frac{1}{\lambda-0.5}(0.4f_t b_w h_{w0}+0.10N\frac{A_w}{A})+0.8f_{yv}\frac{A_{sh}}{s}h_{w0}\right]$$

$$\frac{nA_{sh1}}{s}=\left[\gamma_{RE}V-\frac{1}{\lambda-0.5}\left(0.4f_t b_w h_{w0}+0.10N\frac{A_w}{A}\right)\right]/(0.8f_{yv}h_{w0})$$

$$=\left[0.85\times 442.13\times 10^{3}-\frac{1}{2.2-0.5}\right.$$

$$\left.\times\left(0.4\times 1.27\times 160\times 5630+0.1\times 2231.49\times 10^{3}\times\frac{5860\times 160}{1.4368\times 10^{6}}\right)\right]/$$

$$(0.8\times 360\times 5630)$$

$$=0.013$$

按计算配置水平分布筋。

三级抗震时水平分布筋直径不小于 8mm、间距不大于 300mm，最小配筋率 $\rho_{wmin}=0.25\%$。选用⏀ 8@200（2 排），$nA_{sh1}/s=2\times 50.3/200=0.503>0.013$，$\rho_{sv}=nA_{sh1}/(bs)=2\times 50.3/(160\times 200)=0.31\%$，满足要求。

剪力墙 Q5 墙肢 2 配筋汇总：构造边缘构件纵筋 8 ⏀ 12、箍筋和拉筋Φ 6@150，竖向和水平分布筋⏀ 8@200(2 排)。剪力墙 Q6 墙肢 2 配筋见图 6-30。

（3）1 层连梁 LL2 截面设计

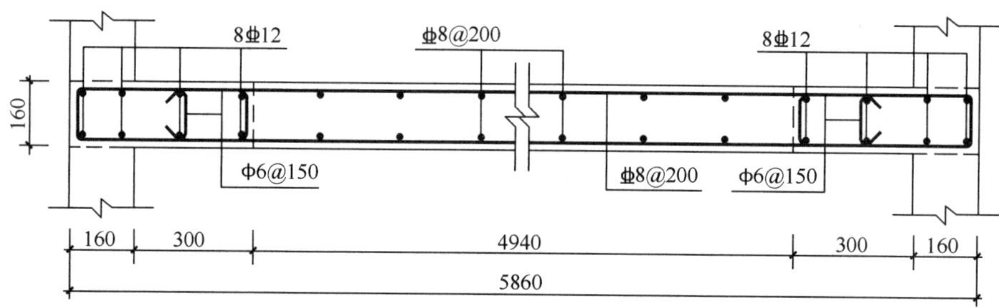

图 6-30　1 层剪力墙 Q6 墙肢 2 配筋（单位：mm）

1）连梁 LL2 计算参数

$b_b \times h_b = 160 \times 300$mm，$l_b = 1340$mm，$h_{b0} = 300 - 40 = 260$mm，混凝土强度等级 C25，纵筋采用 HRB400 级，箍筋采用 HPB300 级，$f_c = 11.9\text{N/mm}^2$，$f_t = 1.27\text{N/mm}^2$，$f_y = f'_y = 360\text{N/mm}^2$，$f_{yv} = 270\text{N/mm}^2$，$\xi_b = 0.518$，$\alpha_1 = 1.0$，环境类别为一类，$\beta_c = 1.0$，$\beta_1 = 0.8$，受弯 $\gamma_{RE} = 0.75$，受剪 $\gamma_{RE} = 0.85$。

连梁 LL2 组合内力：$M = 8.22\text{kN} \cdot \text{m}$、$V = 20.62$kN（已考虑剪力设计值调整）。

2）连梁 LL2 截面尺寸限制条件验算

跨高比 $l_b/h = 1340/300 = 4.47 > 2.5$。

$\frac{1}{\gamma_{RE}}(0.20\beta_c f_c b_b h_{b0}) = \frac{1}{0.85} \times (0.20 \times 1.0 \times 11.9 \times 160 \times 260) = 116.48\text{kN} > V = 20.62\text{kN}$，满足要求。

3）LL2 连梁正截面受弯承载力计算

按单筋截面梁进行受弯承载力计算：

$$\alpha_s = \frac{\gamma_{RE} M}{f_c b_b h_{b0}^2} = \frac{0.75 \times 8.22 \times 10^6}{11.9 \times 160 \times 260^2} = 0.048$$

$$\xi = 1 - \sqrt{1 - 2\alpha_s} = 1 - \sqrt{1 - 2 \times 0.048} = 0.049 < \xi_b = 0.518$$

$$A_s = \frac{\alpha_1 f_c b h_0 \xi}{f_y} = \frac{1.0 \times 11.9 \times 160 \times 260 \times 0.049}{360} = 67.5\text{mm}^2$$

抗震设计，跨高比 $l/h_b > 1.5$ 时，连梁纵向钢筋的最小配筋率按框架梁采用，即 0.0025、$0.55f_t/f_y$二者的较大值。顶面及底面单侧纵向钢筋的最大配筋率当 $2.0 < l/h_b \leqslant 2.5$ 时，为 1.5%。

实配纵筋 2⏀20（$A_s = 628\text{mm}^2$），$\rho = 628/(160 \times 350) = 0.011$，满足上述设计和构造要求。

连梁纵筋伸入墙肢长度应大于 l_{aE} 和 600mm。三级抗震时 $l_{aE} = 1.05l_a = 1.05 \times 0.14 \times 360/1.27 \times 20 = 833$mm，两端墙肢截面高度满足连梁纵筋伸入要求。

当连梁截面高度不大于 700mm、跨高比大于 2.5 时，可不配置两侧面腰筋。

4）连梁 LL2 斜截面受剪承载力计算

跨高比 $l_b/h=1340/300=4.47>2.5$

$$V\leqslant\frac{1}{\gamma_{RE}}(0.42f_tb_bh_{b0}+f_{yv}\frac{A_{sv}}{s}h_{b0})$$

$$\frac{nA_{sv1}}{s}=\frac{\gamma_{RE}V_w-0.42f_tb_bh_{b0}}{f_{yv}h_{b0}}$$

$$=\frac{(0.85\times20.62\times10^3-0.42\times1.27\times160\times260)}{270\times260}<0$$

抗震设计时，沿连梁全长箍筋的构造应按第 5 章框架梁梁端加密区箍筋的构造要求采用，即箍筋最大间距取（$h_b/4$，$8d$，150）＝（75，160，150）的最小值，为 75mm，箍筋最小直径 8mm，因此剪力墙 Q6 的 1 层连梁 LL2 配置箍筋Φ 8@75，如图 6-31 所示。

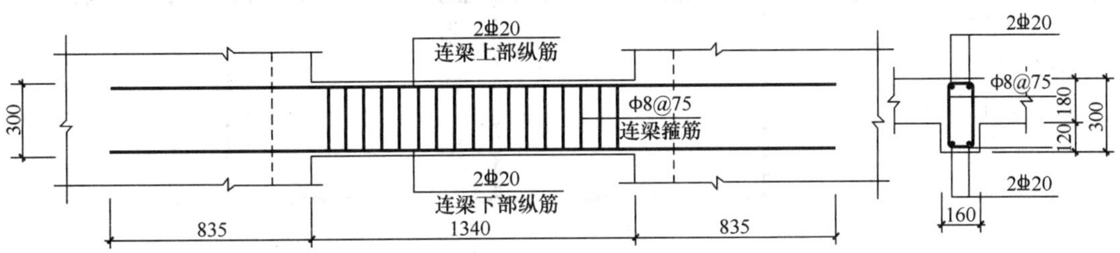

图 6-31 1 层剪力墙 Q6 连梁 LL2 配筋（单位：mm）

（4）剪力墙 Q6 其他楼层截面设计

经上述 1 层计算结果和其他层内力分析及试算可知，其他楼层各墙肢、连梁内力虽均大于 1 层，但计算结果依然按构造要求配筋，仅顶层连梁箍筋须在纵筋伸入墙肢的范围内按相同配箍。

6.5.12 剪力墙结构优化措施

由上述结构布置的内力分析与配筋计算结果可知，剪力墙的墙肢和连梁基本都为构造配筋，说明剪力墙布置较多、结构刚度大。其中剪力墙 Q2 和 Q6 的等效刚度占总等效刚度的比例较大，分别占比为 22.67％和 25.77％。某片剪力墙的等效刚度占比大，则会分配更多的内力，若受力过程中该片剪力墙破坏则会危及整个结构的安全。剪力墙 Q2 和 Q6 的实体墙肢截面高度虽然没有超过规定 8m、等效刚度占比没有超过 30％的要求，但为了使得各片剪力墙布置均匀、受力更合理，有必要对剪力墙 Q2 和 Q6 的墙肢和连梁设置进行局部结构优化，以降低其刚度。

原结构平面取自某工程的中间单元平面，剪力墙 Q2 为无洞口分户用的整体墙。当该单元布置在该楼两端时，剪力墙 Q2 则为需设门窗进行室内采光的外墙，此时剪力墙 Q2 变为带洞口的多肢剪力墙。原剪力墙 Q6 为单元内的分户整体墙，为了降低该片剪力墙的刚度，同时也方便施工时的水平运输，剪力墙 Q6 的墙肢 2 可以设置一个宽度不小于 1200mm 的结构洞，即用该洞口将一个截面较长的剪力墙墙肢划分为两个截面高度较小的墙肢，从而降低剪力墙的刚度，该洞口在施工后期采用轻质砌体材料砌筑填充。按上述方法剪力墙 Q2 和 Q6 局部结构优化如图 6-32 所示。

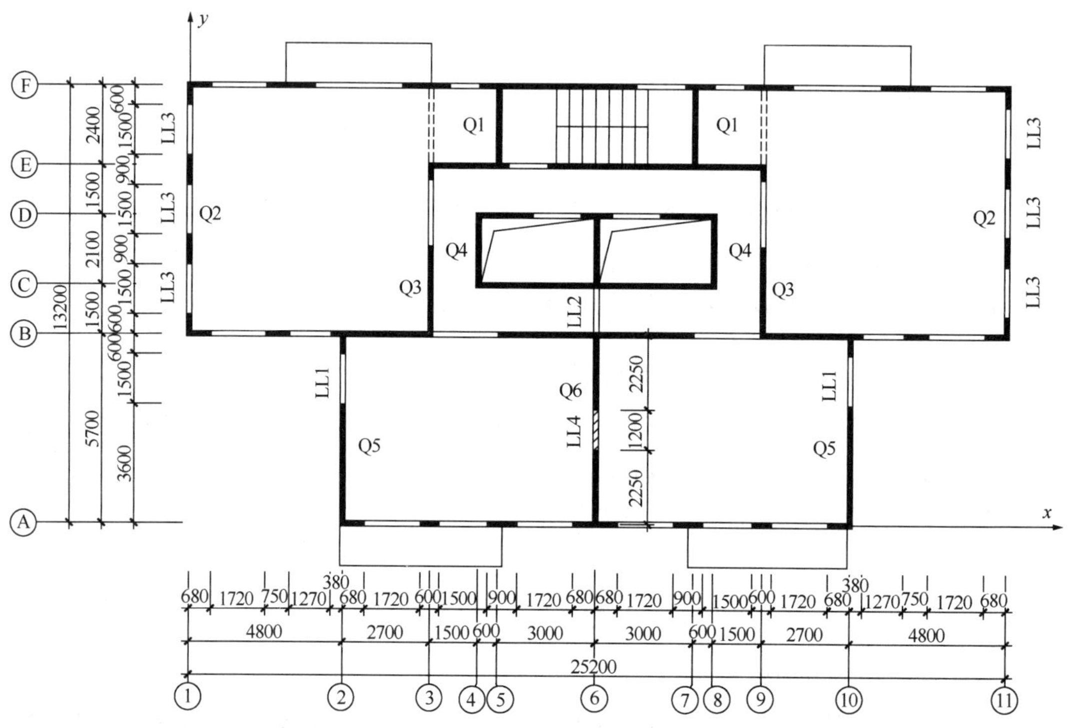

图 6-32　优化后的结构平面图（单位：mm）

1. 优化后的剪力墙 Q2（图 6-33）类型判别

剪力墙 Q2 为带落地门窗的剪力墙，窗口尺寸 1.5m×2.4m，窗口面积/墙面面积=(1.5×2.4×3)/(7.66×2.8)=0.50>0.16，并考虑到洞口成列布置，上下洞口间的净距小于孔道长边，形成明显的墙肢和连梁，且连梁跨高比 1.50/0.4=3.75<5，故应按剪力墙整体系数来确定此开洞剪力墙的类型。

(1) 墙肢 1、墙肢 4 截面特征

截面面积　$A_{w1}=A_{w4}=0.16\times(0.76+0.52)=0.2408\text{m}^2$

截面形心　$y_{c1}=y_{c4}=[0.16\times0.76\times0.16/2+0.16\times0.52\times(0.52/2+0.16)]/0.2408=0.218\text{m}$

截面惯性矩

$$
\begin{aligned}
I_{w1}=I_{w4}&=[0.76\times0.16^3/12+0.76\times0.16\times(0.218-0.16/2)^2]\\
&\quad+[0.16\times0.52^3/12+0.16\times0.52\times(0.52/2+0.16-0.218)^2]\\
&=0.0104\text{m}^4
\end{aligned}
$$

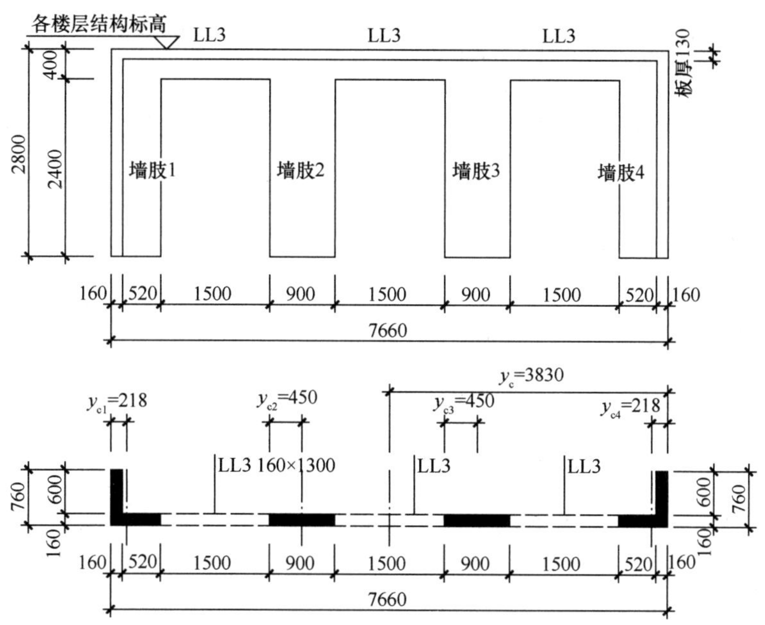

图 6-33　优化后的剪力墙 Q2（单位：mm）

(2) 墙肢 2、墙肢 3 截面特征

截面面积　$A_{w2}=A_{w3}=0.16\times0.90=0.6848\text{m}^2$

截面形心　$y_{c2}=y_{c3}=0.90/2=0.450\text{m}$

截面惯性矩　$I_{w2}=I_{w3}=0.16\times0.90^3/12=0.0097\text{m}^4$

(3) 组合截面特征

截面面积　$A_w=A_{w1}+A_{w2}+A_{w3}+A_{w4}=0.3104+0.6848=0.9952\text{m}^2$

截面形心　$y_c=7.660/2=3.830\text{m}$

截面惯性矩

$$I_w=[0.0104+0.2408\times(3.830-0.218)^2+0.0097+0.6848\times(1.500/2+0.450)^2]\times2=5.7985\text{m}^4$$

$$I_n=I_w-(I_{w1}+I_{w2}+I_{w3}+I_{w4})=5.7985-(0.0104+0.0097)\times2=5.7582\text{m}^4$$

墙肢形心距

$a_1=a_3=$（$0.16+0.52-0.218+1.500+0.450$）$=2.4119\text{m}$

$a_2=0.450\times2+1.500=2.4000\text{m}$

连梁 LL3 截面惯性矩（LL3 截面宽度 160mm、截面高度 400mm）

$$I_{b0}=0.16\times0.4^3/12=0.00085\text{m}^4$$

计算跨度　$l_b=l_c+h_b/2=1.5+0.4/2=1.70\text{m}$

连梁 LL3 计入剪变影响的惯性矩

$$I_b=\frac{I_{b0}}{1+\frac{30\mu I_{b0}}{A_b l_b^2}}=\frac{0.00085}{1+\frac{30\times1.2\times0.00128}{0.16\times0.4\times1.70^2}}=0.00073\text{m}^4$$

当 3～4 肢时，轴向变形影响系数 $\tau=0.8$，层高 $h=2.8\text{m}$；剪力墙总高度 $H=39.2\text{m}$

$$\alpha=H\sqrt{\frac{12}{\tau h\sum_{j=1}^{m+1}I_j}\sum_{j=1}^{m}\frac{I_{bj}a_j^2}{l_{bj}^3}}$$

$$=39.2\times\sqrt{\frac{12}{0.8\times2.8\times(0.0104\times2+0.0097\times2)}\times\frac{0.00073\times(2.4119^2\times2+2.4000^2)}{1.70^3}}$$

$$=23.0$$

$\dfrac{I_n}{I_w}=\dfrac{5.7582}{5.7985}=0.993$，根据 α 和层数查表 6-1，$\zeta=0.918$。

当 $\alpha>10$、$\dfrac{I_n}{I_w}>\zeta$ 时，剪力墙 Q2 的类型为壁式框架。

2. 剪力墙 Q2 壁式框架内力计算

1）刚域计算

根据式（6-56）和图 6-9，剪力墙各墙肢和连梁的刚域按下式计算：

$$\left.\begin{aligned}l_{b1}&=a_1-0.25h_b\\l_{b2}&=a_2-0.25h_b\\l_{c1}&=c_1-0.25b_c\\l_{c2}&=c_2-0.25b_c\end{aligned}\right\}$$

边框架：$a_1=218\text{mm}$、$a_2=462\text{mm}$、$h_b=400\text{mm}$；$c_1=200\text{mm}$、$c_2=200\text{mm}$、$b_c=680\text{mm}$；

中框架：$a_1=450\text{mm}$、$a_2=450\text{mm}$、$h_b=400\text{mm}$；$c_1=200\text{mm}$、$c_2=200\text{mm}$、$b_c=900\text{mm}$。

墙肢 1、4 边框梁：$l_{b2}=a_2-0.25h_b=462-0.25\times400=362\text{mm}$；

墙肢 2、3 中框梁：$l_{b1}=l_{b2}=a_1-0.25h_b=450-0.25\times400=350\text{mm}$；

墙肢 1、4 边框柱：$l_{c1}=l_{c2}=c_1-0.25b_c=200-0.25\times680=30\text{mm}$；

墙肢 2、3 中框柱：$l_{c1}=l_{c2}=c_2-0.25b_c=200-0.25\times900=-25\text{mm}<0$，取 $l_{c1}=l_{c2}=0$。

剪力墙 Q2 壁式框架刚域计算结果示意如图 6-34 所示。

2）带刚域的框架柱 D 值计算

对两端刚域长度相近的带刚域壁式框架梁平均线刚度按 $i_e=EI_0\eta_v\dfrac{l^2}{l_0^3}$ 计算，式中，EI_0 为杆件中段截面刚度；η_v 为考虑剪切变形的刚度折减系数，由 $\eta_v=\dfrac{1}{1+3\left(\dfrac{h_b}{l_0}\right)^2}$ 计算；l 为

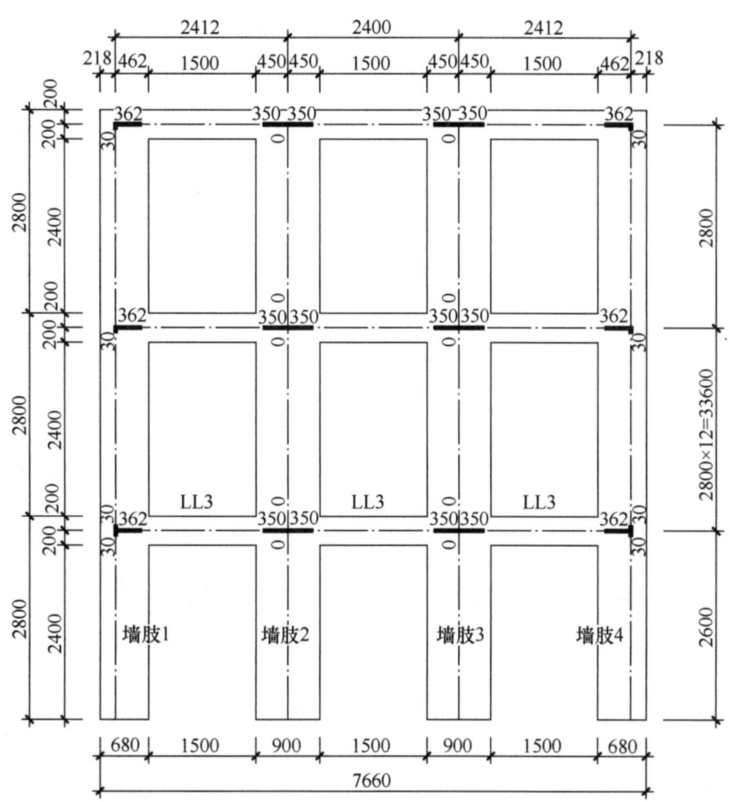

图 6-34　剪力墙 Q2 壁式框架刚域计算（单位：mm）

杆件总长度；l_0 为杆件中段的长度；h_b 为杆件中段截面高度。

计算参数：$E_c=2.8\times10^4\text{N/mm}^2$、$I_{b0}=160\times400^3/12=8.53\times10^8\text{mm}^4$；

壁式框架梁 $l_{b1}=l_{b3}=2412\text{mm}$、$l_{b2}=2400\text{mm}$；$l_{b01}=l_{b02}=l_{b03}=1700\text{mm}$；$h_{b1}=h_{b2}=h_{b3}=h_{b4}=400\text{mm}$；

壁式框架柱 $I_{c01}=I_{c04}=I_{w1}=I_{w4}=0.0104\times10^{12}\text{mm}^4$、$I_{c02}=I_{c03}=I_{w2}=I_{w3}=0.0097\times10^{12}\text{mm}^4$；

$h_{c1}=h_{c4}=680\text{mm}$、$h_{c2}=h_{c3}=900\text{mm}$；一层 $l_{c11}=l_{c12}=l_{c13}=l_{c14}=2600\text{mm}$、二层及以上 $l_{c2i}=2800\text{mm}$；

一层 $l_{c011}=l_{c014}=2570\text{mm}$、$l_{c012}=l_{c013}=2600\text{mm}$、二层 $l_{c021}=l_{c024}=2740\text{mm}$、$l_{c022}=l_{c023}=2800\text{mm}$。

壁式框架梁 1、2、3 跨：$\eta_{v1}=\eta_{v2}=\eta_{v3}=\dfrac{1}{1+3\left(\dfrac{h_b}{l_{b0}}\right)^2}=\dfrac{1}{1+3\times\left(\dfrac{400}{1700}\right)^2}=0.858$

1、3 跨：$i_{e1}=i_{e3}=EI_0\eta_{v1}\dfrac{l_{b1}^2}{l_{b01}^3}=28000\times8.53\times10^8\times0.858\times\dfrac{2412^2}{1700^3}=2.43\times10^{10}\text{N}\cdot\text{mm}$

2 跨：$i_{e2}=EI_0\eta_{v1}\dfrac{l_{b1}^2}{l_{b01}^3}=28000\times8.53\times10^8\times0.858\times\dfrac{2400^2}{1700^3}=2.40\times10^{10}\text{N}\cdot\text{mm}$

一层壁式框架柱 1、4：　　$\eta_{v11}=\eta_{v14}=\dfrac{1}{1+3\left(\dfrac{h_{c1}}{l_{c011}}\right)^2}=\dfrac{1}{1+3\times\left(\dfrac{680}{2570}\right)^2}=0.826$

一层壁式框架柱 2、3：　　$\eta_{v12}=\eta_{v13}=\dfrac{1}{1+3\left(\dfrac{h_{c2}}{l_{c012}}\right)^2}=\dfrac{1}{1+3\times\left(\dfrac{900}{2600}\right)^2}=0.736$

二层及以上壁式框架柱 1、4：$\eta_{v21}=\eta_{v24}=\dfrac{1}{1+3\left(\dfrac{h_{c1}}{l_{c021}}\right)^2}=\dfrac{1}{1+3\times\left(\dfrac{680}{2740}\right)^2}=0.844$

二层及以上壁式框架柱 2、3：$\eta_{v22}=\eta_{v23}=\dfrac{1}{1+3\left(\dfrac{h_{c2}}{l_{c022}}\right)^2}=\dfrac{1}{1+3\times\left(\dfrac{900}{2800}\right)^2}=0.763$

一层柱 1、4：

$i_{c11}=i_{c14}=EI_{c01}\eta_{v11}\dfrac{l_{c11}^2}{l_{c011}^3}=28000\times1.04\times10^{10}\times0.826\times\dfrac{2600^2}{2570^3}=9.58\times10^{10}\text{N}\cdot\text{mm}$

一层柱 2、3：

$i_{c12}=i_{c13}=EI_{c02}\eta_{v12}\dfrac{l_{c12}^2}{l_{c012}^3}=28000\times9.70\times10^9\times0.736\times\dfrac{2600^2}{2600^3}=7.68\times10^{10}\text{N}\cdot\text{mm}$

二层柱 1、4：

$i_{c21}=i_{c24}=EI_{c01}\eta_{v21}\dfrac{l_{c21}^2}{l_{c021}^3}=28000\times1.04\times10^{10}\times0.844\times\dfrac{2800^2}{2740^3}=9.37\times10^{10}\text{N}\cdot\text{mm}$

二层柱 2、3：

$i_{c22}=i_{c23}=EI_{c02}\eta_{v22}\dfrac{l_{c22}^2}{l_{c022}^3}=28000\times9.70\times10^9\times0.763\times\dfrac{2800^2}{2800^3}=7.40\times10^{10}\text{N}\cdot\text{mm}$

剪力墙 Q2 壁式框架计算模型见图 6-35。

带刚域框架柱的 D 值计算公式同框架，为 $D=\alpha_c\dfrac{12i_{ec}}{h^2}$，节点转动影响系数 α_c，以 i_{e1}、i_{e2}、i_{e3}、i_{e4}、i_{ec}代替相应的 i_1、i_2、i_3、i_4、i_c，按表 5-1 计算。带刚域框架柱的反弯点高度比 y 按 $y=a+sy_0+y_1+y_2+y_3$计算，式中，s 为柱中段长度与层高的比，$s=h'/h$；y_0 为标准反弯点高度比，由 $\overline{K}=\dfrac{i_{e1}+i_{e2}+i_{e3}+i_{e4}}{2i_c}s^2$ 及壁式框架的总层数 m、柱所在层 n 从表 5-2或表 5-3 查得；y_1 为柱上、下端梁刚度变化修正值，根据柱上下端梁的等效线刚度比 $\alpha=\dfrac{i_{e1}+i_{e2}}{i_{e3}+i_{e4}}$ 及 $\overline{K}$ 由表 5-4 查得；y_2、y_3 分别为柱所在层的上层层高和下层层高变化对反弯点高度比的修正值，由表 5-5 查得。

壁式框架 D 值及反弯点高度比 y 求出后，各杆件的内力计算方法与普通框架一样，不再赘述。

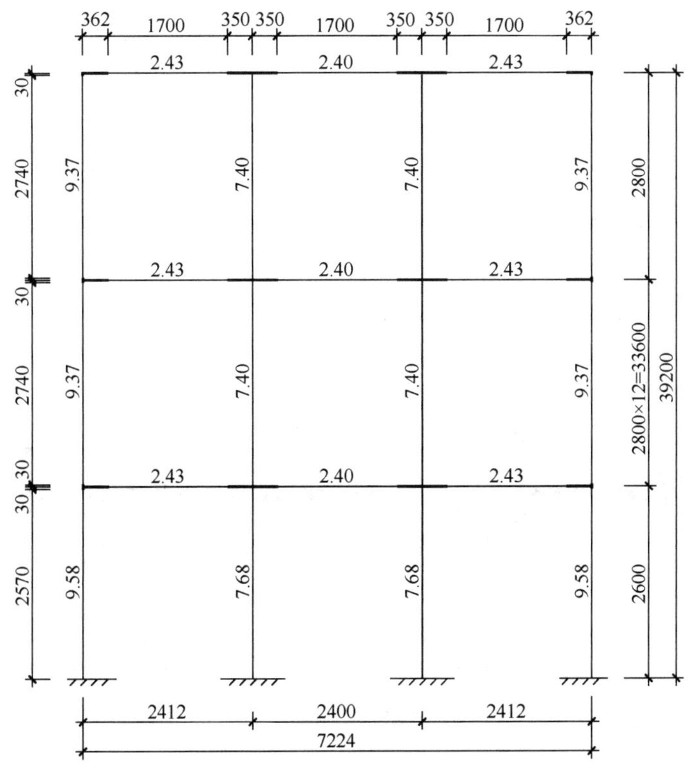

图6-35　剪力墙 Q2 壁式框架计算模型（线刚度$\times10^{10}$N・mm，尺寸，单位：mm）

3）壁式框架 Q2 的等效刚度

若剪力墙结构中含有壁式框架剪力墙，应按框架-剪力墙结构进行协同工作计算分析。为简化计算，也可将壁式框架根据洞口大小，按 $EI_{eq}=(0.35\sim0.7)EI_w$ 近似计算其等效刚度 EI_{eq}，再与其他剪力墙一起，按各片剪力墙等效刚度占总等效刚度的比例，将总水平作用分配到各片剪力墙上。

按照简化计算方法，$EI_{eq}=(0.35\sim0.7)EI_w=(0.35\sim0.7)\times28000\times10^3\times5.7985=(5.6825\sim11.3651)\times10^7\text{kN}\cdot\text{m}^2$，壁式框架 Q2 的等效刚度约为优化前的 1/4～1/2，优化效果较为明显。

2. 优化后的剪力墙 Q6（图 6-36）类型判别

剪力墙 Q6 的原墙肢 2 中间设置一个宽度为 1200mm 的后砌筑结构洞口，洞口高 2400mm，洞口上连梁高 400mm，则剪力墙 Q6 变为一个三肢墙，如图 6-36 所示。

剪力墙 Q6 为带双洞口剪力墙，窗口面积/墙面面积$=(1.34\times2.5+1.2\times2.4)/(9.46\times2.8)=0.24>0.16$，墙肢、连梁排列均匀，应按剪力墙整体系数来确定此开洞剪力墙的类型。

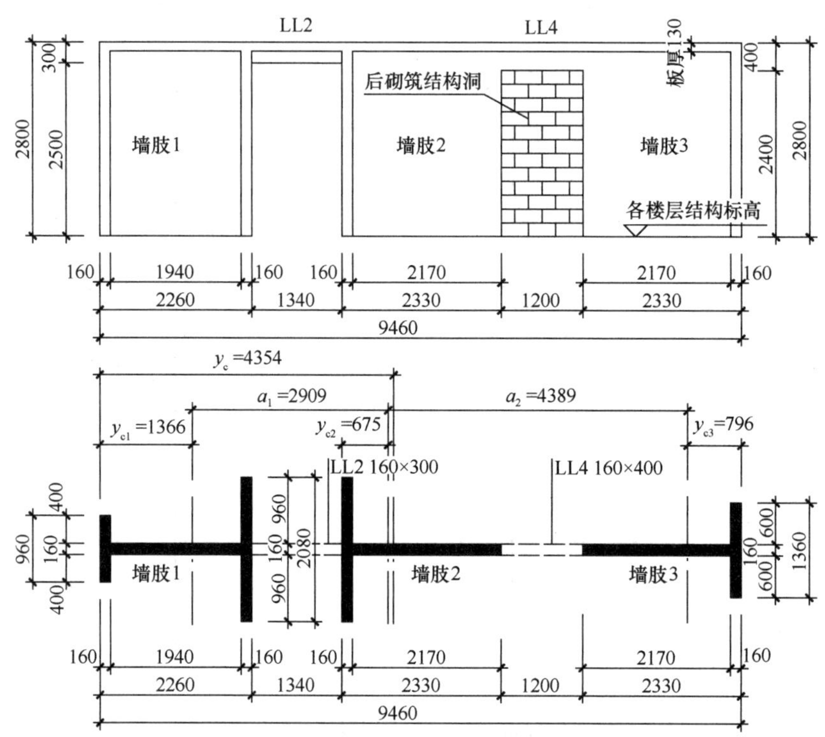

图 6-36 优化后的剪力墙 Q6（单位：mm）

(1) 墙肢 1 截面特征

截面面积 $A_{w1}=0.16\times(0.96+1.94+2.08)=0.7968m^2$

截面形心 $y_{c1}=[0.16\times0.96\times0.16/2+0.16\times1.94\times(2.26-0.16/2)]/0.7968$
$=1.366m$

截面惯性矩 $I_{w1}=[096\times0.16^3/12+0.16\times0.96\times(1.366-0.16/2)^2]$
$+[0.16\times1.94^3/12+0.16\times1.94\times(1.366-0.16-1.94/2)^2]$
$+[2.08\times0.16^3/12+0.16\times2.08\times(2.26-1.366-0.16/2)^2]$
$=0.5901m^4$

(2) 墙肢 2 截面特征

截面面积 $A_{w2}=0.16\times(2.08+2.17)=0.6800m^2$

截面形心 $y_{c2}=[0.16\times2.08\times0.16/2+0.16\times2.17\times(2.17/2+0.16)]/0.6800$
$=0.675m$

截面惯性矩 $I_{w2}=[2.08\times0.16^3/12+2.08\times0.16\times(0.675-0.16/2)^2]$
$+[0.16\times2.17^3/12+0.16\times2.17\times(2.17/2+0.16-0.675)^2]$
$=0.2313m^4$

(3) 墙肢 3 截面特征

截面面积　$A_{w3}=0.16\times(1.36+2.17)=0.5648\text{m}^2$

截面形心　$y_{c3}=[0.16\times1.36\times0.16/2+0.16\times2.17\times(2.17/2+0.16-0.796)]/0.5648=0.796\text{m}$

截面惯性矩　$I_{w3}=[1.36\times0.16^3/12+1.36\times0.16\times(0.796-0.16/2)^2]+[0.16\times2.17^3/12+0.16\times2.17\times(2.17/2+0.16)^2]=0.1820\text{m}^4$

(4) 组合截面特征

截面面积　$A_w=A_{w1}+A_{w2}+A_{w3}=0.7968+0.6800+0.5648=2.0416\text{m}^2$

截面形心

$y_c=[0.7968\times1.366+0.6800\times(2.26+1.34+0.675)+0.796\times(9.46-0.796)]/2.0416=4.354\text{m}$

截面惯性矩

$I_w=0.5901+0.7968\times(4.354-1.366)^2+0.2313+0.6800\times(4.354-2.26-1.34-0.675)^2+0.1820+0.5648\times(9.46-4.354-0.796)^2=17.7905\text{m}^4$

$I_n=I_w-(I_{w1}+I_{w2}+I_{w3})=17.7905-(0.5901+0.2313+0.1820)=17.6085\text{m}^4$

墙肢形心距

$a_1=2.26+1.34+0.675-1.366=2.909\text{m}$

$a_2=2.33+1.20+2.33-0.675-0.796=4.389\text{m}$

连梁 LL2 截面惯性矩(LL2 截面宽度 160mm、截面高度=2800−2450=350mm)

$$I_{b02}=0.16\times0.30^3/12=0.00036\text{m}^4$$

计算跨度　$l_b=l_c+h_b/2=1.34+0.30/2=1.49\text{m}$

连梁 LL2 计入剪变影响的折算惯性矩

$$I_b=0.55\frac{I_{b0}}{1+\dfrac{30\mu I_{b0}}{A_b l_b^2}}=0.55\times\frac{0.00036}{1+\dfrac{30\times1.2\times0.00036}{0.16\times0.30\times1.49^2}}=0.00018\text{m}^4$$

式中，0.55 为连梁刚度折减系数。

连梁 LL4 截面惯性矩(LL4 截面宽度 160mm、截面高度=2800−2400=400mm)

$$I_{b04}=0.16\times0.40^3/12=0.00085\text{m}^4$$

计算跨度　$l_b=l_c+h_b/2=1.20+0.40/2=1.40\text{m}$

连梁 LL4 计入剪变影响的折算惯性矩

$$I_b=0.55\frac{I_{b0}}{1+\dfrac{30\mu I_{b0}}{A_b l_b^2}}=0.55\times\frac{0.00085}{1+\dfrac{30\times1.2\times0.00085}{0.16\times0.40\times1.40^2}}=0.00038\text{m}^4$$

式中，0.55 为连梁刚度折减系数。

当 3～4 肢时，轴向变形影响系数 $\tau=0.8$，层高 $h=2.8$m；剪力墙总高度 $H=39.2$m。

剪力墙整体系数

$$\alpha=H\sqrt{\frac{12}{\tau h\sum_{j=1}^{m+1}I_j}\sum_{j=1}^{m}\frac{I_{bj}a_j^2}{l_{bj}^3}}$$

$$=39.2\times\sqrt{\frac{12}{0.8\times2.8\times(0.5901+0.2313+0.1820)}\times\left(\frac{0.00018\times2.909^2}{1.49^3}+\frac{0.00038\times4.389^2}{1.40^3}\right)}$$

$$=5.0<10$$

且 $\alpha>1$，所以剪力墙 Q6 的类型为联肢墙。

按倒三角形分布荷载进行等效刚度计算。

$$\mu=\frac{A_w}{A_{w0b}}=\frac{2.0416}{0.16\times(9.46-0.16\times2)}=1.396$$

$$\gamma^2=\frac{2.5\mu\sum I_i\sum l_j}{H^2\sum A_i\sum a_j}=\frac{2.5\times1.396\times(0.5901+0.2313+0.1820)\times(1.49+1.40)}{39.2^2\times(0.7968+0.6800+0.5648)\times(2.909+4.389)}$$

$$=0.0004$$

$$\gamma_1^{\ 2}=\frac{2.5\mu\sum I_i}{H^2\sum A_i}=\frac{2.5\times1.396\times(0.5901+0.2313+0.1820)}{39.2^2\times(0.7968+0.6800+0.5648)}=0.0011$$

$\beta=\alpha^2\gamma_1^2=5.0^2\times0.0011=0.0112$，计算可得 $\psi_\alpha=0.105$。

优化后的剪力墙 Q6 等效刚度

$$EI_{eq}=\frac{\sum EI_i}{(1-\tau)+(1-\beta)\tau\psi_\alpha+3.64\gamma_1^2}$$

$$=\frac{2.8\times10^7\times(0.5901+0.2313+0.1820)}{(1-0.8)+(1-0.0112)\times0.8\times0.105+3.64\times0.0011}$$

$$=9.785\times10^7\text{kN}\cdot\text{m}^2$$

剪力墙 Q6 优化后的等效刚度降低为原来的 $9.785\times10^7/2.652\times10^8=36.9\%$，效果显著。优化前后各片剪力墙占总等效刚度的比例见表 6-23。

优化前后各片剪力墙占总等效刚度的比例 **表 6-23**

剪力墙	Q1	Q2	Q3	Q4	Q5	Q6
优化前	2.24%	22.67%	1.28%	1.33%	9.59%	25.77%
优化后	3.71%	18.26%	2.11%	2.20%	15.86%	15.72%

以上剪力墙墙肢和连梁的设置局部优化后，按照各片剪力墙占总等效刚度的比例分配水平地震作用，再进行各片剪力墙的内力计算、内力组合和配筋设计。若计算分析结果还不满足经济性要求，则可采取调整剪力墙布置、采用局部短肢剪力墙等综合整体优化措施。

6.5.13 三维空间分析程序 SATWE 计算及对比

本例采用北京构力科技有限公司 PKPM 系列三维空间分析程序 SATWE 进行电算分析。

1. 计算参数

设防地震分组第二组；设防烈度 7（0.1g）；场地类别Ⅱ类；剪力墙抗震等级三级；重力荷载代表值的活载组合值系数 0.50；特征周期 0.40s；水平地震影响系数最大值 0.08；结构的阻尼比 5.00%；计算振型个数 15；连梁刚度折减系数 0.55；剪力墙水平分布筋间距 200mm；剪力墙竖向分布筋配筋率 0.31%。

2. SATWE 主要计算结果

如表 6-24 所示，本工程的第 1、2 振型以平动为主，第 3 振型以扭转为主，满足相关要求。

结构周期及振型方向 **表 6-24**

振型号	周期（s）	方向角（°）	类型	扭振成分	X 侧振成分	Y 侧振成分	总侧振成分	阻尼比
1	0.6348	89.66	Y	0%	0%	100%	100%	5.00%
2	0.5362	179.61	X	18%	82%	0%	82%	5.00%
3	0.4297	179.97	T	82%	18%	0%	18%	5.00%
4	0.1787	1.83	T	100%	0%	0%	0%	5.00%
5	0.1701	89.53	Y	38%	0%	62%	62%	5.00%
6	0.1605	179.83	X	30%	70%	0%	70%	5.00%
7	0.1579	90.57	T	98%	0%	2%	2%	5.00%
8	0.1546	90.45	T	91%	0%	9%	9%	5.00%
9	0.1506	90.40	T	80%	0%	20%	20%	5.00%
10	0.1464	90.18	T	95%	0%	5%	5%	5.00%
11	0.1399	90.25	T	95%	0%	5%	5%	5.00%
12	0.1383	90.12	T	95%	0%	5%	5%	5.00%
13	0.1289	90.01	T	98%	0%	2%	2%	5.00%
14	0.1210	0.18	T	99%	1%	0%	1%	5.00%
15	0.1187	179.95	T	72%	28%	0%	28%	5.00%

表 6-25 为 Y 向地震工况的位移。

Y 向地震工况的位移 **表 6-25**

层号	最大位移（mm）	最大层间位移角
15	8.14	1/7013
14	7.96	1/4827
13	7.53	1/4073
12	6.90	1/3395

续表

层号	最大位移（mm）	最大层间位移角
11	6.21	1/3274
10	5.54	1/3328
9	4.90	1/3520
8	4.29	1/3821
7	3.70	1/4000
6	3.09	1/4105
5	2.48	1/4214
4	1.87	1/4447
3	1.30	1/4984
2	0.77	1/5674
1	0.28	1/9937

Y 向地震工况下全楼最大楼层位移 8.14mm（15 层）、最大层间位移角 1/3274（11 层）。SATWE 程序计算配筋和手算配筋采用平面整体配筋表示方法，两种计算方法的具体对比结果，见图 6-37 和表 6-26～表 6-28。

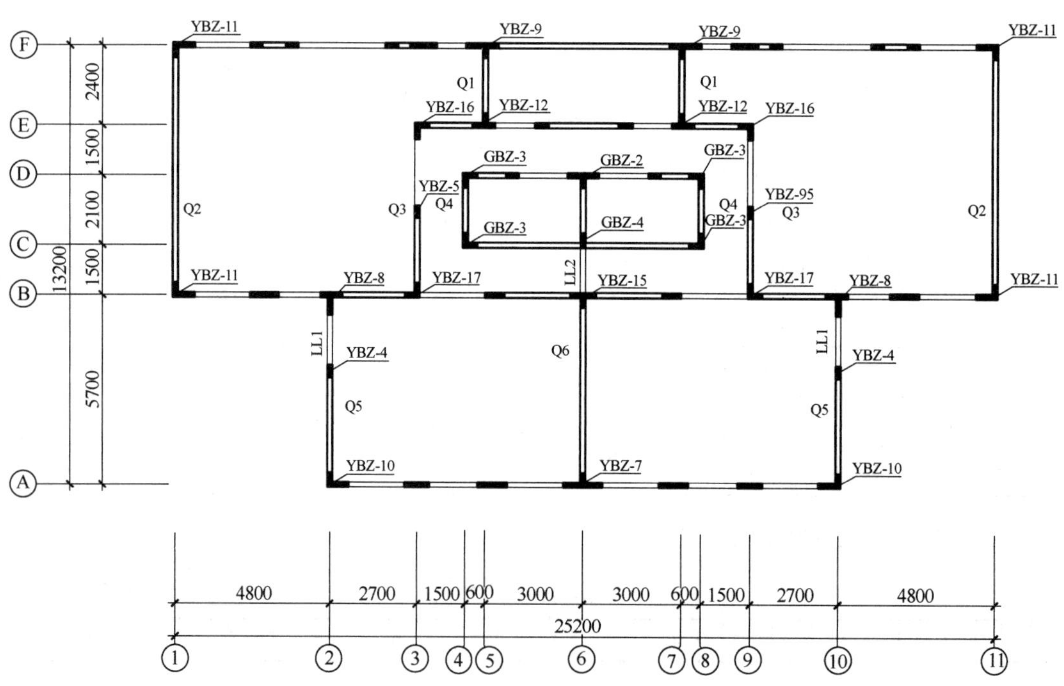

图 6-37　SATWE 一层剪力墙边缘构件布置图（仅保留手算剪力墙编号）（单位：mm）

SATWE 一层剪力墙柱表（Q5、Q6）　　表 6-26

截面	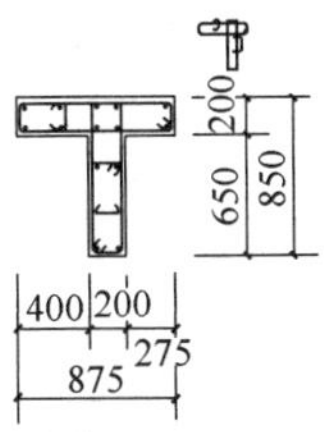	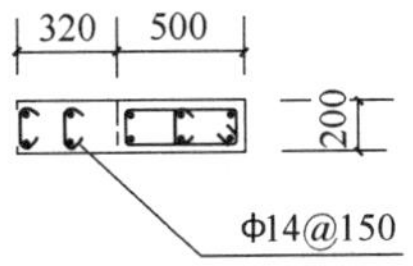	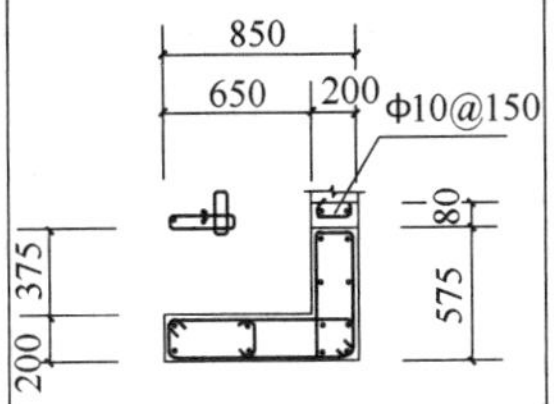	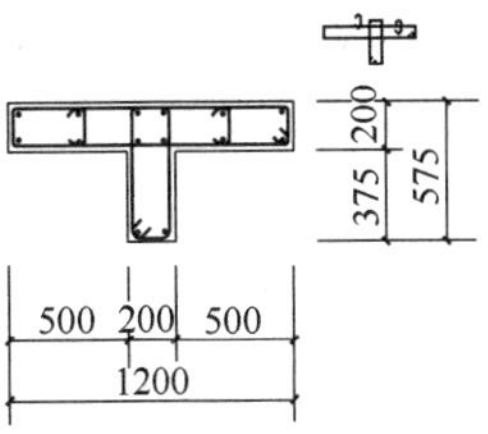
编号	YBZ-8	YBZ-4	YBZ-10	GBZ-2
标高	±0.000～2.800	±0.000～2.800	±0.000～2.800	±0.000～2.800
纵筋	16 $\underline{\Phi}$ 14	6 $\underline{\Phi}$ 14	12 $\underline{\Phi}$ 14	14 $\underline{\Phi}$ 14
箍筋	Φ 8@125	Φ 10@150	Φ 8@100	Φ 8@150

截面	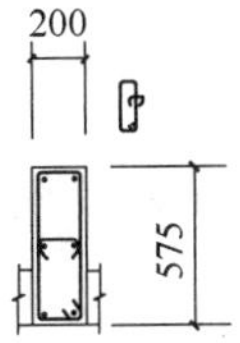	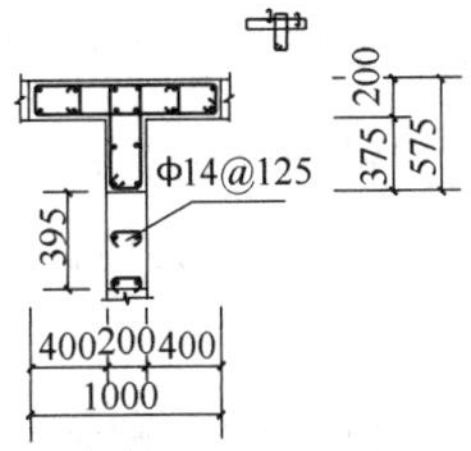	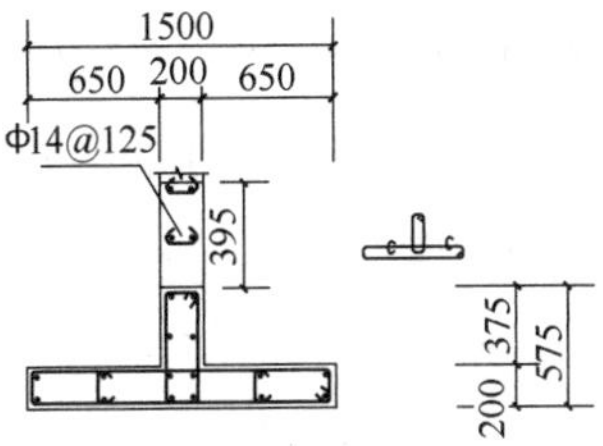
编号	GBZ-4	YBZ-15	YBZ-7
标高	±0.000～2.800	±0.000～2.800	±0.000～2.800
纵筋	6 $\underline{\Phi}$ 12	16 $\underline{\Phi}$ 12	16 $\underline{\Phi}$ 16
箍筋	Φ 6@125	Φ 8@125	Φ 8@100

SATWE 一层剪力墙梁表　　表 6-27

名称	梁顶相对标高高差（m）	梁截面（mm×mm）	上部纵筋	下部纵筋	侧面纵筋	箍筋
LL-1	0.900	160×1300	2 $\underline{\Phi}$ 20	2 $\underline{\Phi}$ 20	$\underline{\Phi}$ 8@200	Φ 8@150（2）
LL-2		160×300	2 $\underline{\Phi}$ 16	2 $\underline{\Phi}$ 16		Φ 8@75（2）

注：未注明的墙梁侧面纵筋同所在墙身的水平分布筋。

SATWE 一层剪力墙身表　　表 6-28

名称	墙厚（mm）	水平分布筋	垂直分布筋	拉筋
Q-1（2 排）	160	$\underline{\Phi}$ 8@200	$\underline{\Phi}$ 8@200	Φ 6@400

3. 计算方法分析对比

SATWE 计算结果与手算对比见表 6-29。

电算、手算计算结果对比 **表 6-29**

对比项目	电算	手算
结构基本自振周期 T_1	0.6348s	1.045s
Y 向地震工况最大层间位移角	1/3274(11 层)	1/1303(1 层)
剪力墙 Q5 边缘构件纵筋	16 ⏀14、6 ⏀12、12 ⏀14	18 ⏀14、8 ⏀12、16 ⏀12
剪力墙 Q5 连梁纵筋、箍筋	2 ⏀20、Φ 8@150(2)	2 ⏀20、Φ 8@150(2)
剪力墙 Q6 边缘构件纵筋	14 ⏀14、6 ⏀12、16 ⏀12、16 ⏀16	8 ⏀12、8 ⏀12、8 ⏀12、8 ⏀12
剪力墙 Q6 连梁纵筋、箍筋	2 ⏀16、Φ 8@75(2)	2 ⏀20、Φ 8@75(2)

电算分析模型采用了结构空间体系，其计算刚度大于手算采用的平面体系，因此手算周期长、层间位移偏大，即手算结果较为保守。剪力墙边缘构件纵筋配筋相差不大，仅因手算轴压比较小，多数情况下边缘构件为构造边缘构件，构造要求的纵筋根数和直径不同而导致其差别。剪力墙 Q5、Q6 的连梁配筋电算和手算结果基本相同。

4. 采用局部剪力墙优化方案 SATWE 主要计算结果

剪力墙 Q2、Q6 采用 6.5.12 节优化方案，其他计算参数不变，重新建模后得到主要分析结果如表 6-30 所示。

结构周期及振型方向 **表 6-30**

振型号	周期（s）	方向角（°）	类型	扭振成分	X 侧振成分	Y 侧振成分	总侧振成分	阻尼比
1	0.7287	90.01	Y	0%	0%	100%	100%	5.00%
2	0.6137	0.06	T	57%	43%	0%	43%	5.00%
3	0.4668	179.98	X	43%	57%	0%	57%	5.00%
4	0.2072	89.96	Y	3%	0%	97%	97%	5.00%
5	0.1956	179.94	T	70%	30%	0%	30%	5.00%
6	0.1787	0.71	T	100%	0%	0%	0%	5.00%
7	0.1587	89.96	T	98%	0%	2%	2%	5.00%
8	0.1568	89.98	T	95%	0%	5%	5%	5.00%
9	0.1531	89.98	T	97%	0%	3%	3%	5.00%
10	0.1471	89.99	T	97%	0%	3%	3%	5.00%
11	0.1416	90.26	T	100%	0%	0%	0%	5.00%
12	0.1387	89.96	T	97%	0%	3%	3%	5.00%
13	0.1367	179.96	T	51%	49%	0%	49%	5.00%
14	0.1290	90.00	T	97%	0%	3%	3%	5.00%
15	0.1203	0.03	T	79%	21%	0%	21%	5.00%

对比表 6-24、表 6-30，优化后本工程的第 1 振型以平动为主，第 2、3 振型以扭转为主，不满足相关要求，应对结构平面布置进行进一步优化修改，以满足第 1、2 振型以平动为主，即满足第 1、2 振型扭振成分＜50%的要求。剪力墙 Q2、Q6 进行了优化开洞处理，降低了

刚度，结构基本自振周期 T_1 由优化前的 0.6348s 提高至 0.7287s。Y 向地震工况最大层间位移角由优化前的 1/3274（11 层）减小为 1/3412（10 层）。一层剪力墙布置见图 6-38，仅剪力墙 Q2、Q6 增加了连梁和边缘构件。剪力墙 Q6 边缘构件柱见表 6-31。

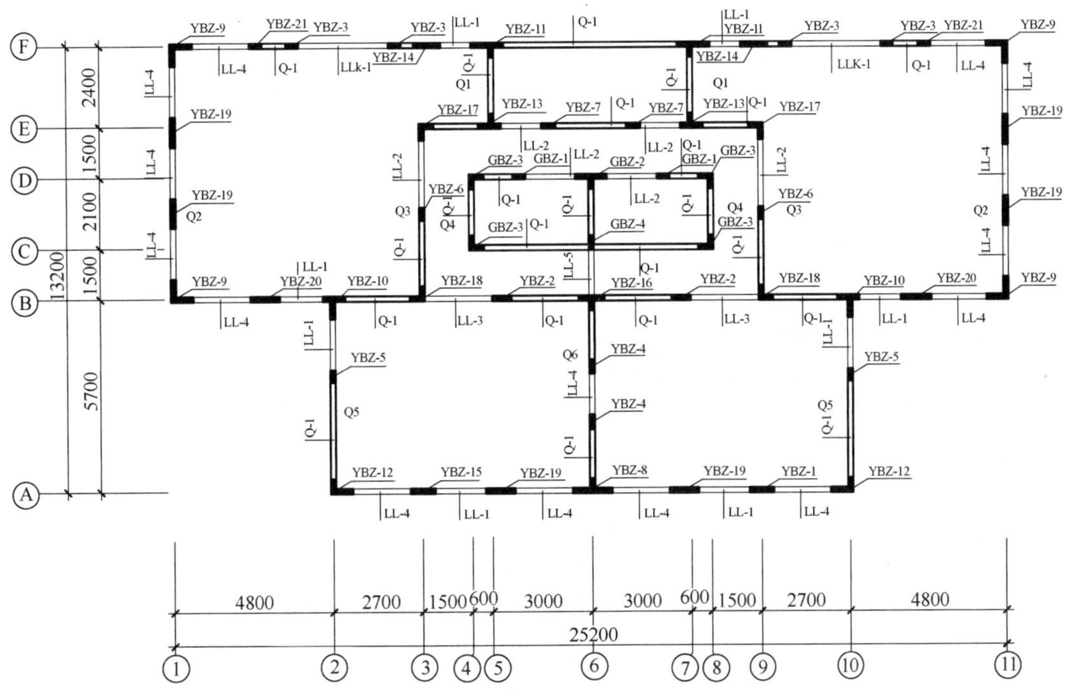

图 6-38　优化后 SATWE 一层剪力墙布置图（单位：mm）

优化后剪力墙 Q6 柱表　　**表 6-31**

截面	565; 200	1500; 650, 200, 650; 375; 200, 375	200, 375; 575; 400, 200, 400; 1000
编号	YBZ-4	YBZ-8	YBZ-16
标高	±0.000～2.800	±0.000～2.800	±0.000～2.800
纵筋	6 Φ 14	16 Φ 16	16 Φ 12
箍筋	Φ 10@150	Φ 8@100	Φ 8@125

对比表 6-31、表 6-26，剪力墙 Q6 优化后增加了墙肢 2 中部洞口两侧的边缘构件，原墙肢 2 两端的边缘构件配筋不变。

本工程因采用厚板大空间，外墙形成了较多的一字形截面短肢剪力墙，如不满足轴压比要求，可采用增加剪力墙截面厚度、提高剪力墙混凝土强度等级等调整方法。

思考题

1. 剪力墙的布置方案有哪几种？各有何特点？
2. 为什么设置剪力墙的底部加强部位？如何选取底部加强部位的高度？底部加强部位与上部的设计有何不同？
3. 剪力墙的厚度是如何确定的？
4. 剪力墙可分为哪几类？如何判别？受力模式有何差异？
5. 什么是剪力墙的等效刚度？
6. 简述联肢墙内力与位移的分布特点。
7. 简述水平荷载下，壁式框架与框架结构内力计算的异同。
8. 简述实现延性剪力墙设计的措施。
9. 什么是剪力墙的边缘构件？什么情况下设置边缘构件？两类边缘构件有何不同？
10. 为什么对剪力墙、连梁的内力进行调整？如何调整？
11. 剪力墙的截面承载力计算，与一般偏心受力构件截面承载力计算有何异同？

计算题

计算图 6-39 所示剪力墙底部墙肢的弯矩、剪力和轴力。

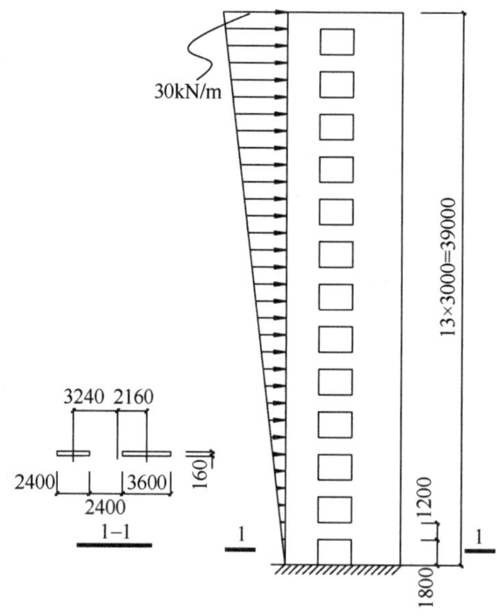

图 6-39　计算题图（单位：mm）

第 7 章
框架-剪力墙结构设计

7.1 框架-剪力墙结构布置

框架-剪力墙结构由框架和剪力墙组成，以其整体承担荷载和作用。可采用框架与剪力墙（单片墙、联肢墙或较小井筒）分开布置、在框架结构的若干跨内嵌入剪力墙（带边框剪力墙）、在单片抗侧力结构内连续分别布置框架和剪力墙等形式，以及上述两种或三种形式的混合。在框架-剪力墙结构中，剪力墙是主要的抗侧力构件。框架-剪力墙结构应设计成双向抗侧力体系；抗震设计时，结构两主轴方向均应布置剪力墙。这是因为如果仅在一个主轴方向布置剪力墙，将会造成两个主轴方向的抗侧刚度相差悬殊，无剪力墙的一个方向刚度不足且带有纯框架的性质，与有剪力墙的另一个方向不协调，也容易造成结构整体扭转。

框架-剪力墙结构中，主体结构构件之间除个别节点外不应采用铰接；梁与柱或柱与剪力墙的中线宜重合；框架梁、柱中心线之间有偏离时，应符合本书第 5 章框架梁柱偏心的有关规定。

框架-剪力墙结构中框架的布置要求同本书第 5 章。

框架-剪力墙结构中剪力墙的布置宜符合下列要求：

(1) 剪力墙宜均匀布置在建筑物的周边附近、楼梯间、电梯间、平面形状变化及恒载较大的部位，剪力墙间距不宜过大；

(2) 平面形状凹凸较大时，宜在凸出部分的端部附近布置剪力墙；

(3) 纵横剪力墙宜组成 L 形、T 形和[形等形式，如图 7-1 所示；

(4) 单片剪力墙底部承担的水平剪力不宜超过结构底部总水平剪力的 30%；

(5) 剪力墙宜贯通建筑物的全高，宜避免刚度突变，剪力墙开洞时，洞口宜上下对齐；

(6) 楼、电梯间等竖井宜尽量与靠近的抗侧力结构结合布置；

(7) 抗震设计时，剪力墙的布置宜使结构各主轴方向的侧向刚度接近。

图 7-1 剪力墙形式

长矩形平面或平面有一方向较长（如 L 形平面中有一肢较长）时，如横向剪力墙间距过大，在侧向力作用下，因不能保证楼盖平面的刚性而会增加框架的负担，故对剪力墙的最大间距作出规定，如表 7-1 所示。当剪力墙之间的楼板有较大开洞时，对楼盖平面刚度有所削弱，此时剪力墙的间距应适当减小。纵向剪力墙不宜集中布置在房屋的两尽端，因为纵向剪力墙布置在平面的尽端时，会造成对楼盖两端的约束作用，楼盖中部的梁板容易因混凝土收缩和温度变化而出现裂缝。同时也考虑到在设计中有剪力墙布置在建筑中部，而端部无剪力墙的情况，为了防止布置框架的楼面伸出太长、不利于地震作用传递，当房屋端部未布置剪力墙时，第一片剪力墙与房屋端部的距离，不宜大于表 7-1 中剪力墙间距的 1/2。

剪力墙最大间距（m） **表 7-1**

楼盖形式	非抗震设计（取较小值）	抗震设防烈度		
		6 度、7 度（取较小值）	8 度（取较小值）	9 度（取较小值）
现浇	5.0B，60	4.0B，50	3.0B，40	2.0B，30
装配整体	3.5B，50	3.0B，40	2.5B，30	—

注：表中 B 为楼面宽度（m）；装配整体式楼盖的现浇层应符合厚度和配筋要求；现浇层厚度不小于 60mm 的叠合楼板可作为现浇板考虑；当房屋端部未布置剪力墙时，第一片剪力墙与房屋端部的距离，不宜大于表中剪力墙间距的 1/2。

框架-剪力墙结构平面布置示意见图 7-2。

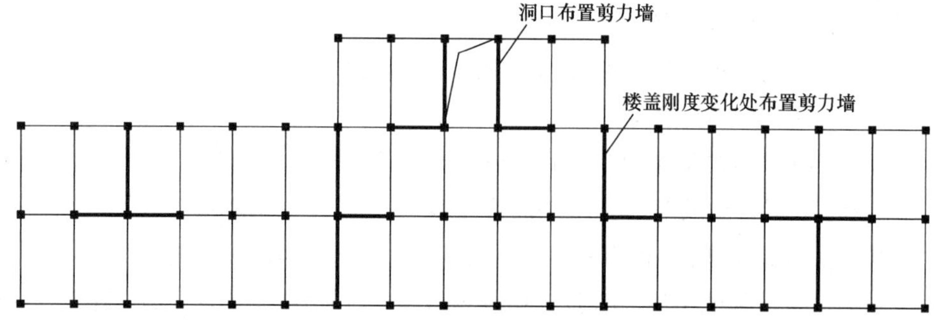

图 7-2 框架-剪力墙结构平面布置示意图

7.2 抗震设计的框架-剪力墙结构设计方法

抗震设计的框架-剪力墙结构，应根据在规定的水平力作用下结构底层框架部分承受的地震倾覆力矩与结构总地震倾覆力矩的比值，确定相应的设计方法，并应符合下列规定：

1. 当框架部分承担的倾覆力矩不大于结构总倾覆力矩的 10%时，意味着结构中框架承担的地震作用较小，绝大部分均由剪力墙承担，工作性能接近于纯剪力墙结构，此时结构中的剪力墙抗震等级可按剪力墙结构的规定执行；其最大适用高度仍按框架-剪力墙结构的要求执行；其中的框架部分应按框架-剪力墙结构的框架进行设计，其侧向位移控制指标按剪力墙结构采用。

2. 当框架部分承受的地震倾覆力矩大于结构总地震倾覆力矩的 10%但不大于 50%时，属于典型的框架-剪力墙结构，按本章有关规定进行设计，此时框架柱的轴压比限值一、二、三级时分别为 0.75、0.85、0.90。

3. 当框架部分承受的倾覆力矩大于结构总倾覆力矩的 50%但不大于 80%时，意味着结构中剪力墙的数量偏少，框架承担较大的地震作用，此时框架部分的抗震等级和轴压比宜按框架结构的规定执行，剪力墙部分的抗震等级和轴压比按框架-剪力墙结构的规定采用；其最大适用高度不宜再按框架-剪力墙结构的要求执行，但可比框架结构的要求适当提高，提高的幅度可视剪力墙承担的地震倾覆力矩来确定。为避免剪力墙过早开裂或破坏，其位移相关控制指标按框架-剪力墙结构的规定采用。

4. 当框架部分承受的倾覆力矩大于结构总倾覆力矩的 80%时，意味着结构中剪力墙的数量极少，此时框架部分的抗震等级和轴压比应按框架结构的规定执行，剪力墙部分的抗震等级和轴压比按框架-剪力墙结构的规定采用；其最大适用高度宜按框架结构采用。对于这种少墙框架-剪力墙结构，由于其抗震性能较差，不建议采用，以避免剪力墙受力过大、过早破坏。当不可避免时，宜采取将此种剪力墙减薄、开竖缝、开结构洞、配置少量单排钢筋等措施，减小剪力墙的作用。位移相关控制指标按框架-剪力墙结构的规定采用，当结构的层间位移角不满足框架-剪力墙结构的规定时，可按《高规》第 3.11 节的有关规定进行结构抗震性能分析和论证。

7.3 剪力墙的设置数量和最小厚度

在框架-剪力墙结构中，多设置剪力墙可提高建筑物的抗震性能，减轻地震灾害。但是，剪力墙设置过多，超过实际需要，则会增加建筑物的造价。合理的剪力墙数量应当使结构具有足够的刚度以满足侧移限值、自振周期在合理范围之内及地震作用在框架与剪力墙之间分配的比例也较适宜。

在方案设计阶段，可参照我国已建成的大量框架-剪力墙结构的统计值对剪力墙设置数量进行初估。根据一些设计较合理的工程，底层结构截面面积（即剪力墙截面面积 A_w 与柱截面面积 A_c 之和）与楼面面积 A_f 之比（$\frac{A_w+A_c}{A_f}$）或剪力墙截面面积 A_w 与楼面面积 A_f 之比 $\frac{A_w}{A_f}$ 大致在表 7-2 的范围内。

底层结构截面面积与楼面面积之比 **表 7-2**

设计条件	$\frac{A_w+A_c}{A_f}$	$\frac{A_w}{A_f}$
7 度、Ⅱ类场地	3%～5%	2%～3%
8 度、Ⅱ类场地	4%～6%	3%～4%

当设计烈度、场地土情况不同时，可根据上述数值适当增减。层数多、高度大的框架-剪力墙结构，宜取表中的上限值。表 7-2 中 A_w 表示纵横两个方向的剪力墙截面面积之和。对需要抗震设防的框架-剪力墙结构，纵横两个方向的剪力墙数量宜相近。

框架抗震墙结构的抗震墙厚度不应小于 160mm 且不宜小于层高或无支长度的 1/20，底部加强部位的抗震墙厚度不应小于 200mm 且不宜小于层高或无支长度的 1/16。

周边有梁、柱的剪力墙，剪力墙的端部框架柱除楼、电梯井外应保留，边框柱截面宜与该榀框架其他柱的截面相同，与剪力墙重合的框架梁可保留，亦可做成宽度与墙厚相同的暗梁，暗梁截面高度可取墙厚的 2 倍或与该片框架梁截面等高，由此形成带边框剪力墙。

带边框剪力墙的截面厚度应符合《高规》附录 D 的墙体稳定计算要求，且应符合下列规定：

(1) 抗震设计时，一、二级剪力墙的底部加强部位均不应小于 200mm；

(2) 除第 (1) 项以外的其他情况下不应小于 160mm。

关于框架梁、柱截面尺寸估算方法及框架、剪力墙材料强度等级等要求，分别同本书第 5 章框架结构设计、第 6 章剪力墙结构设计相应的估算方法及要求。

7.4 框架-剪力墙结构内力及侧移计算

7.4.1 竖向荷载作用下的内力计算

框架-剪力墙结构在竖向荷载作用下其框架和剪力墙的内力计算方法分别同第 5

章、第6章。

7.4.2 水平荷载作用下内力及侧移计算

1. 基本假定

(1) 结构单元内同方向的所有框架合并为总框架，所有连梁合并为总连梁，所有剪力墙合并为总剪力墙。总框架、总连梁和总剪力墙的刚度分别为各单个结构刚度之和，且沿竖向均匀分布，当刚度沿竖向有变化时，取其加权平均值。

(2) 在同一楼层上，总框架和总剪力墙的水平位移相等，不考虑扭转的影响。

(3) 将连梁简化为沿高度均匀分布的连续弹性薄片。

2. 计算简图

框架-剪力墙结构的计算简图是总框架与总剪力墙在每一楼盖标高处由刚性连杆连接的体系，如图7-3所示。刚性连杆既代表楼（屋）盖对水平位移的约束，也代表总连梁对水平位移的约束和对转动的约束，其中总连梁的抗弯刚度仅代表连梁的转动约束作用，当连梁抗弯刚度较小，其转动约束可忽略不计时，则水平连杆两端可认为是铰接连杆，如图7-3 (a) 所示，称为框架-剪力墙铰接体系；当总连梁转动约束作用较大，计算简图应为图7-3 (b)，称为框架-剪力墙刚接体系。即根据剪力墙之间或框架与剪力墙之间有无连梁，或是否考虑这些连梁对剪力墙的转动约束作用，分为框架-剪力墙铰接体系与框架-剪力墙刚接体系。

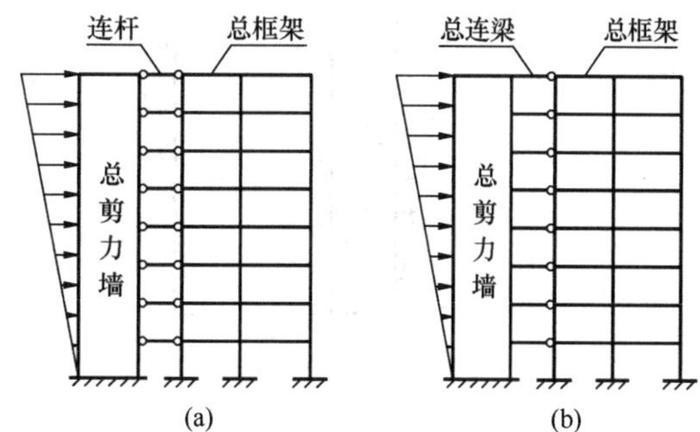

图7-3　框架-剪力墙计算简图

(a) 铰接体系；(b) 刚接体系

3. 框架-剪力墙铰接体系

(1) 内力及侧移计算公式

将总剪力墙、总框架在连杆处切断后，在楼层标高处，总剪力墙与总框架之间有相互作用的集中水平力 P_{fi}，如图7-4 (b) 所示。可进一步将集中力简化为连续分布力 $P_f(x)$，如图7-4 (c)所示，这样，总剪力墙可视为一个下端固定、上端自由的竖向悬臂梁，承受外水平荷载 $P(x)$ 以及连杆切开后经过连续化的 $P_f(x)$。根据总剪力墙的静力平衡条件，可写出位移 y 与荷载 $P(x)$ 及反力 $P_f(x)$ 之间的微分关系为：

$$EI_{eq}\frac{d^4y}{dx^4}=P(x)-P_f(x) \tag{7-1}$$

由总框架可得：

$$P_f(x)=-C_f\frac{d^2y}{dx^2} \tag{7-2}$$

式中，C_f为总框架的剪切刚度，定义为总框架在楼层间发生单位层间位移角对应的水平剪力，$C_f = h\sum D$。

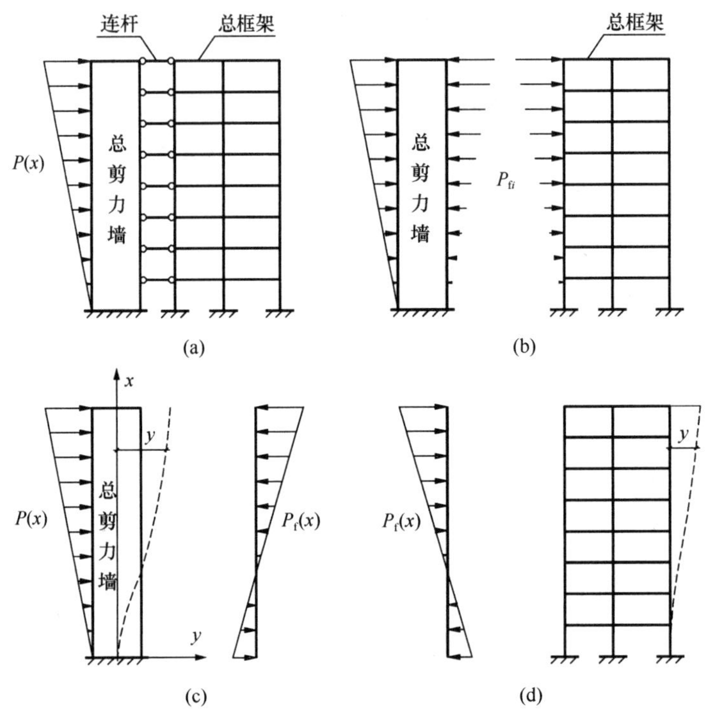

图 7-4 铰接体系计算简图

将式（7-2）代入式（7-1），并经整理可得微分方程：

$$\frac{\mathrm{d}^4 y}{\mathrm{d}\xi^4} - \lambda^2 \frac{\mathrm{d}^2 y}{\mathrm{d}\xi^2} = \frac{P(\xi) H^4}{EI_{eq}} \tag{7-3}$$

式中，ξ为相对高度，$\xi = x/H$；λ为刚度特征值，$\lambda = H\sqrt{\frac{C_f}{EI_{eq}}}$。

将不同的水平荷载（倒三角形分布荷载、顶部集中力、均布荷载）代入式（7-3），并求解微分方程，可得出剪力墙（同时也是框架）的位移曲线方程如下：

$$y(\xi) = \frac{q_{max} H^4}{EI_{eq}} \frac{1}{\lambda^2}\left[\left(\frac{\sinh\lambda}{2\lambda} - \frac{\sinh\lambda}{\lambda^3} + \frac{1}{\lambda^2}\right)\left(\frac{\cosh\lambda\xi - 1}{\cosh\lambda}\right) + \left(\xi - \frac{\sinh\lambda\xi}{\lambda}\right)\left(\frac{1}{2} - \frac{1}{\lambda^2}\right) - \frac{\xi^3}{6}\right] \text{（倒三角形分布荷载作用）} \tag{7-4a}$$

$$y(\xi) = \frac{FH^3}{EI_{eq}}\left[\frac{\sinh\lambda}{\lambda^3 \cosh\lambda}(\cosh\lambda\xi - 1) - \frac{\sinh\lambda\xi}{\lambda^3} + \frac{\xi}{\lambda^2}\right] \text{（顶部集中力作用）} \tag{7-4b}$$

$$y(\xi) = \frac{qH^4}{EI_{eq}} \frac{1}{\lambda^4}\left[\left(\frac{\lambda\sinh\lambda + 1}{\cosh\lambda}\right)(\cosh\lambda\xi - 1) - \lambda\sinh\lambda\xi + \lambda^2\left(\xi - \frac{\xi^2}{2}\right)\right] \text{（均布荷载作用）} \tag{7-4c}$$

当已知总剪力墙的位移曲线方程后，利用材料力学的微分关系式可求出总剪力墙的内力，即：

弯矩
$$M_w(\xi) = EI_{eq}\frac{d^2y}{d\xi^2} \tag{7-5a}$$

剪力
$$V_w(\xi) = -EI_{eq}\frac{d^3y}{d\xi^3} \tag{7-5b}$$

直接利用公式（7-4）和公式（7-5）计算总剪力墙的位移及内力较繁琐，故根据上述各式，分别给出三种不同水平荷载作用下的图表供设计时查用，见图 7-5～图 7-13。

总框架的剪力 V_f 可由外荷载引起的剪力 V_p 减去总剪力墙的剪力 V_w 而得，即：

$$V_f(\xi) = V_p(\xi) - V_w(\xi) \tag{7-6}$$

（2）设计计算步骤

1）计算总剪力墙、总框架刚度：

总剪力墙等效刚度　$EI_{eq} = \sum EI_{eqi}$

总框架剪切刚度　$C_f = \sum C_{fi}$

式中，EI_{eqi} 为第 i 片剪力墙的等效刚度，可根据剪力墙的类型，取其各自的等效刚度（注：剪力墙类型的判别方法及各种类型剪力墙的等效刚度算式与第 6 章剪力墙结构设计中的方法与算式完全相同）；C_{fi} 为第 i 根框架柱的剪切刚度，为产生单位层间转角 $\varphi=1$ 时所需施加的水平力，$C_{fi} = hD = 12\alpha_c\frac{i_c}{h}$。

2）计算刚度特征值 λ：　$\lambda = H\sqrt{\frac{C_f}{EI_{eq}}}$

3）由 λ 及楼层相对标高 $\xi=x/H$，并根据水平荷载形式，从图 7-5～图 7-13 中查出相应的内力系数和位移系数，总剪力墙的内力值（M_w，V_w）由内力系数乘以外荷载引起的底部总内力（M_0 或 V_0）求得；位移值由位移系数乘以外荷载全部作用在总剪力墙（不考虑与框架共同工作）上的顶点水平位移 u_H 求得。

将总剪力墙弯矩 M_w 和剪力 V_w 按各片墙等效刚度 EI_{eqi} 的比例分配，即每片剪力墙所受的弯矩和剪力分别为：

$$M_{wi} = \frac{EI_{eqi}}{EI_{eq}}M_w \tag{7-7a}$$

$$V_{wi} = \frac{EI_{eqi}}{EI_{eq}}V_w \tag{7-7b}$$

总框架的剪力由公式（7-6）解出。每根框架柱所受的剪力为：

$$V_{fi} = \frac{C_{fi}}{C_f}V_f \tag{7-8}$$

4）进行单片剪力墙及单根柱、梁内力计算。

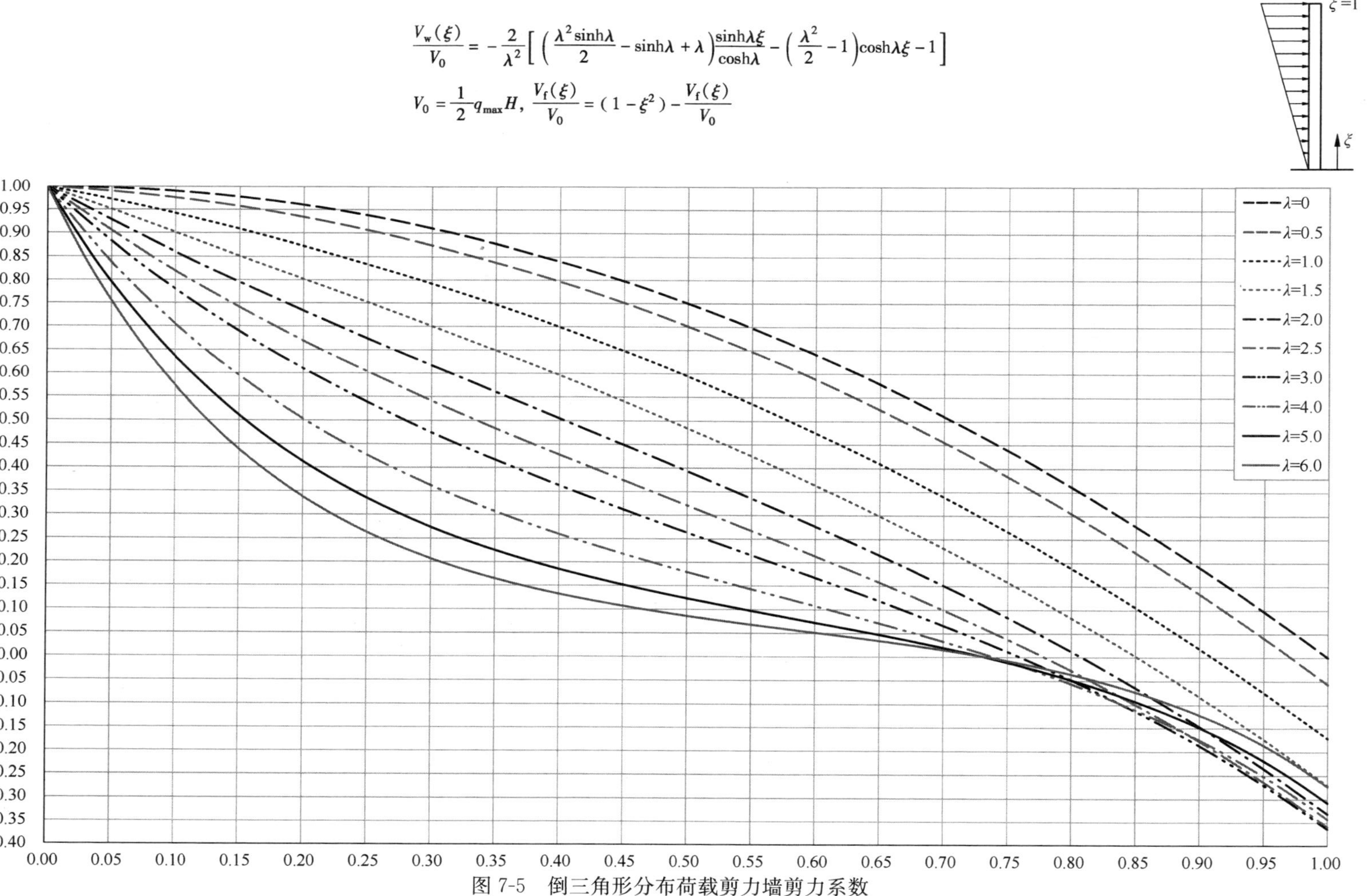

图 7-5　倒三角形分布荷载剪力墙剪力系数

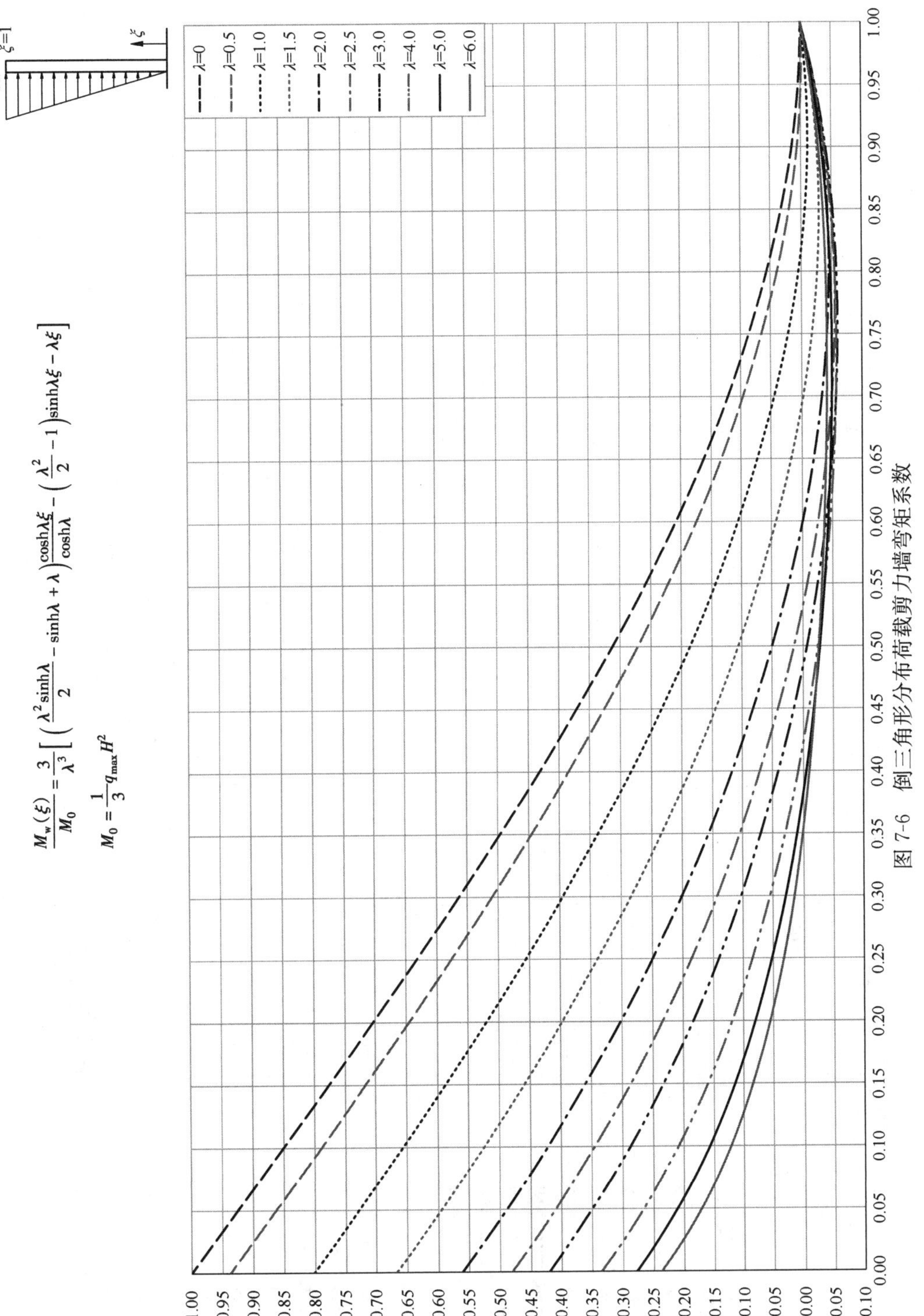

图 7-6　倒三角形分布荷载剪力墙弯矩系数

$$\frac{u(\xi)}{u_H}=\frac{120}{11}\times\frac{1}{\lambda^2}\left[\left(\frac{\sinh\lambda}{2\lambda}-\frac{\sinh\lambda}{\lambda^3}+\frac{1}{\lambda^2}\right)\left(\frac{\cosh\lambda\xi-1}{\cosh\lambda}\right)+\left(\xi-\frac{\cosh\lambda\xi}{\lambda}\right)\left(\frac{1}{2}-\frac{1}{\lambda^2}\right)-\frac{\xi^3}{6}\right]$$

$$u_H=\frac{11V_0H^3}{60EI_{eq}}$$

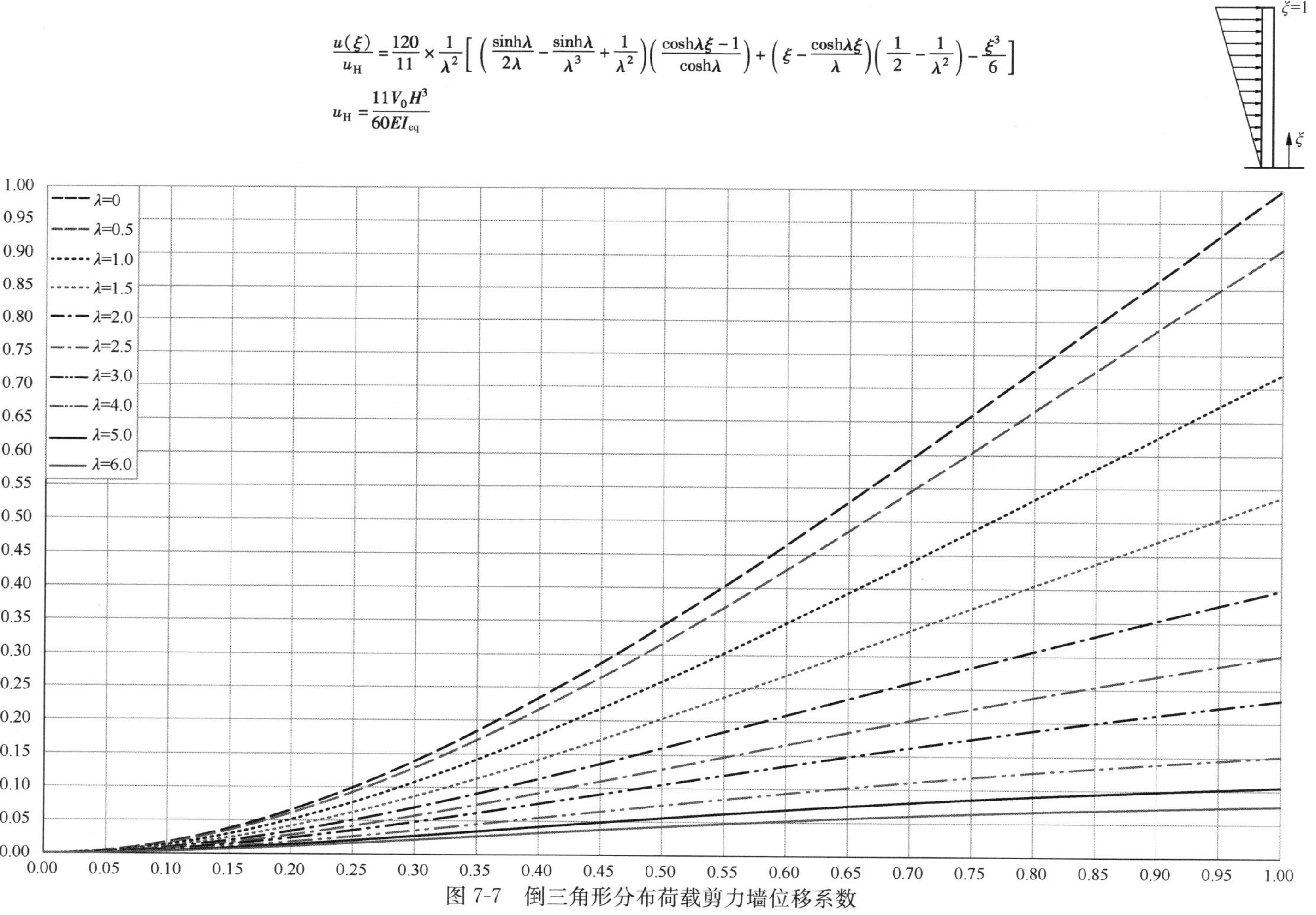

图 7-7 倒三角形分布荷载剪力墙位移系数

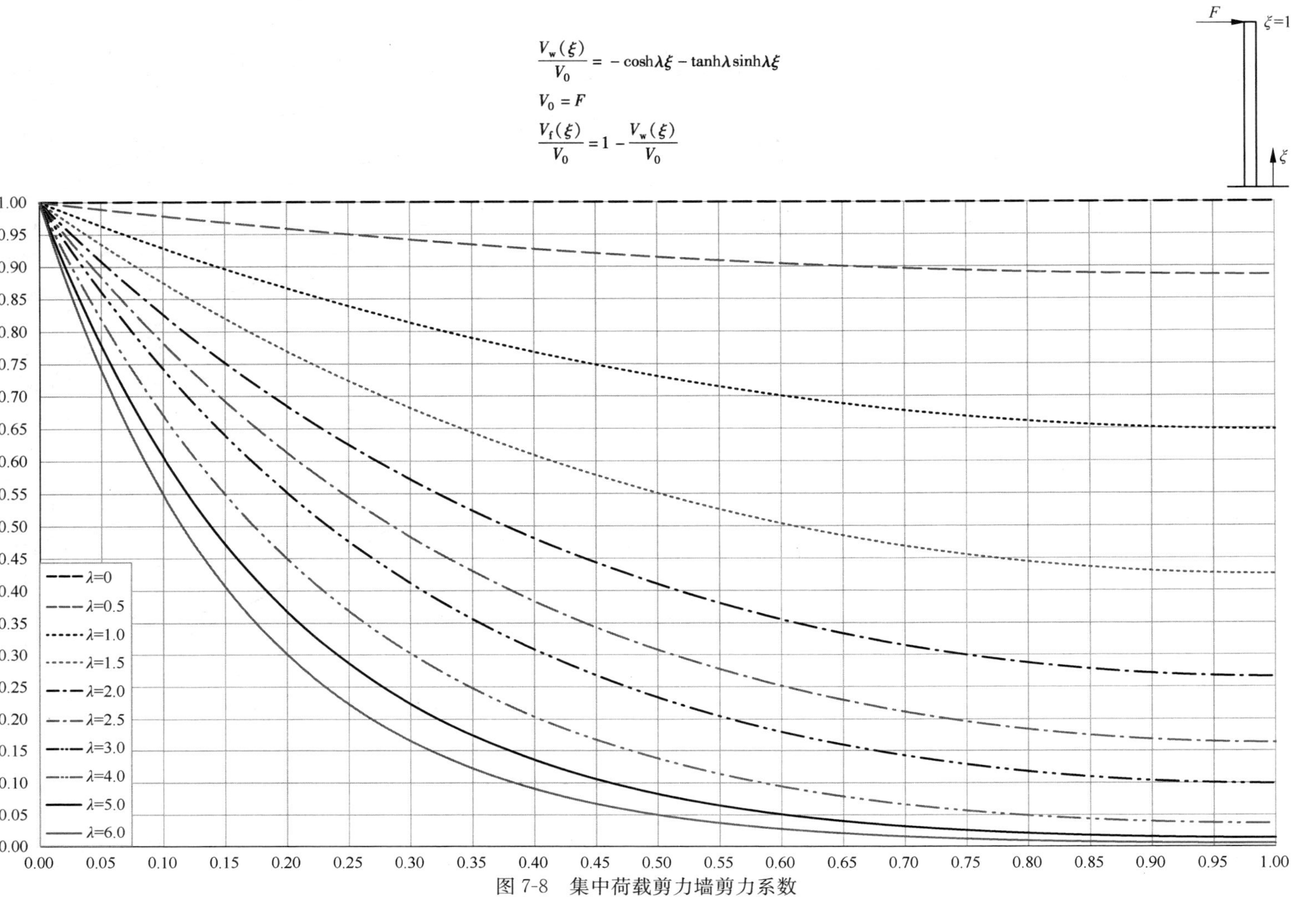

图 7-8　集中荷载剪力墙剪力系数

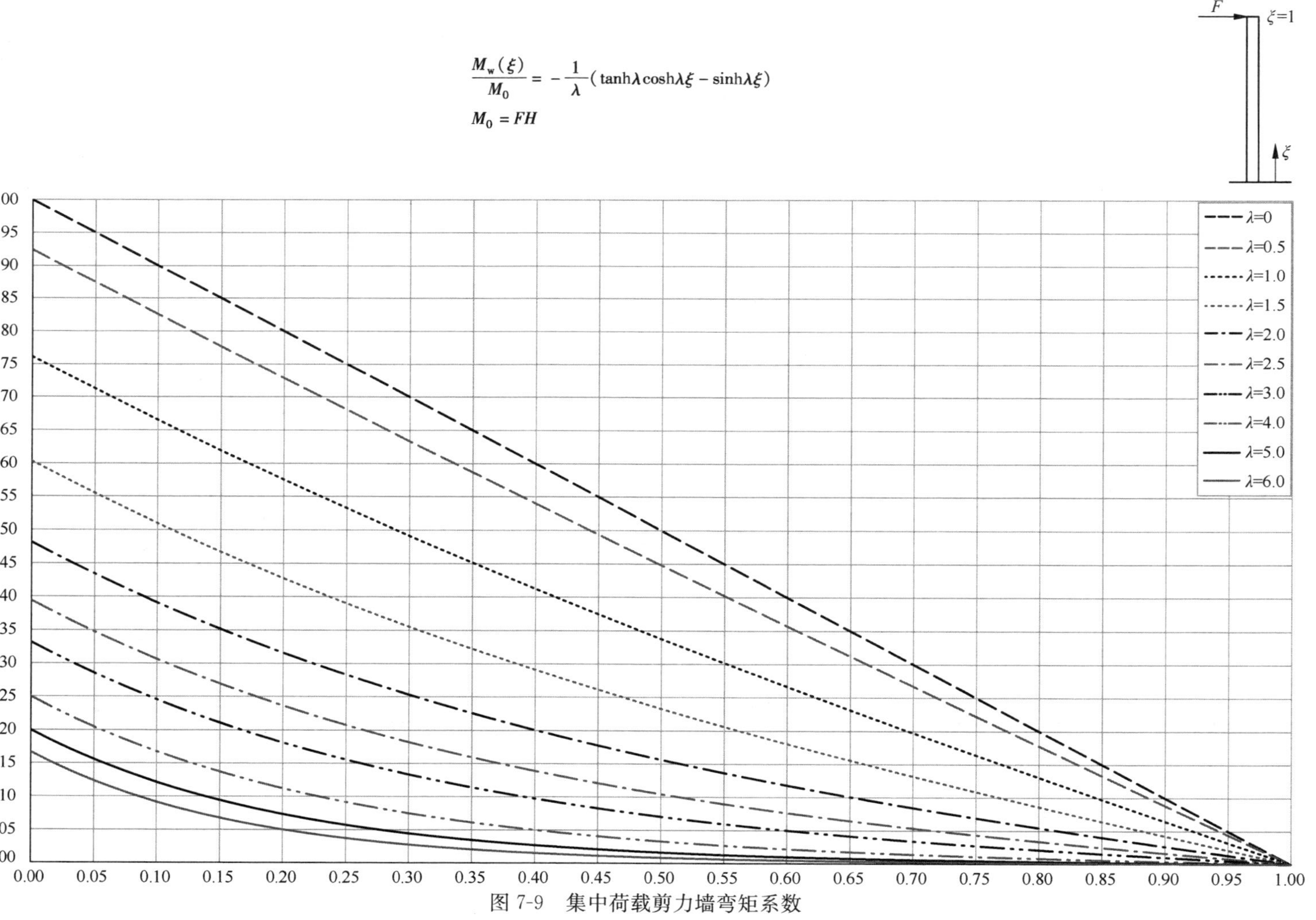

图 7-9 集中荷载剪力墙弯矩系数

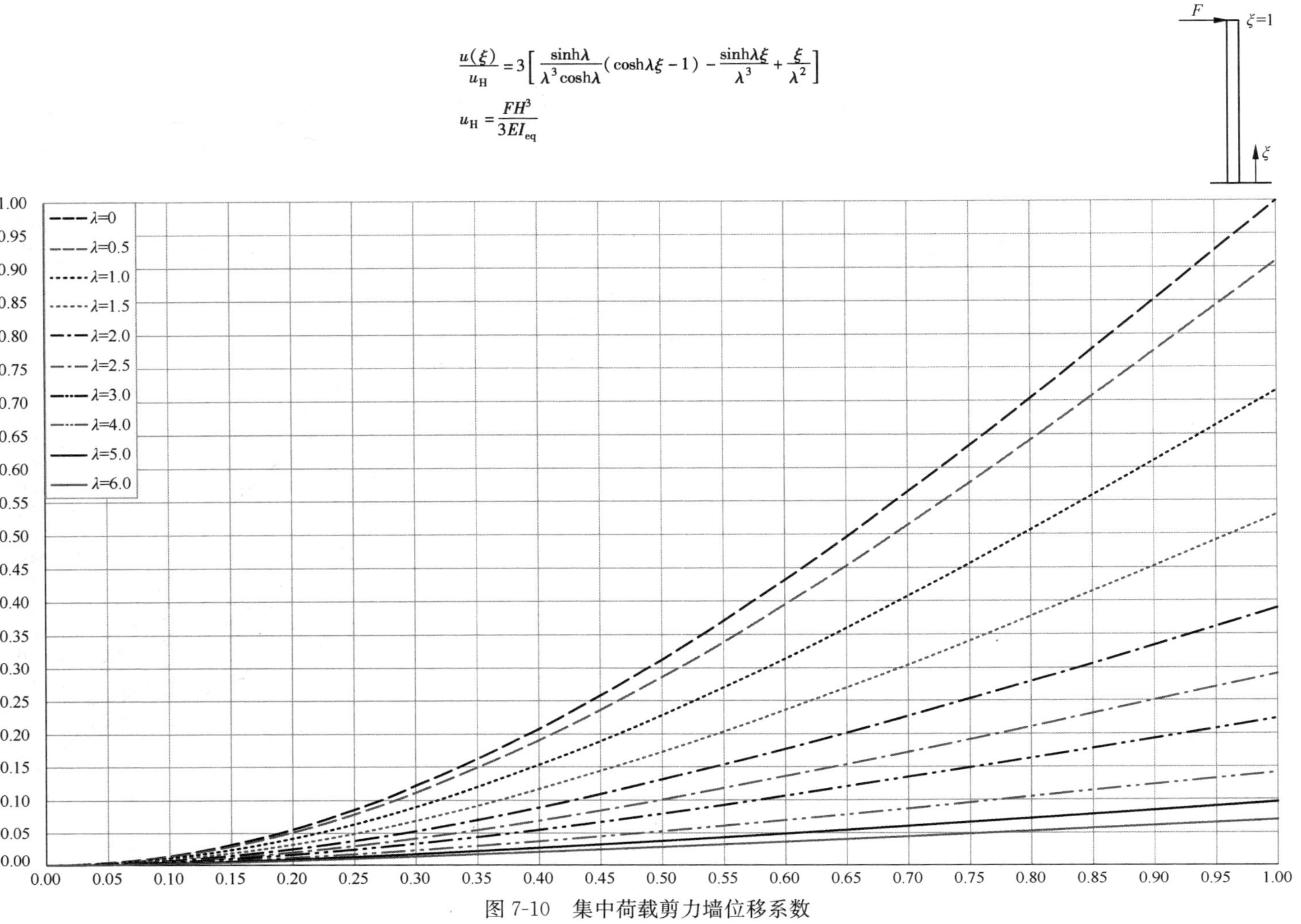

图 7-10　集中荷载剪力墙位移系数

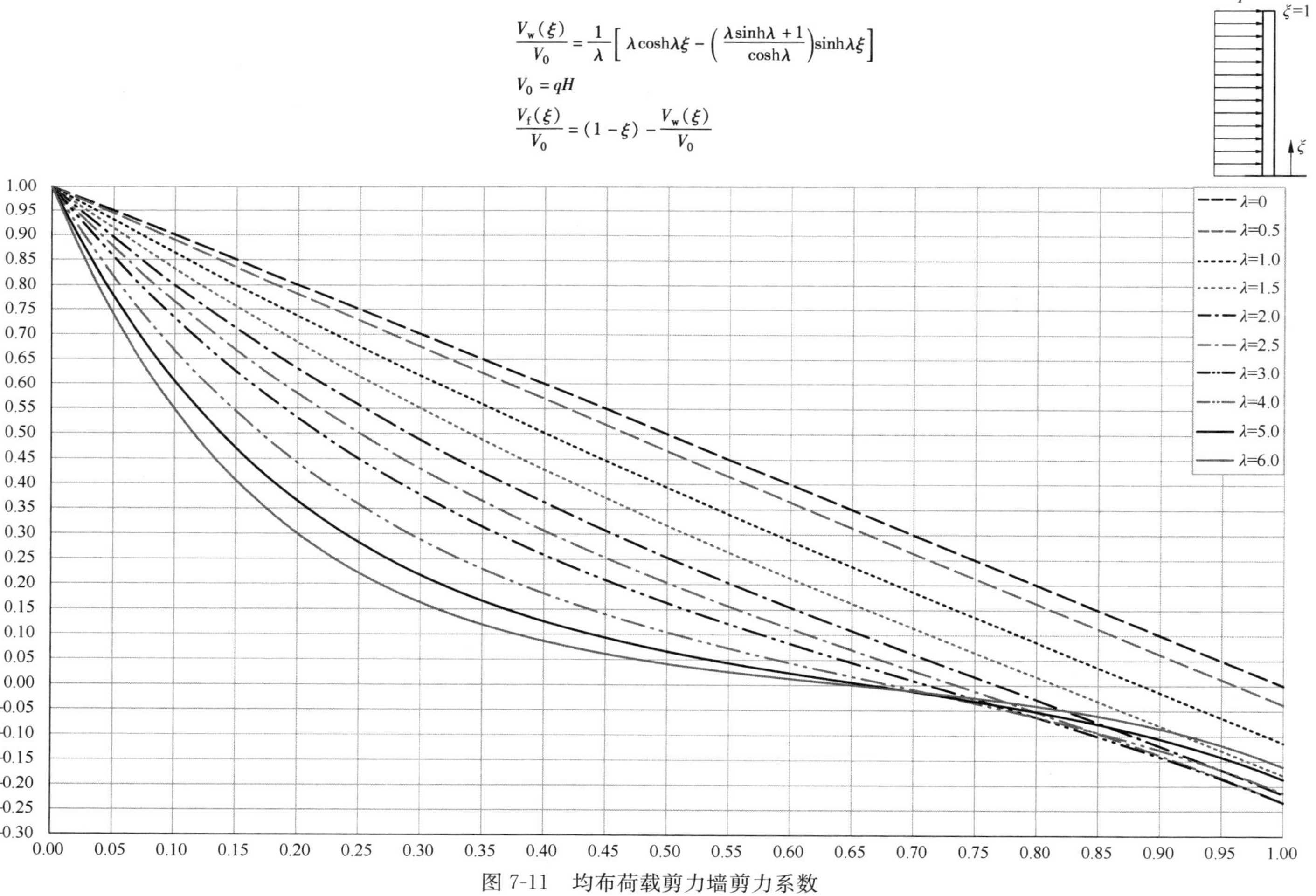

$$\frac{V_{\mathrm{w}}(\xi)}{V_0}=\frac{1}{\lambda}\left[\lambda\cosh\lambda\xi-\left(\frac{\lambda\sinh\lambda+1}{\cosh\lambda}\right)\sinh\lambda\xi\right]$$

$$V_0=qH$$

$$\frac{V_{\mathrm{f}}(\xi)}{V_0}=(1-\xi)-\frac{V_{\mathrm{w}}(\xi)}{V_0}$$

图 7-11　均布荷载剪力墙剪力系数

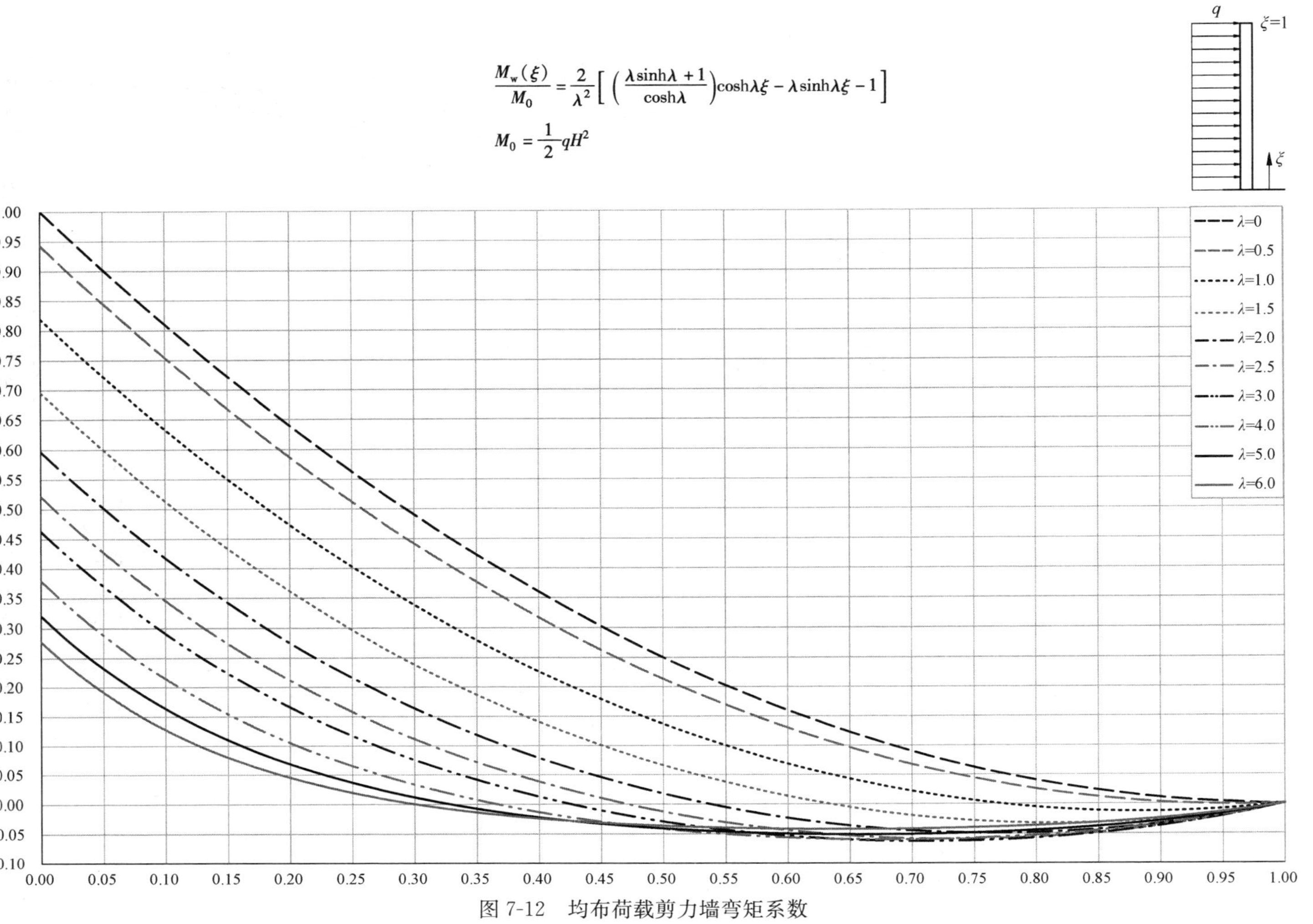

图 7-12　均布荷载剪力墙弯矩系数

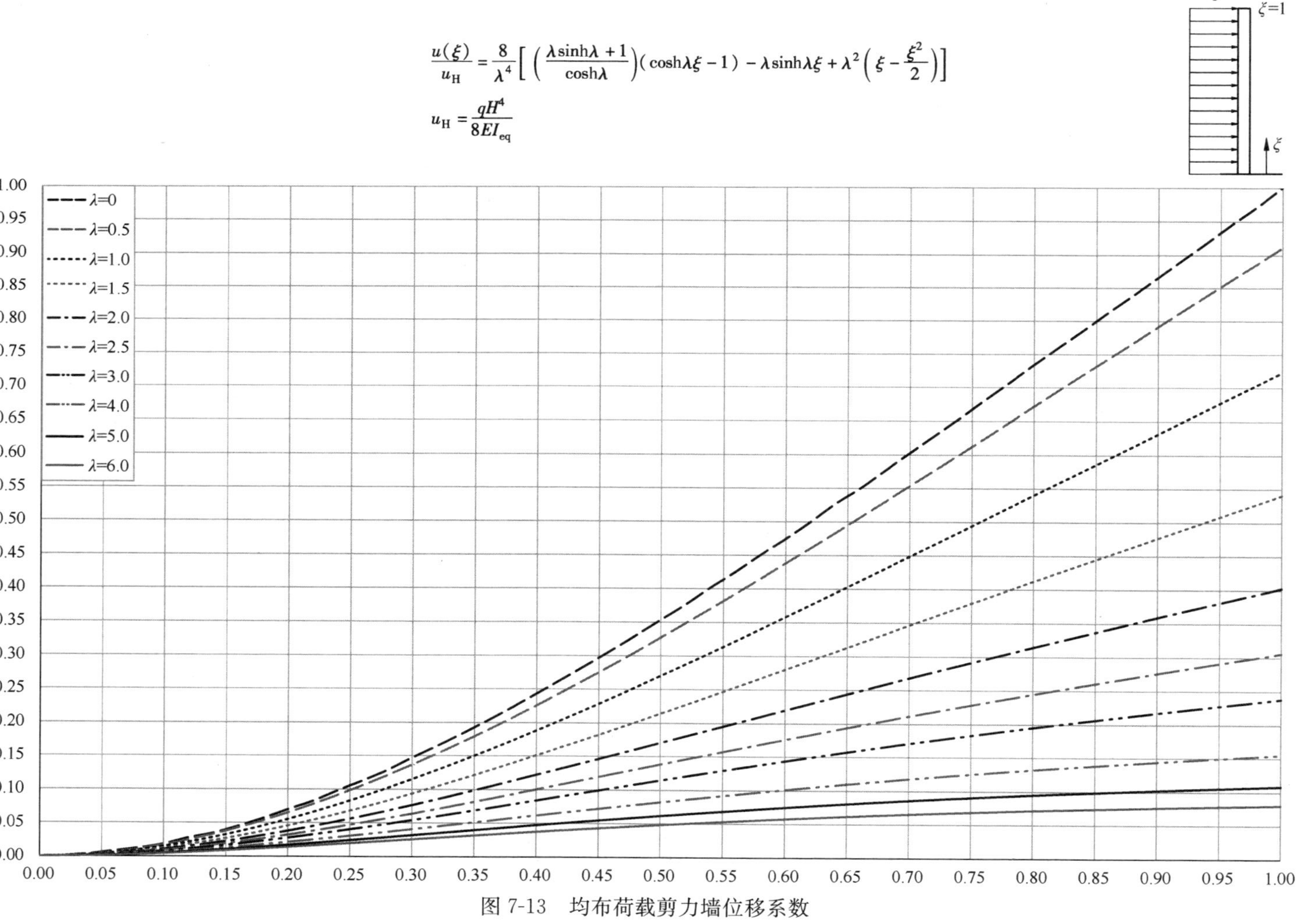

图 7-13　均布荷载剪力墙位移系数

4. 框架-剪力墙刚接体系

图 7-14 所示的刚接体系与铰接体系间的主要区别在于总剪力墙和总框架之间的连梁对墙肢有约束弯矩作用。因此，当连梁切开后，连梁中除了轴向力 p_{fi} 外，还有剪力。将剪力向墙肢截面形心轴取矩，就形成约束弯矩 M_i，如图 7-14（c）所示。将约束弯矩及连梁轴力连续化后，可得到如图 7-14（d）所示的计算基本体系。框架部分与铰接体系完全相同，剪力墙部分增加了约束弯矩。在建立刚接体系基本方程之前，先讨论一下连梁约束弯矩。

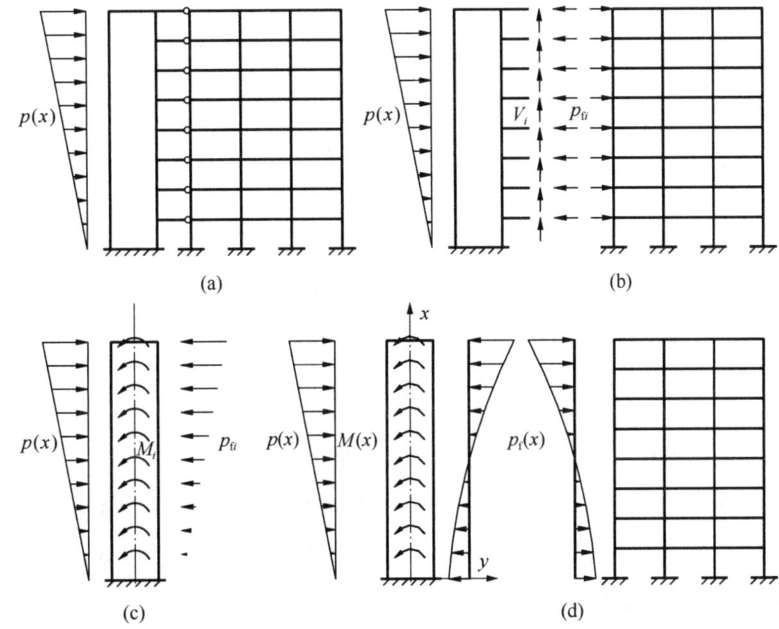

图 7-14　刚接体系计算简图

（1）连梁约束弯矩

如图 7-15 所示，形成刚接连杆的连梁有两种情况，一种是在墙肢与框架之间，另一种是墙肢与墙肢之间。这两种连梁都可以简化为带刚域的梁，刚域长度可以取从墙肢形心轴到连梁边距离减去 1/4 连梁高度。杆端有单位转角 $\theta=1$ 时（图 7-16），杆端的约束弯矩系数 m 可用下述公式计算：

1）两端有刚域

在第 6 章关于“壁式框架计算”中已有杆端弯矩系数，如下所示：

$$\left.\begin{aligned} m_{12} &= \frac{1+a-b}{(1+\beta_v)(1-a+b)^3}\frac{6EI_0}{l} \\ m_{21} &= \frac{1-a+b}{(1+\beta_v)(1-a-b)^3}\frac{6EI_0}{l} \\ \beta_v &= \frac{12\mu EI_0}{GAl_0^2} \end{aligned}\right\} \tag{7-9}$$

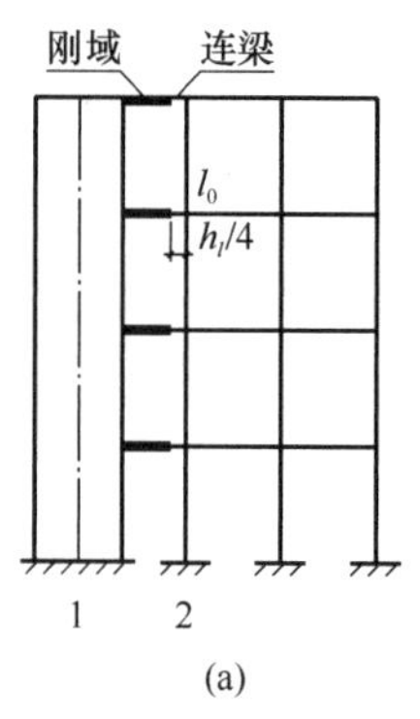

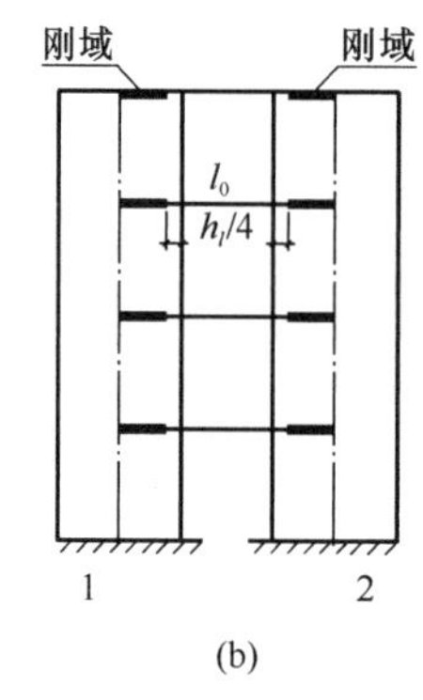

图 7-15　两种连梁

(a) 剪力墙与框架之间连梁；(b) 剪力墙之间连梁

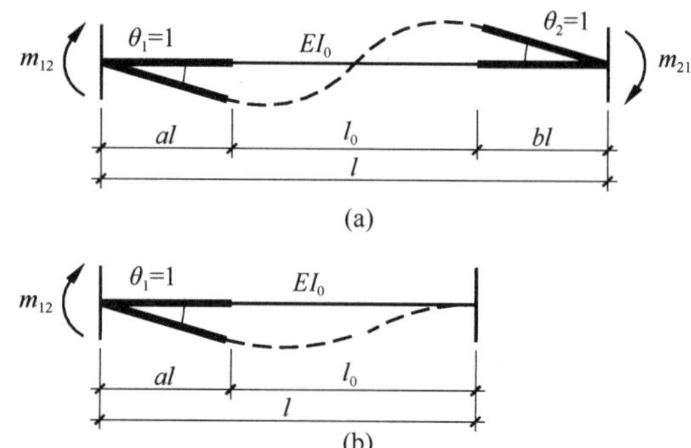

图 7-16　带刚域杆件

如果不考虑剪切变形，可令 $\beta_v=0$。

2）一端有刚域

上式中令 $b=0$，即得到一端有刚域梁的约束弯矩系数为：

$$m_{12}=\frac{1+a}{(1+\beta_v)(1-a)^3}\frac{6EI_0}{l} \tag{7-10}$$

另一端约束弯矩系数 m_{21} 在计算中不用，故此处省去。

需要指出，在实际工程中，按此方法计算的连梁弯矩往往较大，梁配筋很多。为了减少配筋，允许对梁弯矩进行塑性调幅。塑性调幅的方法是降低连梁刚度，在式（7-9）、式(7-10)两式中用 $\beta_h EI_0$ 代替 EI_0，β_h 不小于 0.5。

有了梁端约束弯矩系数，就可以求出梁端转角为 θ 时的梁端约束弯矩：

$$M_{12}=m_{12}\theta$$

$$M_{21}=m_{21}\theta$$

约束弯矩连续化，则第 i 个梁端单位高度上约束弯矩可写成 $m_i(x)=\frac{M_{abi}}{h}=\frac{m_{abi}}{h}\theta(x)$。

当同一层内有 n 个刚接节点时（指连梁与墙肢相交的节点），总连梁约束弯矩为：

$$m(x)=\sum_{i=1}^{n}\frac{m_{abi}}{h}\theta(x)=C_b\theta(x) \tag{7-11}$$

式中，$C_b=\sum_{i=1}^{n}\frac{m_{abi}}{h}$ 为总连梁约束刚度。n 个节点的统计方法是：每根两端刚域连梁有两个节点，m_{ab} 是指 m_{12} 或 m_{21}，一端刚域的连梁只有一个节点，m_{ab} 是指 m_{12}。

由于本方法假定该框架-剪力墙结构从底层到顶层层高及杆件截面都不变，因而沿高度连梁的约束刚度是常数。当实际结构中各层 m_{ab} 有改变时，应取各层约束刚度的加权平均值作为连梁约束刚度。

(2) 计算公式

由图 7-14 (d) 所示的计算基本体系，可建立微分关系如下：

$$EI_{\text{eq}}\frac{\mathrm{d}^2 y}{\mathrm{d}x^2}=M_{\text{w}} \tag{7-12}$$

$$EI_{\text{eq}}\frac{\mathrm{d}^3 y}{\mathrm{d}x^3}=\frac{\mathrm{d}M_{\text{w}}}{\mathrm{d}x}=-V_{\text{w}}+m(x) \tag{7-13}$$

$$EI_{\text{eq}}\frac{\mathrm{d}^4 y}{\mathrm{d}x^4}=-\frac{\mathrm{d}V_{\text{w}}}{\mathrm{d}x}+\frac{\mathrm{d}m}{\mathrm{d}x}=p_{\text{w}}-p_{\text{f}}(x)+C_{\text{b}}\frac{\mathrm{d}^2 y}{\mathrm{d}x^2} \tag{7-14}$$

由于总框架受力仍与铰接体系相同，仍表达为式 (7-2)，将 $p_{\text{f}}(x)$ 代入式 (7-14)，经过整理，可得微分方程如下：

$$\frac{\mathrm{d}^4 y}{\mathrm{d}x^4}-\frac{C_{\text{f}}+C_{\text{b}}}{EI_{\text{eq}}}\frac{\mathrm{d}^2 y}{\mathrm{d}x^2}=\frac{p(x)}{EI_{\text{eq}}} \tag{7-15}$$

令

$$\left.\begin{aligned}\lambda&=H\sqrt{\frac{C_{\text{f}}+C_{\text{b}}}{EI_{\text{eq}}}}\\ \xi&=\frac{x}{H}\end{aligned}\right\} \tag{7-16}$$

则微分方程写成 $\dfrac{\mathrm{d}^4 y}{\mathrm{d}\xi^4}-\lambda^2\dfrac{\mathrm{d}^2 y}{\mathrm{d}\xi^2}=\dfrac{p(\xi)H^4}{EI_{\text{eq}}}$ (7-17)

上式和铰接体系的微分方程式 (7-3) 完全相同，因此，铰接体系中所有的微分方程解对刚接体系都适用，所有图表曲线也可以应用。但要注意刚接体系与铰接体系有以下区别：

1) λ 值计算不同，λ 值按式 (7-16) 计算。

2) 内力计算不同。由图 7-5～图 7-13 中系数及公式计算的值 V_{w} 不是总剪力墙的剪力。在刚接体系中，把由 y 微分三次得到的剪力记作 $-\overline{V}_{\text{w}}$，由式 (7-13) 可得：

$$EI_{\text{eq}}\frac{\mathrm{d}^3 y}{\mathrm{d}\xi^3}=-\overline{V}_{\text{w}}=-V_{\text{w}}+m(\xi)$$

因此：

$$V_{\text{w}}(\xi)=\overline{V}_{\text{w}}(\xi)+m(\xi) \tag{7-18}$$

由力的平衡条件可知，任意高度 (坐标 ξ) 处总剪力墙剪力与总框架剪力之和应与外荷载下总剪力相等，即：

$$V_{\text{p}}=\overline{V}_{\text{w}}+m+V_{\text{f}}=\overline{V}_{\text{w}}+\overline{V}_{\text{f}} \tag{7-19}$$

式中，$\overline{V}_{\text{f}}$ 为框架广义剪力。

将式 (7-19) 与式 (7-6) 相比可知，刚接体系应按以下步骤进行计算：

1) 由刚接体系的 λ 值及 ξ 值查图 7-5～图 7-13 中系数及公式，计算得到 y、M_{w} 及 $\overline{V}_{\text{w}}$。

2) 按式 (7-19) 计算总框架广义剪力 $\overline{V}_{\text{f}}$。

3) 按总框架剪切刚度及总连梁约束刚度比例分配，得到：

总框架剪力

$$V_{\text{f}}=\frac{C_{\text{f}}}{C_{\text{f}}+C_{\text{b}}}\overline{V}_{\text{f}} \tag{7-20}$$

总连梁约束弯矩 $$m=\frac{C_b}{C_f+C_b}\overline{V}_f \tag{7-21}$$

4）第 i 根连梁的梁端约束弯矩：

两端刚域 $$M_{12i}=\frac{m_{12i}}{\sum_{i=1}^{n}(m_{12i}+m_{21i})}mh \tag{7-22a}$$

$$M_{21i}=\frac{m_{21i}}{\sum_{i=1}^{n}(m_{12i}+m_{21i})}mh \tag{7-22b}$$

一端有刚域时，取上式中的 $M_{12i}=0$。

5）由式（7-18）计算总剪力墙剪力 V_w。

其余计算方法同铰接体系。

5. 刚度特征值 λ 与内力、侧移的关系

框架-剪力墙结构的刚度特征值为总框架、总连梁的刚度与总剪力墙刚度的比值。随着 λ 的变化，内力与侧移也随着变化，见图 7-17 和图 7-18。

（1）λ 与剪力分布的关系

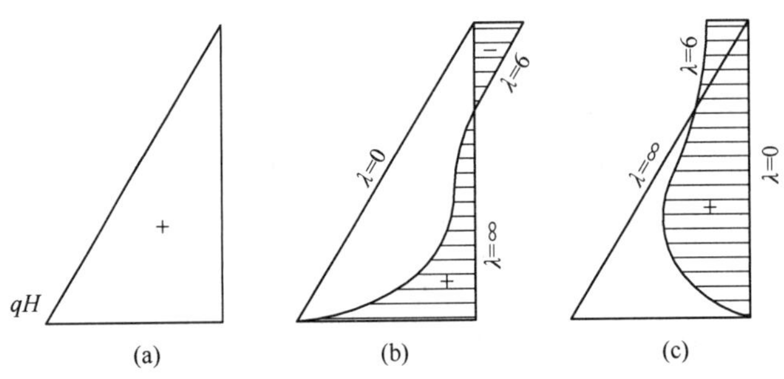

图 7-17 框架-剪力墙结构剪力分布图

（a）V 图；（b）V_w图；（c）V_f图

当 λ 很小时，剪力墙承担大部分剪力，当 $\lambda=0$ 时，即纯剪力墙结构；当 λ 很大时，框架承担大部分剪力，当 $\lambda=\infty$时，即为纯框架结构。

框架-剪力墙结构剪力分布规律（图 7-17）：在顶部，框架和剪力墙的剪力都不为零，但二者之和为零；在上部，框架承担了较大正剪力，而剪力墙出现负剪力；在下部，剪力墙承受大部分剪力，框架剪力很小；在底部，框架剪力为零，全部剪力均由剪力墙承担（注：这是由于计算方法近似性造成的，并不符合实际）。

纯框架结构与框架-剪力墙结构两者剪力分布的差异：纯框架结构的剪力是下大上小、顶部为零，控制截面在底部；而框架-剪力墙结构中的框架，其剪力最大值发生在中部附近，约在 $\xi=0.3\sim0.6$ 之间，且剪力最大值的位置随着刚度特征值 λ 的增大而向下移。这些内力分布的变化，在设计时，应予以注意。如原来按纯框架设计的房屋，仅在楼、电梯间或其他

部位设置少量钢筋混凝土剪力墙，由于剪力墙与框架协同工作，框架的上部受力增加，因此在结构分析时，应考虑这部分剪力墙与框架的协同工作。

（2）λ 与侧移曲线的关系

如图 7-18 所示，当 λ 很小时（如 $\lambda<1$），即框架的刚度与剪力墙的刚度比很小时，侧移曲线类似于独立的悬臂梁，曲线的形状为弯曲变形的形状；当 λ 很大时（如 $\lambda>6$），即框架的刚度与剪力墙的刚度比很大时，曲线的形状为剪切变形的形状；当 $\lambda=1\sim6$ 时，侧移曲线介于弯曲变形和剪切变形之间，称为弯剪型变形。图 7-18 是按顶端侧移相等的条件画出的侧移曲线。

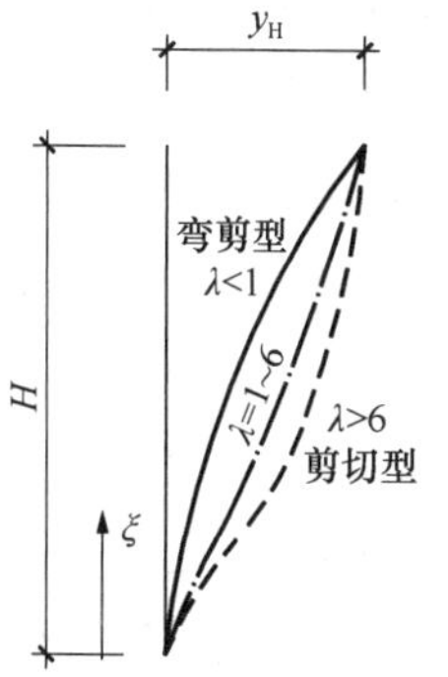

图 7-18　λ 与侧移曲线的关系

（3）λ 的最佳范围

分析表明：当 λ 大于 2.4 时，框架部分承受的地震倾覆力矩大于总地震倾覆力矩的 50%。这意味着结构中剪力墙数量相对较少，框架承担着较大的地震作用，此时框架部分的抗震等级应按纯框架结构采用，轴压比限值应按纯框架结构的规定采用。

另外，剪力墙也不必布置得过多，宜使 λ 值不小于 1.15，否则，框架承受的剪力将过小，不能充分发挥作用。

由此可见，λ 值的最佳范围在 1.15～2.4 之间。当然，λ 不在最佳范围之间也是可行的，但要采取相应的措施。

7.5 截面设计要点及构造要求

框架-剪力墙结构的截面设计要点及构造要求除应满足本节规定外，还应满足第 5 章框架结构设计、第 6 章剪力墙结构设计的要求。

7.5.1 框架总剪力 V_f 的调整

框架-剪力墙结构在水平地震作用下，框架部分计算所得的剪力一般都较小。按多道防线的概念设计要求，墙体是第一道防线，在设防地震、罕遇地震下先于框架破坏，由于塑性内力重分布，框架部分按侧向刚度分配的剪力会比多遇地震下加大，为保证作为第二道防线的框架具有一定的抗侧力能力，需要对框架承担的剪力予以适当的调整。抗震设计时，框架-剪力墙结构对应于地震作用标准值的各层框架总剪力应符合下列规定：

（1）满足公式（7-23）要求的楼层，其框架总剪力不必调整；不满足公式（7-23）要求的楼层，其框架总剪力应按 $0.2V_0$ 和 $1.5V_{f,max}$ 二者的较小值采用：

$$V_f \geqslant 0.2V_0 \tag{7-23}$$

式中，V_0的取值，对框架柱数量从下至上基本不变的规则建筑，应取对应于地震作用标准值的结构底部总剪力，对框架柱数量从下至上分段有规律变化的结构，应取每段最下一层结构对应于地震作用标准值的总剪力；V_f为对应于地震作用标准值且未经调整的各层（或某一段内各层）框架承担的地震总剪力；$V_{f,max}$的取值，对框架柱数量从下至上基本不变的结构，应取对应于地震作用标准值且未经调整的各层框架承担的地震总剪力中的最大值，对框架柱数量从下至上分段有规律变化的结构，应取每段中对应于地震作用标准值且未经调整的各层框架承担的地震总剪力中的最大值。

（2）各层框架所承担的地震总剪力调整后，应按调整前、后总剪力的比值调整每根框架柱和与之相连框架梁的剪力及端部弯矩标准值，框架柱的轴力标准值可不予调整。

（3）按振型分解反应谱法计算地震作用时，第（1）条所规定的调整可在振型组合之后，并满足《高规》第 4.3.12 条关于楼层最小地震剪力系数的前提下进行。

7.5.2 截面设计及构造要求

框架-剪力墙结构中，剪力墙竖向和水平分布钢筋的配筋率，抗震设计时均不应小于 0.25%，非抗震设计时均不应小于 0.20%，并应至少双排布置。各排分布钢筋之间应设置拉筋，拉筋直径不应小于 6mm，间距不应大于 600mm。

带边框剪力墙的构造应符合下列要求：

（1）剪力墙的水平分布钢筋应全部锚入边框柱内，锚固长度不应小于 l_a（非抗震设计）或 l_{aE}（抗震设计）；

（2）与剪力墙重合的框架梁可保留，亦可做成宽度与墙厚相同的暗梁，暗梁截面高度可取墙厚的 2 倍或与该榀框架梁截面等高，暗梁的配筋可按构造配置且应符合一般框架梁相应抗震等级的最小配筋要求；

（3）剪力墙截面宜按工字形设计，其端部的纵向受力钢筋应配置在边框柱截面内；

（4）边框柱截面宜与该榀框架其他柱的截面相同，边框柱应符合《高规》对有关框架柱构造配筋规定；剪力墙底部加强部位边框柱的箍筋宜沿全高加密；当带边框剪力墙上的洞口紧邻边框柱时，边框柱的箍筋宜沿全高加密。

7.6 框架-剪力墙结构设计实例

框架-剪力墙结构设计实例PKPM文件

7.6.1 工程概况

本工程为框架-剪力墙结构（地上 11 层、地下 1 层），抗震设防烈度为 7 度，设计地震分组为第一组，地基为Ⅱ类场地土。结构平面见图 7-19，剖面示意见图 7-20。

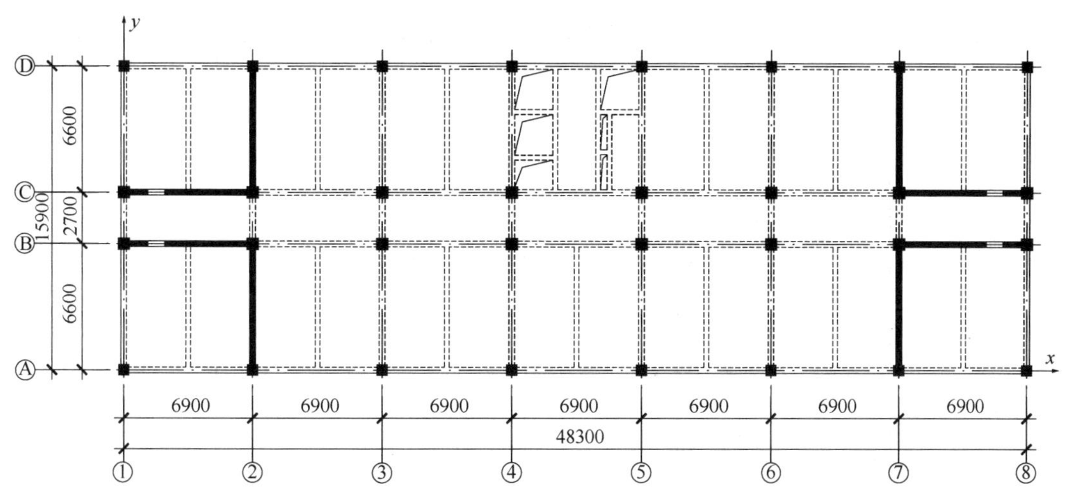

图 7-19　底层结构平面图（单位：mm）

建筑物地下室层高 3.6m，首层层高 4.2m，2～11 层层高均为 3.6m。梁、板、柱、剪力墙均为现浇钢筋混凝土。混凝土强度等级：−1～6 层为 C40，7～11 层为 C30。

根据第 3 章表 3-11，框架抗震等级为三级，剪力墙抗震等级为二级。根据本章 7.2 节，框架-剪力墙结构的框架柱轴压比 $\mu_N = N/f_c A_c \leqslant 0.90$。

7.6.2 梁、板、柱、剪力墙截面尺寸的初步确定

1. 初步估算梁板的截面尺寸

（1）梁

取 $h = \left(\frac{1}{18} \sim \frac{1}{10}\right)l$, $b = \left(\frac{1}{3} \sim \frac{1}{2}\right)h$；

AB、CD 跨横向框架梁取 $b \times h = 300\text{mm} \times 650\text{mm}$；

BC 跨横向框架梁取 $b \times h = 300\text{mm} \times 450\text{mm}$；

横向次梁取 $b \times h = 250\text{mm} \times 600\text{mm}$；

纵向框架梁取 $b \times h = 300\text{mm} \times 700\text{mm}$；

②、⑦轴连梁取 $b \times h = 400\text{mm} \times 450\text{mm}$。

（2）板

最小厚度为 $h_{板} \geqslant \frac{l}{50} = \frac{3450}{50} = 69\text{mm}$，且$\geqslant$80mm，考虑实际工程要在板中埋设管线等原因，取 $h_{板} = 100\text{mm}$。

2. 初步估算柱子截面尺寸

抗震等级为三级的框架柱截面尺寸可由轴压比 $\mu_N = N/f_c A_c \leqslant 0.90$ 初步确定。

（1）估算柱轴力设计值 N

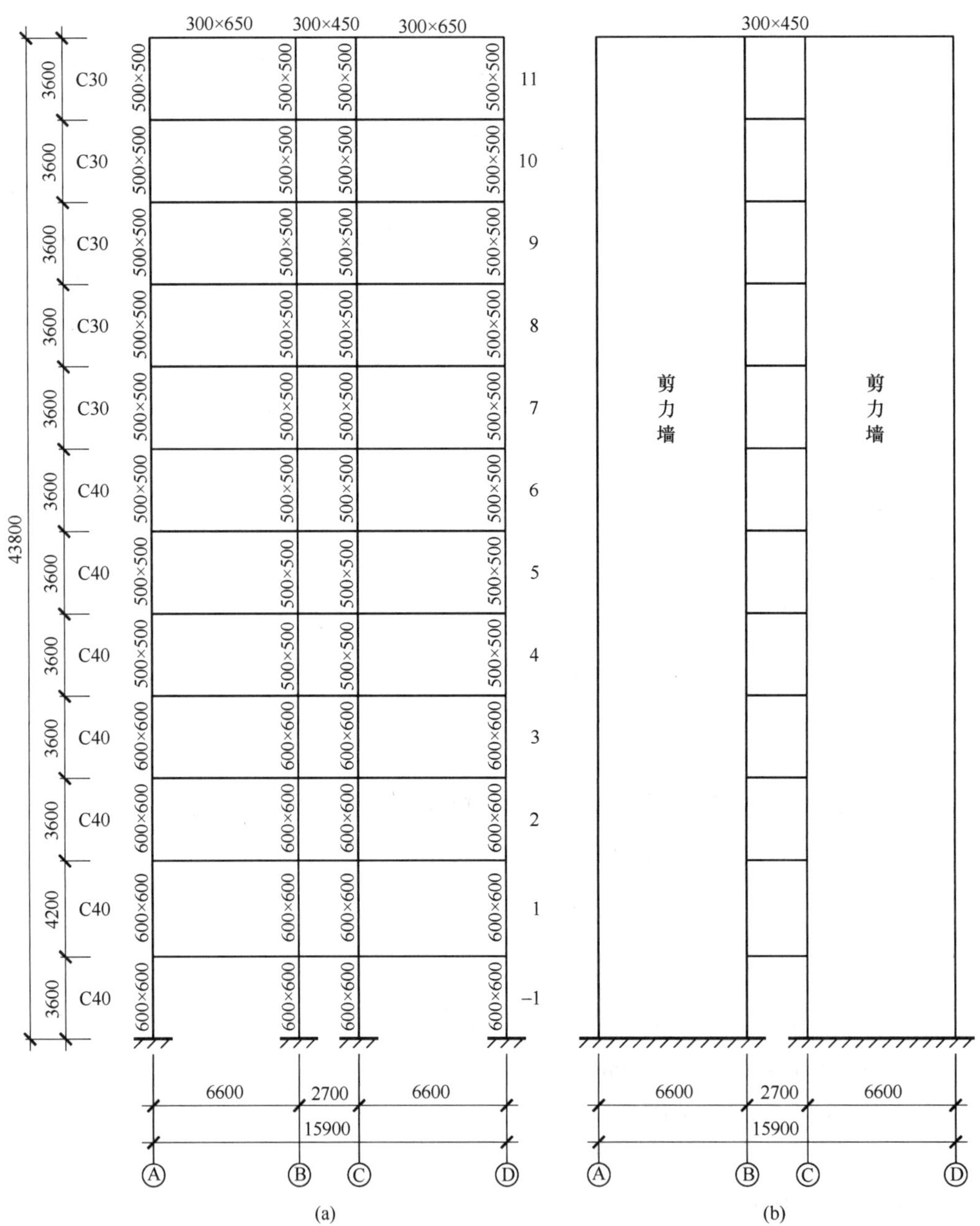

图 7-20　结构剖面图（单位：mm）

（a）框架示意图；（b）剪力墙示意图

框架柱轴力设计值 N 可由竖向荷载作用下的轴力设计值并考虑地震作用的影响由下式求得：

$$N = (1.1 \sim 1.2)N_{\mathrm{v}}$$

由于本工程为三级抗震等级框架，故取：

$$N = 1.1N_{\mathrm{v}}$$

N_v可根据柱支撑的楼板面积、楼层数及楼层上的竖向荷载，并考虑分项系数 1.35 进行计算。楼层上的竖向荷载可按 11～14kN/m^2 计算（注：估算边柱轴力时，荷载取大值；估算中柱轴力时，荷载取小值；该值适用于板式旅馆建筑）。

边柱：取楼层竖向荷载为 14 kN/m^2，则每层传到边柱上的竖向力为：

$$6.9 \times 6.6/2 \times 14 \times 1.35 = 430.35\text{kN}$$

则底层（地下室）边柱的轴力设计值为：

$$N = 1.1N_v = 1.1 \times 430.35 \times 12 = 5680.66\text{kN}$$

中柱：取楼层竖向荷载为 11kN/m^2，则每层传到中柱上的竖向力为：

$$6.9 \times (6.6/2 + 2.7/2) \times 11 \times 1.35 = 476.46\text{kN}$$

则底层（地下室）中柱的轴力设计值为

$$N = 1.1N_v = 1.1 \times 476.46 \times 12 = 6289.30\text{kN}$$

（2）估算柱截面尺寸

边柱载面

$$b_c = h_c \geqslant \sqrt{\frac{N}{0.90 \times f_c}} = \sqrt{\frac{5680.66 \times 10^3}{0.90 \times 19.1}} = 575\text{mm}$$

－1～3 层取 $b_c \times h_c$＝600mm×600mm。

4～6 层取 $b_c \times h_c$＝500mm×500mm，C40，4 层轴压比为：

$$\mu_N = \frac{N}{f_c b_c h_c} = \frac{1.1 \times 430.35 \times 10^3 \times 8}{19.1 \times 500^2} = 0.79 < 0.90$$

7～11 层取 $b_c \times h_c$＝500mm×500mm，C30，7 层轴压比为：

$$\mu_N = \frac{N}{f_c b_c h_c} = \frac{1.1 \times 430.35 \times 10^3 \times 5}{14.3 \times 500^2} = 0.66 < 0.90$$

中柱截面

$$b_c = h_c \geqslant \sqrt{\frac{N}{0.90 \times f_c}} = \sqrt{\frac{6289.30 \times 10^3}{0.90 \times 19.1}} = 605\text{mm}$$

－1～3 层取 $b_c \times h_c$＝600mm×600mm。

4～6 层取 $b_c \times h_c$＝500mm×500mm，C40，4 层轴压比为：

$$\mu_N = \frac{N}{f_c b_c h_c} = \frac{1.1 \times 476.46 \times 10^3 \times 8}{19.1 \times 500^2} = 0.88 < 0.90$$

7～11 层取 $b_c \times h_c$＝500mm×500mm，C30，7 层轴压比为：

$$\mu_N = \frac{N}{f_c b_c h_c} = \frac{1.1 \times 476.46 \times 10^3 \times 5}{14.3 \times 500^2} = 0.73 < 0.90$$

3. 初步确定剪力墙厚度

剪力墙布置见图 7-19，剪力墙厚度：底部加强区－1～1 层取 200mm，其他 2～11 层取 180mm。

地震作用的手算方法为底部剪力法，底部剪力法适用的房屋高度 H 不宜大于 40m，为了保证计算精度，手算算例只能选用高度在 40m 左右的房屋，由第 2 章表 2-1 可知，在 7 度区，高度为 40m 左右的高层房屋既可采用框架结构又可采用框架-剪力墙结构，为了给出框架-剪力墙结构的设计方法及步骤，本例在高度 H=43.8m 的情况下采用了框架-剪力墙结构。

7.6.3 刚度计算

1. 框架柱抗侧移刚度计算

（1）柱线刚度计算（表 7-3）

柱线刚度 i_c 　　**表 7-3**

层号	柱轴线	截面 b_c（h_c）（mm）	混凝土强度等级	混凝土弹性模量 E_c（kN/m²）	层高 h（m）	惯性矩 I_c（m⁴）	$i_c=\frac{EI_c}{h}$（kN·m）
7～11	Ⓐ、Ⓓ	500	C30	3.00×10^7	3.6	0.00521	4.34×10^4
	Ⓑ、Ⓒ	500	C30	3.00×10^7	3.6	0.00521	4.34×10^4
4～6	Ⓐ、Ⓓ	500	C40	3.25×10^7	3.6	0.00521	4.70×10^4
	Ⓑ、Ⓒ	500	C40	3.25×10^7	3.6	0.00521	4.70×10^4
2～3	Ⓐ、Ⓓ	600	C40	3.25×10^7	3.6	0.01080	9.75×10^4
	Ⓑ、Ⓒ	600	C40	3.25×10^7	3.6	0.01080	9.75×10^4
1	Ⓐ、Ⓓ	600	C40	3.25×10^7	4.2	0.01080	8.36×10^4
	Ⓑ、Ⓒ	600	C40	3.25×10^7	4.2	0.01080	8.36×10^4
−1	Ⓐ、Ⓓ	600	C40	3.25×10^7	3.6	0.01080	9.75×10^4
	Ⓑ、Ⓒ	600	C40	3.25×10^7	3.6	0.01080	9.75×10^4

（2）框架梁线刚度计算（表 7-4）

框架梁线刚度 i_b 　　**表 7-4**

层号	梁跨	跨度 l_b（m）	截面 $b_b\times h_b$（m）	混凝土弹性模量 E（kN/m²）	惯性矩 $I_0=\frac{b_bh_b^3}{12}$（m⁴）	边框梁		中框梁	
						$I_b=1.5I_0$（m⁴）	$i_b=\frac{EI_b}{l_b}$（kN·m）	$I_b=2I_0$（m⁴）	$i_b=\frac{EI_b}{l_b}$（kN·m）
7～11	AB、CD	6.6	0.3×0.65	3.00×10^7	6.87×10^{-3}	1.03×10^{-2}	4.68×10^4	1.37×10^{-2}	6.24×10^4
	BC	2.7	0.3×0.45	3.00×10^7	2.28×10^{-3}	3.42×10^{-3}	3.80×10^4	4.56×10^{-3}	5.06×10^4
−1～6	AB、CD	6.6	0.3×0.65	3.25×10^7	6.87×10^{-3}	1.03×10^{-2}	5.07×10^4	1.37×10^{-2}	6.76×10^4
	BC	2.7	0.3×0.45	3.25×10^7	2.28×10^{-3}	3.42×10^{-3}	4.11×10^4	4.56×10^{-3}	5.48×10^4

（3）框架柱抗侧移刚度计算

D 值计算见表 7-5。与剪力墙相连的柱作为剪力墙的翼缘，计入剪力墙的刚度，不作为框架柱处理。因此，框架柱合计有边柱 12 根，中柱 12 根。

框架柱 D 值计算　　表 7-5

层号	层高 h (m)	梁跨度 (m)	柱别 (轴线)	1～11 层 $\overline{K}=\frac{\sum i_b}{2i_c}$ −1 层 $\overline{K}=\frac{\sum i_b}{i_c}$	1～11 层 $\alpha_c=\frac{\overline{K}}{2+\overline{K}_c}$ −1 层 $\alpha_c=\frac{0.5+\overline{K}}{2+\overline{K}_c}$	i_c (kN·m)	$\frac{12}{h^2}$ (m^{-2})	$D=\alpha_c i_c \frac{12}{h^2}$ (kN/m)	柱根数 n	nD (kN/m)	楼层 $\sum D$ (kN/m)	楼层 $C_f=h\sum D$ (kN)
8～11 层	3.6	6.6	中框架 (Ⓐ、Ⓓ)	$\frac{2\times6.24}{2\times4.34}=1.44$	0.42	4.34×10^4	0.926	1.68×10^4	8	1.34×10^5	4.52×10^5	1.63×10^6
		6.6 2.7	中框架 (Ⓑ、Ⓒ)	$\frac{2\times(6.24+5.06)}{2\times4.34}=2.60$	0.57	4.34×10^4	0.926	2.27×10^4	8	1.82×10^5		
		6.6	边框架 (Ⓐ、Ⓓ)	$\frac{2\times4.68}{2\times4.34}=1.08$	0.35	4.34×10^4	0.926	1.41×10^4	4	5.63×10^4		
		6.6 2.7	边框架 (Ⓑ、Ⓒ)	$\frac{2\times(4.68+3.80)}{2\times4.34}=1.95$	0.49	4.34×10^4	0.926	1.99×10^4	4	7.94×10^4		
7 层	3.6	6.6	中框架 (Ⓐ、Ⓒ)	$\frac{6.24+6.76}{2\times4.34}=1.50$	0.43	4.34×10^4	0.926	1.72×10^4	8	1.38×10^5	4.62×10^5	1.66×10^6
		6.6 2.7	中框架 (Ⓑ、Ⓒ)	$\frac{6.24+5.06+6.76+5.48}{2\times4.34}=2.71$	0.58	4.34×10^4	0.926	2.31×10^4	8	1.85×10^5		
		6.6	边框架 (Ⓐ、Ⓓ)	$\frac{4.68+5.07}{2\times4.34}=1.12$	0.36	4.34×10^4	0.926	1.45×10^4	4	5.78×10^4		
		6.6 2.7	边框架 (Ⓑ、Ⓒ)	$\frac{4.68+3.80+5.07+4.11}{2\times4.34}=2.03$	0.50	4.34×10^4	0.926	2.03×10^4	4	8.11×10^4		
4～6 层	3.6	6.6	中框架 (Ⓐ、Ⓓ)	$\frac{2\times6.76}{2\times4.70}=1.44$	0.42	4.70×10^4	0.926	1.82×10^4	8	1.46×10^5	4.90×10^5	1.76×10^6
		6.6 2.7	中框架 (Ⓑ、Ⓒ)	$\frac{2\times(6.76+5.48)}{2\times4.70}=2.60$	0.57	4.70×10^4	0.926	2.46×10^4	8	1.97×10^5		
		6.6	边框架 (Ⓐ、Ⓓ)	$\frac{2\times5.07}{2\times4.70}=1.08$	0.35	4.70×10^4	0.926	1.53×10^4	4	6.10×10^4		
		6.6 2.7	边框架 (Ⓑ、Ⓒ)	$\frac{2\times(5.07+4.11)}{2\times4.70}=1.95$	0.49	4.71×10^4	0.926	2.15×10^4	4	8.60×10^4		

续表

层号	层高 h (m)	梁跨度 (m)	柱别 (轴线)	1～11层 $\overline{K}=\frac{\sum i_b}{2i_c}$ −1层 $\overline{K}=\frac{\sum i_b}{i_c}$	1～11层 $\alpha_c=\frac{\overline{K}}{2+\overline{K}_c}$ −1层 $\alpha_c=\frac{0.5+\overline{K}}{2+\overline{K}_c}$	i_c (kN·m)	$\frac{12}{h^2}$ (m^{-2})	$D=\alpha_c i_c \frac{12}{h^2}$ (kN/m)	柱根数 n	nD (kN/m)	楼层 $\sum D$ (kN/m)	楼层 $C_f=h\sum D$ (kN)
2～3层	3.6	6.6	中框架 (Ⓐ、Ⓓ)	$\frac{2\times 6.76}{2\times 9.75}=0.69$	0.26	9.75×10^4	0.926	2.32×10^4	8	1.86×10^5	6.55×10^5	2.36×10^6
		6.6 2.7	中框架 (Ⓑ、Ⓒ)	$\frac{2\times(6.76+5.48)}{2\times 9.75}=1.26$	0.39	9.75×10^4	0.926	3.48×10^4	8	2.79×10^5		
		6.6	边框架 (Ⓐ、Ⓓ)	$\frac{2\times 5.07}{2\times 9.75}=0.74$	0.21	9.75×10^4	0.926	1.86×10^4	4	7.45×10^4		
		6.6 2.7	边框架 (Ⓑ、Ⓒ)	$\frac{2\times(5.07+4.11)}{2\times 9.75}=0.94$	0.32	9.75×10^4	0.926	2.89×10^4	4	1.16×10^5		
1层	4.2	6.6	中框架 (Ⓐ、Ⓓ)	$\frac{2\times 6.76}{2\times 8.36}=0.81$	0.29	8.36×10^4	0.680	1.64×10^4	8	1.31×10^5	4.85×10^5	2.04×10^6
		6.6 2.7	中框架 (Ⓑ、Ⓒ)	$\frac{2\times(6.76+5.48)}{2\times 8.36}=1.47$	0.42	8.36×10^4	0.680	2.40×10^4	8	1.92×10^5		
		6.6	边框架 (Ⓐ、Ⓓ)	$\frac{2\times 5.07}{2\times 9.75}=1.10$	0.35	8.36×10^4	0.680	2.02×10^4	4	8.06×10^4		
		6.6 2.7	边框架 (Ⓑ、Ⓒ)	$\frac{2\times(5.07+4.11)}{2\times 8.36}=1.10$	0.35	8.36×10^4	0.680	2.02×10^4	4	8.06×10^4		
−1层	3.6	6.6	中框架 (Ⓐ、Ⓓ)	$\frac{6.76}{9.75}=0.69$	0.44	9.75×10^4	0.926	4.00×10^4	8	3.20×10^5	1.07×10^6	3.84×10^6
		6.6 2.7	中框架 (Ⓑ、Ⓒ)	$\frac{6.76+5.48}{9.75}=1.47$	0.57	9.75×10^4	0.926	5.12×10^4	8	4.10×10^5		
		6.6	边框架 (Ⓐ、Ⓓ)	$\frac{5.07}{9.75}=0.69$	0.44	9.75×10^4	0.926	4.00×10^4	4	1.60×10^5		
		6.6 2.7	边框架 (Ⓑ、Ⓒ)	$\frac{5.07+4.11}{9.75}=0.94$	0.49	9.75×10^4	0.926	4.42×10^4	4	1.77×10^5		

总框架的剪切刚度取各层剪切刚度的加权平均值：

$$C_{\mathrm{f}}=\frac{\sum_{i=1}^{12}C_{\mathrm{f}}h_i}{H}$$

$$=\frac{[(1.63\times4+1.66+1.76\times3+2.36\times2+3.84)\times3.6+2.04\times4.2]\times10^{6}}{43.8}$$

$$=2.0046\times10^{6}\,\mathrm{kN}$$

2. 剪力墙等效刚度计算

各层剪力墙截面见图 7-21。

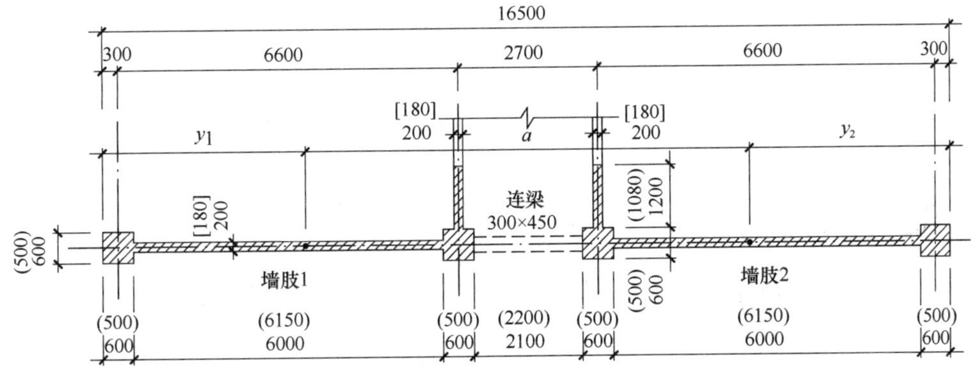

图 7-21　剪力墙截面详图（单位：mm）

注：（　）内数值为 4 层及以上柱、[　] 内数值为 2 层及以上墙。

（1）剪力墙类型判别墙肢截面特性见表 7-6。

墙肢截面特性　　**表 7-6**

层号	E_c (kN/m²)	边柱截面 (m)	中柱截面 (m)	剪力墙厚 (m)	墙肢形心位置 $y_1=y_2$ (m)	墙肢截面面积 $A_{w1}=A_{w2}$ (m²)	墙肢惯性矩 $I_{w1}=I_{w2}$ (m⁴)	墙肢形心间距 a (m)
7～11	3.00×10^7	0.50×0.50	0.50×0.50	0.18	3.934	1.8014	10.6011	8.632
4～6	3.25×10^7	0.50×0.50	0.50×0.50	0.18	3.934	1.8014	10.6011	8.632
2～3	3.25×10^7	0.60×0.60	0.60×0.60	0.18	3.922	1.9944	13.0136	8.657
−1～1	3.25×10^7	0.60×0.60	0.60×0.60	0.20	3.967	2.1600	13.7864	8.567

根据公式（6-2），双肢墙的整体参数为：

$$\alpha=H\sqrt{\frac{12I_{\mathrm{b}}a^2}{h(I_1+I_2)l_{\mathrm{b}}^3}\frac{I}{I_{\mathrm{n}}}}$$

α 的计算见表 7-7。由表 7-7（$\alpha<10$）可知，该剪力墙为联肢墙。

计算时，结构总高度 43.8m，连梁截面尺寸 300mm×450mm，连梁惯性矩增大系数

1.0，连梁刚度折减系数 0.55。

剪力墙类型判别　　表 7-7

层号	$I_w(m^4)$	$I_n(m^4)$	$I_{b0}(m^4)$	$l_b(m)$	$I_b(m^4)$	α
4～11	289.6519	268.4498	2.2781×10^3	2.200	1.1132×10^3	1.59
2～3	324.9624	298.9352	2.2781×10^3	2.100	1.1013×10^3	1.54
1	344.6327	317.0599	2.2781×10^3	2.100	1.1013×10^3	1.37
−1	344.6327	317.0599	2.2781×10^3	2.100	1.1013×10^3	1.48

（2）双肢墙的等效刚度 EI_{eq}

$$EI_{eq}=\frac{EI_1+EI_2}{(1-\tau)+(1-\beta)\tau\psi_\alpha+3.64\gamma_1^2}\quad（倒三角形分布荷载）$$

$$EI_{eq}=\frac{EI_1+EI_2}{(1-\tau)+(1-\beta)\tau\psi_\alpha+3\gamma_1^2}\quad（顶点集中荷载）$$

$$EI_{eq}=\frac{EI_1+EI_2}{(1-\tau)+(1-\beta)\tau\psi_\alpha+4\gamma_1^2}\quad（均布荷载）$$

在 EI_{eq}的计算公式中取 $\tau=\frac{as_1}{I_1+I_2+as_1}$，$s_1=\frac{aA_1A_2}{A_1+A_2}$；当墙肢及连梁比较均匀时，可近似取：

$$\gamma^2=\frac{2.5\mu(I_1+I_2)}{H^2(A_1+A_2)a}$$

$$\gamma_1^2=\frac{2.5\mu(I_1+I_2)}{H^2(A_1+A_2)}$$

$$\beta=\alpha^2\gamma^2$$

式中，I 形截面形状系数 $\mu=\frac{A_w}{A_{w0b}}$；ψ_α为查第 6 章表 6-3 得。EI_{eq}计算见表 7-8。

双肢墙等效刚度计算　　表 7-8

层号	μ	s_1	τ	γ^2	γ_1^2	β	ψ_α 倒三角	ψ_α 均布	ψ_α 顶集中	EI_{eq} 倒三角 (kN·m²)	EI_{eq}均布 (kN·m²)	EI_{eq} 顶集中 (kN·m²)
7～11	1.213	7.775	0.760	1.08×10^{-3}	0.0093	0.0027	0.5115	0.5147	0.5022	9.614×10^8	9.565×10^8	9.701×10^8
4～6	1.213	7.775	0.760	1.08×10^{-3}	0.0093	0.0027	0.5252	0.5283	0.5160	1.025×10^9	1.020×10^9	1.035×10^9
2～3	1.343	8.633	0.742	1.32×10^{-3}	0.0114	0.0031	0.5834	0.5861	0.5754	1.157×10^9	1.150×10^9	1.169×10^9
1	1.309	9.252	0.742	1.27×10^{-3}	0.0109	0.0024	0.5431	0.5461	0.5342	1.281×10^9	1.274×10^9	1.294×10^9
−1	1.309	9.252	0.742	1.27×10^{-3}	0.0109	0.0028	0.5431	0.5461	0.5342	1.281×10^9	1.274×10^9	1.294×10^9

总剪力墙的等效刚度 EI_{eq}（取加权平均值）：

倒三角形分布荷载：

$$EI_{eq}=2\times[(0.9614\times5+1.025\times3+1.157\times2+1.281)\times3.6+1.281\times4.2]\times10^9/43.8$$
$$=2.132\times10^9\ \text{kN}\cdot\text{m}^2$$

均布荷载：

$$EI_{eq}=2\times[(0.9565\times5+1.020\times3+1.156\times2+1.274)\times3.6+1.274\times4.2]\times10^9/43.8$$
$$=2.123\times10^9\ \text{kN}\cdot\text{m}^2$$

顶点集中荷载：

$$EI_{eq}=2\times[(0.9701\times5+1.035\times3+1.169\times2+1.294)\times3.6+1.294\times4.2]\times10^9/43.8$$
$$=2.153\times10^9\ \text{kN}\cdot\text{m}^2$$

3. 刚度特征值计算

倒三角形分布荷载：

$$\lambda=H\sqrt{\frac{C_f}{EI_{eq}}}=43.8\times\sqrt{\frac{2.0046\times10^6}{2.132\times10^9}}=1.343$$

顶点集中荷载：

$$\lambda=H\sqrt{\frac{C_f}{EI_{eq}}}=43.8\times\sqrt{\frac{2.0046\times10^6}{2.123\times10^9}}=1.346$$

均布荷载：

$$\lambda=H\sqrt{\frac{C_f}{EI_{eq}}}=43.8\times\sqrt{\frac{2.0046\times10^6}{2.153\times10^9}}=1.336$$

7.6.4 荷载汇集

屋面永久荷载为 5.08kN/m^2，屋面雪荷载取 0.7kN/m^2，楼面永久荷载为 3.67kN/m^2，楼面活荷载取 2.0kN/m^2，外墙、内墙、女儿墙重量分别为 3.26kN/m^2、2.40kN/m^2、7.97kN/m^2。

7.6.5 水平地震作用计算

1. 重力荷载代表值

建筑物的重力荷载代表值按下列原则取值：永久荷载取 100%；屋面活荷载不计入，雪荷载取 50%；楼面活荷载取 50%。

各层重力荷载代表值计算结果见表 7-9。

各层重力荷载代表值计算（kN）　　**表 7-9**

层号	重力荷载代表值（永久荷载+0.5 活荷载）
出屋面楼电梯间	2175+0.5×54=2202
11	10212+0.5×462=10443

续表

层号	重力荷载代表值（永久荷载+0.5活荷载）
4～10	8525+0.5×1546=9298
3	8750+0.5×1546=9523
2	8991+0.5×1546=9764
1	9175+0.5×1546=9948
−1	9360+0.5×1546=10133

结构总重力荷载代表值为

$$G_E = 10133 + 9948 + 9764 + 9523 + 9298 \times 7 + 10443 + 2202 = 117099\text{kN}$$

2. 结构基本自振周期

按第3章式（3-13），框架-剪力墙结构的自振周期为：

$$T_1 = 1.7\psi_T\sqrt{u_T}$$

式中，ψ_T为考虑填充墙影响的周期折减系数，取0.8；u_T为以楼层重力荷载代表值当作水平力计算的结构假想顶点位移（m）。

本工程重力荷载代表值分布比较均匀，楼层水平力可以近似按均布水平力考虑，$g=117099/43.8=2673.49\text{kN/m}$。

$$u_H = \frac{gH^4}{8EI_{eq}} = \frac{2673.49 \times 43.8^4}{8 \times 2.152 \times 10^9} = 0.572\text{m}$$

$$\xi = \frac{x}{H} = \frac{H}{H} = 1.0$$

由$\lambda=1.337$与$\xi=1.0$查图7-13或按图中公式计算，得：

$$\frac{u(\xi)}{u_H} = 0.5957\text{，则 } u_T = 0.5957 \times 0.572 = 0.341\text{m}$$

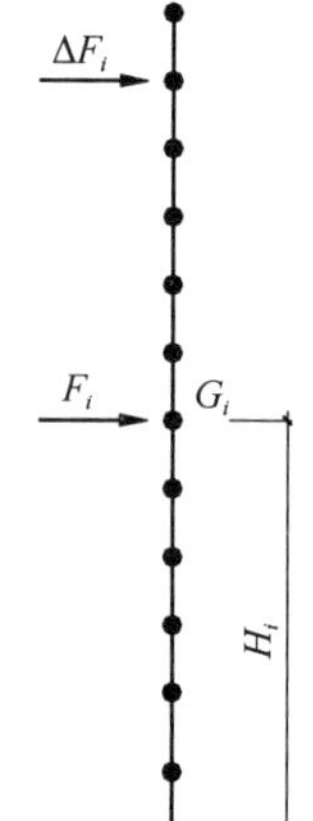

图7-22　底部剪力法计算简图

因此，$T_1 = 1.7 \times 0.8 \times \sqrt{0.341} = 0.794\text{s}$

3. 水平地震作用计算

按底部剪力法（图7-22），结构总水平地震作用标准值F_{Ek}由下式计算：

$$F_{Ek} = \alpha_1 G_{eq}$$

Ⅱ类场地土第一组，$T_g=0.35\text{s}$，7度，$\alpha_{max}=0.08$；阻尼比取0.05，则$\gamma=0.9$、$\eta_2=1.0$；$G_{eq}=0.85G_E$。

当$5T_g \geqslant T_1 > T_g$时，

$$\alpha = \left(\frac{T_g}{T_1}\right)^{\gamma}\eta_2\alpha_{max} = \left(\frac{0.35}{0.794}\right)^{0.9} \times 1.0 \times 0.08 = 0.038$$

因此，$F_{Ek} = \alpha G_{eq} = 0.038 \times 117099 = 3786.88\text{kN}$

当$T_g<0.35$，$T_1>1.4T_g$时，顶部附加水平地震作用系数为：

$$\delta_n = 0.08T_1 + 0.07 = 0.08 \times 0.794 + 0.07 = 0.134$$

$$\Delta F_n = \delta_n F_{Ek} = 0.134 \times 3786.88 = 507.23\text{kN}$$

顶部附加水平地震作用 ΔF_n 作用于主体结构的顶层。

第 i 层楼面处的水平地震作用计算：

$$F_i = \frac{G_i H_i}{\sum_{j=1}^{n} G_j H_j} F_{Ek}(1-\delta_n)$$

突出屋面电梯机房小塔楼水平地震作用增大系数取 $\beta_n = 3.0$，增大的部分仅用于本层设计，不下传至主体结构。

各楼层水平地震作用计算结果见表 7-10。

各楼层水平地震作用计算 表 7-10

层号	H_i (m)	G_i (kN)	G_iH_i (kN·m)	$\frac{G_iH_i}{\sum_{j=1}^{n}G_jH_j}$	F_i (kN)	F_n、ΔF_n (kN)	F_iH_i (kN·m)	F_nH_n、ΔF_nH_{n-1} (kN·m)
出屋面	47.4	2202	104374.80	0.0367		120.38		5706.15
11	43.8	10443	457403.40	0.1609	527.56	507.23	23106.96	22216.76
10	40.2	9298	373779.60	0.1314	431.11		17330.49	
9	36.6	9298	340306.80	0.1197	392.50		14365.51	
8	33.0	9298	306834.00	0.1079	353.89		11678.49	
7	29.4	9298	273361.20	0.0961	315.29		9269.44	
6	25.8	9298	239888.40	0.0844	276.68		7138.36	
5	22.2	9298	206415.60	0.0726	238.07		5285.24	
4	18.6	9298	172942.80	0.0608	199.47		3710.09	
3	15.0	9523	142845.00	0.0502	164.75		2471.30	
2	11.4	9764	111309.60	0.0391	128.38		1463.55	
1	7.8	9948	77594.40	0.0273	89.50		698.06	
−1	3.6	10133	36478.80	0.0128	42.07		151.47	
Σ		117099	2843534.40		$V_{01}=3159.27$	$V_{02}=627.61$	$M_{01}=96668.95$	$M_{02}=27922.91$

7.6.6 框架-剪力墙协同工作的计算

1. 倒三角形分布荷载作用

框架-剪力墙结构在倒三角形分布荷载作用下的内力及位移系数 $\frac{V_w(\xi)}{V_0}$、$\frac{M_w(\xi)}{M_0}$、$\frac{u(\xi)}{u_H}$ 可查图 7-5～图 7-7 或采用图中公式计算确定；$\lambda = 1.343$。

$V_{01} = 3159.27\text{kN}$，$M_{01} = 96668.95\text{kN}\cdot\text{m}$

$$u_H = \frac{11V_0H^3}{60EI_{eq}} = \frac{11 \times 3159.27 \times 43.8^3}{60 \times 2.132 \times 10^9} = 0.0228\text{m}, \quad \frac{V_f(\xi)}{V_0} = (1-\xi^2) - \frac{V_w(\xi)}{V_0}$$

各层 $V_w(\xi)$、$V(\xi)$、$M_w(\xi)$、$u(\xi)$ 计算结果见表 7-11。

表 7-11

框架-剪力墙协同工作的计算

层号	x (m)	ξ	倒三角形分布荷载作用								顶点集中荷载 F_n、ΔF_n作用								倒三角+顶点集中				
			$\frac{V_w(\xi)}{V_0}$	V_w (kN)	$\frac{V_f(\xi)}{V_0}$	V_f (kN)	$\frac{M_w(\xi)}{M_0}$	M_w (kN·m)	$\frac{u(\xi)}{u_H}$	u (mm)	$\frac{V_w(\xi)}{V_0}$	V_w (kN)	$\frac{V_f(\xi)}{V_0}$	V_f (kN)	$\frac{M_w(\xi)}{M_0}$	M_w (kN·m)	$\frac{u(\xi)}{u_H}$	u (mm)	V_w (kN)	V_f (kN)	M_w (kN·m)	u (mm)	Δu (mm)
11	43.8	1.000	−0.244	−769.3	0.244	769.3	0.000	0.0	0.591	13.5	0.487	305.8	−0.487	−305.8	0.000	0.0	0.582	4.8	−463.45	463.45	0.00	18.2	1.96
10	40.2	0.918	−0.087	−276.1	0.245	774.1	−0.020	−1933.4	0.530	12.1	0.490	307.7	−0.333	−208.8	0.040	1116.9	0.512	4.2	31.60	565.32	−816.46	16.3	1.95
9	36.6	0.836	0.054	171.2	0.248	782.1	−0.022	−2126.7	0.469	10.7	0.499	313.4	−0.198	−124.0	0.081	2250.6	0.444	3.6	484.60	658.07	123.87	14.3	1.97
8	33.0	0.753	0.185	582.9	0.248	783.0	−0.007	−676.7	0.407	9.3	0.515	322.9	−0.082	−51.6	0.123	3423.3	0.376	3.1	905.79	731.47	2746.67	12.4	1.92
7	29.4	0.671	0.302	953.8	0.248	782.1	0.023	2223.4	0.346	7.9	0.536	336.3	0.014	8.5	0.166	4624.0	0.311	2.5	1290.12	790.57	6847.42	10.4	1.89
6	25.8	0.589	0.410	1294.0	0.243	769.1	0.067	6476.8	0.285	6.5	0.564	353.9	0.089	55.9	0.211	5883.4	0.250	2.0	1647.95	825.00	12360.18	8.5	1.83
5	22.2	0.507	0.509	1607.1	0.234	740.5	0.123	11890.3	0.225	5.1	0.599	375.8	0.144	90.6	0.258	7212.5	0.193	1.6	1982.87	831.17	19102.77	6.7	1.70
4	18.6	0.425	0.601	1897.5	0.219	692.1	0.192	18560.4	0.169	3.9	0.641	402.2	0.179	112.3	0.309	8631.0	0.142	1.2	2299.63	804.35	27191.41	5.0	1.56
3	15.0	0.342	0.687	2171.4	0.195	617.4	0.272	26294.0	0.117	2.7	0.691	433.9	0.191	120.1	0.364	10172.3	0.096	0.8	2605.30	737.45	36466.27	3.5	1.34
2	11.4	0.260	0.768	2425.7	0.164	519.6	0.361	34897.5	0.072	1.6	0.750	470.6	0.182	114.5	0.423	11819.8	0.058	0.5	2896.34	634.02	46717.26	2.1	1.06
1	7.8	0.178	0.844	2666.7	0.124	392.3	0.461	44564.4	0.036	0.8	0.818	513.1	0.151	94.6	0.488	13612.4	0.028	0.2	3179.88	486.91	58176.81	1.1	0.82
−1	3.6	0.082	0.930	2936.5	0.064	201.4	0.588	56841.3	0.008	0.2	0.910	570.8	0.084	52.6	0.570	15924.4	0.006	0.1	3507.36	253.95	72765.78	0.2	0.23
基础顶面	0	0.000	1.000	3159.3	0.000	0.0	0.707	68344.9	0.000	0.0	1.000	627.6	0.000	0.0	0.649	18108.0	0.000	0.0	3786.88	0.00	86452.96	0.0	0.00

2. 出屋面和顶点附加集中荷载 F_n、ΔF_n 作用

框架-剪力墙结构在顶点集中荷载 F_n、ΔF_n 作用下的分配系数 $\frac{V_w(\xi)}{V_0}$、$\frac{M_w(\xi)}{M_0}$、$\frac{u(\xi)}{u_H}$ 可查图 7-8～图 7-10 或采用图中公式计算求得，$\lambda=1.346$。

$$V_{02}=507.23+120.38=627.61\text{kN}$$

$$M_{02}=(F_nH_n+\Delta F_nH)=120.38\times47.4+507.23\times43.8\text{m}=27922.91\text{kN}\cdot\text{m}$$

$$u_H=\frac{V_0H^3}{3EI_{eq}}=\frac{627.61\times43.8^3}{3\times2.121\times10^9}=0.0083\text{m},$$

$$\frac{V_f(\xi)}{V_0}=(1-\xi^2)-\frac{V_w(\xi)}{V_0}$$

各层 $V_w(\xi)$、$V(\xi)$、$M_w(\xi)$、$u(\xi)$ 计算结果见表 7-11。

3. 侧移

最大层间水平位移：9 层 $\Delta u=1.97\text{mm}$，$\Delta u/h=\frac{1.97}{3600}=\frac{1}{1828}<\frac{1}{800}$，故满足要求。

4. 剪力墙内力计算

由于②轴与⑦轴剪力墙的布置相同，所以它们承担的剪力与弯矩也相同，因此可以只计算其中一片，本例题选②轴剪力墙计算。

(1) 连梁在地震作用下的内力计算

根据表 7-11 剪力墙的剪力随高度的变化规律，其承受的荷载可近似分解为倒三角形分布荷载与顶端集中力（与三角形荷载方向相反），见图 7-23。

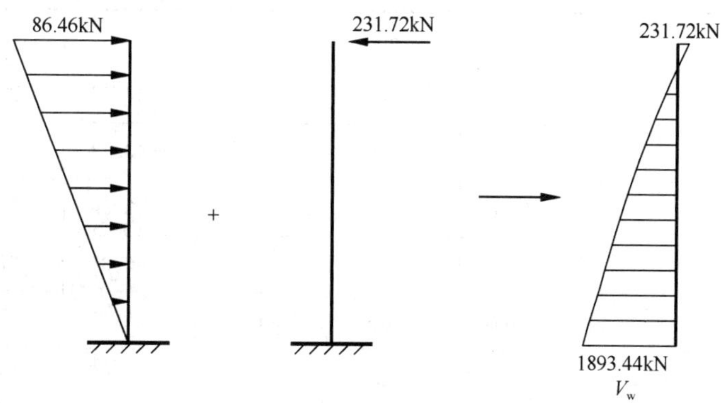

图 7-23　荷载分解图

其中，每片联肢墙由倒三角形分布荷载产生的底部剪力为：$V_{01}=\frac{3786.88}{2}=1893.44\text{kN}$，反算倒三角形分布荷载最大值为 1893.44×2/43.8=86.46kN。

每片联肢墙由顶点集中力产生的底部剪力为：$V_{02}=\frac{-463.45}{2}=-231.72\text{kN}$

双肢墙的连梁剪力与弯矩可按下式计算：

$$V_b = \frac{1}{a}\tau h V_0[(1-\beta)\phi_1 + \phi_2]$$

$$M_b = \frac{1}{2}V_b l_n$$

式中，V_0为每片联肢墙承受的底部总剪力，本例中，双肢墙连梁约束弯矩分配系数 $\eta=1$，洞口两侧墙肢截面形心间距离 a、层高 h、连梁净跨 l_n、τ、β同前；ϕ_1、ϕ_2 为参数，根据附录中的附表 1 相应公式计算：

倒三角形分布荷载时 $\phi_1(\alpha,\xi) = \left(1-\frac{2}{\alpha^2}\right)\left[1-\frac{\cosh\alpha(1-\xi)}{\cosh\alpha}\right] + \frac{2}{\alpha}\frac{\sinh\alpha\xi}{\cosh\alpha} - \xi^2$

$$\phi_2(\xi) = 1-\xi^2$$

顶点集中荷载时 $\phi_1(\alpha,\xi) = 1-\cosh\alpha\xi + \frac{\sinh\alpha\sinh\alpha\xi}{\cosh\alpha}$

$$\phi_2(\xi) = 1$$

各层连梁内力计算结果见表 7-12。

连梁内力计算 **表 7-12**

层号	倒三角形分布荷载作用			顶点集中荷载作用			顶点集中荷载作用+倒三角形分布荷载作用	
	ϕ_1	ϕ_2	V_{b1}（kN）	ϕ_1	ϕ_2	V_{b2}（kN）	V_b（kN）	M_b（kN·m）
11	0.285	0.000	170.46	0.609	1	−44.82	125.64	138.21
10	0.287	0.158	171.91	0.606	1	−44.57	127.33	140.06
9	0.291	0.302	174.67	0.596	1	−43.83	130.83	143.92
8	0.295	0.432	177.31	0.579	1	−42.59	134.72	148.19
7	0.297	0.549	178.53	0.554	1	−40.81	137.72	151.49
6	0.294	0.653	177.11	0.523	1	−38.47	138.64	152.51
5	0.285	0.743	167.89	0.482	1	−34.68	133.22	146.54
4	0.269	0.820	158.38	0.433	1	−31.18	127.20	139.92
3	0.234	0.883	137.49	0.362	1	−25.99	111.50	117.08
2	0.198	0.932	116.66	0.295	1	−21.19	95.48	100.25
1	0.128	0.968	89.90	0.187	1	−15.97	73.94	77.64
−1	0.074	0.993	45.03	0.103	1	−7.61	37.42	39.30

（2）墙肢在地震作用下的内力计算

各层墙肢的弯矩按惯性矩比值分配：

$$M_{i1}=\frac{I_1}{I_1+I_2}M_i,\ M_{i2}=\frac{I_2}{I_1+I_2}M_i,\ M_i=M_{pi}-\sum_{k=1}^{n}M_{0k}$$

$M_{0k}=\tau h V_0[(1-\beta)\phi_1+\beta\phi_2]=V_b a$，两墙肢对称，故 $M_{i1}=M_{i2}=\frac{1}{2}M_i$。

各层墙肢的剪力按墙肢折算惯性矩 I' 分配：

$V_{i1}=\frac{I'_1}{I'_1+I'_2}V_{pi}$，$V_{i2}=\frac{I'_2}{I'_1+I'_2}V_{pi}$，两墙肢对称，$V_{i1}=V_{i2}=\frac{1}{2}V_{pi}$。

墙肢各层截面由于约束弯矩引起的轴力 $N=\sum_{k=1}^{n}V_{bk}$。

墙肢在地震作用下的内力计算，见表 7-13。

墙肢在地震作用下的内力计算　　表 7-13

层号	②轴剪力墙				墙肢		
	M_p (kN·m)	M_{0k} (kN·m)	M_i (kN·m)	V_{pi} (kN)	M_{i1} (kN·m)	V_{i1} (kN)	N_i (kN)
11	0.00	1084.54	−1084.54	−231.72	−542.27	−115.86	125.64
10	−408.23	1099.13	−2591.89	15.80	−1295.95	7.90	252.97
9	61.93	1129.35	−3251.07	242.30	−1625.54	121.15	383.81
8	1373.33	1162.91	−3102.58	452.90	−1551.29	226.45	518.53
7	3423.71	1188.78	−2240.99	645.06	−1120.49	322.53	656.24
6	6180.09	1196.76	−681.37	823.97	−340.68	411.99	794.89
5	9551.38	1149.94	1539.98	991.44	769.99	495.72	928.10
4	13595.71	1097.99	4486.31	1149.82	2243.16	574.91	1055.30
3	18233.14	965.29	8158.45	1302.65	4079.23	651.32	1166.81
2	23358.63	826.54	12457.41	1448.17	6228.71	724.08	1262.29
1	29088.40	633.43	17553.75	1589.94	8776.88	794.97	1336.22
−1	36382.89	320.61	24527.63	1753.68	12263.81	876.84	1373.65
基础顶面	43226.48		31371.22	1893.44	15685.61	946.72	1373.65

5. 框架内力计算

对 $V_f < 0.2V_0$ 的楼层，设计时 V_f 取 $1.5V_{max,f}$ 和 $0.2V_0$ 中的较小值。$V_{max,f}$ 为各层框架部分所承担总剪力中的最大值。由表 7-11 可见 5 层的 V_f 最大，即 $V_{max,f}=831.17\text{kN}$。

$$1.5 \times V_{max,f} = 1.5 \times 831.17 = 1413.00\text{kN}$$

$$0.2V_0 = 0.2 \times 3786.88 = 757.38\text{kN}$$

由表 7-11 可见，-1～4、8～11 层的 V_f 均小于 757.38kN，故应对这几层剪力进行调整，即 V_f 取 757.38kN。

总框架的剪力 V_f 按各柱的 D_j 分配到各柱上，即 $V_j = \dfrac{D_j}{\sum\limits_{i=1}^{n} D_{ij}} V_f$，计算结果见表 7-14。

地震作用下框架柱剪力计算　　表 7-14

层号	V_{fi} (kN)	$\sum\limits_{j=1}^{n} D_j \times 10^5$ (kN/m)	单柱抗侧移刚度 $D_j \times 10^4$ (kN/m)				柱剪力 V_j (kN)			
			中框架		边框架		中框架		边框架	
			边柱	中柱	边柱	中柱	边柱	中柱	边柱	中柱
11	757.38	4.52	1.68	2.27	1.41	1.99	28.16	38.08	23.59	33.27
10	757.38	4.52	1.68	2.27	1.41	1.99	28.16	38.08	23.59	33.27
9	757.38	4.52	1.68	2.27	1.41	1.99	28.16	38.08	23.59	33.27
8	757.38	4.52	1.68	2.27	1.41	1.99	28.16	38.08	23.59	33.27
7	790.57	4.62	1.72	2.31	1.45	2.03	29.47	39.62	24.75	34.71
6	825.00	4.90	1.82	2.46	1.53	2.15	30.68	41.48	25.69	36.24
5	831.17	4.90	1.82	2.46	1.53	2.15	30.91	41.79	25.89	36.51
4	804.35	4.90	1.82	2.46	1.53	2.15	29.91	40.45	25.05	35.33
3	757.38	6.55	2.32	3.48	1.86	2.89	26.89	40.29	21.55	33.44
2	757.38	6.55	2.32	3.48	1.86	2.89	26.89	40.29	21.55	33.44
1	757.38	4.85	1.64	2.40	2.02	2.02	25.59	37.57	31.51	31.51
−1	757.38	10.7	4.00	5.12	4.00	4.42	28.40	36.36	28.40	31.42

在地震作用下梁、柱端弯矩计算结果见表 7-15（注：本例仅计算③轴框架内力）。

在地震作用下③轴框架内力见图 7-24 和图 7-25。

图中梁剪力为梁弯矩图的斜率 $V=(M_{左}+M_{右})/l$，柱轴力是将各层梁端剪力叠加而得。

③轴框架在地震作用下梁、柱端弯矩计算　　表 7-15

层号		V_{ji} (kN)	$\bar{K}$	$\alpha_1=\frac{i_1+i_2}{i_3+i_4}$	$\alpha_2=\frac{h_{i+1}}{h_i}$	$\alpha_3=\frac{h_{i-1}}{h_i}$	y_0	y_1	y_2	y_3	$y=y_0+y_1+y_2+y_3$	$M_{ij}^{上}$ (kN·m)	$M_{ij}^{下}$ (kN·m)	M_{bi}^{l} (kN·m)	M_{bi}^{r} (kN·m)
11	边柱	28.16	1.44	1	0	1	0.37	0	0	0	0.37	63.68	37.70		63.68
	中柱	38.08	2.60	1	0	1	0.43	0	0	0	0.43	78.12	58.98	43.13	34.98
10	边柱	28.16	1.44	1	1	1	0.42	0	0	0	0.42	58.61	42.77		96.31
	中柱	38.08	2.60	1	1	1	0.45	0	0	0	0.45	75.40	61.69	74.20	60.19
9	边柱	28.16	1.44	1	1	1	0.45	0	0	0	0.45	55.76	45.62		98.53
	中柱	38.08	2.60	1	1	1	0.48	0	0	0	0.48	71.26	65.84	73.41	59.54
8	边柱	28.16	1.44	1	1	1	0.45	0	0	0	0.45	55.76	45.62		101.38
	中柱	38.08	2.60	1	1	1	0.48	0	0	0	0.48	71.26	65.84	75.70	61.40
7	边柱	29.47	1.50	0.92	1	1	0.47	0	0	0	0.47	55.71	50.39		101.34
	中柱	39.62	2.71	0.92	1	1	0.50	0	0	0	0.50	71.31	71.31	75.73	61.42
6	边柱	30.68	1.44	1	1	1	0.50	0	0	0	0.50	55.22	55.22		105.60
	中柱	41.48	2.60	1	1	1	0.50	0	0	0	0.50	74.67	74.67	80.60	65.38
5	边柱	30.91	1.44	1	1	1	0.50	0	0	0	0.50	55.63	55.63		110.85
	中柱	41.79	2.60	1	1	1	0.50	0	0	0	0.50	75.23	75.23	82.77	67.13
4	边柱	29.91	1.44	1	1	1	0.50	0	0	0	0.50	53.83	53.83		109.46
	中柱	40.45	2.60	1	1	1	0.50	0	0	0	0.50	72.80	72.80	81.73	66.30
3	边柱	26.89	0.69	1	1	1	0.50	0	0	0	0.50	48.40	48.40		102.24
	中柱	40.29	1.26	1	1	1	0.50	0	0	0	0.50	72.51	72.51	80.24	65.08
2	边柱	26.89	0.69	1	0.86	1.17	0.50	0	0	0	0.50	48.40	48.40		96.80
	中柱	40.29	1.26	1	0.86	1.17	0.50	0	0	0	0.50	72.51	72.51	80.08	64.95
1	边柱	25.59	0.81	1	1.17	0.86	0.50	0	0	0	0.50	53.74	53.74		102.14
	中柱	37.57	1.47	1	1.17	0.86	0.50	0	0	0	0.50	78.90	78.90	83.60	67.81
−1	边柱	28.40	0.69	1	0.86	0	0.70	0	0	0	0.70	30.68	71.58		84.42
	中柱	36.36	1.47	1	0.86	0	0.63	0	0	0	0.63	48.85	82.03	70.54	57.21

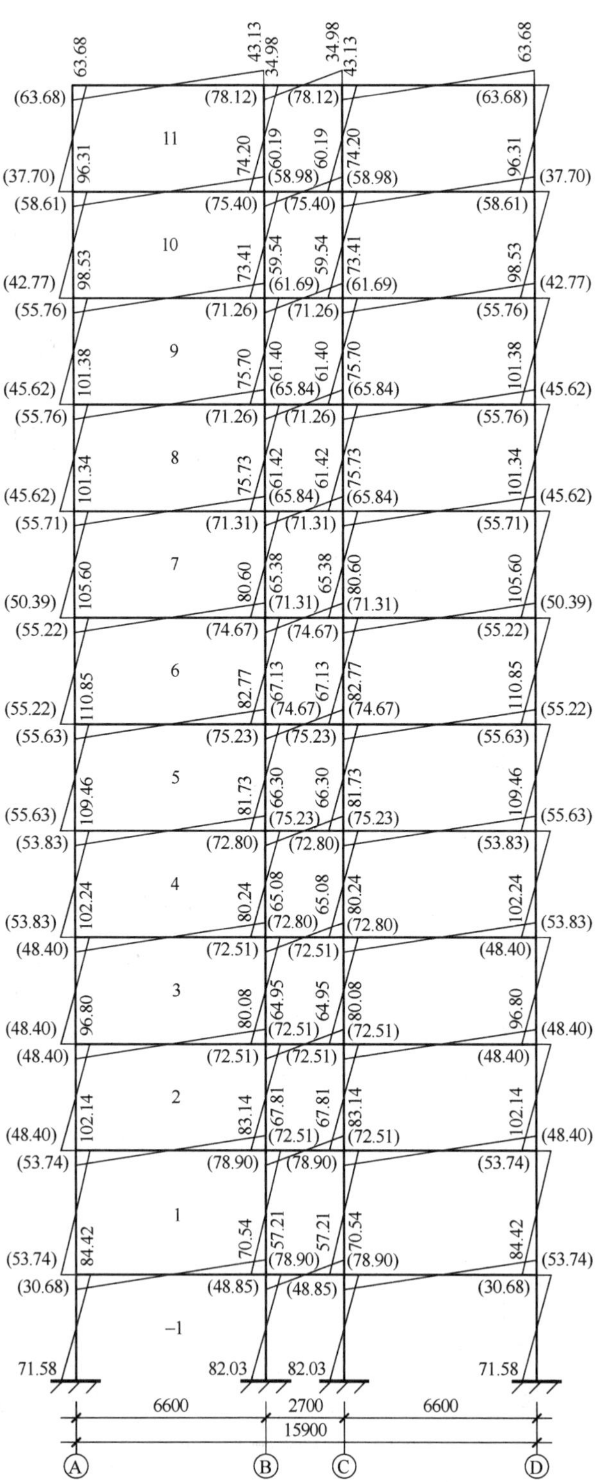

图 7-24　左地震弯矩图（kN・m）

注：括号内数值代表柱弯矩。

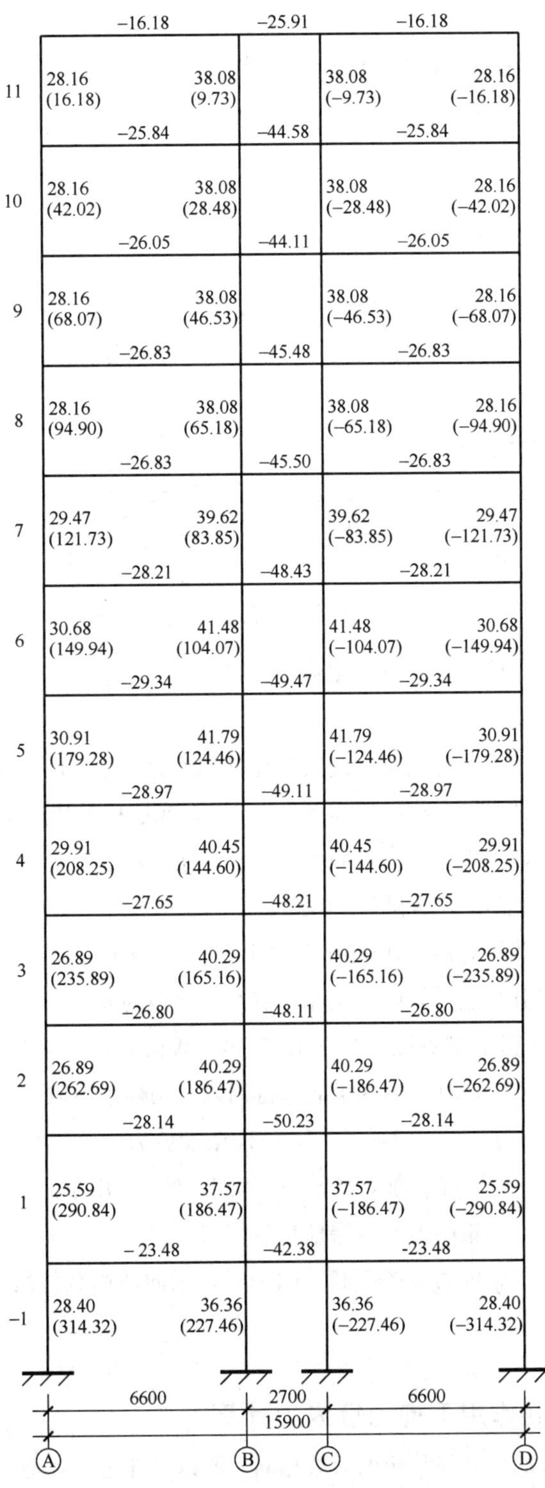

图 7-25　左地震作用下框架梁端剪力、柱剪力、柱轴力（kN）

注：括号内数值代表柱轴力。

7.6.7 竖向荷载作用下框架内力计算

由图 7-19 可以看出，横向框架应选取①轴、③轴、④轴、⑤轴框架计算，纵向框架应选取Ⓐ轴、Ⓑ轴、Ⓒ轴、Ⓓ轴框架计算。由于篇幅所限，这里仅给出③轴横向框架的内力计算。

1. 计算简图

梯形分布荷载，如图 7-26（a）所示，折算成等效均布荷载 $q=(1-2a^2+a^3)p$。

三角形分布荷载，如图 7-26（b）所示，折算成等效均布荷载 $q=5p/8$。

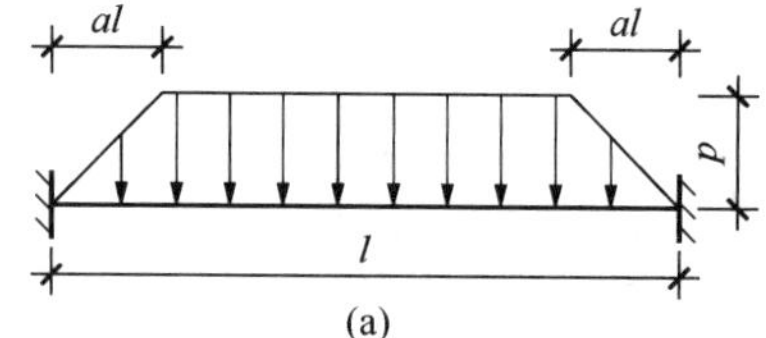

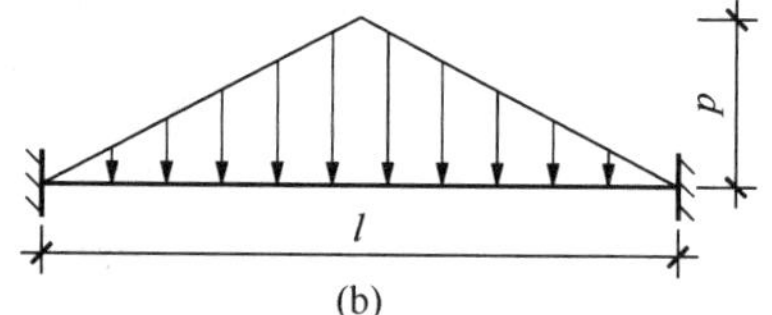

图 7-26 梯形及三角形荷载分布图

竖向荷载作用下③轴框架的计算简图见图 7-27、图 7-28。

2. 用分层法解框架内力

框架在竖向荷载作用下，可采用分层法计算框架内力，用分层法时，除底层外，上层各柱线刚度均乘以 0.9 进行修正，柱的传递系数取 1/3，底层柱的传递系数取 1/2。

本例题活荷载较小，可不考虑活荷载不利布置，按全部满布计算。计算所得的梁跨中弯矩乘以系数 1.1，以考虑活荷载不利布置的影响。

③轴框架结构和荷载均对称，在中跨梁线刚度折减一半以后，力矩不再在中跨传递，仅计算半边框架。用力矩分配法计算时，梁端节点约束弯矩为 $ql^2/12$。

恒荷载按分层法计算结果见图 7-29～图 7-36，活荷载按分层法计算结果见图 7-37～图 7-44。在竖向荷载作用下，对梁端弯矩应进行调幅，调幅系数取 0.9。

梁跨中弯矩 $M_{跨中}=ql^2/8-(M_{左}+M_{右})/2$，梁端剪力应将荷载直接引起的剪力 $ql/2$ 与弯矩引起的剪力 $(M_{左}+M_{右})/l$ 相加，柱轴力应将上层传下来的轴力、本层横梁端部剪力产生的轴力、本层纵梁传来的集中力与本层柱自重相加。

竖向恒荷载作用下框架内力见图 7-45、图 7-46，竖向活荷载作用下框架内力见图 7-47、图 7-48。

7.6.8 竖向荷载作用下剪力墙内力计算

因 4 片横向剪力墙的尺寸与承担的荷载相同，所以可任选一片剪力墙进行计算，本例取②轴 AB 跨剪力墙。剪力墙在竖向恒荷载、活荷载作用下各层的轴力分别见表 7-16、表 7-17。

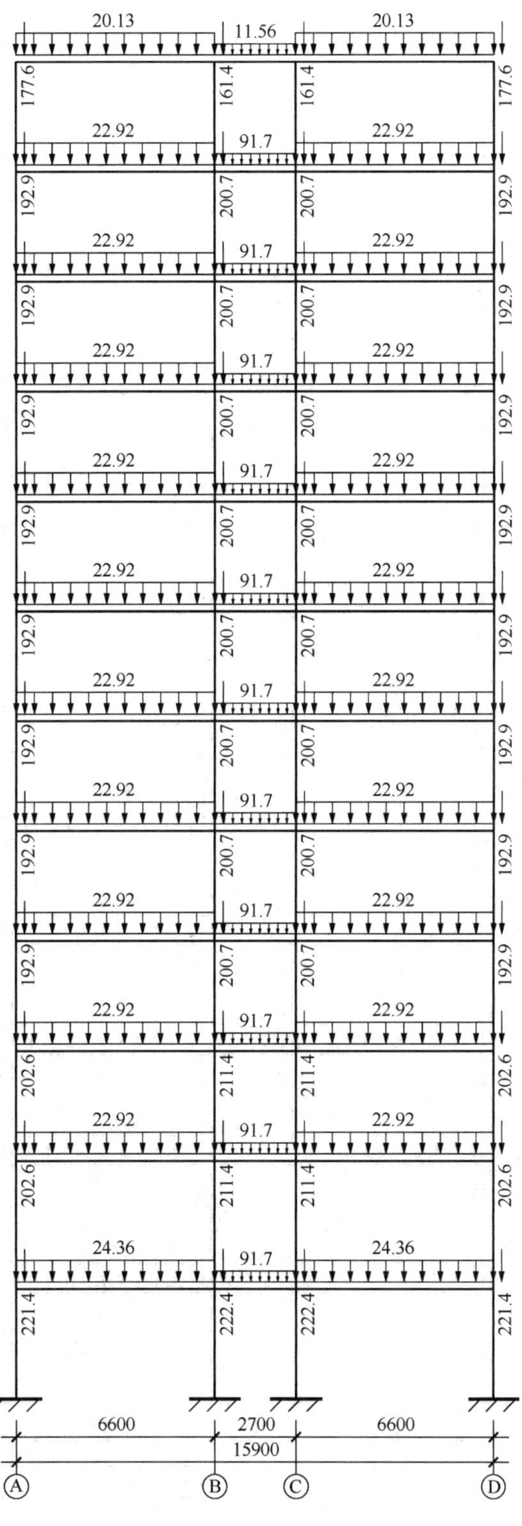

图 7-27　恒荷载图（单位：kN）

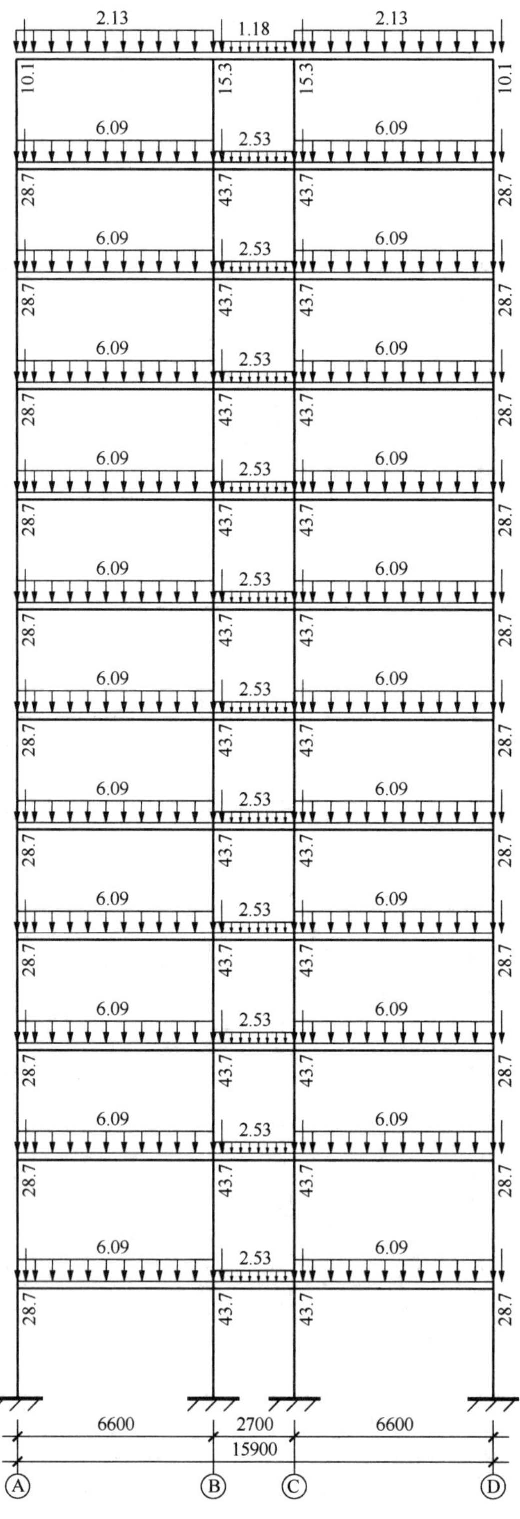

图 7-28　活荷载图（单位：kN）

	上柱	下柱	右梁
i		2.85	6.25
修正后的i		2.57	6.25
分配系数		0.291	0.709
			−73.08
		21.27	51.81
			−22.63
		6.59	16.05
			−1.98
		0.58	1.40
		28.44	−28.43
		9.48	

左梁	上柱	下柱	右梁
6.25		4.35	5.07
6.25		3.92	2.54
0.492		0.308	0.200
73.08			−7.02
25.91			
−45.25		−28.33	−18.40
8.03			
−3.95		−2.47	−2.10
0.70			
−0.34		−0.22	−0.14
58.18		−31.02	−27.66
		−10.34	

图 7-29　11 层内力计算（恒荷载）

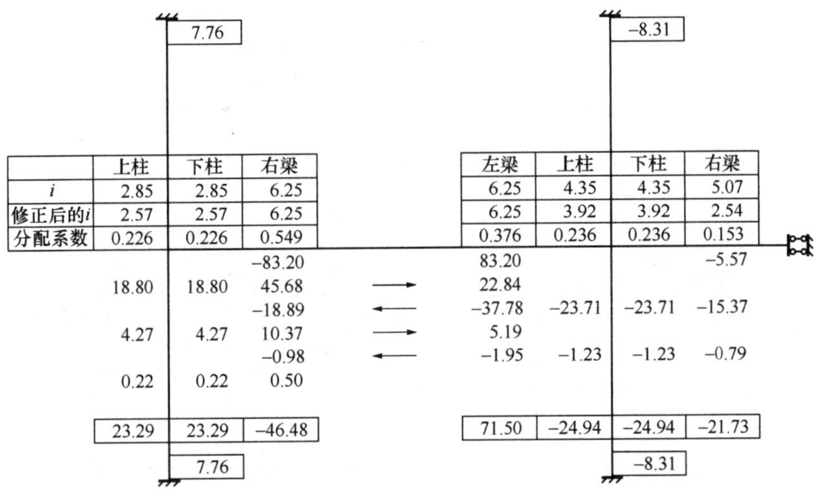

图 7-30　7～10 层内力计算（恒荷载）

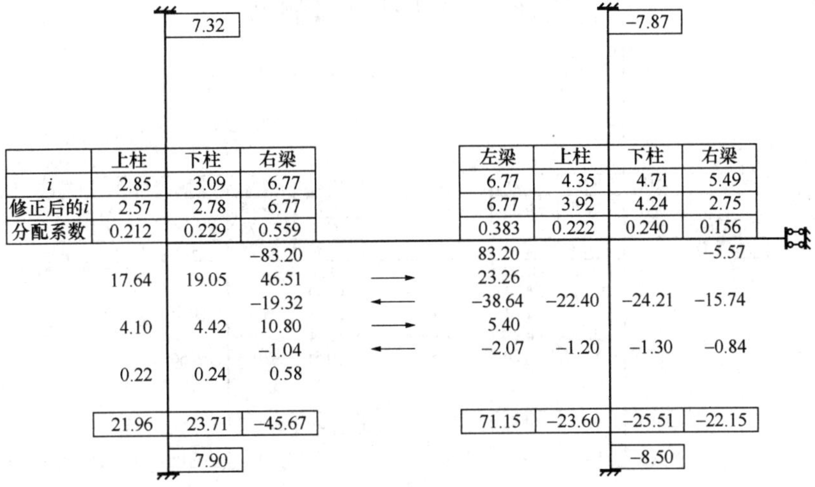

图 7-31　6 层内力计算（恒荷载）

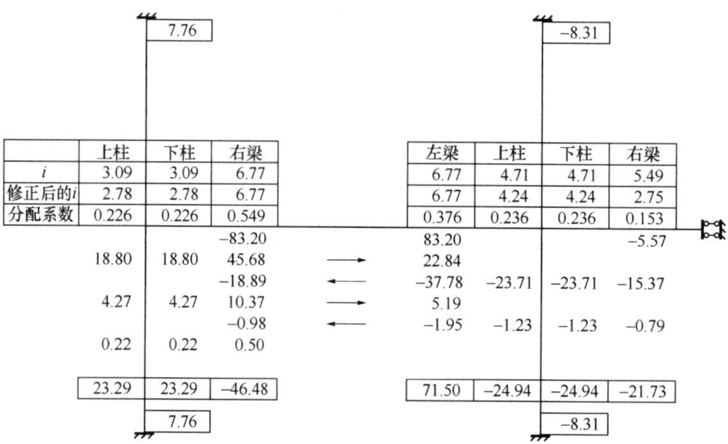

图 7-32　4～5 层内力计算（恒荷载）

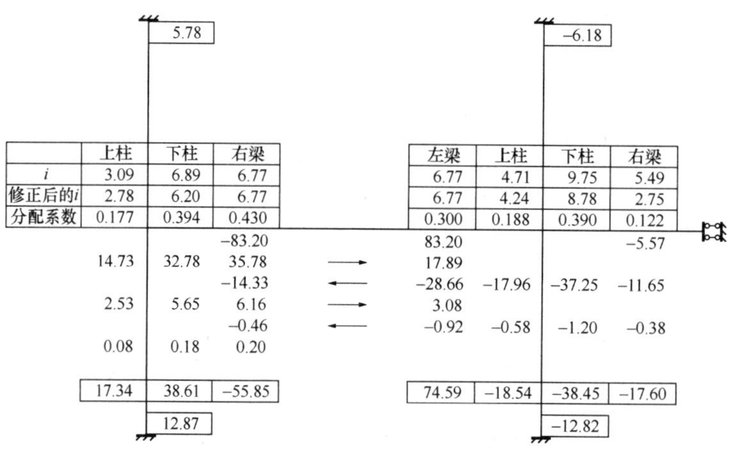

图 7-33　3 层内力计算（恒荷载）

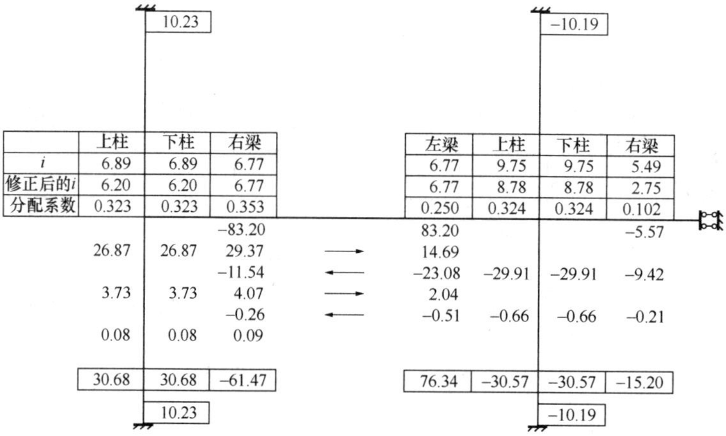

10.23

-10.19

	上柱	下柱	右梁
i	6.89	6.89	6.77
修正后的i	6.20	6.20	6.77
分配系数	0.323	0.323	0.353

左梁	上柱	下柱	右梁
6.77	9.75	9.75	5.49
6.77	8.78	8.78	2.75
0.250	0.324	0.324	0.102

-83.20　83.20　-5.57

26.87　26.87　29.37　→　14.69

-11.54　←　-23.08　-29.91　-29.91　-9.42

3.73　3.73　4.07　→　2.04

-0.26　←　-0.51　-0.66　-0.66　-0.21

0.08　0.08　0.09

30.68　30.68　-61.47　　76.34　-30.57　-30.57　-15.20

10.23

-10.19

图 7-34　2 层内力计算（恒荷载）

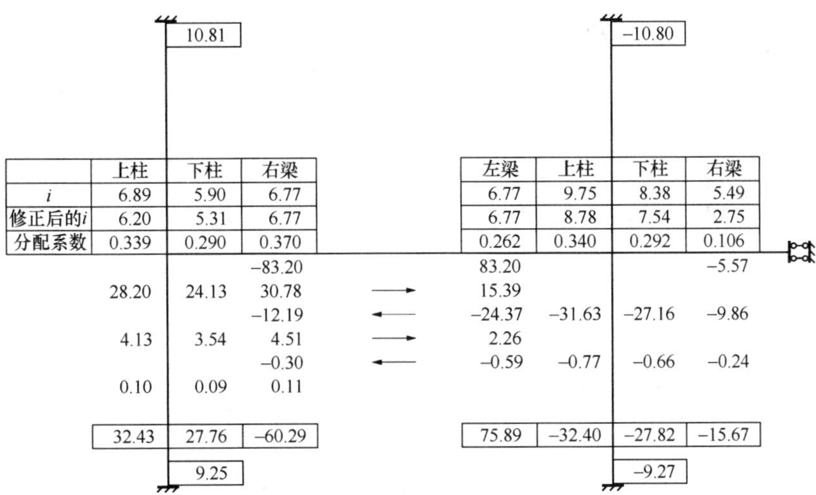

10.81
-10.80
上柱 下柱 右梁
i 6.89 5.90 6.77
修正后的i 6.20 5.31 6.77
分配系数 0.339 0.290 0.370
左梁 上柱 下柱 右梁
6.77 9.75 8.38 5.49
6.77 8.78 7.54 2.75
0.262 0.340 0.292 0.106
-83.20
28.20 24.13 30.78
-12.19
4.13 3.54 4.51
-0.30
0.10 0.09 0.11
83.20 -5.57
15.39
-24.37 -31.63 -27.16 -9.86
2.26
-0.59 -0.77 -0.66 -0.24
32.43 27.76 -60.29
75.89 -32.40 -27.82 -15.67
9.25
-9.27

图 7-35　1 层内力计算（恒荷载）

9.44
-9.45
上柱 下柱 右梁
i 5.90 6.89 6.77
修正后的i 5.31 6.89 6.77
分配系数 0.280 0.363 0.357
左梁 上柱 下柱 右梁
6.77 8.38 9.75 5.49
6.77 7.54 9.75 2.75
0.253 0.281 0.364 0.103
-88.43
24.76 32.10 31.57
-12.48
3.49 4.53 4.46
-0.28
0.08 0.10 0.10
88.43 -5.57
15.79
-24.96 -27.72 -35.91 -10.16
2.23
-0.56 -0.63 -0.81 -0.23
28.33 36.73 -65.06
80.93 -28.35 -36.72 -15.96
18.37
-18.36

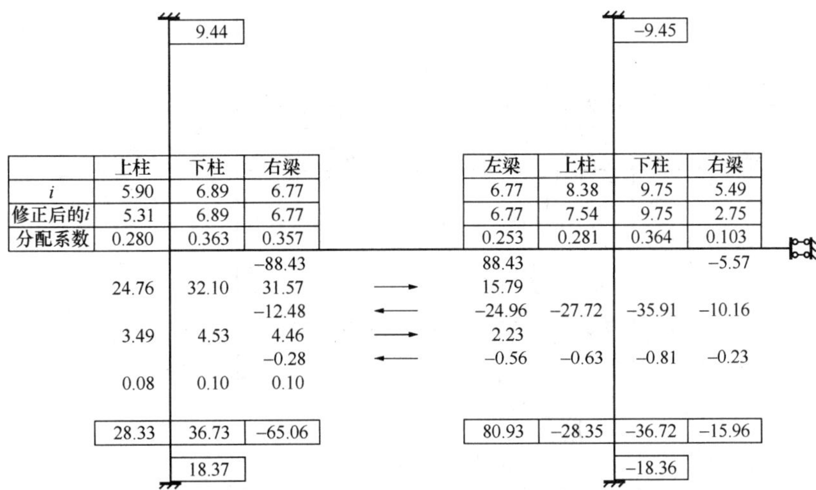

图 7-36　−1 层内力计算（恒荷载）

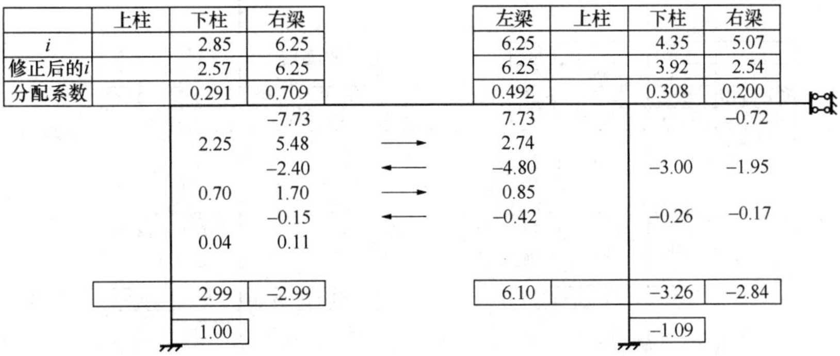

上柱 下柱 右梁
i 2.85 6.25
修正后的i 2.57 6.25
分配系数 0.291 0.709
左梁 上柱 下柱 右梁
6.25 4.35 5.07
6.25 3.92 2.54
0.492 0.308 0.200
-7.73
2.25 5.48
-2.40
0.70 1.70
-0.15
0.04 0.11
7.73 -0.72
2.74
-4.80 -3.00 -1.95
0.85
-0.42 -0.26 -0.17
2.99 -2.99
6.10 -3.26 -2.84
1.00
-1.09

图 7-37　11 层内力计算（活荷载）

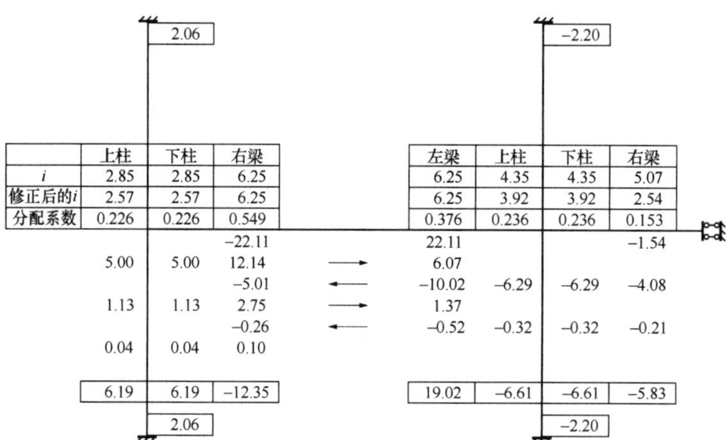

	上柱	下柱	右梁		左梁	上柱	下柱	右梁
	2.06					-2.20		
i	2.85	2.85	6.25		6.25	4.35	4.35	5.07
修正后的i	2.57	2.57	6.25		6.25	3.92	3.92	2.54
分配系数	0.226	0.226	0.549		0.376	0.236	0.236	0.153
			-22.11		22.11			-1.54
	5.00	5.00	12.14	→	6.07			
			-5.01	←	-10.02	-6.29	-6.29	-4.08
	1.13	1.13	2.75	→	1.37			
			-0.26	←	-0.52	-0.32	-0.32	-0.21
	0.04	0.04	0.10					
	6.19	6.19	-12.35		19.02	-6.61	-6.61	-5.83
		2.06					-2.20	

图 7-38　7～10 层内力计算（活荷载）

	上柱	下柱	右梁		左梁	上柱	下柱	右梁
	1.94					-2.09		
i	2.85	3.09	6.77		6.77	4.35	4.71	5.49
修正后的i	2.57	2.78	6.77		6.77	3.92	4.24	2.75
分配系数	0.212	0.229	0.559		0.383	0.222	0.240	0.156
			-22.11		22.11			-1.54
	4.69	5.06	12.36	→	6.18			
			-5.12	←	-10.25	-5.94	-6.42	-4.17
	1.09	1.17	2.86	→	1.43			
			-0.27	←	-0.55	-0.32	-0.34	-0.22
	0.06	0.06	0.15					
	5.83	6.30	-12.13		18.93	-6.26	-6.76	-5.94
		2.10					-2.25	

图 7-39　6 层内力计算（活荷载）

	上柱	下柱	右梁		左梁	上柱	下柱	右梁
	2.06					-2.20		
i	2.85	2.85	6.25		6.25	4.35	4.35	5.07
修正后的i	2.57	2.57	6.25		6.25	3.92	3.92	2.54
分配系数	0.226	0.226	0.549		0.376	0.236	0.236	0.153
			-22.11		22.11			-1.54
	5.00	5.00	12.14	→	6.07			
			-5.01	←	-10.02	-6.29	-6.29	-4.08
	1.13	1.13	2.75	→	1.37			
			-0.26	←	-0.52	-0.32	-0.32	-0.21
	0.06	0.06	0.14					
	6.19	6.19	-12.35		19.02	-6.61	-6.61	-5.83
		2.06					-2.20	

图 7-40　4～5 层内力计算（活荷载）

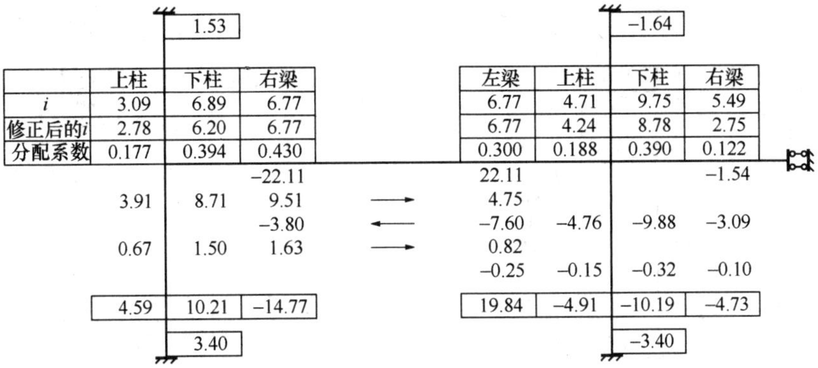

1.53　　　　　　　　　　　　　　　　　−1.64

	上柱	下柱	右梁
i	3.09	6.89	6.77
修正后的i	2.78	6.20	6.77
分配系数	0.177	0.394	0.430
			−22.11
	3.91	8.71	9.51
			−3.80
	0.67	1.50	1.63
	4.59	10.21	−14.77

左梁	上柱	下柱	右梁
6.77	4.71	9.75	5.49
6.77	4.24	8.78	2.75
0.300	0.188	0.390	0.122
22.11			−1.54
4.75			
−7.60	−4.76	−9.88	−3.09
0.82			
−0.25	−0.15	−0.32	−0.10
19.84	−4.91	−10.19	−4.73

3.40　　　　　　　　　　　　　　　　　−3.40

图 7-41　3 层内力计算（活荷载）

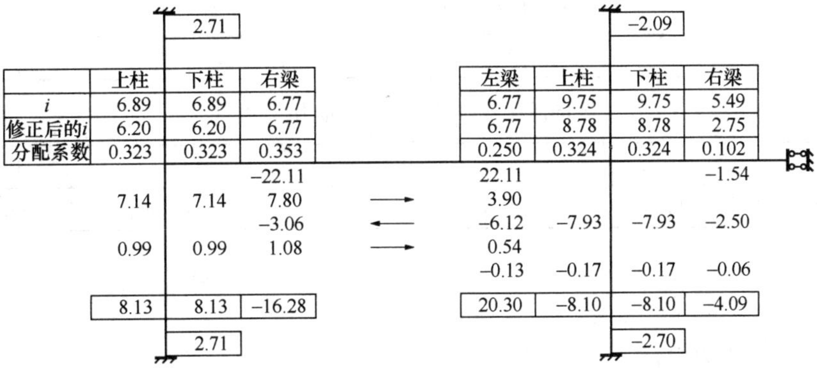

2.71　　　　　　　　　　　　　　　　　−2.09

	上柱	下柱	右梁
i	6.89	6.89	6.77
修正后的i	6.20	6.20	6.77
分配系数	0.323	0.323	0.353
			−22.11
	7.14	7.14	7.80
			−3.06
	0.99	0.99	1.08
	8.13	8.13	−16.28

左梁	上柱	下柱	右梁
6.77	9.75	9.75	5.49
6.77	8.78	8.78	2.75
0.250	0.324	0.324	0.102
22.11			−1.54
3.90			
−6.12	−7.93	−7.93	−2.50
0.54			
−0.13	−0.17	−0.17	−0.06
20.30	−8.10	−8.10	−4.09

2.71　　　　　　　　　　　　　　　　　−2.70

图 7-42　2 层内力计算（活荷载）

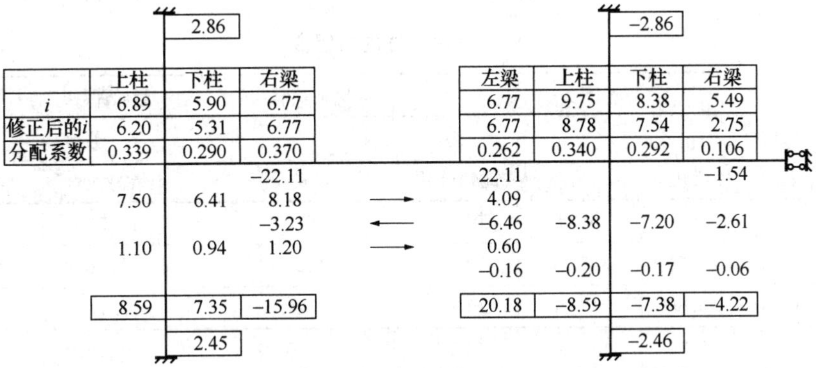

2.86　　　　　　　　　　　　　　　　　−2.86

	上柱	下柱	右梁
i	6.89	5.90	6.77
修正后的i	6.20	5.31	6.77
分配系数	0.339	0.290	0.370
			−22.11
	7.50	6.41	8.18
			−3.23
	1.10	0.94	1.20
	8.59	7.35	−15.96

左梁	上柱	下柱	右梁
6.77	9.75	8.38	5.49
6.77	8.78	7.54	2.75
0.262	0.340	0.292	0.106
22.11			−1.54
4.09			
−6.46	−8.38	−7.20	−2.61
0.60			
−0.16	−0.20	−0.17	−0.06
20.18	−8.59	−7.38	−4.22

2.45　　　　　　　　　　　　　　　　　−2.46

图 7-43　1 层内力计算（活荷载）

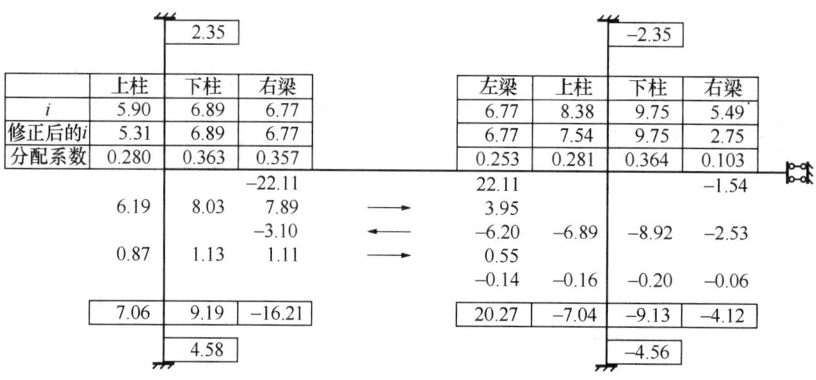

图 7-44　－1 层内力计算（活荷载）

竖向恒荷载作用下剪力墙轴力（kN）　　**表 7-16**

层号	－1	1	2	3	4	5	6	7	8	9	10	11
N(kN)	5986.0	5457.2	4911.4	4409.0	3906.6	3424.5	2942.4	2460.3	1978.2	1496.1	1014.0	531.9

竖向活荷载作用下剪力墙轴力（kN）　　**表 7-17**

层号	－1	1	2	3	4	5	6	7	8	9	10	11
N(kN)	1082.8	987.4	892.0	796.6	701.2	605.8	510.4	415.0	319.6	224.2	128.8	33.4

7.6.9 内力组合

1. 框架梁柱内力组合

本例仅给出③轴框架Ⓐ轴底层柱及 AB 跨框架梁内力组合。

从图 7-46 可知，柱底轴力标准值为 $N_{底}$＝3213.5kN，柱顶轴力标准值为 $N_{顶}$＝3182.2kN。

楼面活荷载作用下的柱轴力可折减，即 544.7kN×0.6＝326.8kN，组合结果见表 7-18。

Ⓐ-③轴底层柱内力组合　　**表 7-18**

位置		内力	荷载类别			竖向荷载组合	竖向荷载与地震作用组合	
			① 恒荷载	② 活荷载	③ 地震作用	1.3①＋1.5②	1.3（①＋0.5②）＋1.4③	
							与左震组合	与右震组合
－1 层	柱顶	M	36.70	9.20	∓30.68	61.51	10.74	96.64
		N	3182.20	326.80	∓314.32	4627.06	3909.24	4789.32
		V	－15.30	－3.80	±28.40	－25.59	17.41	－62.13
	柱底	M	－18.40	－4.60	∓71.58	－30.82	－127.12	73.30
		N	3213.50	326.80	∓314.32	4667.75	4830.01	3949.93
		V	－15.30	－3.80	±28.40	－25.59	17.41	－62.13
1 层	柱底	M	28.30	7.10	∓53.72	47.44	－33.83	116.64

注：弯矩单位为“kN·m”，剪力、轴力单位为“kN”。

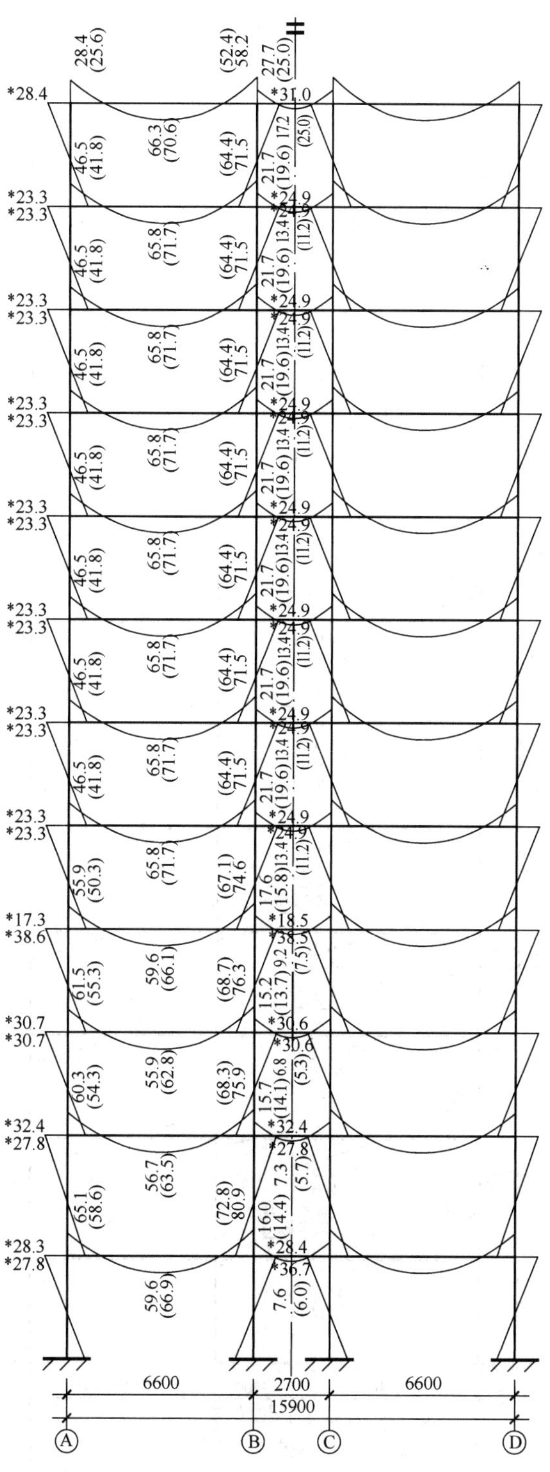

图 7-45　竖向恒荷载作用下框架弯矩图（kN・m）

注：（　）代表梁调幅后弯矩、＊代表柱弯矩。

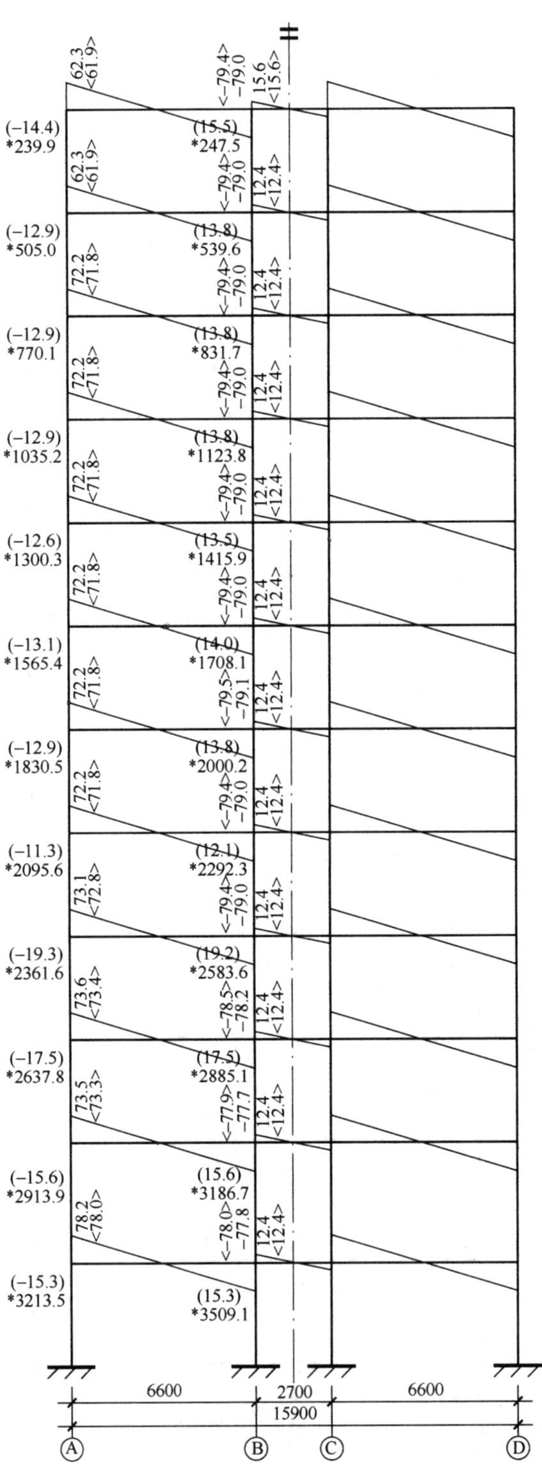

图 7-46 竖向恒荷载作用下框架梁调幅后的剪力（kN）

注：< >代表调幅前剪力、（ ）代表柱剪力、*代表柱轴力。

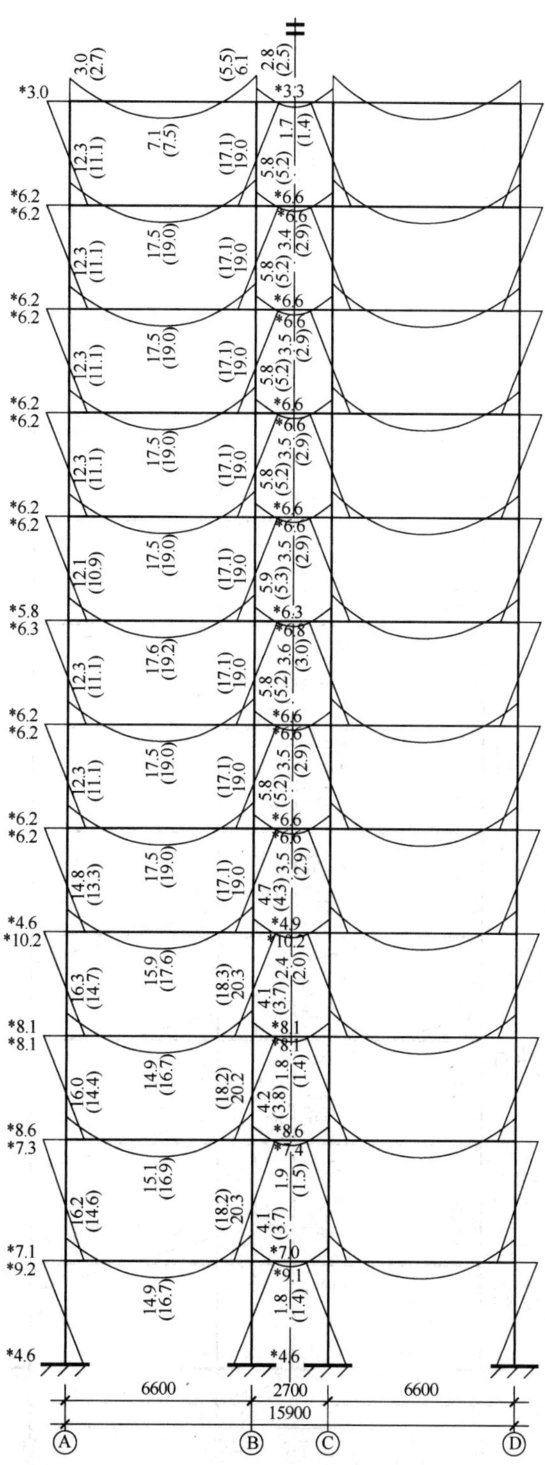

图 7-47 竖向活荷载作用下框架弯矩图（kN・m）

注：（ ）代表梁调幅后弯矩、＊代表柱弯矩。

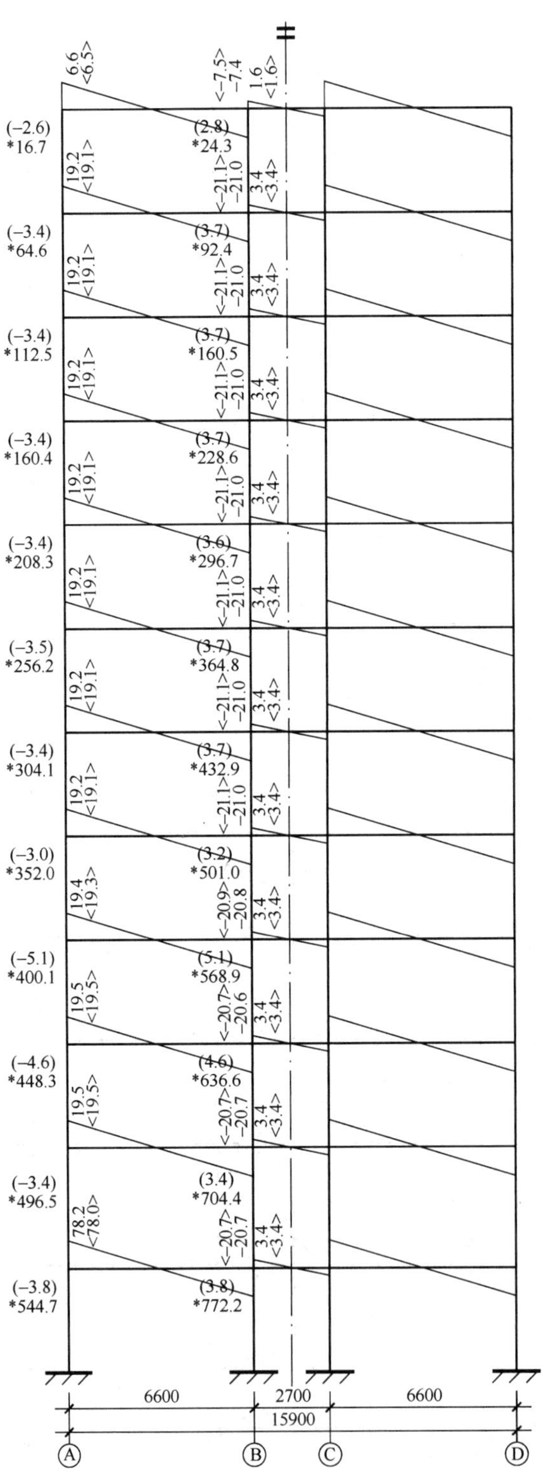

图 7-48　竖向活荷载作用下框架梁调幅后的剪力（kN）

注：<　　>代表调幅前剪力、(　) 代表柱剪力、* 代表柱轴力。

底层③轴 AB 跨梁内力组合见表 7-19。

底层③轴 AB 跨梁内力组合　　**表 7-19**

位置		内力	荷载类别			竖向荷载组合	竖向荷载与地震作用组合	
			① 恒荷载	② 活荷载	③ 地震作用	1.3①+1.4②	1.3（①+0.5②）+1.4③	
							与左震组合	与右震组合
−1层	Ⓐ右	M	−58.60	−14.60	±84.42	−98.08	32.52	−203.86
		V	78.20	19.50	∓23.48	130.91	81.47	147.20
	Ⓑ左	M	−72.80	−18.20	∓70.54	−121.94	−205.22	−7.72
		V	−82.60	−20.70	∓23.48	−138.43	−153.70	−87.97
	跨中	M	66.90	1.1×16.70	±6.94	114.53	108.63	89.19

2. 剪力墙内力组合

本例仅对−1 层剪力墙一个墙肢内力组合，组合结果见表 7-20；其他部位剪力墙内力组合从略。

−1 层剪力墙内力组合　　**表 7-20**

位置	内力	荷载类别			竖向荷载与地震作用组合	
		① 恒荷载	② 活荷载	③ 地震作用	1.3（①+0.5②）+1.4③	
					与左震组合	与右震组合
−1层	M（kN·m）	0.0	0.0	±15685.61	21959.85	−21959.85
	N（kN）	5986.0	1082.8	∓1373.65	6562.51	10408.73
	V（kN）	0.0	0.0	±946.72	1325.41	−1325.41

3. 连梁内力组合

由表 7-12 可知，连梁最大剪力发生在第 6 层，因此对第 6 层连梁（剪力最大）的内力进行组合。

竖向恒荷载作用下支座弯矩为$-ql^2/12=-9.17\times2.1^2/12=-3.37$kN·m

竖向恒荷载作用下跨中弯矩为$ql^2/24=9.17\times2.1^2/24=-1.68$kN·m

竖向恒荷载作用下支座剪力为$V=ql/2=9.17\times2.1/2=9.63$kN

竖向活荷载作用下支座弯矩为$-ql^2/12=-2.53\times2.1^2/12=-0.93$kN·m

竖向活荷载作用下跨中弯矩为$ql^2/24=2.53\times2.1^2/24=0.47$kN·m

竖向活荷载作用下支座剪力为$V=ql/2=2.53\times2.1/2=2.66$kN

左地震作用下连梁的内力：由表 7-12 可知连梁的剪力为 138.64kN，支座弯矩为 152.51kN·m。连梁内力组合见表 7-21。

6层连梁内力组合 **表 7-21**

<table>
<tr><td rowspan="3" colspan="2">位置</td><td rowspan="3">内力</td><td colspan="3">荷载类别</td><td>竖向荷载组合</td><td colspan="2">竖向荷载与地震作用组合</td></tr>
<tr><td>①</td><td>②</td><td>③</td><td rowspan="2">1.3①+1.5②</td><td colspan="2">1.3(①+0.5②)+1.4③</td></tr>
<tr><td>恒荷载</td><td>活荷载</td><td>地震作用</td><td>与左震组合</td><td>与右震组合</td></tr>
<tr><td rowspan="4">5层连梁</td><td rowspan="2">支座Ⓑ右</td><td>M (kN·m)</td><td>−3.37</td><td>−0.93</td><td>∓152.51</td><td>−5.78</td><td>−218.50</td><td>208.34</td></tr>
<tr><td>V (kN)</td><td>9.63</td><td>2.66</td><td>∓138.64</td><td>16.51</td><td>208.34</td><td>−179.85</td></tr>
<tr><td rowspan="2">跨中</td><td>M (kN·m)</td><td>1.68</td><td>0.47</td><td>0</td><td>2.89</td><td>2.49</td><td>2.49</td></tr>
<tr><td>V (kN)</td><td>0</td><td>0</td><td>0</td><td>0</td><td>0</td><td>0</td></tr>
</table>

7.6.10 重力二阶效应及结构稳定计算

倒三角形分布荷载作用下 $\lambda=1.343$，查图 7-7，$\dfrac{u(1.0)}{u_{\mathrm{H}}}=0.591$，$u_{\mathrm{H}}=\dfrac{11V_0H^3}{60EI_{\mathrm{eq}}}$。

倒三角形分布荷载作用下顶点位移 $\Delta=\dfrac{11V_0H^3}{60EJ_{\mathrm{d}}}$，$EJ_{\mathrm{d}}$ 为整个结构的等效侧向刚度。

由 $u(1.0)=\Delta$ 得，$EJ_{\mathrm{d}}=\dfrac{EI_{\mathrm{eq}}}{0.591}=1.693EI_{\mathrm{eq}}$，

$EJ_{\mathrm{d}}=1.693EI_{\mathrm{eq}}=1.693\times2.132\times10^9=3.609\times10^9\ \mathrm{kN\cdot m^2}$，

$EJ_{\mathrm{d}}>1.4H^2\sum\limits_{i=1}^{n}G_i=1.4\times43.8^2\times117099=0.315\times10^9\ \mathrm{kN\cdot m^2}$，

可见稳定性满足要求，也可不考虑重力二阶效应影响。

7.6.11 截面设计

1. 框架柱截面设计

③轴底层边柱轴压比 $\mu_{\mathrm{N}}=\dfrac{N}{f_cbh}=\dfrac{4830.01\times10^3}{19.1\times600^2}=0.70<0.90$，满足要求。

偏压柱的轴压比大于 0.15 时，偏压承载力调整系数 $\gamma_{\mathrm{RE}}=0.80$。

由表 7-18，左震、右震两组内力为：

左震：柱顶 $M=10.74\mathrm{kN\cdot m}$、$N=3909.24\mathrm{kN}$、$V=17.41\mathrm{kN}$

柱底 $M=-127.12\mathrm{kN\cdot m}$、$N=4830.01\mathrm{kN}$、$V=17.41\mathrm{kN}$

右震：柱顶 $M=96.64\mathrm{kN\cdot m}$、$N=4789.32\mathrm{kN}$、$V=-62.13\mathrm{kN}$

柱底 $M=73.30\mathrm{kN\cdot m}$、$N=3949.93\mathrm{kN}$、$V=-62.13\mathrm{kN}$

框架柱的弯矩设计值调整：

为避免框架底层柱根部过早出现塑性铰，抗震设计时，一、二、三级框架结构的底层柱底截面的弯矩设计值，应分别采用考虑地震作用组合的弯矩值与增大系数 1.5、1.25 和 1.15 的乘积。

左震：柱底 $M=-127.12\times1.15=-146.19\mathrm{kN\cdot m}$

右震：柱底 $M=73.30\times1.15=84.30\text{kN}\cdot\text{m}$

为实现强柱弱梁的设计概念，抗震设计时，除顶层、柱轴压比小于 0.15 者及框支梁柱节点外，框架的梁、柱节点处考虑地震作用组合的柱端弯矩设计值应符合 $\sum M_c=\eta_c\sum M_b$，η_c 为柱端弯矩增大系数，三级取 1.3。

由表 7-18、表 7-19，左震时，柱顶节点的梁端弯矩为 32.52kN · m，一层柱底弯矩为 33.83kN · m。

左震时：$\sum M_c=\eta_c\sum M_b=1.3\times32.52=42.27\text{kN}\cdot\text{m}$，

则调整后的柱顶弯矩为 $10.74/(10.74+33.83)\times42.27=10.19\text{kN}\cdot\text{m}$。

由表 7-18、表 7-19，右震时，柱顶节点的梁端弯矩为 203.86kN · m，一层柱底弯矩为 116.64kN · m。

右震时：$\sum M_c=\eta_c\sum M_b=1.3\times203.86=265.01\text{kN}\cdot\text{m}$，

则调整后的柱顶弯矩为 $96.64/(96.64+116.64)\times265.01=120.08\text{kN}\cdot\text{m}$。

框架柱的剪力设计值调整：三级柱端剪力增大系数 $\eta_{vc}=1.2$，则：

左震：$V=\eta_{vc}(M_c^t+M_c^b)/H_n=1.2\times(10.19+146.19)/(3.6-0.65)=63.61\text{kN}$

右震：$V=\eta_{vc}(M_c^t+M_c^b)/H_n=1.2\times(120.08+116.64)/(3.6-0.65)=83.13\text{kN}$

调整后的左震、右震两组内力为：

左震：柱顶 $M=10.19\text{kN}\cdot\text{m}$、$N=3909.24\text{kN}$、$V=63.61\text{kN}$

柱底 $M=-146.19\text{kN}\cdot\text{m}$、$N=4830.01\text{kN}$、$V=63.61\text{kN}$

右震：柱顶 $M=120.08\text{kN}\cdot\text{m}$、$N=4789.32\text{kN}$、$V=-83.13\text{kN}$

柱底 $M=84.30\text{kN}\cdot\text{m}$、$N=3949.93\text{kN}$、$V=-83.13\text{kN}$

（1）③轴底层边柱的纵筋计算

柱截面尺寸 $b\times h=600\text{mm}\times600\text{mm}$，柱高 3.6m。混凝土强度等级采用 C40，$f_c=19.1\text{N/mm}^2$、$f_t=1.71\text{N/mm}^2$，纵筋采用 HRB400 级，$f_y=f'_y=360\text{N/mm}^2$、$\xi_b=0.518$，环境类别为一类，$a_s=a'_s=40\text{mm}$、$h_0=600-40=560\text{mm}$，采用对称配筋，柱截面每一侧纵筋最小配筋率 $\rho_{min}=0.2\%$、全部纵筋最小配筋率 $\rho_{min}=0.70\%$。柱计算长度 $l_0=1.0\times3.6\text{m}=3.6\text{m}$。

对称配筋偏心受压柱界限轴力 $N_b=\alpha_1f_cbh_0\xi_b=1.0\times19.1\times600\times560\times0.518=3324.32\text{kN}$，两组组合的轴力均大于对称配筋偏心受压柱界限轴力 N_b，应均为小偏心受压，因此最不利内力取轴力最大的左震内力组合，即取 $M_1=10.19\text{kN}\cdot\text{m}$、$M_2=-146.19\text{kN}\cdot\text{m}$、$N=4830.01\text{kN}$ 进行柱纵筋配筋计算。

$$M_1/M_2=10.19/146.19=0.07<0.9;$$

轴压比 $\mu_c=N/(f_cA)=0.70<0.9$；

$9.8-3.5(M_1/M_2)=9.8-3.5\times0.07=9.56>l_0/h=3600/600=6$。可不考虑二阶效应。

轴向压力对截面重心的偏心距 $e_0 = M_2/N = 146.19 \times 10^3/4830.01 = 30.3\text{mm}$，

附加偏心距 $e_a = \max[20,\ 600/30] = 20\text{mm}$，

控制截面的弯矩设计值 $M = M_2 = 146.19\text{kN} \cdot \text{m}$，

初始偏心距 $e_i = e_0 + e_a = 30.3 + 20 = 50.3\text{mm}$。

$$e = e_i + \frac{h}{2} - a_s = 50.3 + \frac{600}{2} - 40 = 310.3\text{mm}$$

$$\xi = \frac{N - \xi_b \alpha_1 f_c b h_0}{\dfrac{Ne - 0.43\alpha_1 f_c b h_0^2}{(\beta_1 - \xi_b)(h_0 - a_s')} + \alpha_1 f_c b h_0} + \xi_b$$

$$= \frac{4830.01 \times 10^3 - 0.518 \times 1.0 \times 19.1 \times 600 \times 560}{\dfrac{4830.01 \times 10^3 \times 310.3 - 0.43 \times 1.0 \times 19.1 \times 600 \times 560^2}{(0.8 - 0.518) \times (560 - 40)} + 1.0 \times 19.1 \times 600 \times 560} + 0.518$$

$$= 0.765$$

$$A_s = A_s' = \frac{\gamma_{RE} Ne - \alpha_1 f_c b h_0^2 \xi (1 - 0.5\xi)}{f_y'(h_0 - a_s')}$$

$$= \frac{0.80 \times 4830.01 \times 10^3 \times 310.3 - 1.0 \times 19.1 \times 600 \times 560^2 \times 0.765 \times (1 - 0.5 \times 0.765)}{360 \times (560 - 40)}$$

$$< 0$$

按构造要求配筋

根据表 5-9 的规定，框架柱纵向钢筋最小配筋百分率对角柱全部纵筋不少于 0.9%，对于中柱、边柱全部纵筋不少于 0.7%；另外，单边纵向受压钢筋配筋率不应小于 0.2%。

每侧纵筋采用 4⏀20（$A_s = A_s' = 1256\text{mm}^2$），

每侧纵筋配筋率 $\rho = \dfrac{A_s}{bh} = \dfrac{1256}{600 \times 600} = 0.0035 > \rho_{min} = 0.0025$，

全部纵筋配筋率 $\rho = \dfrac{A_s}{bh} = \dfrac{2512}{600 \times 600} = 0.0070$，满足 $\rho_{min} = 0.007$ 的要求。

柱垂直于弯矩作用平面按轴压验算：

$$l_0/b = 3600/600 = 6,$$

$$\left[1 + 0.002\left(\frac{l_0}{b} - 8\right)^2\right]^{-1} = [1 + 0.002 \times (3600/600 - 8)^2]^{-1} = 0.933,$$

$$0.9\varphi(f_c A + f_y' A_s') = 0.9 \times 0.933 \times (19.1 \times 600^2 + 360 \times 1256) = 6153.46\text{kN} > N = 4830.01\text{kN},$$

满足垂直于弯矩作用平面的轴心受压承载力要求。

(2) ③轴底层边柱的箍筋计算与构造

柱箍筋采用 HPB300 级，$f_{yv} = 270\text{N/mm}^2$，受剪承载力调整系数 $\gamma_{RE} = 0.85$，其他参数同纵筋计算。右震时柱底剪力较大、轴力最小，为受剪最不利内力，即 $N = 3918.50\text{kN}$、$V = -88.12\text{kN}$。

框架柱的剪跨比 λ，当反弯点位于柱高中部的框架柱，可取柱净高与计算方向 2 倍柱截

面有效高度之比值，即 $\lambda=(3600-650)/(2\times560)=2.6$。对于地震设计状况剪跨比大于 2 的柱：

$\frac{1}{\gamma_{RE}}(0.2\beta_c f_c bh_0)=\frac{1}{0.85}\times(0.2\times1.0\times19.1\times600\times560)=1510.02\text{kN}>V=83.13\text{kN}$，

满足截面限值条件要求。

对于地震设计状况的矩形截面偏心受压框架柱，其斜截面受剪承载力应按下列公式计算：

$$V\leqslant\frac{1}{\gamma_{RE}}\left(\frac{1.05}{\lambda+1}f_t bh_0+f_{yv}\frac{A_{sv}}{s}h_0+0.056N\right)$$

式中，λ 为框架柱的剪跨比，当 $\lambda<1$ 时，取 $\lambda=1$，当 $\lambda>3$ 时，取 $\lambda=3$；N 为考虑地震作用组合的框架柱轴向压力设计值，当 N 大于 $0.3f_cA_c$时，取 N 等于 $0.3f_cA_c$。

$0.3f_cA_c=0.3\times19.1\times600\times600=2062.80\text{kN}<N=4830.01\text{kN}$，取 $N=2062.80\text{kN}$。

$$\begin{aligned}\frac{A_{sv}}{s}&=\frac{\gamma_{RE}V-\frac{1.05}{\lambda+1}f_t bh_0-0.056N}{f_{yv}h_0}\\&=\frac{0.85\times83.13\times10^3-\frac{1.05}{2.6+1}\times1.71\times600\times560-0.056\times2062.80\times10^3}{270\times560}\\&<0\end{aligned}$$

应按构造配置箍筋。

柱采用 4 肢箍筋Φ 10@200(4)，柱端部箍筋加密区采用Φ 10@100(4)，加密区长度取底层柱柱根以上 1/3 柱净高的范围。

按式（5-18）验算加密区箍筋最小体积配箍率，λ_v由表 5-10 查得为 0.17：

$$\begin{aligned}\rho_v&=3.14\times10^2/4\times(550+200)\times8/(600\times600\times100)\\&=0.013\geqslant\lambda_v f_c/f_{yv}=0.17\times19.1/270=0.012\end{aligned}$$

满足构造要求。

该柱配筋图见图 7-49，图中另外两侧的纵筋应由结构纵向的内力组合配筋计算确定。

（3）梁柱节点核心区截面抗震验算及构造

三级框架梁柱节点核心区应进行抗震验算，框架梁柱节点箍筋配置同柱端加密区，即节点配箍Φ 10@100(4)。

1）核心区剪力设计值

三级框架梁柱节点核心区组合的剪力设计值，应按下列公式确定：

$$V_j=\frac{\eta_{jb}\sum M_b}{h_{b0}-a_s'}\left(1-\frac{h_{b0}-a_s'}{H_c-h_b}\right)$$

式中，梁截面的有效高度 $h_{b0}=610\text{mm}$，$a_s'=40\text{mm}$；柱的计算高度 H_c采用节点上、下柱反

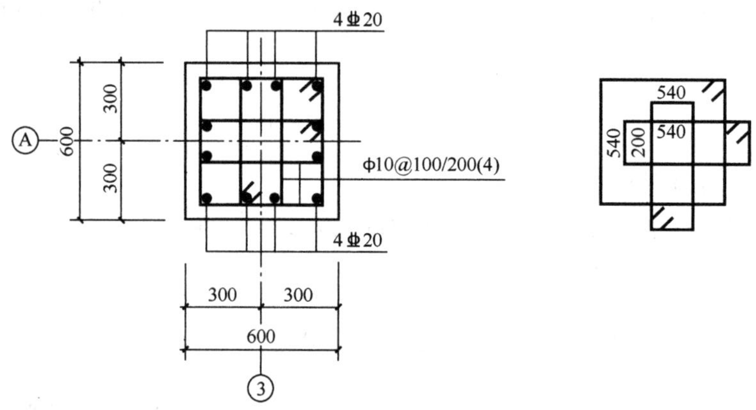

图 7-49 Ⓐ～③轴柱配筋图（单位：mm）

弯点之间的距离，$H_c = 4.2 \times 0.5 + 3.6 \times (1-0.7) = 3180\text{mm}$，梁的截面高度 $h_b = 650\text{mm}$，框架结构节点剪力增大系数 η_{jb}三级宜取 1.2；节点左、右梁端逆时针或顺时针方向组合的弯矩设计值之和$\sum M_b$，取表 7-19 中最大的右震时的组合弯矩，$\sum M_b = -203.86\text{kN} \cdot \text{m}$。

$$V_j = \frac{\eta_{jb} \sum M_b}{h_{b0} - a_s'}\left(1 - \frac{h_{b0} - a_s'}{H_c - h_b}\right) = \frac{1.2 \times 203.86 \times 10^3}{610 - 40} \times \left(1 - \frac{610 - 40}{3180 - 650}\right) = 332.48\text{kN}$$

2）核心区截面有效计算宽度

梁截面宽度为 250mm，不小于该侧柱截面宽度 500mm 的 1/2，b_j采用该侧柱截面宽度，$b_j = h_c = 600\text{mm}$。

3）核心区截面尺寸限制条件

$$V_j \leqslant \frac{1}{\gamma_{RE}}(0.30\eta_j \beta_c f_c b_j h_j)$$

式中，正交梁的约束影响系数 $\eta_j = 1.5$；节点核心区的截面高度 h_j采用验算方向的柱截面高度 h_c，即 $h_j = 600\text{mm}$；承载力抗震调整系数 $\gamma_{RE} = 0.85$；混凝土强度影响系数 $\beta_c = 1.0$；混凝土轴心抗压强度设计值 $f_c = 19.1\text{N/mm}^2$。

$$\frac{1}{\gamma_{RE}}(0.30\eta_j \beta_c f_c b_j h_j) = \frac{1}{0.85} \times (0.30 \times 1.5 \times 1.0 \times 19.1 \times 600 \times 600)$$

$$= 3640.24\text{kN} > V_j = 332.48\text{kN}$$

核心区截面尺寸满足要求。

4）节点核心区截面抗震受剪承载力，应采用下列公式验算：

$$V_j \leqslant \frac{1}{\gamma_{RE}}\left(1.1\eta_j \beta_c f_t b_j h_j + 0.05\eta_j N \frac{b_j}{b_c} + f_{yv} A_{svj} \frac{h_{b0} - a_s'}{s}\right)$$

式中，$f_{yv} = 270\text{N/mm}^2$；$f_t = 1.71\text{N/mm}^2$；核心区计算宽度范围内验算方向同一截面各肢箍筋的全部截面面积 $A_{svj} = 78.5 \times 4 = 314\text{mm}^2$；箍筋间距 $s = 100\text{mm}$；对应于组合剪力设计值的上柱（1 层柱下端右震）组合轴向压力较小值 $N = 1.3 \times (2913.9 + 0.5 \times 496.5) + 1.4$

$\times 290.84 = 4517.97\text{kN}$。

$$\frac{1}{\gamma_{RE}}\left(1.1\eta_j\beta_c f_t b_j h_j + 0.05\eta_j N\frac{b_j}{b_c} + f_{yv}A_{svj}\frac{h_{b0}-a'_s}{s}\right)$$

$$=\frac{1}{0.85}(1.1\times1.5\times1.0\times1.71\times600\times600+0.05\times1.5\times4517.97\times10^3$$

$$\times\frac{600}{600}+270\times314\times\frac{560-40}{100})$$

$$=2112.29\text{kN} > V_j = 332.48\text{kN}$$

节点核心区截面抗震受剪承载力满足要求。

框架节点核心区应设置水平箍筋，抗震设计时，箍筋的最大间距和最小直径宜符合柱箍筋加密区的有关规定。三级框架节点核心区配箍特征值不宜小于 0.08，且箍筋体积配箍率不宜小于 0.4%。柱剪跨比不大于 2 的框架节点核心区的配箍特征值不宜小于核心区上、下柱端配箍特征值中的较大值。本例节点核心区配箍特征值 $\lambda_v=0.17$，箍筋体积配箍率 $\rho_v=1.3\%$，满足上述构造要求。

2. 框架梁截面设计

梁受弯 $\gamma_{RE}=0.75$、梁受剪 $\gamma_{RE}=0.85$。

（1）梁纵筋计算

③轴底层 AB 跨梁：

左端（Ⓐ右）截面上部钢筋按表 7-19 的右震弯矩 $M=-203.86\text{kN}\cdot\text{m}$ 计算。

$$\alpha_s=\frac{\gamma_{RE}M}{f_c b h_0^2}=\frac{0.75\times203.86\times10^6}{19.1\times300\times610^2}=0.072$$

$$\xi=1-\sqrt{1-2\alpha_s}=0.074<\xi_b=0.518$$

$$A_s=\frac{f_c b h_0\xi}{f_y}=\frac{19.1\times300\times610\times0.074}{360}=723.3\text{mm}^2$$

配筋取 2Φ20+1Φ16（$A_s=829\text{mm}^2$）。

三级框架支座纵筋最小配筋率 ρ_{min} 取 0.0025 与 $0.55f_t/f_y=0.55\times1.71/360=0.0026$ 中较大值。

$$\rho=A_s/bh=829/(300\times650)=0.0043>\rho_{min}=0.0026$$

左端（Ⓐ右）截面下部钢筋按表 7-19 中的左震 $M=32.52\text{kN}\cdot\text{m}$ 计算。

$$\alpha_s=\frac{\gamma_{RE}M}{f_c b h_0^2}=\frac{0.75\times32.52\times10^6}{19.1\times300\times610^2}=0.011$$

$$\xi=1-\sqrt{1-2\alpha_s}=0.012<\xi_b=0.518$$

$$A_s=\frac{f_c b h_0\xi}{f_y}=\frac{19.1\times300\times610\times0.012}{360}=112\text{mm}^2$$

配筋取 2Φ18（$A_s=509\text{mm}^2$）。

三级框架支座纵筋最小配筋率$\rho_{\min}$取0.0025与$0.55f_t/f_y=0.55\times1.71/360=0.0026$中较大值。

$$\rho=A_s/bh=509/(300\times650)=0.0026\geqslant\rho_{\min}=0.0026$$

底面/顶面=509/829=0.6>0.3，ξ、$\rho_{\min}$均满足要求。

右端(Ⓑ左)截面上部钢筋按表7-19中的$M=-205.22\text{kN}\cdot\text{m}$计算(计算从略)，$A'_s=728.2\text{mm}^2$，配筋取2Φ20+1Φ16($A'_s=829\text{mm}^2$)。

右端(Ⓑ左)截面下部钢筋按表7-19中的$M=-7.72\text{kN}\cdot\text{m}$计算(计算从略)，$A'_s=26.4\text{mm}^2$ 配筋取2Φ18($A_s=509\text{mm}^2$)。底面/顶面，ξ、$\rho_{\min}$均满足要求。

查表7-19，左震跨中截面弯矩$M=108.63\text{kN}\cdot\text{m}$。

$$M=(1.2g_{永}+1.4q_{活})l^2/16$$
$$=(1.2\times22.92+1.4\times6.09)\times6.6^2/16=98.1\text{kN}\cdot\text{m}$$

$M=98.1\text{kN}\cdot\text{m}<108.63\text{kN}\cdot\text{m}$，取$M=108.63\text{kN}\cdot\text{m}$(按T形截面计算，计算过程从略)，$A_s=380\text{mm}^2$，且不小于两端支座下部纵筋，取2Φ18 ($A_s=509\text{mm}^2$)。

三级框架跨中纵筋最小配筋率$\rho_{\min}$取0.002与$0.45f_t/f_y=0.45\times1.71/360=0.0021$中较大值。

$\rho=A_s/bh=509/(300\times650)=0.0026\geqslant\rho_{\min}=0.0021$，底面/顶面，$\xi$、$\rho_{\min}$均满足要求。

(2) 梁箍筋计算

梁端剪力设计值调整：

$$V=\eta_{vb}(M_b^r+M_b^l)/l+V_{Gb}=\eta_{vb}(M_b^r+M_b^l)/l+\frac{1}{2}(1.3g_{永}+1.5\times0.5q_{活})l$$
$$=1.1\times(40.96+212.28)/6.6+\frac{1}{2}(1.3\times22.92+1.5\times0.5\times6.09)\times6.6$$
$$=155.61\text{kN}$$

梁截面尺寸限制条件验算：

跨高比6.6/0.65=10.2>2.5

$$\frac{1}{\gamma_{RE}}(0.2\beta_c f_c bh_0)=\frac{1}{0.85}\times(0.2\times1.0\times19.1\times300\times610)$$
$$=822.42\text{kN}>V=155.61\text{kN}，满足要求。$$

斜截面受剪承载力计算：

均布荷载产生的剪力为：

$$\frac{1}{2}(1.3\times22.92+1.5\times0.5\times6.09)\times6.6=113.40\text{kN}$$

均布荷载产生的剪力占总剪力比=113.40/155.61=0.73<0.75，采用均布荷载计算公式。

$$\frac{A_{sv}}{s}=\frac{\gamma_{RE}V-0.7f_t bh_0}{f_{yv}h_0}=\frac{0.85\times155.61\times10^3-0.7\times1.71\times300\times610}{270\times610}<0$$

按构造要求配筋。

箍筋取双肢箍筋Φ 8@200(2)，括号内数字为箍筋肢数。

箍筋配筋率验算：$\rho_{sv}=A_{sv}/(bs)=101/(300\times200)=0.0017>0.26f_t/f_{yv}=0.26\times1.71/270=0.0016$。

支座加密区配箍取Φ 8@150(2)，按照 5.6.2 节相关构造要求，三级抗震等级的梁端箍筋加密区的长度取为 max(1.5h_b，500)＝max(1.5×650，500)＝975mm，并满足箍筋最大间距为 min(h_b/4，8d，150)＝min(650/4，8×20，150)＝150mm 和最小直径为 8mm 的相关要求。

（3）侧面纵向构造钢筋

梁的腹板高度 h_w 不小于 450mm 时，在梁的两个侧面应沿高度配置纵向构造钢筋。每侧纵向构造钢筋（不包括梁上、下部受力钢筋及架立钢筋）的间距不宜大于 200mm，截面面积不应小于腹板截面面积（bh_w）的 0.1%。

每侧纵向构造钢筋截面面积＝0.001×300×610＝183mm^2，每侧纵向构造钢筋取 2 Φ 12，拉筋Φ 8@300/400 两道。

③轴底层 AB 跨梁截面配筋见图 7-50。

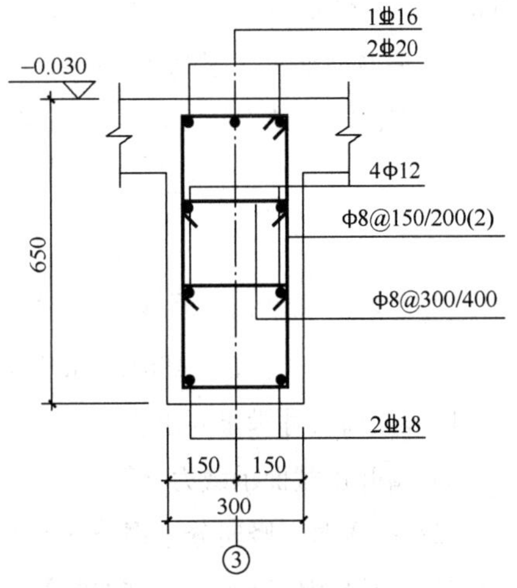

图 7-50　③轴−1 层顶框架梁配筋图（单位：mm）

3. 剪力墙截面设计（图 7-51）

取−1 层墙肢 1 截面进行设计。

−1 层墙肢 1 内力设计值为：

第一组(左震)：M＝21959.85kN·m、V＝1.4×1325.41＝1855.57kN、N＝6562.51kN

第二组(右震)：M＝−21959.85kN·m、V＝1.4×(−1325.41)＝−1855.57kN、N＝10408.73kN

剪力墙抗震等级为二级时，应对底部加强部位剪力墙截面的剪力设计值进行调整，剪力增大系数 η_{vw}＝1.4。抗震设计时，−1 层墙肢 1 位于底部加强部位，重力荷载代表值作用下，二级剪力墙墙肢的轴压比不宜超过 0.6 的限值。

由表 7-20，$\mu_N=N_G/(f_cA_{w1})=(1.3\times5986.0+1.5\times1082.8)\times10^3/(19.1\times2.1600\times10^6)=0.23<0.6$，并小于 0.3，则可不设约束边缘构件，两端设置构造边缘构件。

1）计算参数

墙肢 1 截面高度 h_w＝7200mm、腹板厚度 b_w＝200mm，左右端柱 $b'_f=h'_f=600$mm，右侧翼缘宽度 $b'_f=1800$mm、翼墙厚度 $h'_f=200$mm，混凝土强度等级 C40，端柱边缘构件纵

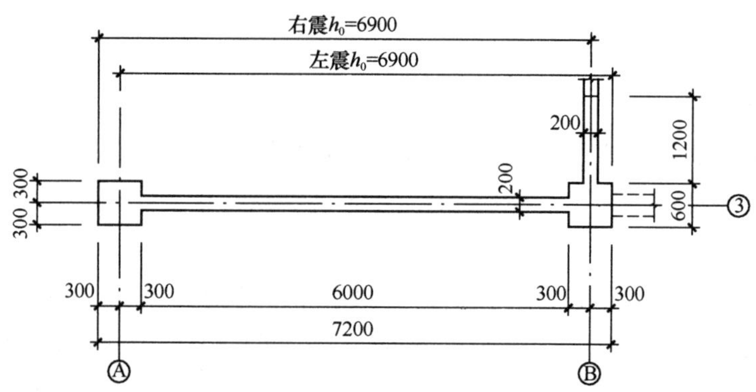

图 7-51 剪力墙墙肢截面（单位：mm）

筋、竖向和水平分布筋采用 HRB400 级，边缘构件箍筋采用 HPB300 级，$f_c = 19.1\text{N/mm}^2$，$f_t = 1.71\text{N/mm}^2$，$f_y = f'_y = f_{yw} = f_{yh} = 360\text{N/mm}^2$，$f_{yv} = 270\text{N/mm}^2$，$\xi_b = 0.518$，$\alpha_1 = 1.0$，环境类别为一类，$\beta_c = 1.0$，$\beta_1 = 0.8$，偏压 $\gamma_{RE} = 0.85$。

墙肢 1 为工字形截面，两端端柱构造边缘构件为正方形，其形心距边缘为 600/2=300mm，即 $a_s = a'_s = 300\text{mm}$，$h_{w0} = 7200 - 300 = 6900\text{mm}$。

2）墙肢截面尺寸限制条件验算

剪跨比 $\lambda = M^c/(V^c h_{w0}) = 21959.85 \times 10^6/(1855.57 \times 10^3 \times 6900) = 2.4 < 2.5$

$$\frac{1}{\gamma_{RE}}(0.15\beta_c f_c b_w h_{w0})$$

$$= \frac{1}{0.85} \times (0.15 \times 1.0 \times 19.1 \times 200 \times 6900)$$

$$= 4651.41\text{kN} > V = 1855.57\text{kN}$$

墙肢截面尺寸满足要求。

3）墙肢正截面承载力计算

二级抗震时，竖向分布钢筋配筋率 ρ_w 不应小于 0.25%，采用双排配筋Φ 8@200，$\rho_w = 0.31\%$。边缘构件纵筋采用对称配筋 $A_s = A'_s$。

按第一组内力（左震）计算：$M = 21959.85\text{kN} \cdot \text{m}$、$V = 1.4 \times 1325.41 = 1855.57\text{kN}$、$N = 6562.51\text{kN}$

左震时墙肢 1 右侧翼缘处于受压区，按 T 形截面计算。

T 形截面对称配筋偏心受压构件界限轴力：

$N_b = \alpha_1 f_c[(b'_f - b_w)h'_f + b_w h_{w0}\xi_b] = 1.0 \times 19.1 \times [(1800 - 200) \times 200 + 200 \times 6900 \times 0.518] = 19765.44\text{kN} > N = 6562.51\text{kN}$，为大偏心受压。

$$e_0 = M/N = 21959.85/6562.51 = 3346.3\text{mm}$$

$$e = e_0 + h_{w0} - h_w/2 = 3346.3 + 6900 - 7200/2 = 6646.3\text{mm}$$

由 $A_s = A'_s$，假设为第一类 T 形截面：

$$N \leqslant \frac{1}{\gamma_{RE}}[\alpha_1 f_c b'_f x - (h_{w0} - 1.5x) b_w f_{yw} \rho_w] \tag{a}$$

$$Ne \leqslant \frac{1}{\gamma_{RE}}\left[f'_y A'_s (h_{w0} - a'_s) - \frac{1}{2}(h_{w0} - 1.5x)^2 b_w f_{yw} \rho_w + \alpha_1 f_c b'_f x \left(h_{w0} - \frac{x}{2}\right)\right] \tag{b}$$

由式（a）得：

$$x = \frac{\gamma_{RE} N + b_w h_{w0} f_{yw} \rho_w}{\alpha_1 f_c b'_f + 1.5 b_w f_{yw} \rho_w}$$

$$= \frac{0.85 \times 6562.51 \times 10^3 + 200 \times 6900 \times 360 \times 0.31\%}{1.0 \times 19.1 \times 1800 + 1.5 \times 200 \times 360 \times 0.31\%} = 205.6\text{mm}$$

$x > h'_f = 200\text{mm}$，应为第二类 T 形截面。

由 $A_s = A'_s$，大偏压对称配筋第二类 T 形截面计算公式为：

$$N \leqslant \frac{1}{\gamma_{RE}}[\alpha_1 f_c b_w x + \alpha_1 f_c (b'_f - b_w) h'_f - (h_{w0} - 1.5x) b_w f_{yw} \rho_w] \tag{c}$$

$$Ne \leqslant \frac{1}{\gamma_{RE}}\left[f'_y A'_s (h_{w0} - a'_s) - \frac{1}{2}(h_{w0} - 1.5x)^2 b_w f_{yw} \rho_w + \alpha_1 f_c b_w x (h_{w0} - \frac{x}{2}) + \alpha_1 f_c (b'_f - b_w) h'_f (h_{w0} - \frac{h'_f}{2})\right] \tag{d}$$

由式（c）得：

$$x = \frac{\gamma_{RE} N - \alpha_1 f_c (b'_f - b_w) h'_f + b_w h_{w0} f_{yw} \rho_w}{\alpha_1 f_c b_w + 1.5 b_w f_{yw} \rho_w}$$

$$= \frac{0.85 \times 6562.51 \times 10^3 - 1.0 \times 19.1 \times (1800 - 200) \times 200 + 200 \times 6900 \times 360 \times 0.31\%}{1.0 \times 19.1 \times 200 + 1.5 \times 200 \times 360 \times 0.31\%}$$

$$= 246.9\text{mm}$$

$x > h'_f = 200\text{mm}$，确认为第二类 T 形截面。$\xi = x/h_{w0} = 246.9/6900 = 0.036 < \xi_b = 0.518$，$x = 246.9\text{mm} < 2a'_s = 2 \times 300 = 600\text{mm}$，受压钢筋不屈服。

取 $x = 2a'_s = 600\text{mm}$，代入式（d）得：

$$A'_s = A_s = \frac{\gamma_{RE} Ne + \frac{1}{2}(h_{w0} - 1.5x)^2 b_w f_{yw} \rho_w - \alpha_1 f_c b_w x \left(h_{w0} - \frac{x}{2}\right) - \alpha_1 f_c (b'_f - b_w) h'_f \left(h_{w0} - \frac{h'_f}{2}\right)}{f'_y (h_{w0} - a'_s)}$$

$$= \frac{0.85 \times 6562.51 \times 10^3 \times 6646.3 + \left[\frac{1}{2} \times (6900 - 1.5 \times 600)^2 \times 200 \times 360 \times 0.31\%\right]}{360 \times (6900 - 300)}$$

$$- \frac{1.0 \times 19.1 \times 200 \times 600 \times \left(6900 - \frac{600}{2}\right) + 1.0 \times 19.1 \times (1800 - 200) \times 200 \times \left(6900 - \frac{200}{2}\right)}{360 \times (6900 - 300)}$$

$$< 0$$

第一组内力计算的墙肢 1 边缘构件纵筋按构造配筋。

按第二组内力（右震）计算：$M = -21959.85\text{kN} \cdot \text{m}$、$V = 1.4 \times (-1325.41) = -1855.57\text{kN}$、

N=10408.73kN

右震时墙肢1左侧端柱处于受压区，按T形截面计算。

T形截面对称配筋偏心受压构件界限轴力：

$N_b=\alpha_1 f_c[(b'_f-b_w)h'_f+b_w h_{w0}\xi_b]=1.0\times19.1\times[(600-200)\times600+200\times6900\times0.518]=18237.44\text{kN}>N=10408.73\text{kN}$，为大偏心受压。

$$e_0=M/N=21959.85/10408.73=2109.8\text{mm}$$

$$e=e_0+h_{w0}-h_w/2=2109.8+6900-7200/2=5409.8\text{mm}$$

由 $A_s=A'_s$，假设为第一类T形截面：

$$N\leqslant\frac{1}{\gamma_{RE}}[\alpha_1 f_c b'_f x-(h_{w0}-1.5x)b_w f_{yw}\rho_w] \tag{e}$$

$$Ne\leqslant\frac{1}{\gamma_{RE}}\left[f'_y A'_s(h_{w0}-a'_s)-\frac{1}{2}(h_{w0}-1.5x)^2 b_w f_{yw}\rho_w+\alpha_1 f_c b'_f x\left(h_{w0}-\frac{x}{2}\right)\right] \tag{f}$$

由式（e）得：

$$x=\frac{\gamma_{RE}N+b_w h_{w0} f_{yw}\rho_w}{\alpha_1 f_c b'_f+1.5b_w f_{yw}\rho_w}$$

$$=\frac{0.85\times10408.73\times10^3+200\times6900\times360\times0.31\%}{1.0\times19.1\times600+1.5\times200\times360\times0.31\%}=882.1\text{mm}$$

$x>h'_f=600\text{mm}$，应为第二类T形截面。

由 $A_s=A'_s$，大偏压对称配筋第二类T形截面计算公式为：

$$N\leqslant\frac{1}{\gamma_{RE}}[\alpha_1 f_c b_w x+\alpha_1 f_c(b'_f-b_w)h'_f-(h_{w0}-1.5x)b_w f_{yw}\rho_w] \tag{g}$$

$$Ne\leqslant\frac{1}{\gamma_{RE}}\left[f'_y A'_s(h_{w0}-a'_s)-\frac{1}{2}(h_{w0}-1.5x)^2 b_w f_{yw}\rho_w+\alpha_1 f_c b_w x\left(h_{w0}-\frac{x}{2}\right)+\alpha_1 f_c(b'_f-b_w)h'_f\left(h_{w0}-\frac{h'_f}{2}\right)\right] \tag{h}$$

由式（g）：

$$x=\frac{\gamma_{RE}N-\alpha_1 f_c(b'_f-b_w)h'_f+h_{w0}b_w f_{yw}\rho_w}{\alpha_1 f_c b_w+1.5b_w f_{yw}\rho_w}$$

$$=\frac{0.85\times10408.73\times10^3-1.0\times19.1\times(600-200)\times600+200\times6900\times360\times0.31\%}{1.0\times19.1\times200+1.5\times200\times360\times0.31\%}$$

$$=1400.3\text{mm}$$

$x>h'_f=600\text{mm}$，确认为第二类T形截面。$\xi=x/h_{w0}=1400.3/6900=0.203<\xi_b=0.518$，$x$=1400.3mm$>2a'_s=2\times300=600$mm，受压钢筋可屈服。取 x=1400.3mm，代入式（h）得：

$$A'_s = A_s = \frac{\gamma_{RE} Ne + \frac{1}{2}(h_{w0} - 1.5x)^2 b_w f_{yw} \rho_w - \alpha_1 f_c b_w x\left(h_{w0} - \frac{x}{2}\right) - \alpha_1 f_c (b'_f - b_w) h'_f \left(h_{w0} - \frac{h'_f}{2}\right)}{f'_y (h_{w0} - a'_s)}$$

$$= \frac{0.85 \times 10408.73 \times 10^3 \times 1400.3 + \left[\frac{1}{2} \times (6900 - 1.5 \times 1400.3)^2 \times 200 \times 360 \times 0.31\%\right]}{360 \times (6900 - 300)}$$

$$- \frac{1.0 \times 19.1 \times 200 \times 1400.3 \times \left(6900 - \frac{1400.3}{2}\right) + 1.0 \times 19.1 \times (600 - 200) \times 600 \times \left(6900 - \frac{600}{2}\right)}{360 \times (6900 - 300)}$$

$$< 0$$

第二组内力计算的墙肢 1 边缘构件纵筋按构造配筋。

二级抗震时，端柱构造边缘构件纵筋最小配筋 $0.008A_c = 0.008 \times 600 \times 600 = 2880\text{mm}^2$，且不少于 6 ⌀ 14（$A_s = 923.6\text{mm}^2$）；箍筋Φ 8@150。综合以上构造要求，墙肢 1 端柱边缘构件纵筋取 12 ⌀ 18（$A_s = A'_s = 3054\text{mm}^2$），满足构造要求，如图 7-52 所示。

4）墙肢 1 斜截面受剪承载力计算

因弯矩、剪力相同，第一组内力轴力较小，故墙肢 1 选取第一组内力进行受剪承载力计算。

第一组（左震）：$M = 21959.85\text{kN} \cdot \text{m}$、$V = 1.4 \times 1325.41 = 1855.57\text{kN}$、$N = 6562.51\text{kN}$

剪跨比 $\lambda = M^c/(V^c h_{w0}) = 21959.85 \times 10^6/(1855.57 \times 10^3 \times 6900) = 2.4 > 2.2$，取 $\lambda = 2.2$。

$0.2 f_c b_w h_w = 0.2 \times 19.1 \times 200 \times 7200 = 5500.80\text{kN} < N = 6562.51\text{kN}$，取 $N = 5500.80\text{kN}$。

$$V \leqslant \frac{1}{\gamma_{RE}}\left[\frac{1}{\lambda - 0.5}\left(0.4 f_t b_w h_{w0} + 0.10 N \frac{A_w}{A}\right) + 0.8 f_{yv} \frac{A_{sh}}{s} h_{w0}\right]$$

$$\frac{nA_{sh1}}{s} = \left[\gamma_{RE} V - \frac{1}{\lambda - 0.5}\left(0.4 f_t b_w h_{w0} + 0.10 N \frac{A_w}{A}\right)\right] / (0.8 f_{yv} h_{w0})$$

$$= \left[0.85 \times 1855.57 \times 10^3 - \frac{1}{2.2 - 0.5} \times (0.4 \times 1.71 \times 200 \times 6900 + 0.1 \times 5500.80 \times 10^3 \times \frac{7200 \times 200}{2.1600 \times 10^6})\right] / (0.8 \times 270 \times 6900)$$

$$= 0.686$$

按计算配置水平分布筋。

二级抗震时水平分布筋直径不小于 8mm、间距不大于 300mm，最小配筋率 $\rho_{wmin} = 0.25\%$。选用Φ 8@150(2 排)，$nA_{sh1}/s = 2 \times 50.3/150 = 0.670 > 0.610$，$\rho_{sv} = nA_{sh1}/(bs) = 2 \times 50.3/(200 \times 150) = 0.34\%$，满足要求。

剪力墙 Q6 墙肢 1 配筋汇总：端柱构造边缘构件纵筋 12 ⌀ 18、箍筋Φ 8@150，竖向分布筋Φ 8@200（2 排）和水平分布筋Φ 8@150（2 排）。剪力墙墙肢 1 配筋图见图 7-52。

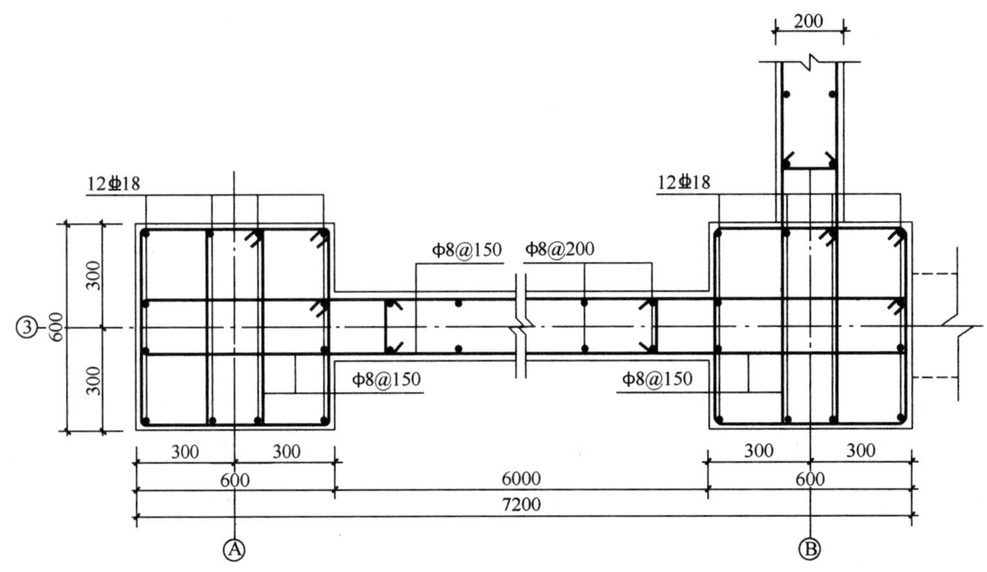

图 7-52 －1 层剪力墙墙肢 1 配筋（单位：mm）

4. 第 6 层连梁截面设计

1）连梁计算参数

$b_b \times h_b = 300\text{mm} \times 450\text{mm}$，$l_b = 2200\text{mm}$，$h_{b0} = 450 - 40 = 410\text{mm}$，混凝土强度等级 C40，纵筋 HRB400 级，箍筋 HPB300 级，$f_c = 19.1\text{N/mm}^2$，$f_t = 1.71\text{N/mm}^2$，$f_y = f'_y = 360\text{N/mm}^2$，$f_{yv} = 270\text{N/mm}^2$，$\xi_b = 0.518$，$\alpha_1 = 1.0$，环境类别为一类，$\beta_c = 1.0$，$\beta_1 = 0.8$，受弯 $\gamma_{RE} = 0.75$，受剪 $\gamma_{RE} = 0.85$。

由表 7-21，连梁组合内力：$M = -218.50\text{kN} \cdot \text{m}$、$V = 208.34\text{kN}$（已考虑剪力设计值调整）。

2）连梁截面尺寸限制条件验算

跨高比 $l_b/h = 2200/450 = 4.9 > 2.5$ 时，

$\frac{1}{\gamma_{RE}}(0.20\beta_c f_c b_b h_{b0}) = \frac{1}{0.85} \times (0.20 \times 1.0 \times 19.1 \times 300 \times 410) = 552.78\text{kN} > V = 208.34\text{kN}$，满足要求。

3）连梁正截面受弯承载力计算

按单筋截面梁进行受弯承载力计算：

$$\alpha_s = \frac{\gamma_{RE} M}{f_c b_b h_{b0}^2} = \frac{0.75 \times 218.50 \times 10^6}{19.1 \times 300 \times 410^2} = 0.170$$

$$\xi = 1 - \sqrt{1 - 2\alpha_s} = 1 - \sqrt{1 - 2 \times 0.170} = 0.188 < \xi_b = 0.518$$

$$A_s = \frac{\alpha_1 f_c b h_0 \xi}{f_y} = \frac{1.0 \times 19.1 \times 300 \times 410 \times 0.188}{360} = 1225.3\text{mm}^2$$

抗震设计时，跨高比 $l/h_b>1.5$ 时，连梁纵向钢筋的最小配筋率按框架梁采用，即 0.0025、$0.55f_t/f_y=0.55\times1.71/360=0.0026$ 二者的较大值。顶面及底面单侧纵向钢筋的最大配筋率当 $2.0<l/h_b\leqslant2.5$ 时，为 1.5%。

连梁实配纵筋 3 Φ 25（$A_s=1473\text{mm}^2$），$\rho=1473/(300\times450)=0.0109$，满足上述设计和构造要求。

连梁纵筋伸入墙肢长度应大于 l_{aE} 和 600mm。三级抗震时 $l_{aE}=1.05l_a=1.05\times0.14\times360/1.71\times25=737\text{mm}$，墙肢截面内框架梁保留，两端墙肢截面高度满足连梁纵筋伸入要求。

当连梁截面高度不大于 700mm、跨高比大于 2.5 时，可不配置两侧面腰筋。

4）连梁斜截面受剪承载力计算

跨高比 $l_b/h=2200/450=4.9>2.5$ 时，

$$V\leqslant\frac{1}{\gamma_{RE}}\left(0.42f_tb_bh_{b0}+f_{yv}\frac{A_{sv}}{s}h_{b0}\right)$$

$$\frac{nA_{sv1}}{s}=\frac{\gamma_{RE}V_w-0.42f_tb_bh_{b0}}{f_{yv}h_{b0}}$$

$$=\frac{(0.85\times208.34\times10^3-0.42\times1.71\times300\times410)}{270\times410}=0.891$$

抗震设计时，沿连梁全长箍筋的构造应按第 5 章框架梁梁端加密区箍筋构造要求采用，即箍筋最大间距取（$h_b/4$，$8d$，150）=（112.5，160，150）的最小值为 112.5mm，箍筋最小直径 8mm，因此剪力墙第 6 层连梁配置箍筋Φ 8@110，$nA_{sv1}/s=2\times50.3/110=0.915>0.695$，连梁配筋如图 7-53 所示。

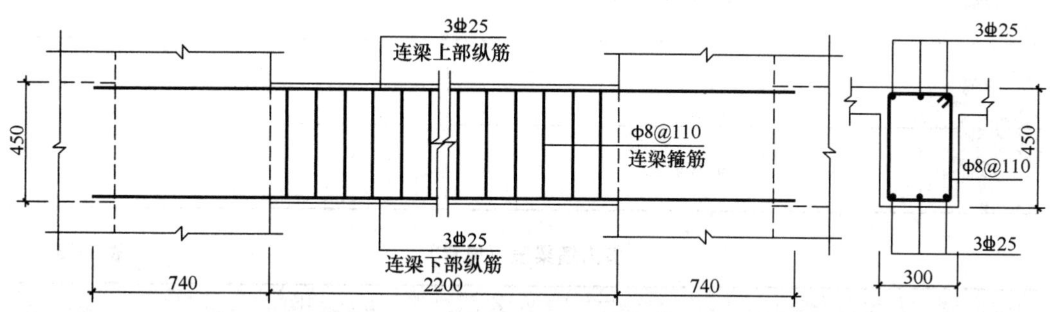

图 7-53 剪力墙第 6 层连梁配筋（单位：mm）

7.6.12 三维空间分析程序 SATWE 计算

为与手算结果进行对比，本例采用 PKPM 系列三维空间分析程序 SATWE 计算。

1. 计算参数

设防烈度为 7 度，近震，Ⅱ类场地土，不考虑扭转；周期折减系数为 0.8；活荷载折减系数为 0.50；地震放大系数为 1.0；剪力墙抗震等级二级；框架抗震等级三级；中梁刚度放大系数取2.0，边梁刚度放大系数取1.5，梁端负弯矩调幅系数为0.9；连梁刚度折减系数为0.55；剪力墙竖向分布钢筋配筋率为0.29％。

2. 电算结果

y方向的结构基本自振周期：T_1＝0.8858s。

最大层间位移角：7层，1/3364＜1/800。

剪力墙的电算配筋见表7-22～表7-24。

剪力墙柱表（电算） **表7-22**

截面	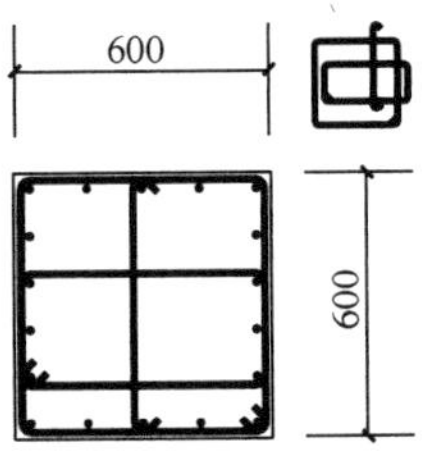 600 × 600	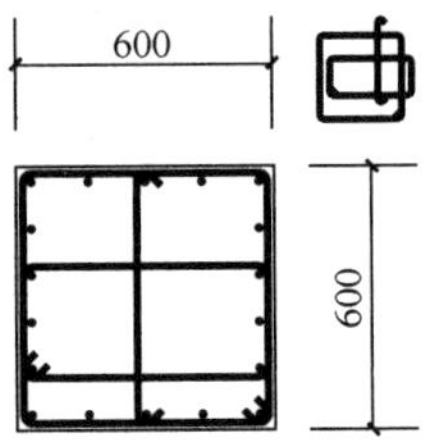 600 × 600
编号	GBZ4	GBZ5
标高	−3.600～0.000	−3.600～0.000
纵筋	18 ⌀ 16	18 ⌀ 16
箍筋	Φ 8@125	Φ 8@125

剪力墙梁表（电算） **表7-23**

编号	梁顶相对标高高差	梁截面	上部纵筋	下部纵筋	侧面纵筋	箍筋
LL-1		300mm×450mm	2 ⌀ 20	2 ⌀ 20		Φ 8@100(2)

剪力墙墙身表（电算） **表7-24**

编号	标高	墙厚	水平分布筋	垂直分布筋	拉筋
Q1	−3.600～0.000	180mm	Φ 10@250	Φ 10@250	Φ 6@500

框架柱的电算配筋见图7-54。

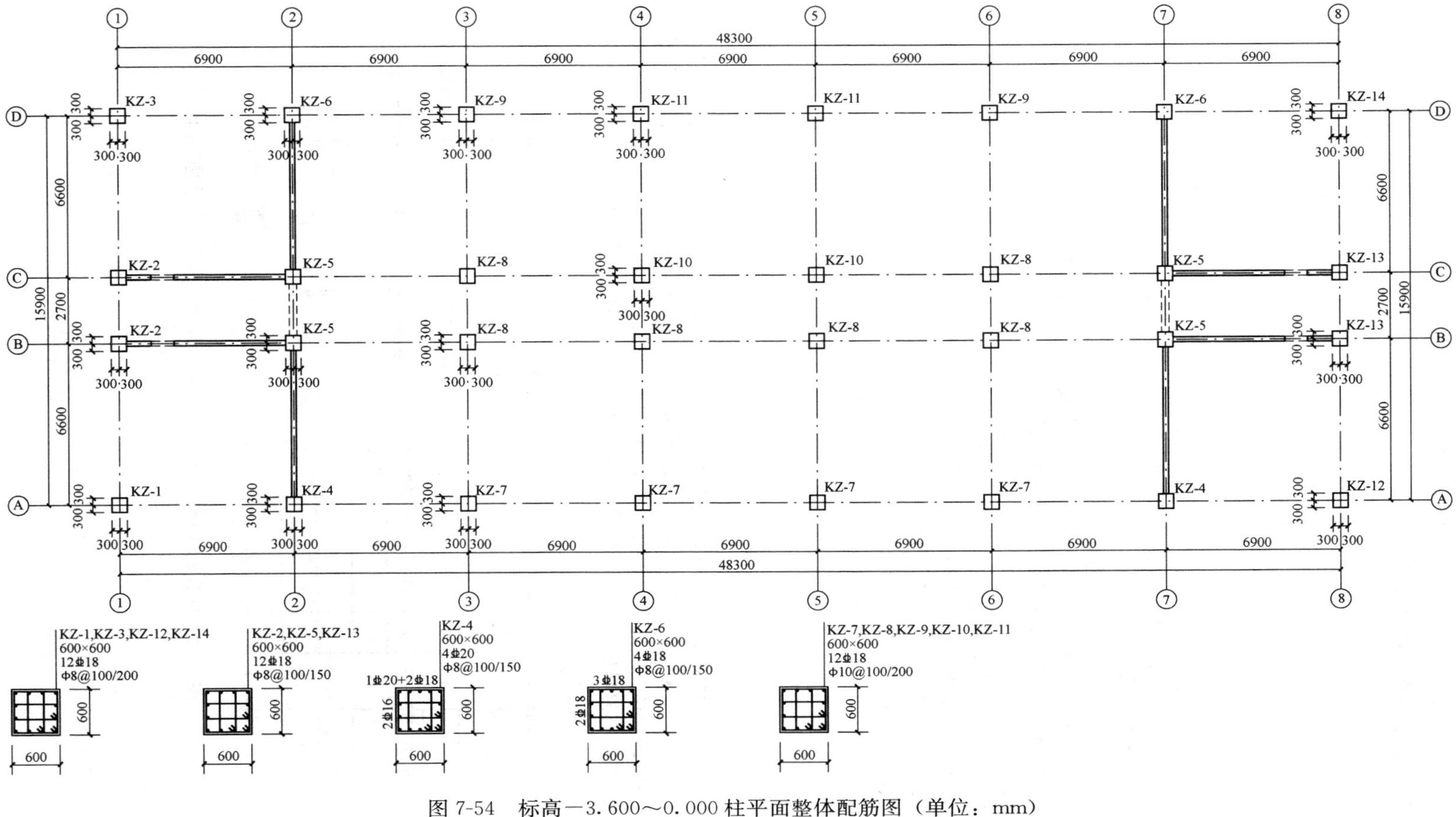

图 7-54　标高－3.600～0.000 柱平面整体配筋图（单位：mm）

与手算结果进行比较，可以看出水平位移手算结果偏大，但均满足《高规》限值。框架柱和剪力墙配筋手算与电算吻合较好。

思考题

1. 对于框架-剪力墙结构，剪力墙的布置原则是怎样的?
2. 剪力墙的数量的确定依据什么? 设计中如何控制?
3. 协同工作法有哪些假设?
4. 框架-剪力墙铰接体系和刚接体系区别是什么?
5. 什么是总框架的剪切刚度 C_f? 与框架柱的抗侧刚度 D 存在怎样的关系?
6. 什么是框架-剪力墙的刚度特征值? 含义是什么?
7. 水平荷载下，框架-剪力墙铰接体系内力的计算步骤是怎样的?
8. 对比框架-剪力墙刚接体系与铰接体系计算时的异同。
9. 为什么对框架的总剪力进行调整? 如何调整?
10. 刚度特征值 λ 与剪力、侧移的关系是怎样的?
11. 刚度特征值 λ 的最佳取值范围是多少? 为什么?

计算题

1. 已知图 7-55 所示框架-剪力墙结构，承受均布荷载 $q=150\text{kN/m}$，刚度特征值 $\lambda=2.5$，求底层、5 层、8 层、10 层处总剪力墙的 M_w及 V_w和总框架的 V_f，并给出内力（M_w、V_w、V_f）的分布图。
2. 根据框架-剪力墙结构的平面图（图 7-56），画出计算简图，包括总框架、总剪力墙、总连梁，给出框架柱个数、剪力墙数、每层连梁根数以及转动约束个数（按 6 层画图）。

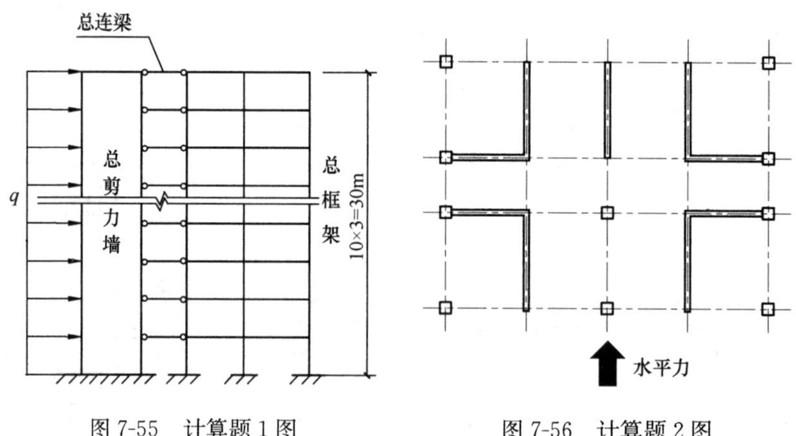

图 7-55　计算题 1 图　　　图 7-56　计算题 2 图

第 8 章
筒体结构设计

8.1 筒体结构的类型及受力特点

筒体结构可分为框架-核心筒、框筒、筒中筒、多重筒和成束筒等（图 8-1）。

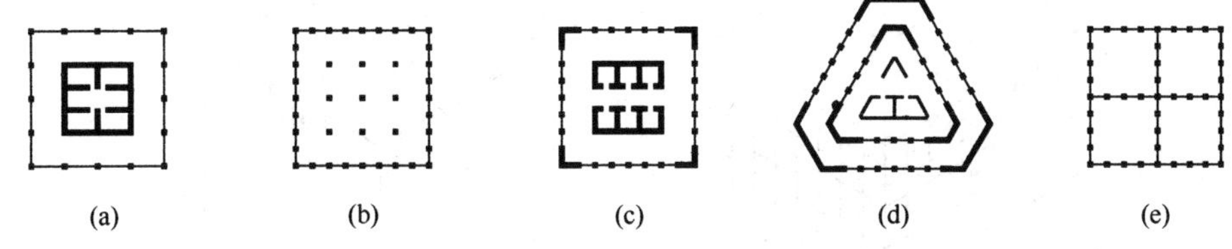

图 8-1　筒体结构的类型

(a) 框架-核心筒；(b) 框筒；(c) 筒中筒；(d) 多重筒；(e) 成束筒

筒体结构是空间整体工作的，如同一个竖向悬臂箱形梁。在水平荷载作用下，剪力墙内筒的工作相当于薄臂杆件，产生整体弯曲和扭转；在外框筒中不仅平行于水平力作用方向上的框架（称为腹板框架）起作用，而且垂直于水平力方向上的框架（称为翼缘框架）也共同受力（图 8-2）。虽然框筒整体受力，却与理想筒体的受力有明显的差别：理想筒体在水平力作用下截面保持平面，正应力沿腹板直线分布，沿翼缘均匀分布；而框筒则不再保持平截面

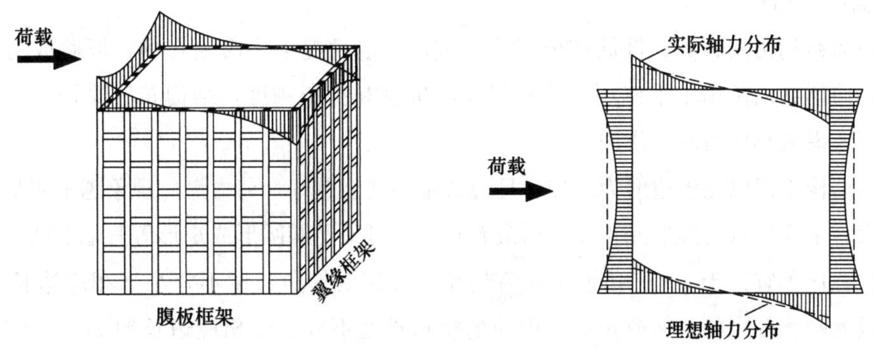

图 8-2　框筒结构受力特点

变形，腹板框架柱的轴力是曲线分布的，翼缘框架柱的轴力也不是均匀分布，靠近角部的柱子轴力大，远离角部的柱子轴力小。这种应力分布不再保持直线规律的现象称为“剪力滞后”。由于存在剪力滞后现象，框筒结构不能简单地按平截面假定进行内力计算。

筒中筒结构的内筒一般为实腹筒，外筒为框筒或桁架筒，内筒可布置在电梯、楼梯、竖向管道等位置，通过楼板的联系使得内、外筒协同工作。该类结构中，内筒的变形一般以弯曲变形为主，外框筒的变形以剪切变形为主，因此二者的协同工作原理与框架-剪力墙结构类似，具有较高的承载力和侧向刚度。

框架-核心筒结构的受力特点也与框架-剪力墙结构类似，核心筒主要承担水平荷载，外框架主要承担竖向荷载，可兼具框架结构与筒体结构二者的优点。

成束筒相当于若干框筒并联在一起，共同承受水平力，也可以看成是框筒中间加了一些框架隔板，具有很大的抗侧刚度。其截面应力分布大体上与外框筒相似，但剪力滞后现象呈多波形分布，比同样平面的单个框筒受力均匀一些（图 8-3）。

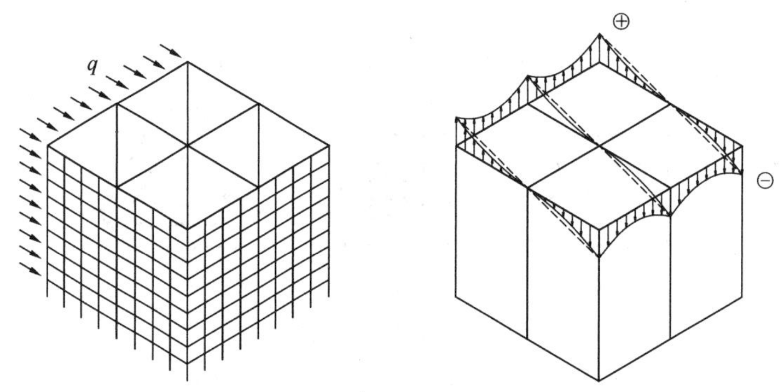

图 8-3　成束筒的截面应力分布

8.2　筒体结构的布置

1. 筒中筒结构

筒中筒结构由实腹筒、框筒或桁架筒组成，一般情况下实腹筒在内，框筒或桁架筒在外，内外筒体共同承担水平作用，具有很大的抗侧和抗扭刚度，结构布置除符合一般原则外，主要考虑减小剪力滞后作用。

(1) 结构平面以正多边形为最佳，且边数越多性能越好，剪力滞后现象越不明显，空间作用越大。平面形状为圆形或正多边形最有利，也可采用椭圆形或矩形等其他形状。采用矩形时，长宽比不宜大于 2。三角形平面宜切角，外筒的切角长度不宜小于相应边长的 1/8，角部可设置刚度较大的角柱或角筒；内筒的切角长度不宜小于相应边长的 1/10，切角处的筒壁宜适当加厚。

（2）筒中筒结构的高度不宜低于 80m，结构高宽比不宜小于 3，因为筒中筒结构的空间受力性能与其高度和高宽比有关，当高宽比小于 3 时，不能充分发挥筒中筒结构的整体空间作用。

（3）筒中筒结构的外框筒宜做成密柱深梁。柱距不宜大于 4m，外框筒梁的截面高度可取柱净距的 1/4，洞口面积不宜大于墙面面积的 60%，洞口高宽比宜与层高和柱距之比值相近。

（4）框筒的柱截面宜做成正方形、矩形或 T 形。如果是矩形截面，由于梁、柱的弯矩主要在框架平面内，框架平面外的柱弯矩较小，因此柱截面长边应沿筒壁方向布置。筒体角部是联系结构两个方向协同受力的关键部位，其受力更大，因此采取措施予以加强，角柱截面面积可取中柱的 1～2 倍，必要时可采用 L 形角墙或角筒。

（5）筒中筒结构的内筒宜居中，面积不宜太小，其宽度可取高度的 1/15～1/12，也可取外筒宽度的 1/3～1/2，其高宽比一般约为 12，不宜大于 15。内筒应贯通全高，竖向刚度均匀变化。内筒与外筒间距，非抗震设计时不宜大于 15m，抗震设计时不宜大于 12m。

（6）框筒结构柱距较小，底层因设置出入通道而需要加大柱距时，必须设置转换结构，将上部柱荷载传递到下部大柱距的柱子上。

（7）楼盖构件的高度不宜太大，尽量减小楼盖构件与柱之间的弯矩传递，楼盖可做成平板或密肋楼盖或预应力楼盖。采用钢楼盖时可将楼板梁与柱的连接处理成铰接；框筒或成束筒结构可设置内柱，以减小楼盖梁的跨度，内柱只承担竖向荷载、不参与抵抗水平荷载。

2. 框架-核心筒结构

框架-核心筒的平面布置与筒中筒结构有些类似，但受力性能与筒中筒结构差异很大，其受力与框架-剪力墙结构更为类似。其布置原则包括：

（1）核心筒是主要的抗侧力单元，承载力和延性要求都应更高，应采取措施提高其延性。核心筒宜贯穿建筑物全高，核心筒的宽度不宜小于筒体总高的 1/12。

（2）核心筒应有良好的整体性，墙肢宜均匀、对称布置，筒体角部附近不宜开洞；核心筒的连梁，宜通过配置交叉暗撑、设水平缝或减小梁的高宽比提高连梁延性。

（3）框架-核心筒结构对形状没有限制，框架柱距大，布置灵活，有利于建筑立面多样化。结构平面布置应尽量规则、对称，减小扭转影响，质量分布宜均匀，内筒尽量居中，核心筒与外柱之间距离一般 12～15m 为宜。沿竖向刚度应连续，避免突变。

（4）框架-核心筒结构中，框架承担的剪力和倾覆力矩都较小，为实现双重抗侧力体系，外框架的截面不宜过小。

8.3　筒体结构的近似计算方法

1. 竖向荷载作用下的近似计算要点

在竖向荷载作用下框架-筒体结构的内力计算方法与框架-剪力墙结构的内力计算方法相

同；筒中筒及成束筒结构的内力计算方法与剪力墙结构的内力计算方法相同。

2. 水平荷载作用下的内力计算要点

（1）筒中筒结构在水平荷载作用下的近似计算

1）水平力在剪力墙内筒和外框筒之间的分配。因为近似计算方法只能将剪力墙内筒和外框筒分别进行计算，所以应先将水平力在内外筒之间分配。

水平力分配时可将框筒按一般框架处理，即按框架-剪力墙结构进行水平力分配。

在进行内外筒之间水平力分配时，首先将结构在风荷载或地震作用方向上，划分为若干片框架或剪力墙，剪力墙内筒划分为平面剪力墙时，可以考虑垂直方向墙体作为翼缘，每侧翼缘的有效宽度取墙厚的 6 倍、墙间距的一半、总高度的 1/20、墙轴线至洞口边的距离四者中的最小值。将剪力墙合并为总剪力墙，将框架合并为总框架，内、外筒（框架）简化分析时可按铰接连梁考虑。

按上述方法，可得到剪力墙内筒和外框筒各自承受的水平力，同时还可得到剪力墙内筒的内力，但对于外框筒，当已知作用在其上的水平力之后，不能采用 D 值法进行内力计算，应考虑外框筒的空间工作特征，采用下述方法进行内力计算。

2）水平力作用下框筒的内力近似计算方法——等效角柱法。框筒在水平力作用下，腹板框架起主要受力作用，翼缘框架起辅助受力作用。由于剪力滞后的影响，翼缘框架中部柱子的轴力小于角柱（图 8-4），即 $N_1 > N_2 > N_3 \cdots\cdots$ 可以把翼缘框架看作是一个放大的角柱，即用一个等效角柱来代表翼缘框架的作用。

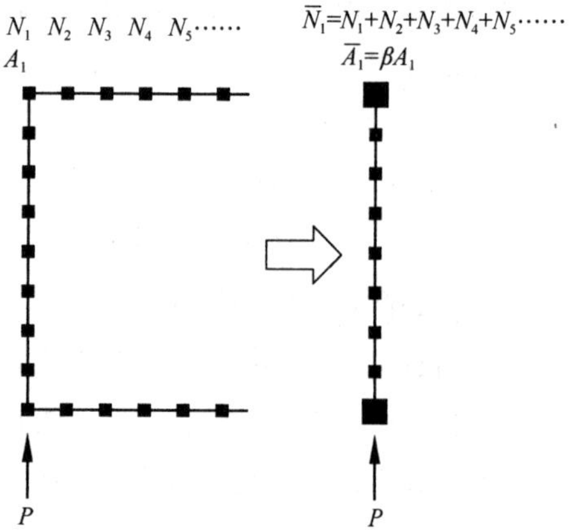

N_1 N_2 N_3 N_4 $N_5 \cdots\cdots$

A_1

$\overline{N}_1=N_1+N_2+N_3+N_4+N_5\cdots\cdots$

$\overline{A}_1=\beta A_1$

P

P

图 8-4 等效角柱

等效角柱的截面面积为：

$$\overline{A}_1 = \beta A_1 \tag{8-1}$$

式中，A_1 为角柱的截面面积；β 为等效系数。

影响 β 的因素很多，主要是角柱与其他柱截面之比、翼缘框架梁的刚度和水平力的形式等。只要求出等效角柱的截面面积 $\overline{A}_1$，就可以按平面框架方法计算腹板框架的内力，令：

$$\beta = \beta_0 + \Delta\beta \tag{8-2}$$

式中，β_0 为标准的等效系数；$\Delta\beta$ 为 β_0 值的层修正系数。

β_0 可由图 8-5 查出，图中的参数为：

$$C_n = A_1/A_2$$

式中，A_1、A_2 分别为角柱和翼缘框架其他柱的截面面积。

图 8-5 中 l 为梁的跨度（m），i_b 为梁的线刚度，按 $i_b = I_b/l$（单位：m）计算。该图是

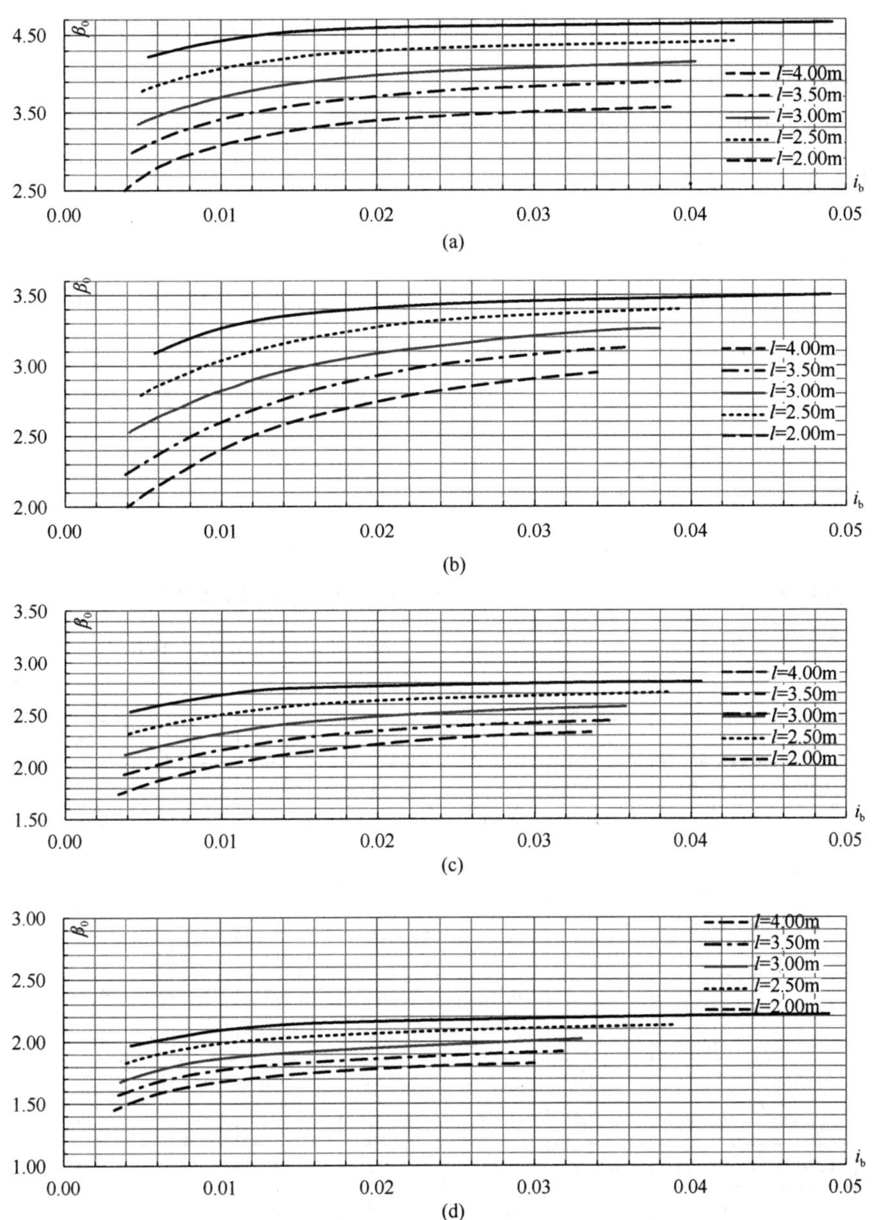

图 8-5　β_0 的数值

(a) $C_n=1/1$；(b) $C_n=1.5/1$；(c) $C_n=2/1$；(d) $C_n=3/1$

按 25 层、层高 $h=3.0$m 制作的，实际上，β 值还明显地与层数有关，所以，当层数不是 25 层时，应加上层修正系数 $\Delta\beta$，修正系数 $\Delta\beta$ 可按表 8-1 取值。

β 值层修正系数 $\Delta\beta$　　　　**表 8-1**

层数	20	25	30	35	40	45	50	55	60	65	70	75	80	85	90	95	100
$\Delta\beta$	−0.32	0	0.24	0.33	0.39	0.43	0.47	0.48	0.51	0.52	0.525	0.53	0.535	0.538	0.541	0.543	0.545

由于 β_0 是按层高 $h=3.0$m 给出的，当层高不是 3m 时，按 $H/3.0$ 折算出等效层数，然后按表 8-1 的 $\Delta\beta$ 进行修正。

按平面框架分析求出等效角柱的轴力 $\bar{N}_1$ 后，要将 $\bar{N}_1$ 分配回翼缘框架的各根柱子。

角柱轴力
$$N_1=\frac{1}{1+\mu_2+\mu_3+\cdots\cdots}\bar{N}_1 \tag{8-3a}$$

其余各柱
$$N_j=\mu_j N_1 \tag{8-3b}$$

式中，μ_j 为第 j 柱的分配系数，按 $\mu_j=N_j/N_1$ 计算，为各柱轴力与角柱轴力的比值。

分配系数 μ_j 可由公式（8-4）预先求出：

$$\begin{matrix}\mu_j\\(j=2\sim5)\end{matrix}=\begin{cases}1+2(\eta_j-1)\xi\left(\dfrac{\beta_n}{\beta_{25}}\right)^{j-1}\mu_{0j} & (0\leqslant\xi<0.5)\\[2ex] [\eta_j+(1-3\eta_j)(2\xi-1)]\left(\dfrac{\beta_n}{\beta_{25}}\right)^{j-1}\mu_{0j} & (0.5\leqslant\xi\leqslant1)\end{cases} \tag{8-4}$$

$$\mu_6=0.75\mu_5,\ \mu_7=0.70\mu_6\cdots\cdots$$

式中，μ_{0j} 为基本分配系数，由表 8-2～表 8-5 查取；η_j 为分配系数的调整系数，由表 8-2～表 8-5 查取；ξ 为楼层相对标高，$\xi=H_i/H$；β_n、β_{25} 分别为 n 层建筑的 β 值和 25 层建筑的 β 值。

μ_{0j} 及 η_j 值（$C_n=1/1$） **表 8-2**

l(m)	i_b	μ_{02}	μ_{03}	μ_{04}	μ_{05}	η_2	η_3	η_4	η_5
2.0	0.0492	0.781	0.630	0.548	0.512	1.248	1.544	1.765	1.871
	0.0252	0.752	0.602	0.518	0.480	1.279	1.585	1.813	1.910
	0.0145	0.714	0.567	0.480	0.441	1.353	1.651	1.898	1.993
	0.0075	0.606	0.470	0.380	0.349	1.465	1.809	1.962	2.071
2.5	0.0390	0.735	0.570	0.463	0.407	1.314	1.630	1.883	1.920
	0.0202	0.699	0.530	0.424	0.368	1.307	1.692	1.894	1.939
	0.0116	0.658	0.484	0.381	0.326	1.387	1.715	1.945	1.975
	0.0060	0.561	0.395	0.294	0.238	1.561	1.861	1.975	2.095
3.0	0.0330	0.680	0.497	0.385	0.321	1.349	1.648	1.906	1.954
	0.0168	0.645	0.454	0.342	0.278	1.408	1.720	1.950	2.010
	0.0097	0.606	0.415	0.303	0.233	1.422	1.749	1.957	2.015
	0.0050	0.524	0.321	0.216	0.145	1.574	1.915	1.987	2.101
3.5	0.0280	0.629	0.428	0.303	0.232	1.365	1.668	1.914	1.973
	0.0144	0.600	0.391	0.270	0.200	1.413	1.737	1.960	2.012
	0.0083	0.562	0.351	0.237	0.169	1.432	1.753	1.969	2.017
	0.0043	0.485	0.279	0.174	0.116	1.592	1.920	2.094	2.171
4.0	0.0250	0.581	0.368	0.250	0.179	1.364	1.694	1.922	1.985
	0.0121	0.556	0.339	0.224	0.155	1.422	1.760	1.965	2.014
	0.0073	0.521	0.301	0.188	0.125	1.443	1.780	1.971	2.020
	0.0038	0.450	0.237	0.135	0.084	1.603	1.928	2.133	2.188

μ_{0j} 及 η_j 值 (C_n=1.5/1)　　表 8-3

l(m)	i_b	μ_{02}	μ_{03}	μ_{04}	μ_{05}	η_2	η_3	η_4	η_5
2.0	0.0492	0.526	0.435	0.388	0.366	1.208	1.477	1.668	1.758
	0.0252	0.508	0.413	0.362	0.338	1.246	1.542	1.742	1.801
	0.0145	0.493	0.394	0.337	0.309	1.316	1.590	1.795	1.867
	0.0075	0.463	0.359	0.299	0.260	1.387	1.703	1.831	1.907
2.5	0.0390	0.508	0.403	0.336	0.291	1.220	1.482	1.681	1.762
	0.0202	0.481	0.370	0.301	0.261	1.282	1.554	1.754	1.815
	0.0116	0.457	0.343	0.275	0.235	1.355	1.618	1.810	1.889
	0.0060	0.422	0.301	0.230	0.171	1.414	1.712	1.852	1.919
3.0	0.0330	0.483	0.355	0.282	0.239	1.252	1.518	1.691	1.765
	0.0168	0.452	0.321	0.243	0.198	1.316	1.571	1.770	1.828
	0.0097	0.422	0.291	0.214	0.166	1.370	1.620	1.823	1.901
	0.0050	0.385	0.239	0.164	0.109	1.462	1.732	1.865	1.931
3.5	0.0280	0.444	0.304	0.217	0.167	1.291	1.531	1.759	1.826
	0.0144	0.418	0.297	0.196	0.150	1.330	1.610	1.796	1.842
	0.0083	0.391	0.250	0.174	0.130	1.358	1.639	1.845	1.921
	0.0043	0.345	0.203	0.129	0.078	1.492	1.743	1.895	1.955
4.0	0.0250	0.435	0.282	0.189	0.138	1.292	1.550	1.763	1.845
	0.0121	0.405	0.253	0.166	0.119	1.341	1.635	1.803	1.892
	0.0073	0.364	0.215	0.136	0.093	1.371	1.683	1.861	1.932
	0.0038	0.313	0.178	0.100	0.064	1.505	1.768	1.936	1.971

μ_{0j} 及 η_j 值 (C_n=2/1)　　表 8-4

l(m)	i_b	μ_{02}	μ_{03}	μ_{04}	μ_{05}	η_2	η_3	η_4	η_5
2.0	0.0492	0.426	0.358	0.319	0.311	1.173	1.313	1.506	1.674
	0.0252	0.391	0.320	0.281	0.262	1.207	1.390	1.549	1.702
	0.0145	0.377	0.304	0.262	0.240	1.249	1.457	1.581	1.721
	0.0075	0.357	0.289	0.236	0.201	1.312	1.488	1.641	1.743
2.5	0.0390	0.383	0.316	0.245	0.229	1.201	1.418	1.553	1.691
	0.0202	0.368	0.285	0.232	0.205	1.245	1.459	1.582	1.716
	0.0116	0.351	0.266	0.213	0.183	1.279	1.471	1.615	1.738
	0.0060	0.332	0.249	0.182	0.145	1.328	1.498	1.682	1.754
3.0	0.0330	0.362	0.266	0.210	0.175	1.229	1.430	1.565	1.718
	0.0168	0.348	0.249	0.190	0.156	1.273	1.491	1.594	1.737
	0.0097	0.325	0.232	0.169	0.136	1.302	1.506	1.662	1.749
	0.0050	0.313	0.216	0.141	0.105	1.371	1.510	1.721	1.762

续表

l(m)	i_b	μ_{02}	μ_{03}	μ_{04}	μ_{05}	η_2	η_3	η_4	η_5
3.5	0.0280	0.341	0.235	0.171	0.132	1.243	1.503	1.595	1.736
	0.0144	0.328	0.220	0.157	0.121	1.285	1.509	1.621	1.751
	0.0083	0.311	0.194	0.134	0.099	1.319	1.512	1.635	1.760
	0.0043	0.274	0.178	0.109	0.064	1.408	1.520	1.761	1.776
4.0	0.0250	0.331	0.216	0.148	0.109	1.254	1.508	1.622	1.753
	0.0121	0.307	0.194	0.129	0.090	1.301	1.513	1.663	1.761
	0.0073	0.279	0.166	0.106	0.073	1.333	1.524	1.718	1.772
	0.0038	0.241	0.133	0.079	0.050	1.469	1.637	1.801	1.802

μ_{0j}及η_j值（C_n=3/1） **表 8-5**

l(m)	i_b	μ_{02}	μ_{03}	μ_{04}	μ_{05}	η_2	η_3	η_4	η_5
2.0	0.0492	0.274	0.232	0.207	0.197	1.152	1.251	1.446	1.574
	0.0252	0.267	0.222	0.195	0.184	1.176	1.330	1.506	1.609
	0.0145	0.258	0.212	0.184	0.171	1.213	1.395	1.543	1.630
	0.0075	0.244	0.194	0.163	0.148	1.262	1.464	1.602	1.662
2.5	0.0390	0.261	0.206	0.170	0.153	1.157	1.317	1.510	1.580
	0.0202	0.251	0.196	0.161	0.144	1.187	1.393	1.544	1.619
	0.0116	0.239	0.183	0.147	0.128	1.226	1.426	1.581	1.641
	0.0060	0.222	0.161	0.125	0.103	1.306	1.531	1.648	1.680
3.0	0.0330	0.256	0.191	0.151	0.127	1.161	1.356	1.525	1.585
	0.0168	0.244	0.178	0.139	0.116	1.197	1.408	1.552	1.631
	0.0097	0.229	0.162	0.122	0.099	1.240	1.451	1.578	1.656
	0.0050	0.207	0.147	0.103	0.071	1.342	1.574	1.679	1.702
3.5	0.0280	0.238	0.165	0.123	0.098	1.176	1.375	1.533	1.592
	0.0144	0.223	0.150	0.110	0.086	1.142	1.433	1.573	1.651
	0.0083	0.216	0.134	0.094	0.070	1.267	1.470	1.585	1.672
	0.0043	0.182	0.111	0.074	0.051	1.386	1.604	1.711	1.718
4.0	0.0250	0.227	0.152	0.105	0.079	1.207	1.401	1.571	1.595
	0.0121	0.208	0.142	0.089	0.065	1.269	1.466	1.617	1.671
	0.0073	0.191	0.124	0.074	0.051	1.288	1.500	1.648	1.687
	0.0038	0.163	0.091	0.055	0.035	1.417	1.626	1.717	1.731

（2）框架-筒体结构在水平荷载作用下的近似计算

框架-筒体的工作特点与框架-剪力墙工作特点是相似的。因此可按框架-剪力墙的内力计算方法进行计算。其中，剪力墙内筒划分为平面剪力墙的方法与前述筒中筒结构中剪力墙内筒的划分方法相同。

8.4 筒体结构一般规定与构造要求

1. 框筒（框架）

框筒（框架）与核心筒应形成双重抗侧力体系，但实际工程中，外周框架柱的柱距过大、梁高过小，造成其刚度过低、核心筒刚度过高，结构底部剪力主要由核心筒承担。对于这种情况，在强烈地震作用下，核心筒墙体可能损伤严重，经内力重分布后，外周框架会承担较大的地震作用。因此《高规》要求，对框架-核心筒结构和筒中筒结构，如果各层框架承担的地震剪力不小于结构底部总地震剪力的 20%，则框架地震剪力可不进行调整；否则，应调整框架柱及与之相连的框架梁的剪力和弯矩：

(1) 框架部分分配的楼层地震剪力标准值的最大值不宜小于结构底部总地震剪力标准值的 10%。

(2) 当框架部分分配的地震剪力标准值的最大值小于结构底部总地震剪力标准值的 10%时，各层框架部分承担的地震剪力标准值应增大到结构底部总地震剪力标准值的 15%；此时，各层核心筒墙体的地震剪力标准值宜乘以增大系数 1.1，但可不大于结构底部总地震剪力标准值，墙体的抗震构造措施应按抗震等级提高一级后采用，已为特一级的可不再提高。

(3) 当框架部分分配的地震剪力标准值小于结构底部总地震剪力标准值的 20%，但其最大值不小于结构底部总地震剪力标准值的 10%时，应按结构底部总地震剪力标准值的 20%和框架部分楼层地震剪力标准值中最大值的 1.5 倍这二者的较小值进行调整。

按上述方法调整框架柱的地震剪力后，框架柱端弯矩及与之相连的框架梁端弯矩、剪力应进行相应调整。有加强层时，框架部分分配的楼层地震剪力标准值的最大值不应包括加强层及其上、下层的框架剪力。

楼盖主梁不宜搁置在核心筒或内筒的连梁上。因为楼盖主梁搁置在核心筒的连梁上，会使连梁产生较大剪力和扭矩，容易产生脆性破坏，应尽量避免。

在筒体结构中，大部分水平剪力由核心筒或内筒承担，框架柱或框筒柱所受剪力远小于框架结构中的柱剪力，剪跨比明显增大，因此其轴压比限值可比框架结构适当放松，可按框架-剪力墙结构的要求控制柱轴压比。

2. 核心筒

核心筒或内筒中剪力墙截面形状宜简单；截面形状复杂的墙体可按应力进行截面设计校核。

筒体结构核心筒或内筒设计应符合下列规定：

(1) 墙肢宜均匀、对称布置；

(2) 筒体角部附近不宜开洞，当不可避免时，筒角内壁至洞口的距离不应小于 500mm

和开洞墙截面厚度的较大值；

（3）筒体墙应按《高规》附录D验算墙体稳定，且外墙厚度不应小于200mm，内墙厚度不应小于160mm，必要时可设置扶壁柱或扶壁墙；

（4）筒体墙的水平、竖向配筋不应少于两排，其最小配筋率应符合剪力墙结构的规定；

（5）抗震设计时，核心筒、内筒的连梁宜配置对角斜向钢筋或交叉暗撑；

（6）筒体墙的加强部位高度、轴压比限值、边缘构件设置以及截面设计，应符合剪力墙的有关规定。

筒体结构核心筒或内筒的外墙不宜在水平方向连续开洞，洞间墙肢的截面高度不宜小于1.2m；当洞间墙肢的截面高度与厚度之比小于4时，宜按框架柱进行截面设计。

3. 框架-核心筒

框架-核心筒结构的周边柱间必须设置框架梁。由于框架-核心筒结构外周框架的柱距较大，为了保证其整体性，外周框架柱间必须要设置框架梁，形成周边框架。实践证明，纯无梁楼盖会影响框架-核心筒结构的整体刚度和抗震性能，尤其是板柱节点的抗震性能较差。因此，在采用无梁楼盖时，更应在各层楼盖沿周边框架柱设置框架梁。

抗震设计时，核心筒为框架-核心筒结构的主要抗侧力构件，其底部加强部位水平和竖向分布钢筋的配筋率、边缘构件设置比一般剪力墙结构的要求更高。具体包括：

（1）底部加强部位主要墙体的水平和竖向分布钢筋的配筋率均不宜小于0.30%；

（2）底部加强部位约束边缘构件沿墙肢的长度宜取墙肢截面高度的1/4，约束边缘构件范围内应主要采用箍筋；

（3）底部加强部位以上宜按《高规》7.2.15条的规定设置约束边缘构件。

内筒偏置的框架-筒体结构，其质心与刚心的偏心距较大，导致结构在地震作用下的扭转反应增大。对这类结构，应特别关注结构的扭转特性，控制结构的扭转反应。对内筒偏置的框架-筒体结构，应控制结构在考虑偶然偏心影响的规定地震作用下，最大楼层水平位移和层间位移不应大于该楼层平均值的1.4倍，结构扭转为主的第一自振周期T_t与平动为主的第一自振周期T_1之比不应大于0.85，T_1的扭转成分不宜大于30%。

内筒采用双筒可增强结构的扭转刚度，减小结构在水平地震作用下的扭转效应。考虑到双筒间的楼板因传递双筒间的力偶会产生较大的平面剪力，因此双筒间楼板开洞时，其有效楼板宽度不宜小于楼板典型宽度的50%，洞口附近楼板应加厚，并应采用双层双向配筋，每层单向配筋率不应小于0.25%；双筒间楼板宜按弹性板进行细化分析。

4. 连梁

为避免连梁在地震作用下发生脆性破坏，外框筒梁和内筒连梁的截面尺寸应符合下列规定：

持久、短暂设计状况：

$$V_b \leqslant 0.25\beta_c f_c b_b h_{b0} \quad (8\text{-}5a)$$

地震设计状况：

（1）剪跨比 λ 大于 2.5 时

$$V_b \leqslant \frac{1}{\gamma_{RE}}(0.20\beta_c f_c b_b h_{b0}) \tag{8-5b}$$

（2）剪跨比 λ 不大于 2.5 时

$$V_b \leqslant \frac{1}{\gamma_{RE}}(0.15\beta_c f_c b_b h_{b0}) \tag{8-5c}$$

式中，V_b为外框筒梁或内筒连梁剪力设计值；b_b为外框筒梁或内筒连梁截面宽度；h_{b0}为外框筒梁或内筒连梁截面的有效高度；β_c为混凝土强度影响系数。

外框筒梁和内筒连梁的构造配筋应符合下列要求：

（1）非抗震设计时，箍筋直径不应小于 8mm；抗震设计时，箍筋直径不应小于 10mm。

（2）非抗震设计时，箍筋间距不应大于 150mm；抗震设计时，箍筋间距沿梁长不变，且不应大于 100mm，当梁内设置交叉暗撑时，箍筋间距不应大于 200mm。

（3）框筒梁上、下纵向钢筋的直径均不应小于 16mm，腰筋的直径不应小于 10mm，腰筋间距不应大于 200mm。

跨高比不大于 2 的框筒梁和内筒连梁宜增配对角斜向钢筋。跨高比不大于 1 的框筒梁和内筒连梁宜采用交叉暗撑（图 8-6），且应符合下列规定：

（1）梁的截面宽度不宜小于 400mm。

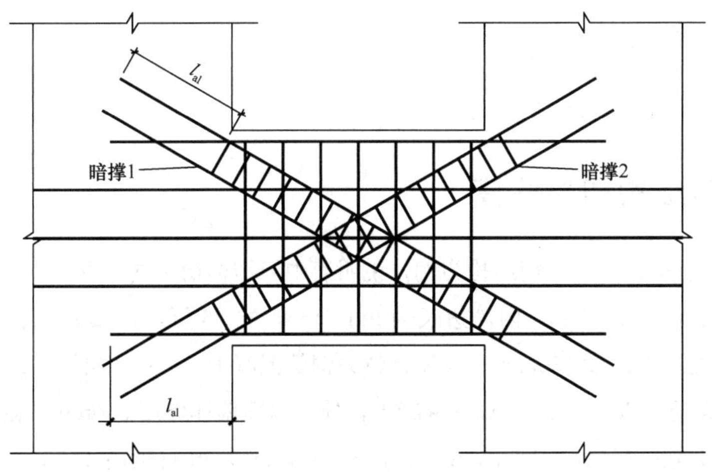

图 8-6 梁内交叉暗撑的配筋

（2）全部剪力应由暗撑承担，每根暗撑应由不少于 4 根纵向钢筋组成，钢筋直径不应小于 14mm，其总面积 A_s按下式计算：

持久、短暂设计状况：

$$A_s \geqslant \frac{V_b}{2 f_y \sin\alpha} \tag{8-6a}$$

地震设计状况：
$$A_s \geqslant \frac{\gamma_{RE} V_b}{2 f_y \sin\alpha} \tag{8-6b}$$

式中，α 为暗撑与水平线的夹角。

(3) 两个方向暗撑的纵向钢筋应采用矩形箍筋或螺旋箍筋绑成一体，箍筋直径不应小于 8mm，箍筋间距不应大于 150mm。

(4) 纵筋伸入竖向构件的长度不应小于 l_{a1}，非抗震设计时 l_{a1} 可取 l_a，抗震设计时宜取 $1.15l_a$。

(5) 梁内普通箍筋的配置应符合外框筒梁和内筒连梁的构造要求。

5. 楼板

筒体结构的双向楼板在竖向荷载作用下，四周外角要上翘，但受到剪力墙的约束，加上楼板混凝土的自身收缩和温度变化影响，使楼板外角可能产生斜裂缝。为防止这类裂缝出现，楼板外角顶面和底面配置双向钢筋网以适当加强。筒体结构的楼盖外角宜设置双层双向钢筋（图 8-7），单层单向配筋率不宜小于 0.3%，钢筋的直径不应小于 8mm，间距不应大于 150mm，配筋范围不宜小于外框架（或外筒）至内筒外墙中距的 1/3 和 3m。

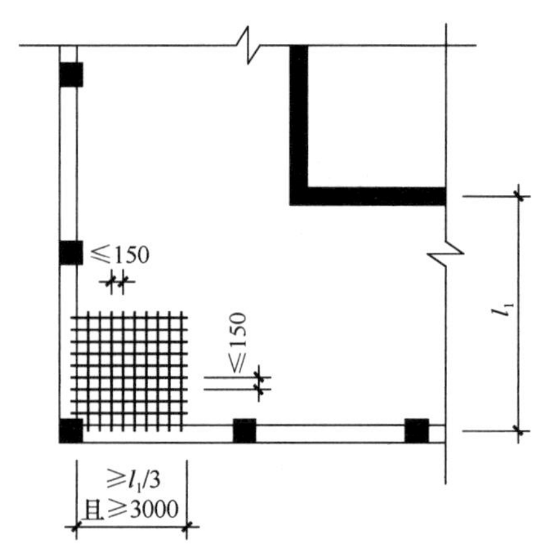

图 8-7　板角配筋示意（单位：mm）

8.5 筒中筒结构初步估算

现以双轴对称的矩形筒中筒结构为例，说明筒中筒结构初步估算方法。已知：平面为正方形，外筒边长为 27m×27m，内筒边长为 9m×9m，共 36 层，1、2 层层高 3.9m，3～36 层层高 3.6m，结构总高度 130.2m。筒体材料为钢筋混凝土，1～12 层为 C50 混凝土，13～24 层为 C40 混凝土，25～36 层为 C30 混凝土，外、内筒墙体厚度 300mm。在外墙上，均匀开窗洞 1.8m×2.0m（h），窗间距 3m。窗间柱宽 1.2m，窗间梁高 1.6m，底部窗间梁高 1.9m，建筑平面及立面见图 8-8（一层顶局部因开门较宽，设结构转换梁，本例中不予讨论）。楼面为现浇钢筋混凝土梁板，板折算厚度 200mm，建筑所建场地的抗震设防烈度为 6 度，场地类别为Ⅱ类，地面粗糙度为 C 类，基本风压为 $w_0=0.5\text{kN/m}^2$。

1. 验算截面是否满足要求

顶部风荷载计算：$w_0 = \beta_z \mu_s \mu_z w_0$。

根据《荷载规范》查得结构顶部风压高度变化系数 $\mu_z=1.982$，风荷载体型系数 $\mu_s=$

1.4。结构的自振周期 $T=0.05n=0.05\times36=1.8s$，经计算风振系数 $\beta_z=1.4627$，则：

$$w_k=\beta_z\mu_s\mu_z w_0=1.4627\times1.4\times1.982\times0.5=2.03\text{kN/m}^2$$

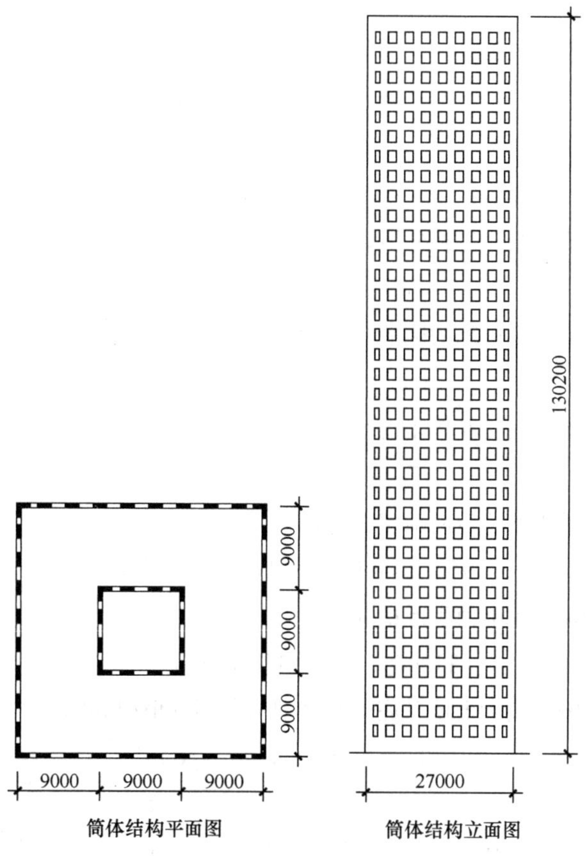

图 8-8　筒体结构算例（单位：mm）

顶部风荷载为 $q_k=2.03\times27=54.79\text{kN/m}$。

沿房屋高度方向风荷载按倒三角形考虑，取分项系数 1.5，$q_{max}=1.5\times54.79=82.19\text{kN/m}$。

底部轴压比验算：

风荷载引起的底部弯矩：

$$M=1/3q_{max}H^2=1/3\times82.19\times130.2^2=464421.9\text{kN}\cdot\text{m}$$

外筒惯性矩：$I=27\times27^3/12-26.4\times26.4^3/12=3807.31\text{m}^4$

内筒惯性矩：$I=9\times9^3/12-8.4\times8.4^3/12=131.86\text{m}^4$

风荷载引起的最外边纤维拉、压应力：

$$\sigma=\pm\frac{My}{I}=\pm\frac{464421.9\times13.5}{3807.31}=\pm1646.75\text{kN/m}^2$$

考虑外筒开洞，惯性矩折减为 40%，实际风荷载引起的最外边纤维拉、压应力为：

$$\pm 1646.75/0.4=\pm 4116.88\text{kN/m}^2$$

墙体平均自重（包括窗洞）：

$$25\times 0.3\times 0.5=3.75\text{kN/m}^2$$

基底处沿墙长每沿米的重量：

$$3.75\times 130.2=488.25\text{kN/m}$$

假定楼面平均竖向荷载标准值：6.5kN/m²

每层楼面竖向荷载标准值：27×27×6.5＝4738.5kN

每层楼面竖向荷载的 2/5 传给外筒，则：

$$4738.5\times 2/5=1895.4\text{kN}$$

外筒上每层每沿米楼面传来的竖向荷载标准值：

$$1895.4/27/4=17.55\text{kN/m}$$

墙基底处每沿米承受的楼面传来的竖向荷载标准值：

$$17.55\times 36=631.8\text{kN/m}$$

墙基底处每沿米承受的总竖向荷载标准值：

$$488.25+631.8=1120.05\text{kN/m}$$

墙基底处总竖向荷载标准值引起的应力：

$$1120.05/0.3=3733.5\text{kN/m}^2$$

考虑到开洞的影响，实际上墙基底处总竖向荷载标准值引起的应力：

$$3733.5/0.4=9333.75\text{kN/m}^2$$

轴压比验算：

$(9333.75\times 1.25+4116.88\times 0.2)/1000/23.1=0.54<0.9$，轴压比满足要求。

在水平荷载作用下，结构顶点位移值估算：假定水平荷载在内外筒之间按刚度分配。外筒分得风荷载的比例为：

$$3807.31/(3807.31+131.86)=0.967$$

考虑外墙开洞，刚度折减为 40%。

顶点位移计算（按竖向悬臂梁计算，弹性模量取整体弹性模量的平均值）：

$$u=\frac{0.967\times 11q_{\mathrm{k}}H^4}{120EI}=\frac{0.967\times 11\times 54.79\times 130.2^4}{120\times 3.45\times 10^7\times 3807.31\times 0.4}=0.027\text{m}$$

用 TBSA 程序分析该结构，算得顶点位移 0.056m，可见估算位移时，内筒刚度对结构影响不大，用外筒刚度算得顶点位移值后乘以放大系数 2～2.5 即为计算程序分析所得的顶点位移值。

2. 结论

(1) 在风荷载和竖向荷载共同作用下，筒体底层轴压比满足要求。

(2) 在风荷载作用下，筒体顶点位移满足要求。

思考题

1. 什么是剪力滞后现象?
2. 框架-核心筒、筒中筒、成束筒受力有什么特点?
3. 筒体结构的布置有哪些要求?
4. 竖向荷载下筒体结构的内力如何计算?
5. 什么是等效角柱法? 如何计算等效角柱?
6. 如何设计框筒的连梁?

第 9 章 复杂高层建筑结构设计

9.1 复杂高层建筑结构的定义和一般规定

为适应体型、结构布置比较复杂的高层建筑发展的需要，并使其结构设计质量、安全得到基本保证，《高规》规定了常见的几种复杂高层建筑结构设计内容，其中包括带转换层的结构、带加强层的结构、错层结构、连体结构和多塔楼结构等。同时，由于在地震作用下受力复杂，容易形成抗震薄弱部位，目前尚缺乏研究和工程实践经验，为了确保安全，9 度抗震设计时不应采用带转换层的结构、带加强层的结构、错层结构和连体结构。

错层结构受力复杂，地震作用下易形成多处薄弱部位，目前错层结构的研究和工程实践经验较少，需对其适用高度加以适当限制。对于抗震设计时复杂高层建筑结构的高度，《高规》规定，7 度和 8 度抗震设计时，剪力墙结构错层高层建筑的房屋高度分别不宜大于 80m 和 60m；框架-剪力墙结构错层高层建筑的房屋高度分别不应大于 80m 和 60m。连体结构的连接体部位易产生严重震害，房屋高度越高，震害越重，因此抗震设计时，B 级高度高层建筑不宜采用连体结构。抗震设计时，底部带转换层的筒中筒结构 B 级高度高层建筑，当外筒框支层以上采用壁式框架时，其抗震性能比密柱框架更为不利，其最大适用高度应比规定的数值适当降低。

《高规》所指的各类复杂高层建筑结构均属于不规则结构。在同一个工程中采用两种以上这类复杂结构时，在地震作用下易形成多处薄弱部位。为保证结构设计的安全性，规定 7、8 度抗震设计的高层建筑不宜同时采用两种以上上述所指的复杂结构。

复杂高层建筑结构的计算分析应符合规范对结构计算分析的有关规定，并按《高规》有关规定进行截面承载力设计与配筋构造。对于复杂高层建筑结构，必要时，对其中某些受力复杂部位尚宜采用有限元法等方法进行详细的应力分析，了解应力分布情况，并按应力进行配筋校核。

9.2　带转换层高层建筑结构

1. 转换层的定义和作用

随着现代高层建筑功能多样化的要求，在建筑的竖向布置上，需要对上下不同的建筑功能进行不同的建筑平面布置。例如，为了使高层建筑结构的底部形成大空间，上部楼层部分竖向构件（剪力墙、框架柱）不能直接连续贯通落地，此时就应设置结构转换层，采用巨大的横梁或桁架以承托上部这些不落地的剪力墙或框架柱，形成了带转换层高层建筑结构。有时甚至需改变竖向承重体系（如上为剪力墙结构，下为框架-剪力墙结构），这时也需设置结构转换层，将上下两种不同的竖向结构体系进行转换、过渡。通过转换层可以实现下列转换：

（1）上层和下层结构类型转换。这种转换层广泛用于剪力墙结构和框架-剪力墙结构，它将上部剪力墙转换为下部的框架，以创造一个较大的内部自由空间。图 9-1 为北京南洋饭店（24 层，H=85m），其中第 5 层为转换层，剪力墙的托梁高 4.5m，底柱最大直径 D=1.6m。

（2）上、下层的柱网、轴线改变。转换层上、下的结构形式没有改变，但是通过转换层使下层柱的柱距放大，形成大柱网，常用于外框筒的下层形成较大的入口。图 9-2 为香港新

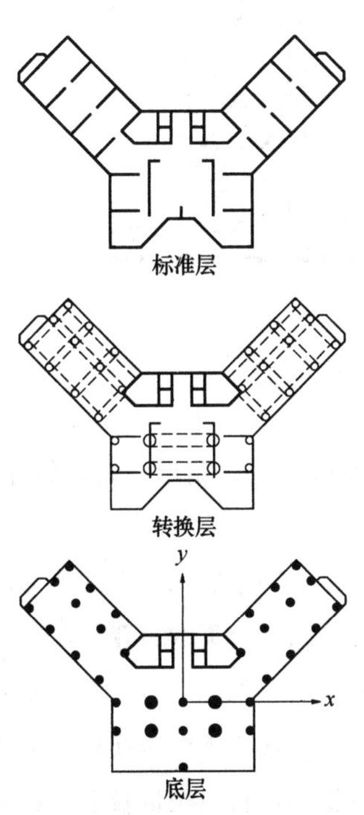

图 9-1　北京南洋饭店

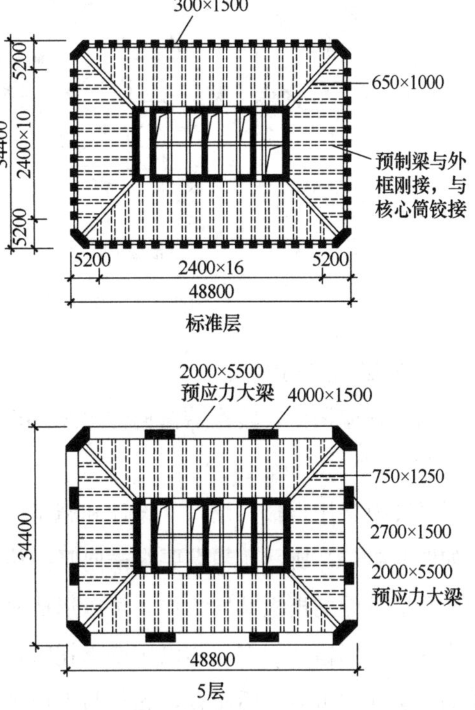

图 9-2　香港新鸿基中心（单位：mm）

鸿基中心（51 层，H＝178.6m）的筒中筒结构，5 层以上为办公楼，1～4 层为商业用房。外框筒柱距为 2.4m，无法安置底层入口，因此采用 2.0m×5.5m 的预应力大梁进行结构轴线转换，将下层柱距扩大为 16.8m 和 12m。

（3）同时转换结构形式和结构轴线布置，即上部楼层部分剪力墙结构通过转换层改变为框架的同时，柱网轴线与上部楼层的轴线错开形成上下结构不对齐的布置。图 9-3 为深圳华侨大酒店（28 层，H＝103.1m），6 层以上为客房，采用大开间剪力墙结构，纵向四轴线内廊式布置，而下部 5 层则改为单跨框架，纵向双轴线。

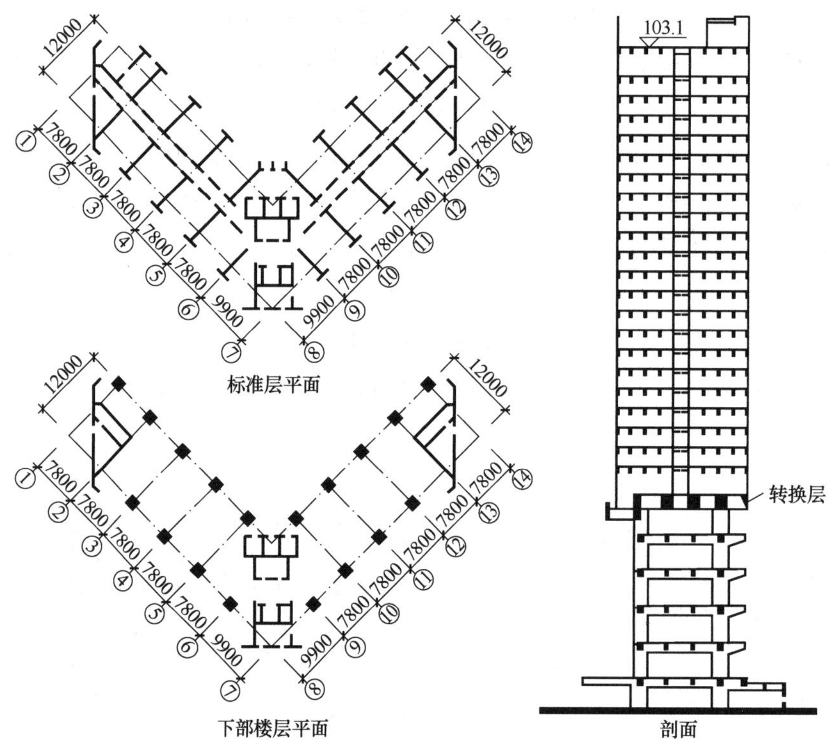

图 9-3　深圳华侨大酒店（单位：mm）

2. 转换层的结构形式

目前工程应用中，转换结构构件可采用转换梁、桁架、空腹桁架、箱形结构、斜撑等，如图 9-4 所示。

梁式转换层用得最广泛，其设计和施工简单，受力明确，一般用于底部大空间剪力墙结构，如图 9-4（a）所示。当需要纵横向竖向构件同时转换时，采用双向梁的布置。双向托梁连同上下层较厚的楼板共同工作，可以形成刚度很大的箱形转换层，如图 9-4（d）所示。

当上下柱网错开较多而难以用梁承托时，可以做成厚板，形成板式承台转换层。板式转换层的下层柱网可以灵活布置，无须与上层结构对齐，但自重很大，材料用量较多。典型工程如布拉迪斯拉发基辅饭店（19 层，H＝60m），上层为密柱网框架结构的客房，下层为大

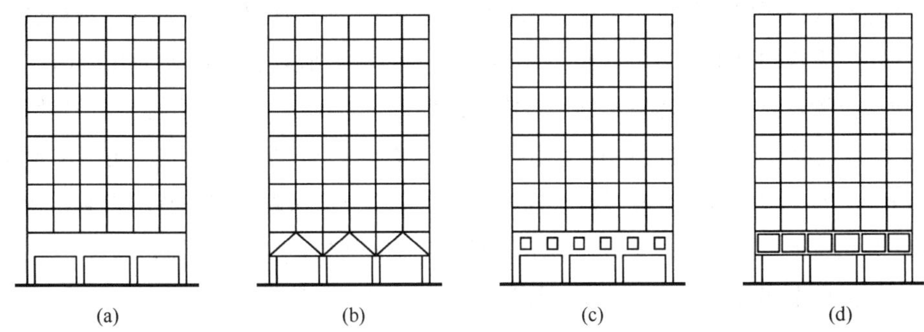

图 9-4　转换层的结构构件形式

（a）转换梁；（b）桁架；（c）空腹桁架；（d）箱形结构

空间剪力墙结构，中间用厚度为 1400mm 的钢筋混凝土厚板转换（图 9-5）。

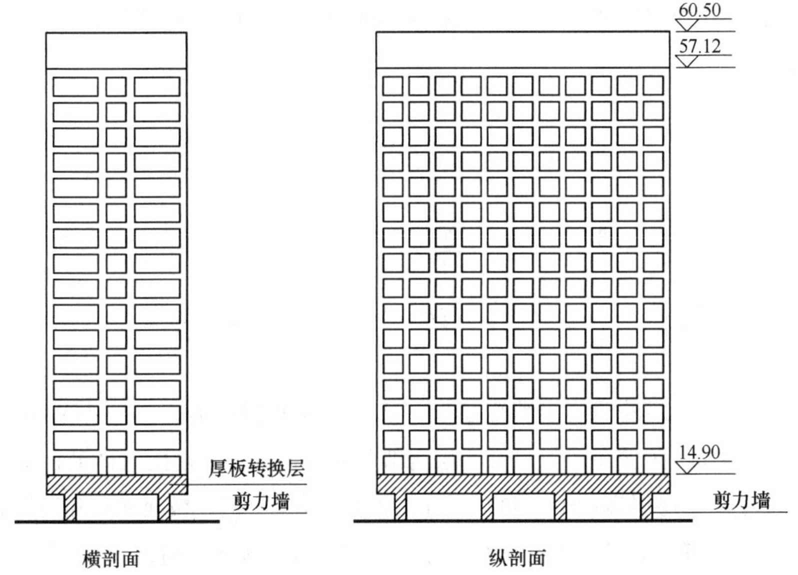

图 9-5　布拉迪斯拉发基辅饭店的厚板转换层

在梁式转换层结构中，当转换梁跨度很大且承托层数较多时，转换梁的截面尺寸将很大，结构方案不经济，也不合理。同时，采用转换梁也不利于大型管道等设备系统的布置和转换层建筑空间的充分利用。此时，采用桁架结构代替转换梁是一种更为合理的方案。桁式转换层具有受力性能好、自重轻、经济性好、方便管道穿过等优点，但其构造和施工复杂。

3. 转换层的结构布置

(1) 底部转换层的设置高度

带转换层的底层大空间剪力墙结构于 20 世纪 80 年代开始采用，近几十年迅速发展，在地震区许多工程的转换层位置已较高，一般做到 3～6 层，有的工程转换层位于 7～10 层。相关研究发现，转换层位置较高时，更易使框支剪力墙结构在转换层附近的刚度、内力发生突变，并易形成薄弱层，其抗震设计概念与底层框支剪力墙结构有一定差别。转换层位置较高时，转换层下部的落地剪力墙及框支结构易于开裂和屈服，转换层上部几层墙体易于破坏。转换层位置较高的高层建筑不利于抗震，因此部分框支剪力墙结构转换层的设置位置：7 度区不宜超过第 5 层，8 度区不宜超过第 3 层，6 度时可适当提高。如转换层位置超过上述规定时，应作专门分析研究并采取有效措施，避免框支层破坏。对托柱转换层结构，考虑到其刚度变化、受力情况与框支剪力墙结构不同，对转换层位置未作限制。

（2）转换层上部与下部的侧向刚度控制

转换层下部的侧向刚度一般小于上部的侧向刚度，如果二者相差悬殊，转换层下部形成薄弱层，对结构抗震不利。设计时应控制转换层上、下结构的侧向刚度比，使其处于合理范围。

1）转换层设置在 1、2 层时，采用转换层与相邻上层结构的等效剪切刚度比 γ_{e1} 表示转换层上、下层结构刚度的变化。γ_{e1} 宜接近 1，非抗震设计时 γ_{e1} 不应小于 0.4，抗震设计时 γ_{e1} 不应小于 0.5。

$$\gamma_{e1}=\frac{G_1A_1}{G_2A_2}\times\frac{h_2}{h_1} \tag{9-1}$$

$$A_i=A_{w,i}+\sum_j C_{i,j}A_{ci,j}\quad(i=1,2) \tag{9-2}$$

$$C_{i,j}=2.5\left(\frac{h_{ci,j}}{h_i}\right)\quad(i=1,2) \tag{9-3}$$

式中，G_1、A_1 为转换层的混凝土剪变模量、抗剪截面面积；G_2、A_2 为转换层上层的混凝土剪变模量、抗剪截面面积；$A_{w,i}$为第 i 层全部剪力墙在计算方向的有效截面面积（不包括翼缘面积）；h_i为第 i 层层高；$A_{ci,j}$和 $h_{ci,j}$ 分别为第 i 层第 j 根柱截面面积和沿计算方向的截面高度；$C_{i,j}$第 i 层第 j 根柱截面面积折算系数，当计算值大于 1 时取 1。

2）当转换层设置在第 2 层以上时，按公式（9-4）计算的转换层与其相邻上层的侧向刚度比不应小于 0.6。

$$\gamma_1=\frac{V_i/\Delta_i}{V_{i+1}/\Delta_{i+1}}=\frac{V_i\Delta_{i+1}}{V_{i+1}\Delta_i} \tag{9-4}$$

式中，V_i 和 V_{i+1} 分别代表第 i 层和（$i+1$）层地震剪力标准值；Δ_i和 Δ_{i+1}分别代表第 i 层和（$i+1$）层层间位移。

3）当转换层设置在第 2 层以上时，尚宜采用图 9-6 所示的计算模型按公式（9-5）计算转换层下部结构与上部结构的等效侧向刚度比 γ_{e2}。γ_{e2} 宜接近 1，非抗震设计时 γ_{e2} 不应小于 0.5，抗震设计时 γ_{e2} 不应小于 0.8。

$$\gamma_{e2}=\frac{\Delta_2/H_2}{\Delta_1/H_1}=\frac{\Delta_2H_1}{\Delta_1H_2} \tag{9-5}$$

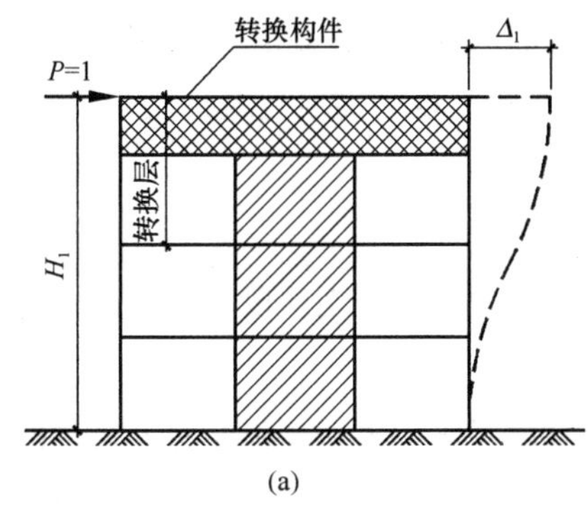

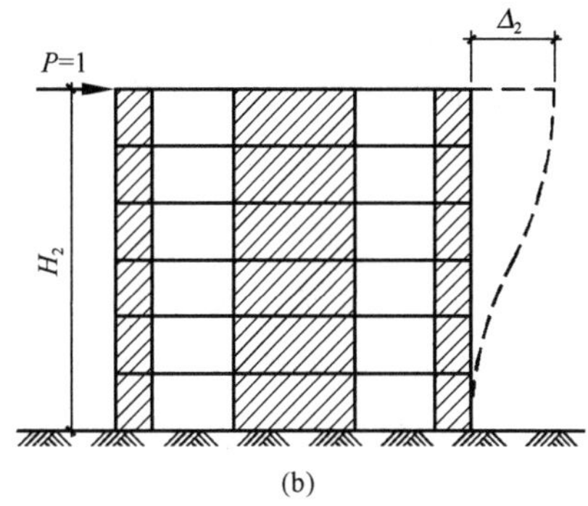

(a)　　(b)

图 9-6　转换层上、下等效侧向刚度计算模型

(a) 转换层及下部结构；(b) 转换层上部结构

式中，γ_{e2}表示转换层下部结构与上部结构的等效侧向刚度比；H_1 表示转换层及其下部结构的高度；H_2 表示转换层上部若干层结构的高度，其值应等于或接近高度 H_1，且不大于 H_1；Δ_1 表示转换层及其下部结构的顶部在单位水平力作用下的侧向位移；Δ_2 表示转换层上部若干层结构的顶部在单位水平力作用下的侧向位移。

(3) 转换构件的布置

1) 由于厚板板厚很大，质量相对集中，引起竖向质量和刚度严重不均匀，对抗震不利，仅适用于非抗震设计和 6 度抗震设计。对于大空间地下室，因四周有土体约束作用，地震作用不明显，因此 7、8 度抗震设计时地下室的转换构件可采用厚板。

2) 转换层上部的竖向抗侧力构件（剪力墙、柱）宜直接落在转换层的主构件上。上部平面布置复杂而采用框支主梁承托剪力墙并承托转换次梁及其上部剪力墙时，这种多次转换传力路径长，框支主梁承受较大的剪力、扭矩和弯矩，一般不宜采用。条件允许时，可采用箱形转换层。

(4) 剪力墙和框支柱的布置

1) 框支剪力墙结构要有足够数量的剪力墙上、下贯通落地，并按刚度比要求增加墙厚；带转换层的筒体结构内筒应全部上、下贯通落地并按刚度比要求增加筒壁厚度。

2) 落地剪力墙的间距、落地剪力墙与框支柱的间距应满足要求。

3) 带转换层的高层建筑结构，其剪力墙底部加强部位的高度应从地下室顶板算起，宜取至转换层以上两层且不宜小于房屋高度的 1/10。这是由于转换层位置的增高，结构传力路径复杂、内力变化较大，规定剪力墙底部加强范围亦增大，可取转换层加上转换层以上两层的高度或房屋总高度的 1/10 二者的较大值。

4) 框支梁上一层墙体内不宜设置边门洞，也不宜在框支柱上方设置门洞。门洞使框支梁的剪力大幅度增加，边门洞小墙肢应力集中，容易破坏。

5) 落地剪力墙和筒体的洞口宜布置在墙体中部，以使各墙肢受力均匀。

6）带托柱转换层的筒体结构，其转换柱和转换梁的抗震等级按部分框支剪力墙结构中的框支框架采纳。对部分框支剪力墙结构，当转换层的位置设置在3层及3层以上时，其框支柱、剪力墙底部加强部位的抗震等级宜按A级或B级高度的高层建筑抗震等级的规定提高一级采用，已为特一级时可不提高。

4. 转换梁的设计要求

特一、一、二级转换结构构件的水平地震作用计算内力应分别乘以增大系数1.9、1.6、1.3；转换结构构件应按规定考虑竖向地震作用。

转换梁与转换柱截面中线宜重合。转换梁截面高度不宜小于计算跨度的1/8。托柱转换梁截面宽度不应小于其上所托柱在梁宽方向的截面宽度。框支梁截面宽度不宜大于框支柱相应方向的截面宽度，且不宜小于其上墙体截面厚度的2倍和400mm的较大值。

转换梁不宜开洞。若必须开洞时，洞口边离开支座柱边的距离不宜小于梁截面高度；被洞口削弱的截面应进行承载力计算，因开洞形成的上、下弦杆应加强纵向钢筋和抗剪箍筋的配置。对托柱转换梁的托柱部位和框支梁上部的墙体开洞部位，梁的箍筋应加密配置，加密区范围可取梁上托柱边或墙边两侧各1.5倍转换梁高度。托柱转换梁在转换层宜在托柱位置设置正交方向的框架梁或楼面梁。

转换梁上、下部纵向钢筋的最小配筋率，非抗震设计时均不应小于0.30%；抗震设计时，特一、一和二级分别不应小于0.60%、0.50%和0.40%。离柱边1.5倍梁截面高度范围内的梁箍筋应加密，加密区箍筋直径不应小于10mm、间距不应大于100mm。加密区箍筋的最小面积配筋率，非抗震设计时不应小于$0.9f_t/f_{yv}$。抗震设计时，特一、一和二级分别不应小于$1.3f_t/f_{yv}$、$1.2f_t/f_{yv}$和$1.1f_t/f_{yv}$。偏心受拉的转换梁的支座上部纵向钢筋至少应有50%沿梁全长贯通，下部纵向钢筋应全部直通到柱内；沿梁腹板高度应配置间距不大于200mm、直径不小于16mm的腰筋。托柱转换梁应沿腹板高度配置腰筋，其直径不宜小于12mm、间距不宜大于200mm。

转换梁纵向钢筋接头宜采用机械连接，同一连接区段内接头钢筋截面面积不宜超过全部纵筋截面面积的50%，接头位置应避开上部墙体开洞部位、梁上托柱部位及受力较大部位。框支剪力墙结构中的框支梁上、下纵向钢筋和腰筋应在节点区可靠锚固，水平段应伸至柱边，且非抗震设计时不应小于$0.4l_{ab}$，抗震设计时不应小于$0.4l_{abE}$，梁上部第一排纵向钢筋应向柱内弯折锚固，且应延伸过梁底不小于l_a（非抗震设计）或l_{aE}（抗震设计）；当梁上部配置多排纵向钢筋时，其内排钢筋锚入柱内的长度可适当减小，但水平段长度和弯下段长度之和不应小于钢筋锚固长度l_a（非抗震设计）或l_{aE}（抗震设计）。

转换梁截面组合的剪力设计值应符合下列规定：

持久、短暂设计状况：

$$V \leqslant 0.20\beta_c f_c bh_0 \tag{9-6}$$

地震设计状况：

$$V \leqslant \frac{1}{\gamma_{RE}}(0.15\beta_c f_c b h_0) \tag{9-7}$$

5. 转换柱的设计要求

转换柱设计时，对于柱截面宽度，非抗震设计时不宜小于 400mm，抗震设计时不应小于 450mm；对于柱截面高度，非抗震设计时不宜小于转换梁跨度的 1/15，抗震设计时不宜小于转换梁跨度的 1/12。

抗震设计时，转换柱截面主要由轴压比控制并要满足剪压比的要求。为增大转换柱的安全性，有地震作用组合时，一、二级转换柱由地震作用产生的轴力应分别乘以增大系数 1.5、1.2，但计算柱轴压比时可不考虑该增大系数。为推迟转换柱的屈服，以免影响整个结构的变形能力，与转换构件相连的一、二级转换柱的上端和底层柱下端截面的弯矩组合值应分别乘以增大系数 1.5、1.3，其他层转换柱柱端弯矩设计值应符合普通框架梁柱节点处考虑地震作用组合的柱端弯矩增大规定。转换角柱的弯矩设计值和剪力设计值应分别在上述调整的基础上乘以增大系数 1.1。

因转换构件节点区受力非常大，抗震设计时，转换梁、柱的节点核心区应进行抗震验算，节点应符合构造措施的要求。转换梁、柱的节点核心区应按普通框架节点的规定设置水平箍筋。

转换柱的柱内全部纵向钢筋配筋率应符合框支柱的规定。抗震设计时，柱内全部纵向钢筋配筋率不宜大于 4.0%。纵向钢筋间距均不应小于 80mm，且抗震设计时不宜大于 200mm，非抗震设计时不宜大于 250mm；抗震设计时，转换柱箍筋应采用复合螺旋箍或井字复合箍，并应沿柱全高加密，箍筋直径不应小于 10mm，箍筋间距不应大于 100mm 和 6 倍纵向钢筋直径的较小值；抗震设计时，转换柱的箍筋配箍特征值应比普通框架柱要求的数值增加 0.02 采用，且箍筋体积配箍率不应小于 1.5%。非抗震设计时，转换柱宜采用复合螺旋箍或井字复合箍，其箍筋体积配箍率不宜小于 0.8%，箍筋直径不宜小于 10mm，箍筋间距不宜大于 150mm。部分框支剪力墙结构中的框支柱在上部墙体范围内的纵向钢筋应伸入上部墙体内不少于一层，其余柱纵筋应伸入转换层梁内或板内；从柱边算起，锚入梁内、板内的钢筋长度，抗震设计时不应小于 l_{aE}，非抗震设计时不应小于 l_a。

柱截面的组合剪力设计值应符合公式（9-6）和公式（9-7）的要求。

6. 箱形转换层的设计要求

箱形转换构件设计时要保证其整体受力作用，因此规定箱形转换结构上、下楼板（即顶、底板）厚度不宜小于 180mm，并应根据转换柱的布置和建筑功能要求设置双向横隔板。箱形转换层的顶、底板，除产生局部弯曲外，还会产生因箱形结构整体变形引起的整体弯曲，截面承载力设计时应该同时考虑这两种弯曲变形在截面内产生的拉应力、压应力，横隔板宜按深梁设计。

7. 厚板转换层的设计要求

转换厚板的厚度可由抗弯、抗剪、抗冲切截面验算确定。转换厚板可局部做成薄板，薄板与厚板交界处可加腋；转换厚板亦可局部做成夹心板。转换厚板宜按整体计算时所划分的主要交叉梁系的剪力和弯矩设计值进行截面设计并按有限元法分析结果进行配筋校核；受弯纵向钢筋可沿转换板上、下部双层双向配置，每一方向总配筋率不宜小于 0.6%；转换板内暗梁的抗剪箍筋面积配筋率不宜小于 0.45%。厚板外周边宜配置钢筋骨架网。转换厚板上、下部的剪力墙、柱的纵向钢筋均应在转换厚板内可靠锚固。转换厚板上、下一层的楼板应适当加强，楼板厚度不宜小于 150mm。

8. 空腹桁架转换层的设计要求

采用空腹桁架转换层时，空腹桁架宜满层设置，应有足够的刚度。空腹桁架的上、下弦杆宜考虑楼板作用，并应加强上、下弦杆与框架柱的锚固连接构造；竖腹杆应按强剪弱弯进行配筋设计，并加强箍筋配置以及与上、下弦杆的连接构造措施。

9. 部分框支剪力墙结构的设计要求

对于落地剪力墙的间距 l，非抗震设计时，l 不宜大于 $3B$ 和 36m；抗震设计时，当底部框支层为 1～2 层时，l 不宜大于 $2B$ 和 24m；当底部框支层为 3 层及 3 层以上时，l 不宜大于 $1.5B$ 和 20m；B 为落地墙之间楼盖的平均宽度。框支柱与相邻落地剪力墙的距离，1～2 层框支层时不宜大于 12m，3 层及 3 层以上框支层时不宜大于 10m。

框支框架承担的地震倾覆力矩应小于结构总地震倾覆力矩的 50%。

当框支梁承托剪力墙并承托转换次梁及其上剪力墙时，应进行应力分析，按应力校核配筋，并加强构造措施。B 级高度部分框支剪力墙高层建筑的结构转换层，不宜采用框支主、次梁方案。

对于部分框支剪力墙结构，在转换层以下，一般落地剪力墙的刚度远远大于框支柱的刚度，落地剪力墙几乎承受全部地震剪力，框支柱的剪力非常小。考虑到在实际工程中转换层楼面会有显著的面内变形，使框支柱的剪力显著增加，且落地剪力墙出现裂缝后刚度下降，也导致框支柱剪力增加，因此对框支柱剪力进行调整。部分框支剪力墙结构框支柱承受的水平地震剪力标准值，当每层框支柱的数目不多于 10 根时，底部框支层为 1～2 层，每根柱所受的剪力应至少取结构基底剪力的 2%；底部框支层为 3 层及 3 层以上，每根柱所受的剪力应至少取结构基底剪力的 3%。当每层框支柱的数目多于 10 根时，底部框支层为 1～2 层，每层框支柱承受剪力之和应至少取结构基底剪力的 20%；框支层为 3 层及 3 层以上，每层框支柱承受剪力之和应至少取结构基底剪力的 30%。框支柱剪力调整后，应相应调整框支柱的弯矩及柱端框架梁的剪力和弯矩，但框支梁的剪力、弯矩、框支柱的轴力可不调整。

部分框支剪力墙结构设计时，为加强落地剪力墙的底部加强部位，特一、一、二、三级落地剪力墙底部加强部位的弯矩设计值应按墙底截面有地震作用组合的弯矩值乘以增大系数 1.8、1.5、1.3、1.1 采用；其剪力设计值应按规定进行强剪弱弯调整。落地剪力墙墙肢不宜出现偏心受拉。

部分框支剪力墙结构中，剪力墙底部加强部位是指房屋高度的 1/10 以及地下室顶板至转换层以上两层高度这二者的较大值。落地剪力墙是框支层以下最主要的抗侧力构件，受力很大，破坏后果严重，十分重要；框支层上部两层剪力墙直接与转换构件相连，相当于一般剪力墙的底部加强部位，且其承受的竖向力和水平力要通过转换构件传递至框支层竖向构件。因此，对部分框支剪力墙底部加强部位剪力墙的分布钢筋最低构造，提出了比普通剪力墙底部加强部位更高的要求，具体为：剪力墙底部加强部位墙体的水平和竖向分布钢筋的最小配筋率，抗震设计时不应小于 0.3%，非抗震设计时不应小于 0.25%；抗震设计时钢筋间距不应大于 200mm，钢筋直径不应小于 8mm。

部分框支剪力墙结构的剪力墙底部加强部位，墙体两端宜设置翼墙或端柱，抗震设计时尚应按剪力墙结构的规定设置约束边缘构件。

当地基土较弱或基础刚度和整体性较差时，在地震作用下剪力墙基础可能产生较大的转动，对框支剪力墙结构的内力和位移均会产生不利影响。因此部分框支剪力墙结构的落地剪力墙基础应有良好的整体性和抗转动的能力。

对于部分框支剪力墙结构框支梁上部墙体的构造，当梁上部的墙体开有边门洞时，洞边墙体宜设置翼墙、端柱或加厚，并应按剪力墙结构约束边缘构件的要求进行配筋设计；当洞口靠近梁端部且梁的受剪承载力不满足要求时，可采取框支梁加腋或增大框支墙洞口连梁刚度等措施。框支梁上部墙体竖向钢筋在梁内的锚固长度，抗震设计时不应小于 l_{aE}，非抗震设计时不应小于 l_a。

框支梁上部一层墙体的配筋宜按下列规定进行校核：

（1）柱上墙体的端部竖向钢筋面积 A_s：

$$A_s = h_c b_w (\sigma_{01} - f_c)/f_y \tag{9-8}$$

（2）柱边 $0.2l_n$ 宽度范围内竖向分布钢筋面积 A_{sw}：

$$A_{sw} = 0.2 l_n b_w (\sigma_{02} - f_c)/f_{yw} \tag{9-9}$$

（3）框支梁上部 $0.2l_n$ 高度范围内墙体水平分布筋面积 A_{sh}：

$$A_{sh} = 0.2 l_n b_w \sigma_{max}/f_{yh} \tag{9-10}$$

式中，l_n 为框支梁净跨度（mm）；h_c 为框支柱截面高度（mm）；b_w 为墙肢截面厚度（mm）；σ_{01} 为柱上墙体 h_c 范围内考虑风荷载、地震作用组合的平均压应力设计值（N/mm^2）；σ_{02} 为柱边墙体 $0.2l_n$ 范围内考虑风荷载、地震作用组合的平均压应力设计值（N/mm^2）；σ_{max} 为框支梁与墙体交接面上考虑风荷载、地震作用组合的水平拉应力设计值（N/mm^2）。

有地震作用组合时，公式中 σ_{01}、σ_{02}、σ_{max} 均应乘以 γ_{RE}，γ_{RE} 取 0.85。

框支梁与其上部墙体的水平施工缝处宜按一级剪力墙结构规定验算抗滑移能力。

部分框支剪力墙结构中，框支转换层楼板厚度不宜小于 180mm，应双层双向配筋，且每层每方向的配筋率不宜小于 0.25%，楼板中钢筋应锚固在边梁或墙体内；落地剪力墙和筒体外围的楼板不宜开洞。楼板边缘和较大洞口周边应设置边梁，其宽度不宜小于板厚的2倍，全截面纵向钢筋配筋率不应小于1.0%。与转换层相邻楼层的楼板也应适当加强。

部分框支剪力墙结构中，抗震设计的矩形平面建筑框支转换层楼板，其截面剪力设计值应符合下列要求：

$$V_f \leqslant \frac{1}{\gamma_{RE}}(0.1\beta_c f_c b_f t_f) \tag{9-11}$$

$$V_f \leqslant \frac{1}{\gamma_{RE}}(f_y A_s) \tag{9-12}$$

式中，b_f、t_f分别为框支转换层楼板的验算截面宽度和厚度；V_f为由不落地剪力墙传到落地剪力墙处按刚性楼板计算的框支层楼板组合的剪力设计值，8度时应乘以增大系数2.0，7度时应乘以增大系数1.5，验算落地剪力墙时可不考虑此增大系数；A_s为穿过落地剪力墙的框支转换层楼盖（包括梁和板）的全部钢筋的截面面积；γ_{RE}为承载力抗震调整系数，可取0.85。

部分框支剪力墙结构中，抗震设计的矩形平面建筑框支转换层楼板，当平面较长或不规则以及各剪力墙内力相差较大时，可采用简化方法验算楼板平面内受弯承载力。

带托柱转换层的筒体结构，外围框架柱与内筒的距离不宜过大，否则难以保证转换层上部外框架（框筒）的剪力能可靠地传递到筒体。因此抗震设计时，带托柱转换层的筒体结构的外围转换柱与内筒、核心筒外墙的中距不宜大于12m。

托柱转换层结构，转换构件采用桁架时，转换桁架斜腹杆的交点、空腹桁架的竖腹杆宜与上部密柱的位置重合，以保障上部密柱构件内力的传递；转换桁架的节点应加强配筋及构造措施。

9.3 带加强层高层建筑结构

当框架-核心筒、筒中筒结构的侧向刚度不能满足要求时，可利用建筑避难层、设备层空间，设置适宜刚度的水平伸臂构件，形成带加强层的高层建筑结构。必要时，加强层也可同时设置周边水平环带构件。水平伸臂构件、周边环带构件可采用斜腹杆桁架、实体梁、箱形梁、空腹桁架等形式。

典型的带加强层高层建筑结构如苏州东方之门（图9-7a），其为双塔、连体和带加强层及转换层的非对称复杂高层建筑结构，分南、北塔楼和南、北裙房等主要结构单元，塔楼总高度为281.1m，裙房总高度约50m。塔楼结构采用钢筋混凝土核心筒-组合结构柱、钢柱和钢梁的混合结构受力体系，结合建筑避难层，沿高度方向设置了4个结构加强层(图9-7b)，加强层处的混凝土核心筒4个角部与外围框架之间通过8榀伸臂桁架相连，伸臂桁架贯通核心筒墙体。加强层的带状桁架沿外围框架柱设置，结构加强层的设置有效提高了整体结构的

(a)

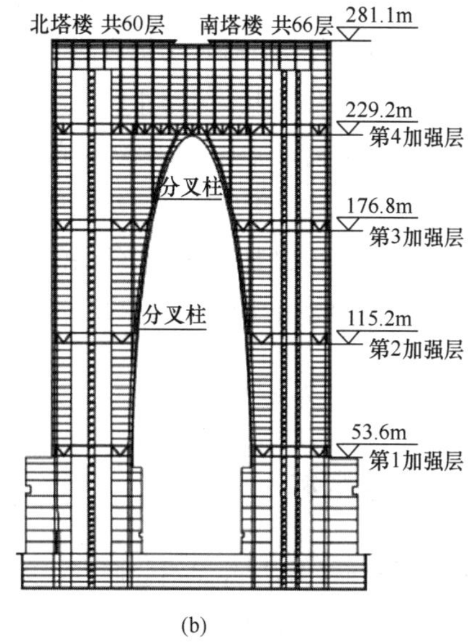

(b)

图 9-7　苏州东方之门

(a) 立面图；(b) 加强层的布置

抗侧刚度。

带加强层高层建筑结构设计应符合下列规定：

(1) 应合理设计加强层的数量、刚度和设置位置。当布置 1 个加强层时，可设置在 0.6 倍房屋高度附近；当布置 2 个加强层时，可分别设置在顶层和 0.5 倍房屋高度附近；当布置多个加强层时，宜沿竖向从顶层向下均匀布置。研究表明，如果加强层的设置位置和数量比较合理，有利于减少结构的侧移。

(2) 加强层水平伸臂构件宜贯通核心筒，其平面布置宜位于核心筒的转角、T 形节点处；水平伸臂构件与周边框架的连接宜采用铰接或半刚接；结构内力和位移计算中，设置水平伸臂桁架的楼层宜考虑楼板平面内的变形。

(3) 加强层及其相邻层的框架柱、核心筒应加强配筋构造，这是由于加强层的设置，使得结构刚度突变，伴随结构内力的突变以及整体结构传力途径的改变，从而使结构在地震作用下的破坏和位移容易集中在加强层附近，形成薄弱层。

(4) 加强层及其相邻层楼盖的刚度和配筋应加强，由于加强层的上下层楼面结构承担着协调内筒和外框架的作用，存在很大的面内应力，因此对设置水平伸臂构件的楼层在计算时宜考虑楼板平面内的变形，并注意加强层及相邻层的结构构件的配筋加强措施。

(5) 由于加强层的伸臂构件强化了内筒与周边框架的联系，内筒与周边框架的竖向变形差将产生很大的次应力，因此需要在施工程序及连接构造上采取减小结构竖向温度变形及轴向压缩差的措施，结构分析模型应能反映施工措施的影响。

带加强层的高层建筑结构，加强层刚度和承载力较大，与其上、下相邻楼层相比有突变，加强层相邻楼层往往成为抗震薄弱层；与加强层水平伸臂结构相连接部位的核心筒剪力墙以及外围框架柱受力大且集中。因此，为了提高加强层及其相邻楼层与加强层水平伸臂结构相连接的核心筒墙体及外围框架柱的抗震承载力和延性，加强层及其相邻层的框架柱、核心筒剪力墙的抗震等级应提高一级采用，一级应提高至特一级，但抗震等级已经为特一级时应允许不再提高；加强层及其相邻层的框架柱，箍筋应全柱段加密配置，轴压比限值应按其他楼层框架柱的数值减小 0.05 采用；加强层及其相邻层核心筒剪力墙应设置约束边缘构件。

9.4 错层结构

抗震设计时，高层建筑沿竖向宜避免错层布置。当房屋不同部位因功能不同而使楼层错层时，宜采用防震缝划分为独立的结构单元。

错层结构应尽量减少扭转效应，错层两侧宜采用侧向刚度和变形性能相近的结构方案，以减小错层处墙、柱内力，避免错层处结构形成薄弱部位。错层结构中，错开的楼层不应归并为一个刚性楼板，计算分析模型应能反映错层影响。

错层结构属于竖向布置不规则结构，错层部位的竖向抗侧力构件受力复杂，容易形成多处应力集中部位。框架错层更为不利，容易形成长、短柱沿竖向交替出现的不规则体系。因此，抗震设计时，错层处柱的抗震等级应提高一级采用（特一级时允许不再提高），截面高度不应小于600mm，混凝土强度等级不应低于C30，箍筋应全柱段加密配置；以提高其抗震承载力和延性。

错层结构错层处的框架柱受力复杂，易发生短柱受剪破坏，因此要求其满足设防烈度地震作用下性能水准 2 的设计要求，即错层处框架柱截面承载力宜符合《高规》中公式（3.11.3-2）的要求。

错层处平面外受力的剪力墙的截面厚度，非抗震设计时不应小于 200mm，抗震设计时不应小于 250mm，并均应设置与之垂直的墙肢或扶壁柱；抗震设计时，其抗震等级应提高一级采用。错层处剪力墙的混凝土强度等级不应低于 C30，水平和竖向分布钢筋的配筋率，非抗震设计时不应小于 0.3%，抗震设计时不应小于 0.5%。

9.5 连体结构

连体结构是指除裙楼以外，两个或两个以上塔楼之间带有连接体的结构，典型的如图 9-7苏州东方之门、图 9-8（a）吉隆坡石油双塔、图 9-8（b）重庆来福士广场等。

(a)

(b)

图 9-8　典型连体高层建筑
(a) 吉隆坡石油双塔；(b) 重庆来福士广场

连体结构各独立部分宜有相同或相近的体型、平面布置和刚度；宜采用双轴对称的平面形式，否则地震作用下，结构可能出现明显的扭转效应，对抗震不利。7、8 度抗震设计时，层数和刚度相差悬殊的建筑不宜采用连体结构。

连体结构的连接体一般跨度较大、位置较高，对竖向地震的反应比较敏感，因此 7 度 (0.15g) 和 8 度抗震设计时，连体结构的连接体应考虑竖向地震的影响；6 度和 7 度 (0.10g) 抗震设计时，高位连体结构的连接体宜考虑竖向地震的影响。

连接体结构与主体结构宜采用刚性连接。刚性连接时，连接体结构的主要结构构件应至少伸入主体结构一跨并可靠连接；必要时可延伸至主体部分的内筒，并与内筒可靠连接。当连接体结构与主体结构采用滑动连接时，支座滑移量应能满足两个方向在罕遇地震作用下的位移要求，并应采取防坠落、撞击措施。罕遇地震作用下的位移要求，应采用时程分析方法进行计算复核。

刚性连接的连接体结构可设置钢梁、钢桁架、型钢混凝土梁，型钢应伸入主体结构至少一跨并可靠锚固。连接体结构的边梁截面宜加大；楼板厚度不宜小于 150mm，宜采用双层双向钢筋网，每层每方向钢筋网的配筋率不宜小于 0.25%。

当连接体结构包含多个楼层时，应特别加强其最下面一个楼层及顶层的构造设计。

连体结构的连接体及与连接体相连的结构构件受力复杂，易形成薄弱部位，抗震设计时必须予以加强，以提高其抗震承载力和延性，具体包括：

(1) 连接体及与连接体相连的结构构件在连接体高度范围及其上、下层，抗震等级应提高一级采用，一级提高至特一级，但抗震等级已经为特一级时应允许不再提高；

（2）与连接体相连的框架柱在连接体高度范围及其上、下层，箍筋应全柱段加密配置，轴压比限值应按其他楼层框架柱的数值减小 0.05 采用；

（3）与连接体相连的剪力墙在连接体高度范围及其上、下层应设置约束边缘构件。

弱刚性连接的连体部分结构在地震作用下需要协调两侧塔楼的变形，因此需要进行连体部分楼板的验算，楼板的受剪截面和受剪承载力按转换层楼板的计算方法进行验算，计算剪力可取连体楼板承担的两侧塔楼楼层地震作用力之和的较小值。当连体部分楼板较弱时，在强烈地震作用下可能发生破坏，因此建议补充两侧分塔楼的计算分析，确保连体部分失效后两侧塔楼可以独立承担地震作用不致发生严重破坏或倒塌。

9.6 竖向体型收进、悬挑结构

多塔楼结构以及体型收进、悬挑程度超过限值的竖向不规则高层建筑结构应遵守本节的规定。

竖向体型收进、悬挑结构在体型突变的部位，楼板承担着很大的面内应力，为保证上部结构的地震作用可靠地传递到下部结构，体型突变部位的楼板应加厚并加强配筋，板面负弯矩配筋宜贯通，楼板厚度不宜小于 150mm，宜双层双向配筋，每层每方向钢筋网的配筋率不宜小于 0.25%。体型突变部位上、下层结构的楼板也应加强构造措施。

多塔楼结构振型复杂，且高振型对结构内力的影响大，当各塔楼质量和刚度分布不均匀时，结构扭转振动反应大，高振型对内力的影响更为突出。因此各塔楼的层数、平面和刚度宜接近；塔楼对底盘宜对称布置；上部塔楼结构的综合质心与底盘结构质心的距离不宜大于底盘相应边长的 20%，减小塔楼和底盘的刚度偏心。

震害和计算分析表明，转换层宜设置在底盘楼层范围内，不宜设置在底盘以上的塔楼内（图 9-9）。若转换层设置在底盘屋面的上层塔楼内时，易形成结构薄弱部位，不利于结构抗震，应尽量避免；否则应采取有效的抗震措施，包括增大构件内力、提高抗震等级等。

为保证结构底盘与塔楼的整体作用，裙房屋面板应加厚并加强配筋，板面负弯矩配筋宜贯通；裙房屋面上、下层结构的楼板也应加强构造措施。

为保证多塔楼建筑中塔楼与底盘整体工作，塔楼之间裙房连接体的屋面梁以及塔楼中与裙房连接体相连的外围柱、墙，从固定端至出裙房屋面上一层的高度范围内，在构造上应予以特别加强（图 9-10），具体包括：柱纵向钢筋的最小配筋率宜适当提高，剪力墙宜按规定设置约束边缘构件，柱箍筋宜在裙楼屋面上、下层的范围内全高加密；当塔楼结构相对于底盘结构偏心收进时，应加强底盘周边竖向构件的配筋构造措施。

大底盘多塔楼结构，可按规定的整体和分塔楼计算模型分别验算整体结构和各塔楼结构

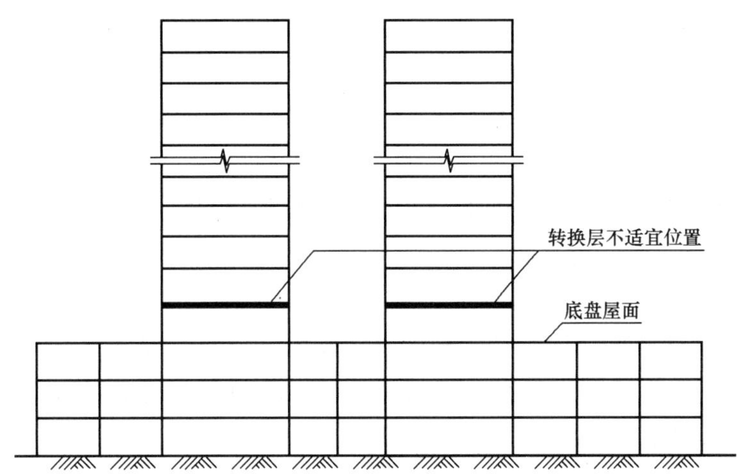

图 9-9　多塔楼结构转换层不适宜位置示意图

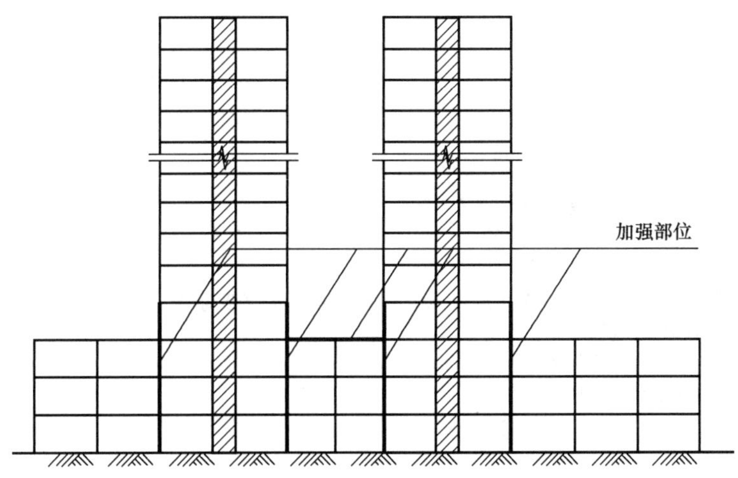

图 9-10　多塔楼结构加强部位示意图

以扭转为主的第一周期与以平动为主的第一周期的比值，并应符合复杂高层的有关要求。

悬挑部分的结构一般竖向刚度较差、结构的冗余度不高，因此需要采取措施降低结构自重、增加结构冗余度，并进行竖向地震作用的验算，且应提高悬挑关键构件的承载力和抗震措施，防止相关部位在竖向地震作用下发生结构的倒塌。抗震设计时，悬挑结构的关键构件以及与之相邻的主体结构关键构件的抗震等级宜提高一级采用，一级提高至特一级，抗震等级已经为特一级时，允许不再提高。在预估罕遇地震作用下，悬挑结构关键构件的截面承载力宜符合性能设计的要求。

悬挑结构上下层楼板承受较大的面内作用，因此在结构分析时应考虑楼板面内的变形，分析模型应包含竖向振动的质量，保证分析结果可以反映结构的竖向振动反应。7 度（0.15g）和 8、9 度抗震设计时，悬挑结构应考虑竖向地震的影响；6、7 度抗震设计时，悬挑结构宜考虑竖向地震的影响。

结构体型收进过大、上部结构刚度过小时，结构的层间位移角增加较多，收进部位成为薄弱部位，对结构抗震不利，因此体型收进处宜采取措施减小结构刚度的变化，上部收进结构的底部楼层层间位移角不宜大于相邻下部区段最大层间位移角的 1.15 倍；当结构分段收进时，控制收进部位底部楼层的层间位移角和下部相邻区段楼层的最大层间位移角之间的比例。

大量地震震害以及相关的试验研究和分析表明，结构体型收进较多或收进位置较高时，因上部结构刚度突然降低，其收进部位形成薄弱部位，因此抗震设计时，体型收进部位上、下各 2 层塔楼周边竖向结构构件的抗震等级宜提高一级采用，一级提高至特一级，抗震等级已经为特一级时，允许不再提高。

当结构偏心收进时，受结构整体扭转效应的影响，下部结构的周边竖向构件内力增加较多，应加强收进部位以下 2 层结构周边竖向构件的配筋构造措施。

思考题

1. 复杂高层建筑包括哪几类？特点是什么？
2. 转换层的分类和主要结构形式有哪些？
3. 带转换层的结构布置有哪些要求？
4. 加强层有哪几种形式？加强层的作用是什么？结构布置有哪些要求？
5. 结构错层有哪些不利影响？
6. 连接体与主体结构应怎样连接？
7. 多塔楼结构的结构布置有哪些要求？

第 10 章

装配式高层建筑混凝土结构设计

10.1　装配式建筑结构的定义

根据现行国家标准《装配式混凝土建筑技术标准》GB/T 51231，装配式建筑，是指建筑的结构系统、外围护系统、设备与管线系统、内装系统的主要部分采用预制部品部件集成装配而成的建筑。其典型特征是设计标准化、生产工厂化、施工装配化、装修一体化、管理信息化，具有施工速度快、污染小、绿色、环保等优势，是一种新型的建筑方式。本章介绍装配式高层建筑混凝土结构的设计方法与工程案例。

10.2　我国装配式建筑的发展历史

1. 发展初期（1949～1978 年）

我国第一个五年计划就提出了实现建筑工业化的发展目标。1956 年，国务院发布了《关于加强和发展建筑工业的决定》，指出“采用工业化的建筑方法，可以加快建设速度，降低工程造价，保证工程质量和安全施工”，“为了从根本上改善我国的建筑工业，必须积极地有步骤地实行工厂化、机械化施工，逐步完成对建筑工业的技术改造，逐步完成向建筑工业化的过渡”。当时主要借鉴苏联技术，在大型砌块装配式住宅、装配式大板、装配整体式框架结构、框架轻板、工业厂房等装配建筑方面取得了宝贵的经验，装配式结构施工简单快捷、周期快，适应了当时的国情，大量地应用于当时的工业民用建筑中。1959 年建成的北京民族饭店（图 10-1a），为我国第一座高层装配式框架结构，共 12 层，高 48.4m，是中华人民共和国成立十周年十大建筑之一。1964 年建成的北京民航大厦，是我国第一幢装配整体式钢筋混凝土框架结构的高层建筑，平面呈 U 形，最高 54.5m。1976～1979 年，北京市中心前三门大街南侧集中兴建了 34 栋 9～15 层高层住宅（图 10-1b），有板式和塔式两种，共 39 万多平方米，采用“内浇外挂”结构，也称外板内模，即内墙现浇混凝土，外墙安装预制混凝土挂板，内隔断墙预制拼装，楼板采用小块空心板或大楼板。内浇外挂结构的整体性好、刚度大，大大提高了房屋的抗震能力。

(a)

(b)

图 10-1　我国早期典型装配式建筑

（a）北京民族饭店（1959 年）；（b）北京前三门住宅区（1978 年）

2. 发展起伏期（1978～2010 年）

1978 年十一届三中全会以后，我国进入了改革开放新时期。随着市场经济的发展，原有的定型产品规格逐渐不能满足人们对住宅建筑多样化的需求，并且由于之前经济、技术、材料、工艺的相对落后，前期兴建的大量装配式建筑逐渐暴露出各种问题，比如保温、隔声性能差、易出现渗漏水、结构抗震性能差等，同时也逐渐无法满足户型多样化的需求。随着商品混凝土的兴起、大模板浇筑技术的进步，现浇建设方式开始显露优势，同时大量进城务工人员涌入城市，提供了充足的廉价劳动力来源，使得现浇的建造方式符合这一时期的国情，近乎全面占领了国内建筑市场，而装配式建筑陷入停滞状态。

3. 快速发展期（2010 年至今）

进入 21 世纪，传统现浇混凝土结构固有的如施工周期长、环境污染严重、生产效率低、劳动力资源和自然资源需求高等问题逐渐无法适应社会经济的发展。与此同时，随着预制构件的设计、生产、安装技术的逐步提高，预制装配式混凝土结构体系可以满足国家抗震规范要求，装配式建筑符合国家倡导的“绿色发展”理念，成为建筑业转型升级的重要方向。

2013 年发展改革委、住房和城乡建设部《绿色建筑行动方案》提出“加快建立促进建筑工业化的设计、施工、部品生产等环节的标准体系”，“推广适合工业化生产的预制装配式混凝土、钢结构等建筑体系，加快发展建设工程的预制和装配技术，提高建筑工业化技术集成水平”。新时代装配式建筑政策支持体系开始建立。

2015 年，住房和城乡建设部发布《工业化建筑评价标准》GB/T 51129，决定 2016 年全国全面推广装配式建筑，同年发展改革委、住房和城乡建设部出台的《建筑产业现代化发展纲要》中，计划到 2020 年装配式建筑占新建建筑的比例达到 20％以上，到 2025 年装配式建筑占新建建筑的比例达到 50％以上。2016 年，国务院出台《关于大力发展装配式建筑的指导意见》（国办发〔2016〕71 号），提出“按照适用、经济、安全、绿色、美观的要求，推动建造方式创新，大力发展装配式混凝土建筑和钢结构建筑，在具备条件的地方倡导发展现代木结构建筑，不断提高装配式建筑在新建建筑中的比例"，"力争用 10 年左右的时间，使装配式建筑占新建建筑面积的比例达到 30%"。2020 年，住房和城乡建设部、教育部、科技部、工业和信息化部等九部门联合印发《关于加快新型建筑工业化发展的若干意见》（建标规〔2020〕8 号），意见提出要大力发展钢结构建筑、推广装配式混凝土建筑。2021 年，国务院印发《2030 年前碳达峰行动方案》，明确指出："推广绿色低碳建材和绿色建造方式，加快推进新型建筑工业化，大力发展装配式建筑"。

综上可见，装配式建筑已成为我国建筑结构发展的重要方向，亟需培养新型建筑工业化专业人才，壮大设计、生产、施工、管理等方面人才队伍。

10.3 装配式建筑的结构体系和一般规定

装配式混凝土结构分为装配整体式混凝土结构和全装配式混凝土结构两类。装配整体式混凝土结构是由预制混凝土构件通过可靠的连接方式进行连接并与现场后浇混凝土、水泥基灌浆料形成整体的装配式混凝土结构，主要特点是连接方式以"湿连接"为主，结构的整体性和抗震性能好。全装配式混凝土结构是指预制混凝土构件通过"干连接"（螺栓连接、焊接等）进行连接，现场没有湿作业，施工速度快，但连接刚度弱，结构的整体性和抗震性能弱。我国许多预制钢筋混凝土单层厂房属于全装配式混凝土结构，而装配式高层建筑混凝土结构，主要为装配整体式混凝土结构，本章也主要介绍装配整体式混凝土结构。

装配整体式混凝土结构的结构体系包括：装配整体式框架结构、装配整体式剪力墙结构、装配整体式框架-现浇剪力墙结构、装配整体式框架-现浇核心筒结构、装配整体式部分框支剪力墙结构，不同结构体系的适用高度应满足表 10-1 的要求，并应符合下列规定：

（1）当结构中竖向构件全部为现浇且楼盖采用叠合梁板时，房屋的最大适用高度可按《高规》中的规定采用。

（2）装配整体式剪力墙结构和装配整体式部分框支剪力墙结构，在规定的水平力作用下，当预制剪力墙构件底部承担的总剪力大于该层总剪力的 50%时，其最大适用高度应适当降低；当预制剪力墙构件底部承担的总剪力大于该层总剪力的 80%时，最大适用高度应取表 10-1 中括号内的数值。

装配整体式混凝土结构房屋的最大适用高度（m）　　表 10-1

结构类型	抗震设防烈度			
	6 度	7 度	8 度（0.20g）	8 度（0.30g）
装配整体式框架结构	60	50	40	30

续表

结构类型	抗震设防烈度			
	6 度	7 度	8 度 (0.20g)	8 度 (0.30g)
装配整体式框架-现浇剪力墙结构	130	120	100	80
装配整体式框架-现浇核心筒结构	150	130	100	90
装配整体式剪力墙结构	130 (120)	110 (100)	90 (80)	70 (60)
装配整体式部分框支剪力墙结构	110 (100)	90 (80)	70 (60)	40 (30)

(3) 装配整体式剪力墙结构和装配整体式部分框支剪力墙结构，当剪力墙边缘构件竖向钢筋采用浆锚搭接连接时，房屋最大适用高度应比表中数值降低 10m。

(4) 超过表内高度的房屋，应进行专门研究和论证，采取有效的加强措施。

与现浇混凝土结构类似，为了在满足刚度、承载力、稳定的基础上，从宏观角度控制结构经济性，需要限制结构的高宽比，高层装配整体式混凝土结构的高宽比不宜超过表 10-2 的数值。

高层装配整体式混凝土结构适用的最大高宽比　　　　表 10-2

结构类型	抗震设防烈度	
	6、7 度	8 度
装配整体式框架结构	4	3
装配整体式框架-现浇剪力墙结构	6	5
装配整体式剪力墙结构	6	5
装配整体式框架-现浇核心筒结构	7	6

装配整体式混凝土结构构件的抗震设计，应根据设防类别、烈度、结构类型和房屋高度采用不同的抗震等级，并应符合相应的计算和构造措施要求。丙类装配整体式混凝土结构的抗震等级应按表 10-3 确定。其他抗震设防类别和特殊场地类别下的建筑应符合国家现行标准《建筑抗震设计规范》GB 50011、《装配式混凝土结构技术规程》JGJ 1、《高层建筑混凝土结构技术规程》JGJ 3 中对抗震措施进行调整的规定。

丙类建筑装配整体式混凝土结构的抗震等级　　　　表 10-3

<table>
<tr><th colspan="2" rowspan="2">结构类型</th><th colspan="8">抗震设防烈度</th></tr>
<tr><th colspan="2">6 度</th><th colspan="3">7 度</th><th colspan="3">8 度</th></tr>
<tr><td rowspan="3">装配整体式
框架结构</td><td>高度 (m)</td><td>≤24</td><td>>24</td><td colspan="2">≤24</td><td>>24</td><td colspan="2">≤24</td><td>>24</td></tr>
<tr><td>框架</td><td>四</td><td>三</td><td colspan="2">三</td><td>二</td><td colspan="2">二</td><td>一</td></tr>
<tr><td>大跨度框架</td><td colspan="2">三</td><td colspan="3">二</td><td colspan="3">一</td></tr>
<tr><td rowspan="3">装配整体式
框架-现浇剪力墙结构</td><td>高度 (m)</td><td>≤60</td><td>>60</td><td>≤24</td><td>>24 且
≤60</td><td>>60</td><td>≤24</td><td>>24 且
≤60</td><td>>60</td></tr>
<tr><td>框架</td><td>四</td><td>三</td><td>四</td><td>三</td><td>二</td><td>三</td><td>二</td><td>一</td></tr>
<tr><td>剪力墙</td><td>三</td><td>三</td><td>三</td><td>二</td><td>二</td><td>二</td><td>一</td><td>一</td></tr>
</table>

续表

<table>
<tr><th colspan="2" rowspan="2">结构类型</th><th colspan="8">抗震设防烈度</th></tr>
<tr><th colspan="2">6 度</th><th colspan="3">7 度</th><th colspan="3">8 度</th></tr>
<tr><td rowspan="2">装配整体式
框架-现浇核心筒结构</td><td>框架</td><td colspan="2">三</td><td colspan="3">二</td><td colspan="3">一</td></tr>
<tr><td>核心筒</td><td colspan="2">二</td><td colspan="3">二</td><td colspan="3">一</td></tr>
<tr><td rowspan="2">装配整体式
剪力墙结构</td><td>高度（m）</td><td>≤70</td><td>>70</td><td>≤24</td><td>>24 且≤70</td><td>>70</td><td>≤24</td><td>>24 且≤70</td><td>>70</td></tr>
<tr><td>剪力墙</td><td>四</td><td>三</td><td>四</td><td>三</td><td>二</td><td>三</td><td>二</td><td>一</td></tr>
<tr><td rowspan="4">装配整体式
部分框支剪力墙结构</td><td>高度（m）</td><td>≤70</td><td>>70</td><td>≤24</td><td>>24 且≤70</td><td>>70</td><td>≤24</td><td>>24 且≤70</td><td rowspan="4"></td></tr>
<tr><td>现浇框支框架</td><td>二</td><td>二</td><td>二</td><td>二</td><td>一</td><td>一</td><td>一</td></tr>
<tr><td>底部加强部位剪力墙</td><td>三</td><td>二</td><td>三</td><td>二</td><td>一</td><td>二</td><td>一</td></tr>
<tr><td>其他区域剪力墙</td><td>四</td><td>三</td><td>四</td><td>三</td><td>二</td><td>三</td><td>二</td></tr>
</table>

注：1. 大跨度框架指跨度不小于 18m 的框架；
2. 高度不超过 60m 的装配整体式框架-现浇核心筒结构按装配整体式框架-现浇剪力墙的要求设计时，应按表中装配整体式框架-现浇剪力墙结构的规定确定其抗震等级。

高层装配整体式混凝土结构，当其房屋高度、规则性等不符合现行国家标准《装配式混凝土建筑技术标准》GB/T 51231（简称《装标》）的规定或者抗震设防标准有特殊要求时，可按国家现行标准《建筑抗震设计规范》GB 50011 和《高层建筑混凝土结构技术规程》JGJ 3 的有关规定进行结构抗震性能化设计。当采用《装标》未规定的结构类型时，可采用试验方法对结构整体或者局部构件的承载能力极限状态和正常使用极限状态进行复核，并应进行专项论证。

与现浇钢筋混凝土结构的最大适用高度、最大高宽比以及抗震等级相比，装配整体式混凝土结构的最大适用高度、最大高宽比与现浇混凝土结构基本相同，抗震等级的划分高度与现浇混凝土结构不同。

装配式混凝土结构应采取措施保证结构的整体性。安全等级为一级的高层装配式混凝土结构尚应按《高规》的有关规定进行抗连续倒塌概念设计。

高层建筑装配整体式混凝土结构应符合下列规定：

（1）当设置地下室时，宜采用现浇混凝土；

（2）剪力墙结构和部分框支剪力墙结构底部加强部位宜采用现浇混凝土；

（3）框架结构的首层柱宜采用现浇混凝土；

（4）当底部加强部位的剪力墙、框架结构的首层柱采用预制混凝土时，应采取可靠技术措施。

10.4 结构材料

对于装配式混凝土结构，其混凝土、钢筋、钢材和连接材料的性能要求应符合国家现行标准《混凝土结构设计规范》GB 50010、《钢结构设计标准》GB 50017 和《装配式混凝土结构技术规程》JGJ 1 等的有关规定。

用于钢筋浆锚搭接连接的镀锌金属波纹管应符合现行行业标准《预应力混凝土用金属波纹管》JG/T 225 的有关规定。镀锌金属波纹管的钢带厚度不宜小于 0.3mm，波纹高度不应小于 2.5mm。

用于钢筋机械连接的挤压套筒，其原材料及实测力学性能应符合现行行业标准《钢筋机械连接用套筒》JG/T 163 的有关规定。

用于水平钢筋锚环灌浆连接的水泥基灌浆材料应符合现行国家标准《水泥基灌浆材料应用技术规范》GB/T 50448 的有关规定。

10.5 结构分析与变形验算

装配整体式混凝土结构与现浇混凝土结构基本等同，其分析方法与现浇钢筋混凝土结构相同，具体设计时，个别系数的取值与现浇钢筋混凝土结构略有不同。采用弹性分析方法，节点和接缝的模拟应符合下列规定：

（1）当预制构件之间采用后浇带连接且接缝构造及承载力满足《装标》中的相应要求时，可按现浇混凝土结构进行模拟；

（2）对于《装标》中未包含的连接节点及接缝形式，应按照实际情况模拟。

进行抗震性能化设计时，结构在设防烈度地震及罕遇地震作用下的内力及变形分析，可根据结构受力状态采用弹性分析方法或弹塑性分析方法。弹塑性分析时，宜根据节点和接缝在受力全过程中的特性进行节点和接缝的模拟。材料的非线性行为可根据现行国家标准《混凝土结构设计规范》GB 50010 确定，节点和接缝的非线性行为可根据试验研究确定。

内力和变形计算时，应计入填充墙对结构刚度的影响。当采用轻质墙板填充墙时，可采用周期折减的方法考虑其对结构刚度的影响；对于框架结构，周期折减系数可取 0.7～0.9；对于剪力墙结构，周期折减系数可取 0.8～1.0。

与现浇混凝土结构类似，也需要限制装配式混凝土结构的水平位移，具体通过限制风荷载或多遇地震作用下最大的弹性层间位移角以及罕遇地震作用下结构薄弱层（部位）弹塑性层间位移角实现。装配整体式混凝土结构弹性层间位移角和弹塑性层间位移角的限值分别如表 10-4和表 10-5 所示。

装配整体式混凝土结构弹性层间位移角限值　　表 10-4

结构类型	$[\theta_e]$
装配整体式框架结构	1/550
装配整体式框架-现浇剪力墙结构、装配整体式框架-现浇核心筒结构	1/800
装配整体式剪力墙结构、装配整体式部分框支剪力墙结构	1/1000

装配整体式混凝土结构弹塑性层间位移角限值　表 10-5

结构类型	$[\theta_p]$
装配整体式框架结构	1/50
装配整体式框架-现浇剪力墙结构、装配整体式框架-现浇核心筒结构	1/100
装配整体式剪力墙结构、装配整体式部分框支剪力墙结构	1/120

通过与第 4 章现浇混凝土结构的弹性层间位移角、弹塑性层间位移角限值对比可见，装配整体式混凝土结构的层间位移角限值与现浇结构完全相同，即按照等同原则进行设计。

10.6 装配式结构预制构件的设计

预制构件的设计应符合下列规定：

（1）对持久设计状况，应对预制构件进行承载力、变形、裂缝控制验算；

（2）对地震设计状况，应对预制构件进行承载力验算；

（3）对制作、运输和堆放、安装等短暂设计状况下的预制构件验算，应符合现行国家标准《混凝土结构工程施工规范》GB 50666 的有关规定。

当预制构件中钢筋的混凝土保护层厚度大于 50mm 时，宜对钢筋的混凝土保护层采取有效的构造措施。

预制板式楼梯的梯段板底应配置通长的纵向钢筋，板面宜配置通长的纵向钢筋。

用于固定连接件的预埋件与预埋吊件、临时支撑用预埋件不宜兼用；当兼用时，应同时满足各种设计工况要求。预制构件中预埋件的验算应符合现行国家标准《混凝土结构设计规范》GB 50010、《钢结构设计标准》GB 50017、《混凝土结构工程施工规范》GB 50666 等的有关规定。

预制构件中外露预埋件凹入表面的深度不宜小于 10mm。

10.7 拆分设计

装配整体式结构拆分设计是设计的关键环节，拆分需考虑多方面因素，包括：建筑功能性和艺术性、结构合理性、制作运输安装环节的可行性和便利性等。拆分不仅仅是技术工作，还包括对约束条件的调查和经济分析，应当由建筑、结构、预算、工厂、运输和安装各个环节的技术人员协同完成。

建筑外立面构件拆分以建筑艺术和建筑功能需求为主，同时满足结构、制作、运输、施工条件和成本因素，建筑外立面以外结构的拆分，主要从结构的合理性、实现的可能性和成本因素考虑。

拆分设计的内容包括：总体拆分设计、连接节点设计和构件设计。总体拆分设计包括：

（1）确定现浇与预制的范围、边界；

（2）确定结构构件在哪个部位拆分；

（3）确定后浇区与预制构件之间的关系，包括相关预制构件的关系；

（4）确定构件之间的拆分位置，如梁、板、柱的分缝位置。

节点的设计是指预制构件与预制构件、预制构件与现浇混凝土之间的连接，主要是确定连接方式和构造措施。构件的设计是将预制构件的钢筋进行精细化排布、设备埋件进行准确定位、吊点进行脱模承载力和吊装承载力验算，使每个构件都能满足生产、运输、安装和使用的要求。

拆分设计时，首先进行构件尺寸的设计，因为构件尺寸不仅影响节点的连接方式，还影响构件制作的难易程度以及运输、吊装设备的型号；构件尺寸确定后，需要设计每个构件的模板图，在模板图中明确标出粗糙面、模板台面、脱模预埋件、吊装预埋件和支撑预埋件的位置；模板图完成后，需要将各构件的钢筋按照规范及计算结果进行排布，准确定位；检查各预埋件与钢筋之间的碰撞情况，并进行微调；统计各预制构件的材料用量并形成材料统计表。

拆分设计应遵循的原则：符合国家标准规范的要求、确保结构安全、有利于建筑功能的实现、符合环境条件和制作、符合施工条件、便于实现、经济合理。目前可用的拆分设计软件包括盈建科、PKPM、Takla、All plan 等。

10.8 装配式结构的连接

装配式混凝土结构的连接分为湿连接和干连接，其中装配整体式混凝土结构采用湿连接，通过混凝土或水泥基浆料与钢筋结合形成连接，如套筒灌浆、后浇混凝土等；全装配式混凝土结构采用干连接，主要借助于金属连接，如螺栓连接、焊接等。装配整体式混凝土结构中的外挂墙板、楼梯等非结构构件也常采用干连接的方式。

湿连接的核心是钢筋连接，包括套筒灌浆、浆锚搭接、绑扎连接、焊接、锚环钢筋连接等等，同时为了保证预制部分与现浇部分接触面的连接，接触面需要设置键槽和粗糙面。

套筒灌浆连接是装配整体式混凝土结构最主要最成熟的连接方式，美国 1970 年发明了套筒灌浆技术，而后在很多国家得到大量应用，尤其是日本应用最多，已经在高层、超高层建筑中得到广泛应用。套筒灌浆连接的工作原理是：将需要连接的带肋钢筋插入金属套筒内对接，在套筒内注入高强早强且有微膨胀特性的灌浆料，灌浆料在套筒筒壁和钢筋之间产生很大压力，进而在带肋钢筋表面产生很大的摩擦力，以此传递钢筋纵向力。灌浆套筒安全可靠，连接简单，适用于大直径钢筋，但成本高，为降低成本，在全灌浆套筒的基础上，发展出了半灌浆套筒，其特点是一端与钢筋通过螺纹连接，另外一端通过灌浆连接，相比全灌浆套筒显著减小了套筒的长度。典型的全灌浆套筒和半灌浆套筒如图 10-2 所示。

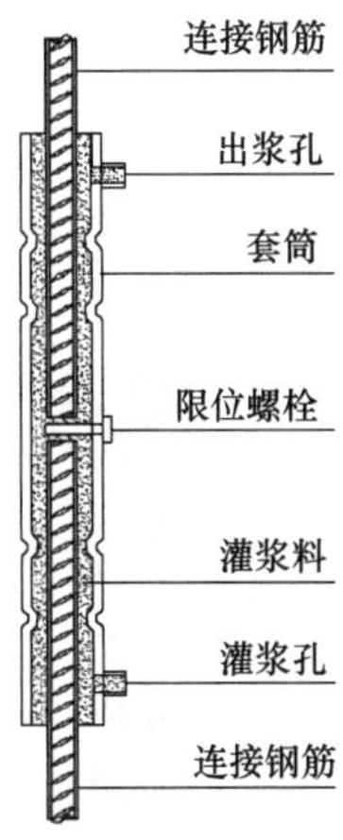

(a)

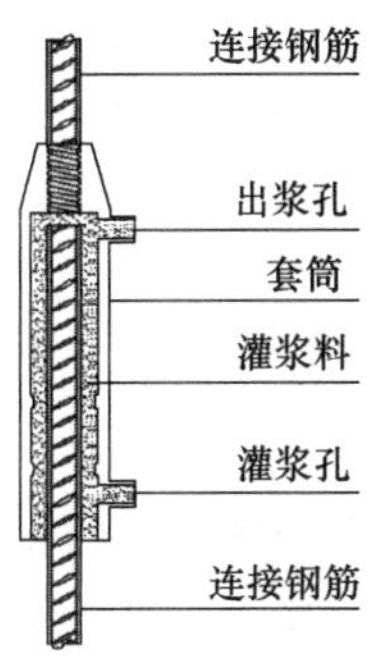

(b)

图 10-2　灌浆套筒

(a) 全灌浆套筒；(b) 半灌浆套筒

纵向钢筋采用套筒灌浆连接时，应符合下列规定：

(1) 接头应满足现行行业标准《钢筋机械连接技术规程》JGJ 107 中Ⅰ级接头的性能要求；

(2) 预制剪力墙中钢筋接头处套筒外侧钢筋的混凝土保护层厚度不应小于 15mm，预制柱中钢筋接头处套筒外侧箍筋的混凝土保护层厚度不应小于 20mm；

(3) 套筒之间的净距不应小于套筒外径。

浆锚搭接是装配整体式混凝土结构中另外常用的一种连接方式，是指在预制混凝土构件中预留孔道，在孔道中插入需要搭接的钢筋，并灌注水泥基灌浆料而实现钢筋的连接（图 10-3）。可将其分为约束浆锚搭接连接和非约束浆锚搭接连接，其区别是：约束浆锚搭接连接的预埋钢筋和被连接钢筋都处于预留孔道中，通过螺旋箍筋或者金属波纹管约束高强灌浆料、预埋钢筋、被连接钢筋；而非约束浆锚搭接连接中，预埋钢筋在孔道外，只有被连接钢筋在孔道中，如图 10-3（b）所示。浆锚搭接成本低，插筋孔直径大，制作精度要求比套筒灌浆连接低，钢筋排布比套筒灌浆连接难度低，但浆锚搭接长度比套筒灌浆长度大，因此现场灌浆量大、注浆时间长。

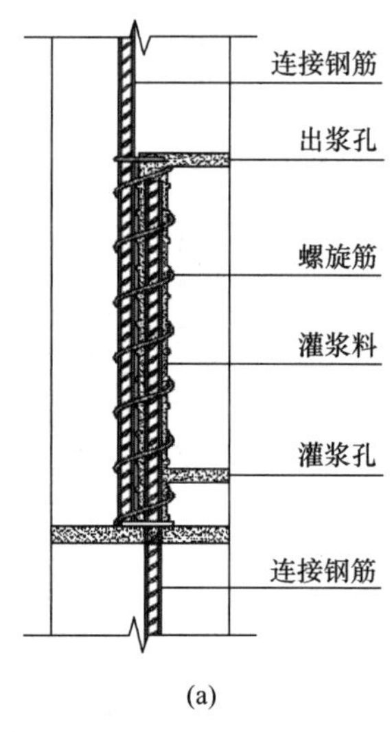

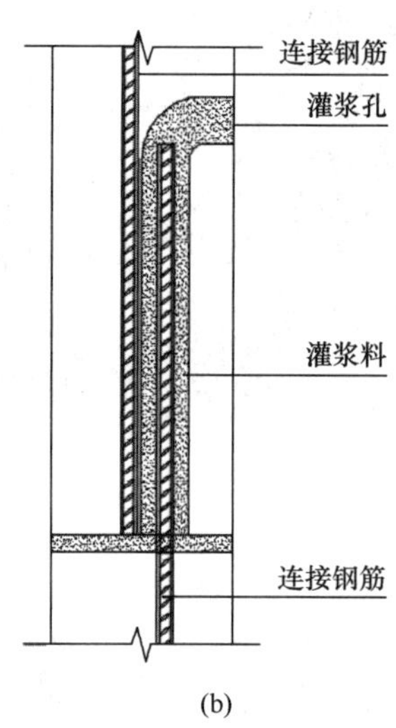

图 10-3　浆锚搭接

（a）约束浆锚搭接连接；（b）非约束浆锚搭接连接

纵向钢筋采用浆锚搭接连接时，对预留孔成孔工艺、孔道形状和长度、构造要求、灌浆料和被连接钢筋，应进行力学性能以及适用性的试验验证。直径大于 20mm 的钢筋不宜采用浆锚搭接连接，直接承受动力荷载构件的纵向钢筋不应采用浆锚搭接连接。

钢筋环插筋连接，是指预制混凝土构件之间外伸的 U 形筋重叠交错或 U 形筋之间重叠放置单独的钢筋环，在重叠空间处插入钢筋，后浇混凝土而将预制构件连接成整体的连接方法。一般用于预制剪力墙的水平钢筋连接，如图 10-4 所示，并应符合下列规定：

（1）剪力墙连接处的后浇连接区域长度不应小于被连接墙肢的厚度，且不小于 200mm。

（2）预制剪力墙外伸 U 形筋同剪力墙水平钢筋或箍筋，并应在预制剪力墙内充分锚固。

（3）连接环筋应为封闭环状，连接环筋直径、间距同被连接的外伸 U 形筋或箍筋。

（4）后浇混凝土区域内的竖向插筋应满足纵向钢筋设计要求，其竖向连接可采用约束或非约束搭接连接、焊接或机械连接。

（5）当后浇混凝土区域位于剪力墙边缘构件范围内时，区域内的配筋及构造要求尚应符合现行国家标准《建筑抗震设计规范》GB 50011 的有关规定，边缘构件箍筋、拉筋、纵向钢筋应满足边缘构件的设计要求，区域内的边缘构件箍筋应同样采用钢筋环插筋连接。

另外，还可以采用机械连接方式（如螺纹套筒连接、挤压套筒连接）、绑扎搭接、焊接

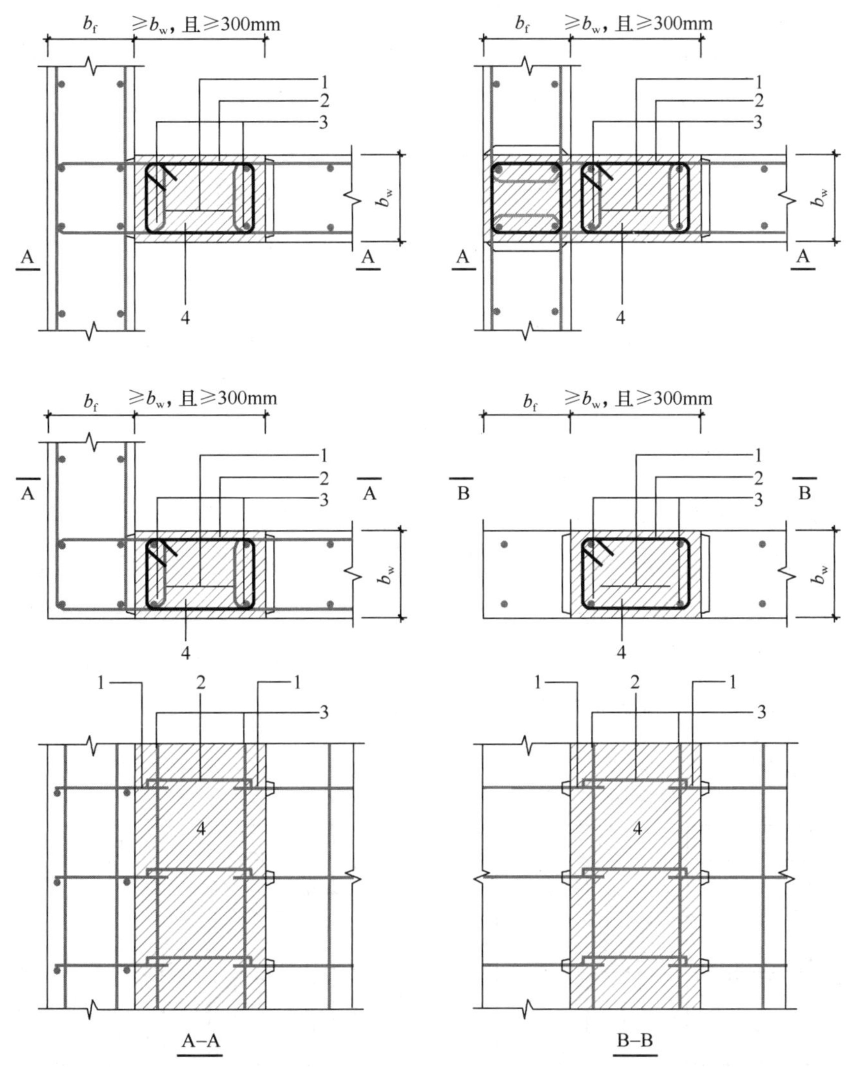

图 10-4　剪力墙钢筋环插筋连接

1—外伸 U 形水平筋或箍筋；2—连接环筋；3—插筋；4—后浇区域

连接等。装配式混凝土结构中，节点及接缝处的纵向钢筋连接宜根据接头受力、施工工艺等要求选用套筒灌浆连接、机械连接、浆锚搭接连接、焊接连接、绑扎搭接连接等连接方式。

装配整体式混凝土结构中，接缝的正截面承载力应符合现行国家标准《混凝土结构设计规范》GB 50010 的规定。接缝的受剪承载力应符合下列规定：

持久设计状况：
$$\gamma_0 V_{jd} \leqslant V_u \tag{10-1a}$$

地震设计状况：
$$V_{jdE} \leqslant V_{uE}/\gamma_{RE} \tag{10-1b}$$

在梁、柱端部箍筋加密区及剪力墙底部加强部位，尚应符合以下规定：

$$\eta_j V_{mua} \leqslant V_{uE} \tag{10-1c}$$

式中，γ_0 为结构重要性系数，安全等级为一级时不应小于 1.1，安全等级为二级时不应小于 1.0；V_{jd} 为持久设计状况下接缝剪力设计值；V_{jdE} 为地震设计状况下接缝剪力设计值；V_u 为持久设计状况下梁端、柱端、剪力墙底部接缝受剪承载力设计值；V_{uE} 为地震设计状况下梁端、柱端、剪力墙底部接缝受剪承载力设计值；V_{mua} 为被连接构件端部按实配钢筋面积计算的斜截面受剪承载力设计值；η_j 为接缝受剪承载力增大系数，抗震等级为一、二级取 1.2，抗震等级为三、四级取 1.1。

由公式（10-1c）可见，接缝的受剪承载力大于构件端部斜截面受剪承载力，即设计要实现强接缝、弱构件。

预制构件与后浇混凝土、灌浆料、坐浆材料的结合面应做粗糙面、键槽，并应符合下列规定：

（1）预制板与后浇混凝土叠合层之间的结合面应做粗糙面。

（2）预制梁与后浇混凝土叠合层之间的结合面应做成粗糙面；预制梁端面应设置键槽（图 10-5）且宜做成粗糙面。键槽的尺寸和数量应按接缝受剪承载力的需要计算确定；键槽的深度 t 不宜小于 30mm，宽度 w 不宜小于深度的 3 倍且不宜大于深度的 10 倍；键槽可贯通截面，当不贯通时槽口距离截面边缘不宜小于 50mm；键槽间距宜等于键槽高度；键槽端部斜面倾角不宜大于 30°。

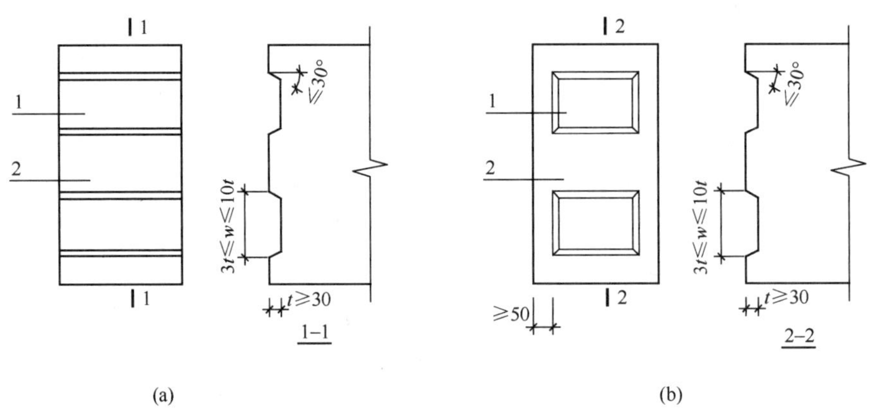

图 10-5　梁端键槽构造示意

（a）键槽贯通截面；（b）键槽不贯通截面

1—键槽；2—梁端面

（3）预制剪力墙的顶部和底部与后浇混凝土的结合面应做成粗糙面；侧面与后浇混凝土的结合面应做成粗糙面，也可设置键槽；键槽深度 t 不宜小于 20mm，宽度 w 不宜小于深度的 3 倍且不宜大于深度的 10 倍，键槽间距宜等于键槽高度，键槽端部斜面倾角不宜大于 30°。

（4）预制柱的底部应设置键槽且宜做成粗糙面，键槽应均匀布置，键槽深度不宜小于30mm，键槽间距宜等于键槽宽度，键槽端部斜面倾角不宜大于 30°。柱顶应做成粗糙面。

（5）粗糙面的面积不宜小于结合面的 80%，预制板的粗糙面凹凸深度不应小于 4 mm，预制梁端、预制柱端、预制墙端的粗糙面凹凸深度不应小于 6mm。

预制构件纵向钢筋宜在节点区直线锚固；当直线锚固长度不足时，可采用弯折、机械锚固方式，并应符合国家现行标准《混凝土结构设计规范》GB 50010、《钢筋锚固板应用技术规程》JGJ 256 的规定。

连接件、焊缝、螺栓或铆钉等紧固件应对不同设计状况下的承载力进行计算，并应符合国家现行标准《钢结构设计标准》GB 50017、《钢结构焊接规范》GB 50661、《钢筋焊接及验收规程》JGJ 18 等的规定。

预制楼梯与支承构件之间宜采用简支连接。采用简支连接时，应符合下列规定：

（1）预制楼梯宜一端设置固定铰，另一端设置滑动铰，其转动及滑动变形能力应满足结构层间位移的要求，且预制楼梯端部在支承构件上的最小搁置长度应符合表 10-6 的规定；

（2）预制楼梯设置滑动铰的端部应采取防止滑落的构造措施。

预制楼梯在支承构件上的最小搁置长度　　表 10-6

抗震设防烈度	6 度	7 度	8 度
最小搁置长度（mm）	75	75	100

10.9 楼盖设计

装配式建筑的楼盖包括叠合楼盖、全预制楼盖和现浇楼盖。叠合楼盖适用于装配整体式建筑，全装配式楼盖适用于全装配式建筑，现浇楼盖适用于装配整体式建筑的现浇部分，比如转换层、屋顶、卫生间和管线较多的前室等不适宜预制的部位。

楼板包括实心板、叠合板、有架立筋的预应力叠合楼板、无架立筋的预应力叠合楼板、空心板、空心叠合板、双 T 形板、双 T 形叠合板、槽形板、槽形叠合板等（图 10-6）。典型楼板和其特点为：

（1）普通叠合楼板预制底板一般厚 60mm，包括有桁架筋预制底板和无桁架筋预制底板。预制底板安装后绑扎叠合层钢筋，浇筑混凝土，形成整体受弯楼盖。普通叠合楼板是装配整体式建筑中应用最多的楼盖形式，可用于框架结构、剪力墙结构、框架-剪力墙结构、筒体结构等各种体系，以及钢结构建筑。

（2）带肋预应力叠合楼板

预应力叠合楼板由预制预应力底板与非预应力现浇混凝土叠合而成，底板包括无架立筋

图 10-6 典型装配式建筑楼盖

（a）普通叠合楼板；（b）带肋预应力叠合楼板（无架立筋）；（c）带肋预应力叠合楼板（有架立筋）；（d）空心板；（e）双 T 形板；（f）圆孔箱形板

和有架立筋两种，用于框架结构、框架-剪力墙结构、筒体结构等，在日本应用广泛。

（3）空心板

空心板包括空心叠合板和全预制空心板，空心叠合板是预应力空心板和现浇混凝土叠合层结合而成，主要用于框架结构、框架-剪力墙结构、筒体结构等，在日本应用广泛；全预制空心板多用于多层框架结构建筑，在美国应用较多。

（4）双 T 形板

双 T 形板包括双 T 形叠合板和全预制双 T 形板，适用于公共建筑、工业厂房和车库等大跨度、大空间的建筑。双 T 形叠合板是预应力双 T 形板作为底板，在板面上浇筑混凝土形成叠合板。

（5）圆孔箱形板

圆孔箱形板也称为华夫板，可作为全预制楼板，一般用于高洁净厂房的楼盖。

装配整体式结构的楼盖宜采用叠合楼盖。叠合板设计应符合现行国家标准《混凝土结构设计规范》GB 50010 的有关规定。

高层装配整体式混凝土结构中，楼盖应符合下列规定：

（1）结构转换层和作为上部结构嵌固部位的楼层宜采用现浇楼盖；

（2）屋面层和平面受力复杂的楼层宜采用现浇楼盖，当采用叠合楼盖时，楼板的后浇混凝土叠合层厚度不应小于 100mm，且后浇层内应采用双向通长配筋，钢筋直径不宜小于 8mm，间距不宜大于 200mm。

（3）跨度大于 3m 的叠合板，宜采用桁架钢筋混凝土叠合楼板；

（4）跨度大于 6m 的叠合板，宜采用预应力混凝土预制板；

（5）板厚大于 180mm 的叠合板，宜采用空心混凝土楼板。

叠合板可根据预制板接缝构造、支座构造、长宽比按单向板或双向板设计。当预制板块之间采用分离式接缝（图 10-7a）时，宜按单向板设计。对长宽比不大于 3 的四边支承叠合板，当其预制板块之间采用整体式接缝（图 10-7b）或无接缝（图 10-7c）时，可按双向板设计。

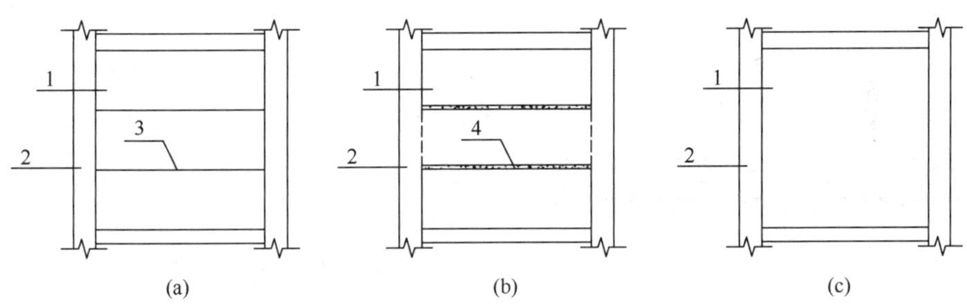

图 10-7　叠合板的预制板块布置形式示意

（a）单向叠合板；（b）带接缝的双向叠合板；（c）无接缝双向叠合板

1—预制板；2—梁或墙；3—板侧分离式接缝；4—板侧整体式接缝

叠合板支座处的纵向钢筋应符合下列规定：

（1）板端支座处，预制板内的纵向受力钢筋宜从板端伸出并锚入支承梁或墙的后浇混凝土中，锚固长度不应小于 $5d$，且宜伸过支座中心线（图 10-8a），d 为纵向受力钢筋直径；

（2）单向叠合板的板侧支座处，当预制板内的板底分布钢筋伸入支承梁或墙的后浇混凝土中时，应符合第（1）条的要求；当板底分布钢筋不伸入支座时，宜在紧邻预制板顶面的后浇混凝土层中设置附加钢筋，附加钢筋截面面积不宜小于预制板内的同向分布钢筋面积，间距不宜大于 600mm，在板的后浇混凝土层内锚固长度不应小于 15d，在支座内锚固长度不应小于 15d 且宜伸过支座中心线（图 10-8b），d 为附加钢筋直径。

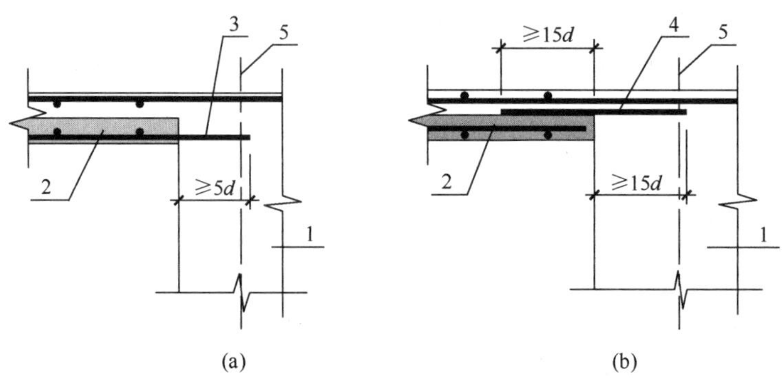

图 10-8　叠合板端及板侧支座构造示意

（a）板端支座；（b）板侧支座

1—支承梁或墙；2—预制板；3—纵向受力钢筋；4—附加钢筋；5—支座中心线

单向叠合板板侧的分离式接缝宜配置附加钢筋（图 10-9），并应符合下列规定：

（1）接缝处紧邻预制板顶面宜设置垂直于板缝的附加钢筋，附加钢筋伸入两侧后浇混凝土的锚固长度不应小于 15d，d 为附加钢筋直径；

（2）附加钢筋截面面积不宜小于预制板中该方向钢筋面积，钢筋直径不宜小于 6mm、间距不宜大于 250mm。

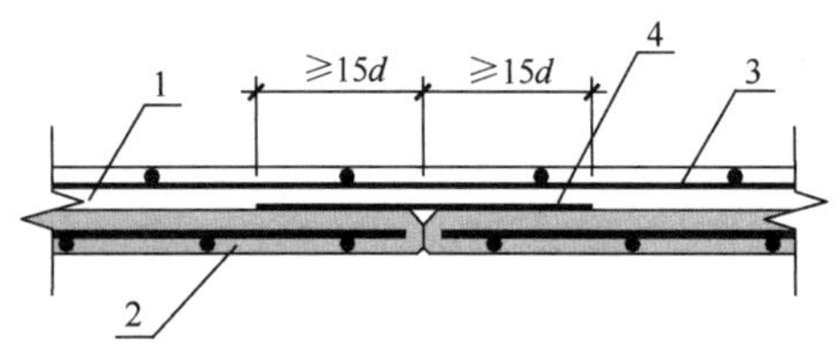

图 10-9　单向叠合板侧分离式接缝构造示意

1—后浇混凝土层；2—预制板；

3—后浇层内钢筋；4—附加钢筋

双向叠合板板侧的整体式接缝宜设置在叠合板的次要受力方向上且宜避开弯矩最大处，接缝可采用后浇带形式（图 10-10），并应符合下列规定：

（1）后浇带宽度不宜小于 200mm。

（2）后浇带两侧板底纵向受力钢筋可在后浇带中焊接、搭接、弯折锚固、机械连接。

（3）当后浇带两侧板底纵向受力钢筋在后浇带中搭接连接，预制板板底外伸钢筋为直线形（图 10-10a）时，钢筋搭接长度应符合现行国家标准《混凝土结构设计规范》GB 50010 的有关规定；预制板板底外伸钢筋端部为 90°或 135°弯钩（图 10-10b、c）时，钢筋搭接长度应符合现行国家标准《混凝土结构设计规范》GB 50010有关钢筋锚固长度的规定，90°和 135°弯钩钢筋弯后直段长度分别为 12d 和 5d（d 为钢筋直径）。

（4）当有可靠依据时，后浇带内的钢筋也可采用其他连接方式。

在下列情况下，叠合板的预制板与后浇混凝土层之间应设置抗剪构造钢筋：

（1）单向叠合板跨度大于 3m 时，距支座 1/4 跨范围内；

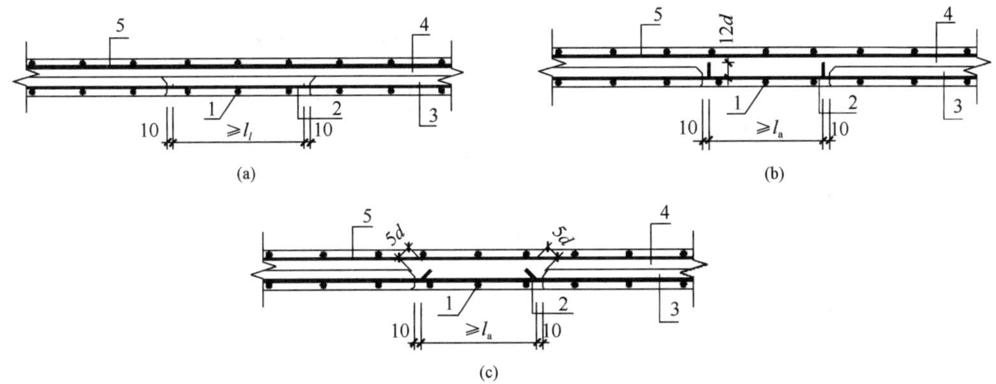

图 10-10　双向叠合板整体式接缝构造示意

(a) 板底纵筋直线搭接；(b) 板底纵筋末端带 90°弯钩搭接；(c) 板底纵筋末端带 135°弯钩搭接

1—通长钢筋；2—纵向受力钢筋；3—预制板；4—后浇混凝土叠合层；5—后浇层内钢筋

(2) 双向叠合板短向跨度大于 3m 时，距四边支座 1/4 短跨范围内；

(3) 悬挑板叠合板；

(4) 悬挑板的上部纵向受力钢筋在相邻叠合板的后浇混凝土锚固范围内。

叠合板的预制板与后浇混凝土层之间设置的抗剪构造钢筋应符合下列规定：

(1) 抗剪构造钢筋宜采用马镫形状，间距不宜大于 400mm，钢筋直径 d 不应小于 6mm，马镫钢筋宜伸到叠合板上、下部纵向钢筋处，预埋在预制板内的总长度不应小于 15d，水平段长度不应小于 50mm；

(2) 预制板的桁架钢筋可作为抗剪构造钢筋。

次梁与主梁宜采用铰接连接，也可采用刚接连接。当采用刚接连接并采用后浇段连接的形式时，应符合如下规定：

(1) 在端部节点处，次梁下部纵向钢筋伸入主梁后浇段内的长度不应小于 12d。次梁上部纵向钢筋应在主梁后浇段内锚固，当采用弯折锚固时，直段长度不应小于 $0.6l_{ab}$，弯折段长度不应小于 15d（图 10-11a)；当采用锚固板时，直段长度不应小于 $0.4l_{ab}$。

(2) 在中间节点处，两侧次梁的下部纵向钢筋伸入主梁后浇段内长度不应小于 12d；次梁上部纵向钢筋应在现浇层内贯通（图 10-11b)。

当次梁与主梁采用铰接连接时，可采用企口连接或钢企口连接形式；采用企口连接时，应符合国家现行标准的有关规定；当次梁不直接承受动力荷载且跨度不大于 9m 时，可采用钢企口连接（图 10-12)。

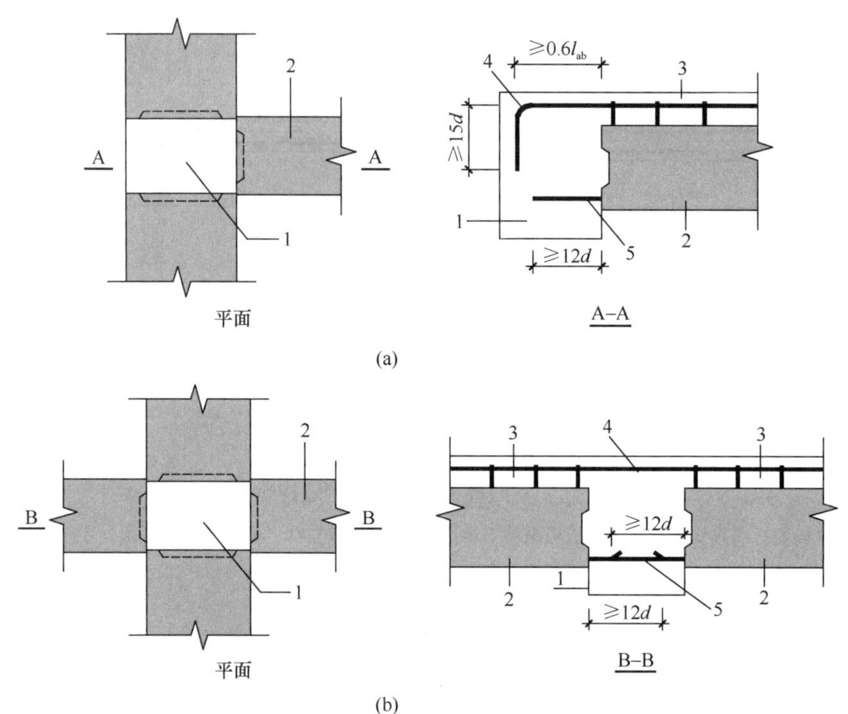

图 10-11　主次梁连接节点构造示意

（a）端部节点；（b）中间节点

1—主梁后浇段；2—次梁；3—后浇混凝土层；4—次梁上部纵向钢筋；5—次梁下部纵向钢筋

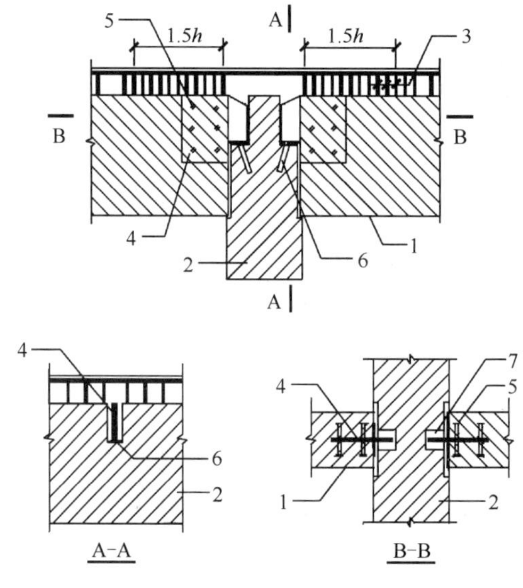

图 10-12　钢企口接头示意

1—预制次梁；2—预制主梁；3—次梁端部加密箍筋；4—钢板；5—栓钉；6—预埋件；7—灌浆料

10.10 装配式框架结构的设计

对一、二、三级抗震等级的装配整体式框架，应进行梁柱节点核心区抗震受剪承载力验算；对四级抗震等级可不进行验算。梁柱节点核心区受剪承载力抗震验算和构造应符合现行国家标准《混凝土结构设计规范》GB 50010、《建筑抗震设计规范》GB 50011 中的有关规定。

叠合梁端竖向接缝的受剪承载力设计值应按下列公式计算：

持久设计状况：

$$V_u = 0.07 f_c A_{c1} + 0.10 f_c A_k + 1.65 A_{sd} \sqrt{f_c f_y} \tag{10-2a}$$

地震设计状况：

$$V_{uE} = 0.04 f_c A_{c1} + 0.06 f_c A_k + 1.65 A_{sd} \sqrt{f_c f_y} \tag{10-2b}$$

式中，A_{c1} 为叠合梁端截面后浇混凝土层截面面积；f_c 为预制构件混凝土轴心抗压强度设计值；f_y 为垂直穿过结合面钢筋的抗拉强度设计值；A_k 为各键槽的根部截面面积（图 10-13）之和，按后浇键槽根部截面和预制键槽根部截面分别计算，并取二者的较小值；A_{sd} 为垂直穿过结合面所有钢筋的面积，包括叠合层内的纵向钢筋。

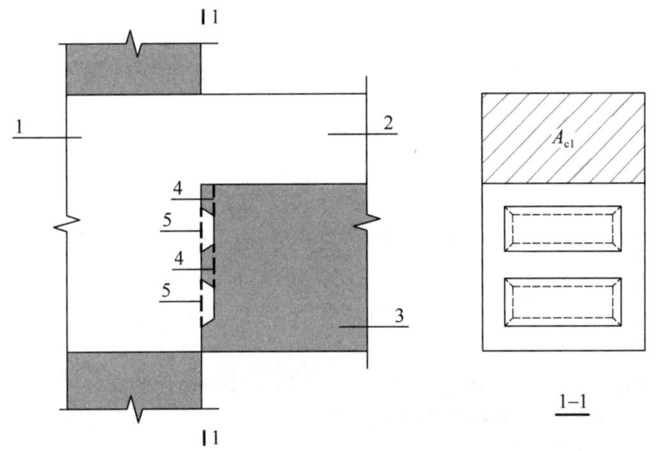

图 10-13　叠合梁端部抗剪承载力计算参数示意

1—后浇区；2—后浇混凝土层；3—预制梁；4—预制键槽根部截面；5—后浇键槽根部截面

型钢混凝土叠合梁端竖向接缝的受剪承载力设计值应按下列公式计算：

持久设计状况：

$$V_u = 0.07 f_c A_{c1} + 0.10 f_c A_k + 1.65 A_{sd} \sqrt{f_c f_y} + 0.58 f_s t_w h_w \tag{10-3a}$$

地震设计状况：

$$V_{uE}=0.04f_cA_{c1}+0.06f_cA_k+1.65A_{sd}\sqrt{f_cf_y}+0.58f_st_wh_w \tag{10-3b}$$

式中，f_s 为型钢抗拉强度设计值；t_w 为型钢腹板厚度；h_w 为型钢腹板高度。

在地震设计状况下，预制柱底水平接缝的受剪承载力设计值应按下列公式计算：

当预制柱受压时：

$$V_{uE}=0.8N+1.65A_{sd}\sqrt{f_cf_y} \tag{10-4a}$$

当预制柱受拉时：

$$V_{uE}=1.65A_{sd}\sqrt{f_cf_y\left(1-\left(\frac{N}{A_{sd}f_y}\right)^2\right)} \tag{10-4b}$$

式中，f_c 为预制构件混凝土轴心抗压强度设计值；f_y 为垂直穿过结合面钢筋抗拉强度设计值；N 为与剪力设计值 V 相应的垂直于结合面的轴向力设计值，取绝对值进行计算；A_{sd} 为垂直穿过结合面所有钢筋的面积；V_{uE} 为地震设计状况下接缝受剪承载力设计值。

在地震设计状况下，型钢混凝土预制柱底水平接缝的受剪承载力设计值应按下列公式计算：

当预制柱受压时：

$$V_{uE}=0.8N+1.65A_{sd}\sqrt{f_cf_y}+0.58f_st_wh_w \tag{10-5a}$$

当预制柱受拉时：

$$V_{uE}=1.65A_{sd}\sqrt{f_cf_y\left(1-\left(\frac{N}{A_{sd}f_y}\right)^2\right)}+0.58f_st_wh_w \tag{10-5b}$$

式中，f_s 为型钢抗拉强度设计值；t_w 为型钢腹板厚度；h_w 为型钢腹板高度。

装配整体式框架结构中，当采用叠合梁时，框架梁的后浇混凝土层厚度不宜小于150mm（图 10-14），次梁的后浇混凝土层厚度不宜小于 120mm；当采用凹口截面预制梁时（图 10-14b），凹口深度不宜小于 50mm，凹口边厚度不宜小于 60mm。

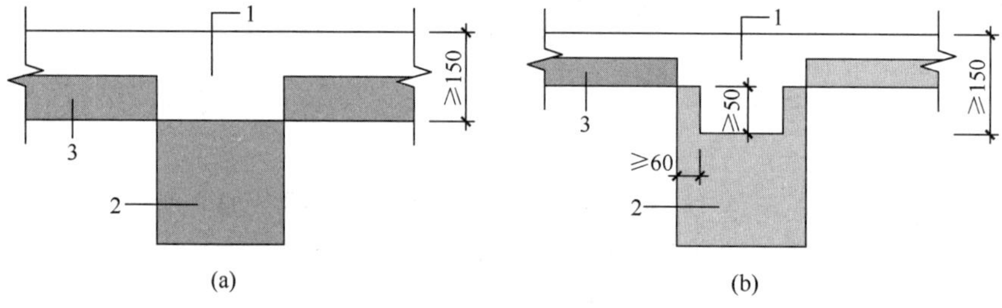

图 10-14　叠合框架梁截面示意（单位：mm）

（a）矩形截面预制梁；（b）凹口截面预制梁

1—后浇混凝土层；2—预制梁；3—预制板

叠合梁的箍筋配置应符合下列规定：

(1) 抗震等级为一、二级的叠合框架梁的梁端箍筋加密区宜采用整体封闭箍筋；当叠合梁受扭时宜采用整体封闭箍筋，且整体封闭箍筋的搭接部分宜设置在预制部分（图 10-15a）；

(2) 采用组合封闭箍筋的形式（图 10-15b）时，开口箍筋上方应做成 135°弯钩；非抗震设计时，弯钩端头平直段长度不应小于 $5d$（d 为箍筋直径）；抗震设计时，平直段长度不应小于 $10d$。现场应采用箍筋帽封闭开口箍，箍筋帽末端应做成 135°弯钩；非抗震设计时，弯钩端头平直段长度不应小于 $5d$；抗震设计时，平直段长度不应小于 $10d$。

(3) 框架梁箍筋加密区长度内的箍筋肢距：一级抗震等级，不宜大于 200mm 和 20 倍箍筋直径的较大值，且不应大于 300mm；二、三级抗震等级，不宜大于 250mm 和 20 倍箍筋直径的较大值，且不应大于 350mm；四级抗震等级，不宜大于 300mm，且不应大于 400mm。

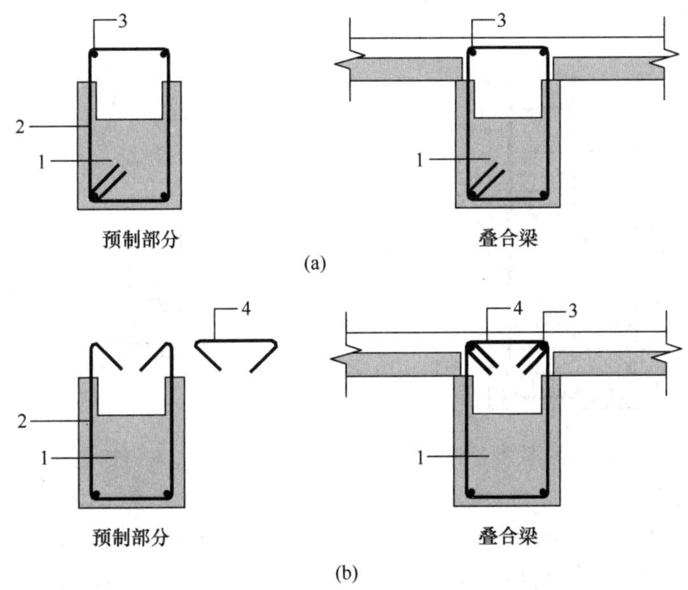

图 10-15　叠合梁箍筋构造示意

(a) 采用整体封闭箍筋的叠合梁；(b) 采用组合封闭箍筋的叠合梁

1—预制梁；2—开口箍筋；3—上部纵向钢筋；4—箍筋帽

预制柱的设计应符合现行国家标准《混凝土结构设计规范》GB 50010 的要求，并应符合下列规定：

(1) 矩形柱截面边长不宜小于 400mm，圆形截面柱直径不宜小于 450mm，且不宜小于同方向梁宽的 1.5 倍。

(2) 柱纵向受力钢筋在柱底连接时，柱箍筋加密区长度不应小于纵向受力钢筋连接区域长度与 500mm 之和；当采用套筒灌浆连接或浆锚搭接连接等方式时，套筒或搭接段上端第一道箍筋距离套筒或搭接段顶部不应大于 50mm（图 10-16）。

（3）柱纵向受力钢筋直径不宜小于 20mm，纵向受力钢筋的间距不宜大于 200mm 且不应大于 400mm。柱的纵向受力钢筋可集中于四角配置且宜对称布置。柱中可设置纵向辅助钢筋且直径不宜小于 12mm 和箍筋直径；当正截面承载力计算不计入纵向辅助钢筋时，纵向辅助钢筋可不伸入框架节点。

（4）预制柱箍筋可采用连续复合箍筋。

上、下层相邻预制柱纵向受力钢筋采用挤压套筒连接时（图 10-17），柱底后浇段的箍筋应满足下列要求：

（1）套筒上端第一道箍筋距离套筒顶部不应大于 20mm，柱底部第一道箍筋距柱底面不应大于 50mm，箍筋间距不宜大于 75mm；

（2）抗震等级为一、二级时，箍筋直径不应小于 10mm，抗震等级为三、四级时，箍筋直径不应小于 8mm。

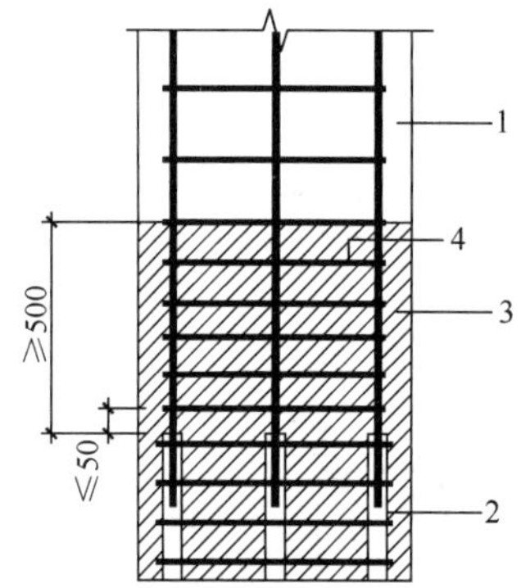

图 10-16　钢筋采用套筒灌浆连接时柱底箍筋加密区域构造示意（单位：mm）

1—预制柱；2—套筒灌浆连接接头；3—箍筋加密区（阴影区域）；4—加密区箍筋

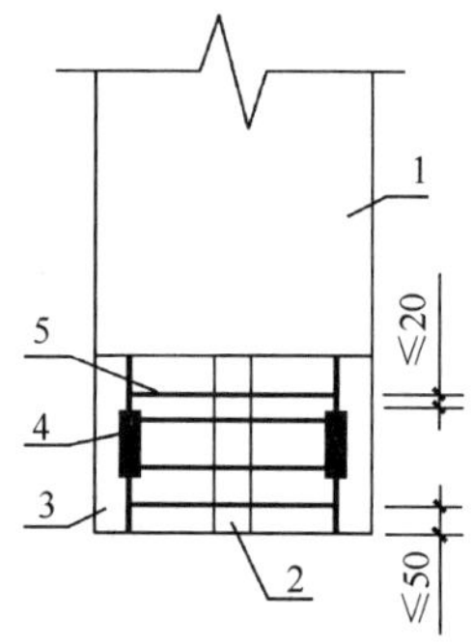

图 10-17　柱底后浇段箍筋配置示意（单位：mm）

1—预制柱；2—支腿；3—柱底后浇段；4—挤压套筒；5—箍筋

采用预制柱及叠合梁的装配整体式框架节点，梁纵向受力钢筋应伸入后浇节点区内锚固或连接，并应符合下列规定：

（1）框架梁预制部分的腰筋不承受扭矩时，可不伸入梁柱节点核心区。

（2）对框架中间层中节点，节点两侧的梁下部纵向受力钢筋宜锚固在后浇节点核心区内（图 10-18a），也可采用机械连接或焊接的方式连接（图 10-18b）；梁的上部纵向受力钢筋应贯穿后浇节点核心区。

（3）对框架中间层端节点，当柱截面尺寸不满足梁纵向受力钢筋的直线锚固要求时，宜采用锚固板锚固（图 10-19），也可采用 90°弯折锚固。

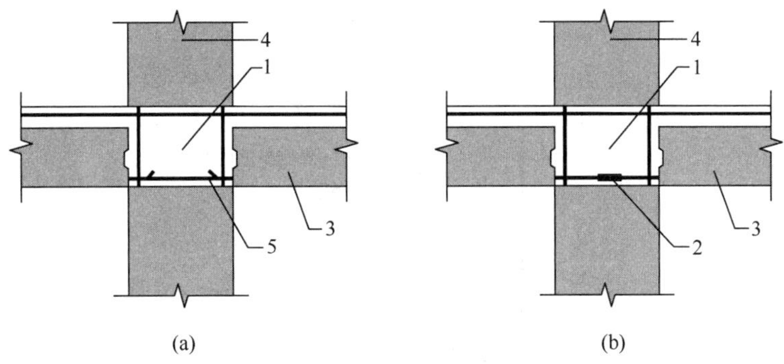

图 10-18　预制柱及叠合梁框架中间层中节点构造示意

（a）梁下部纵向受力钢筋锚固；（b）梁下部纵向受力钢筋连接

1—后浇节点；2—下部纵向受力钢筋连接；3—预制梁；4—预制柱；5—下部纵向受力钢筋锚固

（4）对框架顶层中节点，梁纵向受力钢筋的构造应符合上述第（2）条规定。柱纵向受力钢筋宜采用直线锚固；当梁截面尺寸不满足直线锚固要求时，宜采用锚固板锚固（图 10-20）。

（5）对框架顶层端节点，柱宜伸出屋面并将柱纵向受力钢筋锚固在伸出段内（图 10-21），柱纵向受力钢筋宜采用锚固板的锚固方式，此时锚固长度不应小于 $0.6l_{abE}$。伸出段内箍筋直径不应小于 $d/4$（d 为柱纵向受力钢筋的最大直径），伸出段内箍筋间距不应大于 $5d$（d 为柱纵向受力钢筋的最小直径）且不应大于 100mm；梁纵向受力钢筋应锚固在后浇节点区内，且宜采用锚固板的锚固方式，此时锚固长度不应小于 $0.6l_{abE}$。

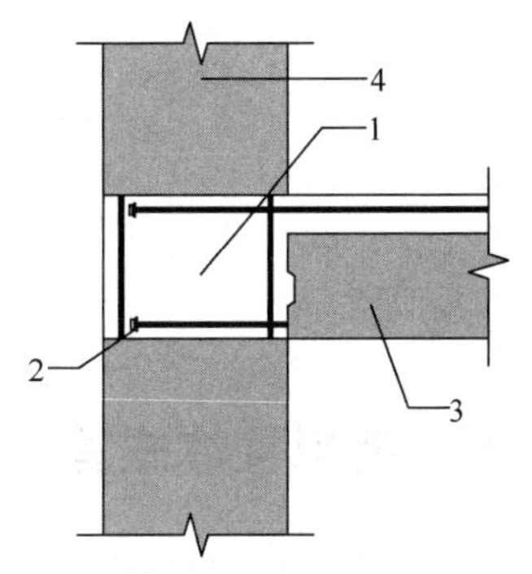

图 10-19　预制柱及叠合梁框架中间层端节点构造示意

1—后浇节点；2—梁纵向受力钢筋锚固；3—预制梁；4—预制柱

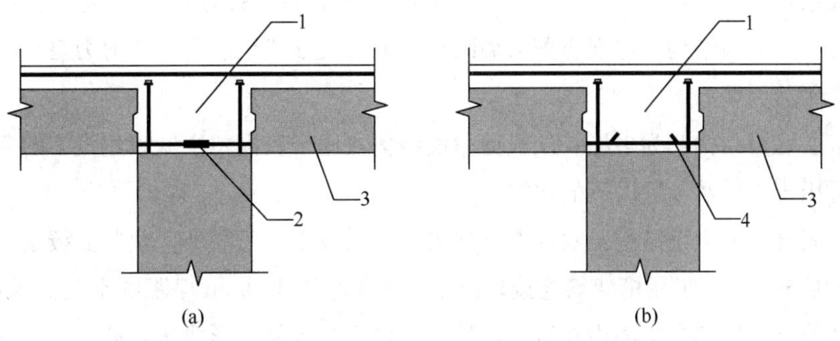

图 10-20　预制柱及叠合梁框架顶层中节点构造示意

（a）梁下部纵向受力钢筋连接；（b）梁下部纵向受力钢筋锚固

1—后浇节点；2—下部纵向受力钢筋连接；3—预制梁；4—下部纵向受力筋锚固

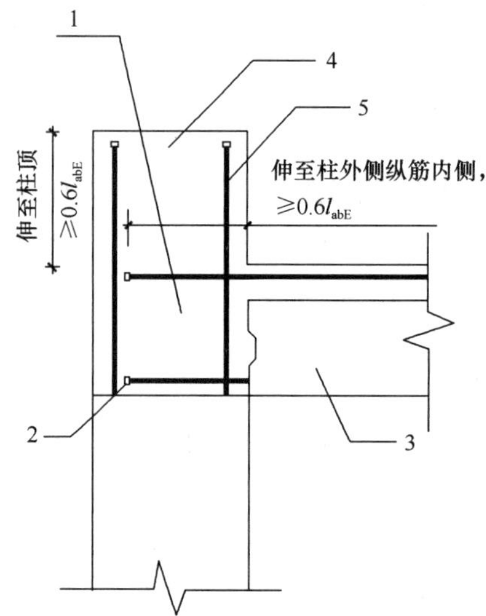

图 10-21 预制柱及叠合梁框架顶层端节点构造示意

1—后浇区；2—梁下部纵向受力钢筋锚固；3—预制梁；4—柱延伸段；5—柱纵向受力钢筋

10.11 装配整体式剪力墙结构的设计

装配整体式剪力墙结构包括剪力墙结构、多层墙板结构、双面叠合剪力墙结构、圆孔板剪力墙结构和型钢混凝土剪力墙结构等 5 类。剪力墙结构和多层墙板结构在国家现行标准《装配式混凝土结构技术规程》JGJ 1 和《装配式混凝土建筑技术标准》GB/T 51231 中有详细规定，双面叠合剪力墙结构在现行国家标准《装配式混凝土建筑技术标准》GB/T 51231 附录 A 中有详细介绍，圆孔板剪力墙和型钢混凝土剪力墙结构在现行北京市地方标准《装配式剪力墙结构设计规程》DB 11/1003 中有详细规定。各类剪力墙结构的特点如下：

（1）预制剪力墙结构：与现浇剪力墙结构类似，装配式钢筋混凝土剪力墙承担竖向和水平荷载，预制剪力墙如图 10-22（a）所示。

（2）多层墙板结构：为多层装配式剪力墙结构，用于我国中小城镇建设中的多层住宅建筑，一般适用于 6 层及 6 层以下的建筑。

（3）双面叠合剪力墙结构：双面叠合剪力墙结构技术源于欧洲，预制墙板是两层不小于 50mm 厚的钢筋混凝土板用桁架筋连接，板之间为不小于 100mm 净距的空腔，现场安装后，上、下构件的竖向钢筋在空心内布置、搭接，然后浇筑混凝土形成实心剪力墙（图 10-22b）。

（4）预制圆孔剪力墙结构：在墙板中预留圆孔，即做成圆孔空心板，现场安装后，上、下构件的竖向钢筋网片在圆孔内布置、搭接，然后在圆孔内浇筑微膨胀混凝土形成实心剪力墙（图 10-22c）。

（5）装配式型钢混凝土剪力墙：装配式型钢混凝土剪力墙是在预制墙板的边缘构件设置型钢，拼缝位置设置钢板预埋件，型钢和钢板预埋件在拼缝处采用焊接或螺栓连接（图 10-22d）。

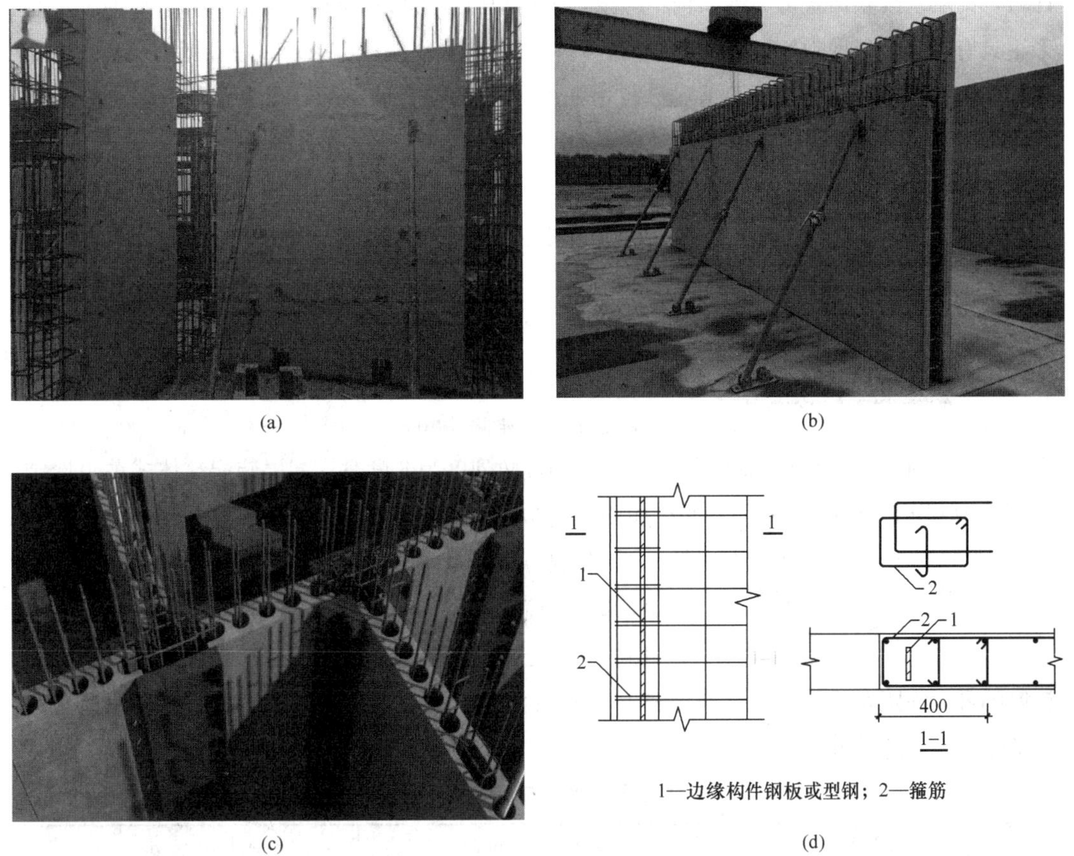

图 10-22　装配式剪力墙

（a）预制剪力墙；（b）双面叠合剪力墙；（c）预制圆孔剪力墙结构；（d）装配式型钢混凝土剪力墙

剪力墙结构的适用高度：装配整体式剪力墙房屋的最大适用高度为 60～130m，多层装配式墙板结构房屋的最大适用高度为 21～28m，双面叠合剪力墙结构房屋的最大适用高度为 50～90m，圆孔剪力墙结构的最大适用高度为 45～60m，装配式型钢混凝土剪力墙结构房屋最大适用高度为 45～60m。

抗震设计时，对同一层内既有现浇墙肢也有预制墙肢的装配整体式剪力墙结构，现浇墙肢水平地震作用弯矩、剪力宜乘以不小于 1.1 的增大系数。

装配整体式剪力墙结构的布置应满足下列要求：

（1）应沿两个方向布置剪力墙；

（2）剪力墙平面布置宜简单、规则，自下而上宜连续布置，避免层间侧向刚度突变；

（3）剪力墙门窗洞口宜上下对齐、成列布置，形成明确的墙肢和连梁；抗震等级为一、

二、三级的剪力墙底部加强部位不应采用错洞墙，结构全高均不应采用叠合错洞墙。

肢截面高度与厚度之比的最大值大于 4 但不大于 8 的剪力墙，称为短肢剪力墙。抗震设计时，高层装配整体式剪力墙结构不应全部采用短肢剪力墙；抗震设防烈度为 8 度时，不宜采用具有较多短肢剪力墙的剪力墙结构，即在规定的水平地震作用下，短肢剪力墙承担的底部倾覆力矩不小于结构底部总地震倾覆力矩的 30％的剪力墙结构。当采用具有较多短肢剪力墙的剪力墙结构时，应符合下列规定：

(1) 在规定的水平地震作用下，短肢剪力墙承担的底部倾覆力矩不宜大于结构底部总地震倾覆力矩的 50％；

(2) 房屋适用高度应比规定的装配整体式剪力墙结构的最大适用高度适当降低，抗震设防烈度为 7 度和 8 度时宜分别降低 20m。

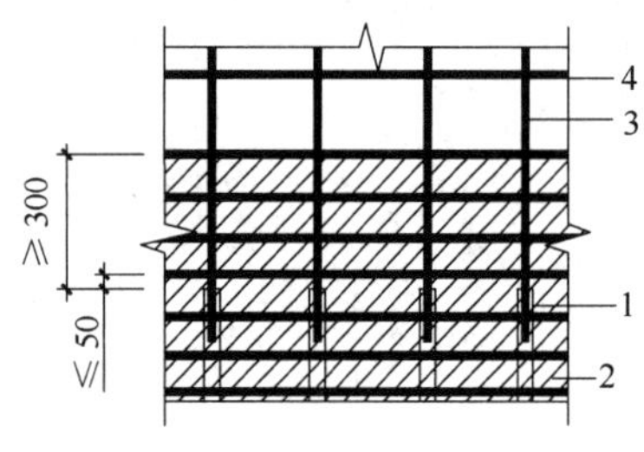

图 10-23　钢筋套筒灌浆连接部位水平分布钢筋加密构造示意（单位：mm）
1—灌浆套筒；2—水平分布钢筋加密区域（阴影区域）；3—竖向钢筋；4—水平分布钢筋

抗震设防烈度为 8 度时，高层装配整体式剪力墙结构中的电梯井筒宜采用现浇混凝土结构。

预制剪力墙竖向钢筋采用套筒灌浆连接时，自套筒底部至套筒顶部并向上延伸 300mm 范围内，预制剪力墙的水平分布钢筋应加密（图 10-23），加密区水平分布钢筋的最大间距及最小直径应符合表 10-7 的规定，套筒上端第一道水平分布钢筋距离套筒顶部不应大于 50mm。

加密区水平分布钢筋的要求　　表 10-7

抗震等级	最大间距（mm）	最小直径（mm）
一、二级	100	8
三、四级	150	8

预制剪力墙竖向钢筋采用浆锚搭接连接时，应符合下列规定：

(1) 墙体底部预留灌浆孔道直线段长度应大于下层预制剪力墙连接钢筋伸入孔道内的长度 30mm，孔道上部应根据灌浆要求设置合理弧度。孔道直径不宜小于 40mm 和 2.5d（d 为伸入孔道的连接钢筋直径）的较大值，孔道之间的水平净间距不宜小于 50mm；孔道外壁至剪力墙外表面的净间距不宜小于 30mm。当采用预埋金属波纹管成孔时，金属波纹管的钢带厚度及波纹高度应符合结构材料的规定；当采用其他成孔方式时，应对不同预留成孔工艺、孔道形状、孔道内壁的粗糙度或花纹深度及间距等形成的连接接头进行力学性能以及适用性的试验验证。

(2) 竖向钢筋连接长度范围内的水平分布钢筋应加密，加密范围自剪力墙底部至预留灌浆孔道顶部（图 10-24），且不应小于 300mm。加密区水平分布钢筋的最大间距及最小直径应符合表 10-7 的规定，最下层水平分布钢筋距离墙身底部不应大于 50mm。剪力墙竖向分布钢筋连接长度范围内未采取有效横向约束措施时，水平分布钢筋加密范围内的拉筋应加密；拉筋沿竖向的间距不宜大于 300mm 且不少于 2 排；拉筋沿水平方向的间距不宜大于竖向分布钢筋间距，直径不应小于 6mm；拉筋应紧靠被连接钢筋，并钩住最外层分布钢筋。

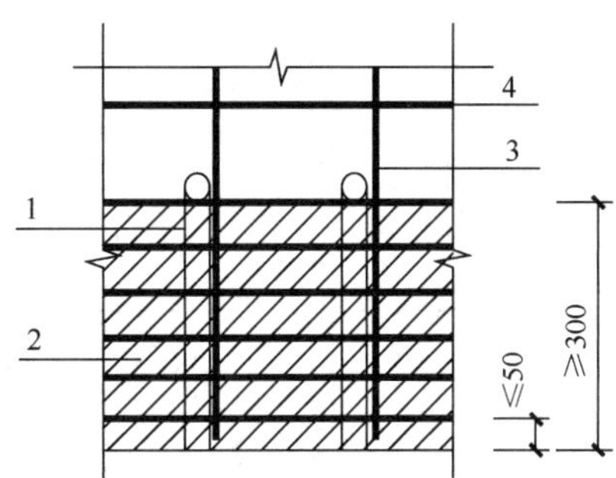

图 10-24　钢筋浆锚搭接连接部位水平分布钢筋加密构造示意（单位：mm）

1—预留灌浆孔道；2—水平分布钢筋加密区域（阴影区域）；3—竖向钢筋；4—水平分布钢筋

（3）边缘构件竖向钢筋连接长度范围内应采取加密水平封闭箍筋的横向约束措施或其他可靠措施。当采用加密水平封闭箍筋约束时，应沿预留孔道直线段全高加密。箍筋沿竖向的间距，一级不应大于 75mm，二、三级不应大于 100mm，四级不应大于 150mm；箍筋沿水平方向的肢距不应大于竖向钢筋间距，且不宜大于 200mm；箍筋直径一、二级不应小于 10mm，三、四级不应小于 8mm，宜采用焊接封闭箍筋（图 10-25）。

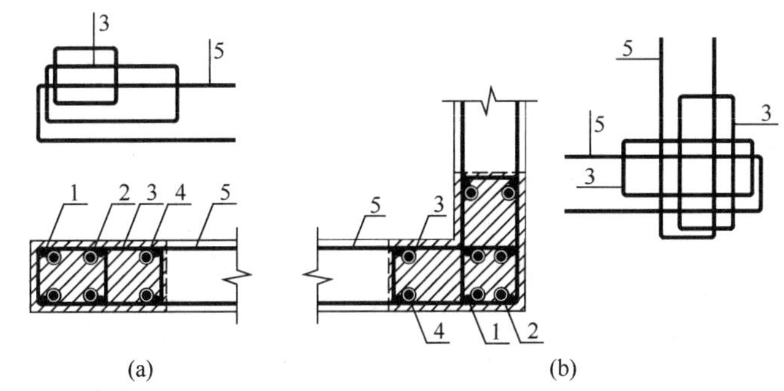

图 10-25　钢筋浆锚搭接连接长度范围内加密水平封闭箍筋约束构造示意

（a）暗柱；（b）转角墙

1—上层预制剪力墙边缘构件竖向钢筋；2—下层剪力墙边缘构件竖向钢筋；3—封闭箍筋；4—预留灌浆孔道；5—水平分布钢筋

楼层内相邻预制剪力墙之间应采用整体式接缝连接，且应符合下列规定：

（1）当接缝位于纵横墙交接处的约束边缘构件区域时，约束边缘构件的阴影区域（图 10-26）宜全部采用后浇混凝土，并应在后浇段内设置封闭箍筋。

（2）当接缝位于纵横墙交接处的构造边缘构件区域时，构造边缘构件宜全部采用后浇混凝土（图 10-27），当仅在一面墙上设置后浇段时，后浇段的长度不宜小于 300mm（图 10-28）。

（3）边缘构件内的配筋及构造要求应符合现行国家标准《建筑抗震设计规范》GB 50011 的有关规定；预制剪力墙的水平分布钢筋在后浇段内的锚固、连接应符合现行国家标准《混凝土结构设计规范》GB 50010 的有关规定。

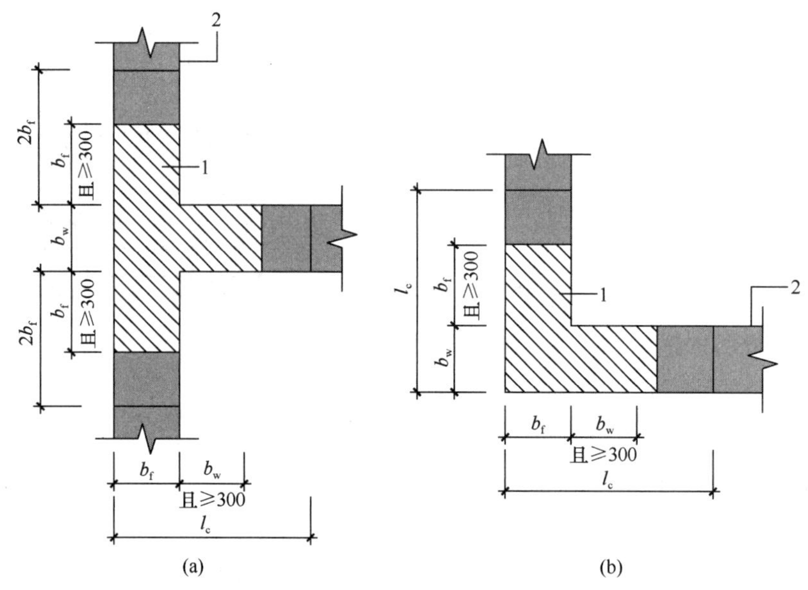

图 10-26　约束边缘构件阴影区域全部后浇示意（单位：mm）

（a）有翼墙；（b）转角墙

1—后浇段；2—预制剪力墙；l_c—约束边缘构件沿墙肢的长度

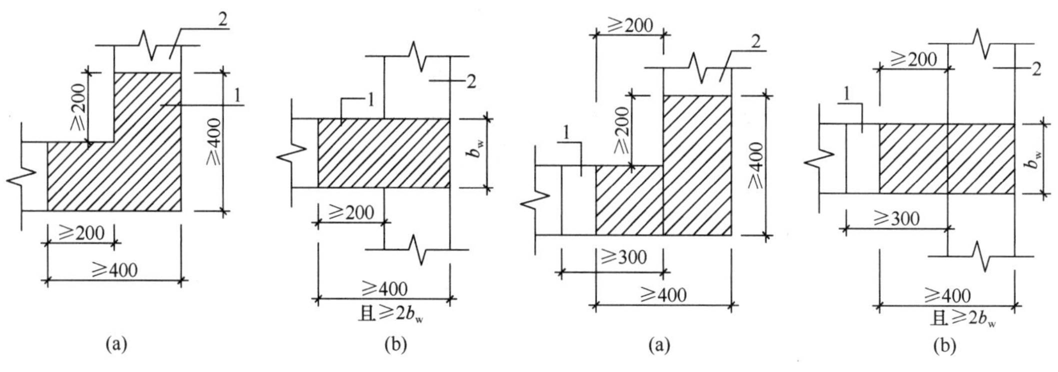

图10-27　构造边缘构件全部后浇示意（单位：mm）

（a）有翼墙；（b）转角墙

1—后浇段；2—预制剪力墙

图10-28　构造边缘构件部分后浇构造示意（单位：mm）

（a）有翼墙；（b）转角墙

1—后浇段；2—预制剪力墙

（4）在非边缘构件位置，相邻预制剪力墙之间应设置后浇段，后浇段的宽度不应小于墙厚且不宜小于 200mm；后浇段内应设置不少于 4 根竖向钢筋，钢筋直径不应小于墙体竖向分布钢筋直径且不应小于 8mm，两侧墙体的水平分布钢筋在后浇段内的连接应符合现行国家标准《混凝土结构设计规范》GB 50010 的有关规定。

当采用套筒灌浆连接或浆锚搭接连接时，预制剪力墙底部接缝宜设置在楼面标高处。接缝高度不宜小于 20mm，宜采用灌浆料填实，接缝处后浇混凝土上表面应设置粗糙面。

在地震设计状况下，剪力墙水平接缝的受剪承载力设计值应按下式计算：

$$V_{uE} = 0.6 f_y A_{sd} + 0.8N \tag{10-6}$$

式中，V_{uE} 为剪力墙水平接缝受剪承载力设计值（N）；f_y为垂直穿过结合面的竖向钢筋抗拉强度设计值（N/mm^2）；A_{sd}为垂直穿过结合面的竖向钢筋面积（mm^2）；N 为与剪力设计值 V 相应的垂直于结合面的轴向力设计值（N），压力时取正值，拉力时取负值；当大于 $0.6f_cbh_0$时，取为 $0.6f_cbh_0$；此处 f_c为混凝土轴心抗压强度设计值，b 为剪力墙厚度，h_0 为剪力墙截面有效高度。

上下层预制剪力墙的竖向钢筋连接应符合下列规定：

（1）边缘构件的竖向钢筋应逐根连接。

（2）预制剪力墙的竖向分布钢筋宜采用双排连接，当采用“梅花形”部分连接时，应符合“梅花形”连接的有关规定。

（3）除下列情况外（抗震等级为一级的剪力墙，轴压比大于 0.3 的抗震等级为二、三、四级的剪力墙，一侧无楼板的剪力墙，一字形剪力墙，一端有翼墙连接但剪力墙非边缘构件区长度大于 3m 的剪力墙以及两端有翼墙连接但剪力墙非边缘构件区长度大于 6m 的剪力墙），墙体厚度不大于 200mm 的丙类建筑预制剪力墙的竖向分布钢筋可采用单排连接，采用单排连接时，应符合单排连接的有关规定，且在计算分析时不应考虑剪力墙平面外刚度及承载力。

（4）抗震等级为一级的剪力墙以及二、三级底部加强部位的剪力墙，剪力墙的边缘构件竖向钢筋宜采用套筒灌浆连接。

当上下层预制剪力墙竖向钢筋采用套筒灌浆连接时，应符合下列规定：

（1）当竖向分布钢筋采用“梅花形”部分连接时（图 10-29），连接钢筋的配筋率不应小于现行国家标准《建筑抗震设计规范》GB 50011 规定的剪力墙竖向分布钢筋最小配筋率要求，连接钢筋的直径不应小于 12mm，同侧间距不应大于 600mm，且在剪力墙构件承载力设计和分布钢筋配筋率计算中不得计入未连接的分布钢筋；未连接的竖向分布钢筋直径不应小于 6mm。

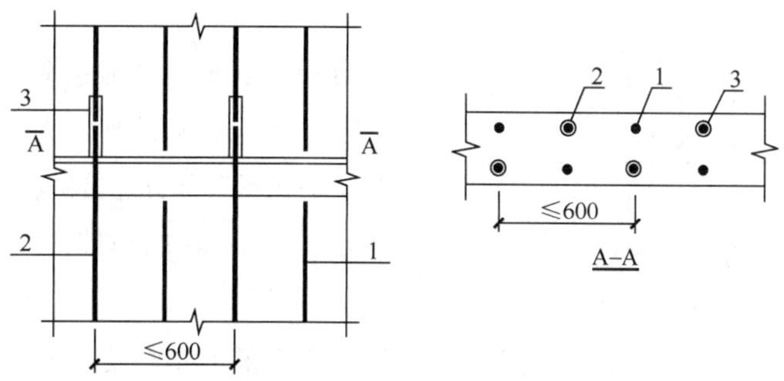

图 10-29　竖向分布钢筋“梅花形”套筒灌浆连接构造示意（单位：mm）

1—未连接的竖向分布钢筋；2—连接的竖向分布钢筋；3—灌浆套筒

(2) 当竖向分布钢筋采用单排连接时（图 10-30），接缝受剪承载力应满足要求；剪力墙两侧竖向分布钢筋与配置于墙体厚度中部的连接钢筋搭接连接，连接钢筋位于内、外侧被连接钢筋的中间；连接钢筋受拉承载力不应小于上下层被连接钢筋受拉承载力较大值的 1.1 倍，间距不宜大于 300mm。下层剪力墙连接钢筋自下层预制墙顶算起的埋置长度不应小于 $1.2l_{aE}+b_w/2$(b_w 为墙体厚度)，上层剪力墙连接钢筋自套筒顶面算起的埋置长度不应小于 l_{aE}，上层连接钢筋顶部至套筒底部的长度尚不应小于 $1.2l_{aE}+b_w/2$，l_{aE} 按连接钢筋直径计算。钢筋连接长度范围内应配置拉筋，同一连接接头内的拉筋配筋面积不应小于连接钢筋的面积；拉筋沿竖向的间距不应大于水平分布钢筋间距，且不宜大于 150mm；拉筋沿水平方向的间距不应大于竖向分布钢筋间距，直径不应小于 6mm；拉筋应紧靠连接钢筋，并勾住最外层分布钢筋。

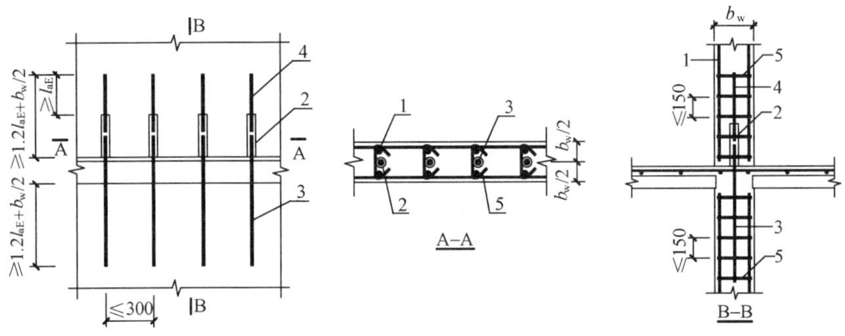

图 10-30 竖向分布钢筋单排套筒灌浆连接构造示意（单位：mm）

1—上层预制剪力墙竖向分布钢筋；2—灌浆套筒；3—下层剪力墙连接钢筋；

4—上层剪力墙连接钢筋；5—拉筋

当上下层预制剪力墙竖向钢筋采用挤压套筒连接时，应符合下列规定：

(1) 预制剪力墙底后浇段内的水平钢筋直径不应小于 10mm 和预制剪力墙水平分布钢筋直径的较大值，间距不宜大于 100mm；

(2) 楼板顶面以上第一道水平钢筋距楼板顶面不宜大于 50mm，套筒上端第一道水平钢筋距套筒顶部不宜大于 20mm（图 10-31）。

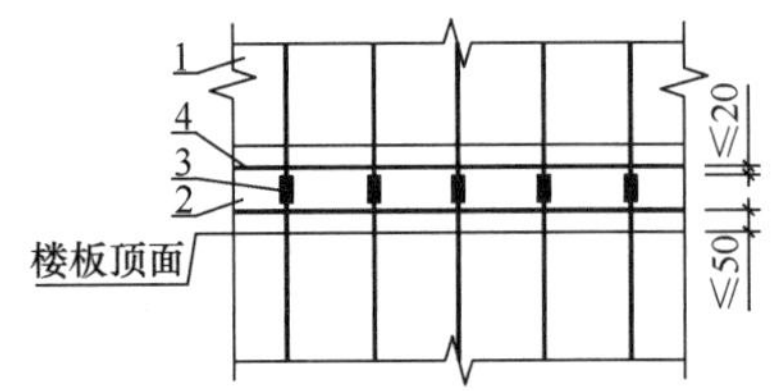

图 10-31 预制剪力墙底后浇段水平钢筋配置示意（单位：mm）

1—预制剪力墙；2—墙底后浇段；3—挤压套筒；4—水平钢筋

当竖向分布钢筋采用“梅花形”部分连接时（图 10-32），应符合上下层预制剪力墙竖向钢筋采用套筒灌浆连接时“梅花形”部分连接的构造要求。

当上下层预制剪力墙竖向钢筋采用浆锚搭接连接时，应符合下列规定：

(1) 当竖向钢筋非单排连接时，下层预制剪力墙连接钢筋伸入预留灌浆孔道内的长度不应小于 $1.2l_{aE}$（图 10-33）。

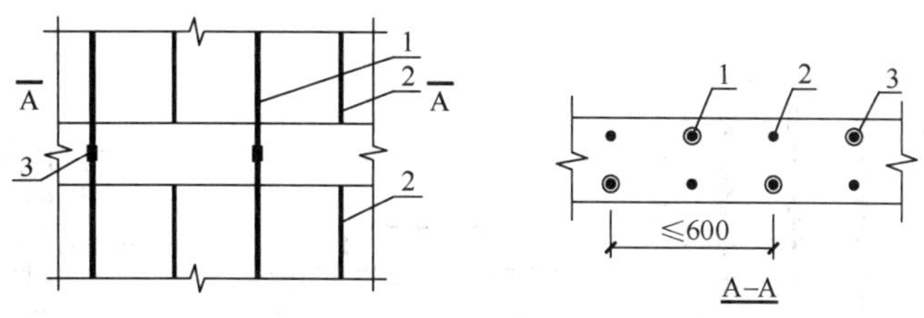

图 10-32　竖向分布钢筋“梅花形”挤压套筒连接构造示意（单位：mm）

1—连接的竖向分布钢筋；2—未连接的竖向分布钢筋；3—挤压套筒

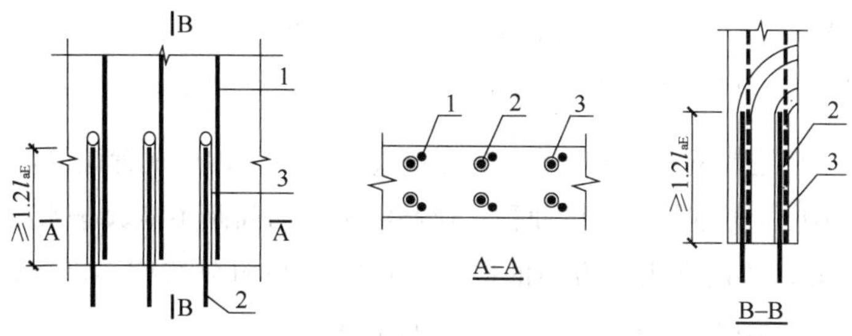

图 10-33　竖向钢筋浆锚搭接连接构造示意

1—上层预制剪力墙竖向钢筋；2—下层预制剪力墙竖向钢筋；3—预留灌浆孔道

(2) 当竖向分布钢筋采用“梅花形”部分连接时（图 10-34），连接钢筋的配筋率、直径、间距等的构造要求与采用套筒灌浆连接时“梅花形”部分连接的构造要求相同。

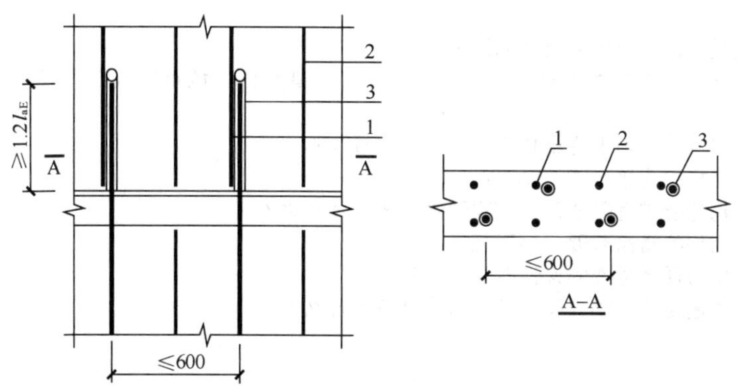

图 10-34　竖向分布钢筋“梅花形”浆锚搭接连接构造示意（单位：mm）

1—连接的竖向分布钢筋；2—未连接的竖向分布钢筋；3—预留灌浆孔道

当竖向分布钢筋采用单排连接时（图 10-35），竖向分布钢筋应符合满足接缝受剪的要求；剪力墙两侧竖向分布钢筋与配置于墙体厚度中部的连接钢筋搭接连接，连接钢筋位于内、外侧被连接钢筋的中间；连接钢筋受拉承载力不应小于上下层被连接钢筋受拉承载力较大值的 1.1 倍，间距不宜大于 300mm。连接钢筋自下层剪力墙顶算起的埋置长度不应小于 $1.2l_{aE}+b_w/2$（b_w 为墙体厚度），自上层预制墙体底部伸入预留灌浆孔道内的长度不应小于

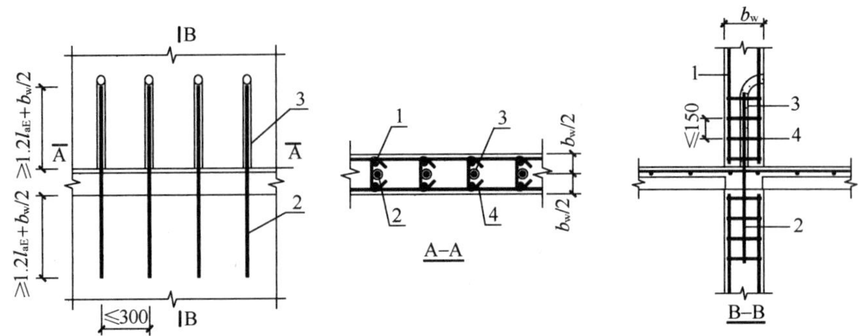

图 10-35　竖向分布钢筋单排浆锚搭接连接构造示意（单位：mm）

1—上层预制剪力墙竖向钢筋；2—下层剪力墙连接钢筋；3—预留灌浆孔道；4—拉筋

$1.2l_{aE}+b_w/2$，l_{aE} 按连接钢筋直径计算。钢筋连接长度范围内应配置拉筋，同一连接接头内的拉筋配筋面积不应小于连接钢筋的面积；拉筋沿竖向的间距不应大于水平分布钢筋间距，且不宜大于 150mm；拉筋沿水平方向的肢距不应大于竖向分布钢筋间距，直径不应小于 6mm；拉筋应紧靠连接钢筋，并勾住最外层分布钢筋。

思考题

1. 什么是装配式建筑?
2. 装配整体式混凝土建筑与全装配式的区别?
3. 装配式混凝土结构的结构体系有哪些? 其适用高度、高宽比、抗震等级等与现浇混凝土结构有何异同?
4. 装配整体式混凝土建筑与现浇结构设计分析有何异同?
5. 装配式混凝土结构的连接方式有哪些?
6. 接缝的设计与构造要求有哪些? 如何实现强接缝、弱构件?
7. 装配式混凝土结构的楼盖有哪几种形式?
8. 装配整体式框架与现浇框架的设计有何不同?
9. 装配整体式剪力墙结构有哪几类? 其各自的特点是什么?

附　录

联肢墙的内力及侧移计算公式推导

1. 微分方程式的建立

在进行联肢墙（附图 1）的内力及侧移分析时假定：

（1）沿竖向墙的刚度、层高等基本不变；

（2）连梁反弯点在梁的中点，连梁的作用由沿高度分布的连续弹性薄片来代替；

（3）各墙肢刚度相差不过分悬殊，因而各墙肢的变形曲线相似，而且在每一标高处侧向位移 y 和墙转角 $\theta = y'$ 都相等。

将连梁假想为沿全高均匀分布的连续弹性薄片，将连梁中点切开，切口上的剪力集度为 $q_j(x)$（附图 2）。

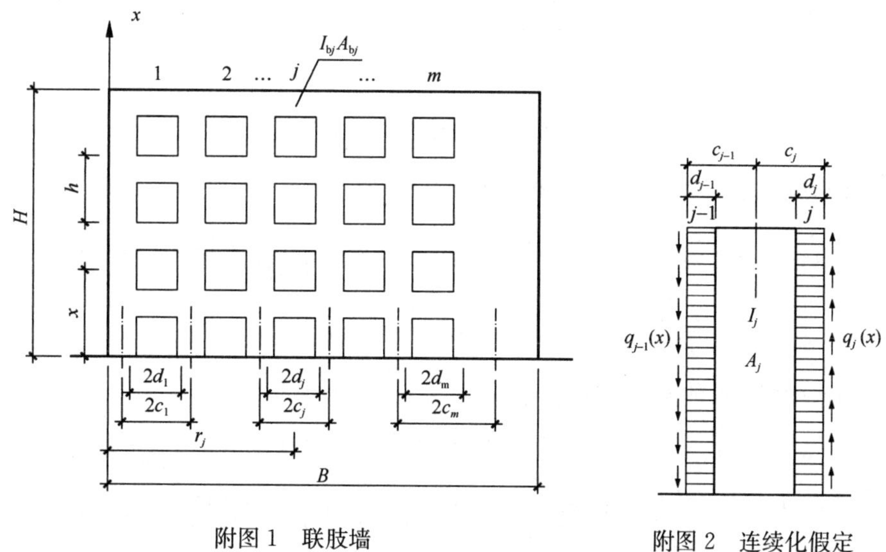

附图 1　联肢墙　　　　附图 2　连续化假定

为推导公式方便，令连梁计算跨度 $l_{bj} = 2d_j$；墙肢轴线距离 $a_j = 2c_j$。在连梁中点处，由于连梁的弯曲和剪切变形产生切口两边的相对位移（附图 3a）为：

$$\delta_{1j}(x) = -2q_j(x)\left(\frac{d_j^3 h}{3EI_{bj0}} + \frac{\mu d_j h}{GA_{bj}}\right) = -\frac{2}{3} \times \frac{d_j^3 h}{EI_{bj}} q_j(x) \qquad (附 1)$$

式中，I_{bj} 为第 j 列连梁的折算惯性矩，$I_{bj}=\dfrac{I_{bj0}}{1+\dfrac{7.5\mu I_{bj0}}{A_{bj}d_j^2}}$。

由于墙肢的弯曲和剪切变形而产生的位移（附图 3b、c）为：

$$\delta_{2j}(x)=\delta_{21j}+\delta_{22j}=2c_j\theta_1+2d_j\theta_2 \tag{附 2}$$

式中，θ_1 为由于墙肢弯曲而产生的转角；θ_2 为由于墙肢剪切而产生的转角，当不考虑剪切变形影响时，$\theta_2=0$。

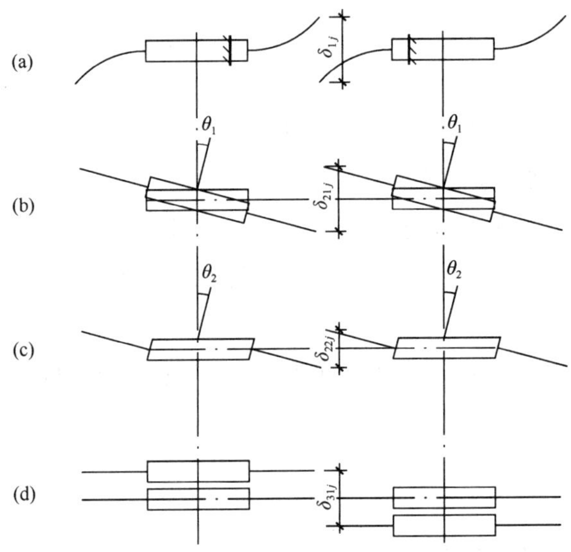

附图 3　连梁中点切口两边的相对位移示意

由于墙肢轴向变形产生的相对位移（附图 3d）为：

$$\delta_{3j}(x)=-\frac{1}{E}\left(\frac{1}{A_j}+\frac{1}{A_{j+1}}\right)\int_0^x\int_0^H q_j(x)\mathrm{d}x\mathrm{d}x+\frac{1}{EA_j}\int_0^x\int_x^H q_{j-1}(x)\mathrm{d}x\mathrm{d}x$$
$$+\frac{1}{EA_{j+1}}\int_0^x\int_x^H q_{j+1}(x)\mathrm{d}x\mathrm{d}x \tag{附 3}$$

第 j 列连梁切口处的连续条件为：

$$\delta_{1j}(x)+\delta_{2j}(x)+\delta_{3j}(x)=0 \tag{附 4}$$

即

$$2c_j\left(\theta_1+\theta_2\frac{d_j}{c_j}\right)-\frac{2}{3}\times\frac{d_j^3h}{EI_{bj}}q_j(x)-\frac{1}{E}\left(\frac{1}{A_j}+\frac{1}{A_{j+1}}\right)\int_0^x\int_x^H q_j(x)\mathrm{d}x\mathrm{d}x$$
$$+\frac{1}{EA_j}\int_0^x\int_x^H q_{j-1}(x)\mathrm{d}x\mathrm{d}x+\frac{1}{EA_{j+1}}\int_0^x\int_x^H q_{j+1}(x)\mathrm{d}x\mathrm{d}x=0 \tag{附 5}$$

将式（附 5）微分两次，可得：

$$2c_j\left(\theta_1'+\theta_2'\frac{d_j}{c_j}\right)-\frac{2}{3}\times\frac{d_j^3h}{EI_{bj}}q''_j(x)-\frac{1}{E}\left(\frac{1}{A_j}+\frac{1}{A_{j+1}}\right)q_j(x)$$

$$+\frac{1}{EA_j}q_{j-1}(x)+\frac{1}{EA_{j+1}}q_{j+1}(x)=0 \quad (j=1,2,\cdots,m) \tag{附 6}$$

这是一个关于 $q_j(x)$ 的二阶常微分方程组，当 $m>3$ 时直接求解比较烦琐，实用上不太方便。作为工程设计，可以采用近似的求解方法。

$m_j(x)=2c_jq_j(x)$ 为第 j 列连梁对墙肢产生的约束弯矩。将式（附 6）乘以 $2c_j$，令 $\beta_j=\frac{2d_j^3h}{3EI_{bj}}$，则方程变为：

$$\begin{aligned}&\frac{4c_j^2}{\beta_j}\theta_1''+\frac{4c_jd_j}{\beta_j}\theta_2''-\left(\frac{1}{EA_j\beta_j}+\frac{1}{EA_{j+1}\beta_j}\right)m_j(x)-m_j''(x)\\&+\frac{c_j}{c_{j-1}}\frac{1}{EA_j\beta_j}m_{j-1}(x)+\frac{c_j}{c_{j+1}}\frac{1}{EA_{j+1}\beta_j}m_{j+1}(x)=0 \quad (j=1,2,\cdots,m)\end{aligned} \tag{附 7}$$

令 m 列连梁产生的总约束弯矩为 $m(x)$，则：

$$m(x)=\sum_{j=1}^{m}m_j(x),\ \eta_j=\frac{m_j(x)}{m(x)}$$

将所有 m 个微分方程相加，可得：

$$\left(\frac{6E}{h}\sum_{j=1}^{m}\frac{c_j^2I_{bj}}{d_j^3}\right)\theta_1''+\left(\frac{6E}{h}\sum_{j=1}^{m}\frac{c_jI_{bj}}{d_j^2}\right)\theta_2''-\sum_{j=1}^{m}m_j''(x)+\frac{3}{2h}\sum_{j=1}^{m}\frac{I_{bj}(A_j+A_{j+1})}{d_j^3A_jA_{j+1}}m_j(x)$$

$$-\frac{3}{2h}\sum_{j=1}^{m}\frac{I_{bj}c_j}{d_j^3A_jc_{j-1}}m_{j-1}(x)-\frac{3}{2h}\sum_{j=1}^{m}\frac{I_{bj}c_j}{d_j^3A_{j+1}c_{j+1}}m_{j+1}(x)=0$$

$$D_j=\frac{I_{bj}c_j^2}{d_j^3},\ D_j'=\frac{I_{bj}c_j}{d_j^2}$$

令　$\alpha_1^2=\frac{6H^2}{h\sum I_j}\sum D_j$，$\alpha_0^2=\frac{6H^2}{h\sum I_j}\sum D_j'$，$s_j=\frac{2c_jA_jA_{j+1}}{A_j+A_{j+1}}$

则方程可整理为：

$$EI\frac{\alpha_1^2}{H^2}\theta_1'+EI\frac{\alpha_0^2}{H^2}\theta_2'-m''(x)-\frac{3}{2h}\sum_{j=1}^{m}\frac{D_j}{c_j}\left(\frac{2}{s_j}\eta_j-\frac{1}{c_{j-1}-A_j}\eta_{j-1}-\frac{1}{c_{j+1}A_{j+1}}\eta_{j+1}\right)m(x)=0 \tag{附 8}$$

其中，$I=\sum_{j=1}^{m+1}I_j$。

转角 θ_1 及 θ_2 可由下式求得：

$$\begin{cases}\theta_1=-\int_0^x\frac{M(x)}{EI}\mathrm{d}x=\int_0^x\frac{1}{EI}\left[M_p(x)-\int_x^Hm(x)\mathrm{d}x\right]\mathrm{d}x\\\theta_2=V_p(x)\frac{\mu}{GA}\end{cases}$$

式中，$M_p(x)$、$V_p(x)$ 分别为外荷载产生的总弯矩和总剪力。

因此，$\theta_1'=\frac{m(x)}{EI}+\frac{1}{EI}\frac{\mathrm{d}M_p(x)}{\mathrm{d}x}$。

将各种类型的外弯矩代入上式，可得：

$$\theta_1'=\begin{cases}\dfrac{V_0}{EI}\left(\dfrac{x^2}{H^2}-1\right)+\dfrac{m(x)}{EI} & \text{（倒三角形分布荷载）}\\[2ex] \dfrac{V_0}{EI}\left(\dfrac{x}{H}-1\right)+\dfrac{m(x)}{EI} & \text{（均布荷载）}\\[2ex] \dfrac{V_0}{EI}+\dfrac{m(x)}{EI} & \text{（顶点集中荷载）}\end{cases}$$

$$\theta_2'=\begin{cases}-\dfrac{2\mu}{GAH^2}V_0 & \text{（倒三角形分布荷载）}\\[2ex] 0 & \text{（均布荷载）}\\[2ex] 0 & \text{（顶点集中荷载）}\end{cases}$$

式中，V_0为底部总剪力。

将θ_1'、θ_2'代入式（附8），并令$\gamma^2=\dfrac{\mu EI\alpha_0^2}{H^2GA\alpha_1^2}=\dfrac{\mu EI}{H^2GA}\dfrac{\sum D_j'}{D_j}$。

其中　$A=\sum\limits_{j=1}^{m+1}A_j$，于是可得：

$$m''(x)-\frac{\alpha^2}{H^2}m(x)=\begin{cases}-\dfrac{\alpha_1^2}{H^2}V_0\left(1+2\gamma^2-\dfrac{x^2}{H^2}\right) & \text{（倒三角形分布荷载）}\\[2ex] -\dfrac{\alpha_1^2}{H^2}V_0\left(1-\dfrac{x}{H}\right) & \text{（均布荷载）}\\[2ex] -\dfrac{\alpha_1^2}{H^2}V_0 & \text{（顶点集中荷载）}\end{cases}\qquad\text{（附 9）}$$

其中

$$\alpha=\alpha_1^2+\frac{3H^2}{2h}\sum_{j=1}^{m}\left[\frac{D_j}{c_j}\left(\frac{2}{s_j}\eta_j-\frac{1}{c_{j-1}A_j}\eta_{j-1}-\frac{1}{c_{j+1}A_{j+1}}\eta_{j+1}\right)\right]\qquad\text{（附 10）}$$

式（附9）为联肢墙总微分方程，以总约束弯矩$m(x)$为未知量。α_1^2为未考虑轴向变形的整体参数，α^2为考虑轴向变形后的整体参数，$\alpha^2>\alpha_1^2$。

2. 微分方程的解

令$x/H=\xi$，$m(x)=\phi(x)V_0\alpha_1^2/\alpha^2$，则式（附9）可以化为：

$$\phi''(\xi)-\alpha^2\phi(\xi)=\begin{cases}-\alpha^2(1+2\gamma^2-\xi^2) & \text{（倒三角形分布荷载）}\\ -\alpha^2(1-\xi) & \text{（均布荷载）}\\ -\alpha^2 & \text{（顶点集中荷载）}\end{cases}$$

其边界条件为 $\begin{cases}\xi=0 & \theta_1=0,\ \theta_2=\dfrac{V_0\mu}{GA};\\ \xi=1 & M(1)=0。\end{cases}$

令 $\beta=\gamma^2\alpha^2$，经过变换，第一个边界条件相当于 $\phi(0)=\beta$，第二个边界条件相当于：

$$\phi'(1)=\begin{cases}-2\beta & \text{(倒三角形分布荷载)}\\ -\beta & \text{(均布荷载)}\\ 0 & \text{(顶点集中荷载)}\end{cases}$$

其解为：

$$\phi(\xi)=\begin{cases}(1-\beta)\left[\left(\dfrac{2}{\alpha^2}-1\right)\left(\dfrac{\cosh\alpha(1-\xi)}{\cosh\alpha}-1\right)+\dfrac{2}{\alpha}\dfrac{\sinh\alpha\xi}{\cosh\alpha}-\xi^2\right]+\beta(1-\xi^2) & \text{(倒三角形分布荷载)}\\ (1-\beta)\left[-\dfrac{\cosh\alpha(1-\xi)}{\cosh\alpha}+\dfrac{\sinh\alpha\xi}{\alpha\cosh\alpha}+(1-\xi)\right]+\beta(1-\xi) & \text{(均布荷载)}\\ (1-\beta)(\tanh\alpha\sinh\alpha\xi-\cosh\alpha\xi)+1 & \text{(顶点集中荷载)}\end{cases}\tag{附 11}$$

式（附 11）可以写成

$$\phi(\xi)=(1-\beta)\phi_1(\alpha,\xi)+\beta\phi_2(\xi)\tag{附 12}$$

$\phi_1(\alpha,\xi)$ 及 $\phi_2(\xi)$ 的算式见附表 1，其数值可由第 6 章表 6-4～表 6-7 查出。

由此可以计算分布总约束弯矩 $m(\xi)$ 和第 i 层总约束弯矩 $m_i(\xi)$ 为：

$$m(\xi)=V_0\tau[(1-\beta)\phi_1+\beta\phi_2]\tag{附 13}$$

$$m_i(\xi)=V_0\tau h[(1-\beta)\phi_1+\beta\phi_2]\tag{附 14}$$

其中

$$\tau=\alpha_1^2/\alpha^2\tag{附 15}$$

从而第 i 层第 j 列连梁的约束弯矩为：

$$m_{ij}=\eta_j m_i\tag{附 16}$$

式中，m_i 为按式（附 14）计算的第 i 层总约束弯矩；η_j 为第 j 列连梁的约束弯矩分配系数。

$\phi_1(\alpha,\xi)$ 及 $\phi_2(\xi)$ 算式　　**附表 1**

荷载类型	$\phi_1(\alpha,\xi)$	$\phi_2(\xi)$
倒三角形分布荷载	$\left(1-\dfrac{2}{\alpha^2}\right)\left[1-\dfrac{\cosh\alpha(1-\xi)}{\cosh\alpha}\right]+\dfrac{2\sinh\alpha\xi}{\alpha\cosh\alpha}-\xi^2$	$1-\xi^2$
均布荷载	$1-\dfrac{\cosh\alpha(1-\xi)}{\cosh\alpha}+\dfrac{\sinh\alpha\xi}{\alpha\cosh\alpha}-\xi$	$1-\xi$
顶点集中荷载	$1-\cosh\alpha\xi+\dfrac{\sinh\alpha\sinh\alpha\xi}{\cosh\alpha}$	1

3. 约束弯矩分配系数 η_j

每层连梁总约束弯矩 m_i 按一定比例分配到各列连梁，即：$m_{ij}=\eta_j m_i$。

连梁的约束弯矩受下列因素的影响：

（1）连梁的刚度参数 D_j

D_j 越大，分配到的弯矩也就越大。

（2）连梁在联肢墙中的位置

一般地，靠近墙中间部分时，弯矩较大，靠墙两侧的连梁约束弯矩较小。

从竖向来看，剪力墙的底层部分连梁约束弯矩沿水平方向的变化比较平缓，而顶层部分中央大两侧小的变化趋势比较明显，为了计算简化，可以采用剪力墙高度一半处的分布规律。

（3）剪力墙的整体参数 α

α 越小，各列连梁约束弯矩分布越平缓；α 越大，整体性越强，则中央大两侧小的趋势越明显。

因此，η_i 应是连梁刚度参数 D_j、楼层标高 $\xi_i=x_i/H$、连梁位置 r_j/B 及整体参数 α 的函数，可以采用下列的经验公式计算：

$$\eta_j=\frac{D_j\varphi_j}{\sum\limits_{j=1}^{m}D_j\varphi_j} \tag{附 17}$$

$$\varphi_j=\frac{1}{1+\frac{\alpha\xi_i}{2}}\left[1+3\alpha\xi_i\frac{r_j}{B}\left(1-\frac{r_j}{B}\right)\right] \tag{附 18}$$

式中，r_j 为第 j 列连梁中点至墙边的距离；ξ_i 为第 i 层连梁标高，$\xi_i=x_i/H$。

实际计算时，为了简化，可以取 $\xi=1/2$，则：

$$\varphi_j=\frac{1}{1+\frac{\alpha}{4}}\left[1+1.5\alpha\frac{r_j}{B}\left(1-\frac{r_j}{B}\right)\right] \tag{附 19}$$

4. 顶点侧移和剪力墙的等效刚度

剪力墙的水平位移（侧移）可以表示为：

$$y=y_1+y_2=\frac{1}{EI}\int_0^x\int_0^x M_{\mathrm{p}}(x)\mathrm{d}x\mathrm{d}x-\frac{1}{EI}\int_0^x\int_0^x\int_x^H m(x)\mathrm{d}x\mathrm{d}x\mathrm{d}x+\frac{\mu}{GA}\int_0^x V_{\mathrm{p}}(x)\mathrm{d}x \tag{附 20}$$

式中，y_1 为由于弯曲变形产生的水平位移；y_2 为由于剪切变形产生的水平位移。

按不同荷载代入式（附 20）后，可得：

$$
y=\begin{cases}
\dfrac{V_0H^3}{3EI}(1-\tau\beta)\left((\xi^2-\dfrac{\xi^3}{2}+\dfrac{\xi^5}{20}\right)-\dfrac{\tau V_0H^3(1-\beta)}{EI} \\
\left\{\left(1-\dfrac{2}{\alpha^2}\right)\times\left[\dfrac{\xi^2}{2}-\dfrac{\xi^5}{6}-\dfrac{\xi}{\alpha^2}+\dfrac{\sinh\alpha-\sinh\alpha(1-\xi)}{\alpha^3\cosh\alpha}\right]\right. & \text{(倒三角形分布荷载)} \\
\left.-\dfrac{2(\cosh\alpha\xi-1)}{\alpha^4\cosh\alpha}+\dfrac{\xi^2}{\alpha^2}-\dfrac{\xi^2}{6}+\dfrac{\xi^5}{60}\right\}+\dfrac{\mu V_0H}{GA}\left(\xi-\dfrac{\xi^3}{3}\right) \\
\dfrac{V_0H^3}{2EI}(1-\tau\beta)\xi^2\left[\dfrac{1}{2}-\dfrac{\xi}{3}+\dfrac{\xi^2}{12}\right]-\dfrac{\tau V_0H^3(1-\beta)}{EI} \\
\left[\dfrac{\xi(\xi-2)}{2\alpha^2}-\dfrac{\cosh\alpha\xi-1}{\alpha^4\cosh\alpha}+\dfrac{\sinh\alpha-\sinh\alpha(1-\xi)}{\alpha^3\cosh\alpha}\right. & \text{(均布荷载)} \\
\left.+\xi^2\left(\dfrac{1}{4}-\dfrac{\xi}{6}+\dfrac{\xi^2}{24}\right)\right]+\dfrac{\mu V_0H}{GA}\left(\xi-\dfrac{\xi^2}{2}\right) \\
\dfrac{V_0H^3}{2EI}(1-\tau\beta)\xi^2\left(1-\dfrac{\xi}{3}\right)-\dfrac{\tau V_0H^3}{EI}\left[\xi^2\left((1-\dfrac{\xi}{3}\right)-\dfrac{\xi}{\alpha^2}\right. & \text{(顶点集中荷载)} \\
\left.-\dfrac{\sinh\alpha-\sinh\alpha(1-\xi)}{\alpha^3\cosh\alpha}\right]+\dfrac{\mu V_0H}{GA}\xi
\end{cases}
$$

（附 21）

式中，$\xi=x/H$，当 $\xi=1$ 时可得顶点侧移为：

$$
u=\begin{cases}
\dfrac{11}{60}\times\dfrac{V_0H^3}{EI}\left\{1+(1-\beta)\tau\left[\dfrac{60}{11\alpha^2}\left(\dfrac{2}{3}-\dfrac{\sinh\alpha}{\alpha\cosh\alpha}-\dfrac{2}{\alpha^2\cosh\alpha}+\dfrac{2\sinh\alpha}{\alpha^3\cosh\alpha}\right)\right]-(1-\beta)\tau-\beta\tau+\dfrac{40\mu EI}{11H^2GA}\right\} & \text{(倒三角形分布荷载)} \\
\dfrac{1}{8}\times\dfrac{V_0H^3}{EI}\left\{1+(1-\beta)\tau\left[\dfrac{8}{\alpha^2}\left(\dfrac{1}{2}-\dfrac{1}{\alpha^2}-\dfrac{1}{\alpha^2\cosh\alpha}-\dfrac{\sinh\alpha}{\alpha\cosh\alpha}\right)\right]-(1-\beta)\tau-\beta\tau+\dfrac{4\mu EI}{H^2GA}\right\} & \text{(均布荷载)} \\
\dfrac{1}{3}\times\dfrac{V_0H^3}{EI}\left\{1+(1-\beta)\tau\left[\dfrac{3}{\alpha^2}\left(1-\dfrac{\sinh\alpha}{\alpha\cosh\alpha}\right)\right]-(1-\beta)\tau-\beta\tau+\dfrac{3\mu EI}{H^2GA}\right\} & \text{(顶点集中荷载)}
\end{cases}
$$

（附 22）

式（附 22）可以写成：

$$
u=\begin{cases}
\dfrac{11}{60}\times\dfrac{V_0H^3}{EI}[1+3.6\gamma_1^2-\tau+(1-\beta)\psi_\alpha\tau] & \text{(倒三角形分布荷载)} \\
\dfrac{1}{8}\times\dfrac{V_0H^3}{EI}[1+4\gamma_1^2-\tau+(1-\beta)\psi_\alpha\tau] & \text{(均布荷载)} \\
\dfrac{1}{3}\times\dfrac{V_0H^3}{EI}[1+3\gamma_1^2-\tau+(1-\beta)\psi_\alpha\tau] & \text{(顶点集中荷载)}
\end{cases}
\tag{附 23}
$$

式中 $\tau=\alpha_1^2/\alpha^2$，$\beta=\alpha^2\gamma^2$，$\gamma^2=\frac{\mu EI}{H^2GA}\frac{\sum D'_j}{\sum D_j}$，$\gamma_1^2=\frac{\mu EI}{H^2GA}$。

$$\psi_\alpha=\begin{cases}\frac{60}{11}\times\frac{1}{\alpha^2}\left(\frac{2}{3}+\frac{2\sinh\alpha}{\alpha^3\cosh\alpha}-\frac{2}{\alpha^2\cosh\alpha}-\frac{\sinh\alpha}{\alpha\cosh\alpha}\right) & \text{（倒三角形分布荷载）}\\ \frac{8}{\alpha^2}\left(\frac{1}{2}+\frac{1}{\alpha^2}-\frac{1}{\alpha^2\cosh\alpha}-\frac{\sinh\alpha}{\alpha\cosh\alpha}\right) & \text{（均布荷载）}\\ \frac{3}{\alpha^2}\left(1-\frac{\sinh\alpha}{\alpha\cosh\alpha}\right) & \text{（顶点集中荷载）}\end{cases} \tag{附 24}$$

相应地，剪力墙的等效惯性矩为：

$$I_{\mathrm{eq}}=\begin{cases}\frac{I}{(1-\tau)+(1-\beta)\tau\psi_\alpha+3.64\gamma_1^2} & \text{（倒三角形分布荷载）}\\ \frac{I}{(1-\tau)+(1-\beta)\tau\psi_\alpha+4\gamma_1^2} & \text{（均布荷载）}\\ \frac{I}{(1-\tau)+(1-\beta)\tau\psi_\alpha+3\gamma_1^2} & \text{（顶点集中荷载）}\end{cases} \tag{附 25}$$

5. 计算的简化

轴向变形影响参数 τ 与墙肢数、层数和连梁约束的情况有关。一般地，双肢墙、三肢墙的轴向变形影响大一些，多肢墙影响小一些；层数较多、连梁刚度较大时，轴向变形影响也大一些。轴向变形影响较大时，τ 值相应较小；不考虑轴向变形影响时，$\tau=1$。一般情况下 τ 值可以按下式计算：

$$\tau=\begin{cases}\frac{2s_1c_1}{I_1+I_2+2s_1c_1} & \text{（双肢墙）}\\ \frac{1}{1+\frac{I}{2\sum D_j}\Sigma\left[\frac{D_j}{c_j}\left(\frac{1}{s_j}\eta_j-\frac{1}{2c_{j-1}A_j}\eta_{j-1}-\frac{1}{2c_{j+1}A_{j+1}}\eta_{j+1}\right)\right]} & \text{（多肢墙）}\end{cases} \tag{附 26}$$

式中 $s_j=\frac{2c_jA_jA_{j+1}}{A_j+A_{j+1}}$，$\eta_j=\frac{D_j\varphi_j}{\Sigma D_j\varphi_j}$。

当为多肢墙时，直接按式（附 26）计算很烦琐，从实用出发，多肢墙的 τ 值可按附表 2 取值。

多肢墙的 τ 值　　附表 2

墙肢数量	3～4	5～7	8 肢以上
τ	0.80	0.85	0.90

考虑剪切变形的参数为 γ^2、γ_1^2 和 β，根据现行国家标准《混凝土结构设计规范》GB 50010中第 4.1.8 条规定：混凝土剪变模量 G 可按混凝土弹性模量 E 的 0.4 倍采用，有：

$$\gamma^2 = \frac{\mu EI \sum D'_j}{H^2 GA \sum D_j} = \frac{2.5\mu I \sum D'_j}{H^2 A \sum D_j},\ \gamma_1^2 = \frac{\mu EI}{H^2 GA} = \frac{2.5\mu I}{H^2 A}$$

当墙肢及连梁比较均匀时，可近似取：

$$\gamma^2 = \frac{2.5\mu I \sum d_j}{H^2 A \sum c_j}$$

剪力墙墙肢较少，层数较多，高宽比较大时，可不考虑剪切变形影响，取 $\gamma_1^2 = \gamma^2 = \beta = 0$。将上述公式与第 6 章公式（6-40）～公式(6-51) 对比时，应注意本附录中采用的符号 d_j、c_j、I、A，分别相当于第 6 章公式（6-40）～公式（6-51）中的 $\frac{l_{bj}}{2}$、$\frac{a_j}{2}$、$\sum_{j=1}^{m+1} I_j$、$\sum_{j=1}^{m+1} A_j$。

6. 整体参数 α 的讨论

（1）α 的算式由式（附 15）可得：

$$\alpha^2 = \frac{\alpha_1^2}{\tau} = \frac{6H^2 \sum D_j}{\tau h I} \tag{附 27}$$

将 $\sum D_j = \sum_{j=1}^{m} \frac{I_{bj} c_j^2}{d_j^3}$ 及 $I = \sum_{j=1}^{m+1} I_j$ 代入式（附 27），并注意 $c_j = \frac{a_j}{2}$，$d_j = \frac{l_{bj}}{2}$，整理可得多肢墙的整体参数算式为：

$$\alpha = H \sqrt{\frac{12}{\tau h \sum_{j=1}^{m+1} I_j} \sum_{j=1}^{m} \frac{I_{bj} a_j^2}{l_{bj}^3}} \tag{附 28}$$

式（附 28）即为公式（6-2）中多肢墙的整体参数算式。

（2）α 对内力及位移的影响。由式（附 28）可得：

$$\alpha = H \sqrt{\frac{\sum_{j=1}^{m} \frac{12EI_{bj} a_j^2}{l_{bj}^3}}{\tau h \sum_{j=1}^{m+1} EI_j}} \tag{附 29}$$

上式中 $\sum_{j=1}^{m} \frac{12EI_{bj} a_j^2}{l_{bj}^3}$ 为连梁的转动刚度，$\sum_{j=1}^{m+1} EI_j$ 为墙肢的刚度。因此，α 值实际上反映了连梁与墙肢刚度间的比例关系，体现了墙的整体性。

通过对整体参数 α 的定量分析可以发现：当 $\alpha \to 0$ 时，多肢墙的内力及侧移相当于无连梁约束的（$m+1$）根独立悬臂墙的内力及侧移；当 $\alpha > 10$ 以后，多肢墙的内力及侧移相当于连梁约束作用极大的组合截面整体悬臂墙的内力及侧移。因此，可以根据整体参数 α 的不同，将剪力墙划分成不同的类型进行计算。

1）当 $\alpha < 1$ 时，可不考虑连梁的约束作用，各墙肢分别按单肢剪力墙计算；

2）当 $\alpha \geqslant 10$ 时，可认为连梁的约束作用已经很强，可以按整体小开口墙计算；

3）当 $1 \leqslant \alpha < 10$ 时，按联肢墙计算。

应当指出，在剪力墙类型中，实际上还存在另一种情况，即孔洞很大，墙肢惯性矩较小，连梁和墙肢的刚度比很大，此时算出的 α 也很大，但其受力特点已属于壁式框架了，因此，在划分剪力墙类型时，还应考虑墙肢惯性矩的影响，具体方法见第 6 章 6.3 节中的剪力墙类型判别。

参 考 文 献

[1] 中华人民共和国住房和城乡建设部．高层建筑混凝土结构技术规程：JGJ 3—2010[S]. 北京：中国建筑工业出版社，2011.

[2] 中华人民共和国住房和城乡建设部．建筑结构荷载规范：GB 50009—2012[S]. 北京：中国建筑工业出版社，2012.

[3] 中华人民共和国住房和城乡建设部．建筑抗震设计规范：GB 50011—2010(2016 年版)[S]. 北京：中国建筑工业出版社，2016.

[4] 中华人民共和国住房和城乡建设部．混凝土结构设计规范：GB 50010—2010(2015 年版)[S]. 北京：中国建筑工业出版社，2016.

[5] 中华人民共和国住房和城乡建设部．装配式混凝土建筑技术标准：GB/T 51231—2016(2017 年版)[S]. 北京：中国建筑工业出版社，2017.

[6] 史庆轩，梁兴文．高层建筑结构设计[M]. 2 版．北京：科学出版社，2012.

[7] 包世华．新编高层建筑结构[M]. 3 版．北京：中国水利水电出版社，2013.

[8] 沈蒲生．高层建筑结构设计[M]. 4 版．北京：中国建筑工业出版社，2022.

[9] 钱稼茹，赵作周，纪晓东，叶列平．高层建筑结构设计[M]. 3 版．北京：中国建筑工业出版社，2018.

[10] 方鄂华．高层建筑钢筋混凝土结构概念设计[M]. 2 版．北京：机械工业出版社，2014.

[11] 徐培福，黄小坤．高层建筑混凝土结构技术规程理解与应用[M]. 北京：中国建筑工业出版社，2003.

[12] 傅学怡．实用高层建筑结构设计[M]. 2 版．北京：中国建筑工业出版社，2010.

[13] 赵西安．高层建筑结构实用设计方法[M]. 3 版．上海：同济大学出版社，1998.

[14] 李国胜．简明高层钢筋混凝土结构设计手册[M]. 3 版．北京：中国建筑工业出版社，2011.

[15] 赵西安．钢筋混凝土高层建筑结构设计[M]. 2 版．北京：中国建筑工业出版社，1995.

[16] 李青山，黄营．装配式混凝土建筑：结构设计与拆分设计 200 问[M]. 北京：机械工业出版社，2018.

[17] 北京构力科技有限公司．高层建筑结构空间有限元分析软件 SATWE[CP/OL]. [2022-12-01]. http://www.pkpm.cn.

[18] 原长庆．高层建筑混凝土结构设计[M]. 哈尔滨：哈尔滨工业大学出版社，2008.